유럽설계기준 EC2에 따른 구조설계예제집

2권: 고급설계

Deutscher Beton- und
Bautechnik-Verein E.V.

유럽설계기준 EC2에 따른 구조설계예제집

2권: 고급설계

독일 콘크리트 및 건설기술협회(Deutscher Beton- und Bautechnik-Verein E.V.) 편저
강원호 역

씨아이알

차 례

예 제

저자 서문

DIN EN 1992 Eurocode 2: 철근 콘크리트와 프리스트레스트 콘크리트 구조설계 – 제1-1부 : "설계 일반원칙과 건물 설계규정" – 제1-2부: "화재 시 구조설계"가 국가별 부속서와 함께 2011년에 유럽 표준기구 CEN(Comité Européen de Normalization)의 모든 회원국에서 채택되어 국가별로 적용되었다. 독일 연방 공화국에서 Eurocode 2는 2012년 7월 1일부터 새로운 건물의 구조설계에 의무적으로 사용되었다.

독일의 고속도로와 철도 분야에서도 DIN EN 1992 Eurocode 2: 철근 콘크리트와 프리스트레스트 콘크리트 구조설계-제2부: "콘크리트 교량–설계와 시공규정"이 국가별 부속서와 함께 2013년 5월 1일부터 새로운 콘크리트 교량의 계획과 설계에 사용되었다.

독일 콘크리트 및 건설 협회(Deutscher Beton-und Bautechnik-Verein E. V.: DBV)는 Eurocode 2의 설계예제집 1권: "건물"편에 이어 2권: "토목구조물"편을 발간한다. 이 예제집은 교량, 일반 토목구조물과 건물을 포함한다. 이 예제들은 이전의 독일 콘크리트 및 건설 협회(DBV)의 DIN 1045-1에 따른 설계예제집과 같은 것으로 이전의 설계기준과 새로운 설계기준을 직접 비교할 수 있을 뿐만 아니라 두 기준에 따른 설계 결과의 차이도 비교할 수 있다. 이 예제집의 설계과제들은 1권의 예제들보다 복잡하며(프리스트레스트 콘크리트 교량, 프리스트레스트 콘크리트 플랫 슬래브, 건물의 횡지지 구조), 특수한 검토방법(소성 및 비선형 설계방법, 비선형 처짐 계산, 내화설계, 내진설계)이 적용되었다.

저자들은 예제집 1권에서는 사용하지 않은 Eurocode 2의 새로운 설계방법을 가능한 상세하게 기술하였으며, 필요에 따라 전산해석 결과의 배경도 설명하였다. 하중은 이전과 같이 의무적으로 적용되는 Eurocode 1: DIN EN 1991을 사용하였다. 한편으로는 어떤 주제에 대해서는 간략하게만 언급하였다. 2권에서도 완전한 배근도는 제시하지 않았다. 독자의 충분한 사전지식이 필요하다.

많은 실무기술자[1]들이 설계예제집의 작성에 참여하였다; 우리는 이들의 소중한 기여에 매우 감사한다. 각 예제들은 다음의 저자들이 감수하였다.

13: T–형 거더 교량 ··· Dr.-Ing. *Krill*

14: 프리캐스트 프리스트레스트 콘크리트 합성 교량 ··· Dipl.-Ing. *Reiter*, Dr.-Ing. *Wurzer*

15: 폐기물 보관창고 벽체 ··· Dr.-Ing. *Bellmann*, Dr.-Ing. *Rötzer*

16: 항복선 이론에 의한 바닥판 설계 ··· Dipl.-Ing. *Schadow*

17: 비부착 프리스트레스트 콘크리트 플랫 슬래브 ··· Dr.-Ing. *Schuster*, Dr.-Ing. *Steffens*

18: 내민부가 있는 플랫 슬래브 ··· Dipl.-Ing. *Held*

19: 라멘구조 기둥의 비선형 계산 ··· Dr.-Ing. *Sauer*

주 1 Dr.-Ing. *F. Fingerlaos* (의장), Deutscher Beton-und Bautechnik-Verein E. V. (DBV); Dr.-Ing. *J. Bellmann,* SOFiSTiK AG; Dr.-Ing. *A. Fäcke*, SMP Ingenieur im Bauwesen GmbH; Dipl.-Ing. *E. Held,* RIB Engineering GmbH; Dr.-Ing. *A. Krill*, Ingenieurgruppe Bauen; Dipl.-Ing. *M. Küttler*†, Küttler +Partner GbR; Dr.-Ing. *S. Kranz*, EnBW Kernkraft GmbH; Dipl.-Ing. *Karin Reiter*, WTM Engineers; Dr.-Ing. *J. Rötzer*, Strabag International GmbH; Dr.-Ing. *R.Sauer*, RIB Engineering GmbH; Dipl.-Ing. *R. Shadow*, Essen; Dr.-Ing. *F.-H. Schlüter*, SMP Ingenieur im Bauwesen GmbH; Dr.-Ing. *K. Schuster*, WTM Engineers; Dr.-Ing. *E. Schwabach*, DBV; Dr.-Ing. *A. Steffens*, WTM Engineers; Dr.-Ing. *O. Wurzer*, WTM Engineers.

20a: 다층 뼈대구조 ······ Dr.-Ing. *Fingerloos*, Dipl.-Ing. *Küttler*†

20b: 다층 뼈대구조의 내진설계 ······ Dr.-Ing. *Fäcke*, Dr.-Ing. *Kranz*, Dr.-Ing. *Schlüter*

Dr.-Ing. *Fingerloos*와 Dipl.-Ing. *Schwabach*가 원고를 편집하고 예제의 내용을 조정하였다.

계별 예제의 구조계 모델링은 독자가 가능한 방법으로 수행할 수 있다. 비선형 해석은 특히 전문분야의 지식을 가진 기술자가 현실적인 고려사항을 전제로 평가해야 한다. 충분히 납득할 수 있는 계산 결과에 대해서는 여러 가지 변환을 시도할 수 있다. 어떤 예제에서는 비선형 계산의 결과가 표준적인 선형탄성해석 결과에 비하여 유리하지만, 이를 근거로 비선형 전산해석이 더 나은 방법이라고 일반화해서 생각해서는 안 된다. 오히려 이는 기술자가 가용한 모든 도구를 잘 쓰는 것이 얼마나 중요한지를 보여주는 예로 생각해야 한다. 계산 결과의 타당성과 구조 내의 힘의 흐름은 수계산에서도 여전히 확인할 수 있어야 한다.

저자들의 지식과 기술 및 경험을 바탕으로 수행한 설계과제는 좋은 본보기이지만, 이를 맹목적으로 따르는 것은 바람직하지 않다. 이보다는 규정의 적용과 해석에 관한 그들의 이해와 통찰을 배우려해야 한다.

저자들은 이 책의 사용자들에게 예제집에 대한 의견, 논평과 오류들을 독일 콘크리트 및 건설 협회(DBV)에 기탄없이 제시해줄 것을 요청한다. 예제집의 모든 예제들은 설계기준의 변경, 오류에 대한 설명 또는 수정을 통하여 DBV의 홈페이지에서 최신 상태로 유지될 것이다. 이는 www.betonverein.de → Schriften으로 찾을 수 있다.

Eurocode 2의 설계예제집 1권과 마찬가지로 2권도 실무기술자와 학생들에게 환영받는 참고서와 도우미가 되기를 기대한다.

Berlin, 2015년 1월
Dr.-Ing. Lars Meyer
Dr.-Ing. Frank Fingerloos

독일 콘크리트 및 건설기술협회
사무총장

일러두기

저자들은 이 책이 Eurocode2에 따른 설계 및 건설 규정을 가능한 전체적으로 개괄하여 이해할 수 있는 교재로 쓰일 것을 염두에 두고 예제들을 선택하였다. 따라서 이 예제집의 기하제원 선택이나 배근 설계가 항상 가장 경제적인 것은 아니다.

각 예제에서는 의도적으로 상세한 부분에 대해서도 기술하였다. 일상적인 설계에서 이런 검토는 큰 문제없이 무시할 수 있을 것이다. 편집자들은 상세한 설명이 오해를 불러일으키기보다는 설계를 연습하는 데 길잡이가 될 수 있을 것으로 생각하였다.

설계의 해설에서는 규정을 발췌하여 독자의 이해를 돕고자 하였다. 그러나 이것이 해설 규정을 대신하는 것은 아니다. 절연, 방음에 관련된 요구사항은 이 예제집의 설계 대상이 아니므로 특별히 고려하지 않았다.

역자 서문

이 책은 유럽설계기준 EC2의 독일 규정에 따른 구조설계예제집 2권을 번역한 것이다. 1권에서 소개한 것과 같이 독일 콘크리트 건설기술협회의 설계예제집은 원래 독일의 설계기준에 중요한 변화가 있을 때 간행하는 것으로, 바뀐 설계기준의 적용에 도움을 주는 것이 중요한 발간목적이다. 그런데 2권: 고급설계편[1]은 1권과 달리 역사가 오래되지 않다. 이 책의 원형이라 할 수 있는 독일 설계기준 DIN1045-1의 설계예제집 2권[2]이 처음 발간된 것은 2003년으로 1권이 처음 발간된 1971년과는 상당한 시간차이가 있다. 대략 한세대에 해당하는 30년의 시간 차이가 1권과 2권에서 어떻게 나타나는지 살펴볼 만하다. 2권의 설계과제가 통상적인 설계로는 상대적으로 어려운 구조를 다루고 있으나, 이들이 이전에 없었던 특별한 설계과제는 아니다. 그보다는 2권의 예제들에 적용된 설계기술의 차이에 주목할 필요가 있다. 시공단계에 따른 구조해석, 소성이론 및 비선형 해석방법의 적용은 이전의 설계기준에 포함되지 않았거나, 포괄적으로 선언된 것들이었으나 2권의 설계과정에서는 적극적으로 사용되고 있다. 이는 구조해석 이론의 발전과, 컴퓨터를 이용한 계산방법의 발전을 설계기준과 어떻게 조화시킬 수 있을까를 고민한 독일 콘크리트 건설기술협회의 의도가 반영된 것으로 볼 수 있다.

애초에 설계예제집의 번역은 1권에 한정된 것으로 대학원 학생들을 위하여 개설한 콘크리트 구조설계 강의의 교재로 일부를 번역한데서 시작하였다. 이후에 1권을 완역하여 발간하게 된 것은 도로교 한계상태 설계법의 제정과 우리 설계회사들이 유럽설계기준에 관심을 보인 대내외 환경의 변화에 기인한 것으로, 우리 설계자들에게 다소는 낯선 유럽의 설계관행을 소개하기 위한 것이었다. 그런데 도로교 한계상태 설계법이 우리나라에 공식적인 설계기준으로 도입되는 과정을 보며, 우리 기술자들이 유럽설계기준의 기본적인 생각을 받아들이는 데 많은 문제가 있다는 생각을 하게 되었다. 이는 충분히 이해가 가는 것으로 우리가 기대어 사용하는 미국의 설계기준과 유럽설계기준의 차이는 그리 간단하지 않아서 단번에 극복될 수 있는 것은 아니다. 유럽설계기준은 서로 다른 설계기준을 사용하던 유럽의 여러 나라가 같은 설계기준을 쓰고자 하여 만든 것으로, 먼저 이론적 연구의 결과를 결집한 Model Code[3]가 나온 후에 이를 실무에 적용할 수 있게 조정한 기준이라 할 수 있다. 미국의 설계기준이 제국적인 것으로 보편성을 획득하기 위한 합목적성을 중요하게 생각한다면, 유럽의 설계기준은 다양한 주체들의 다른 입장을 인정하는 합리성을 중요하게 생각한다.[4] 그런 의미에서 설계기준의 적용과 유럽 설계의 관행을 소개

역자주 1 2권의 독일어 제목은 직역하면 공학구조(Engineering Works)이며, 우리 용어로 풀어쓰면 토목구조(분야에 제한없이 사용하는 engineering은 civil engineering으로 쓰이는 경우가 많다)라 할 수 있다. 그런데 우리나라의 토목 분야의 정의와 세계의 다른 나라에서 쓰는 토목 분야의 정의가 달라서, 이 책의 많은 예제들이 우리나라에서는 건축분야의 구조설계에 해당되어 우리 설계자들이 혼란스럽게 생각할 수도 있다. 이를 고려하여 가장 합당한 것으로 생각되는 '고급설계'라는 제목을 붙였다.

역자주 2 독일 콘크리트와 건설기술협회(Deutscher Beton-und Bautechnik-Verein E.V.)의 'DIN1045-1에 따른 구조설계예제집 - 2권: 토목구조' [A4]는 2003년 발간되었으며 초판에는 8개의 예제를 포함하고 있었다. 2006년의 재판에서 내진설계를 다룬 20b의 예제가 추가되었다. 이 책은 DIN 설계예제집 2권의 재판과 같은 9개의 예제를 설계한다.

역자주 3 1978년에 CEB-FIP Model Code, 2010년에 fib model code가 제정되었다. Model code를 향후 실행될 설계기준의 전 단계 기준으로만 생각하는 경향이 있다. 내용 면에서 Model code는 가능한 역학이론에 따라 콘크리트 구조를 설계하는 가이드북으로 생각할 수 있다. 유럽설계기준의 특성을 한계상태설계법이라고 지칭하는 것은 한 면만을 강조한 것이다. 다른 설계기준과 마찬가지로 유럽설계기준도 다양한 한계상태에 대해 비슷한 수준의 기준을 제시하고 있지는 않으므로 완성된 한계상태설계법으로 보기는 어렵다. Model code가 이상으로 생각하는, 역학적 이론을 바탕으로 하는 설계를 지향한다는 것을 현 시점에서는 더 중요하게 생각해야 한다.

역자주 4 합목적성과 합리성에 대해서는 중립적으로 판단해야 한다. 미국의 설계기준은 제국(Empire)이 제시하는 기준이 현실에서 가장 보편적으로 적용되는 것을 목적으로 한다는 점에서 합목적적이다. 이에 반해 유럽의 설계기준은 서로 다른 기준을 가진 나라들이 소통할 수 있는 이성을 전제하고, 역학적 이론을 바탕으로 하는 합리적(여기서 합리적이란 더 낫다는 뜻이 아니다. J.Habermas의 의사소통적 합리성을 말한다) 기준을 이상으로 생각한다.

했던 1권과 달리 유럽설계기준의 특성이 잘 드러나는 설계예제집 2권은 역학적 이론과 발전된 계산방법이 어떻게 쓰이는지에 관심을 갖고 보기를 바란다.
1권에서는 구조기술자가 경험과 직관을 바탕으로 창의력을 발휘할 것을 주문하였다. 이에 더하여 2권에서는 구조설계와 관련된 연구결과를 수용하고 발전된 설계수단을 활용하여 더 나은 결과물을 만드는 것이 공학자의 의무라는 점을 강조하고 싶다. 그런 의미에서 우리 기술자들이 이 책에서 사용된 이론을 깊이 있게 이해하고 다양한 도구를 활용하는 것을 기대한다. 그러나 이들의 설계과정을 맹목적으로 따르는 것은 결코 바람직하지 않다.[5] 규정의 적용과 해석에 관한 저자들의 이해와 통찰을 배우는 것이 중요하다.

역자로서는 각 예제들에서 주목할 만한 내용을 소개하여 빠른 이해에 도움이 되었으면 한다.
예제 13은 구간별 시공을 고려하는 T형 거더 교량의 길이방향 설계이다. 간단하고 전형적인 프리스트레스트 콘크리트 교량설계예제이므로 전체 설계과정에 익숙해졌으면 한다.
예제 14는 프리캐스트 합성 교량인데, 합성 과정과 시간에 따른 구속 단면력의 재분배[6]에 주목하기 바란다.
예제 15는 폐기물 보관창고의 설계로 비선형 유한요소해석을 적용하는 과정을 잘 따라가기 바란다. 비선형 유한요소해석은 초기에 전산 구조해석이 그러했듯이 결과를 꼼꼼하게 검증하지 않고 설계에 쓰이는 경우가 있다. 해석결과를 어떻게 받아들이는지를 관심을 갖고 보기 바란다.
예제 16은 소성 한계이론의 하나인 항복선이론을 적용한 것이다. 예제 2의 탄성구조해석의 결과에 따른 설계와 비교하여 소성해석이 어떻게 쓰이는지 볼 수 있다.
예제 17은 비부착 프리스트레스트 콘크리트 플랫 슬래브의 설계를 다룬다. 새로운 공법의 적용으로 기존의 지간, 슬래브 두께의 한계를 넘는 결과를 얻을 수 있다. 그 과정에서 2방향 해석과 자유처짐 강선에 대한 연구 결과를 적용하였다.
예제 18은 벽체와 기둥이 지지하는 슬래브 구조계의 균열 및 비균열 상태의 유한요소해석 결과를 이용하는 과정을 보였다.
예제 19는 기둥의 기하 비선형해석을 설계에 반영하는 것으로 예제 10의 모델기둥방법의 적용범위를 벗어나는 기둥에 대한 설계를 다룬다. 기하 비선형에 대한 비교적 전형적인 해석이므로 다른 문제를 해결하는 데도 도움이 된다.
예제 20a는 건물의 횡지지 구조의 설계를 다룬다. 풍압과 건물 시공오차에 의한 횡력의 산정과 횡지지 구조에서의 힘의 배분을 계산하는 과정에 주목할 만하다.
예제 20b는 내진설계인데 독일은 대부분 중-약진 지역으로 우리와 비슷하여 유사한 경우의 설계에 도움이 될 수 있다. 각 경우의 내진 설계과정을 눈여겨보기 바란다.
역자 일러두기에서는 예제에서 인용된 EC2-2와 EC8-1의 독일부록 설계규정을 번역하였다. 참고문헌은 대부분 독일어로 되어 있으나, 내용을 짐작할 수 있게 예제의 해설에서는 제목을 번역하거나, 대강의 내용을 설명하였다. 마지막으로 정리된 주요어 중심으로 예제를 찾아서 비교하면 각 항목의 이해에 도움이 될 것으로 생각한다.

역자 주 5 예제들에 사용한 비선형 계산 프로그램들은 현시점에서는 이미 오래된 것일 수 있다(이 예제집의 원형은 2003년에 발간되었다). 성능이 우수한 비선형 해석 프로그램으로 대치하여 더 나은 결과를 얻을 수 있다.

역자 주 6 Dischinger의 미분방정식, Trost의 근사법에 대한 참고문헌 [34], [4]을 참고하라. 해당 주제에 대해 영어로 된 참고문헌 [A4], [A5]도 참고할 내용이 있다. 모든 예제에서 중요한 참고문헌은 해석과 역자 주에 명기하였다.

이 번역물은 동아대학교 연구년 과제를 수행하여 완성할 수 있었다. 대학의 지원에 감사한다. 번역하는 동안에 여러 사람의 도움을 받았다. 먼저 정리된 원고를 전체적으로 검토한 오성현 박사께 감사한다. 풍하중 부분에는 권순덕 교수님, 내진설계부분에는 김익현 교수님의 조언이 큰 도움이 되었다. 팔리지 않을 책임에도 출간을 허락한 도서출판 씨아이알과 거친 원고를 꼼꼼하게 교정한 김동희 편집자에게 고마움을 표하며, 우리 설계자들의 발전에 작은 보탬이라도 되었으면 한다.

2020년 7월 승학산 기슭에서 **강원호**

감사의 글

이 책은 2018 동아대학교 연구년 연구과제의 결과물이다. 대학의 지원에 감사한다.

역자 일러두기

1. 기호

이 책에 사용된 기호는 EC2(EN 1992-1-1: 1.6 및 EN 1992-2: 1.106)와 같다. 이는 ISO 3898:1987을 따른 것이다. 유럽 설계기준에 정의되지 않았거나, 독일의 국가별 부록(NA)에서만 사용하였거나, 이 책의 예제에서만 사용한 기호들은 각 예제의 주석에서 정의하였다. 이들 중에서 공통된 내용을 다음에 정리하였다.

영어 대문자

A 사고 설계상황의 작용(Action), 하중

A 단면적

A_c 콘크리트 단면적

A_{ct} 콘크리트 인장영역면적

A_p 긴장재 단면적

A_s 철근 단면적

$A_{s,\min}$ 최소 철근 단면적

A_{sw} 전단철근 단면적

$C_{\min}$ 최소 콘크리트 강도등급

$C_{\max}$ 최대 콘크리트 강도등급

D 철근 굽힘 직경

D_{Ed} 손상의 합(피로설계에 적용)

E 작용 효과(Effect of Action), 예를 들어 하중 또는 지점 침하(이들을 작용(Action)이라 한다)로 구조물에 단면력이 발생하면, 발생한 단면력을 작용효과라 한다. 내력, 단면력, 응력, 변위, 변형을 포함하는 개념이나, 흔히 '하중에 의한 단면력'을 뜻한다.

E_c, $E_c(28)$ 보통 중량 콘크리트의 응력 $\sigma_c = 0$에서의 접선 탄성계수, 재령 28일의 해당값

$E_{c,eff}$ 콘크리트 유효탄성계수

E_{cd} 콘크리트 탄성계수의 설계값

E_{cm} 콘크리트 평균 탄성계수, 할선 탄성계수(Secant modulus)를 쓴다.

$E_c(t)$ 보통 중량 콘크리트의 응력 $\sigma_c = 0$, 시간 t에서의 접선 탄성계수

E_p 긴장 강선 탄성계수의 설계값

E_s 철근 탄성계수의 설계값

EI 휨강성

EQU 정역학적 평형

F 작용(Action), 하중과 지점 변위, 크리프 등 구조물에 영향을 미치는 모든 원인을 총괄하는 개념이나

흔히 '하중'을 뜻한다. 하중은 다시 G(고정하중), Q(변동하중), P(긴장력)로 구분하여 쓴다.

F	힘(Force): 외력 또는 내력 예를 들어서 휨모멘트(M)에 의한 짝힘으로서의 단면 내력도 F로 표시한다.
F_d	작용의 설계값
F_k	작용의 기준값, 첨자 k는 characteristic을 뜻하므로, 기준값, 특성값, 표준값으로 번역할 수 있다.
G_k	고정하중(엄밀하게는 고정작용)의 기준값
I	단면 2차 모멘트
J	크리프 함수
K_c	균열폭 제한과 크리프 효과에 사용되는 계수
K_s	철근 분담계수
L	길이
M	모멘트 또는 휨모멘트
M_{Ed}	휨모멘트 설계값
N	축력
N_{Ed}	축력의 설계값
P	긴장력(Perstressing Force)
P_0	긴장재의 긴장단에서 긴장 직후의 초기 긴장력
Q_k	변동하중(엄밀하게는 변동작용)
Q_{fat}	피로하중의 기준값
R	저항, 작용효과(E)에 대응하는 개념이다. 하중에 의한 단면력이 작용효과일 때 단면 저항력, 단면강도를 뜻한다.
S	내력, 단면력
S	단면 1차 모멘트
SLS	사용한계상태
T	비틀림 모멘트
T_{Ed}	비틀림 모멘트 설계값
ULS	강도한계상태
V	전단력
V_{Ed}	전단력 설계값
Vol	교통량

영어 소문자

a	간격
a	기하 제원
a_l	연장길이, 전단력이 작용하는 부재에서 휨인장철근이 받는 인장력이 휨모멘트에 대하여 계산한 인장력보다 큰 것을 보정하기 위해 철근을 휨 이론으로 계산한 것보다 연장하여 배근하는 길이. 전이길이(shift distance)로 직역한 번역서들도 있다. 예제 1의 역자 주9 참조.
Δa	기하 제원의 증분량
b	단면 폭, T형 또는 L형 보의 실제 플랜지 폭
b_w	T, I, L형 보의 복부 폭
c	피복두께
c_{nom}	공칭 피복두께
$c_{\min}$	최소 피복두께
$c_{\min, b}$	부착을 위한 최소 피복두께
$c_{\min, dur}$	내구성을 위한 최소 피복두께
Δc_{dev}	허용오차, 계획과 시공의 차이에 따른 값
c_v	사용 피복두께, 독일 기준(NCI)에서 정의한 값. 철근 간격재 또는 지지재 사용을 위해 정하는 값으로 실제 배치값을 뜻한다.
d	직경; 깊이
d	단면의 유효깊이
d_g	골재의 공칭 최대직경. 독일 기준에서 $D_{\max}$로 쓰인 경우가 있다.
e	편심
f_c	콘크리트 압축강도
f_{cd}	콘크리트 압축강도의 설계값
f_{ck}	콘크리트 압축강도의 기준값으로 재령 28일의 원통형 시편의 압축강도
f_{cm}	콘크리트 압축강도의 평균값으로 원통형 시편에 대한 값
f_{ctb}	2축응력 상태에서 첫 번째 균열 직전의 콘크리트 인장강도
f_{ctk}	콘크리트 인장강도의 기준값
f_{ctm}	콘크리트 인장강도의 평균값
f_{ctx}	균열모멘트를 결정하기 위해 선택한 콘크리트 인장강도
f_{bd}	부착응력의 설계값. EC2-1-1, 8.4.2 (2) 참조
f_p	긴장강재의 인장강도
f_{pk}	긴장강재 인장강도의 기준값
$f_{p0.1k}$	긴장강재의 0.1% 항복응력 기준값
$f_{0.2k}$	철근의 0.2% 항복응력 기준값

f_t	철근의 인장강도
f_{tk}	철근 인장강도의 기준값
f_y	철근 항복응력
f_{yd}	철근 항복응력의 설계값
f_{yk}	철근 항복응력의 기준값
f_{ywd}	전단철근 항복응력의 설계값
h	높이
h	단면의 총 깊이
i	단면 회전반경
k	계수
l(또는 L)	길이; 지간장
m	질량 또는 판의 단면력(휨모멘트)
n	평면응력부재의 단면력(축력)
q_{ud}	비선형해석에서 하중조합에 대한 최대값
r	반경
$1/r$	단면 곡률
s	균열간격
t	두께
t	시간
t_0	하중 작용 시의 시간
u_0	뚫림 전단강도의 계산에 사용되는 둘레길이. 하중도입 평면 A_{load}의 둘레길이
u_1	뚫림 전단강도의 계산에 사용되는 임계 둘레단면의 둘레길이
u_{out}	뚫림 전단강도의 계산에서 뚫림 전단철근이 더 이상 필요치 않은 외부 둘레단면의 둘레길이
u	단면적 A_c인 콘크리트 단면의 둘레길이
u, v, w	한 점의 변위의 x, y, z 성분
x	중립축까지의 깊이
x, y, z	좌표 성분
x_u	강도한계상태(ULS)에서 재분배 이후의 압축영역의 깊이
z	내력의 팔길이

그리스어 대문자

Φ	EN 1991-2에 따른 동적 계수

그리스어 소문자

α	각도; 비율; 장시간의 영향을 고려한 계수 또는 주응력 간의 비율을 고려한 계수
α_e	E_s/E_{cm} 비
α_h	θ_l에 대한 감소계수
β	각도; 비율; 계수
γ	부분안전계수
γ_A	사고 작용 A에 대한 부분안전계수
γ_C	콘크리트의 재료안전계수
γ_F	작용 F에 대한 부분안전계수
$\gamma_{F,fat}$	피로하중에 대한 부분안전계수
$\gamma_{C,fat}$	콘크리트 피로에 대한 재료안전계수
γ_O	전체적인 부분안전계수
γ_G	고정하중 G에 대한 부분안전계수
γ_M	재료안전계수, 재료성질, 기하제원, 설계 모델의 불확실성을 반영한 부분안전계수
γ_p	긴장력 P에 대한 부분안전계수
γ_Q	변동하중 Q에 대한 부분안전계수
γ_S	철근 또는 긴장강재에 대한 재료안전계수
$\gamma_{S,fat}$	철근 또는 긴장강재의 피로에 대한 재료안전계수
γ_f	계산 모델의 불확실성을 고려하지 않은 작용(action)에 대한 부분안전계수
γ_g	계산 모델의 불확실성을 고려하지 않은 고정하중에 대한 부분안전계수
γ_m	재료 성질의 불확실성만을 고려한 재료안전계수
δ	증가량/재분배율
ξ	크리프 재분배 계수 또는 부착강도 비
ζ	감소계수/분배계수
ϵ_c	콘크리트 압축변형률
ϵ_{ca}	화학적 수축(자기 수축)
ϵ_{cc}	크리프 변형
ϵ_{cd}	건조수축
ϵ_{c1}	콘크리트의 최대응력 f_c에서의 압축변형률
ϵ_{cu}	콘크리트 극한 압축변형률

ϵ_u	철근 또는 긴장재의 최대응력에서 변형률
ϵ_{uk}	철근 또는 긴장재의 최대응력에서 변형률의 기준값
θ	각도
θ_l	기하적 불완전성에 의한 경사각
λ	세장비
μ	긴장재와 덕트 사이의 마찰계수
ν	포아송비
ν	전단설계에서 균열 콘크리트의 강도감소계수
ξ	긴장강재와 철근 사이의 부착강도비
ρ	콘크리트 단위중량(oven-dry density)[kg/m^3]
ρ_{1000}	강재의 릴랙세이션 손실[%]로 평균온도 20℃에서 긴장 이후 1000시간의 값
ρ_l	길이방향 철근의 철근비
ρ_w	전단철근의 철근비
σ_c	콘크리트 압축응력
σ_{cp}	축력 또는 긴장력에 의한 콘크리트 압축응력
σ_{cu}	콘크리트 극한 압축변형률 ϵ_{cu}에서의 콘크리트 압축응력
τ	비틀림 전단응력
ϕ	철근 직경 또는 덕트 직경. 독일의 철근 표시는 ϕ+철근직경(mm)이다. 예를 들어 ϕ10은 공칭직경 10 mm의 이형철근을 뜻한다. 직선 철근의 사양은 다음과 같다. －직경: 6, 8, 10, 12, 14, 16, 20, 25, 28 mm, DIN 488에 따른 BSt500S(이 책의 B500과 같다)이며 32, 40 mm, Bst 500S이며 건설허가 사항으로 따로 정한다. －길이: 12～15 m
ϕ_n	철근 묶음의 등가 직경
$\varphi(t, t_0)$	크리프 계수, 재령 28일의 탄성 변형에 대한 시간 t와 t_0 사이의 크리프를 나타낸다.
$\varphi(\infty, t_0)$	최종 크리프 계수
ψ	변동하중(엄밀하게는 변동작용)의 대표값을 나타내는 계수
ψ_0	조합계수
ψ_1	흔한 하중에 대한 계수
ψ_2	준-고정하중에 대한 계수
χ	재령 계수

첨자

아래의 첨자는 그림, 표 등을 고치기 어려워 독일어를 그대로 사용하였다. 각 예제의 역주에서 다시 설명하였다.

F 위치를 나타낼 때 지간(Feld: span)을 나타내는 경우가 있다.

S 위치를 나타낼 때 지점(Stütz: support)을 나타내는 경우가 있다.

li 위치를 나타낼 때 왼쪽(links: left)을 나타낸다.

re 위치를 나타낼 때 오른쪽(rechts: right)을 나타낸다.

o 위치를 나타낼 때 상부(oben: top)를 나타낸다.

u 위치를 나타낼 때 하부(unten: bottom)를 나타낸다.

2. 모든 예제에 공통되는 설명

2-1) 주로 정적하중(Predominantly static action): 구조물 또는 부재에 동적 거동을 유발하지 않는 하중(정적 하중)과 구조설계에서 동적 거동을 무시하는 하중(예를 들어서 주차장, 공장 등의 사용하중과 풍하중 등은 설계목적에 따라 정적하중으로 취급할 수 있다)

2-2) 내화등급은 EC2-1-2를 따른다. 내화설계가 포함된 1권의 예제(예제 1, 2, 4, 5, 7, 8, 9, 10)의 해당 절(4.4~5.4절)을 참고하라.

2-3) 재료의 표기: 이 예제집에서 콘크리트는 유럽설계 기준의 표기(예를 들어 C20/25)를 따랐으나, 철근은 독일기준(DIN)의 표기를 따랐다.

철근의 표기에서 머리글자 B는 철근 콘크리트용 강재(철근 또는 철근망)로 우리기준의 SD에 해당된다. 중간숫자(예를 들어서 500)은 항복기준강도 f_{yk}를 뜻한다. 따라서 B500은 항복기준강도 $f_{yk} = 500$ N/mm^{2}인 철근 또는 철근망을 뜻한다.

꼬리글자 A, B, C는 각각 보통연성(normal ductile), 고연성(high ductile), 내진용(for earthquake)을 뜻한다. 강종에 따른 물성요구사항은 아래 표와 같다.

역자 일러두기 표 1: DIN1045에 따른 철근 또는 철근망의 재료물성

재료물성	연성등급		
	A (보통연성)	B (고연성)	C (내진용)
f_{yk}(단위: N/mm^2)	500 (400-600)	500 (400-600)	- (400-600)
$(f_t/f_y)_k$	≥ 1.05 (≥ 1.05)	≥ 1.08 (≥ 1.08)	- ≥ 1.15 < 1.30
ϵ_{uk}(%)	≥ 25	≥ 50	≥ 75

* ( ) 안의 값은 EN1992-1-1의 기준값으로 DIN과 다른 경우만 보였다.

2-4) 철근망: 이 예제집에서 사용한 철근망은 용접 철근망(welded wire fabric)으로 그 제원과 자세한 설명은 1권: 일반 구조편의 역자 일러두기와 같다.

2-5) 단면 설계도표를 이용한 설계: 휨설계에 1권 부록의 단면 설계표(부록 A4~A8)를 이용한 것이다. 무차원 휨모멘트 μ, 무차원 축력 ν, 철근비 ω, 압축영역 깊이 비 ξ, 내부 팔길이 비 ζ의 무차원량을 사용하여 계산한다.

3. 유럽설계기준 EC2-2/NA: 독일부록

유럽설계기준 EC2-2/NA(참고문헌[E6]; Eurocode2:DIN EN1992-2/NA)는 유럽설계기준 EC2의 2부(참고문헌[E5]; Eurocode2:DIN EN1992-2: 콘크리트 교량-설계와 시공 기준)에 대한 독일부록(National Annex)이다. 이는 독일부록에만 있는 조항(규정번호가 NA로 시작하는 조항), 독일에서의 사용에 따른 보충정보(NCI: Non-contradictory Complementary Information)와 독일에서 정한 변수(NDP: Nationally Determined Parameters)로 구분된다. 독일부록은 DIN에서 출판하여 영어판도 구할 수 있으나, 우리나라 독자들이 따로 구하기가 쉽지 않을 것을 고려하여 이 예제집에 인용된 규정 항목을 다음과 같이 번역하였다. 예제집의 해설 부분에서 EC2-2,NA⋯, 또는 EC2-2,(NCI)⋯, 또는 EC2-2,(NDP)⋯로 인용된 조항은 이 일러두기에서 찾아볼 수 있다.[7] 이 책에서는 국가별 부록 이전의 유럽설계기준 EC2-2를 표준규정이라 하였다. 설계규정의 번역은 참고문헌[A1], [A2]를 기초로 하였다.

3-1) EC2-2, (NCI) 2.3.1.2: (NA.102)

강도한계상태에서 온도변화에 따른 단면력을 고려하는 것이 필요하다. 다른 자세한 정보가 없다면 상태 II(균열상태)에 의한 강성저하를 고려하여 상태 I(비균열상태)의 강성을 0.6배 한 값으로 계산할 수 있다.
5.7절에 따라 더 정확하게 검증한다면, 적어도 상태 I의 강성을 0.4배 한 값으로 계산할 수 있다. 온도하중은 일반적으로 변동하중으로 간주하며, 부분안전계수 $\gamma_Q = 1.35$와 하중조합계수 ψ로 고려한다.

3-2) EC2-2, (NCI) 2.3.1.3: (1)

Note: 강도한계상태에서는 가능한(possible) 지점침하를, 사용한계상태에서는 예상되는(probable) 지점침하를 적용한다.

3-3) EC2-2, (NCI) 2.3.1.3: (NA. 103)

강도한계상태에서는 가능한 지반운동으로 인한 지점의 변위와 회전을 고려한다. 다른 자세한 정보가 없다면, 상태 II(균열상태)의 강성저하를 고려하여 상태 I(비균열상태)의 강성을 0.6배 한 값으로 계산할 수 있다.
5.7절에 따라 더 정확하게 검증한다면, 적어도 상태 I의 강성을 0.4배 한 값으로 계산할 수 있다. 지점침하 차이

역자주 7 각 조항의 번호는 추가되는 해당 절 또는 항의 번호이다. 예를 들어 EC2-2,(NCI) 2.3.1.2:(1)은 해당 항((1)항)에 추가된 내용이다. 그 외의 내용은 EC2-2의 표준규정과 같다. 또 (NA...)는 추가된 조항으로 번호의 순서는 첫 번째 숫자에 따른다. 예를 들어 EC2-2,(NCI) 2.3.1.2:(NA.102)항은 해당 절의 (1)항에 추가된 두 번째 조항이다.

는 고정하중으로 간주한다.

3-4) EC2-2, (NCI) 2.3.1.3: (4)

콘크리트 교량에서 $\gamma_{G,set}=1.0$으로 할 수 있다.

3-5) EC2-2, (NCI) 2.3.1.4: (NA.105)P

프리스트레스에 의한 단면력 중에서 부정정 부분은 상태 II에 따른 강성저하를 적용하지 않는다.

3-6) EC2-2, (NDP) 2.4.2.3: (1)

피로에 대한 부분안전계수의 권장값은 $\gamma_{F,fat}=1.0$이다.

3-7) EC2-2, (NDP) 2.4.2.4: (1)

Table 2.1DE – 강도한계상태의 재료안전계수

설계상황	콘크리트 γ_c	철근 및 철근망 γ_s
정상 및 임시	1.5	1.15
사고	1.3	1.00
피로	1.5	1.15

3-8) EC2-2, (NCI) 3.1.4: (1)P

일반적으로 교량에서 RH=80%로 한다.

3-9) EC2-2, (NCI) 3.1.4: (6)

$$\epsilon_{cd}(t)=\gamma_{lt}\cdot\beta_{ds}(t,t_s)\cdot k_h\cdot\epsilon_{cd,0} \quad \text{(NA.103.9)}$$

여기서,

γ_{lt}는 부록 B.105, (B.128)식에 따른 지연된 장기처짐의 안전계수이다.

3-10) EC2-2, (NDP) 3.1.6: (101)P

장기하중뿐만 아니라 단기하중에 대해서도 $\alpha_{cc}=0.85$로 한다.

3-11) EC2-2, (NDP) 3.2.2: (3)P

이 설계기준은 강재의 항복응력 $f_{yk}=500\ \mathrm{N/mm^2}$인 경우에 대한 것이다.

3-12) EC2-2, (NCI) 3.2.2: (3)P

교량상부구조에서는 DIN 488 또는 건설허가에 따라 고연성철근(class B)을 쓸 수 있다.

3-13) EC2-2, (NDP) 3.2.7: (2)

a) (철근의 응력 - 변형 곡선에서) 항복 이후 응력이 증가하는 관계식의 변형 한계값 $\epsilon_{ud} = 0.025$로 한다.

철근 B500A와 B500B에서 $f_{tk,cal} = 525$ N/mm²($\epsilon_{ud} = 0.025$에서 계산상 인장강도)로 가정한다.

3-14) EC2-2, (NCI) 3.2.7: (NA.5)

단면력 산정을 위해 비선형 계산을 할 때는 일반적으로 그림 NA.3.8.1에 따라 $\epsilon_s \leq \epsilon_{uk}$인 실제에 가까운 응력-변형 곡선을 사용한다.

근사식으로 2 - 선형관계(bi-linear relationship)의 응력 - 변형 곡선(그림 NA.3.8.1 참조)을 쓸 수 있다. 이때 f_y는 NCI 5.7 (NA.10)에 따른 계산값 f_{yk}을 가정할 수 있다.

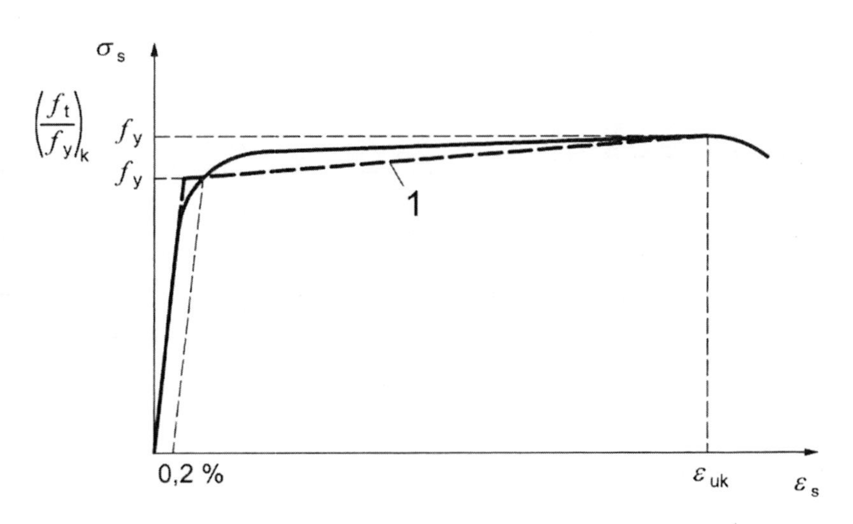

그림에서 1은 이상화된 응력-변형 관계선이다.

그림 NA.3.8.1: 2-선형 응력-변형관계 곡선

3-15) EC2-2, (NCI) 3.3

3.3절 전체에 대하여, DIN EN 10138(긴장강재에 대한 유럽기준)의 도입 이전에는 일반적인 건설허가에 따른 긴장강재의 제조방법, 특성, 시험방법 및 품질증명 방법이 유효하다.

3-16) EC2-2, (NCI) 3.3.2: (NA.104)P

릴랙세이션 등급에 대해서는 건설허가사항이 유효하다.

3-17) EC2-2, (NDP) 3.3.6: (7)···

-(긴장재의 응력 - 변형 곡선에서) 항복에 응력이 증가하는 관계식에서 변형한계값

$\epsilon_{ud} = \epsilon_p^{(0)} + 0.025 \leq 0.9\epsilon_{uk}$ (여기서 $\epsilon_p^{(0)}$는 긴장재의 pre-strain), 또는

-항복 후 응력이 일정한 관계식, 변형한계값이 없는 경우

$f_{p0.1k}/f_{pk}$ 비는 긴장강선의 허가사항 또는 DIN EN 10138의 값을 쓴다.

3-18) EC2-2, (NCI) 4.2

표 4.1DE- EN 206-1과 DIN 1045-2에 따른 노출등급

노출등급	환경조건	노출등급에 해당하는 예
1 부식 또는 열화 위험이 없는 경우		
X0	무근 콘크리트 또는 금속을 포함하지 않는 경우: 동결·융해, 마모와 화학적 침해 외의 모든 환경조건 철근 콘크리트 또는 금속을 포함한 경우: 매우 건조한 환경	동결없는 무근 콘크리트 기초; 무근 콘크리트 실내부재 매우 건조한 건물의 콘크리트[a)]
2 탄산화에 의한 철근 부식		
XC1	건조 또는 항상 습윤한 환경	일반적인 대기습도(주방, 욕실과 세탁실 포함); 항상 수중에 있는 콘크리트
XC2	습윤, 드물게 건조한 환경	수조의 타일; 기초 부재
XC3	보통 습도	외기와 자주 또는 항상 만나는 환경, 예를 들어 열린 공간(Hall), 대기습도가 높은 실내 부재, 예를 들어 일반적인 주방, 욕실, 세탁실, 수영장과 외양간
XC4	습윤과 건조가 반복되는 환경	비가 직접 닿는 실외부재
3 염화물에 의한 철근 부식(바닷물 외)		
XD1	보통 습도	차도의 물이 튀는 부재 단독 차고
XD2	습윤, 드물게 건조한 환경	해수욕탕; 염화물을 포함하는 산업폐수에 접하는 부재
XD3	습윤과 건조가 반복되는 환경	자주 염화물에 접하는 교량의 부분; 차도 바닥; 바퀴가 직접 닿는 주차장 바닥[b)]
4 바닷물의 염화물에 의한 철근 부식		
XS1	염도가 높은 대기, 바닷물과 직접 닿지 않는 환경	해안선 근처의 실외부재
XS2	수면 아래	항상 수중에 있는 부두 시설의 부재
XS3	조간대, 비말대와 조상대	해안벽
5 동결에 따른 콘크리트 열화, 동결방지제를 쓰는 경우와 그렇지 않은 경우		
XF1	동결방지제 없는 보통의 습윤조건	실외부재
XF2	동결방지제 있는 보통의 습윤조건	차도에 동결방지제를 쓴 경우에 차도의 물이 튀는 부재, XF4에 해당하지 않는 경우; 바닷물이 교번하는 곳의 부재
XF3	동결방지제 없는 높은 습윤조건	열린 수조; 민물이 마르고 젖는 곳의 부재
XF4	동결방지제 또는 바닷물이 있는 높은 습윤조건	동결방지제를 쓰는 차도; 동결방지제를 쓰는 차도의 물이 튀는 곳의 주로 수평부재; 하수처리장의 처리 시설; 조간대의 해안 부재
6 유해한 화학적 환경에 의한 콘크리트 열화		
XA1	약한 화학적 침해 환경	하수처리장의 수조; 비료 저장고
XA2	보통의 화학적 침해 환경과 바닷물에 의한 침해	바닷물과 접하는 부재; 콘크리트에 유해한 지반의 기초부재
XA3	강한 화학적 침해 환경	유해한 화학물을 포함하는 폐수 처리시설; 사료 저장고; 배기가스의 냉각탑

표 4.1DE– EN 206–1과 DIN 1045–2에 따른 노출등급(계속)

노출등급	환경조건	노출등급에 해당하는 예
NA.7 알칼리 골재반응에 의한 콘크리트 열화		
WO	보통의 양생 이후 오랫동안 습윤 상태에 있지 않으며, 건조 후 사용 시에도 건조한 상태인 콘크리트	- 건물의 실내부재; - 실외부재, 단 빗물, 표면수, 지하수 등에 직접 접하지 않으며/않거나 상대습도 80% 이상인 환경에 지속적으로 노출되지 않는 경우
WF	사용 시 자주 또는 오랫동안 습윤한 콘크리트	- 실외부재, 빗물, 표면수, 지하수 등에 직접 접하는 경우 - 습윤한 공간의 부재, 예를 들어 실내 수영장, 세탁실 또는 공업 또는 상업용 시설로 대부분 상대습도 80% 이상인 환경 - 온도가 자주 이슬점 이하인 환경의 부재(예를 들어, 굴뚝 연관, 열교환기, 축사) - 매스콘크리트 부재(DAfStb의 콘크리트 매스 부재에 관한 규정 참조)로 최소 치수가 0.8m 이상인 경우(습윤 환경에 관한 노출은 무시)
WA	WF의 환경에 더하여 자주 또는 지속적으로 외부에서 알칼리성 물질이 유입되는 콘크리트	- 바닷물에 직접 접하는 부재 - 제빙제와 직접 접하는 부재, 단 추가의 동적하중은 작용하지 않는 경우(예를 들어 차도의 물이 튀는 곳; 주차장의 포장과 바닥) - 알칼리 화합물과 직접 접하는 공업용 또는 농업용 시설(예를 들어 액체 비료 저장조)
WS	매우 동적인 하중을 받으며 알칼리성 물질에 직접 접하는 콘크리트	- 제빙제와 직접 접하며, 이에 더하여 높은 동적하중이 작용하는 경우(예를 들어 콘크리트 차도)

NOTE 1 콘크리트의 구성성분은 철근의 보호와 콘크리트 열화에 대한 저항성에 영향을 미친다. 부록 E는 노출등급에 따라 필요한 최소 강도등급을 제시한다. 이는 구조 설계에서 필요한 것 보다 높은 강도일 수도 있다. 이 경우에는 최소 철근과 균열폭 제한의 계산에서 높은 강도의 콘크리트에 대한 f_{ctm}을 적용한다(7.3.2와 7.3.4절 참조).

NOTE 2 XM등급의 정의는 4.4.1.2 (13)을 참조하라.

NOTE 3 습윤 정도는 콘크리트 피복두께 내의 상태와 관계가 있다. 일반적으로 부재가 노출된 경우에 콘크리트 피복두께 내의 습윤 상태는 주위환경과 같은 것으로 가정할 수 있다. 그러나 콘크리트에 차단재가 있다면 이에 해당되지 않는다.

NOTE 4 노출등급에 해당되는 예는 DIN 1045-2에 따른 것이다.

a) "매우 낮은 습도"는 습도가 30%를 넘지 않는 것을 의미한다.
b) 이런 바닥은 균열 채움 코팅과 같은 추가의 표면보호가 필요하다(DAfStb-Heft600 참조).
c) 콘크리트 구성성분과 재료성질에 관한 한계값은 DIN 206-1과 DIN 1045-2를 참조하라.

3-19) EC2-2, (NDP) 4.4.1.2 (3)

강선의 쉬스에 대한 $c_{\min,b}$는 다음과 같다;

– 포스트텐션 부재의 부착강선:

– 원형 쉬스: $c_{\min,b} = \phi_{duct} \leq 80\text{ mm}$

– 사각형 쉬스 $a \cdot b(a \leq b)$ $c_{\min,b} = \max\{a; b/2\} \leq 80\text{ mm}$

– 프리텐션 부재의 강선, 부착응력은 8.10.2.2절을 따르는 경우:

– 강연선, 이형 소선: $c_{\min,b} = 2.5\,\phi_p$

강선의 쉬스에 대한 $c_{\min,dur}$은 다음과 같다.

– $c_{\min,dur} \geq 50\text{ mm}$

차도 바닥판 또는 보도교의 바닥판 표면 아래에 강선을 배치하면, 포스트텐션 부재의 쉬스와 프리텐션 부재의 강선의 콘크리트 피복두께의 최소값은 다음과 같다.

– 길이방향 강선 $\geq 100\text{ mm}$

– 횡방향 강선 ≥ 80 mm

3-20) EC2-2, (NDP) 4.4.1.2 (5)

$c_{\min, dur}$ 값은 표 4.3.1DE에 따른다.

표 4.3.1DE–교량과 교통 관련 구조물의 콘크리트 피복 두께의 최소값과 공칭값

부재	$c_{\min, dur}$ [mm]	c_{nom} [mm]
상부구조	40	45
도로교의 보도 및 기타 부재		
- 콘크리트에 접하지 않은 면	40	50
- 콘크리트에 접하는 면	20	25
철도교의 보도 및 기타 부재		
- 콘크리트에 접하지 않은 면	30	35
- 콘크리트에 접하는 면	20	25
하부구조와 유사 부재		
- 흙에 접하지 않는 면	40	45
- 흙에 접하는 면	50	55

3-21) EC2-2, (NCI) 4.4.1.3 (NA.104)

고르지 않은 표면에 타설하는 콘크리트에 대해서는 최소 피복두께의 차이에 따라 사용 피복두께(배치값)을 크게 해야 한다. 예를 들어서 지반 위에 바로 타설하는 콘크리트의 최소 피복두께는 $c_{\min, dur} > 75$ mm로 해야 한다. 표면을 고른 지반(예를 들어 분리막을 설치)에 타설하는 콘크리트의 최소 피복두께는 $c_{\min, dur} \geq 40$ mm로 해야 한다. 무늬 표면 또는 노출자갈 표면과 같은 건축용 외장을 한 콘크리트 표면에서도 마찬가지로 피복두께를 크게 한다.

3-22) EC2-2, (NCI) 5.3.2.1 (2)

그림 5.2는 인접지간의 지간비가 $0.8 < l_1/l_2 < 1.25$인 경우에 거의 같은 강성, 거의 같은 하중이 작용할 때 유효하다. (인접지간에 비하여) 짧은 내민부가 있을 때 유효 지간장 l_0는 $l_0 = 1.5 l_3$로 계산해야 한다. 내민부 길이 l_3는 인접 지간장의 1/2보다는 작아야 한다.

3-23) EC2-2, (NCI) 5.3.2.1 (NA.105)

슬래브의 헌치는 그림 NA.5.103.1과 같이, 복부폭 b_w를 b_v로 늘려서 만든다.

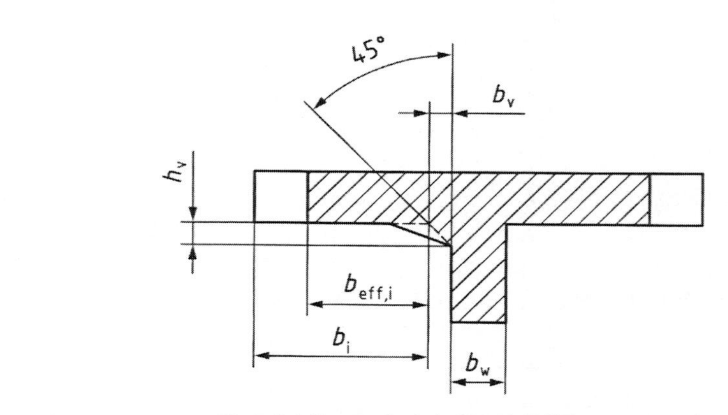

$b_v \le h_v$

그림 NA.5.103.1: 헌치가 있는 플랜지의 유표 복부폭 $b_w + b_v$

3-24) EC2-2, (NDP) 5.10.2.1 (1)P

다음 값을 추천한다. $k_1 = 0.80$, $k_2 = 0.90$.

3-25) EC2-2, (NCI) 5.10.2.1 (2)

(5.41)식에 따른 최대 긴장력은 초과 긴장 시에도 넘을 수 없다.

3-26) EC2-2, (NCI) 5.10.2.1 (NA.103)

포스트텐션 부재의 계획 긴장력은 마찰손실이 크더라도 부재 길이에 걸쳐 (5.41)식을 준수하여 목표한 긴장력을 달성할 수 있게 제한한다. 이를 위하여 계획 최대 긴장력 $P_{\max}$를 계수 k_μ로 감소시킨다.

마찰손실의 증가를 고려한 감소계수 k_μ는 다음과 같이 계산한다.

$$k_\mu = e^{-\mu \cdot \gamma (K-1)} \tag{NA.5.41.1}$$

여기서

μ	건설허가에 따른 마찰계수
γ	$= \theta + k \cdot x$ (5.45)식 참조
K	초과 긴장에 따른 여유를 보장하기 위한 조정값
	$K = 1.5$ 쉬스 내에 강선을 보호조치 없이 3주 내에 배치하거나, 부식방지 조치를 한 경우
	$k = 2.0$ 쉬스 내에 강선을 보호조치 없이 3주 이상 배치한 경우

일반적인 시공과정에서는 초과긴장에 대한 여유를 보장하기 위해 $K = 1.5$를 사용하는 것으로 충분하다. 강선에 대해서 초과긴장에 대한 여유를 보장하기 위한 조정값을 사용해야 한다. 위의 식에서 x는 1단 긴장에서는 긴장단과 고정단 또는 고정 커플러 간의 거리이며, 양단 긴장에서는 각 긴장단의 영향길이이다.

3-27) EC2-2, (NCI) 5.10.3 (2)

다음 값을 추천한다. $k_7 = 0.75$, $k_8 = 0.85$.

3-28) EC2-2, (NCI) 5.10.5.2 (2)와 (3)

계수 μ와 k 값은 건설허가 사항의 값만을 쓸 수 있다.

3-29) EC2-2, (NCI) 5.10.9 (1)P

프리텐션 부재의 강선 또는 비부착 강선:

$\gamma_{sup} = 1.05,$ $\gamma_{inf} = 0.95;$

포스트텐션 부재의 부착강성:

$\gamma_{sup} = 1.10,$ $\gamma_{inf} = 0.90.$

탈압축과 시공상태의 허용 연단 인장응력의 검토에 있어서는 긴장력의 기준값을 다음과 같이 한다.

− 직선 또는 거의 직선으로 배치한 부착강선(예, 압출공법에서 중심축 긴장):

$\gamma_{inf} = 1.00$

$\gamma_{sup} = 1.00;$

− 포물선 배치한 부착강선:

$\gamma_{inf} = 0.95$

$\gamma_{sup} = 1.05;$

− 외부 강선 또는 비부착 내부 강선:

$\gamma_{inf} = 1.00$

$\gamma_{sup} = 1.00.$

3-30) EC2-2, (NCI) 6.1 (NA.111)

단면 폭이 변하는 부재(T형보, Box 단면 보)에서는 횡철근과 콘크리트 압축 스트럿으로 복부에 전단강성을 갖고 연결한 압축 플랜지만을 유효한 것으로 고려한다.

인장 플랜지의 길이방향 철근과 강선은 횡철근과 콘크리트 압축 스트럿으로 복부에 전단강성을 갖고 연결된 인장력만을 유효한 것으로 고려한다.

3-31) EC2-2, (NCI) 6.1 (109)

iii) 총 휨강도의 계산에서는 위와 같이 감소한 강선 단면적을 사용한다. 그 값이 드문 하중조합에서의 휨모멘트보다 큰 것을 확인해야 한다. 이 검토에서 단면력의 재분배를 고려할 수 있으며, 총 휨강도는 2.4.2.4절의 표 2.1DE에 주어진 사고설계상황의 재료에 대한 부분안전계수를 사용하여 계산해야 한다.

3-32) EC2-2, (NCI) 6.2.1 (8)

$V_{Rd,c}$와 $V_{Rd,s}$의 검토는 일반적으로 지점 연단에서 d만큼 떨어진 직접 지점에 대해서만, 또 지점 연단의 $V_{Rd,\max}$에 대해 수행할 수 있다. 간접지점에서는 V_{Rd}에 대한 설계 전단력은 일반적으로 지점축에서 정한다. 예외는 DAfStb-Heft 600을 참조하라.

3-33) EC2-2, (NCI) 6.2.1 (NA.104)

또한 계산상 전단철근이 필요하지 않을 때에도, 일반적으로 9.2.2절에 따른 최소 전단철근을 배근해야 한다. 슬래브와 같이 횡방향의 하중 재분배가 가능한 부재에 대해서는 최소 전단철근을 적용하지 않을 수 있다.

Note 1: 8장과 9장의 배근 세목과 부재 상세를 준수하면 슬래브의 하중이 충분히 횡분배될 수 있다.

3-34) EC2-2, (NCI) 6.1 (NA.10)

2방향 슬래브의 전단검토는 x방향과 y방향 각각에 대하여 분리하여 하중과 내하력 성분을 분리하여 할 수 있다. 전단철근이 필요하면 각 방향에서 구한 값을 더한다. 다르게는 주 전단력 v에 대해 다음과 같이 전단철근을 설계할 수도 있다.

$$v = \sqrt{{v_x}^2 + {v_y}^2}$$

3-35) EC2-2, (NDP) 6.2.2 (6)

− 전단력에 대해 일반적으로 $\nu = 0.675$

3-36) EC2-2, (NCI) 6.2.3 (1)

전단강도 검토에서 내부 팔길이 z는 일반적으로 (축력 여부와 무관하게) 휨강도한계상태의 값을 써야 한다. 콘크리트 압축영역이 사각형인 단면에서는 일반적으로 근사값 $z = 0.9 \cdot d$로 가정할 수 있다.

그러나 z값은 다음 값보다는 크게 할 수 없다.

$$z = d \cdot 2 \cdot c_{v,l} \geq d - c_{v,l} - 30\,\text{mm}$$

여기서 $c_{v,l}$은 콘크리트 압축영역 내의 길이방향 철근의 사용 피복두께이다.

이때 스터럽은 (8.5)절에 따라 압축영역에 정착된 것을 전제로 한다. 완전히 인장응력만 발생하는 단면에서는 스터럽이 길이방향 인장철근을 둘러싼다면, z값은 인장철근 사이의 간격으로 할 수 있다.

원형 단면과 같은 다른 형태의 단면에서 유효폭 b_w는 철근 중심점(인장영역)과 압축합력 사이의 최소폭(내부 팔길이 z에 수직한 최소폭)을 사용한다.

3-37) EC2-2, (NDP) 6.2.3 (2)

$$1.0 \leq \cot\theta \leq \frac{1.2 + 1.4\,\sigma_{cp}/f_{cd}}{1 - V_{Rd,cc}/V_{Ed}} \leq 1.75 \qquad (6.107aDE)$$

경사전단 철근에서 $\cot\theta$는 0.58까지 쓸 수 있다.

$$V_{Rd,cc} = c \cdot 0.48 \cdot {f_{ck}}^{1/3}\left(1 - 1.2\frac{\sigma_{cp}}{f_{cd}}\right) \cdot b_w \cdot z \qquad (6.7bDE)$$

여기서

c $= 0.5$;

σ_{cp} 단면 중심 높이에서 콘크리트 축응력의 설계값 $\sigma_{cp} = N_{Ed}/A_c$[N/mm²];

(NA.6.7a)와 (NA.6.7bDE)에서 σ_{cp}는 인장응력일 때 (−)값이다.

N_{Ed} 외부작용(좁게는 하중)에 의한 단면의 설계축력(압축력일 때 $N_{Ed} > 0$)

근사계산에서 $\cot\theta$는 다음 값을 쓸 수 있다.

− 순수휨: $\cot\theta = 1.2$

− 휨과 압축력: $\cot\theta = 1.2$

− 휨과 인장력: $\cot\theta = 1.0$

3-38) EC2-2, (NDP) 6.2.3 (103)

$\nu_1 = 0.75$

$\alpha_{cw} = 1.00$

3-39) EC2-2, (NDP) 6.2.4 (4)

사압축대 경사각 θ_f는 (NDP) 6.2.3 (2)에 따라 산정할 수 있다. 이때 $b_w = h_f$, $z = \Delta x$로 둔다. σ_{cp}는 플랜지 단면의 길이 Δx에 대한 콘크리트 축응력의 평균값이다. 근사적으로 인장 플랜지에서 $\cot\theta_f = 1.0$, 압축플랜지에서 $\cot\theta_f = 1.2$로 둘 수 있다. (6.22)식에서 ν는 (NDP) 6.2.3 (103)의 ν_1을 쓴다.

3-40) EC2-2, (NCI) 6.2.4 (NA.105)

더 정밀하게 검토하지 않는다면, 플랜지와 복부 사이의 전단력과 횡방향 휨의 조합응력에 대해서 일반적으로 (6.21)식에 따라 계산한 값과 횡방향 휨에 대해 계산한 값 중에서, 각 면에 더 큰 필요단면적의 철근을 배치한다. 이때 휨 인장영역과 휨 압축영역에는 전단응력에 대해서만 계산한 전단철근의 값의 1/2씩을 따로 고려한다. 플랜지 슬래브에 전단철근이 필요하면, 플랜지가 판으로 거동할 때와 평면응력 부재로 거동할 때를 동시에 고려하여, 이 둘의 선형 상관관계를 (NA.6.22.1)식으로 검토한다.

$$\left(\frac{v_{Ed}}{v_{Rd,\max}}\right)_{\text{판}} + \left(\frac{v_{Ed}}{v_{Rd,\max}}\right)_{\text{평면응력부재}} \le 1.0 \qquad \text{(NA.6.22.1)}$$

3-41) EC2-2, (NCI) 6.2.5 (1)

− 연결부의 전단검토를 위한 6.2.5절의 (6.25)식에서;

− 매우 매끄러운 연결부: $\nu = 0$

(연결부에 수직한 압축력이 작용하지 않는 연결부; (6.25)식의 마찰력 부분을 한계값($\mu \cdot \sigma_n \le 0.1 f_{cd}$)로 제한된다.)

− 매끄러운 연결부: $\nu = 0.20$

− 거친 연결부: $\nu = 0.50$

− 요철 연결부: $\nu = 0.70$

내부 팔길이는 $z = 0.9d$로 할 수 있다. 연결부 철근이 동시에 전단철근으로 쓰인다면, 내부 팔길이는 (NCI)

6.2.3 (1)에 따라 산정해야 한다.

(6.25)식: (6.25)식의 전단마찰에 의한 연결부 철근의 강도는 $\rho \cdot f_{yd}(1.2\mu \cdot \sin\alpha + \cos\alpha)$로 증가시킬 수 있다.

NOTE: 부분 프리스트레스트 콘크리트 부재에서 크리프와 수축에 의한 연결부의 힘의 전달은 작용 전단력 v_{Edi}에서 고려한다.

3-42) EC2-2, (NCI) 6.2.5

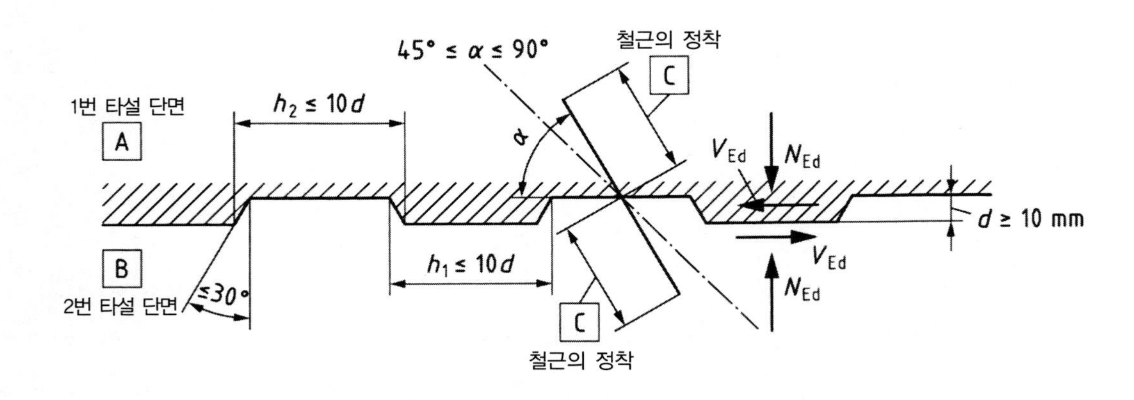

3-43) EC2-2, (NCI) 6.3.1 (NA.101)

구조물의 평형이 개별 부재의 비틀림 강도에 따라 결정되거나, 단면력의 분포가 비틀림 강성에 영향을 받는다면, 강도한계상태뿐만 아니라 사용한계상태에 대해서도 비틀림 설계가 필요하다.

3-44) EC2-2, (NCI) 6.3.2 (NA.102)

비틀림과 전단력이 조합작용하면 (6.7aDE)식의 V_{Ed}는 (NA.6.27.1)식에 따른 벽체의 전단력 $V_{Ed,\,T+V}$를 사용하고, (6.7bDE)식에서 b_w는 벽체의 유효두께 $t_{ef,i}$를 사용하여 계산한다. 이렇게 계산한 θ로 전단력뿐만 아니라 비틀림도 검토한다. 이렇게 산정한 철근을 더한다.

$$V_{Ed,\,T+V} = V_{Ed,\,T} + \frac{V_{Ed} \cdot t_{ef,i}}{b_w} \qquad \text{(NA.6.27.1)}$$

전단력과 비틀림이 작용하는 부재의 최대 강도는 6.3.2 (104)를 따른다.

속 빈 단면에서는 각 벽체에 대해 전단력과 비틀림에 의한 전단응력의 조합을 검토한다 (그림 6.104).

근사적으로는 비틀림 철근은 $\theta = 45°$로 가정하여 구하고, 이를 6.2.3절에 따라 산정한 전단철근과 더할 수 있다.

3-45) EC2-2, (NCI) 6.3.2 (NA.104)

비틀림과 전단력이 작용하는 부재의 최대 강도는 사압축대 강도로 제한된다. 이 강도를 넘지 않기 위해서는 일반적으로 다음 조건을 만족해야 한다.

－속 찬 단면:

$$\left(\frac{T_{Ed}}{T_{Rd,\max}}\right)^2 + \left(\frac{V_{Ed}}{V_{Rd,\max}}\right)^2 \le 1 \qquad \text{(NA.6.29.1)}$$

−속 빈 단면:

단면의 각 벽체는 전단력과 비틀림의 조합응력에 대해 설계해야 한다. 콘크리트의 강도한계상태는 설계전단강도 $V_{Rd,\max}$로 검사해야 한다.

$$\left(\frac{T_{Ed}}{T_{Rd,\max}}\right)+\left(\frac{V_{Ed}}{V_{Rd,\max}}\right)\leq 1 \quad (6.28)$$

여기서

T_{Ed} 설계 비틀림 모멘트;

V_{Ed} 설계 전단력;

$T_{Rd,\max}$ 설계 비틀림 강도

$$T_{Rd,\max}=2\cdot\nu\cdot\alpha_{cw}\cdot f_{cd}\cdot t_{eff,i}\cdot\sin\theta\cdot\cos\theta \quad (6.30)$$

여기서 α_{cw}는 (6.9)식의 값을 쓴다.

ν는 다음 값을 쓴다.

$\nu=0.525$: 일반 비틀림

$\nu=0.75$: 벽체의 내면과 외면에 철근을 배근한 속 빈 단면

$V_{Rd,\max}$ 최대 설계 전단강도, (6.9)식 또는 (6.14)식을 따른다.

속 찬 단면에서는 복부 전체 폭으로 $V_{Rd,\max}$를 계산한다.

3-46) EC2-2, (NCI) 6.3.2 (103)

부재축에 수직한 필요 비틀림 스터럽 단면적 A_{sw}/s_w는 (NA.6.28.1)식으로 계산할 수 있다.

$$\frac{A_{sw}\cdot f_{yd}}{s_w}=\frac{T_{Ed}}{2\cdot A_k}\cdot\tan\theta \quad (NA.6.28.1)$$

여기서

s_w 부재축 방향의 비틀림 철근 간격

3-47) EC2-2, (NCI) 6.3.2 (NA.106)

비틀림이 전단력, 휨모멘트와 축력과 동시에 작용하면, 특히 박스 부재에서 압축영역에 임계 주응력이 발생할 수 있다. 이런 경우에는 비균열 영역에서 주 압축응력이 $f_{cd}=\alpha_{cc}\cdot f_{cd}/\gamma_C$를 넘을 수 없다. 주 압축응력은 상태 I의 축응력 σ_{Ed}와 전단력 $\tau_{Ed,V}$와 비틀림 $\tau_{Ed,T}=T_{Ed}/(2A_k\cdot t_{ef,i})$에 의한 $\tau_{Ed,T+V}$로 계산한다.

휨에 의한 σ_{Ed}와 비틀림과 전단에 의한 $\tau_{Ed,T+V}$으로 구한 주 인장응력이 콘크리트 인장강도의 기준값 $f_{ctk;0.05}$를 넘지 않는다면, 압축영역을 비균열로 가정할 수 있다. 주 인장응력이 $f_{ctk;0.05}$보다 크다면, 주 압축응력을 상태 II(균열상태)의 트러스 모델로 계산하며 f_{cd}는 이에 따라 감소한다. 비틀림과 전단력에 의한 최대 전단응력 $\tau_{Ed,T+V}$가 $0.1f_{ck}$보다 작다면, 압축 플랜지의 주 압축응력은 검토하지 않아도 된다.

3-48) EC2-2, (NDP) 6.8.1 (102)

NOTE: 다음 구조물 또는 부재는 일반적으로 피로검토를 할 필요가 없다.

a) 보도교와 자전거교;

b) 최소 두께 1.0 m인 도로교, 1.5 m인 철도교인 아치와 라멘 육교;

c) 기초;

d) 상부구조와 휨강성을 갖고 결합되지 않는 교각, 기둥

e) 상부구조와 휨강성을 갖고 결합되지 않는 교대(예외: 두께 1.0 m 이하인 중공 교대의 슬래브와 벽체)

f) 열차 하중이 작용하는 영역 외의 옹벽

g) 도로교에서 압축응력을 받는 콘크리트로, 드문 하중조합과 평균 긴장력에 의한 콘크리트 압축응력이 $0.6 f_{ck}$ 이하로 제한되는 경우

h) 상부구조의 콘크리트와 용접 또는 커플러 이음이 없는 강선으로, 흔한 하중조합에서 탈압축 검토를 만족하는 경우

부록에 등가손상진폭의 검토에 대한 보충규정이 있다.

3-49) EC2-2, (NDP) 6.8.2 (2)P

ξ 부착강선과 철근의 부착강도비, 표 6.2의 값을 쓸 수 있다.

Note: 철근과 강선의 위치가 다른 경우에 다음의 근사식을 쓸 수 있다.

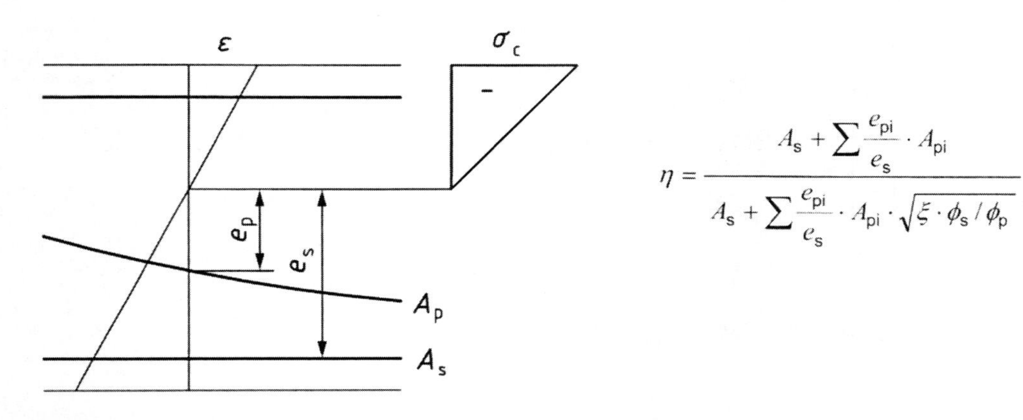

$$\eta = \frac{A_s + \sum \frac{e_{pi}}{e_s} \cdot A_{pi}}{A_s + \sum \frac{e_{pi}}{e_s} \cdot A_{pi} \cdot \sqrt{\xi \cdot \phi_s / \phi_p}}$$

그림 NA.601–강선의 위치에 따른 가중치

표 6.2–강선과 철근의 부착강도비

강선	ξ	
	프리텐션 부재	포스트텐션 부재◆ ≤ C50/60
원형 강봉과 소선	사용 불가	0.3
강연선	0.6	0.5
이형 소선	0.7	0.6
이형 강봉	0.8	0.7

◆ (NDP) 3.1.2 (102)P에 따라 >C50/60의 경우는 삭제함

3-50) EC2-2, (NCI) 6.8.3 (1)P

강재와 콘크리트의 피로검토는 다음 하중조합에 대해 수행한다.

- 고정하중의 기준값
- 예상 침하값(불리하게 작용하는 경우에만 적용)
- 정정구조에 대해 긴장력 평균의 0.9배와 프리스트레스의 부정정구조 부분에 대해 기준값
- 온도하중의 흔한 하중값(불리하게 작용하는 경우에만 적용)
- 피로하중모델(DIN EN 1991-2 참조)

더 자세한 검토를 수행하지 않는다면, 특별히 강선 커플러가 있는 시공이음에서는 프리스트레스의 정정구조부분의 평균값에 0.75배 한다. 이 감소값은 프리스트레스에 관한 일반적 허가사항에 따라 배치한 강선 커플러에서 긴장력의 손실이 커진 경우에도 적용한다. 콘크리트에 관해 6.8.7절과 강재에 대해 6.8.6 (1)항을 적용하며, 사용한계상태의 흔한 하중조합에 대해 6.8.3 (2)P와 (3)P항을 적용하며, 해당 차량하중모델에 따라 검토한다.

3-51) EC2-2, (NDP) 6.8.4 (1)

추천값 $\gamma_{F,fat}=1.0$을 사용한다.

S-N 곡선의 변수는 표 6.3DE와 6.4DE의 값을 쓴다.

3-52) EC2-2, (NCI) 6.8.4 (1)

6.8.5 또는 6.8.6절의 간이검토를 만족하지 않는다면, 6.8.4 (2)항에 따라 피로강도를 검토한다.

표 6.3DE–철근의 S–N 곡선의 변수

철근 종류	N*	응력 지수값		N* 반복에 대한 $\Delta\sigma_{Rsk}$[N/mm²]
		k_1	k_2	
직선 및 곡선 철근[a]	10^6	5	9[c]	175
용접철근[b]	10^6	4	5	85

a $D<25\phi$인 곡선철근에 대해서는 감소계수 $\zeta_1=0.35+0.0.26D/\phi$를 곱한다. $\phi>25$ mm인 철근에 대해서 $\Delta\sigma_{Rsk}=145$ N/mm²(고연성 철근에만 해당된다)이다. 여기서 D는 철근의 굽힘직경, ϕ는 철근직경이다.
b 일반적인 건설허가사항 또는 개별사안에 대한 승인을 얻은 다른 S-N 곡선이 없을 때 적용한다.
c 부식 환경조건(XC2, XC3, XC4, XS, XD)에서는 S-N 곡선에 대해 추가로 고려해야 한다. 더 정확한 정보가 없다면, k_2를 $5\le k_2<9$의 값으로 감소한다.

3-53) EC2-2, (NCI) 6.8.4 Table 6.3DE

기계적 결합장치에 대해서는 원칙적으로 허가사항에 따른다.

용접철근의 값은 겹침용접과 맞대기 용접의 경우에도 유효하다.

철근직경 $\phi>40$ mm에 대해서는 허가사항에 따른다.

횡철근으로 $\phi\le16$ mm, 높이 ≥600 mm인 90° 스터럽에 대해서는 감소계수 ζ_1을 적용하지 않아도 된다.

표 6.4DE–강선의 S–N 곡선의 변수

강선[a]	N*	응력 지수값		N* 반복[b]에 대한 $\Delta\sigma_{Rsk}$[N/mm²]	
		k_1	k_2	class 1	class 2
프리텐션 부재	10^6	5	9	185	120
포스트텐션 부재					
–플라스틱 쉬스 내의 단일강선	10^6	5	9	185	120
–플라스틱 쉬스 내의 직선 긴장재, 곡선 긴장재	10^6	5	9	150	95
–강재 쉬스 내의 곡선 긴장재	10^6	3	7	120	75

a 부착시공에 대한 건설허가 또는 개별사안에 대한 승인을 얻은 다른 S-N 곡선이 없을 때 적용한다.
b 부착시공된 경우에 대한 값. 강선은 2개 class로 나눈다. class 1의 값은 일반적인 건설허가를 받은 강선에 적용된다. 강선 정착영역의 검토에 대해서는 항상 일반적인 건설허가의 값을 사용한다.

3-54) EC2-2, (NCI) 6.8.4 Table 6.4DE

커플러에 대해서는 원칙적으로 긴장방법에 대한 허가사항에 정한 값을 적용한다. 철근직경 $\phi > 40\,\mathrm{mm}$에 대해서는 허가사항에 따른다.

3-55) EC2-2, (NDP) 6.8.6 (1)

$k_1 = 70\ \mathrm{N/mm^2}$, $k_2 = 0\ \mathrm{N/mm^2}$

3-56) EC2-2, (NCI) 7.1 (2)

휨 인장응력은 드문 하중조합하에서 정한다.

3-57) EC2-2, (NDP) 7.2 (102)

추천값 $k_1 = 0.6$을 쓴다.

적어도 1% 이상의 횡철근으로 둘러쌀 때 k_1은 10% 증가할 수 있다.

3-58) EC2-2, (NDP) 7.2 (5)

$k_3 = 0.8$

$k_4 = 1.0$

$k_5 = 0.65$ 준-고정 하중조합, 긴장력은 평균값을 사용하고, 5.10.5.2절과 5.10.6절에 따라 긴장력 손실을 뺀 경우

NOTE: 기준=드문 하중조합

3-59) EC2-2, (NCI) 7.3.1 (105)

탈압축한계상태에 대해 표 7.101DE와 표 7.102DE를 적용한다. 이때 결정하중조합하에서 긴장재에 가장 가까운 단면의 연단에 인장응력이 발생하지 않아야 한다.

3-60) EC2-2, (NDP) 7.3.1 (105)

표 7.101DE, 7.102DE와 7.103DE를 적용한다.

표 7.101DE–도로교에서 탈압축, 허용 연단 인장응력, 균열폭 제한 검토를 위한 필요조건

부재	필요조건			
철근 콘크리트 부재, 일반	탈압축 또는 허용 연단인장응력		허용 균열폭의 계산값	
	하중조합	$allow\sigma_{c,fiber}$	하중조합	w_{max}
길이방향	-	-	흔한	0.2
횡방향	-	-	흔한	0.2
철근 콘크리트 상부구조 또는 프리스트레스트 콘크리트 상부구조 비부착 프리스트레싱에 대해서만 적용	탈압축 또는 허용 연단인장응력		허용 균열폭의 계산값	
	하중조합	$allow\,\sigma_{c,fiber}$	하중조합	w_{max}
길이방향, 프리스트레스 없을 때	-	-	흔한	0.2
길이방향, 프리스트레스 있을 때(최종단계)	준-고정[a]	탈압축	흔한	0.2
길이방향, 프리스트레스 있을 때(시공단계)	준-고정	표 7.103DE	흔한	0.2
횡방향, 프리스트레스 없을 때	드문	표 7.103DE[c]	흔한	0.2
횡방향, 비부착 프리스트레싱	드문	표 7.103DE[c]	흔한	0.2
프리스트레스트 콘크리트 상부구조 부착 프리스트레싱 또는 혼합(부착+비부착)시공	탈압축 또는 허용 연단인장응력		허용 균열폭의 계산값	
	하중조합	$allow\,\sigma_{c,fiber}$	하중조합	w_{max}
길이방향, 부정정구조(최종단계)	준-고정[b]	탈압축	흔한	0.2
길이방향, 정정구조(최종단계)	준-고정	탈압축	흔한	0.2
길이방향, 정정구조(시공단계)	준-고정	$0.5 \cdot f_{ctk;0.05}$	흔한	0.2
횡방향, 프리스트레스 없을 때	드문	표 7.103DE[c]	흔한	0.2
횡방향, 비부착 프리스트레싱	준-고정[b]	탈압축[c]	흔한	0.2

a 이 준-고정 하중조합은 차량에 대한 모든 하중은 계수 $\psi_2=0.3$으로 고려하나, 온도하중과 지점침하는 포함하지 않는다.

b 이 준-고정 하중조합은 차량에 대한 모든 하중은 계수 $\psi_2=0.5$로 고려한다.

c 차도 바닥판 검토에서 적용한다. 국부적으로 이 제한값을 1 MN/m^2까지 초과하는 것을 허용한다.

표 7.102DE–철도교에서 탈압축, 허용 연단 인장응력, 균열폭 제한 검토를 위한 필요조건

부재	필요조건			
철근 콘크리트 부재, 일반	탈압축 또는 허용 연단인장응력		허용 균열폭의 계산값	
	하중조합	$allow\sigma_{c,fiber}$	하중조합	$allow\sigma_{c,fiber}$
길이방향	-	-	흔한	0.2
횡방향	-	-	흔한	0.2
프리스트레스트 콘크리트, 상부구조 비부착 프리스트레싱에 대해서만 적용	탈압축 또는 허용 연단인장응력		허용 균열폭의 계산값	
	하중조합	$allow\,\sigma_{c,fiber}$	하중조합	w_{max}
길이방향, 프리스트레스 있을 때(최종단계)	준-고정[a]	탈압축	흔한	0.2
길이방향, 프리스트레스 있을 때(시공단계)	준-고정[a]	$0.85 \cdot f_{ctk;0.05}$	흔한	0.2
횡방향, 프리스트레스 없을 때	드문	표 7.103DE[e]	흔한	0.2
횡방향, 프리스트레스 있을 때	준-고정[a]	탈압축	흔한	0.2
프리스트레스트 콘크리트 상부구조 부착 프리스트레싱[c] 또는 혼합(부착+비부착)시공	탈압축 또는 허용 연단인장응력		허용 균열폭의 계산값	
	하중조합	$allow\,\sigma_{c,fiber}$	하중조합	$allow\,\sigma_{c,fiber}$

표 7.102DE–철도교에서 탈압축, 허용 연단 인장응력, 균열폭 제한 검토를 위한 필요조건(계속)

부재	필요조건			
철근 콘크리트 부재, 일반	탈압축 또는 허용 연단인장응력		허용 균열폭의 계산값	
	하중조합	$allow\sigma_{c,fiber}$	하중조합	$allow\sigma_{c,fiber}$
길이방향(최종단계)	흔한	탈압축	흔한[b]	0.2
길이방향(시공단계)	흔한	$0.85 \cdot f_{ctk;0.05}$	흔한[b]	0.2
횡방향, 프리스트레스 없을 때	드문	표 7.103DE[c]	흔한[b]	0.2
횡방향, 프리스트레스 있을 때	준-고정[a, d]	탈압축	흔한	0.2

a 이 준-고정 하중조합은 열차의 모든 하중을 계수 $\psi_2 = 0.2$로 고려한다.
b 이 흔한 하중조합은 열차의 모든 하중을 계수 $\psi_1 = 0.1$로 고려한다.
c 외부 긴장재만을 쓰거나, 비부착 강선을 쓰거나 또는 혼합 시공하는 철도교에 대해서는 관할 관청의 승인이 필요하다. 관할 관청은 건설계획에서 명시된다.
d 횡방향 강선을 부착한다면, 횡방향 강선을 시공이음 또는 가설이음을 지나 배치할 때는 최종단계에서와 같이 길이방향에 대한 필요조건을 적용한다.
e 차도 바닥판 검토에 적용한다. 국부적으로 이 제한값을 1 MN/m²까지 초과하는 것을 허용한다.

표 7.103DE–콘크리트 허용 연단 인장응력

콘크리트 강도등급	C30/37	C35/45	C40/50	C45/55	C50/60
$allow\sigma_{c,fiber}$ [N/mm²]	4.0	5.0	5.5	6.0	6.5

시공단계에서 선형 온도 차이를 고려하여 탈압축 또는 연단 인장응력을 검토할 때, 탄성계수 E_{cm}으로 선형-탄성해석으로 단면력을 결정한다면, 재령 2년까지는 단기 크리프를 고려하여 온도에 의한 구속 단면력을 15% 감소시킬 수 있다.

3-61) EC2-2, (NCI) 7.3.1 (NA.111)

복부폭이 세장한 ($h_w / b_w > 3$) 프리스트레스트 콘크리트 도로교에서는 전단 균열을 제한해야 한다. 전단력과 비틀림이 작용할 때 경사 주인장응력이 $f_{ctk;0.05}$를 넘지 않는지 검토한다. 이 응력은 복부 중심면에 대해 흔한 하중조합하에서 상태 I(비균열)로 산정한다.

3-62) EC2-2, (NCI) 7.3.2 (102)

$f_{ct,eff}$ 고려하는 시점의 유효 인장강도. 이 검토에서 $f_{ct,eff}$로 평균 인장강도 f_{ctm}을 쓴다. 이는 균열발생이 예상되는 값으로 각 콘크리트 강도등급에 주어진 값이다. 수화열에 의해 구속응력이 발생하는 경우와 같이 타설 후 3~5일에 균열이 발생하는 경우가 있다. 이는 주위환경, 부재현상, 거푸집 종류에 따라 달라진다. 이러한 경우에는 더 정밀한 검토를 하지 않는다면 유효 인장강도 $f_{ct,eff}$를 28일 평균 인장강도의 50%로 해야 한다. 이 가정을 따르면 콘크리트의 강도발현계수 $r = f_{cm2} / f_{cm28}$은 다음 값으로 제한한다.

$- r \le 0.30$, 하절기 콘크리트 타설

$- r \le 0.50$, 동절기 콘크리트 타설

타설 시점은 시공계획에서 주어진다.

이 제한값을 지키기 위해서는, 콘크리트 강도등급 ≥C30/37에서는, 강도등급을 검토하는 시점을 늦게 (예를 들어 56일) 할 수도 있다.

공사기간 단축과 같은 특별한 경우에 빠른 강도발현이 필요하다면, 이에 맞게 콘크리트 인장강도 $f_{ct,eff}$를 높여야 한다.

28일 재령 내에서 균열발생 시점을 확정할 수 없다면 보통 콘크리트에서는 최소 인장강도를 3.0 N/mm² 로 가정해야 한다.

k 콘크리트 인장응력이 선형분포하지 않는 것과 그 외의 균열발생을 감소시키는 영향을 고려하는 계수. 다음과 같이 경우에 따라 다른 k값을 쓴다.

a) 자체평형 구속력(예를 들어 수화열의 발산으로 인한 여응력)에 의한 인장응력:

$k=0.8$ 복부, $h \leq 300$ mm 또는 플랜지, 높이 300 mm 이하;

$k=0.5$ 복부, $h > 800$ mm 또는 플랜지, 높이 800 mm 이상;

사이의 값은 보간한다. h는 단면 또는 부분단면의 높이 또는 폭 중에서 작은 값을 쓴다.

b) 외부 원인에 의한 구속력(예를 들어 지점침하, 단면에 비선형 여응력이 발생하지 않고, 추가의 균열발생을 감소시키는 영향이 없을 때):

$k=1.0$;

3-63) EC2-2, (NDP) 7.3.2 (NA.104)

드문 하중조합과 프리스트레스의 기준값에 의한 단면 연단에서 콘크리트 압축응력 σ_c가 1.0N/mm^2 이상 발생하는 영역에서는 최소 철근이 필요하지 않다. 그 외의 경우에는 최소 철근을 검토해야 한다.

NOTE: 기준값=드문 하중조합

3-64) EC2-2, (NCI) 7.3.2 (NA.106)

두꺼운 부재에서 중심축 구속에 대해 부재 각 면의 균열폭을 제한하기 위한 최소 철근의 계산에서는 (NA.7.5.1)식에 따른 각 면의 유효 인장면적 $A_{c,eff}$를 고려할 수 있다.

$$A_{s,\min} = f_{ct,eff} \cdot A_{c,eff} / \sigma_s \geq k \cdot f_{ct,eff} \cdot A_{ct} / f_{yk} \quad \text{(NA.7.5.1)}$$

여기서

$A_{c,eff}$ 그림 7.1에 따른 철근의 유효 인장면적: $A_{c,eff} = h_{c,eff} \cdot b$;

A_{ct} 부재의 각 면에서 콘크리트 인장영역의 면적 $A_{ct} = 0.5 \cdot h \cdot b$

(NA.7.5.1)식의 철근응력을 결정하기 위한 철근의 제한 직경은 콘크리트의 유효인장강도 $f_{ct,eff}$에 따라 다음과 같이 수정해야 한다.

$$\phi = \phi_s^* \cdot f_{ct,eff} / 2.9 \quad \text{(NA.7.5.2)}$$

그러나 (7.1)식과 (7.7DE)식 및 7.3.4절에 따라 계산하면 더 이상의 최소 철근이 필요하지는 않다.

3-65) EC2-2, (NDP) 7.3.3 (2)

표 7.2DE와 7.3N을 사용한다.

표 7.2DE–철근의 제한 직경

σ_s b[N/mm²]	철근의 제한 직경 ϕ_s^* a[mm]		
	w_k		
	0.4 mm	0.3 mm	0.2 mm
160	54	41	27
200	35	26	17
240	24	18	12
280	18	13	9
320	14	10	7
360	11	8	5
400	9	7	4
450	7	5	3

a 표 7.2DE의 값은 다음 가정에 따라 계산한 것이다.
$f_{ct,eff}=2.9$ N/mm², $E_s=200{,}000$ N/mm²으로 (7.9)식과 (7.11)식으로 계산한 한계값

$$\sigma_s=\sqrt{w_k\frac{3.48\cdot 10^6}{\phi_s^*}}$$

b 결정하중조합하에서의 값

3-66) EC2-2, (NCI) 7.3.3 (2)

제한직경은 다음과 같이 수정해야 한다.

7.3.2절에 따른 최소 철근, 균열 모멘트에서 휨에 대하여:

$$\phi_s=\phi_s^*\cdot\frac{k_c\cdot k\cdot h_{cr}}{4(h-d)}\cdot\frac{f_{ct,eff}}{2.9}\geq\phi_s^*\cdot\frac{f_{ct,eff}}{2.9} \qquad (7.6DE)$$

7.3.2절에 따른 최소 철근에서 중심축 인장에 대하여:

$$\phi_s=\phi_s^*\cdot\frac{k_c\cdot k\cdot h_{cr}}{8(h-d)}\cdot\frac{f_{ct,eff}}{2.9}\geq\phi_s^*\cdot\frac{f_{ct,eff}}{2.9} \qquad (7.7DE)$$

하중이 작용할 때:

$$\phi_s=\phi_s^*\cdot\frac{\sigma_s cdpt A_s}{4(h-d)\cdot b\cdot 2.9}\geq\phi_s^*\cdot\frac{f_{ct,eff}}{2.9} \qquad (7.7.1DE)$$

3-67) EC2-2, (NDP) 8.3 (2)

표 8.101DE를 쓴다.

표 8.101DE–철근의 최소 굽힘직경 $D_{\min}$

갈고리, 경사갈고리, loop, 스터럽에서 최소 굽힘직경		절곡철근 또는 기타의 경우에서 최소 굽힘직경		
철근직경[mm]		굽힘 평면에 수직한 방향의 피복두께의 최소값		
$\phi<20$	$\phi>20$	>100 mm이며 $>7\phi$	>50 mm이며 $>3\phi$	≤ 50 mm이며 $\leq 3\phi$
4ϕ	7ϕ	10ϕ	15ϕ	20ϕ

3-68) EC2-2, (NCI) 8.10.1.3 (3)

교량에서는 최소한 쉬스 외경의 0.8배는 순간격으로 해야 한다.

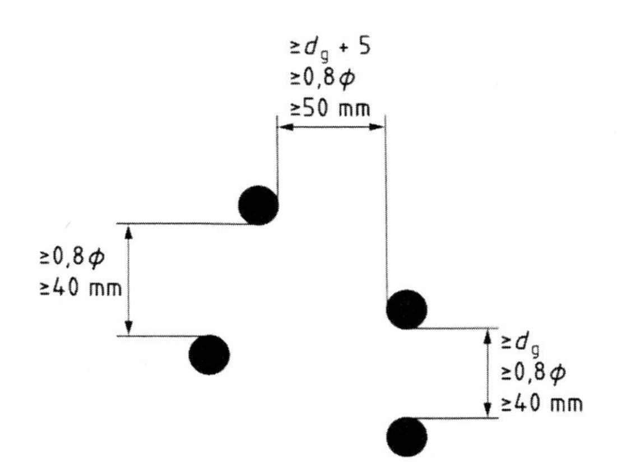

NOTE: 여기서 ϕ는 포스트텐션 부재에서는 쉬스 직경이며 d_g는 골재 최대 직경이다.

그림 8.15DE–쉬스 관 사이의 최소 순간격

3-69) EC2-2, (NCI) 8.10.4 (NA.105)P

각 교량 단면에서 긴장재의 최소 30%는 잇지 않고 연장되어야 한다. 개별 단면에 50% 이상의 강선 커플러를 배치하는 것은 다음의 경우에만 허용된다.

–(7.1) 및 (7.3.2)식에 따라 최소 철근을 연속 배근할 때, 또는

–국부적인 인장응력을 받을 수 있게, 흔한 하중조합하에서 압축응력이 최소한 3 N/mm² 이상일 때 한 단면에서 잇지 않는 강선의 커플러 사이의 간격은 표 8.101DE에 주어진 값들 보다 작아서는 안 된다.

표 8.101DE–커플러 사이의 간격

부재높이 h	간격 a[m]
≤ 2.0 m	$1.5h$
>2.0 m	3

3-70) EC2-2, (NCI) 9.2.1.2 (NA.102)

T형보와 박스 단면에서 5.3.2.1절에 따른 플랜지의 유효폭 $b_{eff,i} = 0.2\,b_i + 0.1\,l_0 \leq 0.2 \cdot l_0$에서 복부를 제외한 플랜지 내에는 역학적으로 필요한 철근은 최대 1/2까지 배치할 수 있다. 계산상의 유효폭이 실제의 플랜지 폭보다 클 때는 실제 플랜지 폭은 유효폭의 1/2까지 철근 배근할 수 있다.

3-71) EC2-2, (NDP) 9.2.2 (5)

최소 철근의 $\rho_{w,\min}$은 다음과 같다.

일반적인 경우: $\rho_{w,\min} = 0.16 \cdot f_{ctm} / f_{yk}$ (9.5aDE)

단면폭이 변하는 경우(T형, 박스단면 등)에 프리스트레스를 받는 인장 플랜지:

$\rho_{w,\min} = 0.256 \cdot f_{ctm} / f_y$ (9.5bDE)

3-72) EC2-2, (NDP) 9.2.2 (6)

표 NA.9.1–스터럽의 길이방향 간격 $s_{l,\max}$

	1	2
	전단력의 범위[a]	콘크리트 강도등급 ≤ C50/60
1	$V_{Ed} \leq 0.3\, V_{Rd,\max}$	$0.7h$[b]와 300 mm 중 작은 값
2	$0.3\, V_{Rd,\max} \leq V_{Ed} \leq 0.6\, V_{Rd,\max}$	$0.5h$와 300 mm 중 작은 값
3	$V_{Ed} > 0.6\, V_{Rd,\max}$	$0.25h$와 200 mm 중 작은 값

a $V_{Rd,\max}$는 근사적으로 $\theta = 40°(\cot\theta = 1.2)$에 대한 값으로 할 수 있다.
b $h < 200$ mm와 $V_{Ed} \leq V_{Rd,c}$인 보에서 스터럽 간격은 150 mm보다 작을 필요는 없다.

3-73) EC2-2, (NDP) 9.2.2 (8)

(9.8N)식 대신에 표 NA.9.2를 사용한다.

표 NA.9.2–스터럽의 횡방향 간격 $s_{t,\max}$

	1	2
	전단력의 범위[a]	콘크리트 강도등급 ≤ C50/60
1	$V_{Ed} \leq 0.3\, V_{Rd,\max}$	h와 800 mm 중 작은 값
2	$0.3\, V_{Rd,\max} \leq V_{Ed} \leq 0.6\, V_{Rd,\max}$	h와 600 mm 중 작은 값

a $V_{Rd,\max}$는 근사적으로 $\theta = 40°(\cot\theta = 1.2)$에 대한 값으로 할 수 있다.

3-74) EC2-2, (NCI) Appendix NA.NN 피로검토를 위한 등가손상 진동폭

NA.NN.2 도로교

(101)P 피로검토는 DIN EN 1991-2에 따른 가중 피로하중모델 3으로 수행한다.

강재의 검토를 위한 등가손상 진동폭 $\Delta\sigma_s$(모멘트 진폭 ΔM_{LM3}로부터 계산한 값)의 계산을 위해 피로하중모델 3의 차축 하중에 다음 계수를 곱한다.

–1.75 중간지점의 검토 시에 적용

–1.40 그 외의 위치와 횡방향의 검토 시에 적용

3-75) EC2-2, (NCI) NA.NN.2 (102)P

6.8.5 (3)절에 따른 강재의 피로검토에서 (6.71)식은 원칙적으로 S-N 곡선의 꺾인 점 N* 점에 적용된다. 계산상의 공용기간 중의 교통 흐름에 의한 진폭 스펙트럼과 같은 손상의 N* 점에 대해 등가손상진폭 $\Delta\sigma_{s,equ}$를 적용한다. 이 값은 (NA.NN.1)식으로 계산한다.

$$\Delta\sigma_{s,equ} = \Delta\sigma_s \cdot \lambda_s \qquad \text{(NA.NN.1)}$$

여기서

$\Delta\sigma_s$ 피로하중모델 3(DIN EN 1991-2 '교량의 차량하중')에서 차축 하중을 (101)P로 증가시킨 응력 진폭

λ_s 　　응력진폭 $\Delta\sigma_s$에 의한 등가손상진폭을 결정하기 위한 수정계수

3-76) EC2-2, (NCI) NA.NN.2 (103)P

수정계수 λ_s는 지간장, 연간 통행량, 공용기간, 차선 수, 교통형태와 표면조도의 영향을 고려하여 (NA.NN.2)식으로 계산할 수 있다.

$$\lambda_s = \varphi_{fat} \cdot \lambda_{s,1} \cdot \lambda_{s,2} \cdot \lambda_{s,3} \cdot \lambda_{s,4} \qquad \text{(NA.NN.2)}$$

여기서

$\lambda_{s,1}$ 　　지간장과 구조계의 영향계수로 공용기간 1년을 100년으로, 반복횟수 N^*를 $N=2\cdot10^6$으로 변환하여 계산한다.

$\lambda_{s,2}$ 　　연간 통행량을 첫 번째 차선에 대한 값으로 바꾸며, 교통형태의 영향을 반영하는 계수

$\lambda_{s,3}$ 　　공용기간이 100년이 아닌 경우의 보정계수

$\lambda_{s,4}$ 　　추가 차선의 영향을 고려하는 계수

φ_{fat} 　　아래와 주어지는 표면조도에 따른 파괴 관련 계수

3-77) EC2-2, (NCI) NA.NN.2 (104)P

계수 $\lambda_{s,1}$은 그림 Na.NN.1과 NA.NN.2의 S-N 곡선의 기울기 k_2에 따라 구한다.

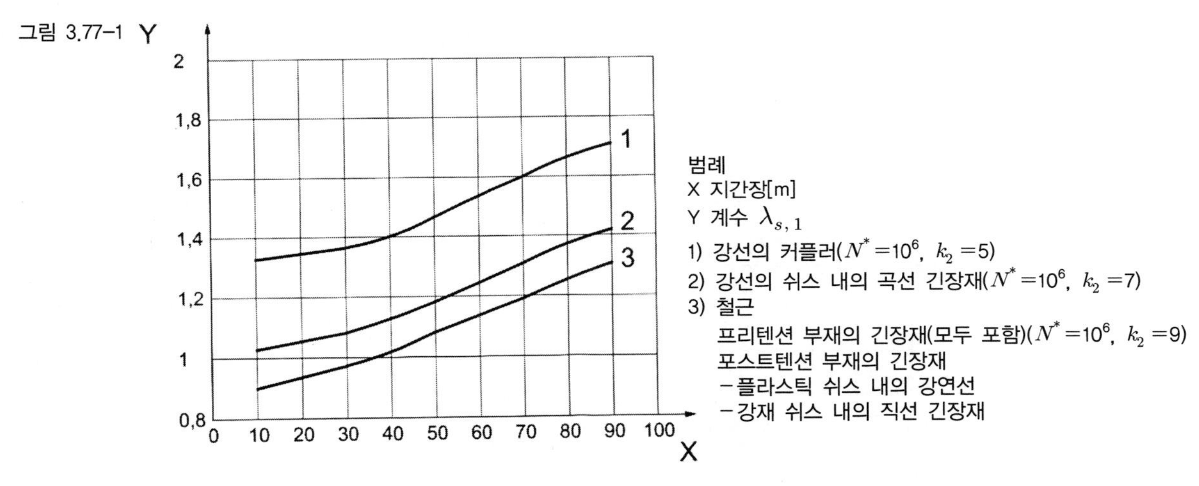

그림 NA.NN.1: 중간지점의 피로검토를 위한 계수 $\lambda_{s,1}$

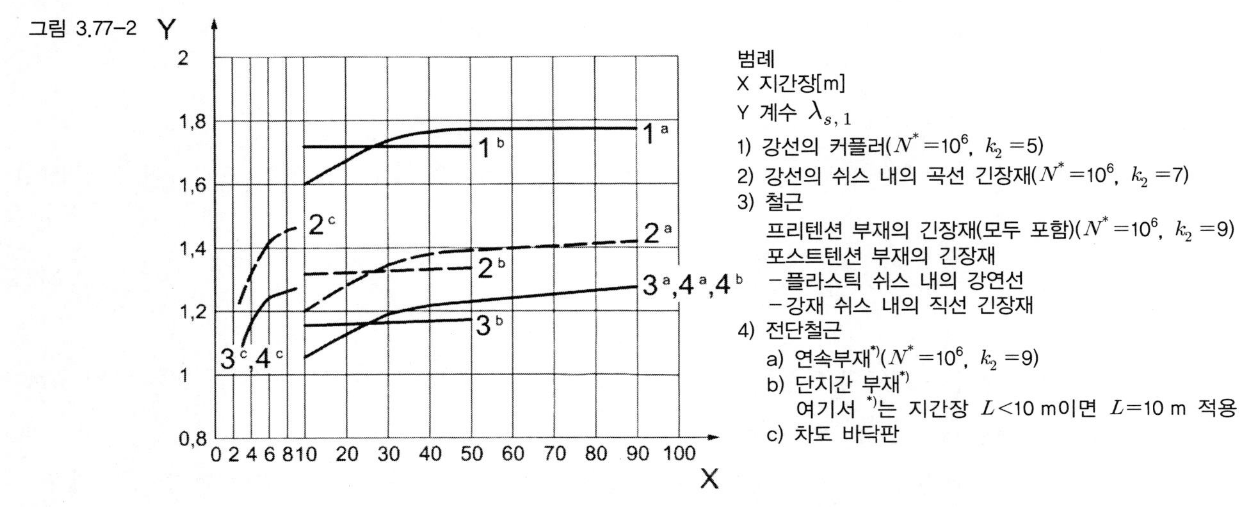

그림 NA.NN.2: 지간과 단위부재의 피로검토를 위한 계수 $\lambda_{s,1}$

3-78) EC2-2, (NCI) NA.NN.2 (105)P

계수 $\lambda_{s,2}$는 연간 교통량과 교통형태의 영향에 따른 값이다. (NA.NN.3)식으로 정한다.

$$\lambda_{s,2} = \overline{Q} \cdot \sqrt[k_2]{\frac{N_{obs}}{2.0}} \qquad \text{(NA.NN.3)}$$

여기서

N_{obs}	DIN EN 1991-2에 따른 연간 화물차량대수[백만 대 단위]
k_2	6.8.4절의 표 6.3DE 또는 6.4DE에 따른 S-N곡선의 기울기
$\overline{Q}$	표 NN.106.1에 따른 관할 관청에서 정하는 교통종류를 반영하는 계수

표 NA.NN.1: 교통종류에 대한 계수 $\overline{Q}$

계수 $\overline{Q}$	장거리 교통	중거리 교통	지역교통
$k_2=5$	1.0	0.90	0.73
$k_2=7$	1.0	0.92	0.78
$k_2=9$	1.0	0.94	0.82

NOTE: 교통종류는 근사적으로 다음과 같이 가정할 수 있다.
－장거리 교통: 수백 km
－중거리 교통: 50 km～100 km
－지역교통: 50 km 이하
실제로는 교통 종류가 혼합되어 있다.

3-79) EC2-2, (NCI) NA.NN.2 (106)P

계수 $\lambda_{s,3}$는 공용기간의 영향을 반영한 값으로 (NA.NN.4)식으로 정한다.

$$\lambda_{s,3} = \sqrt[k_2]{\frac{N_{years}}{100}} \qquad \text{(NA.NN.4)}$$

여기서

N_{years}	교량의 공용기간[년](100년이 아닐 때는 바뀐 값을 적용한다.)

3-80) EC2-2, (NCI) NA.NN.2 (106)P

계수 $\lambda_{s,4}$는 다수의 차선의 영향에 따른 값으로 (NA.NN.5)식으로 정한다.

$$\lambda_{s,4} = \sqrt[k_2]{\frac{\Sigma N_{obs,j}}{N_{obs,1}}} \quad \text{(NA.NN.5)}$$

여기서

$N_{obs,1}$ 첫 번째 차선의 연간 화물차 대수로, 관할 관청에서 정한다.

$N_{obs,j}$ j번 차선의 연간 화물차 대수로, 관할 관청에서 정한다.

3-81) EC2-2, (NCI) NA.NN.2 (108)P

계수 φ_{fat}는 표면조도의 영향을 반영한다.

$-\varphi_{fat} = 1.2$ 낮은 조도의 표면

$-\varphi_{fat} = 1.4$ 높은 조도의 표면

교량 진입부와 신축이음에서 6.0m 이하로 떨어진 단면을 검토할 때는 DIN EN 1991-2, 4.6.1 (6)에 따른 증가계수를 고려한다.

3-82) EC2-2, (NCI) Appendix NA.NN.3 철도교

NA.NN.3.1 (105)

계수 $\lambda_{s,3}$는 공용기간의 영향을 반영하는 값으로 (NA.NN.9)식으로 정한다.

$$\lambda_{s,3} = \sqrt[k_2]{\frac{N_{years}}{100}} \quad \text{(NA.NN.9)}$$

여기서

N_{years} 교량의 공용기간[년](100년이 아닐 때는 바뀐 값을 적용한다.)

k_2 S-N 곡선의 기울기

3-83) EC2-2, (NCI) Appendix NA.TT 외부 긴장 콘크리트 교량에 대한 보충

NA.TT.1 일반

(1)P 이 부록은 박스단면의 신설 콘크리트 교량에 대한 것이다. 긴장재는 교량길이방향으로 다음과 같이 배치된다.

- 모든 강선이 박스단면 내부에, 콘크리트 단면의 외부에 배치(완전히 외부 강선만으로 배치)되거나, 또는
- 일부 강선은 콘크리트 단면 내에 부착강선으로 배치되며, 일부는 박스단면 내부에 비부착으로 배치(혼합배치)된다.

NOTE: 단면 형상이 다르거나 강선이 교량길이방향으로 콘크리트 단면 내부에 비부착으로 배치되는 콘크리트 교량은 다른 보충규정을 적용한다(Appendix NA.UU 참조).

(2)P 교량 횡방향으로 프리스트레스를 가하지 않거나, 횡방향 프리스트레스를 가하는 경우에 대해서는 이 장의

NA.RR.3.3절에 따른다.

4. 유럽설계기준 EC8-1/NA:독일부록

유럽설계기준 EC8-1/NA(참고문헌[E30]; Eurocode8:DIN EN1998-1/NA)는 유럽설계기준 EC8의 1부(참고문헌[E29]; Eurocode8:DIN EN1998-1: 내진설계-일반,지진하중과 건물 규정)에 대한 독일부록(National Annex)이다. 다른 기준과 같이 독일부록에만 있는 조항(규정번호가 NA로 시작하는 조항), 독일에서의 사용에 따른 보충정보(NCI: Non-contradictory Complementary Information)와 독일에서 정한 변수(NDP: Nationally Determined Parameters)로 구성된다. 예제집의 해설 부분에서 EC8-1/NA로 인용된 조항은 이 일러두기에서 찾아볼 수 있다.[8] 이 책에서는 국가별 부록 이전의 유럽설계기준 EC8-1을 표준규정이라 하였다. 설계규정의 번역은 참고문헌[E30]을 기초로 하였다.

4-1) EC8-1/NA, (NDP) 2.1 (1)P 기본 요구조건

권장값인 $T_{NCR}=475$년, $P_{NCR}=10\%$를 쓴다. 손상한계 T_{DLR}의 검토는 생략한다.

4-2) EC8-1/NA, (NDP) 3.2.1 (1), (2), (3) 지진지역

(i) 독일 연방공화국의 지진지역은 그림 NA.1과 같다. 채광 또는 산사태 지역에서 발생하는 비구조 지진(non-tectonic earthquake)은 이 규정에서 고려하지 않는다.

NOTE: 주 건축법에 따라, DIN EN 1998-1을 건설기준으로 적용하여 지진지역은 각 행정단위에 배속된다.

역자주8 각 조항의 번호는 추가되는 해당 절 또는 항의 번호이다. 예를 들어 EC8-1/NA, (NDP) 2.1(1)P는 표준규정 2.1절의 (1)P항에 추가된 내용이다. 표준 규정 외에 EC8-1/NA에 새로이 추가된 절은 NA.1, NA.2와 부록 NA.D이다. 이들에 해당하는 조항은 EC8-1/NA, (NCI) NA....로 표시하였다.

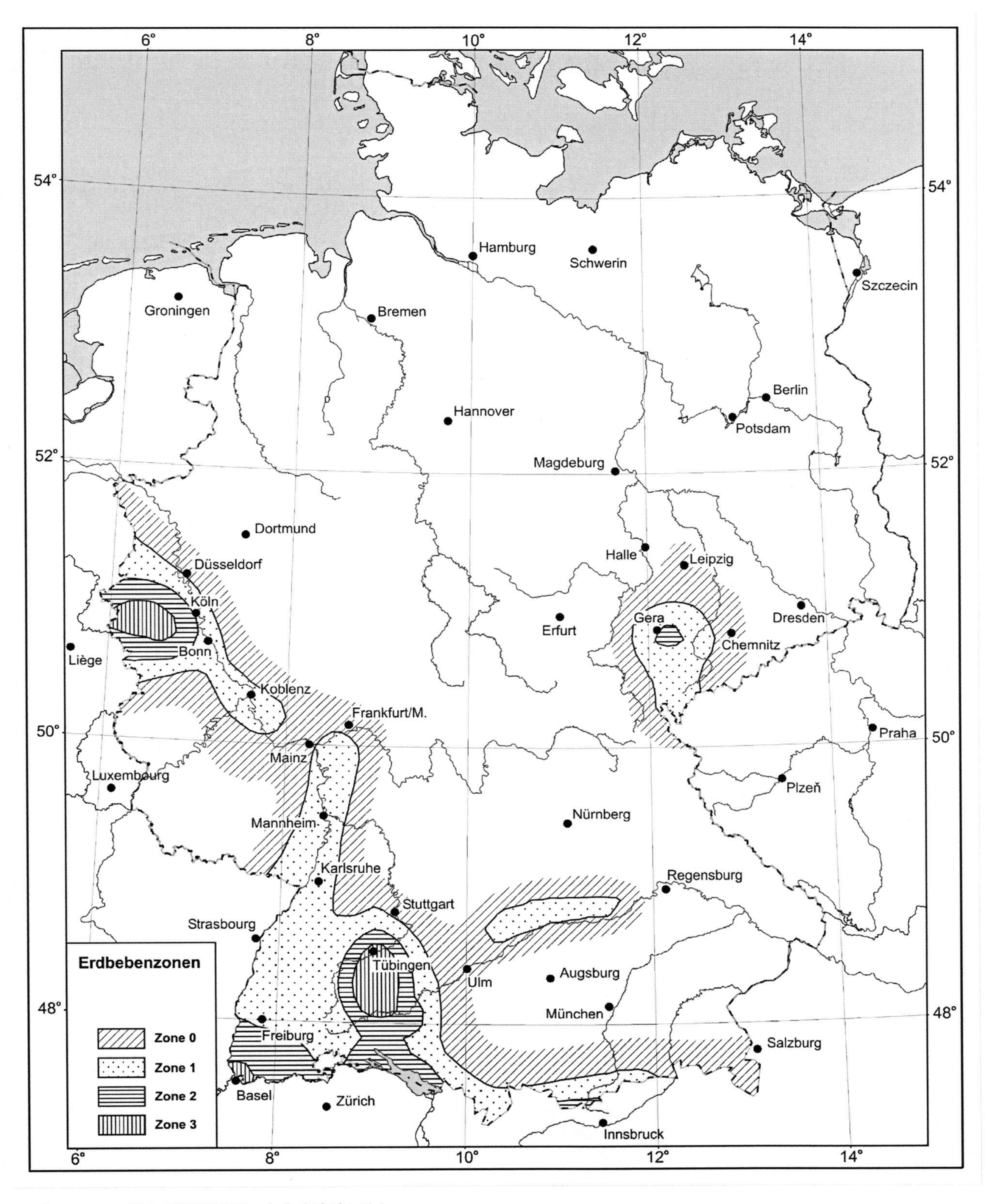

그림 NA.1 – 독일 연방공화국 지진지역의 구분

(ii) 각 지진지역에 따른 지반 가속도의 기준–첨두값(reference–peak value of ground acceleration)은 표 NA.3 과 같다.

표 NA.3–지진지역에 따른 지진강도의 범위와 지반 가속도의 기준–첨두값

지진지역	지진강도의 범위	지반 가속도의 기준–첨두값 a_{gR}[m/s^2]
0	$6 \leq I < 6.5$	-
1	$6.5 \leq I < 7$	0.4
2	$7 \leq I < 7.5$	0.6
3	$7.5 \leq I$	0.8

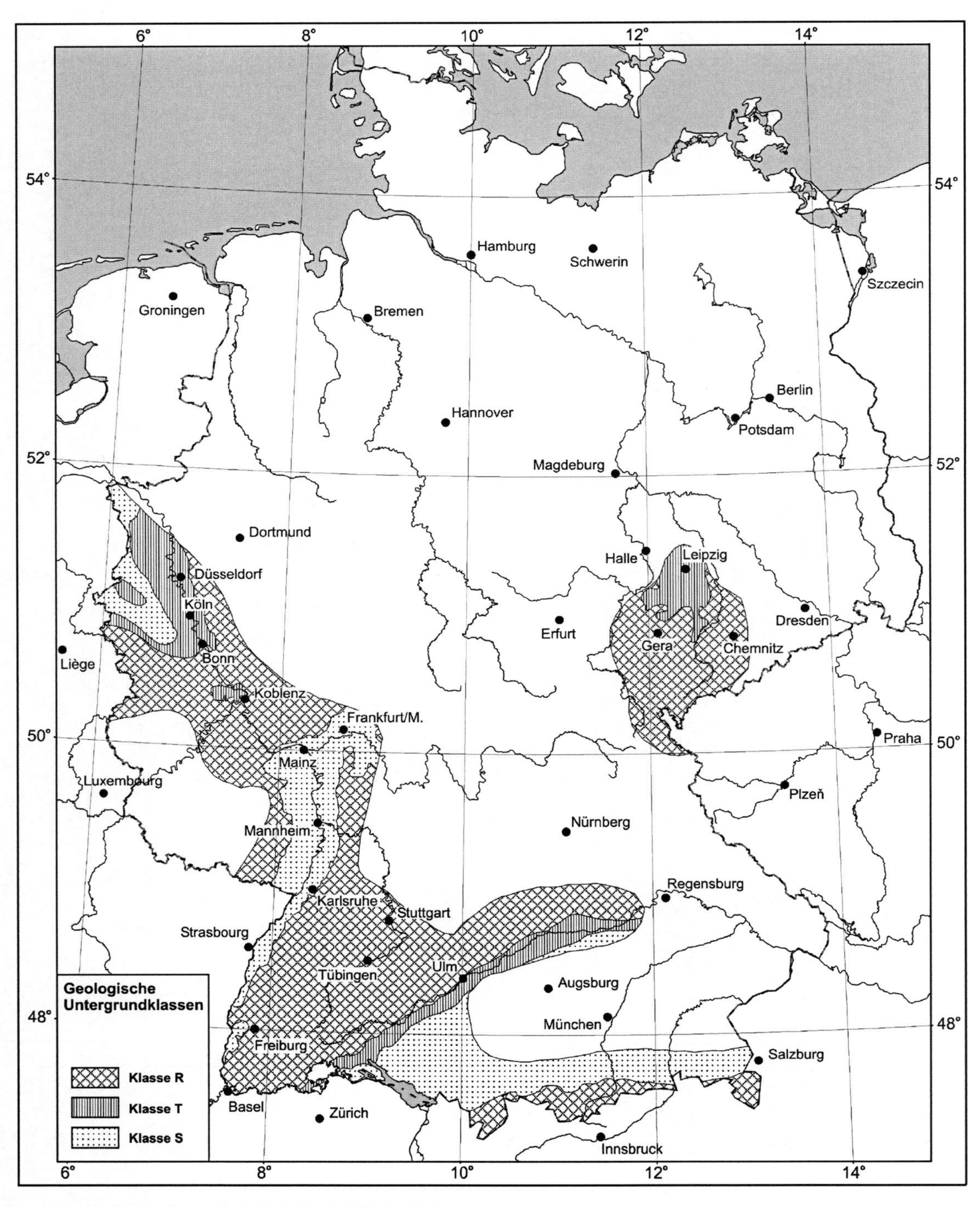

그림 NA.2–독일 연방공화국 지진지역의 지질학적 지반등급

(iii) 독일 지진지역(그림 NA.1)의 지질학적 지반등급은 그림 NA.2와 같다.

4-3) EC8-1/NA, (NDP) 3.2.1 (4) 지진지역

그림 NA.1의 지진지역 1~3은 이 기준에서는 저강도 지진지역으로, 중요도 등급 1~3의 일반건물은 6층 이하, 평균 지표면에서 높이가 최대 20m 이하이므로 부록 A에 따른 간이 설계법을 적용할 수 있다.

4-4) EC8-1/NA, (NDP) 3.2.2.1 (4), 3.2.2.1 (1)P 지진하중의 기본 방정식

수평 탄성응답스펙트럼은 다음의 변수와 방정식으로 정의된다.

(1) 기준-재현 주기에 대한 탄성응답스펙트럼(그림 NA.3 참조)은 아래 식으로 정한다.

$$T_A \leq T \leq T_B : S_e(T) = a_{gR} \cdot \gamma_I \cdot S \cdot \left[1 + \frac{T}{T_B} \cdot (\eta \cdot 2.5 - 1)\right] \quad \text{(NA.1)}$$

$$T_B \leq T \leq T_C : S_e(T) = a_{gR} \cdot \gamma_I \cdot S \cdot \eta \cdot 2.5 \quad \text{(NA.2)}$$

$$T_C \leq T \leq T_D : S_e(T) = a_{gR} \cdot \gamma_I \cdot S \cdot \eta \cdot 2.5 \cdot \frac{T_C}{T} \quad \text{(NA.3)}$$

$$T_D \leq T : S_e(T) = a_{gR} \cdot \gamma_I \cdot S \cdot \eta \cdot 2.5 \cdot \frac{T_C \cdot T_D}{T^2} \quad \text{(NA.4)}$$

여기서

$S_e(T)$ 탄성응답스펙트럼의 크기

T 선형 단진자의 진동주기

a_{gR} 표 NA.3에 따른 기준-최대 지반 가속도

γ_I 표 NA.6에 따른 중요도 계수

T_A, T_B, T_C, T_D 응답스펙트럼의 통제주기, $T_A = 0$; 주파수 영역에서 주기 0에 해당하는 주파수는 25Hz로 두고 그보다 높은 주파수에 대해 s_e는 일정한 값으로 한다.

S 지반 변수

η 감쇠 보정계수로, 5% 점성 감쇠(viscous damping)에 대해 기준값 $\eta = 1$로 한다. (3)항 참조

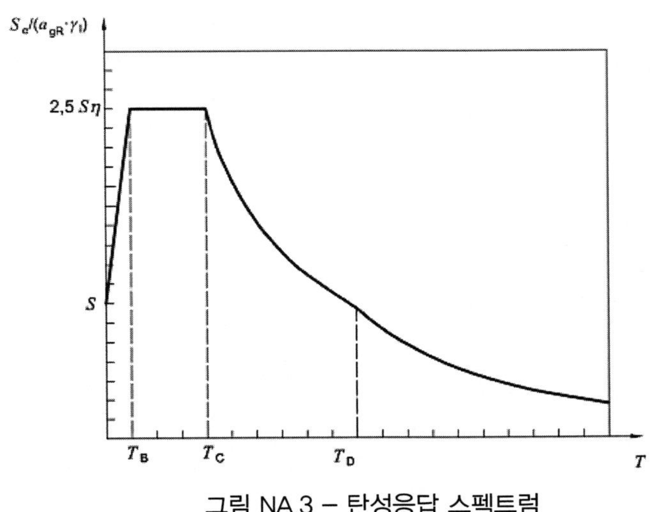

그림 NA.3 – 탄성응답 스펙트럼

(2) 지반조건이 탄성응답스펙트럼에 미치는 영향은 표 NA.4에 따른 변수를 선택하여 수평 지반운동으로 고려한다.

표 NA.4–탄성 수평응답 스펙트럼을 위한 변수값

지반조건	S	T_B[s]	T_C[s]	T_D[s]
A-R	1.00	0.05	0.20	2.0
B-R	1.25	0.05	0.25	2.0
C-R	1.50	0.05	0.30	2.0
B-T	1.00	0.1	0.30	2.0
C-T	1.25	0.1	0.40	2.0
C-S	0.75	0.1	0.50	2.0

(3) 감쇠보정계수 η값은 다음 식으로 정할 수 있다.

$$\eta = \sqrt{\frac{10}{5+\xi}} \geq 0.55 \tag{NA.5}$$

여기서

ξ 구조물의 점감쇠값[%]

점감쇠값이 5%가 아닌 특별한 경우에는 해당값을 검증해야 한다.

4-5) EC8-1/NA, (NDP) 3.2.2.5 (4)P 선형계산을 위한 설계 스펙트럼

(NA.4.1) 모든 구조물은 지진하중에 의한 에너지를 히스테리시스 곡선으로 소산시키는 능력을 어느 정도는 갖고 있다. 따라서 에너지 소산 없이 선형탄성응답으로 발생하는 힘보다 작은 값으로 설계할 수 있다.

(NA.4.2) 선형탄성 계산하되 유리하게 작용하는 에너지 소산효과를 고려할 수 있게 탄성응답스펙트럼을 시공 및 구조종류에 따른 거동계수 q로 감소한다.

(NA.4.3) 지진하중의 수평성분에 대한 설계 스펙트럼 $S_d(T)$는 다음 식으로 정한다.

$$T_A \leq T \leq T_B : S_d(T) = a_{gR} \cdot \gamma_I \cdot S \cdot \left[1 + \frac{T}{T_B} \cdot \left(\frac{2.5}{q} - 1\right)\right] \tag{NA.10}$$

$$T_B \leq T \leq T_C : S_d(T) = a_{gR} \cdot \gamma_I \cdot S \cdot \frac{2.5}{q} \tag{NA.11}$$

$$T_C \leq T \leq T_D : S_d(T) = a_{gR} \cdot \gamma_I \cdot S \cdot \eta \cdot \frac{2.5}{q} \cdot \frac{T_C}{T} \tag{NA.12}$$

$$T_D \leq T : S_d(T) = a_{gR} \cdot \gamma_I \cdot S \cdot \frac{2.5}{q} \cdot \frac{T_C \cdot T_D}{T^2} \tag{NA.13}$$

여기서

$S_d(T)$ 설계 스펙트럼값;

q 거동계수

NOTE: EN 1998-1: 2004에 따른 계수 β는 0으로 두므로 (NA.10)~(NA.13)식에 포함되지 않았다.

(NA.4.4) 변수 T_B, T_C, T_D와 S값은 표 NA.4에 주어졌다. 설계 스펙트럼을 정하기 위해 $T_B = 0.01\,S$로 해야 한다.

(NA.4.5) (3)항에 주어진 설계 스펙트럼은 기초가 분리되거나, 에너지소산 시스템을 갖춘 구조물의 설계에는 적당하지 않다.

4-6) EC8-1/NA, (NDP) 4.2.4 (2)P 변동하중에 대한 조합계수

ψ_{Ei}를 계산하기 위한 계수 ψ는 표 NA.5의 값으로 한다. 지진하중을 계산하기 위한 유효질량을 정하기 위해 (4.2)식의 설하중에는 조합계수 $\varphi_2 = 0.5$를 곱한다. 이렇게 감소한 설하중으로 안정성을 검토한다.

참고 : 예를 들어 장기간 일부만 사용되는 창고건물과 같은 오랫동안 지속되는 비대칭 하중에 대해서는 지진으로 인한 비틀림 작용을 따로 검토해야 한다.

표 NA.5–ψ_{Ei}를 계산하기 위한 계수 ψ

DIN EN 1991-1-1/NA에 따른 변동하중 형태	건물 내 작용위치	φ
사용하중 category A-C, 사용하중 category T와 Z 포함	최상층	1.0
	다른 층	0.7
사용하중 category D-F, 사용하중 category T와 Z 포함	모든 층	1.0

4-7) EC8-1/NA, (NDP) 4.2.5 (5)P 중요도 등급과 중요도 계수

중요도 등급과 중요도 계수값은 표 NA.6에 따른다.

표 NA.6 중요도 등급과 중요도 계수값

중요도 등급	구조물	중요도 계수 γ_I
I	사람의 통행이 작고, 대중의 안전과는 큰 관계가 없는 구조물(예를 들어 축사, 온실 등)	0.8
II	다른 category에 속하지 않은 건물(예를 들어 소규모 주택과 사무용 건물, 작업장 등)	1.0
III	지진에 따른 파괴가 많은 사람들에 영향을 주는 건물(예를 들어, 대규모 주거단지, 학교, 회의장, 백화점 등)	1.2
IV	지진에 대한 붕괴의 방지가 대중의 보호를 위해 매우 중요한 건물(예를 들어, 병원, 방호시설, 소방서와 보안시설 등)	1.4

4-8) EC8-1/NA, (NDP) 5.2.1 (5) 에너지소산능력과 연성등급

이 규정의 적용 영역으로 연성등급 DCL과 DCM을 쓰는 것을 권장한다.

4-9) EC8-1/NA, (NCI) 부록 NA.D

일반건물의 단순한 구조에 대한 간이 설계규정

4-10) EC8-1/NA, (NCI) NA.D.1 일반

(1) 이 간이 설계규정의 전제는 다음과 같다.

a) 구조물 위치와 지반종류가 지진으로 인한 액상화 또는 다짐으로 산사태와 침하가 일어날 위험이 없다.

b) 지반이 느슨하거나(예를 들어: 느슨한 모래) 또는 흐름치가 낮거나 균질하지 않은(예를 들어: 호상 진흙, 실트) 퇴적층(주 전단파 속도가 150 m/s 이하)

(2) 이 부록의 간이 계산법은 중요도 등급 I~III의 일반 건물로, 6층 이하, 평균 지면에서 높이가 20 m 이하로 다음 조건을 만족하는 경우에 적용한다.

a) 구조물은 평면상 양쪽 주방향에 대하여 수평강성과 질량이 거의 대칭 분포해야 한다. 대칭을 벗어나면, 이에 따른 작용(예를 들어 비틀림)을 받을 수 있어야 한다.

b) 건물평면은 예를 들어 H, X, L, T 또는 U형과 같이 크게 변하는 형상이 아니어야 한다. 이런 형상의 평면은 적절한 이유(NA.D.8d 참조)로 진동에 대해 분리되었을 때만 허용된다. 이 경우 각 건물요소를 분리하여 고려한다.

c) 바닥판은 강성 평면응력부재로 수평력을 횡지지 부재에 전달해야 한다.

d) Core, 전단벽 또는 라멘과 같은 수평력을 받는 모든 시스템은 다층 건물에서 기초에서 최상층 바닥판까지 중단 없이 연결되어 있어야 한다. 그렇지 않으면 수평과 수직하중의 전달이 보장되어야 한다.

e) 각 층의 수평강성, 실제 수평 내하력과 질량은 일정하거나 부재높이에 따라 큰 변동 없이 점진적으로 변화해야 한다(예외: 지하층과 지상층의 경계).

(3) (1), (2)의 조건을 만족하는 각각의 평면모델에서 두 개의 주방향 중의 하나에 대해 계산할 수 있다. 각 방향에 대해 NA.D.5절과 가능한 비틀림에 대한 NA.D.4절을 고려하여 구조물의 안정성 검토를 수행해야 한다.

4-11) EC8-1/NA, (NCI) NA.D.2 총 지진하중

(1) 각 주방향에 대한 총 지진하중 F_b는 다음 식으로 정한다.

$$F_b = S_d(T_1) \cdot M \cdot \lambda \tag{NA.D.2}$$

여기서

$S_d(T_1)$ 기본 진동주기 T_1에 대한 설계 스펙트럼의 값 (NA.3.2.2.5)

T_1 고려하는 방향에 대한 병진운동에 대한 기본 진동주기

M (2)항에 따라 계산한 구조물의 총 질량

λ 보정계수 − 2층 이상의 건물에서 $T_1 \leq 2 \cdot T_c$일 때 $\lambda = 0.85$이며 그 외의 모든 경우에는 $\lambda = 1.0$이다.

(2) 구조물의 총질량 M은 모든 고정하중과 사용하중의 30%(창고, 도서관, 상점, 주차장, 작업장과 공장에서는 80%)를 고려한다. 설하중은 50%를 고려한다.

(3) T_1값 [s]은 다음 식으로 근사 계산한다.

$$T_1 = 2 \cdot \sqrt{u} \tag{NA.D.2}$$

여기서 u $[m]$는 건물 상단의 수평 편이값으로 (2)항에 따라 정한 질량에 따른 고정하중과 준-고정하중하의 값이다.

(4) 거동계수 q는 모든 건물종류에 대해 최대 1.5값 이하로 한다.

(5) (1)항 대신에 각 주방향의 총 지진하중 F_b를 $q=1.5$로 두고 다음과 같이 안전 측으로 정할 수 있다.

$$F_b = S_{d,\max} \cdot M \tag{NA.D.3}$$

4-12) EC8-1/NA, (NCI) NA.D.3 수평 지진하중의 분포

(1) 지진하중에 대한 응답은 2개의 평면 모델에서 모든 층의 질량 m_i에 대한 수평력 F_i를 적용하여 정해져야 한다.

(2) 수평력 F_i는 높이에 비례하여 증가하여 분포하는 것으로 할 수 있다(그림 NA.D.1):

$$F_i = F_b \cdot \frac{z_i \cdot m_i}{\sum_{j=1}^{m} z_j \cdot m_j} \tag{NA.D.4}$$

여기서

m_i, m_j 각 층의 질량, NA.D.2 (2)항에 따라 계산한다.

z_i, z_j 지진하중이 작용하는 평면에서 질량 m_i, m_j의 높이
(기초평면 또는 강성이 큰 지하층의 상단부에서 잰 높이);

F_i i층에 작용하는 수평력;

F_b (NA.D.1)식, (NA.D.3)식에 따른 총 지진력

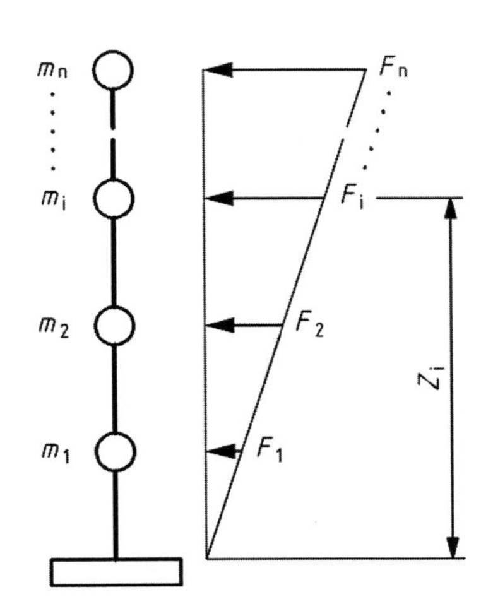

그림 NA.D.1–지진력의 높이에 비례한 분포

(3) 이 절에 따라 정한 수평력 F_i는, 수평하중에 대한 횡지지 구조계에서 바닥평면응력 부재를 강성(rigid)으로 가정하여 분배한 것이다.

4-13) EC8-1/NA, (NCI) NA.D.4 비틀림 작용

(1) 구조물이 평면에서 수평강성과 질량이 두 주방향에 대해 거의 대칭분포 한다면, 비틀림의 묶은 지진 단면력을 15% 증가하여 근사계산할 수 있다.

Hint : 예를 들어, 장기간 일부만 사용되는 창고건물과 같은 오랫동안 지속되는 비대칭 하중에 대해서는 지진으로 인한 비틀림 작용을 따로 검토해야 한다.

(2) 비틀림 작용을 검토하기 위해서 주방향의 상부 층의 등가 합력의 편심은 다음과 같이 계산한다(그림 NA.D.2):

$$e_{\max,i} = e_{0,i} + e_{1,i} + e_{2,i} \quad \text{(NA.D.5)}$$

$$e_{\min,i} = 0.5 \cdot e_{0,i} - e_{1,i}$$

여기서

i 주방향 $i = x,\ y$

$e_{0,i}$ 실제 편심;

$e_{1,i}$ 예상치 않은 편심, $e_{1,i} = 0.05 \cdot L_i$, L_i: 지진방향에 수직한 구조물 치수;

$e_{2,i}$ 추가 편심

추가편심 $e_{2,i}$는 다음과 같이 계산한다.

$$e_{2,i} = 0.1 \cdot (L_s + L_y) \cdot \sqrt{\frac{10 \cdot e_{0,i}}{L_i}} \le 0.1 \cdot (L_x + L_y) \quad \text{(NA.D.6)}$$

(3) 비틀림에 대해 충분히 보강된다면, $e_{2,i}$는 (NA.D.7)식으로 정할 수도 있다.

$$e_{2,i} = \frac{1}{2e_{0,i}}\left[l_s^2 - e_{0,i}^2 - r_I^2 + \sqrt{(l_s^2 + e_{0,i}^2 - r_I^2)^2 + 4 \cdot e_{0,i}^2 \cdot r_I^2}\right] \quad \text{(NA.D.7)}$$

고려하는 주방향 i의 지지요소에 대한 단면 2차모멘트 I_j와 이에 수직한 지지요소에 대한 단면 2차모멘트 I_k 및 강성 중심에 대해 떨어진 거리 r_j와 r_k로부터 비틀림 반경을 다음과 같이 계산한다.

$$r_I = \sqrt{\frac{\left[\sum_j I_j r_j^2 + \sum_k I_k r_k^2\right]}{\sum_j I_j}}$$

직사각형 평면(그림 NA.D.2)에 대한 단면 회전반경은 다음과 같이 구한다.

$$l_s^2 = \frac{L_x^2 + L_y^2}{12}$$

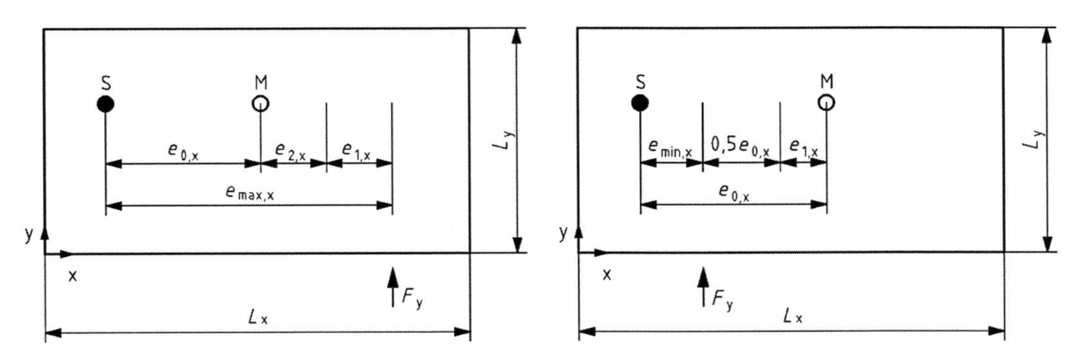

그림 NA.D.2–y_방향으로 작용하는 지진력에 대한 편심

4-14) EC8-1/NA, (NCI) NA.D.5 지진하중의 성분에 대한 단면력의 조합

(1) 지진하중은 구조물의 서로 수직한 두 개의 수평 주방향으로 분리하여 작용하는 것으로 가정할 수 있다. NA.D.4 (2)항에 따른 비틀림 작용을 고려해야 한다면, 다른 방향의 지진하중(비틀림 하중 포함)에 의한 단면력의 30%를 추가하여 각 방향으로 고려해야 한다.

(2) 지진하중의 수직성분은 보와 바닥판, 기둥 또는 전단벽 또는 내력벽을 제외하고는 일반적으로 무시할 수 있다.

4-15) EC8-1/NA, (NCI) NA.D.8 안전성 검토

(1) 지진설계 상황에서 붕괴에 대한 안전(강도한계상태)을 보강하기 위해서 내하력, 평형과 지반과 지진 이음부의 지지력에 대한 다음 조건이 만족되어야 한다.

2차해석 효과(P-Δ 효과)는 지진하중의 산정에서 고려하지 않는다.

a) 내하력 조건: 연결부를 포함하여 모든 구조부재와 중요한 비구조 부재(NA.D.7)는 다음 관계식을 만족해야 한다.

$$E_d \leq R_d \tag{NA.D.10}$$

여기서

$$E_d = E\{\Sigma G_{k,j} \oplus P_k \oplus \gamma_1 \cdot A_{Ed} \oplus \Sigma \psi_{2,i} \cdot Q_{k,i}\} \tag{NA.D.11}$$

지진설계상황의 응력 설계값 (DIN EN 1990)으로 이는

$$R_d = R\left\{\frac{f_k}{\gamma_M}\right\} \tag{NA.D.12}$$

부재의 설계 강도, 재료 관련 조건(재료불성의 기준값 f_k, 부분안전계수 γ_M)에 따라 정해진다. 그 외에도 DIN EN 1990의 지진하중에 대한 중요도 계수 $\gamma_1 = 1.0$이 적용된다.

b) 평형조건: 구조물은 지진하중하에서도 안정된 평형상태를 유지해야 한다. 이는 DIN EN 1997-1의 전도와 활동과 같은 작용을 포함한다.

c) 지반의 지지력: 지반은 NA.D.9의 요구조건을 만족해야 한다.

d) 지진이음부의 조건: 건물은 인접구조 또는 부재와 지진으로 유발되는 충돌에 대해 보호되어야 한다. 이는 인접부재와 가능한 충돌위치 사이의 거리가 (NA.D.8)로 계산한 수평변위의 최대값 제곱의 합의 제곱근보다 클 때 만족한다. 이음부의 크기는 이음부 채움 재료(예를 들어 연질섬유매트)의 압축률이 제한된 것을 고려하여 계획해야 한다. 더 정확한 검토가 없다면, 이음부의 크기를 위의 값의 1.5배 이상으로 해야 한다. 이 조건은 같은 층수의 인접건물이 각 층의 바닥이 같은 높이거나, 또는 주택을 분리하는 2중 벽 사이의 간격이 최소 40 mm 이상인 최대 3층 이하의 건물에서도 만족한다.

예제 13 : T형 거더 교량

차례

예제 13 : T형 거더 교량

과제 개요

평면상 직선이며 2차선인 고속도로 교량의 상부구조를 설계하라.
교량은 길이방향으로 탄성지지되었다.
콘크리트 상부 구조는 2개의 T형 거더(길이방향으로는 부착 포스트텐션 방식의 프리스트레스가 가해지며 횡방향으로는 철근 콘크리트 부재)로 구성된다. 가로보는 없다.

STANAG 2021에 따른 MLC-하중은 설계에서 검토하지 않는다.

교량의 길이방향과 횡방향의 프리스트레스를 고려하여 EC2로 설계하라. 이 예제에서는 길이방향의 설계만을 보인다.

유럽 설계기준에 대한 해설은 *www.nabau.din.de*를 참조하라.

유럽 설계기준에서:
규정의 각 항목기호는 다음을 뜻한다.
(1)P 총괄 기준 → 원칙
(1) 원칙을 만족하는 적용항목
국가별 기준에서:
NDP 국가별 변수(Nationally Determined Parameter)
NCI 국가별 사용에 따른 보충정보(Non-contradictory Complementary Information)

MLC-하중: 군용 하중등급. 군용 차량하중에 대한 줄임말
STANAG: NATO 조약에 따른 표준 협약
군용하중은 BMVBS[1]의 도교구조물 일반회람 문서 ARS No. 22/2012의 부록 2와 부록 3에서 다룬다.
부분안전계수와 하중 조합계수는 일반하중의 값을 준용한다.
EC2-2/NA, (NDP) 7.3.1 (105), 표 7.101DE

이 예제에서 압축응력을 (−)로 한다. (EC2와 다르다.)

1. 구조계, 치수, 피복두께

1.1 구조계

길이방향으로는 총 길이 L = 210 m의 7경간 연속보이다. 다섯 개의 내부 지간장은 각 32.0 m이며 양쪽의 단지간 지간장은 각 25.0 m이다. 부재 높이는 1.50 m이다(그림 1).
상부구조는 7개의 시공구간(CS[1])으로 나누어 이동지보공 공법으로 가설한다(그림 2). 각 시공구간에 대한 구조검토는 이 예제에서 하지 않는다.

교량구조 설계자에 도움이 되는 자료:
DIN-규정 핸드북(Beuth-출판사)
[E33] EC1 하중 - 3부: 교량하중
[E35] EC2 콘크리트 구조 - 2부: 교량

가설 시 하중은 EC1-6을 참조하라.

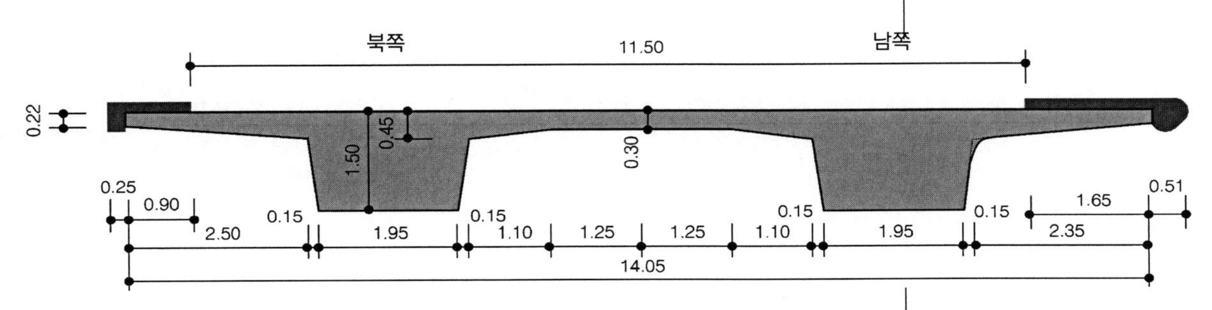

그림 1: 교량 표준단면, 차선에 수직한 횡단면

역자 주 1 시공구간(CS; Construction Segment)에 따라 가설단계의 구조해석과 설계가 이루어져야 한다.

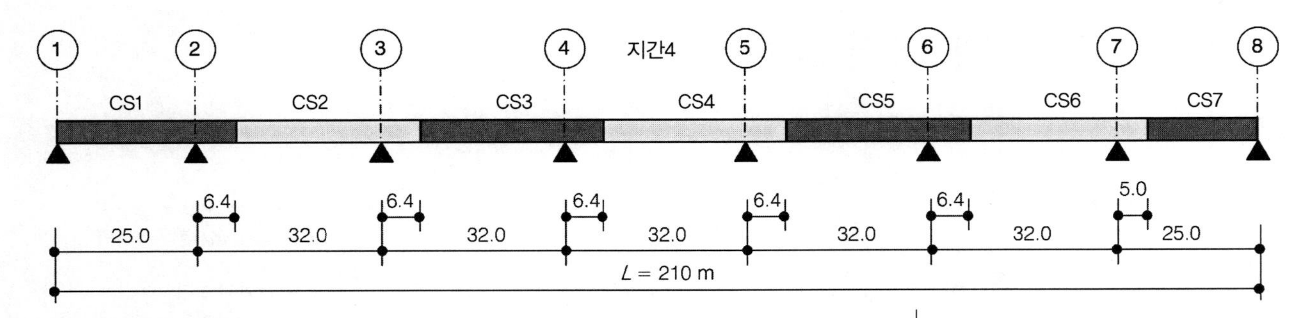

그림 2: 구조계, 가설단계와 시공구간

1.2 최소 강도등급, 피복두께

환경조건: 실외 부재

철근 부식에 대한 노출등급

→ 탄산화에 대한 노출등급: → XC4

→ 염화물에 대한 노출등급: → XD1

콘크리트 내구성에 대한 노출등급

→ 제빙제를 쓰는 경우의 동결융해작용: → XF2

공기연행제를 쓰지 않는 콘크리트의 최소 강도 → C30/37 [2]

→ 습도등급 → WA [2]

선택: C35/45 XC4, XD1, XF2, WA E_{cm} = 34,000 MN/m²

EC2-2/NA, (NCI) 4.2, 표 4.1DE:
XC4 습윤/건조가 반복(비를 직접 맞는 실외 부재)
XD1 보통 습도(차량 통행 면에서 물이 튀는 영역의 부재)
XF2 보통 정도의 침수, 제빙제를 쓰는 경우(DIN 1045-2: XF2에 대해 AE제[2]가 없으면 최소 C35/45)
WA 장기적인 알칼리 침투
[2] ZTV-ING,[3] 3부, 1편, 3장 3.1(3)과 4장 (13)의 상부구조를 참조하라.
→ 연방도로의 모든 건설물의 습도등급은 WA로 한다.
여기서 화학적 침투와 마모에 대한 노출등급은 주어지지 않았다.
노출등급은 주어진 것으로 한다.

피복두께

철근:

→ 최소 피복두께 $c_{\min,dur}$ = 40 mm

\+ 허용오차 Δc_{dev} = 5 mm

= 공칭 피복두께 c_{nom} = 45 mm

EC2-2/NA, (NDP)4.4.1.2 (5)
콘크리트 피복두께는 노출등급과 무관하게 규정되었다.
EC2-1-1에 비하여 허용오차를 줄인 것은 품질관리 수준이 높기 때문이다.

일반적인 덕트: $c_{\min,dur}$ ≥ 50 mm

$c_{\min,b} = \phi_{duct} \leq 80$ mm

EC2-1-1, 4.4.1.2 (3) 내지
EC2-2/NA, (NDP)4.4.1.2 (3)
쉬스관의 직경 ϕ_{duct}는 일반적인 건설허가(abZ[4])에 따른다.

역자주 2 동결융해를 방지하기 위한 Air entraing agent를 말한다. 독일 규정에서는 LP(Luftporenbildner)로 표시한다.

역자주 3 ZTV-ING(Zusätzlichen Technischen Vertragsbedingungen und Richtlinien für Ingenieurbauten)는 구조물에 대한 추가 기술계약 조건 및 지침이다. 총 10부로 나누어졌으며 이들은 다시 편-장-절-항으로 구성된다. 연방도로국(Bundesamt für Straßenwesen)의 홈페이지(www.bast.de)에서 교량가설과 관련된 자료를 찾을 수 있다. 콘크리트 구조에 대한 용어 등의 자세한 자료는 beton.wiki를 검색하여 찾아볼 수 있다.

역자주 4 abZ(Allgemeine bauaufsichtliche Zulassung)은 DIBt(Deutsches Institut für Bautechnik: 독일 건설기술연구소)의 홈페이지에서 찾을 수 있다(dibt.de).

바닥판 상면에서 길이방향 PS 강선에 대하여: $c_{min,b}$ ≥100 mm

EC2-2/NA, (NDP) 4.4.1.2 (3)
결정값!

1.3 재료

콘크리트	f_{ck}	=35 MN/m²		EC2-1-1, 3.1.2, 표 3.1
C35/45	f_{cd}	$=\alpha_{cc} \cdot f_{ck}/\gamma_C = 0.85 \cdot 35/1.5$	=19.8 MN/m²	EC2-2/NA, (NDP) 2.4.2.4 (1) EC2-2/NA, (NDP) 3.1.6 (101)P
	E_{cm}	=34,000 MN/m²		
	f_{ctm}	=3.2 MN/m²		
철근 B500B	f_{yk}	=500 MN/m²(고연성)		EC2-2/NA, (NCI) 3.2.2: (3) 교량 상부 구조에는 고연성 철근만 쓴다.
	f_{yd}	$=f_{yk}/\gamma_S = 500/1.15$	=435 MN/m²	EC2-1-1, 3.2.7 EC2-2/NA, (NDP) 2.4.2.4 (1)
	E_s	=200,000 MN/m²		
강선	$f_{p0.1k}$	=1,500 MN/m²		abZ(일반적인 건설허가)에 따른 값
강연선	f_{pk}	=1,770 MN/m²		EC2-1-1, 3.3.6 (6), EC2-2/NA, (NDP) 2.4.2.4 (1)
St 1570/1770	f_{pd}	$=f_{p0.1k}/\gamma_S = 1,500/1.15$	=1,304MN/m²	EC2-1-1, 3.3.6 (3)
	E_p	=195,000 MN/m²		

1.4 단면계수

설계를 위해서 플랜지 유효폭을 고려하여 T형보의 단면을 정한다.
이 단면은 단면력 산정에도 사용한다. 부재 길이 전체에 대해 유효폭을 일정하게 계산하는 것도 가능하다.[5]

EC2-1-1, 5.3.2.1
EC2-1-1, 5.3.2.1 (4)

사용한계상태와 강도한계상태의 설계에서 지간장이 같은 구조계에 대해 근사계산으로 다음과 같이 간단히 계산한 유효폭으로 결정 단면값을 정할 수 있다.

EC2-2/NA, (NCI) 5.3.2.1 (2)

$$b_{eff} = \sum b_{eff,i} + b_w \le b$$

$$b_{eff,i} = \min\begin{cases} 0.2 \cdot b_1 + 0.1 \cdot l_0 \\ 0.2 \cdot l_0 \\ b_1 \end{cases}$$

EC2-1-1, 5.3.2.1, (5.7), (5.7a), (5.7b)식

역자주 5 유럽 설계기준에서 유효폭은 길이방향으로 변한다.

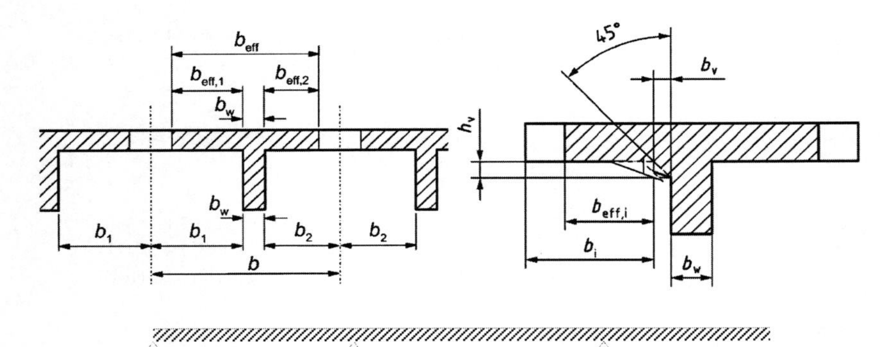

$l_0 = 0.85 l_1$ $l_0 = 0.15 (l_1 + l_2)$ $l_0 = 0.70 l_2$ $l_0 = 1.5 l_3$ 또는 $l_0 = 0.15 (l_2 + l_3)$

l_1 l_2 $l_3 \leq 0.5 l_2$

EC2-1-1, 5.3.2.1, 그림 5.3
EC2-2/NA, (NCI) 5.3.2.1, 그림 NA.5.103.1

EC2-1-1, 5.3.2.1 그림 5.2, NCI

표 1.4-1: T형보 유효폭의 계산(그림 1의 거더 단면)

	l_{eff} [m]	l_0 [m]	b_w [m]	b_l [m]	$d_{l,span}$ [m]	$d_{l,haunch}$ [m]	b_r [m]	$d_{r,span}$ [m]	$d_{r,haunch}$ [m]	b_{vl} [m]	b_{vr} [m]	$b_{eff,l}$ [m]	$b_{eff,r}$ [m]	$\boldsymbol{b_{eff}}$ **[m]**
거더(North)														
단지간	25	21.3	2.25	2.5	0.22	0.45	2.35	0.3	0.45	0.23	0.15	2.50	2.35	**7.10**
제1 내부 지점		8.55	2.25	2.5	0.22	0.45	2.35	0.3	0.45	0.23	0.15	1.36	1.33	**5.32**
내부지간	32	22.4	2.25	2.5	0.22	0.45	2.35	0.3	0.45	0.23	0.15	2.50	2.35	**7.10**
내부지점		9.6	2.25	2.5	0.22	0.45	2.35	0.3	0.45	0.23	0.15	1.43	1.46	**5.52**
거더(South)														
단지간	25	21.3	2.25	2.5	0.22	0.45	2.35	0.3	0.45	0.23	0.15	2.35	2.35	**6.95**
제1 내부 지점		8.55	2.25	2.5	0.22	0.45	2.35	0.3	0.45	0.23	0.15	1.33	1.33	**5.29**
내부지간	32	22.4	2.25	2.5	0.22	0.45	2.35	0.3	0.45	0.23	0.15	2.35	2.35	**6.95**
내부지점		9.6	2.25	2.5	0.22	0.45	2.35	0.3	0.45	0.23	0.15	1.38	1.40	**5.49**

표 1.4-1에서 지간단면의 $b_{eff,i}$는 작은 b_i값이 결정값이다.

총 단면 - 플랜지 폭을 모두 포함한 단면

단면력 계산에서 프리스트레스는 총 단면의 단면중심에 대해 고려한다. 응력 검토에서 프리스트레스에 의한 단면력은 환산단면 중심에 대해서 계산한다.

DAfStb-Heft[600], 5.3.2.1의 해설 참조
→ 구조검토에서:
P_m은 총 단면, M_p는 유효 단면에 대해 계산한다.

거의 대칭인 단면이므로 단면의 반(1/2)에 대해 설계한다.

표 1.4-2의 단면계수는 유효폭을 고려한 단면에 대해 전산프로그램으로 구한 것이다.
→ 총 단면 - 플랜지폭을 고려한 전체 단면

표 1.4-2: 거더(North)의 환산단면적에 대한 단면계수

단면계수	단위	총 단면	유효 단면			
			지간	커플러 이음부	제 1 내부지점	내부지점
A_c	[m²]	4.842	4.842	4.842	4.223	4.288
z_s	[m]	0.543	0.543	0.543	0.602	0.595
I_z	[m⁴]	10.073	10.073	10.073	4.475	4.888
I_y	[m⁴]	0.951	0.951	0.951	0.833	0.846
I_t	[m⁴]	1.097	1.097	1.097	1.097	1.097
W_{top}	[m³]	1.750	1.750	1.750	1.384	1.422
W_{bot}	[m³]	0.994	0.994	0.994	0.927	0.935

2. 하 중

다음은 단면력 계산을 위한 기준하중으로 강도한계상태와 사용한계상태의 설계에 쓰인다.

하중은 상부구조 전체에 대해 구한다. 격자구조로 계산하여 주부재(거더)와 부부재에 대해 하중분배한다.

2.1 자중(상부구조 전체)

EC1-1-1, EC1-1-1/NA

부재 자중[7] $g_{k,l} = 25\ \text{kN/m}^3 \cdot 9.688\ \text{m}^2 = 242.2\ \text{kN/m}$

포장 하중 $g_{k,pv} = (25\ \text{kN/m}^3 \cdot 0.08\text{m} + 0.50\ \text{kN/m}^2) \cdot 11.50\text{m} = 28.8\ \text{kN/m}$

[1] ARS[6] 22/2012, 부칙 3(포장에 대해 $\gamma = 25\ \text{kN/m}^3$, 추가 시설에 대한 하중 $0.5\ \text{kN/m}^2$)

보도 자중

South $g_{k,csS} = 25\ \text{kN/m}^3 \cdot 0.439\ \text{m}^2 = 11.0\ \text{kN/m}$

North $g_{k,csN} = 25\ \text{kN/m}^3 \cdot 0.253\ \text{m}^2 = 6.3\ \text{kN/m}$

방호책 자중 $g_{k,gr} = 0.8\ \text{kN/m}$

제조사 제공값

난간 자중 $g_{k,rl} = 0.5\ \text{kN/m}$

제조사 제공값

2.2 지점침하

EC2-1-1, 2.3.1.3 (1):
지반침하는 기본적으로 고정하중과 같은 하중조합으로 고려한다. 그러나 불리하게 작용하는 하중조합으로 고려해야 한다. 일반적으로 지점의 지반운동으로 예상되는 활동과 회전을 고려한다.

본 교량은 말뚝으로 지지되며 불리한 하중조합에 대한 지점침하는 지반조사 결과에 따라 다음과 같이 한다.

EC2-1-1, 2.3.1.3 (2):
(예상 지점침하는) 사용한계상태에서 고려한다.

예상 지점침하: $\Delta s_m = 10\ \text{mm}$

가능 지점침하 $\Delta s_k = 15\ \text{mm}$

EC2-2/NA, (NCI) 2.3.1.3, (NA.103):
강도한계상태에서 부재는 균열상태에 있으므로 강성저하를 고려하여 가능 지점침하의 0.6배로 계산한다.
(지반조사에서 가능한 지점침하가 $\Delta s_k = 15\ \text{mm}$로 주어졌다. 교량에서 통상 예상 지점침하를 최소 10 mm로 둔다.)

역자주 6 ARS(Allgemeines Rundschreiben Straßenbau)는 도로구조물에 대한 일반 회람으로 연방 교통 및 디지털 기반시설부(BMVI: Bundesministerium für Verkehr und digitale Infrastruktur)의 자료로 DIBt(Deutsches Institut für Bautechnik: 독일 건설기술연구소)의 홈페이지 등에서 찾을 수 있다(dibt.de).

역자주 7 다음의 첨자를 사용한다.
l: 거더(longitudinal girder), pv: 포장(pavement), cs: 연석 보도(curbside), gr: 방호책(guard rail), rl: 난간(railing)

2.3 온도하중

온도하중은 교량구조 Type 3[8]을 적용한다. 상부구조의 설계에서 교량 길이 방향으로 작용하는 축력이 작으므로, 단면 내 평균온도변화의 영향은 무시한다. 대신에 교량의 상면과 하면의 온도 차이를 선형으로 고려한다.

EC1-1-5, 6.1.1

$$\Delta T_{M,heat} = 15°C$$

$$\Delta T_{M,cool} = -8°C$$

EC1-1-5, 6.1.4.1, 표 6.1

포장(콘크리트) 두께에 따른 보정 d_{used} $= 80$ mm

상면 온도가 높을 때 K_{sur} $= 0.82$

하면 온도가 높을 때 K_{sur} $= 1.0$

[1]ARS 22/2012, 부칙 3[9]

최종 단계에서 선형 온도 차이의 값

$$\Delta T_{M,heat} = 15°C \cdot 0.82 = 12.3°C$$

$$\Delta T_{M,cool} = -8°C \cdot 1.0 = -8°C$$

온도하중에 의한 구속 단면력을 강도한계상태에서 검토한다. (비균열 상태-상태 I의 강성값을 0.6배 하여 검토)

EC2-2/NA, (NCI) 2.3.1.2 (3)

2.4. 차량에 의한 수직하중

EC1-2, 4.

DIN EN1991-2에서 개별지간 <200 m, 차로폭 <42 m의 교량에 사용할 수 있는 차량하중을 하중모델로 정의하였다. 이보다 큰 교량에 대해서 이 하중모델은 안전 측이나, 발주처는 과업에 따라 교통상황에 따른 차량하중을 정해야 한다. 주어진 하중모델은 일반적으로 예상 가능한 교통상황을 포함한다(교통상황에 따른 하중은 각 차선에 각 방향으로 재하되는 승용차나 화물차들로 구성된다). 스크래퍼(Scraper), 트레일러 등의 하중은 고려하지 않는다. 이러한 차량의 사용이 예상되거나 계획된다면, 발주처는 하중모델을 보충하고 이를 포함한 추가 하중조합을 고려해야 한다.

하중모델 1: 대부분의 화물차와 승용차 하중을 포함하는 집중하중과 등분포하중으로 구성된다.
→ 전체 구조계의 해석에만 쓰인다.

EC1-2, (NDP) 4.3.1 (2) 유의사항 2: 하중모델2는 사용하지 않는다.

EC1-2, (NDP) 4.3.4 (1): 특별하중모델을 사용하지 않는다.

상부구조의 설계(전체 구조)에서 길이방향으로 하중그룹 1(수직하중)을 재하한다. 하중그룹1은 하중모델1을 포함한다. 연석 바깥의 응급보도는 공식적인 보도는 아니며 여유면적에 대한 $a_{qgr} \cdot q_{rk} = 3$ kN/m²의 하중을 재하한다.

EC1-2, 4.5.1, 표 4.4a
하중모델4: 군중하중
→ EC1-2, 4.5.1 표 4.4a, 주석 b

역자주 8 교량구조 Type3은 콘크리트교이다. Type 1,2는 각각 강교, 합성교이다.

역자주 9 콘크리트 교량에 대한 온도 값의 보정계수 K_{sur}를 포장두께에 따라 다르게 한다. 이 책 예제 14의 역자 미주 1을 참고하라.

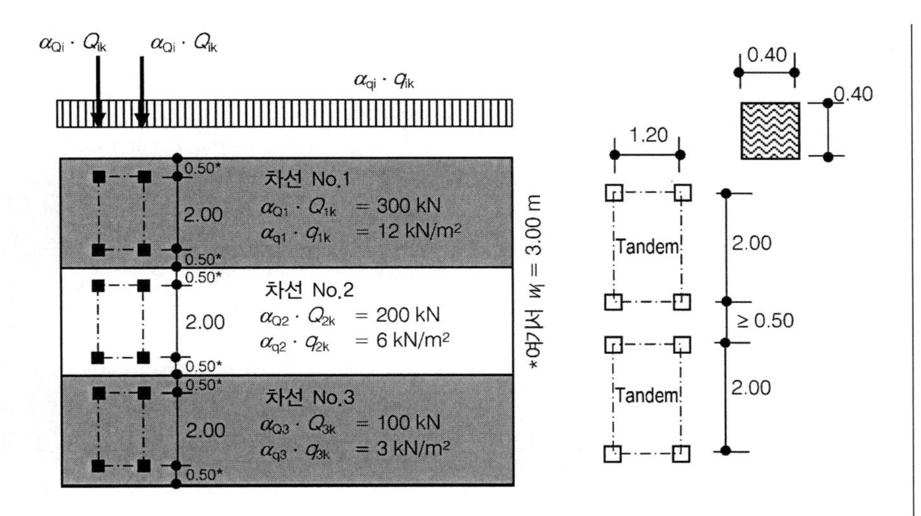

하중모델1은 차축하중(탄뎀(Tandem) :TS-하중계는 각 차선별로 2대가 재하되는 2축 하중)과 등분포하중(UDL-하중계)로 구성된다. 차축하중의 바퀴하중은 각변 0.4 m의 정사각형 분포평면에 재하된다. 차선은 일반적으로 3.0 m이다.

UDL: 단위분포하중
α_{Qi}, α_{qi} – 보정계수

EC1-2, 그림 4.2a: 하중모델1 참조

차축하중계의 축은 차선 중앙에 놓인다.

이 예제에서 차선폭은 연석 간 거리(연석높이 ≥ 75 mm)로 한다.

EC1-2, (NDP) 4.2.3 (1)
EC1-2, 그림 2 참조

$$w = 11.5\text{ m}$$

$w \geq 9.0$ m이므로, 폭 $b_i = 3.0$ m에 대한 계산상 차선 수는 $w/3$보다 작으면서 가장 가까운 정수이므로:

EC1-2, 4.2.3, 표 4.1

$$n_1 = \text{Int}(w/3) = 3$$

따라서 계산상 여유면적은:

$$R = w - 3 \cdot b_i = 2.5\text{ m}$$

계산상의 차선은 각 경우에 가장 불리하게 배치하도록 선택한다. 이는 2축 차량의 배치에 있어서도 마찬가지다. 2축 차량의 횡방향 배치는 나란한 것으로 한다.

EC1-2, 4.2.4 (1) 과 4.2.5 (1)

차선 1: (등분포 하중과 2축 TS)

TS $= a_{Q1} \cdot Q_{1k} = 300$ kN UDL: $a_{q1} \cdot q_{1k} = 12$ kN/m²

EC1-2, (NDP) 4.3.2 (3) Note 1과 2 및 표 4.2
Note: 동적증가계수는 (DIN 1072의 충격계수와 마찬가지로) 이미 하중에 포함하였다.

차선 2: (등분포 하중과 2축 TS)

TS $= a_{Q2} \cdot Q_{2k} = 200$ kN UDL: $a_{q2} \cdot q_{2k} = 6.0$ kN/m²

차선 3: (등분포 하중과 2축 TS)

TS $= a_{Q3} \cdot Q_{3k} = 100$ kN UDL: $a_{q3} \cdot q_{3k} = 3.0$ kN/m²

여유면적: (등분포 하중) UDL: $a_{qr} \cdot q_{rk} = 3.0$ kN/m²

2.5 피로하중모델

이 예제의 교량은 각 방향 2차선으로 화물차 비율이 높은 고속도로 교량으로 한다.

EC1-2, (NDP) 4.6.1 (2): 피로하중모델3을 사용한다.[10]

EC1-2, (NDP) 4.6.1 (3): 표 4.5를 사용한다.

화물차량 대수 $= N_{obs}$ $= 2.0 \cdot 10^6$

이음부 근처(신축이음에서 거리 <6.0 m)에는 추가의 증가계수를 적용한다.

EC1-2, 4.6.1 (6), 그림 4.7과 (NDP) 4.6.1 (6)

$\geq$ 6.0 m에서 $= \Delta\varphi_{fat}$ $= 1.0$

단부(<6.0 m)에서 $= \Delta\varphi_{fat}$ $= 1.3$

적용 피로하중모델3은 2축간 간격 7.20 m이며 차선 중앙에 배치한다.

EC1-2, 4.6.4 (1)

축하중 $= Q_{LM3}$ $= 120$ kN

EC1-2, 4.6.4 (1), 그림 4.8

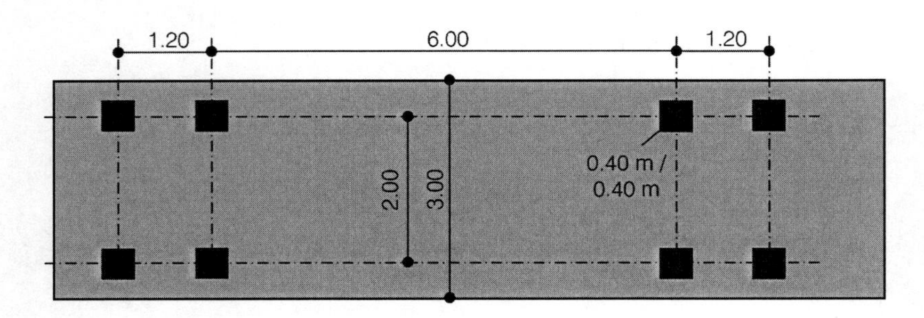

2.6 풍하중

EC1-1-4와 EC1-1-4/NA
부록 NA.N: 교량의 풍하중
x방향(횡방향) 풍하중을 정하기 위한 간이 계산

수직 거동에 대해 풍하중은 무시한다.

3. 단면력 산정

단면력 산정에서는 단위 시공구간 값의 합으로부터 자중과 커플러로 연결된 강선의 프리스트레스 하중경우에 대한 단면력을 계산한다.
시간이 지나면 크리프로 인해 단면력 재분배가 일어난다. 따라서 부분 구조계의 단면력과 완성된 구조계의 단면력이 시간에 따라 달라진다. 재분배는 Trost; Wolff [4]의 방법으로 계산한다.[11]

[4] Trost; Wolff: Zur wirklichkeitsnahen Ermittlung der Beanspruchungen in abschnittsweise hergestellten Spannbetontragwerken(구간별로 가설되는 프리스트레스트 콘크리트 구조의 단면력 근사 계산), Bauingenieur 45(1970)

역자주 10 ELM(Ermüdungslastmdell)은 피로하중모델이다. EC2-2,4.6.4 참조

역자주 11 크리프에 의한 단면력의 재분배가 일어나는 대표적 경우로 지점침하(급작스러운 경우와 장기적인 경우), 프리캐스트 부재의 결합(예제 14), 연속보의 분할 타설(예제13)이 있다. 이들 각 경우에 대한 자세한 계산은 참고문헌 [A1]을 참고하라.

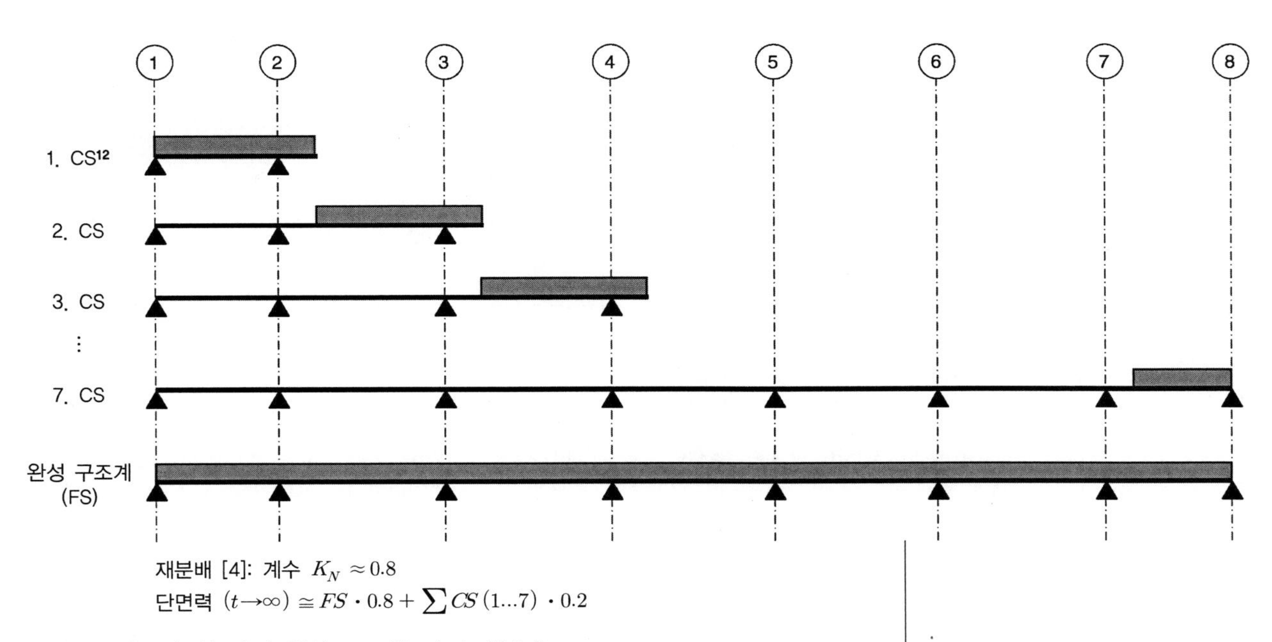

그림 3: 시공단계(CS)와 완성구조계(FS)의 재분배

이 교량의 단면력 기준값은 평면격자 구조계에 대해 구한다. 상부구조는 복부축이 나란한 2개의 거더(주부재)로 구성되며, 복부 사이의 바닥판은 폭 $b = 1/10\, l_{span}$의 등가 횡방향보(부부재)로 대치한다.

하중은 길이방향과 횡방향으로 나눈다. 단면력 계산에서 격자구조의 강성은 다음의 공학적 가정에 따라 정한다. 이는 사용한계상태와 강도한계상태에 같이 적용한다.

- 거더의 휨 강성은 길이방향으로 100%(길이방향 프리스트레스) 적용한다.
- 거더의 비틀림 강성은 미세균열을 고려하여 80%로 감소한다.
- 횡방향보(철근 콘크리트)의 휨 강성은 65%로 감소한다.
- 횡방향보(철근 콘크리트)의 비틀림 강성은 40%로 감소한다.

DAfStb-Heft [240]의 가정과 유사하다.

역자 주 12 CS는 시공단계(Construction Stage), FS는 최종단계(Final Stage)로 완성 구조계(Completed Construction System)에 대한 것이다.

표 3-1 거더 North의 기준 하중에 대한 재분배 후의 단면력 총괄표

하중			휨 모멘트 M_{ik}[kNm]				전단력 V_{ik}[kN]	비틀림 모멘트 M_{Tik}[kNm]
			지점	지점[1)]	커플러 이음부	지간중앙	지점중앙	지점중앙
			④ 위치	④ 위치	지간 ④	지간 ④	④ 위치	④ 위치
자중 $t\rightarrow\infty$:	$g_{k,1}$[2)]		−9218	−8285	107	5724	1917	−23
추가 자중:	$g_{k,2}$		−1886	−1721	−53	1009	357	−20
차량하중 TS:	$q_{k,TS}$	min	−2522	−2322	−1477	−588	916	−384
		max	465	443	2752	4427	−67	307
차량하중 UDL:	$q_{k,UDL}$	min	−5871	−5337	−1895	−1621	1081	−861
		max	1201	1126	1863	3937	−145	800
예상 지점침하[3)]:	$g_{k,SET}$	min	−1791	−1626	−1077	−658	−112	−3
		max	1791	1626	1077	658	112	3
온도하중:	$T_{k,M}$	min	−1697	−1695	−1698	−1698	0	−4
		max	2610	2608	2611	2611	0	2
피로하중모델:	$q_{k,LM3}$	min	−1176	−1098	−628	−216	419	−260
		max	183	175	709	1449	−25	205

1) 이 열의 지점 단면에서는 모멘트 완화곡선을 적용한다. 지점폭 0.6 m에서 중립축까지 35°로 힘이 확산되는 것으로 하면 영향폭 $b=0.6\,\text{m}+2\cdot\tan35°\cdot0.95\,\text{m}=1.93\,\text{m}$에 모멘트 완화곡선이 적용된다.
2) 시공단계의 자중 $g_{k,1}$에 대해 완성된 구조계에서 재분배가 발생한 값을 표에 정리하였다.
3) 가능한 지점침하는 이 값의 1.5배 값이다.

EC2-2, 5.3.2.2 (104) 참조:
$\Delta M_{Ed} = F_{Ed,sup}\cdot t/8$
t – 부재축까지 35°로 힘이 확산되었을 때의 영향폭

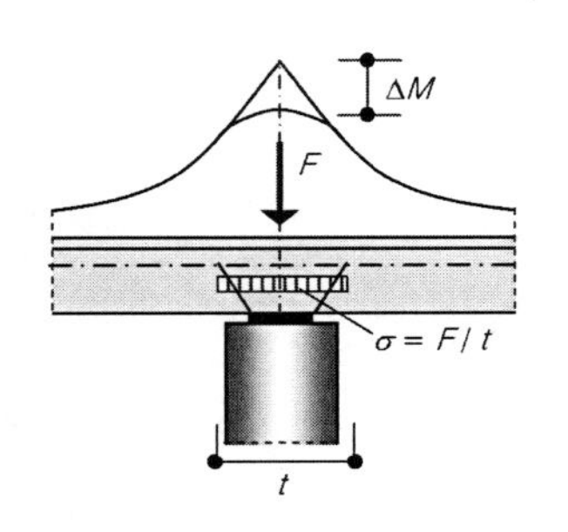

예를 보이기 위해 일부 설계단계에 대해서 다음의 검토를 수행하였다.

4. 프리스트레스

4.1 일반

각 강선이 15와 19개 강연선으로 구성되어 강선을 긴장하는 부착 포스트텐션 방법을 선택하였다. 각 강연선은 단면적 150 mm²로 St 1570/1770의 냉간 인발의 7연선이다. 아래의 값은 사용강선의 제원이다.

EC2-2/NA, (NCI) 3.3:
DIN EN 10138에 따라 건설용으로 허가된 강선을 사용해야 한다.
허가사항은 제조방법, 특성, 적합성을 위한 시험방법을 포함한다.

이들 값은 각 재료의 허가사항에 따른 것이다.

EC2-2/NA, (NCI) 8.10.1.3: (3) 그림 8.15DE: 쉬스관 사이의 최소 순간격에 유의해야 한다.

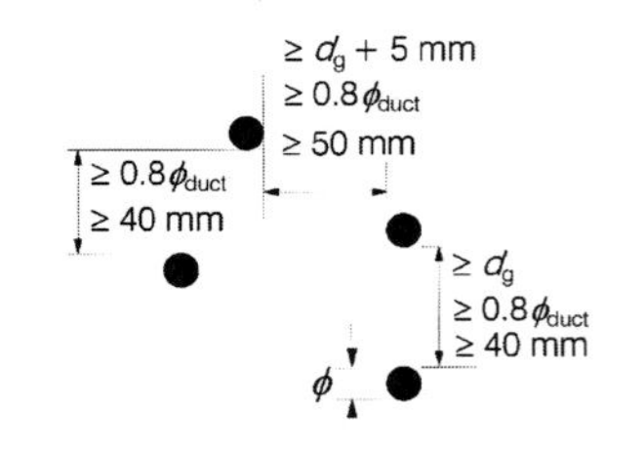

d_g – 골재 최대 직경

- 19강연선의 강선
  - 각 강선 단면적: A_p $=28.5\,\text{cm}^2$
  - 쉬스 직경: $\phi_{duct,i}$[13] $=90\,\text{mm}$
  - $\phi_{duct,o}$ $=97\,\text{mm}$
  - 마찰계수: μ $=0.21$
  - 파상마찰의 변화각: k $=0.3°/\text{m}$
  - 정착장치의 미끄러짐: Δl $=5.0\,\text{mm}$
- 15강연선의 강선
  - 각 강선 단면적: A_p $=22.5\,\text{cm}^2$

역자주 13 $\phi_{duct,i}$는 쉬스의 내부직경, $\phi_{duct,o}$는 쉬스의 외부 직경이다.

쉬스 직경:	$\phi_{duct,i}$	$=85$ mm
	$\phi_{duct,o}$	$=92$ mm
마찰계수:	μ	$=0.20$
파상마찰의 변화각[14]:	k	$=0.3°/m$
정착장치의 미끄러짐:	Δl	$=5.0$ mm

4.2 강선배치

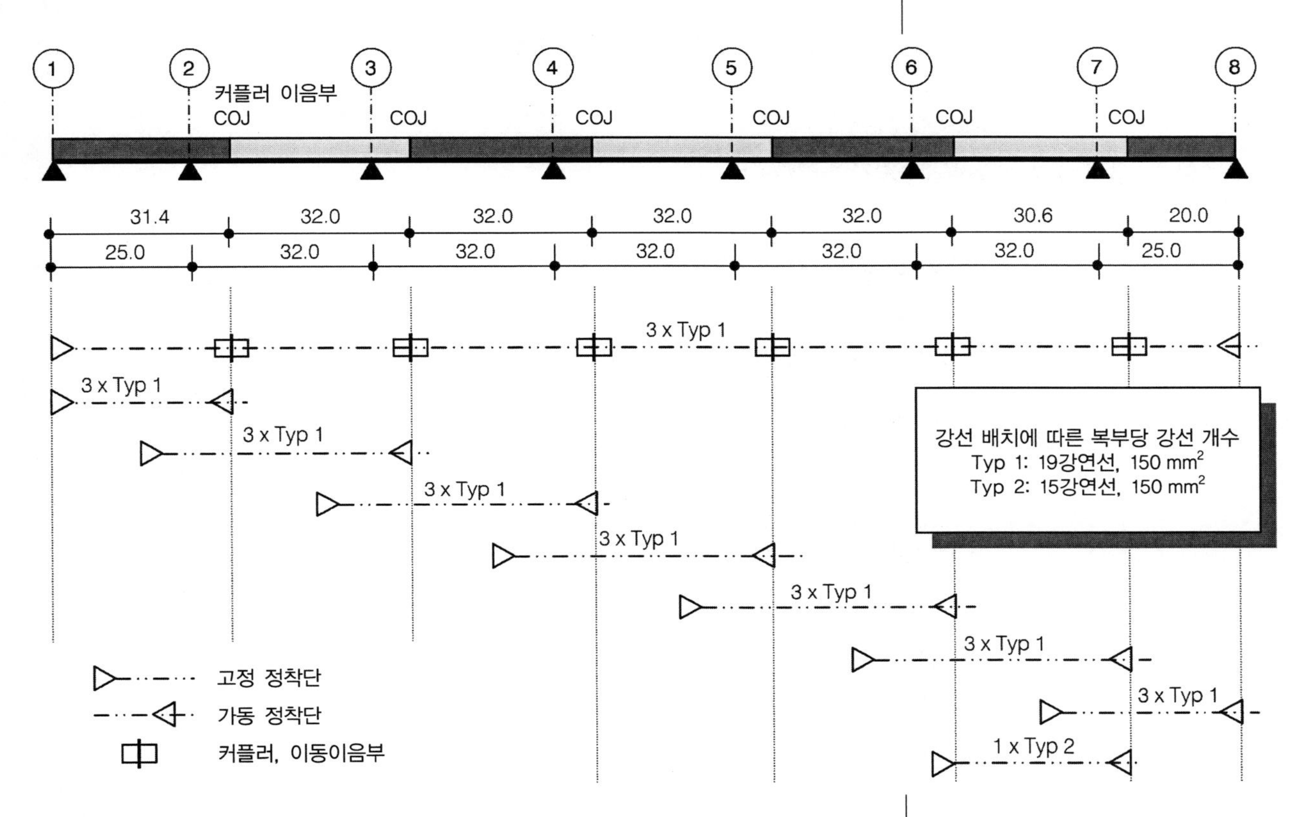

그림 4: 강선의 배치도

강선곡선을 그림 5에 요약하여 보였다. 강선중심의 콘크리트 연단거리는 170 mm로 피복두께, 스터럽, 길이방향 철근, 쉬스 직경, 쉬스 내의 강선 편심의 최소 요구조건에 따르며 탈압축상태의 설계를 고려하여 상·하한 내에 있다.

커플러의 위치에는 각각 3개의 강선이 연결된다. 3개는 고정 정착되며 3개는 이음 없이 통과한다.

EC2-2/NA, (NCI) 8.10.4 (105)P에 따라 각 교량단면에서 적어도 30%의 강선은 이음 없이 통과해야 한다.

역자 주 14 파상마찰계수가 우리설계기준(및 ACI 기준)과 다른 점에 유의해야 한다. 여기서 $\mu k = K$ (우리 설계기준의 파상마찰계수)이다.

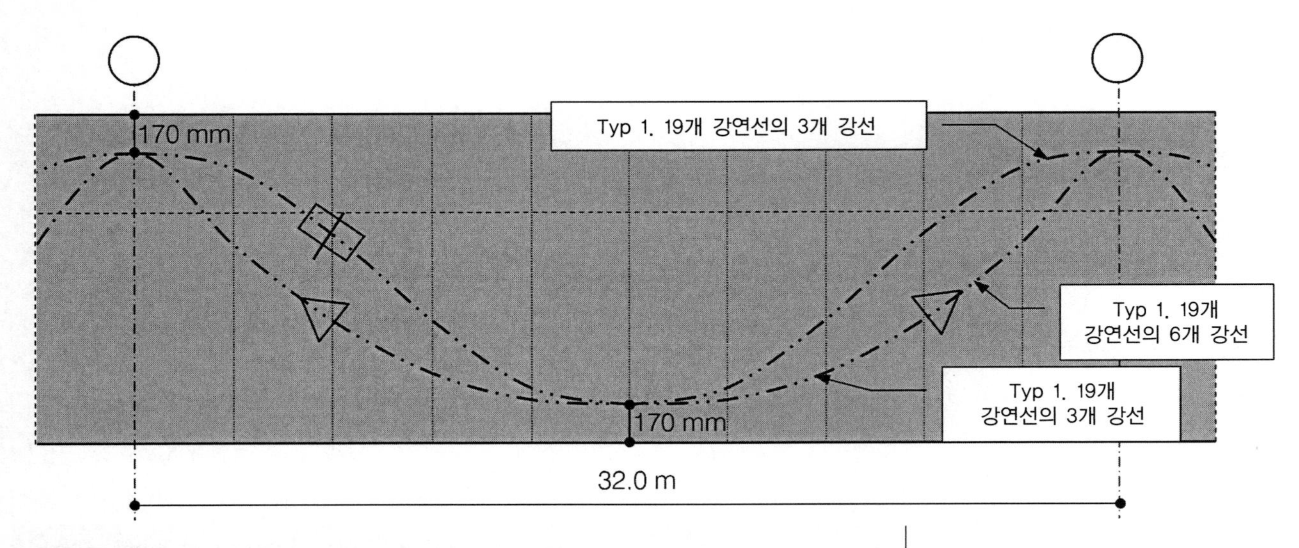

그림 5: 부재 내 강선곡선(내부지간의 개략도)

4.3 프리스트레스에 의한 단면력

포스트텐션 부재의 시간 t, 위치 x에서 프리스트레스의 평균값:

EC2-1-1, 5.10

$$P_{mt}(x,t) = P_{m0} - \Delta P_{el} - \Delta P_{\mu}(x) - \Delta P_{sl} - \Delta P_{c+s+r}(t)$$

EC2-1-1, 5.10.3과 5.10.5.1, 5.10.5.2, 5.10.5.3, 5.10.6과 EC2-2/NA, (NCI) 5.10.5.2 (2)와 (3)

여기서:

P_{m0}	긴장 직후의 프리스트레스
ΔP_{el}	프리스트레스 도입 시 탄성수축에 의한 손실
$\Delta P_{\mu}(x)$	마찰손실
ΔP_{sl}	정착구의 미끄러짐에 의한 손실
$\Delta P_{c+s+r}(t)$	크리프, 수축, 릴랙세이션에 의한 시간 손실

포스트텐션 부재에서 허용응력과 프리스트레스는 다음과 같다.

긴장(초과긴장) 시 강선의 응력은 다음을 초과할 수 없다. 이는 각도변화가 가장 큰 강선에 대해 검토한다.

μ – 마찰계수(특성값)[15]
γ – 강선 정착단의 영향길이 내의 곡률 변화각(전산프로그램으로 계산한 값)과 파상곡선 변화각[16](강선 허가 시의 특성값을 전체 길이로 곱한 값이다)
k – 초과긴장에서도 안전한 여유값
$k = 1.5$(EC2-2/NA, (NCI) 5.10.2.1, (NA. 103))

$\sigma_{P,\max}$

$$= \min\begin{Bmatrix} 0.8 \cdot f_{pk} \cdot e^{-\mu \cdot \gamma(k-1)} = 0.8 \cdot 1770 \cdot e^{-0.21 \cdot 0.81(1.5-1)} \\ = 1300 \\ 0.9 \cdot f_{p0.1k} \cdot e^{-\mu \cdot \gamma(k-1)} = 0.9 \cdot 1500 \cdot e^{-0.21 \cdot 0.81(1.51-1)} \\ = 1240 \end{Bmatrix}$$

역자주 15 강선 및 긴장방법의 허가 시에 제시하는 특성값을 말한다.

역자주 16 우리 설계기준과 달리 유럽설계기준은 파상마찰계수를 따로 쓰지 않고 파상곡선 변화각을 마찰계수와 곱하여 손실을 계산한다. 1권[7], 예제 8의 역자 주 3 참조

$\sigma_{P,\max}$ = 1240 MN/m²

긴장기의 응력은 다음을 초과할 수 없다.

EC2-1-1, 5.10.2.1과 EC2-2/NA, (NDP) 5.10.1 (1):
초과긴장에 따른 실제 응력은 (5.41)식을 초과할 수 없다.
초과긴장은 긴장기가 ±5%의 정밀도 내에서 작동할 때만 허용된다.

$$\sigma_{P,\max} = \begin{Bmatrix} 0.8 \cdot f_{pk} = 0.8 \cdot 1770 = 1416 \\ 0.9 \cdot f_{p0.1k} = 0.9 \cdot 1550 = 1350 \end{Bmatrix}$$

$\sigma_{P,\max}$ = 1350 MN/m²

강선 정착단에서 긴장기를 제거한 직후의 프리스트레스 응력의 평균값은 다음을 초과할 수 없다.

EC2-1-1, 5.10.3과 EC2-2/NA, (NDP) 5.10.3 (2)

$$\sigma_{pm0} = \min\begin{Bmatrix} 0.75 \cdot f_{pk} = 0.75 \cdot 1770 = 1328 \\ 0.85 \cdot f_{p0.1k} = 0.85 \cdot 1500 = 1275 \end{Bmatrix}$$

σ_{pm0} = 1275 MN/m²

따라서 허용 인장력은 다음과 같다.

• 19개 강선의 긴장재

$P_{\max}$ = 1240 MN/m² · 28.5 cm² = **3534 kN**

P_0 = 1275 MN/m² · 28.5 cm² = **3633 kN**

• 15개 강선의 긴장재

$P_{\max}$ = 1240 MN/m² · 22.5 cm² = **2790 kN**

P_0 = 1275 MN/m² · 28.5 cm² = **3633 kN**

사용한계상태는 준-고정 하중조합에 대해 검토해야 하므로, 프리스트레스 손실을 모두 뺀 이후의 인장응력은 $0.65 f_{pk}$ = 1150 MN/m²을 넘을 수 없다(5.7절 참조). 이 교량에서 강선에 작용하는 초기 프리스트레스 응력은 σ_{pm0} = 1230 MN/m²으로 제한한다. 이는 예비설계에서 정한 값이다.

EC2-1-1, 7.2 (5)와 EC2-2/NA, (NDP) 7.2 (5)

이 프리스트레스는 $P_{\max}$ 보다 작다.

긴장 시 초기 프리스트레스의 평균값은 탄성수축, 마찰과 정착단 미끄러짐에 의한 손실을 고려한 값으로 전산프로그램으로 계산하였다[6].

실제의 프리스트레스 손실은 긴장 시에 긴장력과 변위를 측정하여 검증한다.
([2] ZTV-ING 3부, 콘크리트 구조, 2편 건설시공 참조)

표 4.31은 시간 $t \to \infty$ 에서 시간에 따른 손실을 고려하지 않은 재분배된 단면력이다($M_{pm0,ind}$는 전체 모멘트 M_{pm0} 중의 부정정 부분이다).

임의의 단면의 프리스트레스에 의한 단면력은 시공단계와 완성구조계의 단면력 재분배로 구할 수 있다.
이 계산은 전산프로그램으로 수행한다.

표 4.3-1: 프리스트레스에 의한 단면력

		지점단면	커플러 이음부	지간단면	지점 중앙의 전단력 V_{ik}
프리스트레스 P_{m0}	[kN]	−27823	−17970	−18873	≈0
프리스트레스에 의한 모멘트 M_{pm0}	[kNm]	16337	654	−8908	≈0
프리스트레스에 의한 모멘트 $M_{pm0,ind}$	[kNm]	5953	5954	5957	≈0

$M_{pm0} = M_{pm0,dir} + M_{pm0,ind}$
M_{pm0} − 프리스트레스에 의한 총 모멘트
$M_{pm0,dir}$ − 정정 부분
$M_{pm0,ind}$ − 부정정 부분

4.4 시간에 따른 손실

EC2-1-1, 3.1.4와 5.10.6

DIN EN1992에 따라 크리프, 수축과 릴랙세이션 손실 $\Delta P_{c+s+r}(t,x)$로부터 시간에 따른 프리스트레스응력 손실을 계산한다.

EC2-1-1, 5.10.6, (5.46)식
이 식은 철근을 무시하고, 일체거동하는 균질 콘크리트 단면으로 가정하여 구한 것이다.

$$\Delta\sigma_{p,c+s+r} = \frac{\varepsilon_{cs}(t,t_0)\cdot E_p + 0.8\cdot\Delta\sigma_{pr} + \dfrac{E_p}{E_{cm}}\cdot\varphi(t,t_0)\cdot\sigma_{c,QP}}{1+\dfrac{E_p}{E_{cm}}\cdot\dfrac{A_p}{A_c}\left(1+\dfrac{A_c}{I_c}\cdot z_{cp}^2\right)\cdot[1+0.8\cdot\varphi(t,t_0)]}$$

시간에 따른 손실은 각 설계단계와 단면에서 계산해야 한다. 이 예제에서는 시간 $t\rightarrow\infty$ 에서의 값만을 보였다. 계산을 위해서 먼저 최종 크리프와 최종 수축값을 정해야 한다.

A_c − 1.4절 참조
u − 1/2 단면의 둘레길이
(2·b + 2·복부높이 + 바깥쪽 연단길이)
u = 2·7.0 + 2·1.05 + 0.22 ≈ 16.3

다음을 초기값으로 한다.

재하 시의 재령: t_0 =2d
환경조건: RH =80%
등가부재 두께: h_0 $=2A_c/u = 2\cdot 4.84/16.3 = 590$ mm

EC2-2/NA, (NCI) 3.1.4 (1) P
교량에서 가정: RH = 80%
시멘트 종류: 32.5 R (CEM II), Class N

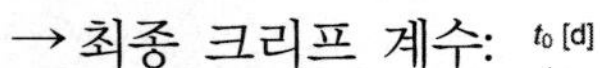
→ 최종 크리프 계수:

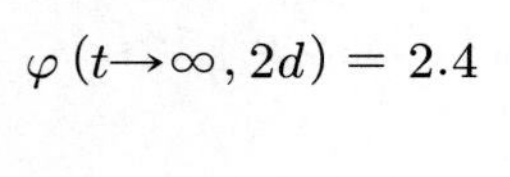
$\varphi(t\rightarrow\infty, 2d) = 2.4$

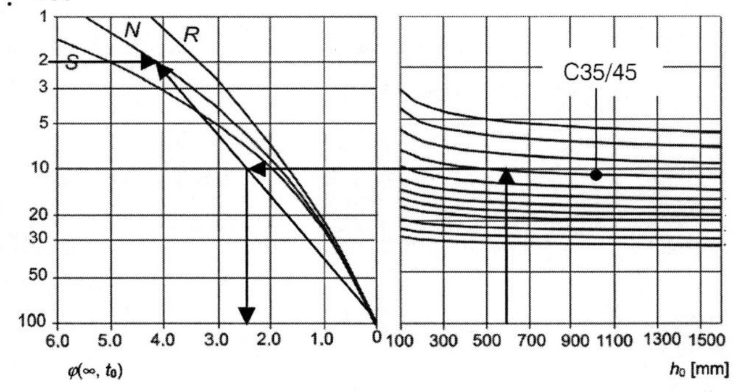

EC2-1-1, 3.1.4 (5), 그림 3.1b

→ 최종 수축:

$\varepsilon_{cs\infty}$ $=\varepsilon_{cd\infty}+\varepsilon_{ca\infty}$

$\varepsilon_{cs\infty}$ $=\gamma_{1t}\cdot k_h\cdot\varepsilon_{cd,0}+2.5(f_{ck}-10)\cdot 10^6$

ε_{cd0} $=0.25\cdot 10^{-3}$

EC2-1-1, 3.1.4: (6) (3.8)식
EC2-2, (NCI)3.1.4: (6) (NA 103.9)식
EC2-1-1, 3.1.4: (6) (3.8)식과 (3.12)식의 설명

k_h $=0.70$ $h_0 > 500\text{ mm}$

γ_{1t} $=1.20$

$\varepsilon_{cs\infty}$ $=1.2 \cdot 0.70 \cdot 0.25 \cdot 10^{-3} + 2.5 \cdot (35-10) \cdot 10^{-6}$

$=(-0.21-0.06) \cdot 10^{-3} \quad = -0.27 \cdot 10^{-3}$

EC2-1-1/NA, 부록 B.2, (NCI) B.2 (80%, C35/45, CEM class N)
EC2-1-1, 3.1.4 (6), 표 3.3
EC2-2, 부록 B.105, 표 B.101,
$t=100$년

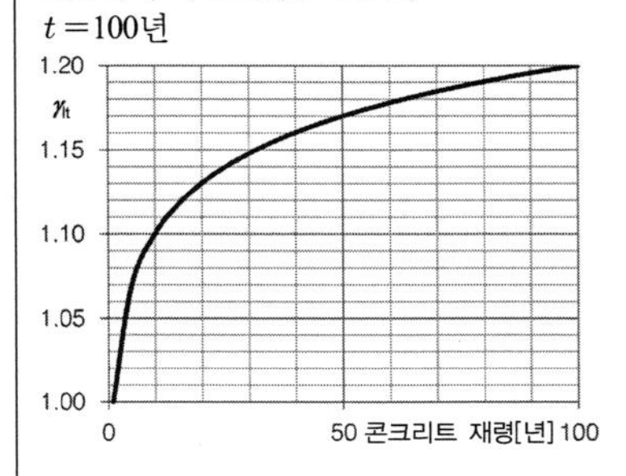

임의의 시간에서 크리프 계수와 최종 수축 변형의 계산은 DIN EN1992-2, 3.1.4 (6)절의 식들로 계산한다.

강선의 릴랙세이션:

각 강선의 릴랙세이션 손실은 일반적인 건설허가(abZ)의 값을 쓴다. 이 예제에서 $5 \cdot 10^5$ 시간 뒤의 릴랙세이션에 의한 응력손실은 허가사항의 최초 응력에 따라서 구한다.

abZ에 따른 릴랙세이션에 의한 프리스트레스 손실[%]: 이 표는 저릴랙세이션의 냉간인발 소선 및 강연선에 적용되는 것으로 초기응력 R_i에 대한 릴랙세이션 $\Delta R_{z,t}$ 값으로 구한다.

R_i / R_m	긴장 이후 경과시간[h]			
	1000	5000	$5 \cdot 10^5$	10^6
0.50				
0.55	< 1.0%		1.0%	1.2%
0.60		1.2%	2.5%	2.8%
0.65	1.3%	2.0%	4.5%	5.0%
0.70	2.0%	3.0%	6.5%	7.0%
0.75	3.0%	4.5%	9.0%	10.0%
0.80	5.0%	6.5%	13.0%	14.0%

R_i – 긴장 이후 초기 인장응력
R_m – 기준 인장강도
$R_i / R_m \approx \sigma_{pm0} / f_{pk}$

표 4.4–1 : $5 \cdot 10^5$ 시간 뒤의 릴랙세이션에 의한 응력 손실

σ_{p0} / f_{pk}	0.60	0.70	0.80
$\sigma_{pr} / \sigma_{p0}$	2.5%	6.5%	13.0%

이상의 입력값을 적용하여 예를 들어 지간단면의 크리프, 수축과 릴랙세이션에 의한 프리스트레스 손실을 구한다.

지간의 프리스트레스 응력 손실:

$A_c \cdot z_{cp}^2 / I_c = 4.842 \cdot 0.79^2 / 0.951 \quad = 3.178$

$W_{cp} = I_c / z_{cp} = 0.951/0.79 \quad = 1.204\text{ mm}^3$

$\sigma_{cg} = (M_{gk,1} + M_{gk,2}) / W_{cp}$

$= (5.724 + 1.009)/1.204 \quad = 5.592\text{ MN/m}^2$

$\sigma_{cp0} = P_{m0} / A_c + M_{pm0} / W_{cp}$

$= -18.873/4.842 - 8.908/1.204 \quad = -11.296\text{ MN/m}^2$

$\sigma_{cg} + \sigma_{cp0} = 5.592 - 11.296 \quad = -5.704\text{ MN/m}^2$

$\sigma_{pg0} = \sigma_{pm0} + E_p / E_{cm} \cdot M_{gk,2} / W_{cp}$

$= 1104 + 5.74 \cdot 1.009/1.204 \quad = 1119\text{ MN/m}^2$

$\sigma_{p0} / f_{pk} = 1104/1770 = 0.623$

$\rightarrow \Delta\sigma_{pr} = 0.0342 \cdot 1104 \quad = 38\text{ MN/m}^2$

$$\Delta\sigma_{p,c+s+r} = \frac{-27 \cdot 1.95 - 0.8 \cdot 38 - 5.74 \cdot 2.4 \cdot 5.704}{1 + 5.74 \cdot \frac{0.0171}{4.842}(4 + 3.178)[1 + 0.8 \cdot 2.4]}$$

$= -130\text{ MN/m}^2$

1.4절에 계산을 위한 단면에 따른 입력값
EC2-1-1, 5.10.6: (2) (5.46)식 참조

$E_p / E_{cm} = 195{,}000 / 34{,}000 = 5.74$
$z_{cp} = 1.50 - 0.543 - 0.17 = 0.79\text{ m}$
$A_p = 6 \cdot 28.5 = 171.0\text{ cm}^2$
$A_c = 4.842\text{m}^2 \quad I_c = 0.951\text{ m}^4$
$P_{m0} = -18873\text{ kN} \quad M_{pm0} = -9560\text{ kNm}$
$\sigma_{pm0} = P_{m0} / A_p$
$= 18.873 / 171.0 \cdot 10^{-4} = 1104\text{ MN/m}^2$

EC2-1-1, 5.10.6:
$\sigma_{c,QP}$ – 준 고정하중조합(고려하는 시간에서 자중과 추가 사하중의 평균하중)에서 강선 위치의 콘크리트 응력. 차량 하중과 지간 별 교통하중을 제외한 값. 프리스트레스 P_k에 의한 응력 부분은 고려하지 않는다.

지간 중앙에서 프리스트레스 손실은

$-130/1104 \cdot 100 = -11.8\%$

지점에서 손실은 −16.9%이며 커플러 위치에서 손실은 −11.7%이다.

→ 표 4.4-1

5. 사용한계상태

EC2-1-1, 7

5.1 일반

DIN EN1992-2에 따라 부재의 지속적이고 사용 성능을 만족하는 거동을 보장하기 위해 콘크리트와 철근의 응력 제한값을 검토하고, 탈압축 및 균열폭 제한을 검토한다.

도로교에서 표 7.101DE와 7.102ED에 따라 탈압축과 균열의 한계상태에 대한 요구조건을 정한다. 이에 따라 다음의 설계항목에 대해 검토한다.

이 검토는 EC2-2/NA, (NDP) 7.3.1 (105) (표 7.101DE와 7.102DE)에 규정된다.

- 준-고정 하중조합에서 탈압축 검토
- 흔한 하중조합하에서 휨과 축력에 의한 균열폭 검토
- 흔한 하중조합하에서 경사 주인장응력을 제한하는, 복부폭이 세장할 경우의 전단균열 검토

EC2-2/NA, (NCI) 7.3.1 (110)과 (NA.111)의 검토는 사용상태에서 전단과 비틀림을 받는 세장한 복부에 대해 경사 주인장응력으로 전단균열을 제한한다.

$$\sigma_{c1,freq} = \frac{\sigma}{2} + \frac{1}{2}\sqrt{\sigma^2 + 4 \cdot \tau^2} \leq f_{ckk,0.05}$$

지점연단에서 $h/2$ 떨어진 곳에 대해 검토한다.

DIN EN1992에서 각 경우의 하중조합식은 다음과 같다.

EC0: 구조설계 기본사항

$$E_{d,char} = \sum_{j \geq 1} E_{Gk,j} + E_{Pk} + E_{Qk,1} + \sum_{i>1} \psi_{0,1} \cdot E_{Qk,1} \quad \text{드문 하중조합}$$

EC0/NA, (NCI) 6.5.3: (2) (6.14c)식

$$E_{d,frequ} = \sum_{j \geq 1} E_{Gk,j} + E_{Pk} + \psi_{1,1} \cdot E_{Qk,1} + \sum_{i>1} \psi_{2,i} \cdot E_{Qk,1} \quad \text{흔한 하중조합}$$

EC0/NA, (NCI) 6.5.3: (2) (6.15c)식

$$E_{d,perm} = \sum_{j \geq 1} E_{Gk,j} + E_{Pk} + \sum_{i \geq 1} \psi_{2,i} \cdot E_{Qk,1} \quad \text{준-고정 하중조합}$$

EC0/NA, (NCI) 6.5.3: (2) (6.16c)식

하중조합계수는 표 5.1-1에 정리하였다.

표 5.1-1 : 하중조합계수

하중		ψ_0	ψ_1	ψ_2
2축 차량 축하중	TS	0.75	0.75	0.20
등분포 차량하중	UDL	0.40	0.40	0.20
풍하중	W	0.60	0.20	0.00
온도하중	T	0.80	0.60	0.50

EC0, A2.2.6 표 A2.1
EC0/NA/A1, (NDP) A2.2.6(1)에 따라 차량하중에 대한 $\psi_2 = 0.20$

EC0/NA에서 온도하중의 계수 ψ_0 =0.60으로 규정되어 있으나, 여기서는 [1]ARS 22/2012, 부칙 2B) (2)에 따라 ψ_0 =0.80을 쓴다.

설계에서는 프리스트레스의 평균값 P_{mt} 대신 상·하한 기준값을 검토한다. 이는 주어진 시간의 평균값에 분산계수 r_{sup}와 r_{inf}를 곱하여 계산한다. DIN EN1992에서 포스트텐션 부재의 분산계수는 1.1과 0.9로 주어진다. 곡선 배치 강선의 부착 포스트텐션 부재의 탈압축 검토에서는 1.05와 0.95의 값을

→ 사용상태의 검토는 프리스트레스 오차(예를 들어 강선의 마찰에 의한 프리스트레스 오차)에 대하여 상대적으로 예민하다.

EC2-2/NA, (NCI) 5.10.9 (1) P
첨자 superior: 상한값
첨자 inferior: 하한값

쓴다.

사용한계상태의 단면력 산정에서 일반적으로 강재와 콘크리트의 응력-변형 곡선을 선형탄성식으로 쓸 수 있다.

5.2 균열상태의 콘크리트와 철근응력제한

각 단면에서 균열의 여부를 검사해야 한다. DIN EN1992에서는 드문 하중조합하에서 부재 연단의 콘크리트 인장응력이 평균 인장강도 f_{cm}보다 크면 균열단면으로 응력을 계산해야 한다고 규정하고 있다.

EC2-1-1, 7.3

EC2-1-1, 7.1 (2)

드문 하중조합에서 응력 제한은 다음과 같다.
- 콘크리트 압축응력은 $0.60f_{ck}$보다 작아야 한다(5.6절 참조).
- 철근 인장응력은 $0.80f_{yk}$보다 작아야 한다(5.8절 참조).

EC2-2, 7.2 (102)와 (NDP) 7.2 (102)

EC2-1-1, 7.2 (5)와 (NDP) 7.2 (5)

임계 단면력을 정하기 위해서는 여러 가지 하중조합을 시도해야 한다. 온도 T 또는 하중그룹 gr1(하중모델 1, 차축하중 TS와 등분포 차량하중 UDL)을 주하중 $E_{Qk,1}$으로 선택하고 프리스트레스는 상한 또는 하한 기준값으로 계산한다.

EC0, 6.5.3 (2)와 (NCI) 6.5.3 (2)
하중그룹은 EC1-2, 4.5.1, 표 4.4a와 EC1-2, (NDP) 4.5.1, 표 4.4a 및 (NCI) 4.5.1

하중조합계수 ψ_0(드문 하중경우)는 표 5.1-1을 적용한다.

예상 지점침하는 고정하중으로 가장 불리한 값을 1.0배 하여 계산에서 고려한다.

EC2-1-1, 2.3.1.3 (1)

지간단면:

→ 온도하중이 지배적일 때

휨모멘트 기준값은 표 3-1 참조

하중조합계수 ψ_0(기준값)은 표 5.5-1 참조

$$M_{rare,k} = M_{g1,k} + M_{g2,k} + M_{SET,k} + \psi_{0,TS} \cdot M_{TS,k} + \psi_{0,UDL} \cdot M_{UDL,k} + M_{TM,k}$$

$$= 5724 + 1009 + 658 + 075 \cdot 4427 + 0.4 \cdot 3937 + 2611$$

$$= 14897 \text{ kNm}$$

→ 차량하중이 지배적일 때

$$M_{rare,k} = M_{g1,k} + M_{g2,k} + M_{SET,k} + M_{TS,k} + M_{UDL,k} + \psi_{0,T} \cdot M_{TM,k}$$

$$= 5724 + 1009 + 658 + 4427 + 3937 + 0.8 \cdot 2611$$

$$= 17844 \text{ kNm}$$

따라서 차량하중이 지배하중이다!

지간 중앙의 프리스트레스를 예를 들어 계산하면:

프리스트레스에 의한 단면력은 표 4.3-1 참조
프리스트레스 손실은 11.8%, 4.4절 참조

$$P_{k,inf,\infty} = r_{inf} \cdot P_{m,\infty} = 0.95 \cdot (-18873) \cdot (1 - 0.118) \qquad = -15814 \text{ kN}$$

$M_{Pk,inf,\infty} = r_{inf} \cdot M_{Pm,\infty} = 0.95 \cdot (-8908) \cdot (1-0.118) = -7464$ Nm

$M_{rare,crit} = 17844 - 7464 = 10380$ kNm

프리스트레스와 그에 따른 모멘트의 상한값은 같은 방법으로 구할 수 있다.

표 5.2-1의 값은 ECO, (NCI) 6.5.3: (2) (6.14c) 식의 하중조합으로 계산한 것이다. 이때 보통은 차량하중이 지배하중이나, 어떤 경우에는 $E_{Qk,1}$의 온도하중이 결정값이다.

이 검토는 $t \to \infty$에 대해 예를 보인 것이다. 추가 검토(예를 들어 $t=0$)에서도 같은 방법으로 계산한다.

모든 응력은 표 1.4-2의 총 단면계수에 대해서 간이계산 할 수 있다.

압축응력이 (−)이다.

표 5.2-1: 드문 하중조합의 단면력과 응력($t \to \infty$)

		단위	지점단면 ④ 위치	커플러 이음위치 지간 4	지간단면 지간 4
$M_{rare,crit}$	max	[kNm]	9265	7825	10380
$M_{rare,crit}$	min	[kNm]	6392	−5753	−5742
$P_{k,sup,\infty}$		[kN]	−24277	−16661	−17478
$P_{k,inf,\infty}$		[kN]	−21965	−15074	−15814
$\sigma_{c,bot,rare}$	max	[MN/m²]	**4.25**	**5.32**	**7.18**
$\sigma_{c,top,rare}$	max	[MN/m²]	**0.33**	**−0.14**	**−0.33**
$\sigma_{c,bot,rare}$	min	[MN/m²]	**−13.41**	**−8.62**	**−9.39**
$\sigma_{c,top,rare}$	min	[MN/m²]	**−12.18**	**−8.26**	**−9.20**

표에서 보는 바와 같이, 단면 하연에서 콘크리트 인장강도를 넘는다. 따라서 다음의 사용상태 검토에서는 균열단면이므로 상연의 콘크리트 압축응력과 하부 철근의 응력을 상태 II(균열상태)로 계산한다.

5.3 탈압축한계상태

탈압축한계상태의 검토는 크리프와 수축이 종료된 시간 $t \to \infty$ 에 대해 수행한다.

EC2-2/NA, 표 7.101DE

DIN EN1992-2에서는 부착 포스트텐션과 부정정 구조계의 프리스트레스트 콘크리트 상부구조에서는 준·고정 하중조합에서 강선이 가장 가까이 배치된 부재연단에 인장응력이 발생하지 않아야 한다.

커플러 이음위치에서 강선이 펼쳐진다면[17] 양쪽 부재연단의 응력이 모두 결정적이 될 수 있다.

정정 구조계에서 결정적인 하중조합으로 교통하중에 대해 $\psi_2=0.20$ 대신 $\psi_2=0.50$을 쓴다.

또 준·고정 하중조합의 조합계수와 하중계산식은 5.1절을 참조하라.

- 콘크리트 압축응력은 $0.4f_{ck}$보다 작아야 한다(5.6절 참조).
- 강선인장응력은 시간 $t \to \infty$, 프리스트레스의 손실이 모두 끝난 프리스트레스의 평균값으로 계산하여 최대 $0.65f_{ck}$이다(5.7절 참조).

역자주 17 여러 개의 강연선으로 이루어진 강선을 연결하는 위치에서는 정착구의 ·간격을 유지하기 위해 강연선을 펼쳐서 연결한다. 이에 따라 상·하부의 연단에 가까이 강연선이 배치될 수 있다.

지간 단면에서:

$$M_{qs,k} = M_{g1,k} + M_{g2,k} + M_{SET,k} + \psi_{2,TS} \cdot M_{TS,k} + \psi_{2,UDL} \cdot M_{UDL,k} + \psi_{2,T} \cdot M_{TM,k}$$

$$M_{qs,k} = 5724 + 1009 + 658 + 0.2 \cdot (4427 + 3937) + 0.5 \cdot 2611$$

$$M_{qs,k} = 10369 \text{ kNm}$$

$$P_{m0} = -18873 \text{ kN} \qquad M_{pm0} = -8908 \text{ kNm}$$

$$M_{Pk,inf,\infty} = -7464 \text{ kNm} \quad \rightarrow M_{qs,crit} = 10369 - 7464 = 2905 \text{ kNm}$$

지간단면에서 환산단면과 순단면 값으로 상태 I의 응력을 계산하였으며 모든 검토 단면의 계산결과를 표로 나타낸다. 이 계산에서 초기 프리스트레스와 자중에 대해 환산단면과 순단면으로 계산하며 하중제거, 지점침하, 차량 및 온도에 의한 하중과 시간에 따른 프리스트레스 손실은 환산단면으로 계산한다.

따라서 지간단면의 하연에서:

$$\sigma_{c,bot,\infty} = \frac{-0.95 \cdot 18.873}{4.811} - \frac{0.95 \cdot 8.908}{0.968} + \frac{0.95 \cdot 0.118 \cdot 18.873}{4.911} + \frac{0.95 \cdot 0.118 \cdot 8.908}{1.05} + \frac{5.724}{0.968} + \frac{4.645}{1.05}$$

$$\sigma_{c,bot,\infty} = -3.73 - 8.74 + 0.43 + 0.95 + 5.91 + 4.42 = -0.76 \text{ MN/m}^2 < 0$$

지간 중앙에서 단면계수[18]:

$A_{c,net}$ = 4.811 m²
$A_{c,trans}$ = 4.911 m²
$W_{bot,net}$ = 0.968 m²
$W_{bot,trans}$ = 1.05 m³

표 5.3-1: 탈압축 상태의 검토를 위한 준·고정 하중조합에서 단면력과 응력($t \rightarrow \infty$)

		단위	지점단면 ④ 위치	커플러 이음위치 지간 4	지간단면 지간 4
$M_{qs,crit}$	max	[kNm]	7493	3966	2905
$M_{qs,crit}$	min	[kNm]	−1114	−1940	−3465
$P_{k,sup,\infty}$		[kN]	−24277	−16661	−17479
$P_{k,inf,\infty\infty}$		[kN]	−21965	−15074	−15814
$\sigma_{c,bot,qs}$	max	[MN/m²]	**+2.35**[1)]	**+0.55≈0**	**−0.34**
$\sigma_{c,top,qs}$	max	[MN/m²]	**−4.34**	**−1.97**	**−1.63**
$\sigma_{c,bot,qs}$	min	[MN/m²]	**−6.31**	**−5.39**	**−7.10**
$\sigma_{c,top,qs}$	min	[MN/m²]	**−10.94**	**−5.71**	**−4.93**

1) 이 응력은 강선이 연단에 가장 가까운 위치에서의 값이 아니므로 상관없다.

단면계수는 전산프로그램으로 계산하였다. 총 단면의 입력값은 표 1.4-2에 주어졌다. 순 단면은 덕트 단면을 빼고, 환산단면에서는 철근과 강선을 고려한다.

다음 검토에서는 간단하게 총 단면으로 계산한다.

압축응력은 (−)로 한다.

검토한 위치에서는 준·고정 하중조합에서 커플러 위치에서 부재 하연에 인장응력이 발생한다. 그러나 초과 값이 크지 않으므로 무시한다.

커플러 이음영역에서 응력을 초과하는 것을 허용하지 않는다면, 강선배치를 조정하거나 강선을 추가 배치하여 탈압축 상태의 검토를 만족시킬 수 있다.

지점단면과 지간단면에서 강선이 연단에 가장 가깝게 배치된 위치에서 준·고정 하중조합에 의해 인장응력이 발생하지 않으므로 탈압축 상태의 검토를 만족한다.

역자 주 18 단면계수에서 첨자 *net*는 순단면, *trans*는 환산단면을 나타낸다.

5.4 균열폭 제한

균열폭 제한은 다음의 검토를 포함한다.

EC2-1-1, 7.3.2

- DIN EN1992, 7.3.2에 따른 최소 철근 검토
- DIN EN1992, 7.3.1에 따른 흔한 하중조합에서 포스트텐션과 부정정 구조계의 프리스트레스트 콘크리트 상부구조에 대한 균열폭 검토

EC2-2/NA, (NDP) 7.3.1 (105)

균열폭 검토영역에서는 균열형성이 완료된 균열에 대해 검토하는 것이 필요한데, 이때 결정 하중조합하에서 콘크리트 인장응력은 콘크리트 평균인장강도보다 큰 값이다.[19] 나머지 영역에서는 최소 철근(5.5절 참조)으로 충분하다. 이는 드문 하중조합에서 압축응력이 |−1| MN/m² 보다 작거나 인장응력이 발생하는 경우로(최초 균열), 해당 영역에만 배근한다.

이 예제에서 균열폭 검토의 결정 하중조합은 길이방향의 흔한 하중조합이다. (부착 포스트텐션, 부정정 구조계의 부재)

EC2-2/NA, (NDP) 7.3.1 (105), 표 7.101DE

하중조합계수 ψ_1(흔한 하중조합)은 표 5.5-1에서 취한다.
예상 지점침하는 1.0배 하여 가장 불리한 고정하중으로 계산한다.

EC2-1-1, 2.3.1.3 (1)

지간단면:

휨 모멘트의 기준값은 표 3-1 참조

$$M_{h,k} = M_{g1,k} + M_{g2,k} + M_{SET,k} + \psi_{1,TS} \cdot M_{TS,k} + \psi_{1,UDL} \cdot M_{UDL,k} + \psi_{2,T} \cdot M_{TM,k}$$

$$M_{qs,k} = 5724 + 1009 + 658 + 0.75 \cdot 4427 + 0.4 \cdot 3937 + 0.5 \cdot 2611$$

$$M_{h,k} = 13592 \text{ kNm}$$

$$M_{h,crit} = 13592 - 7464 = 6127 \text{ kNm}$$

$M_{Pk,inf,\infty} = 7464$ kNm, 5.2절 참조

표 5.4-1: 흔한 하중조합의 단면력과 응력($t \to \infty$)

		단위	지점단면 ④ 위치	커플러 이음위치 지간 4	지간단면 지간 4
$M_{h,crit}$	max	[kNm]	7961	5794	6127
$M_{h,crit}$	min	[kNm]	−3459	−3189	−4113
$P_{k,sup,\infty}$		[kN]	−24277	−16661	−17479
$P_{k,inf,\infty}$		[kN]	−21965	−15074	−15814
$\sigma_{c,bot,h}$	max	[MN/m²]	**2.85**	**2.72**	**2.90**
$\sigma_{c,top,h}$	max	[MN/m²]	**−2.69**	**−1.29**	**−1.26**

이 표의 값은 EC0, (NCI) 6.5.3: (2) (6.15c) 식의 하중조합으로 계산한 것이다. 여기서 지간단면, 커플러 이음단면과 지점단면의 상연에서는 차량하중이 결정값이다. 다른 경우에는 온도하중이 결정값이다.

압축응력이 (−)이다.

흔한 하중조합에 의한 최대응력은 어떤 곳에서도 콘크리트 인장강도 f_{ctm} = 3.2 MN/m²을 넘지 않는다.
이에 따라서 균열폭 제한을 위한 최소 철근 배근으로 충분하므로 균열폭 검

역자주 19 균열폭은 균열발생기와 균열형성 완료기에서 다르게 계산한다. 균열형성 완료기에는 균열발생이 완료된 균열 사이의 콘크리트에서는 인장강도보다 높은 응력에서도 균열이 발생하지 않는다.

토는 필요치 않다.

5.5 균열폭 제한을 위한 최소 철근

EC2-1-1, 7.3.2와 EC2-2, 7.3.2(102)와 EC2-2/NA, (NCI) 7.3.2 (105)

드문 하중조합의 단면력과 응력을 정리한 것이 표 5.2-1이다.
이에 따른 각 콘크리트 응력이 다음과 같으므로 모든 단면에서 최소 철근을 배근한다.

EC2-2/NA, (NDP)7.3.2 (4), (NA. 104): 균열폭 제한을 위한 최소 철근은 드문 하중조합에서 압축응력이 $|-1|$ MN/m²보다 작거나 인장응력이 발생하는 영역에서만 필요하다.

$\sigma_{c,\,rare} > -1$ MN/m²

다음은 지간의 하연에서 최소 철근을 계산한 예를 보인 것이다. 부착강선 ρ_p는 철근 주위에 최대 300 mm 이내에 있는 경우에 고려할 수 있다.[21] 지간 중앙에서는 최소 철근 검토에서 강선을 고려할 수 있다.

EC2-1-1, 7.3.2 (3)

필요 최소 철근은 다음과 같다.

$A_{s,\min} \cdot \sigma_s = k_c \cdot k \cdot f_{ct,eff} \cdot A_{ct}$

$\rightarrow \rho_s + \zeta_1 \cdot \rho_p = k_c \cdot k \cdot f_{ct,eff} / \sigma_s$

EC2-2, 7.3.2: (102) (7.1)식
A_{ct} – 콘크리트 인장영역 면적
ρ_s – A_{ct}로 나눈 철근비
ζ_1 – EC2-1-1, 7.3.2: (3) (7.5)식에 따른 부착응력 보정계수
ρ_p – A_{ct}로 나눈 강선비, 여기서 강선은 철근으로부터 최대 150 mm 이내의 것만을 고려한다.
$f_{ct,eff}$는 검토 시점의 유효 인장강도이다. 수화열에 의한 구속응력으로 초기 균열 발생 시에만 $f_{ct,eff} < f_{ctm}$이 된다.[20]
$f_{ct,eff} = f_{ctm}$으로 한다. 왜냐하면 안전측으로 검토하여 최초 28일 내에서는 균열이 발생되지 않는 것으로 볼 수 있기 때문이다.

여기서:

콘크리트 인장강도 C35/45에 대해 $f_{ct,eff} = f_{ctm}$ $= 3.2$ MN/m²

선택 철근 직경 ϕ_s $= 20$ mm

제한직경의 수정 $\phi_s^* \le \phi_s \cdot 2.9 / f_{ct,eff} = 20 \cdot 2.9 / 3.2 = 18.1$ mm

EC2-2/NA, (NCI) 7.3.2: (NA 106) (NA. 7.5.2)식 변환

→ 균열폭 $w_k = 0.2$ mm에 대한 허용 철근응력은[22]

표 7.2DE에 따라) $\sigma_s \approx 200$ MN/m²

EC2-2/NA, (NDP) 7.3.1: (105) 표 7.101DE
EC2-2/NA, (NDP) 7.3.3 (2): 표 7.2DE

$h = 1.50$ m > 0.80 m에서 → $k = 0.5$

단면 내에서 자체평형인 구속응력

$h^* = 1$ m에서 → $k_1 = 1.50$

프리스트레스에 의해 압축력 작용

$P_{k,\,inf,\,\infty} = +18873 \cdot 0.95 \cdot (1 - 0.118) = +15814$ kN

계산 프리스트레스는 표 5.2-1 참조

$\sigma_c = +15.814 / 4.911 = +3.22$ MN/m²

단면중심 높이의 콘크리트 응력

$h_t = -3.2 \cdot (1.5 - 0.543) / (-3.2 - 3.22) = 0.48$ m

인장영역 높이

역자주 20 수화열에 의한 균열은 타설 후 3~5일 정도에 발생하며, 더 정밀한 계산 또는 실험값이 없다면, 유효인장강도 $f_{ct,eff} = 0.5 f_{ctm}$으로 한다(EC2-1-1, (NCI) 7.3.2(2)).

역자주 21 최소 철근량 계산에서 부착강선의 몫을 계산하는 EC2-2,7.3.2(3)항은 부착 강선의 중심에서 150mm 범위 내의 강선을 고려한다. 이 부분은 이전의 prEN1992-2(Draft 1.2) 또는 DIN 1045-1에서 인용한 것으로 생각된다. 어떤 기준을 적용하든 결과는 같다.

역자주 22 EC2-2, 7.3.2에서 철근응력 σ_s로 f_{yk}를 택할 수 있다고 하며 이를 균열폭 제한에서 적용하는 것은 적절치 않다. 이는 극단적인 경우로 균열 발생과 동시에 철근이 항복하는 것이다.

A_{ct} $= 0.48 \cdot (1.95 + 0.48 \cdot 0.15 / 1.05)$ $= 0.969\ \mathrm{m}^2$

복부단면에 균열이 발생하기 이전의 인장 영역 단면적

k_c $= 0.4 \cdot [1 - \sigma_c / (k_1 \cdot h / h^* \cdot f_{ct,eff})]$ ≤ 1.0

$= 0.4 \cdot [1 - 3.22 / (1.50 \cdot 1.5 / 1.0 \cdot 3.2)]$ $= 0.221$

EC2-2, 7.3.2: (102) (7.2)식

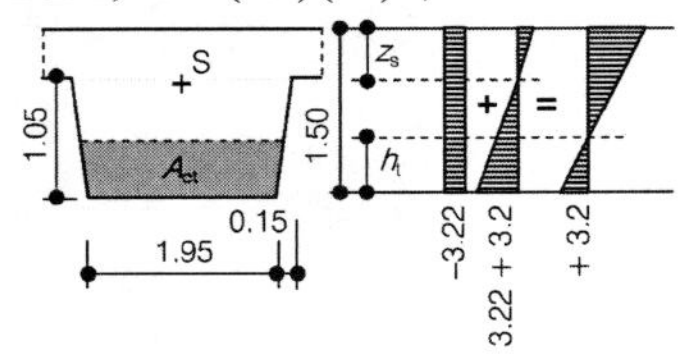

ρ_p $= 6 \cdot 28.5 \cdot 10^{-4} / 0.969$ $= 0.0176$

ζ_1 $= \sqrt{\zeta \cdot \dfrac{\phi_s}{\phi_p}} = \sqrt{0.5 \cdot \dfrac{20}{1.6 \cdot \sqrt{2850}}}$ $= 0.34$

EC2-1-1, 7.3.2: (3) (7.5)식
ζ는 EC2-1-1, 6.8.2, 표 6.2 참조
강연선에 대해 $\phi_p = 1.6\sqrt{A_p}$

$\rho_{s,rqd}$ $= \dfrac{0.221 \cdot 0.5 \cdot 3.2}{200} - 0.34 \cdot 0.0176$ $= \mathbf{-0.0042} < 0$

강선 유효영역 밖에서는 두 번째 항을 빼고 계산한다. 즉, 최소 철근은 $0.18\% \cdot 0.969\ \mathrm{m}^2 = 17\ \mathrm{cm}^2$으로 계산한다.

→ ρ_s는 (−)값이다. 즉 지간에서 추가 철근이 필요 없다!

→ 충분한 연성을 갖기 위한 철근이 결정값이다(강도한계상태 계산, 6.3절 참조).[23]

커플러 이음영역에서 최소 철근은 EC2-2/NA, (NCI) 8.10.4 (105)P와 (NCI) 6.8.3 (1)P의 규정을 참조하라.
− 50% 이상을 연결할 때 최소 철근이 필요하다.
− P_m은 0.75를 곱하여 감소한다.

5.6 콘크리트 압축응력과 철근응력 제한

단면 상연에서 균열이 발생하지 않으므로(5.2절 참조) 비균열 단면으로 검토하여 하연의 콘크리트 압축 응력을 구한다. 최대 압축응력은 13.0 MN/m^2(표 5.2-1 지점)이므로 $0.6 f_{ck} = 0.6 \cdot 35 = 21.0\ \mathrm{MN/m}^2$보다 확실히 작다.

EC2-2, 7.2 (102)와 (NDP) 7.2 (102)
콘크리트의 단기 압축응력이 $|\sigma_c| > 0.6 f_{ck}$이면 횡인장강도를 초과하여 균열이 발생할 수 있다. 휨압축응력 방향으로 생기는 이런 균열에 대해서는 하중이 감소해도 균열이 완전히 폐합된다고 가정할 수 없다. 이는 내구성 저하를 가져올 수 있다.

지간단면에서는 균열단면으로 단면 상연의 콘크리트 압축응력과 하부 철근의 인장응력을 구하여 검토한다. 계산상의 등가 철근은 강선과 철근의 부착 거동이 다른 점을 고려하여 다음 보정계수를 고려하여 구한다.

$$\zeta_1 = \sqrt{\zeta \cdot \frac{\phi_s}{\phi_p}} = \sqrt{0.5 \cdot \frac{20}{1.6 \cdot \sqrt{2850}}} = 0.34$$

EC2-1-1, 7.3.2: (7.5)식, ζ는 EC2-1-1, 6.8.2 (2) 표 6.2 참조
강연선에 대해 $\phi_p = 1.6\sqrt{A_p}$

등가 철근은:

used $A_s = A_s + \zeta_1 \cdot A_p$

$= 34.5\ \mathrm{cm}^2 + 0.34 \cdot 6 \cdot 19 \cdot 1.5\mathrm{cm}^2$

$= 92.6\ \mathrm{cm}^2$

여기서는 계산을 간단하게하기 위해 프리스트레스가 연단에서 170 mm 떨어진 곳에 작용하는 것으로 가정하여 팔길이를 작게 하여 안전 측으로 계산한다. 지간단면에서 검토는 $M_{rare} = 10380$ kNm, $N_{rare} = -15814$ kN에 대해 수행한다.

기준값 = 드문 하중조합

역자주 23 EC2에서 최소 철근을 계산하는 것은 두 번 있다. 하나는 최초 균열 발생 시의 균열폭을 제한하기 위한 것으로 사용하중상태에 대한 것이다(EC2-2, 7.3.2). 다른 하나는 인장취성파괴를 방지하기 위한 것으로 강도한계상태에 대한 것이다(EC2-2, 6.1 (9)b).

압축영역 높이는 415 mm이며 변형률이 상연에서 −0.51‰, 하부 철근 위치에서 +1.12‰일 때 콘크리트 압축응력은 $\sigma_c = 17.4\ \mathrm{MN/m^2} < 0.6 f_{ck} = 0.6 \cdot 35 = 21.0\ \mathrm{MN/m^2}$이다.

철근응력(및 강선응력증가)는 $\sigma_s = 225\ \mathrm{MN/m^2} < 0.8 f_{yk} = 0.8 \cdot 500\ \mathrm{MN/m^2} = 400\ \mathrm{MN/m^2}$

이에 따라 준·고정 하중조합하에서 콘크리트 압축응력에 선형 크리프관계를 적용한다. 콘크리트 압축응력은 비균열 단면에 대해 구할 수 있다. 최대 콘크리트 압축응력(표 5.3.1 참조)은 $\sigma_c = 10.94\ \mathrm{MN/m^2} < 0.45 f_{ck} = 0.45 \cdot 35 = 15.75\ \mathrm{MN/m^2}$이다.

준·고정 하중조합하에서 콘크리트 압축응력이 $|\sigma_c| > 0.45 f_{ck}$인 경우에 크리프는 비선형으로 증가한다. 비선형 크리프에 관해서는 EC2-1-1, 3.1.4 (4)가 적용된다.

EC2-1-1, 7.2 (5)와 (NDP) 7.2 (5)
큰 균열폭을 피하기 위해서는 사용하중 수준에서 (하중에 의한) 응력이 항복응력을 넘지 않게 한다. 이를 넘으면 영구변형과 큰 폭의 균열 및 급작스런 균열의 성장이 있을 수 있다.

5.7 강선응력 제한

DIN EN1992에서는 콘크리트 압축응력 및 철근응력 다음으로 강선응력 제한을 규정한다. 강선응력은 준·고정 하중조합과 모든 프리스트레스 손실 후에 계산한 프리스트레스응력의 평균이 최대 $0.65 f_{pk}$ 이하여야 한다.

EC2-1-1, 7.2 (5)와 (NDP) 7.2 (5)
응력부식을 피하기 위한 검토. 교체가 가능한 외부강선(EC2-2/NA, (NCI) 부록 NA.TT) 또는 비부착 강선에 대해서는 검토할 필요가 없다. 따라서 이들 경우에는 훨씬 큰 강선응력이 가능하다.

준·고정 하중조합의 단면력은 5.3절 탈압축상태의 검토에서 계산한 바 있다.

$M_{qs,k} = 10369\ \mathrm{kNm}$

$P_{m0} = -18873\ \mathrm{kN} \quad M_{pm0} = -8908\ \mathrm{kNm}$

$M_{Pk,inf,\infty} = -7464\ \mathrm{kNm} \rightarrow M_{qs,crit} = 10369 - 7464 = 2905\ \mathrm{kNm}$

$N_{Pm\infty} = -18.873 \cdot (1 - 0.118) = -16646\ \mathrm{kN}$

$\sigma_{p,p+g,\infty} = N_{Pm\infty} / A_p = 16.646 / 0.0171 = 973\ \mathrm{MN/m^2}$

$\Delta\sigma_{cp,\infty} = (M_{qs,k} - M_{gk,1}) / W_{cpi} = (10.369 - 5.724) / 1.28 = 3.63\ \mathrm{MN/m^2}$

$\sigma_{p,\infty} = \sigma_{p,p+g,\infty} + E_p / E_{cm} \cdot \Delta\sigma_{cp,\infty} = 973 + 195000 / 34000 \cdot 3.63$ **$= 995\ \mathrm{MN/m^2}$** $< 0.65 \cdot 1770 = 1150\ \mathrm{MN/m^2}$

부착강선의 콘크리트 교량에서 허용 인장력은 이 검토 조건에 따라 자주 결정된다 (4.3절 참조).

프리스트레스 손실 11.8%. 4.4절 참조

긴장 시의 시공하중은 프리스트레스를 구할 때 고려하며, $\Delta\sigma_{cp,\infty}$의 계산에서는 뺀다.

다른 위치에 대해서도 비슷한 강선응력이 계산된다.

6. 강도한계상태

EC2-1-1, 6

6.1 일반

다음은 휨과 축력, 전단, 비틀림과 피로의 강도한계상태 검토를 5장에서 선택한 단면에 대해 수행한 것이다.

T형 단면(및 박스단면)의 휨과 축력에 대한 강도한계상태의 설계에서 플랜지와 철근은 횡철근과 콘크리트 압축 스트럿으로 복부와 전단[24]에 대해 충분히 안전하게 보강된 유효폭 내의 부분을 고려한다.

EC2-2/NA, (NCI) 6.1 (NA. 111)

6.2 축력과 휨

EC2-1-1, 6.1

축력이 작용하는 휨부재의 강도한계상태 검토는 부착 포스트텐션 부재의 내부지점과 내부지간에 대해 사용 중의 결정적 시점에 대해 수행한다. 이 검토는 단면 설계도표를 이용한다.

서로 다른 시점에 대해 검토를 수행해야 한다. 이 예제에서는 결정적 시점으로 $t=0$ 또는 $t\to\infty$에 대해 검토한다.

단면력 계산은 모멘트 재분배 없이 선형탄성해석법을 쓴다. 이에 따라 온도와 지점 침하에 의한 휨모멘트는 감소계수 0.6을 곱할 수 있다. 온도하중에 대한 부분안전계수는 $\gamma_{Q,T}=1.35$를 쓴다.

EC2-2/NA, (NCI) 2.3.1.2 (2)와 (3) (NA 102) 와 (NCI) 2.3.1.3 (3) (NA 103):
온도와 지점 침하에 의한 구속을 고려한다. 구속 단면력은 상태 I(비균열 상태) 강성의 0.6배 값으로 계산해야 한다.

가능한 지점침하는 고정하중으로 간주하여 부분안전계수 $\gamma_{G,set}=1.0$을 쓴다.

EC2-2/NA, (NCI) 2.3.1.3 (4)

하중조합 식은 DIN EN 1990/NA에 다음과 같이 규정된다.

$$E_d = \sum_{j\geq 1}\gamma_{G,j}\cdot E_{Gk,j} + \gamma_P\cdot E_{Pk} + \gamma_{Q,1}\cdot E_{Qk,1} + \sum_{i>1}\gamma_{Q,i}\cdot\psi_{0,i}\cdot E_{Qk,i}$$

EC0, (NCI) 6.4.3.2: (3) (6.10c)식

• 지간의 검토($t=0$)

강선 중심에 대한 설계 휨모멘트:

도로차량 하중에 대한 부분안전계수는 EC0/NA/A1, 표 NA.A2.1 $\gamma_{Q,sup}=1.35$ 적용

$$M_{Eds} = \gamma_G\cdot(M_{g1,k}+M_{g2,k})+\gamma_{G,Set}\cdot M_{SET,k}+\gamma_P\cdot M_{Pm,ind} + \gamma_Q\cdot(M_{TS,k}+M_{UDL,k})+\gamma_{Q,T}\cdot\psi_{0,T}\cdot M_{TM,k}$$

$$M_{Eds} = 1.35\cdot(5724+1009)+1.00\cdot 987\cdot 0.60+1.0\cdot(1-0.118)\cdot 5957+1.35\cdot(4427+3937)+1.35\cdot 0.80\cdot 2611\cdot 0.60$$

$$M_{Eds} = 9090+593+5254+11291+1269=27920\ \text{kNm}$$

EC2-2/NA, (NCI) 2.3.1.2 (NA 102)
EC2-2/NA, (NCI) 2.3.1.3 (NA 103)
EC2-2/NA, (NCI) 2.3.1.3 (4)

유효 깊이: $d=h-d_1-\phi_{duct}/2-e=1.50-0.17 \quad =1.33\ \text{m}$

역자 주 24 복부와 플랜지 사이의 전단을 말한다(EC2-1-1,6.2.4).

유효폭: $b_{eff} = b$ $= 7.10 \text{ m}$

b_{eff}는 1.4절 참조

무차원 설계 휨모멘트

$$\mu_{Eds} = |M_{Eds}| / (b \cdot d^2 \cdot f_{cd})$$

$$\mu_{Eds} = 27.920 / (7.10 \cdot 1.33^2 \cdot 19.8) = 0.112$$

[7] 1부, 부록 A4: 휨과 축력이 작용하는 직사각형 단면의 설계도표(C12/15에서 C50/60)[25]

f_{cd}는 1.3절 참조

부착 포스트텐션 부재에서 강선의 프리스트레스 변형은 다음과 같이 근사적으로 정한다.

$$\epsilon_{pm}^{(0)} = \sigma_{pm0} / E_p = 1104 / 195{,}000 = 0.0057$$

$\sigma_{pm0} = 18.873 / 171.0 = 1104 \text{ MN/m}^2$
4.4절 참조

단면 설계도표의 무차원 계수 값:

$\rightarrow \omega_1 = 0.119 \quad \Delta\epsilon_{p1} = 20.5‰ \quad \epsilon_{c2} = -3.50‰$

[7] 1부, 부록 A4: 휨과 축력이 작용하는 직사각형 단면의 설계도표(C12/15에서 C50/60)

$\xi = x/d = 0.148 \rightarrow x = 0.148 \cdot 1.33 = 0.196 \text{ m} < h_{f,\min} = 0.30 \text{ m}$

$\zeta = z/d = 0.939 \rightarrow z = 0.939 \cdot 1.33 = 1.24 \text{ m}$

강선의 총 변형 검사:

ϵ_{p1}	$= \epsilon_{pm}^{(0)} + \Delta\epsilon_{p1}$	$= 5.7 + 20.5$	$= 26.2‰$
	$> \epsilon_{py} = f_{p0,1k} / (E_p \cdot \gamma_S)$	$= 1500 / (195 \cdot 1.15)$	$= 6.7‰$
	$< 0.9\epsilon_{uk} = 0.9 \cdot 35$		$= 31.5‰$
σ_{pd1}	$= f_{pk} / \gamma_S$	$= 1770 / 1.15$	$= 1539 \text{ MN/m}^2$
$A_{ps,rqd}$	$= \omega_1 \cdot b \cdot d \cdot f_{cd} / \sigma_{pd1}$		
	$= 0.119 \cdot 710 \cdot 133 \cdot 19.8 / 1539$		$= \mathbf{144.5 \text{ cm}^2}$
$< A_{p,prov}$	$= 6 \cdot 28.5$		$= 171.0 \text{ cm}^2$

EC2-1-1, 3.3.6 (7), 그림 3.10
교량설계에서는 통상적으로 강선의 응력 변형곡선은 항복응력 이후 응력이 일정한 것을 쓴다(변형한계를 두지 않는다). 이 예제에서 보인 바와 같이 항복응력 이후에 응력이 증가하는 응력변형 곡선을 사용하는 것이 꼭 필요한 것은 아니다.

→추가의 철근 배근이 필요 없다!

• 지점 검토($t \rightarrow \infty$)

강선 중심에 대한 설계 휨모멘트:

$$M_{Eds} = \gamma_G \cdot (M_{g1,k} + M_{g2,k}) + \gamma_{G,set} \cdot M_{SET,k} + \gamma_P \cdot M_{Pm,ind,\infty} + \gamma_Q \cdot (M_{TS,k} + M_{UDL,k}) + \gamma_{Q,T} \cdot \psi_{0,T} \cdot M_{TM,k}$$

$$M_{Eds} = -1.35 \cdot (8285 + 1721) - 1.00 \cdot 2439 \cdot 0.60 + 1.0 \cdot 5953 \cdot (1 - 0.169) - 1.35 \cdot (2322 + 5337) - 1.35 \cdot 0.80 \cdot 1695 \cdot 0.60$$

$$M_{Eds} = -13508 - 1463 + 4947 - 10340 - 1098 = -21462 \text{ kNm}$$

도로 차량하중의 안전계수는 EC0/NA/A1, 표 NS.A2.1에 따라 $\gamma_{Q,sup} = 1.35$이다.

프리스트레스 손실은 16.9%이다. 4.4절 참조

이 계산은 최소 복부폭에 대한 것이다. 단면 설계도표를 이용해서 설계할 때 바로 적용할 수 없다. 이를 고려해야 한다면 등가 사각형 단면을 사용하거나, 컴퓨터 프로그램을 이용해야 한다.

역자 주 25 줄여서 '단면 설계도표'라 하였다.

최소 복부폭:

$b_{eff} = 1.95\ \text{m}$

무차원 설계 휨모멘트:

$\mu_{Eds} = |M_{Eds}| / (b \cdot d^2 \cdot f_{cd})$

$\mu_{Eds} = 21.462 / (1.95 \cdot 1.33^2 \cdot 19.8) = 0.314$

f_{cd}는 1.3절 참조

수축, 크리프와 릴랙세이션에 의한 손실:

$\epsilon_{pm}^{(0)} = \sigma_{pm0} / E_p = 1085 / 195000 = 0.0055$

$\epsilon_{pm\infty}^{(0)} = (1-0.169) \cdot 0.0055 = 0.0046$

$A_p = 9 \cdot 28.5 = 256.6\ \text{cm}^2$
$P_{m0} = -27.823\ \text{MN}$
$\sigma_{pm0} = 27.823 / 256.5 = 1085\ \text{MN/m}^2$

$\rightarrow \omega_1 = 0.394 \quad \Delta\epsilon_{p1} = 3.70‰ \quad \epsilon_{c2} = -3.5‰$

[7] 1부, 부록 A4: 휨과 축력이 작용하는 직사각형 단면의 설계도표(C12/15에서 C50/ 60)

$\xi = x/d = 0.486 \rightarrow x = 0.486 \cdot 1.33 = 0.646\ \text{m}$

$\zeta = z/d = 0.798 \rightarrow x = 0.798 \cdot 1.33 = 1.061\text{m}$

$\epsilon_{p1} = \epsilon_{pm\infty}^{(0)} + \Delta\epsilon_{p1} = 4.6 + 3.70 = 8.30‰$

$> \epsilon_{py} = 6.7‰$

$\sigma_{pd1} > f_{p0,1k} / \gamma_S = 1500 / 1.15 = 1304\ \text{MN/m}^2$

EC2-1-1, 3.3.6 (7), 그림 3.10
(곡선B의 수평직선, 간단하게 가정한 변형률 한계가 없는 응력-변형률 관계식)

$A_{ps,rqd} = \omega_1 \cdot b \cdot d \cdot f_{cd} / \sigma_{pd1}$

$= 0.394 \cdot 195 \cdot 133 \cdot 19.8 / 1304 = 155.1\ \text{cm}^2$

$< A_{p,prov} = 9 \cdot 28.5 = 256.5\ \text{cm}^2$

추가 철근이 필요한 경우에 그림 3.10의 곡선 B의 경사 직선(강선의 항복응력 이후 응력이 증가하는 응력-변형률 관계식)을 쓸 수도 있다.

→추가의 철근 배근이 필요 없다!

6.3 예고 없는 파괴에 대한 검토

DIN EN1992에서는 최초 균열 발생 시에 예고 없는 파괴가 발생하지 않도록 규정하고 있다. 이는 6.1 (109)의 방법 b)로 최소 철근(연성 철근)을 (6.101a) 식에 따라 배근하여 가능하다.

EC2-1-1, 5.10.1 (5)와 EC2-2, 5.10.1 (106).

$\min A_s = M_{rep} / (f_{yk} \cdot z_s)$

EC2-2, 6.1: (109) (6.101a)식

여기서

$M_{rep} = W \cdot f_{ctk,0.05}$ 프리스트레스가 없는 경우의 균열 모멘트

$z_s = 0.9d$ 강도한계상태에서 내력의 팔길이

EC2-2/NA, (NDP) 6.1 (109)

지간에 대해 계산:

$W_{bot,trans} = 0.99\ \text{m}^3$

$f_{ctk,0.05} = 2.2\ \text{MN/m}^2$

EC2-1-1, 3.1.3 표 3.1

$d \quad = 1.40 \text{ m}$

$\min A_s \quad = 0.99 \cdot 2.2 / (500 \cdot 0.9 \cdot 1.40) \quad = \mathbf{34.5\ cm^2}$

$\rightarrow$ 선택 $A_s \geq 11\phi 20 \quad = 34.5 \text{ cm}^2$

EC2-2, 6.1 (110) iii)

이 철근은 복부 아래쪽에 배치하여 지점을 지나도록 배근한다.
지점에 대해서도 같이하여:

$W_{top,\,trans} \quad = 1.79 \text{ m}^3$

$\min A_s \quad = \mathbf{62.5\ cm^2}$

EC2-2, 6.1 (110) I)

이 철근은 드문 하중조합으로 콘크리트에 인장응력이 발생하는 영역에 배근한다(프리스트레스의 정정구조계에 대한 작용은 무시한다).

6.4 전단과 비틀림 검토

전단강도 외에도 비틀림강도와 두 단면력의 상관작용에 대해서도 검토해야 한다.

EC2-1-1, 6.2
EC2-1-1, 6.3

6.4.1 전단력

작용 전단력의 설계값

필요 전단철근량 산정을 위한 결정 설계단면은 직접 지점일 때 지점 연단에서 d만큼 떨어진 곳이다. 먼저 지점 중앙의 단면력을 구한다.

EC2-2/NA, (NCI) 6.2.1.8

지점 중앙의 전단력:

$$V_{Ed0} = \gamma_G \cdot (V_{g1,k} + V_{g2,k}) + \gamma_{G,set} \cdot V_{SET,k} + \gamma_Q \cdot (V_{TS,k} + V_{UDL,k}) + \gamma_{QT} \cdot \psi_{0,T} \cdot V_{TM,k}$$

$$V_{Ed0} = 1.35 \cdot (1917 + 357) + 1.00 \cdot 168 \cdot 0.60 + 1.35 \cdot (916 + 1081) + 1.35 \cdot 0.80 \cdot 0$$

$$V_{Ed0} = 3070 + 101 + 2696 + 0 = 5867 \text{ kN}$$

EC2-1-1/NA, (NCI) 2.3.1.2 (NA 102)
EC2-2/NA, (NCI) 2.3.1.3 (NA 103)
온도와 지점 침하에 의한 구속을 고려해야 한다. 구속 단면력은 상태 I(비균열 상태) 강성의 0.6배 값으로 계산해야 한다.

EC2-2/NA, (NCI) 2.3.1.3 (4) EC0에 따라 가능한 지점침하의 부분안전계수 $\gamma_{G,set} = 1.0$

전단력의 기준값은 표 3-1 참조

하중은 2.1절 참조 → 각 거더당의 값이다.
$g_{k,1} = 242.2/2 = 121.1$ kN/m
$g_{k,2} = 28.8/2 + 5.5 + 0.8 + 0.5 = 21.2$ kN/m

지점 연단에서 d만큼 떨어진 곳의 전단력:
이 계산에서 TS에 의한 지점 근처의 집중하중으로 인한 감소값은 무시한다.

$$V_{Ed0,red} = V_{Ed0} - [\gamma_G \cdot (G_{k,1} + G_{k,2}) + \gamma_Q \cdot q_{UDL,k}] \cdot (d + b/2)$$

$$V_{Ed0,red} = 5867 - [1.35 \cdot (121.1 + 21.2) 1.35 \cdot (3.0 \cdot 12.0 + 3.0 \cdot 6.0)] \cdot (1.33 + 0.70/2)$$

$$V_{Ed0,red} = 5867 - 265 \text{ kN/m} \cdot 1.68 \text{ m} = 5422 \text{ kN}$$

설계단면에서 경사 배치된 강선의 전단력 성분을 고려한다.

EC2-1-1, 6.2.1 (1)) 그림 6.2:
부재 높이가 변할 때 전단력 성분
V_{ccd} = 경사 압축영역의 전단력 성분
V_{td} = 경사 철근의 전단력 성분

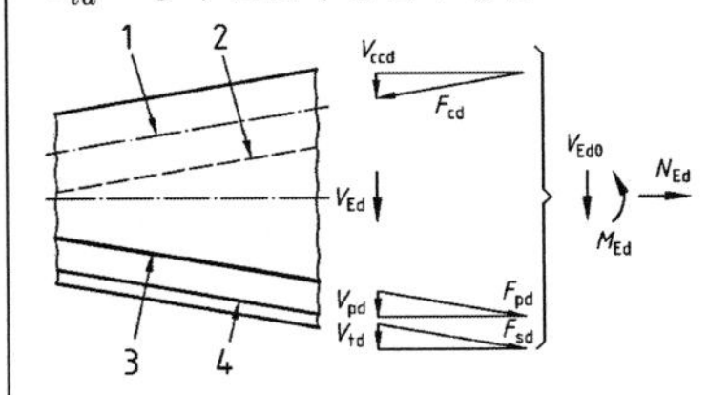

설계단면에서 강선의 경사각:

θ $=2.1°$ (강선 배치도의 모든 강선에 대한 평균값, 그림 5 참조)

$V_{Pm0} = P_{m0} \cdot \sin\theta = (-27823) \cdot \sin 2.1° = -1020\ \text{kN}$

$V_{pd} = \gamma_p \cdot V_{Pm\infty} = 1.0 \cdot (1-0.169) \cdot (-1020)$

$V_{pd} = -847\ \text{kN}$

$\rightarrow V_{Ed,red} = 5422 - 847 = \mathbf{4575\ kN}$

프리스트레스의 설계값 $P_d = \gamma_P \cdot P_{mt}$는 일반적으로 $\gamma_P = 1.0$로 결정되어 여기에 쓰였다. 간단하게 계산하기 위해 휨에 의한 강선의 응력증분은 여기서는 무시하였다.

보 부재에서는 기본적으로 최소전단철근이 필요하므로, 이 단면에서 전단철근 없이 전단력을 받을 수 있다고 하더라도($V_{Rd,c}$) 전단철근을 배근한다. DIN EN1992-2/NA에 따라 변각트러스 이론으로 설계한다.

보부재에 대해서는 EC2-1-1/NA, (NCI) 6.2.1 (4) (NA. 104)에 따라, 기본적으로 최소전단철근은 필요하다. 여기서는 설계전단력이 $V_{Rd,c}$보다 작다.

설계 전단강도 $V_{Rd,\max}$는 단면의 공칭폭 $b_{w,nom}$에 대해 계산하는데, 이는 인접하여 배치된, 충진된 강선의 직경의 합 $\sum\phi_{duct}$가 $b_w/8$보다 크면 복부폭 b_w에서 $0.5\sum\phi_{duct}$를 뺀 것이다.

EC2-1-1, 6.2.3: (6) (6.16)식

$b_w = 1.95\ \text{m}$

EC2-1-1, 6.2.3 (1), 그림 6.5

$\sum\phi_{duct} = 9 \cdot 0.097 = 0.873\ \text{mm}$

$> b_w/8 = 1.95/8 = 0.24\ \text{m}$

$b_{w,nom} = b_w - 0.5 \cdot \sum\phi_{duct}$

$= 1.95 - 0.5 \cdot 0.873 = 1.51\ \text{m}$

4.2절에 따르면 지점에서 $\phi_{duct} = 97$ mm, 9개 강선이 배치된다. 이 검토에서는 최종단계에서 모든 강선이 그라우팅으로 충진되는 것으로 하였다. 시공단계에서 충진되지 않은 강선 또는 비부착 강선이 있으면 더 큰 값을 빼야 한다.

수직 전단철근을 배치한 부재의 사압축대 강도 검토:

EC2-1-1, 6.2.3: (103) (6.9)식, 수직전단철근
EC2-1-1, 6.2.3: (4) (6.14), 경사 전단철근 참조

$V_{Rd,\max} = b_w \cdot z \cdot \alpha_{cw} \cdot \nu_1 \cdot f_{cd} / (\cot\theta + \tan\theta)$

f_{cd}는 1.3절 참조

여기서: $b_{w,nom} = 1.51\ \text{m}$

$z = 1.061\ \text{m}$ 지점의 휨 설계

$\nu_1 = 0.75$ 균열 콘크리트에 대한 전단력 감소값

$\alpha_{cw} = 1.0$ 사압축대 응력에 대한 계수

6.2절 참조
EC2-2/NA, (NCI) 6.2.3 (1), $z \leq d - 2c_{nom,l}$에 유의
EC2-2/NA, (NDP) 6.2.3 (103) 사압축대의 응력은 $\sigma_c \leq \alpha_{cw} \cdot \nu_1 \cdot f_{cd}$ 이하이어야 한다.

트러스 모델의 사압축대 경사각의 한계값:[26]

$$1.00 \leq \cot\theta \leq \frac{1.2 + 1.4\sigma_{cp}/f_{cd}}{1 - V_{Rd,cc}/V_{Ed}} \leq 1.75$$

ED2-2/NA, (NDP) 6.2.3: (2) (6.107aDE)식
주의: 콘크리트 압축력을 (+)로 하였다!

역자주 26 EC2 표준규정의 사압축대 경사각의 하한은 $\cot\theta = 2.5$이나, 독일 규정에서는 EC2-1-1에서 $\cot\theta = 3.0$, EC2-2에서 $\cot\theta = 1.75$이다. 이는 교량과 건물에서 주로 쓰이는 단면이 다른 것을 고려한 것이다. EC2 표준규정에서 $\cot\theta$는 임의로 정할 수 있는 것으로 하였으나 독일 규정에서는 E_p/f_{cd}, $V_{Rd,cc}/V_{Ed}$에 따른 제한을 두고 있다. 이는 전단균열에 따른 경사각의 변화를 반영한 것으로 DIN1045-1 규정을 계승한 것이다.

여기서: $V_{Rd,cc} = c \cdot 0.48 \cdot f_{ck}^{1/3}(1 - 1.2\sigma_{cp}/f_{cd}) \cdot b_w \cdot z$

여기서: $c = 0.50$

$\sigma_{cp} = -N_{Ed}/A_c = 23.120/4.842 = 4.77$ MN/m²

$V_{Rd,cc} = 0.24 \cdot 35^{1/3} \cdot (1 - 1.2 \cdot 4.77/19.8) \cdot 1.51 \cdot 1.061$

$V_{Rd,cc} = 0.893$ MN

단면 중심높이의 길이방향 콘크리트 설계 응력
$P_{m0} = 27823$ kN
$N_{Ed} = (1 - 0.169) \cdot 27823 = 23120$ kN

$\cot\theta = (1.2 + 1.4 \cdot 4.77/19.8)/(1 - 0.893/4.575)$

$= 1.91 \rightarrow \cot\theta = 1.75$ 상한값

EC2-2/NA에 따른 사압축대 최대 경사각

결정값은 조합응력상태에서 비틀림 트러스의 사압축대 경사각이다.

선택: $\cot\theta$ **= 1.68**

EC2-2/NA, (NCI) 6.3.2 (102)

(6.4.2절 참조)

이에 따라:

$V_{Rd,\max} = 1.51 \cdot 1.061 \cdot 0.75 \cdot 19.8/(1.68 + 1/1.68)$ **= 10.5 MN**

$> V_{Ed} = 5.857$ MN

EC2-2, 6.2.3: (103) (6.9)식
직접지지 부재에서 지점 중심의 최대 설계 전단력에 대한 콘크리트 사압축대 검토

전단력에 대해 필요한 90° 스터럽 철근은:

$rqd\, A_{sw}/s_w = V_{Ed}/(z \cdot f_{ywd} \cdot \cot\theta)$

$= 4575/(1.061 \cdot 43.5 \cdot 1.68)$ **= 59.0 cm²/m**

EC2-2, 6.2.3: (103) (6.8)식 변환

최소 전단철근:

$\min \rho_w = 0.16 \cdot 3.2/500 = 0.00102$

$\min A_{sw}/s_w = \rho_w \cdot b_w \cdot \sin\alpha$

$= 0.00102 \cdot 1.95 \cdot 10^4 \cdot 1.0$ **= 19.9 cm²/m**

EC2-1-1, 9.2.2: (5) (9.4)식과 EC2-2/NA, (NDP) 9.2.2 (5)
프리스트레스로 인장응력이 발생하는 단면폭이 변하는 단면(복부 폭이 좁은 박스 또는 더블T 단면)에서는 휨균열 이전에 전단균열이 있으면 $\min \rho_w = 0.256 f_{ctm}/f_{yk}$ 으로 한다.

길이방향의 최대 스터럽 간격

$0.3 < V_{Ed,red}/V_{Rd,\max} = 4.575/10.5 =$ **0.44** < 0.6

$\rightarrow s_{\max}$ **= 300 mm** $< 0.5h = 0.5 \cdot 1500 = 750$ mm

EC2-2/NA, (NDP) 9.22: (6) 표 NA.9.1

이 예제에서 스터럽 가지는 횡방향 최대간격을 넘지 않는다.

$\rightarrow s_{\max}$ **= 600 mm** $< h$

EC2-2/NA, (NDP) 9.22: (8) 표 NA.9.2
→ 복부폭이 1.95m가 넘으면 가지 4개의 스터럽을 쓴다.

6.4.2 비틀림

EC2-1-1, 6.3

지점 중심의 최대 비틀림 모멘트와 최대 전단력에 대해 비틀림 설계한다. 작용 전단력에 대한 전단철근에 스터럽 계산값을 더한다.

설계 비틀림 모멘트는 격자구조를 해석하여 구한다. (표 3-1 참조)

$T_{Ed} = \gamma_G \cdot (T_{g1,k} + T_{g2,k}) + \gamma_{G,set} \cdot T_{SET,k} + \gamma_P \cdot T_{Pm}$

$+\gamma_Q \cdot (T_{TS,k} + T_{UDL,k}) + \gamma_{Q,T} \cdot \psi_{0,T} \cdot T_{TM,k}$

$T_{Ed} = 1.35 \cdot (23+20) + 1.00 \cdot 5 \cdot 0.60 + 1.00 \cdot 83 + 1.35 \cdot (384+861)$

$+1.35 \cdot 0.80 \cdot 4 \cdot 0.60$

$T_{Ed} = 1827$ kNm

비틀림 모멘트 강도 $T_{Rd,\max}$의 계산:

EC2-2/NA, (NCI) 6.3.2: (104) (6.30)식

$$T_{Rd,\max} = 2\nu \cdot \alpha_{cw} \cdot f_{cd} \cdot A_k \cdot t_{ef,i} \cdot \sin\theta \cdot \cos\theta$$

등가 박벽단면은 EC2-2/NA, (NCI) 6.3.2(1)에 따라 다음 그림과 같이 정한다.

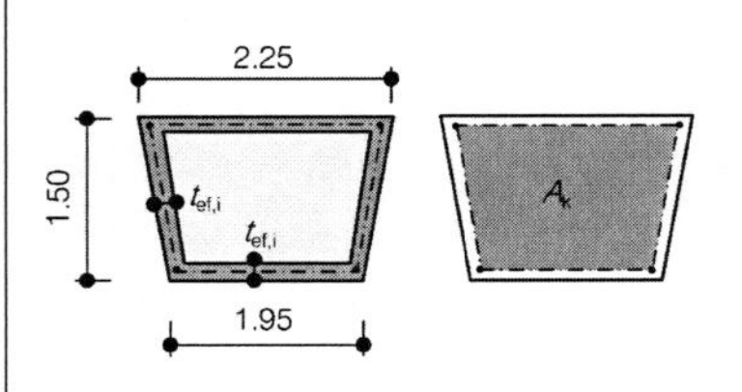

여기서: $t_{ef,i}$ $= 2 \cdot (45+20+20/2)$ $= 150$ mm

A_k $= 1.35 \cdot (2.10+1.80)/2$ $= 2.63$ m^2

ν $= 0.525$ 비틀림에 대한 계수

α_{cw} $= 1.00$ 사압축대 응력에 대한 계수

전단력과 비틀림 모멘트에 의한 조합응력의 사압축대 경사각을 계산한다. 비틀림에 의한 전단응력이 전단에 의한 전단응력이 작용하는 벽체(박벽: thin wall)에 더해진다.

EC2-1-1, 6.3.2: (1) (6.26)식과 (6.27)식

각각의 박벽 i에 작용하는 비틀림에 의한 전단력:

z_i – 고려하는 박벽 i의 길이로, 이웃 벽체와 만나는 점 사이의 거리이다. 이는 벽체 중심에서 잰 값이다.

$V_{Ed,i} = \tau_{T,i} \cdot t_{ef,i} \cdot z_i = [T_{Ed}/(2 \cdot A_k)] \cdot z_i =$

$= [1827/(2 \cdot 2.63)] \cdot 1.35$ $= 467$ kN

전단력에 의한 벽체 전단력을 조합하면:

EC2-2/NA, (NCI) 6.3.2: (102) (NA.6.27.1)식

$V_{Ed,T+V} = V_{Ed,T} + V_{Ed} \cdot t_{ef,i} / b_w$

$= 467 + 5867 \cdot 0.15 / 1.51$ $= 1050$ kN

$V_{Rd,cc}$는 EC2-1-1/NA, (6.7bDE)식으로 구하는데, b_w 대신 $t_{ef,i}$를 대입한다.

EC2-2/NA, (NDP) 6.2.3: (2) (6.76bDE)

$V_{Rd,cc} = c \cdot 0.48 \cdot f_{ck}^{1/3}(1 - 1.2\sigma_{cp}/f_{cd}) \cdot t_{ef,i} \cdot z$

$V_{Rd,cc} = 0.24 \cdot 35^{1/3} \cdot (1 - 1.2 \cdot 4.77/19.8) \cdot 0.15 \cdot 1.061$

$= 0.089$ MN

사압축대 경사각을 계산하기 위해 $T_{Ed,T+V}$와 $V_{Rd,cc}$를 EC2-1-1/NA, (6.107aDE)식에 대입한다.

EC2-2/NA, (NDP)6.2.3: (2) (6.107aDE)식
σ_{cp}는 6.4.1절 참조

$$1.0 \le \cot\theta \le \frac{1.2 + 1.4\sigma_{cd}/f_{cd}}{1 - V_{Rd,cc}/V_{Ed,T+V}} \le 1.75$$

여기서:

사압축의 최대 경사각

$\cot\theta = (1.2 + 1.4 \cdot 4.77/19.8)/(1 - 0.089/1.050)$

$= 1.68 \rightarrow \cot\theta = 1.68$

선택: $\cot\theta = \mathbf{1.68}$

따라서 최대 비틀림 모멘트 강도:

$$T_{Rd,\max} = 0.525 \cdot 19.8 \cdot 2 \cdot 2.63 \cdot 0.15 / (1.68 + 1/1.68)$$
$$= 3.605 \text{ MNm} = \mathbf{3605\ kNm}$$
$$> T_{Rd} = 1827 \text{ kNm}$$

필요 비틀림 스터럽 단면적

$$rqd\,A_{sw}/s_w = T_{Ed}/(f_{yd} \cdot 2A_k \cdot \cot\theta)$$
$$= 1827/(43.5 \cdot 2 \cdot 2.63 \cdot 1.68) \qquad = 4.75 \text{ cm}^2/\text{m}$$

EC2-2/NA, (NCI)6.3.2: (103) (NA.6.28.1)식 변환

선택: 스터럽, 2가지, $\phi 16/100$ mm + $\phi 16/125$ mm

$$used\ a_{sw} = 40.0 + 32.0 \qquad = 72.0 \text{ cm}^2/\text{m}$$
$$> rqd(a_{sw,V} + a_{sw,T}) = 59.0 + 2 \cdot 4.75 \qquad = 68.5 \text{ cm}^2/\text{m}$$

전단과 비틀림에 대한 필요 전단 철근량을 더한다. 이때 각 단면 요소에 따라 다르게 고려하는 것에 유의한다.

필요 비틀림 종방향 철근

$$rqd\,A_{sl}/u_k = T_{Ed}/(f_{yd} \cdot 2A_k \cdot \tan\theta)$$
$$= 1827/(43.5 \cdot 2 \cdot 2.63 \cdot 0.595) \qquad = \mathbf{13.42\ cm^2/m}$$

EC2-2, 6.3.2: (103) (6.28)식 변환

압축영역에서 이 철근은 기존의 압축력에 따라 감소하여 배근한다. 콘크리트 사압축대에 대해 전단력과 비틀림 사이의 상관관계는 속이 찬 단면에서 다음 식으로 고려한다.

등가 박벽단면 둘레에 나누어 배근한다.

EC2-2/NA, (NCI) 6.3.2: (NA.104) (NA.6.29.1)식

$$\left(\frac{T_{Ed}}{T_{Rd,\max}}\right)^2 + \left(\frac{V_{Ed}}{V_{Rd,\max}}\right)^2 = \left(\frac{1.827}{3.06}\right)^2 + \left(\frac{5.867}{10.5}\right)^2 = 0.57 < 1.0$$

지점 중앙의 최대 전단력과 최대 비틀림 모멘트에 대해 콘크리트 사압축대를 검토한다. 단면의 핵(core)이 등가 박벽단면 내부에 있는 속이 찬 단면에서는 제곱형의 상관관계식을 쓴다.

비틀림과 휨의 상관관계는 배근 시에 고려한다. EC2에서는 길이방향 철근을 따로 구하여 더하되, 비틀림에 의한 인장응력이 휨에 의한 콘크리트 압축응력보다 작으면 휨압축 측에 추가의 비틀림 종방향 철근을 배근하지 않는다. 인장영역에서 강선의 응력증분은 $\Delta\sigma_p \leq 500$ MN/m²까지 가능하다.

6.3절의 연성철근은 필요 비틀림 종방향 철근을 쓴다. 복부 측면에서만 비틀림 종방향 철근이 결정값이다.

EC2-2, 6.3.2 (103)

지간에서는 지점의 최대 비틀림 모멘트의 대략 2/3 정도가 발생하므로, 필요 비틀림 종방향 철근(복부 측면)은 $\phi 14/300$ mm $> \frac{2}{3} \cdot 13.42 = 9.0$ cm²/m를 선택한다.

세장한 복부($h_w/b_w > 3$)에서는 경사 주 인장응력에 의한 전단균열의 제한을 검토한다. 이 예제에서 $h_w/b_w = 1.51/1.50 = 1.01 < 3$이므로 이를 검토하지 않는다.

EC2-2/NA, (NCI) 7.3.1 (110) (NA.111) (5.1절의 해설 참조)

6.4.3 플랜지 결합부

EC2-1-1, 6.2.4

EC2-2/NA, (NCI) 6.1 (NA.111)

DIN EN1992에 따라 휨압축 파괴를 검토하고 플랜지는 복부의 사압축대와 연결하여 배근되어야 한다. 지점에서 강선은 휨에 대하여 복부와 완전히 연결되었으므로 지점에 대한 검토는 충분히 만족한다.

EC2-2, 6.2.4 (103)

압축력은 플랜지에만 작용하므로, 작용폭에 따라 압축력의 분담비율을 정한다.

지간에서는 폭 $b_{eff}=7.10$ m이며 압축영역 높이는 $x=0.198$ m이다. 따라서 각 플랜지의 내민 단면은 $(1-b_w/b_{eff})/2=(1-2.25\ \text{rmm}/7.10\ \text{m})/2=34.2\%$의 총 압축력을 부담한다.

EC2-2, 6.2.4: (103) (6.20)식

$\nu_{Ed}=\Delta F_d/(h_f\cdot\Delta x)$

휨 설계에서 최대 압축력은

$F_d=27.497\ \text{MNm}/1.24\ \text{m}=22.2\ \text{MN}$

결합 압축력은 다음 그림과 같이 정한다.

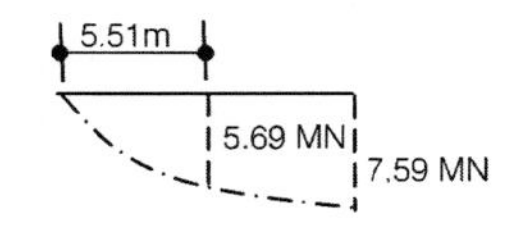

모멘트 0점간 간격을 간단하게 자중만 작용할 때의 값으로 안전 측으로 정하여 $x=22.05$ m로 한다. 따라서 최대 거리는 $\Delta x=22.05\ \text{m}/4=5.51$ m이다. 휨모멘트가 포물선 분포한다면 최대 압축력 차이는 $\Delta F_d=(1-0.5^2)\cdot 0.342\cdot 22.2\ \text{MN}=5.69$ MN이다.

EC2-2/NA, (NDP) 6.2.4 (4)

$\nu_{Ed}=5.69\ \text{MN}/(0.45\ \text{m}\cdot 5.51\ \text{m})=22.29\ \text{MN/m}^2$

플랜지 압축응력은 안전 측으로 단면 중심의 압축응력으로 계산하였다.

사압축대 경사각은 정확한 식으로 정하는 것이 좋다. 간단한 가정으로 $\cot\theta_f=1.0$ 내지 1.2로 하는 것은 프리스트레스 콘트리트에서는 지나치게 안전 측이다.

EC2-2/NA, (NDP) 6.2.3: (2) (6.107aDE)식: $1.0\le\cot\le 1.75$

$$V_{Rd,cc}=c\cdot 0.48\cdot f_{ck}^{1/3}(1-1.2\sigma_{cp}/f_{cd})\cdot h_f\cdot\Delta x$$
$$V_{Rd,cc}=0.24\cdot 35^{1/3}\cdot(1-1.2\cdot 4.77/19.8)\cdot 0.45\cdot 5.51$$
$$V_{Rd,cc}=1.38\ \text{MN}$$

$$\cot\theta_f=(1.2+1.4\cdot 4.77/19.8)/(1-1.38/5.69)$$
$$=2.03\rightarrow\cot\theta_f=1.75$$

압축영역의 플랜지 결합에 필요한 철근은 다음과 같다.

EC2-1-1, 6.2.4: (4) (6.21)식 변환

$$rqdA_{sf}/s_f=\nu_{Ed}\cdot h_f(f_{yd}\cdot\cot\theta_f)$$
$$=2290\cdot 0.45/(43.5\cdot 1.75)\quad=13.5\ \text{cm}^2/\text{m}$$

EC2-2/NA, (NCI) 6.2.4 (NA.105)

EC2-2/NA, (NCI) 6.1 (NA.111)로부터 유효폭으로 폭을 줄여 계산하여 결합철근을 감소하는 것이 가능하다.

이 철근은 더 정확한 검토가 없다면 1/2은 아래쪽, 1/2는 위쪽에 배근한다. 휨설계에서 필요한 강선 144.5 m²는 이 철근보다 작으므로 플랜지 결합 철근을 줄이기 위해서 유효폭의 값을 대입한다.

ω_1 $=(171\ cm^2 + 34.5\ cm^2 \cdot 500/1570) / 144.5\ cm^2 \cdot 0.119$

$=0.150$

$usedA_s = 171\ cm^2$ 강선 $+34.5\ cm^2$ 철근으로 계산한다. 이는 항복응력 비율로 계산한 것이다.

단면 설계도표로부터:

μ_{Eds} $=27.920 / (b_{eff} \cdot 1.33^2 \cdot 19.8) \cdot 0.139$

따라서 b_{eff}는 5.75 m로 줄일 수 있다. 이에 따라 결합력을 다시 계산하면 $(1-b_w / b_{eff}) / 2 = (1-2.25\ m / 5.75\ m) / 2 = 30.4\%$이다. 필요한 플랜지 결합 철근은:

이렇게 간단하게 계산하기 위한 전제조건은 철근이 항복응력에 이르기까지 쓰인다는 것이다. 이를 만족하지 않으면 더 작은 유효폭에 대해 정밀한 휨설계가 필요하다.

$rqd\, A_{sf} / s_f$ $= \nu_{Ed} \cdot h_f / (f_{yd} \cdot \cot\theta_f)$

$= 2290 \cdot (0.304 / 0.342) \cdot 0.45 / (43.5 \cdot 1.75)$

$\mathbf{= 12.0\ cm^2/m}$

따라서 바닥판의 아래쪽에는 다음과 같이 배근한다.

$rqdA_{sf}/s_f$ $= 12.0\ cm^2/2 = 6.0\ cm^2/m$

바닥판 위쪽에는 횡방향의 휨철근이 결정값으로 이 예제에서는 다루지 않았다.

6.5 피로

6.5.1 하중

DIN EN 1992에 따라 강도한계상태의 피로를 검토한다.

EC2-1-1, 6.8

다음은 피로검토를 위한 하중의 기본값이다. 피로검토는 피로하중모델 ELM3를 사용한다. 여기서 입력값과 수정계수 λ_s 값의 계산은 EC2-2/NA, 부록 NA.NN의 철근과 강선에 해당하는 값을 따른다.

EC1-2, (NDP) 4.6.1 (2) Note 2

EC2-2/NA, 부록 NA.NN

드문 하중조합에서 콘크리트 압축응력은 $0.6f_{ck}$ 이하로 제한되므로, 이 도로교에서 콘크리트 압축응력에 대해서는 피로를 검토할 필요가 없다. 따라서 휨과 전단에 대해 철근과 강선에 대해서만 피로를 검토한다.

EC2-2/NA, (NDP) 6.8.1 (102) g)

입력값:

$N_{obs} = 2.0 = 10^6$ 고속도로와 2차선 이상의 도로로 각 방향으로 화물차 비율이 높은 경우

$k_2 = 9$ 철근에 대한 값

$k_2 = 7$ 강선에 대한 값

$k_2 = 5$ 강선 커플러에 대한 값

$N_{years} = 100$ 교량의 예상 수명

연간 각 차선당 화물차 예상대수
EC1-2, 4.6.1 (3) 표 4.5
Wöhler곡선의 변수

EC2-2/NA, (NCI) 6.8.4 (1), 표 6.3DE
EC2-2/NA, (NCI) 6.8.4 (1), 표 6.4DE
→ 해당 계수값

$Q = 1.0$ $k_2 = 5.7$과 9이며 장거리 주행(고속도로)에 대한 값

응력속도에 따른 등가손상의 변동폭을 결정하기 위한 수정계수 λ_s는 다음 조건을 고려하여 구한다.

$$\lambda_s = \varphi_{fat} \cdot \lambda_{s,1} \cdot \lambda_{s,2} \cdot \lambda_{s,3} \cdot \lambda_{s,4}$$

ARS 22/2012 부속서4에 따라 100년
EC2-2/NA, 부록 NA.NN.2 (105)P, 표 NA.NN.1: 교통형태에 따른 계수
장거리 주행 > 100 km

실제로는 여러 교통형태가 혼합된다. 따라서 이 계산은 안전 측이다.

표 6.5-1: $\lambda_{s,1}$의 계산(지간장과 구조계에 따른 수정계수)

$\lambda_{s,1}$	지점	커플러 위치	지간 l = 32.0m	전단력
이음부	–	1.74	–	–
철근	0.98	1.20	1.20	1.20
강선	1.08	1.35	1.35	–

EC2-2/NA, 부록NA.NN.2: (103)P (NA.NN.2)식

EC2-2/NA, 부록 NA.NN.2: (104)P 그림 NA. NN.1과 NA.NN.2

$\lambda_{s,2} = \overline{Q} \cdot (N_{obs} / 2.0)^{1/k_2} = 1.0$ 연간 통행량에 따른 계수

$\lambda_{s,3} = (N_{years} / 100)^{1/k_2} = 1.0$ 사용 수명에 따른 계수

$\lambda_{s,4} = 1.0$ 차선 수 증가의 영향을 고려한 계수

$\varphi_{fat} = 1.2$ 파손에 따른 계수 (도로면에 경미한 요철)

EC2-2/NA, 부록NA.NN.2: (105)P (NA.NN.3)식

EC2-2/NA, 부록NA.NN.2: (106)P (NA.NN.4)식

EC2-2/NA, 부록NA.NN.2: (107)P (NA.NN.5)식
ARS 22/102 부속서 3, B) (3)에 따라, 각 방향으로 RQ31.5 B 차선에 1개의 화물차 차선이 사용되는 경우. 이 예제에서는 $\lambda_{s,4}$ = 1.0으로 한다.[27]

표 6.5-2: 수정계수 λ_s의 계산

$\lambda_{s,1}$	지점	커플러 위치	지간 l = 32.0m	전단력
이음부	–	1.74 · 1.2 = **2.09**	–	–
철근	0.98 · 1.2 = **1.18**	1.20 · 1.2 = **1.44**	1.20 · 1.2 = **1.44**	1.20 · 1.2 = **1.44**
강선	1.08· 1.2 = **1.30**	1.35 · 1.2 = **1.62**	1.35 · 1.2 = **1.62**	–

EC2-2/NA, 부록 NA.NN.2: (108)P, ARS 22/2012 부속서4에 따라 1, 2를 적용한다.

6.5.2 휨

흔한 하중조합에 대해 피로검토(여기서는 지간 중앙에 대해서만 휨 검토한다)를 수행한다. 프리스트레스의 정정구조 부분은 평균값의 0.9배로 고려하며, 부정정구조 부분은 결정 기준값을 고려한다.

EC2-2/NA, (NCI) 6.8.3 (1)P
Hint: 커플러 위치를 검토할 때는 프리스트레스의 정정구조 부분을 0.75배 하여 계산한다.
EC2-2/NA, (NCI) 6.8.3 (1)P에 따라 여기서 프리스트레스의 부정정구조 부분을 상한 기준값으로 계산한다.

하중조합:

$$E_{d,fat} = \left(\sum_{j \geq 1} G_{kj} + P + \psi_{1.1} \cdot Q_{k,1} + \sum_{i > 1} \psi_{2,i} \cdot Q_{k,i} \right) + Q_{fat}$$

하중조합은 EC2-1-1, 6.8.3: (3)P (6.69)식, 표 3-1과 4.3-1 참조
EC0, A2.2.6 표 A2.1과 EC0/NA/A1, (NDP) A2.2.6(1)

기본값(위의 식에서 괄호 안의 하중에 따른 모멘트):

$$M_0 = \sum M_{g,k} + M_{SET,k} + \psi_{1.1} \cdot M_{TM,k} + 1.1 \cdot M_{Pm\infty,ind,k} + 0.90 \cdot M_{Pm\infty,dir}$$

$$M_0 = 5724 + 1009 + 658 + 0.6 \cdot 2611 + 1.1 \cdot 5957 \cdot (1 - 0.118)$$

부정정 구조에 대한 작용을 고려치 않은 프리스트레스에 의한 모멘트:
$M_{Pm0,dir} = -8908 - 5957 = -14865$ kNm
프리스트레스 손실은 11.8%, 4.4절 참조
휨모멘트의 기준값은 표 3-1 참조

역자주 27 RQ31, 5B는 독일의 고속도로 차선 모델이다. 다음의 자료를 참고하라.
https://de.wikipedia.org – 검색(Rightlinien für Anlage von Autobahnen)

$$-0.90 \cdot 14865 \cdot (1-0.118)$$

$$=7391+1567+5780-11800$$

M_0 $=2938$ kNm

피로하중모델 ELM3의 휨모멘트:

$\min \Delta M_{ELM3} \quad = 1.4 \cdot (-216) = -303$ kNm

$\max \Delta M_{ELM3} \quad = 1.4 \cdot 1449 \quad = 2030$ kNm

EC2-2/NA, 부록 NA.NN.2: (101)P 중간지점 바깥쪽 영역에 대한 하중계수는 1.4

설계모멘트:

$M_{\min} \quad = 2938 - 303 \quad = 2635$ kNm

$M_{\max} \quad = 2938 + 2030 \quad = 4968$ kNm

프리스트레스 정정구조 부분에 의한 축력:

$N_p \quad = 0.90 \cdot (-18873\text{kN}) \cdot (1-0.118) = -14981$ kN

이 설계모멘트에 의한 철근과 강선 응력의 계산은 반복법으로 계산하거나 설계도표[5]로 구할 수 있다.

[5] *Hochreither*: Bemessungsregeln für teilwise vorgespannte, biegebeanspruchte Betonkonstruktionen (휨을 받은 부분 프리스트레스 콘크리트 부재의 설계규정) (1982)

이에 따른 상태 II(균열상태) 단면의 응력 변동값은 다음과 같다.

Note: 드문 하중조합에서 지간 중앙에서 콘크리트 인장강도에 도달한다. 따라서 지간 중앙의 피로검토에서는 안전 측으로 가정하여 균열단면으로 계산한다.

철근: $\Delta\sigma_s = 12.4\ \text{MN/m}^2 - (-1.6)\ \text{MN/m}^2 = 14\ \text{MN/m}^2$

강선: $\Delta\sigma_p = 9.4\ \text{MN/m}^2 - (-3.9)\ \text{MN/m}^2 = 13\ \text{MN/m}^2$

강연선의 부착성능이 철근보다 낮으므로 상태 II의 응력은 천천히 증가한다. 이는 다음과 같이 철근응력을 높게 계산하는 것으로 고려한다.

EC2-2/NA, (NCI) 6.8.2 (2)P

$$\eta = \frac{A_s + \sum \frac{e_{pi}}{e_s} \cdot A_{pi}}{A_s + \sum \frac{e_{pi}}{e_s} \cdot A_{pi} \cdot \sqrt{\xi \cdot \phi_s / \phi_P}}$$

EC2-1-1, 6.8.2: (2)P (6.64)식과 EC2-2/NA, (NCI) 6.8.2 (2)P
그림 NA6.101은 강선과 철근의 부착성능의 차이를 고려한 것이다.

여기서:

휨부재에서 강선과 철근의 높이 차이를 고려한다. 예를 들어서 변형분포에서 중립축까지 거리의 차이에 따라 다른 비중으로 고려한다.

A_{si}, A_{pi} – 철근과 강선 단면적

e_{si}, e_{pi} – 각 층의 배근위치와 중립축까지의 거리

ϕ_s $= 20$ mm

ϕ_p $= 1.6 \cdot \sqrt{A_p} = 1.6 \cdot \sqrt{28.5} \quad = 85$ mm

ζ $= 0.5$

A_s $= 34.6\ \text{cm}^2$ (연성 파괴를 위한 철근)

A_p $= 171.0\ \text{cm}^2$

e_p / e_s $= 0.24 / 0.35 = 0.69$

EC2-1-1, 6.8.2 (2) 표 6.2
단면 중앙에서는 아래 그림과 같다.

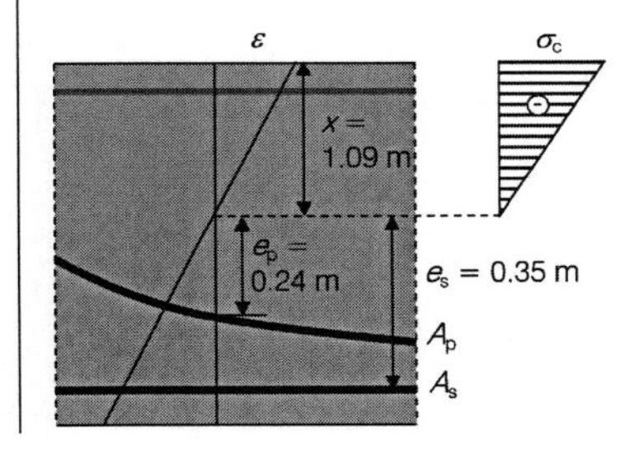

$$\eta = \frac{1 \cdot 34.6 + 0.69 \cdot 171}{1 \cdot 34.6 + 0.69 \cdot 171 \cdot \sqrt{0.5 \cdot 20 / 85}} = 2.03$$

이에 따라서 철근의 최종 응력변동 값은 다음과 같다.

$\Delta\sigma_s$ = 2.03 · 14 = **28.4 MN/m²** < 70 MN/m²

EC2-1-1, 6.8.6 (1)과 EC2-2/NA, (NDP) 6.8.6 (1)

지간 중앙에서 등가손상 응력변동 값은 다음과 같다.

EC2-2/NA, 부록 NA.NN.2: (102)P (NA.NN.1)식

철근 $\Delta\sigma_{s.equ}$ = 144 · 28.4 = **40.9 MN/m²**

강선 $\Delta\sigma_{p,equ}$ = 1.62 · 13 = **21.1 MN/m²**

등가손상 응력변동값은 작용하고 있는 교통하중에 의한 응력변동 spectrum과 같은 손상을 유발하는 응력 spectrum에서 N^* 응력 cycle의 응력변동 값이다.

EC2에서 철근, 강선과 이음부에 대한 피로검토는 다음 조건을 만족해야 한다.

$$\gamma_{F,fat} \cdot \Delta\sigma_{s,equ}(N^*) \le \Delta\sigma_{Rsk}(N^*) / \gamma_{S,fat}$$

EC2-1-1, 6.8.5: (3) (6.71)식

여기서:

$\Delta\sigma_{Rsk}(N^*)$ EC2-2/NA, NCI 6.8.4 (1)에 따른 강선과 철근의 S-N 곡선에서 N^*cycle에서 응력변동 값

$\gamma_{F,fat}$ = 1.0

$\gamma_{S,fat}$ = 1.15

EC2-2/NA, (NDP) 2.4.2.3 (1)
EC2-1-1, 2.4.2.4 (1):
피로검토에서 $\gamma_{C,fat}$와 $\gamma_{S,fat}$ 값은 표 2.1DE의 고정하중 및 준고정하중 설계 상황에 대한 값을 사용한다.

$\Delta\sigma_{Rsk}(N^*)$ = 175 MN/m² 철근

$\Delta\sigma_{Rsk}(N^*)$ = 120 MN/m² 금속 쉬스 내의 곡선배치 강선

$\Delta\sigma_{Rsk}(N^*)$ = 80 MN/m² 커플러(공식 허가된 제품)

EC2-2/NA, (NCI) 6.8.4 (1), 표 6.3DE
EC2-2/NA, (NCI) 6.8.4 (1), 표 6.4DE
(Class 1) → 해당되는 강선 → 일반적인 건설허가[28]를 얻은 경우에 유효하다.

철근에 대해 검토하면:

1.0 · 40.9 MN/m² < 175 / 1.15 = 152 MN/m²
→ 검토를 만족한다!

강선에 대해 검토하면:

1.0 · 21.1 MN/m² < 120 / 1.15 = 104 MN/m²

역자주 28 예를 들어서 ETA(European Technical Approvement)를 말한다.

→ 검토를 만족한다!

커플러에 대해 검토하면:

$M_0 = 107 - 53 + 1077 + 0.6 \cdot 2611 + 1.1 \cdot 5954 \cdot (1 - 0.117)$
$\quad - 0.75 \cdot 5300 \cdot (1 - 0.117)$
$\quad = 4970$ kNm

$M_{min} = 4970 + 140 \cdot (-628) \qquad = 4090$ kNm

$M_{max} = 4970 + 1.40 \cdot 709 \qquad = 5962$ kNm

$N_p = 0.75 \cdot (-17970\ \text{kN}) \cdot (1 - 0.117) \qquad = -11900$ kN

EC2-2/NA, (NCI) 6.8.3 (1)P:
커플러 위치를 검토할 때는 프리스트레스의 정정구조 부분을 0.75배 하여 계산한다.

$M_{Pm0,\,dir} = 654 - 5954 = -5300$ kNm
프리스트레스 손실 11.7%, 4.4절 참조

압축영역의 높이는 530 mm이다. 아래쪽 철근 단면적은 34.6 cm^{2}이다. 단면의 변형분포는 다음의 값으로 구한다.

단면 윗면에서 강선까지 거리는 295 mm + 543 mm = 838 mm이다. 커플러는 588 mm위치에, 연속 배치된 강선은 1088 mm 위치에 배치된다.

$\epsilon_{top} = -0.353‰$

$\epsilon_{bot} = 0.610‰$

커플러 이음 부분의 강선응력증분은:

$\Delta\sigma_p = 4.2$ MN/m^2

이음 없이 배치된 강선응력증분:

$\Delta\sigma_p = 69.0$ MN/m^2

최소모멘트 값 4090 kNm에 대해서 응력증분 값은 $\Delta\sigma_p = -17$ MN/m^{2}와 $\Delta\sigma_p = +9$ MN/m^{2}이다.
따라서 커플러 이음 부분의 응력변동 값은:

$\Delta\sigma_{p,\,equ} = 1.62 \cdot (4.2 + 17)$
$\quad$ **= 34.3 MN/m²**
$\quad < 80 / 1.15 = 70$ MN/m

이음 없이 배치된 강선의 응력변동 값은:

$\Delta\sigma_{p,\,equ} = 1.62 \cdot (69 - 9)$
$\quad$ **= 97.2 MN/m²**
$\quad < 120 / 1.15 = 104$ MN/m

→ 따라서 휨응력에 대한 검토를 만족한다.

6.5.3 전단력

전단철근에 대한 피로검토는 피로하중모델 ELM3로 계산한 전단력과 비틀림 모멘트에 대해 수행한다.

EC2-2/NA, 부록 NA.NN.2: (101)P
중간지점의 검토에서 하중계수는 1.75로 한다.

$\max\Delta V_{z,ELM3} = 1.75 \cdot 419 = 733\ \text{kN}$

$\min\Delta V_{z,ELM3} = 1.75 \cdot (-25) = -44\ \text{kN}$

$V_{z,Fat} = (\max\Delta V_{z,ELM3} - \min\Delta V_{z,ELM3}) = 777\ \text{kN}$

비틀림 모멘트의 변동값은 하중모델의 최대 변동값으로 계산한다.

$\max\Delta T_{ELM3} = 1.75 \cdot 205 = 358\ \text{kNm}$

$\min\Delta T_{ELM3} = 1.75 \cdot (-260) = -455\ \text{kNm}$

$T_{Fat} = MAX\{|\max\Delta V_{z,ELM3}|;|\min\Delta V_{z,ELM3}|\} = 455\ \text{kNm}$

전단/비틀림 설계에서 트러스 사압축대의 경사각은 피로검토의 트러스모델에 따라 계산한다.

EC2-1-1, 6.8.2: (3) (6.65)식 변환

$$\cot\theta_{fat} = \sqrt{\cot\theta} = \sqrt{1.68} = 1.30$$

Note: 참고문헌[8]에서 *Teworte/Hegger* (2013)는 다음과 같이 제안하였다. 단면 폭이 변하는 I형 프리스트레스트 콘크리트 단면에서 전단철근비가 높지 않다면, 피로검토에서 전단철근을 배근하기 위해(초과하중을 제한하기 위해) 정적 강도한계상태 설계의 사압축대 경사각 θ를 바꾸지 않고 쓴다. 따라서 사압축대 경사각을 $\tan\theta_{fat} = (\tan\theta)^{0.5}$로 크게 하는 것은 매우 안전 측의 설계가 된다.

선택한 전단/비틀림 철근은 스터럽 $\phi16/100$ mm $+\ \phi16/125$ mm$(2 \cdot 20.0\ \text{cm}^2/\text{m} + 2 \cdot 16.0\ \text{cm}^2/\text{m})$로 철근 굽힘직경은 적어도 $D = 4\phi$로 한다.

6.4.2절 참조

EC2-2/NA, (NDP) 8.3: (2), 표 8.101DE

복부 한쪽 면의 응력 변동값을 계산하면:

내력의 팔길이 z는 6.2절의 휨설계 참조

$$\begin{aligned}
\Delta\sigma_{s,equ}(N^*) &= \gamma_s \cdot [V_{z,Fat}/(2z \cdot \cot\theta_{fat} \cdot A_{sw}/s_w) \\
&\quad + T_{Fat}/(2A_k \cdot T\cot\theta_{fat} \cdot A_{sw}/s_w)] \\
&= 1.44 \cdot [777\ \text{kN}/(2 \cdot 1.061\ \text{m} \cdot 1.30 \cdot 36.0\ \text{cm}^2/\text{m}) \\
&\quad + 455\ \text{kNm}/(2 \cdot 2.63\text{m}^2 \cdot 1.30 \cdot 36.0\text{cm}^2/\text{m})] \\
&= 1.44 \cdot [777\ \text{kN}/99.3\ \text{cm}^2 + 455\ \text{kNm}/246.2\ \text{cm}^2/\text{m}] \\
&= 144 \cdot [7.82\ \text{kN/cm}^2 + 1.84\ \text{kN/cm}^2] = 13.9\ \text{kN/cm}^2 \\
&= \mathbf{139\ MN/m^2}
\end{aligned}$$

EC2에 따른 철근 스터럽의 피로검토는 다음 조건을 만족해야 한다.

EC2-1-1, 6.8.5: (3) (6.71)식

$$\gamma_{F,fat} \cdot \Delta\sigma_{s,equ}(N^*) \le \Delta\sigma_{Rsk}(N^*)/\gamma_{S,fat}$$

여기서 철근-스터럽의 피로검토는 다음 조건을 만족해야 한다.

EC2-1-1/NA, (NDP) 6.8.4, 표 6.3DE, 주석a) 참조

$$\Delta\sigma_{Rsk}(N^*) = \zeta_1 \cdot 175\ \mathrm{MN/m^2}$$
$$= (0.35 + 0.026 \cdot \mathrm{D} / \phi) \cdot 175\ \mathrm{MN/m^2}$$
$$= (0.35 + 0.026 \cdot 4) \cdot 175\ \mathrm{MN/m^2}$$
$$= 79.5\ \mathrm{MN/m^2}$$

감소값으로 계산하면 검토조건을 만족하지 못한다.

그러나 $\phi \leq 16$ mm, 스터럽 높이 ≥ 600 mm의 90° 스터럽에 대해서는 감소계수 ζ_1을 사용하지 않아도 된다. 따라서 선택한 철근에 대한 검토를 만족한다.

EC2-1-1/NA, (NCI) 6.8.4, 표 6.3DE, 주석b) 참조

$$\rightarrow \mathbf{1.0 \cdot 139\ MN/m^2 < 175\ MN/m^2 / 1.15 = 152\ MN/m^2}$$

EC2-1-1, 6.8.5: (3) (6.71)식

7. 배근도

스터럽의 위쪽 가지가 횡철근과 같은 위치에 있다(그림에서는 차이가 나게 표시하였다).

지점단면

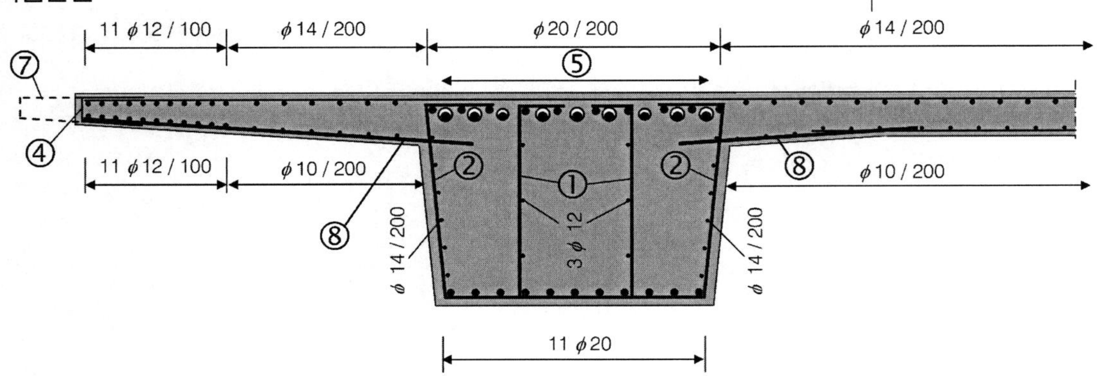

지간단면

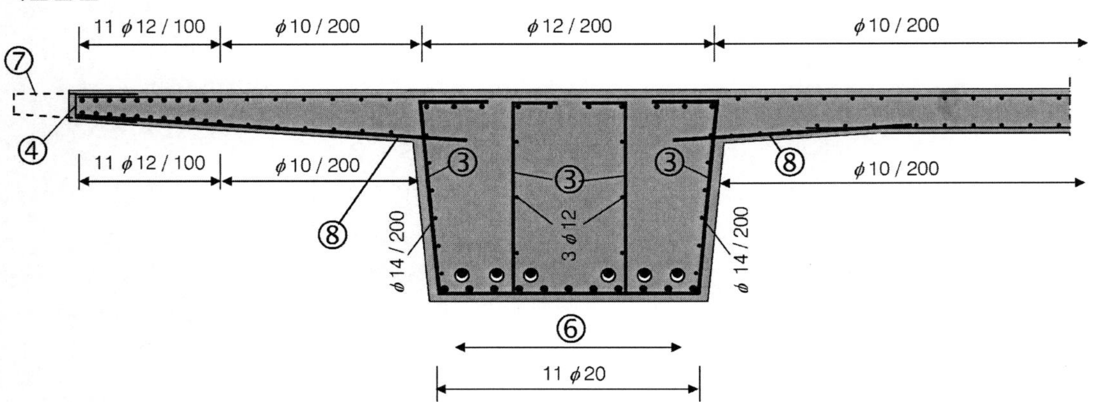

① 스터럽 ϕ16 / 125 mm
② 스터럽 ϕ16 / 100 mm
③ 스터럽 ϕ16 / 2005 mm
④ 마무리 스터럽 ϕ12 / 400 mm
⑤ 9개 강선, Typ 1(19 강연선)
⑥ 6개 강선, Typ 1(19 강연선)
⑦ BMVBS[29] 건설표준도면의 보도부 연결 철근
⑧ 플랜지 결합 철근. 하부 ϕ14 / 200 mm (상부 철근은 횡철근이 결정값)

부재: 예제 13: T형 거더 교량		
콘크리트 강도 등급과 노출등급: C35/45 XC4, XD1, XF2, WA		철근 ― 강선의 강종 B500B－St 1570/1770
특별 요구사항:		강선 긴장방법 허가번호:
콘크리트 피복두께: 스터럽	사용 피복두께 C_v: 45 mm	배근 도면번호

역자주 29 BMVBS(Bundesministerium für Verkehr, Bau und Stadtentwicklung: Federal Ministry of Transport, Building and Urban Affairs). 현재는 BMVI(Bundesministerium für Verkehr und digitale Infrastruktur: Federal Ministry of Transport and Digital Infrastructure)이다. 건설표준도면(Richtzeichnung)은 bast(Bundesanstalt für Straßenwesen)에서 RiZ-ING(Richtzeichnungen für Ingenieurbauten)으로 검색하여 찾을 수 있다.

예제 14 : 프리캐스트 프리스트레스트 콘크리트 합성 교량

차례

예제 14 : 프리캐스트 프리스트레스트 콘크리트 합성 교량

과제 개요

국제공항의 활주로 교량[1]의 양쪽에 가설하는 부속교량을 설계하라. 교량은 공항의 서비스차량과 구조차량을 위해 쓰이는데, 6차선의 고속도로를 가로지른다. 고속도로는 2개로 나눠진 주행차선과 1개의 공항터미널로 가는 접속도로로 구성된다. 고속도로와 교량의 교차각은 90°이다.

교차하는 차선을 가로지르는 3개의 T형 거더로 이루어진 단면의 3경간 연속 프리스트레스트 콘크리트 교량을 가설하여 차량통행공간을 확보한다. 각 지간장을 2×29.5 m+22.75 m로 하며 구조물의 총 길이는 81.75 m이다. 교량의 상부구조는 각 지간마다 3개의 프리캐스트 프리스트레스트 콘크리트 부재로 구성한다. 프리캐스트 부재는 높이 1.28 m이며 단면 중앙에서 220 mm 두께의 현장타설 콘크리트 바닥판과 합성한다.

교각과 교대에 큰 크기의 현장타설 콘크리트 가로보를 설치하여 연속보로 거동한다. 프리캐스트 부재는 길이방향으로 강연선 부착 포스트텐션방식의 프리스트레스트 콘크리트 부재다. 지점의 가로보와 횡방향의 상부구조는 철근 콘크리트 부재다.
이 과제에서는 교량의 길이방향만 설계한다. 이를 위해 유럽설계기준 DIN EN 1990~DIN EN 1992에 따라 검토한다.

교량에 대해서는 특히 다음 기준을 적용한다.

유럽설계기준과 해당 국가별 부록(NA):

DIN EN 1990:	구조 설계의 기본사항
DIN EN 1991-1-1:	무게, 자중, 건물 사용하중
DIN EN 1991-1-4:	풍하중
DIN EN 1991-1-5:	온도하중
DIN EN 1991-1-7:	사고하중
DIN EN 1991-2:	교량의 차량하중
DIN EN 1992-1-1:	일반 설계원칙

다음 규정에 따라 설계한다.
[E9] EC0: 구조설계의 기본사항
[E10] EC0/NA
[E11] EC1-1-1: 자중과 사용하중
[E12] EC1-1-1/NA
[E17] EC1-1-4: 풍하중
[E18] EC1-1-4/NA
[E19] EC1-1-5: 온도하중
[E20] EC1-1-5/NA
[E21] EC1-1-7: 사고하중
[E22] EC1-1-7/NA
[E23] EC1-2: 교량의 차량하중
[E24] EC1-2/NA
[E1] EC2-1-1: 철근 및 프리스트레스트 콘크리트 - 설계의 일반원칙
[E2] EC2-1-1/NA
[E5] EC2-2: - 콘크리트 교량
[E6] EC2-2/NA

참고자료:
DIN-규정 핸드북 (Beuth 출판사):
- Eurocode 1: 하중 - 3권: 교량하중
- Eurocode 2: 콘크리트 구조 – 2권: 콘크리트 교량

Eurocode에 대한 주해 참조: *www.nabau.din.de*

Eurocode에 대한 보충설명:
규정에서 기호는 다음을 뜻한다.
(1)P 총괄규정 → 원칙(Principle)
(1) 원칙을 만족하는 적용 규정

국가별 부록(National Annex)의 약자
NDP Nationally Determined Parameter
NCI Nationally Complementary Information

역자 주 1 이 예제의 교량은 활주로 교량이 아니다. 대표적인 활주로 교량으로 프랑크푸르트 국제공항의 활주로 교량이 있다. 사용용도에 따라 교량을 분류한 다음 site를 참조하라.
https://de.wikipedia.org/wiki/Technische_Einteilung_von_Brücken

DIN EN 1992-2: 콘크리트 교량

BMVBS ARS 22/2012의 도로구조 일반회람(2012.11.26): 시행일 2013.5.1.부터 모든 신규 공사에서 유럽설계기준으로 전환한다.

[1] ARS 22*2012, BMVBS

EC1-2는 민간 차량하중만에 대한 것이다. 군사 하중은 Nato-표준협정 STANAG 2021이 유효하다. 군사하중은 바퀴와 궤도 차량에 대해 진동계수를 고려해야 한다[1].

STANAG 2021에 따른 MLC 하중에 대한 설계는 이 예제에서 다루지 않는다.

MLC-하중(군사하중등급 military load class): 군사차량하중의 약자
STANAG: Nato의 표준협정(standardization agreement)
[1] ARS 22/2012, EC1-2에 대한 첨부문건 3 (1) 군사하중등급에서 고려하는 진동계수
진동계수 $\varphi = 1.4 - 0.008 \cdot l_\varphi \geq 1.0$
여기서 $\varphi \leq 1.25$ 바퀴차량
$\varphi \leq 1.1$ 궤도차량
l_φ – 결정길이[m]

1. 구조계, 단면, 재료

1.1 구조계, 기하제원

길이방향으로 교량은 3경간 연속이며 총 길이 $L = 81.75$ m이다.

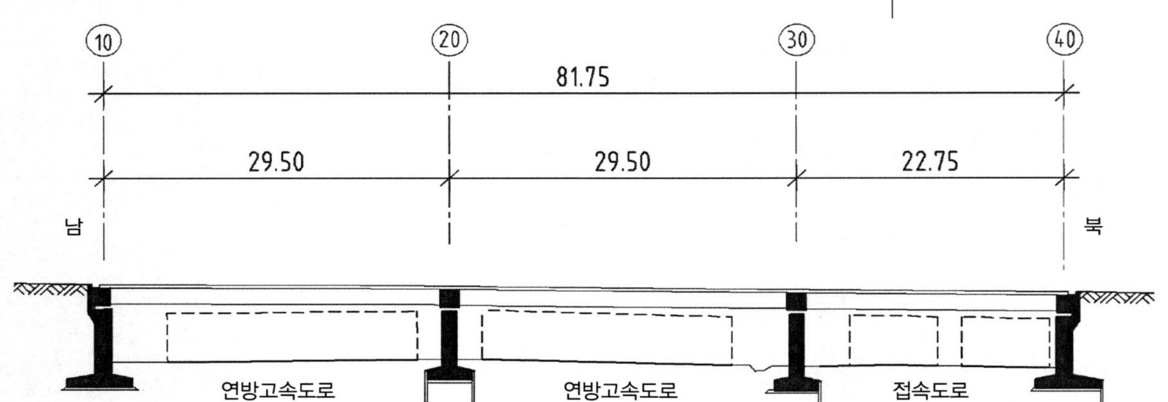

그림 1: 종단도

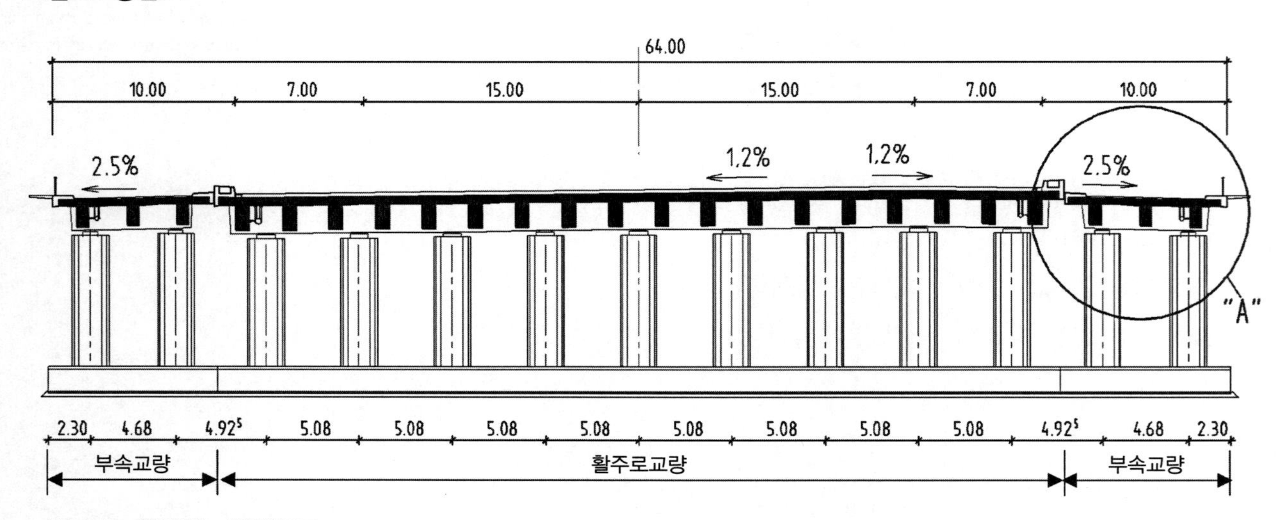

그림 2.1: 횡단면 – 전체구조

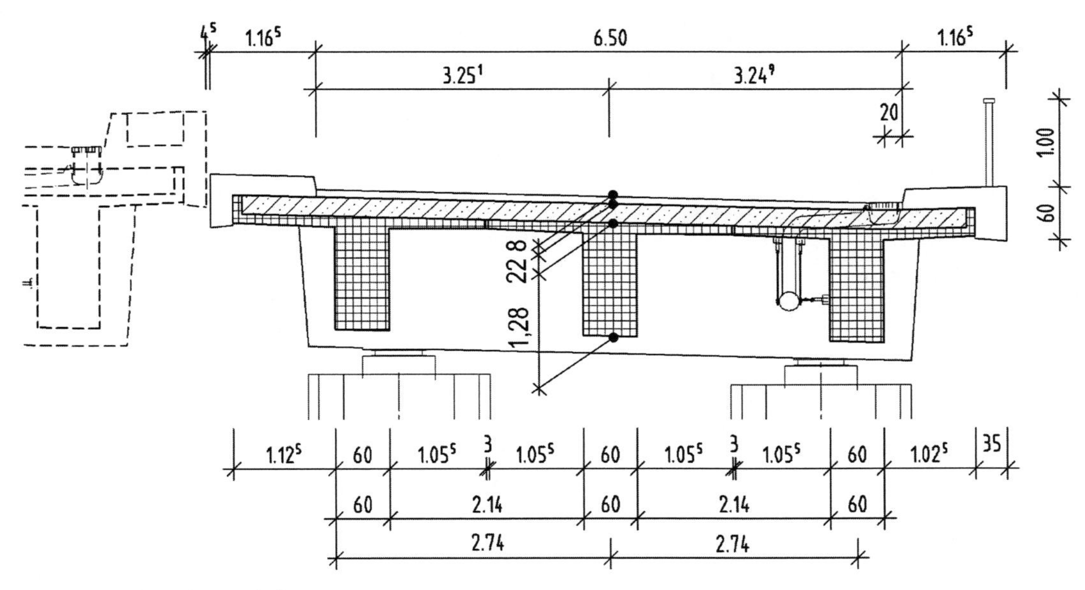

그림 2.2: 횡단면 – A상세

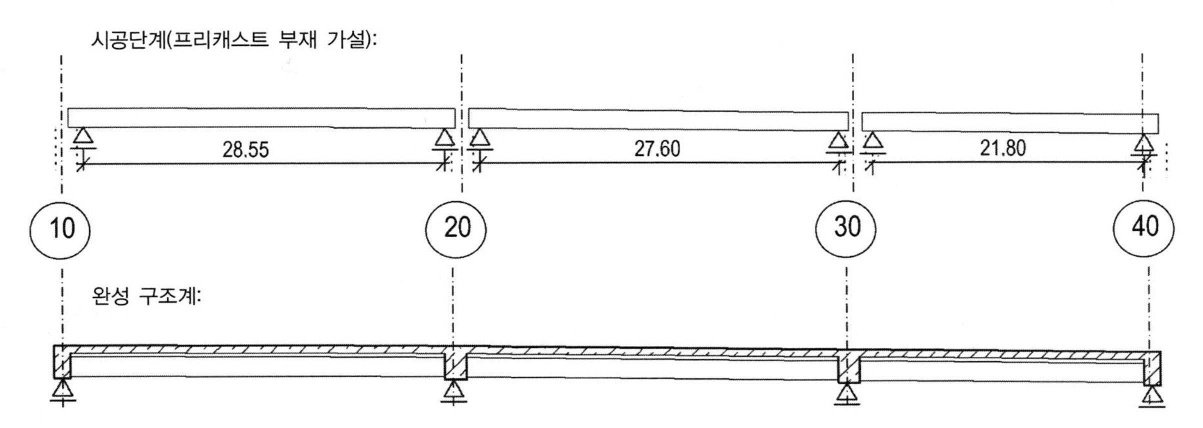

그림 3: 가설단계와 단면

상부구조는 프리캐스트 프리스트레트스 콘크리트 부재와 현장타설 콘크리트로 가설된다.

시공단계에서 프리캐스트 부재는 단지간 보로 검토한다.

시간이 지나면 여기에 '3지간 부재'에 대한 크리프에 의한 단면력 재분배가 일어난다(그림 3).

구조계의 단면력의 재분배는 예를 들어 Trost/Wolff[4] 또는 Kupfer[9]의 방법으로 간단하게 계산할 수 있다. 이들에 따라 재분배계수 $\kappa_N = 0.75$로 계산한다.[2]

[4] *Trost/Wolff*: 단계별로 시공되는 프리스트레스트 콘크리트 부재 응력의 근사계산, Bauingenieur 45(1970)

[9] *Kupfer*: 프리스트레스트 콘크리트 부재의 설계 – 부분 프리스트레스트를 포함하여. BK 1991/I

역자 주 2 프리스트레스트 콘크리트 부재의 크리프에 의한 단면력 재분배에 관해서는 [A1]을 참조하라.

사용한계상태의 검토에서 상부구조는 표 7.101DE의 요구조건, '프리스트레스트 콘크리트 상부구조–부착강선 포스트텐션 공법 또는 혼합공법'을 적용한다. 지점단면과 횡방향 부재는 긴장하지 않으므로 '일반 철근 콘크리트 부재'의 요구조건을 적용한다.

EC2-2/NA, (NDP) 7.3.1: (105) 표.101DE
지점단면에는 강선이 배치되지 않았다.

1.2 최소강도등급, 피복두께

EC2-1-1, 4: 내구성과 콘크리트 피복 두께
EC2-1-1, (NCI) 4.2: 표 4.1: 환경조건에 따른 노출등급

환경조건: 실외 부재

철근 부식에 대한 노출등급
탄산화에 대한 노출등급: → XC4
염화물에 대한 노출등급: → XD1

EC2-1-1, 표 4.1: 노출등급은 다음도 참조 [2] ZTV-ING, 3부, 1편, 4장. 부분적으로 다르다(예를 들어 min c)

콘크리트 내구성에 대한 노출등급
제빙제를 쓰는 경우의 동결융해작용: → XF2
공기연행제를 쓰지 않는 콘크리트의 최소강도: → C30/37[2]

연방도로의 모든 구조물의 습도등급은 WA로 한다. → WA[2]

[2] ZTV-ING에 따라 상부구조:
XC 4 습윤과 건조가 반복(비를 직접 맞는 실외 부재)
XD 1 보통 습도(차량통행면에서 물이 튀는 영역의 부재)
XF 2 보통정도의 침수, 제빙제를 쓰는 경우
WA 장기적인 알칼리 침투
→ [2] ZTV-ING, 3부, 3편,1(3)

여기서 화학적 침투와 마모에 대한 노출등급은 주어지지 않았다.

선택:
프리캐스트 부재 C/45/55 XC4, XD1, XF2, WA E_{cm} = 36,000 MN/m²
현장타설 콘크리트 C/35/45 XC4, XD1, XF2, WA E_{cm} = 34,000 MN/m²

노출등급은 주어진 것으로 한다(콘크리트 시공에서 중요하다).
탄성계수는 콘크리트 특성치로 정한다.

피복두께

EC2-2/NA, (NDP) 4.4.1.2: (5) 표 4.3.1 DE

철근:
→ 최소 피복두께 $c_{\min,\text{dur}}$ = 40 mm
+ 허용오차 Δc_{dev} = 5 mm
= 공칭피복두께 c_{nom} **= 45 mm**

EC2-2/NA에서는 피복두께를 노출등급과 무관하게 부재에 따라서 정한다(EC2-1-1과 다르다). EC2-1-1에 비하여 허용오차를 작게 하는데, 이는 시공의 품질관리가 엄격하기 때문이다.

강선부착 포스트텐션 부재의 $c_{\min,\text{dur}} \geq 50$ mm
덕트 $c_{\min,\text{b}} = \phi_{duct} \leq 80$ mm
(대략 ϕ_{duct} = 87 mm): + 허용오차 Δc_{dev} = 5 mm

→ 덕트의 피복두께: c_{nom} = 80 + 5 = **85 mm**

EC2-2/NA, (NDP) 4.4.1.2: (3)

첨자 duct는 덕트를 뜻한다.
일반적인 건설허가 사항에 따를 것을 권장한다. 최대 15개의 강연선으로 이루어진 긴장재 선택→4.1절 참조

1.3 재료

콘크리트	f_{ck}	$=45$ MN/m²	EC2-1-1, 표 3.1
프리캐스트 부재	강도한계상태에서 설계값:		EC2-2/NA, (NDP) 3.1.6: (101)P α_{cc} EC2-2/NA, (NDP) 2.4.2.4: (1) 표 2.1DE γ_C
C45/55	f_{cd}	$=\alpha_{cc} \cdot f_{ck} / \gamma_C = 0.85 \cdot 45 / 1.5 = 25.5$ MN/m²	
	E_{cm}	$=36{,}000$ MN/m²	EC2-1-1, 표 3.1
	f_{ctm}	$=3.8$ MN/m²	EC2-1-1, 표 3.1
현장타설콘크리트	f_{ck}	$=35$ MN/m²	EC2-1-1, 표 3.1
C35/45	f_{cd}	$=0.85 \cdot 35 / 1.5 = 19.8$ MN/m²	EC2-2/NA, (NDP) 3.1.6: (101)P α_{cc} EC2-2/NA, (NDP) 2.4.2.4: (1) 표 2.1DE γ_C
	E_{cm}	$=34{,}000$ MN/m²	EC2-1-1, 표 3.1
	f_{ctm}	$=3.2$ MN/m²	
철근	f_{yk}	$=500$ MN/m²	EC2-2/NA, (NCI) 3.2.2: (3)P 교량 상부구조에는 고연성 철근만 쓴다.
B500B(고연성)	$f_{tk,\,cal}$	$=525$ MN/m²	EC2-2/NA, (NDP) 3.2.7 (2)
	($\epsilon_{ud}=0.025$에 대한 계산 인장강도)		EC2-2/NA, (NDP) 2.4.2.4: (1) 표 2.1DE γ_S EC2-1-1, 3.2.7: (4)
	f_{yd}	$=f_{yk} / \gamma_S = 500 / 1.15 = 435$ MN/m²	
	E_s	$=200{,}000$ MN/m²	EC2-1-1. 3.3과 EC2-2/NA, 3.3과 일반적인 건설허가
강선	$f_{p0.1k}$	$=1{,}500$ MN/m²	
강연선 St1570/1770	f_{pk}	$=1{,}770$ MN/m²	EC2-2/NA, (NDP) 2.4.2.4: (1) 표 2.1DE γ_S
	f_{pd}	$=f_{p0.1k} / \gamma_S = 1{,}500 / 1.15 = 1{,}304$ MN/m²	EC2-1-1, 3.3.6: (3)
	E_p	$=195{,}000$ MN/m²	

1.4 단면계수

이 예제의 3.2절에서 자세히 설명한 것과 같이 상부구조의 격자 구조계에 대해 단면력을 산정한다. 격자 구조계는 프리캐스트 부재와 현장타설 콘크리트 합성의 3개의 거더과 횡방향 부재인 가로보로 구성된다. 바닥판은 평면 부재로 대치된다(그림 8).

단면력 산정과 설계를 위해서 거더는 플랜지 유효폭으로 계산한 합성 T형 단면으로 고려한다. (EC2-1-1, 5.3.2.1)

$$b_{eff} = \sum b_{eff,\,i} + b_w \le b$$ (EC2-1-1, 5.3.2.1: (3) (5.7)식)

여기서

$$b_{eff,\,i} = \min\{0.2b_i + 0.1l_0\,;\, 0.2l_0\,;\, b_i\}$$ (EC2-1-1, 5.3.2.1: (3) (5.7a)식과 (5.7b)식)

표 1.4-1: 플랜지 유효폭의 계산

	l_{eff}[m]	l_0[m]	b_w[m]	b_1[m]	b_2[m]	$b_{eff,1}$[m]	$b_{eff,2}$[m]	b_{eff}[m]
내부 부재								
단지간 1	29.50	25.08	0.60	1.07	1.07	2.72	2.72	2.74
내부지점 A20		8.85	0.60	1.07	1.07	1.10	1.10	2.74
내부지간 2	29.50	20.65	0.60	1.07	1.07	2.28	2.28	2.74
내부지점 A30		7.84	0.60	1.07	1.07	1.00	1.00	2.60
단지간 3	22.75	19.34	0.60	1.07	1.07	2.15	2.15	2.74
단부 부재								
단지간 1	29.50	25.08	0.60	1.025	1.07	2.71	2.72	2.695
내부지점 A20		8.85	0.60	1.025	1.07	1.09	1.10	2.695
내부지간 2	29.50	20.65	0.60	1.025	1.07	2.27	2.28	2.695
내부지점 A30		7.84	0.60	1.025	1.07	0.99	1.00	2.590
단지간 3	22.75	19.34	0.60	1.025	1.07	2.14	2.15	2.695

플랜지 유효폭과 유효지간의 정의: EC2-1-1, 그림 5.2와 5.3

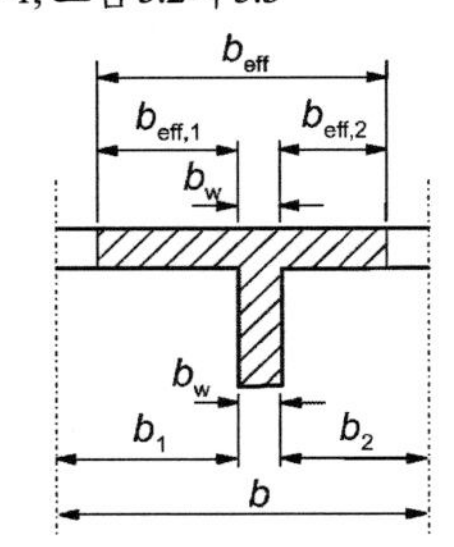

프리스트레스는 총단면 중심선에 대하여 계산한다. 응력 검토 시에 시공단계에서 프리스트레스에 의한 단면력은 프리캐스트 부재 순단면의 단면 중심에 대해 계산하고, 합성 부재에 대해서는 환산 단면의 단면 중심에 대해 계산한다.

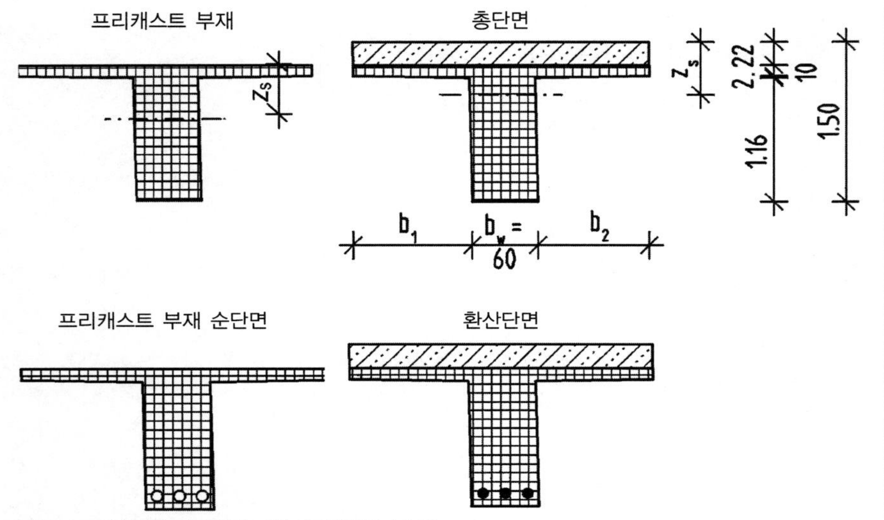

그림 4: 총단면, 순단면, 환산단면의 표시

설계는 근사적으로 대칭 단면으로 보고 길이방향 부재(단부 부재 3)에 대해 수행한다. 해당 부재의 단면계수는 표 1.4-2에 정리하였다.

표 1.4-2: 설계단면(단부 부재 3)의 단면계수

	총단면	환산단면	일체거동 30번 축	프리캐스트 부재 총단면	프리캐스트 부재 순단면
A_c[m²]	1.555	1.579	1.522	0.998	0.981
z_s[m]	0.505	0.522	0.512	0.505	0.494
I_y[m⁴]	0.3232	0.3238	0.2990	0.1657	0.1586
$W_{c,top}$[m³]	−0.6004	−0.6203	−0.5840	−0.3281	−0.3211
$W_{c,bot}$[m³]	0.3047	0.3311	0.3026	0.2138	0.2018

EC2-2/NA, (NCI) 6.1: (NA.111)
단면폭이 변하는 부재(T형단면, Box단면)의 강도검토에서 횡방향 철근과 콘크리트 사압축대가 작용하여 복부에 대해 횡방향 전단강도가 충분할 때만 압축 플랜지의 유효폭이 일체로 거동한다.

2. 하 중

하중 특성값은 단면력 계산과 이에 따른 강도한계상태 검토와 사용한계상태 검토에 적용된다.

2.1 자중

각 거더의 자중 $g_{k,l}$ $=25\ kN/m^3 \cdot 1.59\ m^2$ $=39.8\ kN/m$ 3

차선 포장의 자중 $g_{k,pv}$ $=(25\ kN/m^3 \cdot 0.08\ m+0.5)$ $=2.5\ kN/m^2$

보도 자중 $g_{k,cs}$ $=25\ kN/m^3 \cdot 0.404\ m^2$ $=10.1\ kN/m$

방호책 자중 $g_{k,gr}$ $=1.0\ kN/m$

EC1-1-1, 부록 A: 표 A.1
EC1-1-1에 대한 ARS 22/2012, 부속서 3:
(2)차선 포장 단위중량 $\gamma \geq 25.0\ kN/m$
(3) 추가 분포하중: $0.5\ kN/m^2$

시공자료

2.2 지점침하

본 교량을 확대기초로 지지할 때 불리한 하중조합에서 지점침하를 지반조사 결과로부터 다음 값으로 한다.

예상 지점침하: $\Delta s_m = 10\ mm$

가능 지점침하: $\Delta s_k = 20\ mm$ (탄성)

지반조사

EC 2-2/NA, (NCI) 2.3.1.3: (1) Note: 강도한계상태에서는 가능 침하, 사용한계상태에서는 예상침하를 고려한다.

EC2-2/NA, (NCI) 2.3.1.3: (NA.103) 강도한계상태에서 상태 II(균열상태)의 강성저하를 고려하여 상태 I(비균열상태)의 강성의 0.6배를 고려한다.

2.3 온도하중

온도하중은 교량 상부구조 Type 3을 적용한다.

상부구조의 설계에서 상부구조가 길이방향으로 탄성지지 될 때 교량 길이방향으로 작용하는 축력이 작으므로, 온도변화의 영향은 무시한다.

대신에 교량의 상면과 하면의 온도 차이는 선형 분포하는 것으로 고려한다.

선형 온도분포는 일반적으로 수직 방향으로만 고려할 필요가 있다.

EC1-1-5, 6.1.1: (1) Type 3: 콘크리트 구조

EC1-1-5/NA, (NDP) 6.1.2: (2) 방법 1을 적용한다.
EC1-1-5, 6.1.4.1(방법 1)

상면이 하면보다 온도가 높을 때 $\Delta T_{M,heat}$ $=15°C$

하면이 상면보다 온도가 높을 때 $\Delta T_{M,cool}$ $=-8°C$

포장(콘크리트) 두께에 따른 보정 d_{used} $=80\ mm$

하면 온도가 높을 때 k_{sur} $=1.0$

상면 온도가 높을 때 k_{sur} $=0.82$

최종 단계에서 선형 온도 차이의 값 $\Delta T_{M,heat}$ $=15°C \cdot 0.82$ $=12.3°C$

$\Delta T_{M,cool}$ $=-8°C \cdot 1.0$ $=-8°C$

EC1-1-5, 6.1.4.1: 표 6.1: 콘크리트구조 - 거더

ARS 22/2012. 부속서 3, EC1-1-5, 표 6.2의 보정역자 미주 1

역자 주 3 다음의 첨자를 사용한다.
l: 거더(longitudinal girder), pv: 포장(pavement), cs: 연석 보도(curbside), gr: 방호책(guard rail)

2.4 차량에 의한 수직하중

DIN EN 1991-2에 따라 상부구조의 길이방향 설계에서는 하중모델 1의 하중그룹 1a(수직하중)을 재하한다. 하중모델 2는 사용하지 않는다.

EC1-2, 4.3과 표 4.4a

EC1-2/NA, (NDP) 4.3.1: (2) Note

하중모델 1은 전체와 부분에 대해서 검토할 수 있다.

EC1-2, 4.3.1: (2)

응급보도에는 면분포하중 3.0 kN/m²을 재하한다. 이 하중에 대한 부분안전계수는 $\gamma_{Q,sup}=1.35$이다.

EC1-2, 표 4.4a, Footnote b와 EC1-2/NA. (NDP) 4.5.1. 표 4.4a
ARS 22/2012, 부속서 2: $\gamma_{Q,sup}$

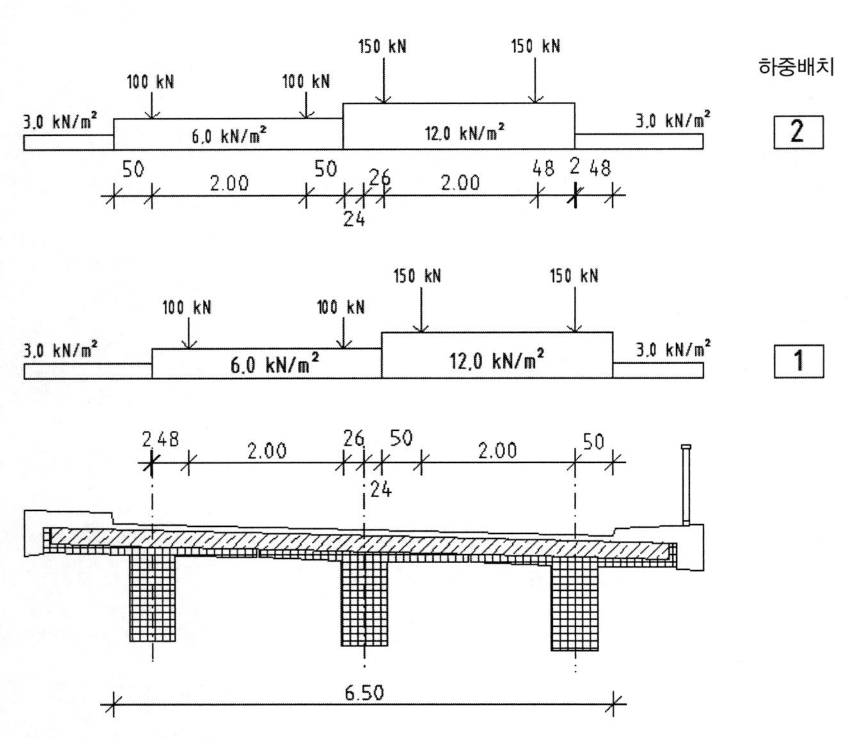

그림 5: 교량 단면에 대한 하중모델 1

하중배치 1은 단부 거더의 최대 단면력을 계산하기 위한 것이다.
하중배치 2는 내부 거더의 최대 단면력을 계산하기 위한 것인데, 이 예제에서는 계산하지 않는다.

그림 5와 같이 하중모델 1은 차축하중 TS(각 차선별로 2번 재하되는 2축 하중)와 등분포 하중(UDL-하중)으로 구성된다. 그림 5에 교량단면에 가능한 차선 배치를 2개 보였다.

EC1-2, 4.3.2: (4) 그림 4.2a

UDL: 단위분포하중

차선폭은 일반적으로 $w_1=3.0$ m로 한다. 2축 하중의 단위하중(차축하중 TS)에서 바퀴하중의 접지면적은 각 변의 길이가 0.4 m인 정사각형으로 한다.

EC1-2, 4.2.3: (2) 표 4.1
EC1-2, 4.3.2: (1)과 그림 4.2b
바퀴작용면적은 여기서 고려하지 않는다 (집중하중).

이 예제에서 차선폭은 연석 사이의 간격이다. 연석 높이의 최소값은 75 mm이다.

EC1-2, 4.2.3: (1)
EC1-2/NA, (NDP) 4.2.3 (1)

$$w=6.5\text{ m}$$

$w>6.0$ m이므로 단위 차선폭을 $w_1=3.0$ m로 할 때 차선 수는 차선폭을 단위차선폭으로 나눈 $w/3$에 가장 가까운 작은 정수이다.

EC1-2, 4.2.3: (2) 표 4.1

$$n_1 = \mathrm{Int}(w/3) = 2$$

→ 계산상 여유면적: $R = w - n_1 \cdot 3.0 = 0.5\ \mathrm{m}$

계산상 차선 위치는 각 경우의 검토에서 가장 불리하게 결정한다.
이는 하중모델에서도 같다.

하중	차선		
	$i=1$	$i=2$	$i=3$
$\alpha_{Qi} \cdot Q_{li}$ 차축하중 TS	$=1.0 \cdot 300$ $=300\ \mathrm{kN}$	$=1.0 \cdot 200$ $=200\ \mathrm{kN}$	$=1.0 \cdot 100$ $=100\ \mathrm{kN}$
$\alpha_{qi} \cdot q_{ik}$ 등분포하중 UDL	$=1.33 \cdot 9.0$ $=12\ \mathrm{kN/m^2}$	$=2.4 \cdot 2.5$ $=6\ \mathrm{kN/m^2}$	$=1.2 \cdot 2.5$ $=3\ \mathrm{kN/m^2}$

EC1-2, 4.3.2. 표 4.2와 EC1-2/NA, (NDP) 4.3.2 (3)

이 예제에서 차선 3은 없다.

여유면적: $\alpha_{qr} \cdot q_{rk} = 1.2 \cdot 2.5 = 3\ \mathrm{kN/m^2}$
동적 증가계수는 하중에 이미 포함되었다.

EC1-2, 4.3.2 (4)

2.5 피로하중모델

EC1-2, 4.6

피로계산을 위한 하중모델로 피로하중모델 3을 택한다. NA에서는 피로하중모델 1, 2와 5는 쓰지 않는다. 피로하중모델 4는 특별한 경우와 관계당국의 결정과 허가에 따라서만 사용한다.

EC1-2/NA, (NDP) 4.6.1: (2) Note 2

이 부속교량은 2차선과 화물차 혼입률이 낮은 간선도로로 간주한다.
화물차 대수: $N_{obs} = 0.125 \cdot 10^6$

ARS 22/2012, EC1-2의 부속서 3: 차선당 화물차 대수는 RAS Q와 RAA[4]에 따른 규정단면에 따라 다르다.
EC1-2, 4.6.1: (3) 표 4.5

교량 신축이음 근처(< 6.0 m)에서는 이음부에서 설계단면까지 떨어진 거리 D에 따라 추가의 증가계수 φ_{fat}를 적용해야 한다.

EC 1-2, 4.6.1: (6) 그림 4.7

$$\Delta\varphi_{fat} = 1 + 0.30 \cdot \left(1 - \frac{D}{6}\right) \geq 1$$

EC1-2/NA, (NDP) 4.6.1: (6). (4.7)식

여기서 사용하는 피로하중모델 3은 2개의 2축 바퀴하중이 6.0 m 간격으로 배치되는 것으로 차선 중앙에 위치한다.
차축하중: $Q_{ELM3} = 120\ \mathrm{kN}$

EC1-2, 4.6.4 (1)

역자주 4 RAS는 도로 시설물 규정(Richtlinien für die Anlage von Straßen), RAA는 고속도로 시설물 규정(Richtlinien für die Anlage von Autobahnen)을 뜻한다. Q는 단면(Querschnitt)의 약자이다.

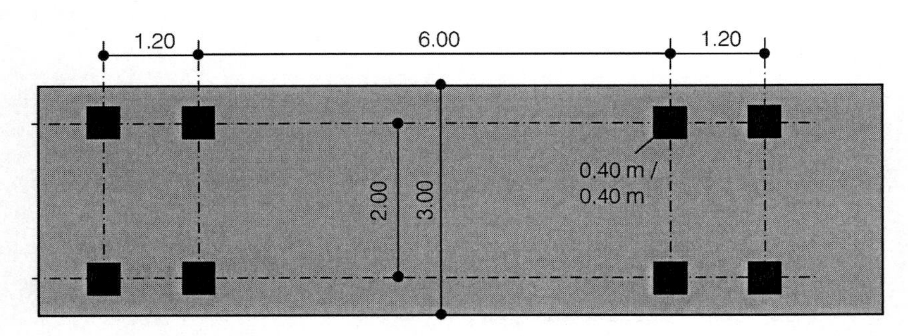

그림 6: 피로하중모델 3

설계에서 유럽설계기준에 따른 λ값을 피로검토에 적용하면, 같은 차선에 추가의 차량을 재하할 수 없다.

EC1-2, 4.6.4: (1) 그림 4.8

EC1-2/NA, (NDP) 4.6.4: (3) Note

2.6 풍하중

EC1-1-4/NA, 부록 NA.N: 교량의 풍하중 x-방향(횡방향) 풍하중을 정하기 위한 간이 계산법

수직 부재거동에서는 풍하중을 무시한다.

3. 단면력 산정

3.1 시공단계(프리캐스트 부재)

시공과 가설단계에서 프리캐스트 부재(한 개의 T형보)는 프리캐스트 부재끼리는 결합하지 않고 보조 지지장치로 고정한다. 이에 따라 프리캐스트 부재는 단지간보로 거동한다(그림 3 참조).

지간 최대 모멘트는 가설단계의 지간에 따라 정해진다.

최대 휨모멘트는 프리캐스트 부재의 자중, 현장타설 콘크리트 추가 부분과 프리스트레스에 의해 정해진다. 프리캐스트 부재는 순 단면적이 약 0.98 m^{2}이며 현장 콘크리트 추가 부분은 $2.695 \cdot 0.22 = 0.593$ m^{2}이다.

표 3.1-1: 시공단계의 단면력[5]

지간장은 그림 3 참조

지간	지간장	프리캐스트 부재 자중		현장타설 콘크리트 추가하중	
		$A_{net,PC}$	$M_{g,PC}$	A_{Inst}	$M_{g,Inst}$
	[m]	[m^2]	[kNm]	[m^2]	[kNm,]
1	28.55	0.98	2542	0.593	1510
2	27.60	0.98	2370	0.593	1411
3	21.80	0.98	1483	0.593	881

역자주 5 첨자 PC는 프리캐스트 콘크리트(Precast concrete), $Inst$는 현장타설 콘크리트(in situ concrete)를 뜻한다.

프리스트레스에 의한 모멘트는 각 강선이 순 단면의 단면 중심에서 떨어진 거리에 따라 정해진다.
평균 강선응력은 강선에 따라 1,240 MN/m²에서 1,265 MN/m² 사이의 값으로 가정한다. 이 가정은 4.3절에서 설명한다.

강선배치는 4.2절 참조

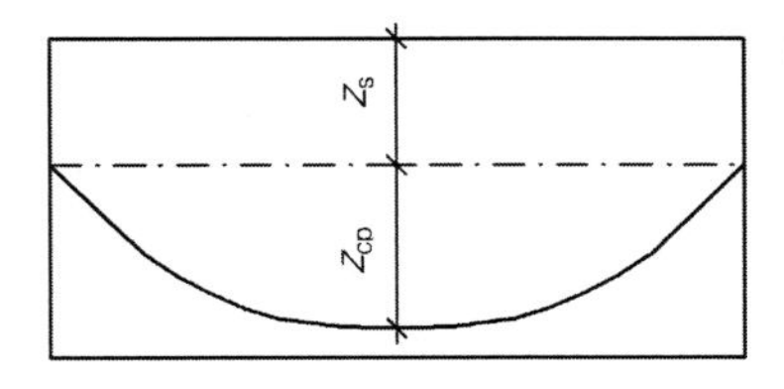

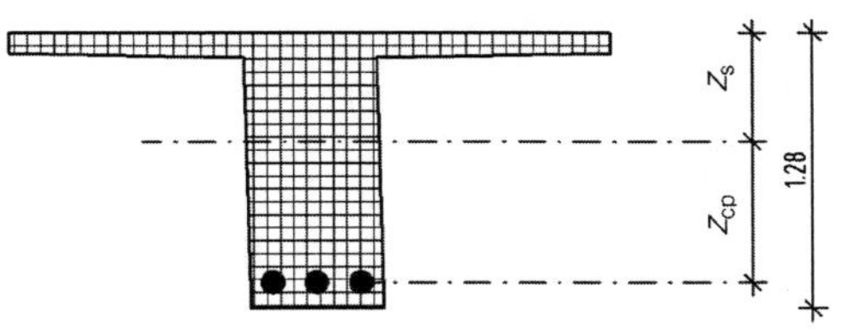

그림 7: 프리캐스트 부재의 강선 편심(중심축에서 떨어진 거리)

표 3.1-2: 시공단계의 프리스트레스에 의한 단면력

지간	강선	A_p	z_{cp}	N_p	M_p
		[cm²]	[m]	[kN]	[kNm]
1	3·15 강선	3·22.5	0.651	**8,27**	**−5551**
2	3·15 강선	3·22.5	0.651	**8516**	**−5544**
3	12 강선	18.0	0.654	2253	−1474
	12 강선	18.0	0.654	2268	−1483
	9 강선	12.0	0.661	1673	−1106
3	합계			**6024**	**−3988**

7연선인 강선의 단면적: A_{pi} = 150 mm² = 1.5 cm²
그 외의 강선자료는 4.1절 참조

3.2 최종단계(완성 구조계)

최종단계의 단면력은 격자 구조계(그림 8 참조)에서 정한다. 상부구조는 3개의 합성 거더로 구성된다. 이들은 프리캐스트 부재의 복부를 부재 중심축으로 한다. 가로보는 거더와 만나는 횡방향 부재로 모델링한다. 바닥판은 평면요소로 모델링한다.

하중은 바닥판에 재하된다.

강도한계상태와 사용한계상태의 단면력 산정을 위해 격자구조계의 강성은 다음의 가정으로 구한다.

DAfStb-Heft [240]과 유사하다.

- 거더의 길이방향 휨 강성은 프리스트레스를 감안하여 상태 I의 휨 강성의 100%로 한다.
- 거더의 비틀림 강성은 미세균열을 예상하여 상태 I의 비틀림 강성의 80%로 한다.
- 철근콘크리트 바닥판과 가로보의 휨 강성은 상태 I의 휨 강성의 65%로 한다.

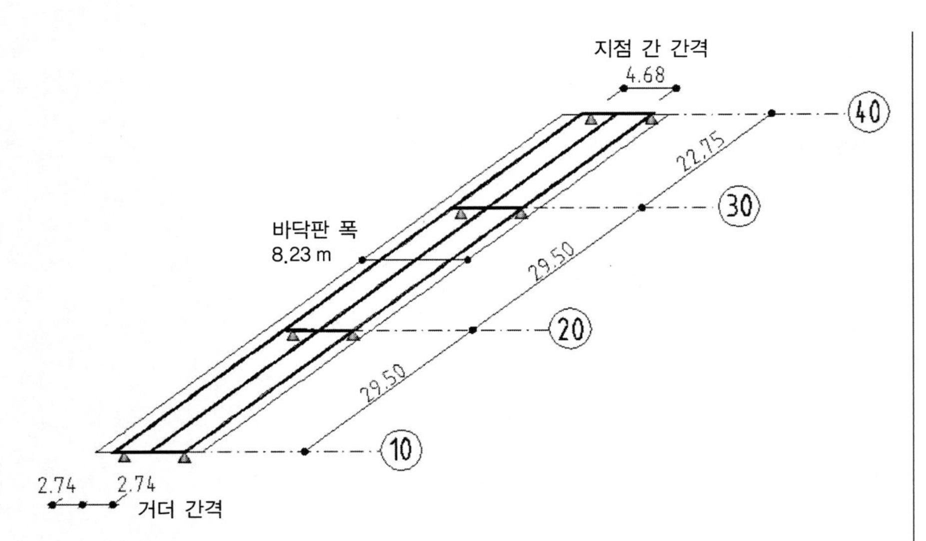

그림 8: 격자 구조계

각 하중경우의 단면력 분포를 단부 부재 3에 대해 보였다(그림 9와 10). 또 격자구조해석 결과에서 단부 부재의 최대 단면력을 표로 정리하였다(표 3.2-1과 3.2-2).

표 3.2-1: 완성 구조계의 단면력 – 휨모멘트 $M_{y,k}$

하중		지간모멘트[kNm]			지점모멘트[kNm]	
		지간 1	지간 2	지간 3	위치 20	위치 30
자중 $g_{k,1}$		2643	1211	1453	−3670	−2506
추가사하중 $g_{k,2}$		827	403	476	−1249	−891
온도하중 $T_{k,heat}$		445	1098	404	953	912
온도하중 $T_{k,cool}$		−290	−714	−262	−620	−593
예상 지점침하: Δs_m	±	215	190	240	536	637
가능 지점침하: Δs_k	±	430	380	480	1072	1274
차량하중: 1.0 TS + 1.0 UDL	min	−634	−971	−704	−3529	−2943
	max	3788	3097	2763	365	648
차량하중: 0.75 TS + 0.40 UDL	min	−358	−504	−397	−1822	−1543
	max	2206	1838	1648	208	361
피로하중모델 $q_{k,LM3}$	min	−126	−153	−152	−757	−680
	max	892	757	701	77	144

표 3.2-2: 완성 구조계의 단면력 – 전단력과 비틀림 모멘트

하중		전단력 $V_{z,k}$[kN]				비틀림 모멘트 T_k[kNm]			
		위치 20		위치 30		위치 20		위치 30	
		$V_{k,l}$	$V_{k,r}$	$V_{k,l}$	$V_{k,r}$	$T_{k,l}$	$T_{k,r}$	$T_{k,l}$	$T_{k,r}$
자중 $g_{k,1}$		−716	629	−550	567	8	−12	8	−7
추가사하중 $g_{k,2}$		−263	237	−212	215	−69	66	−68	62
온도하중 $T_{k,heat}$		−29	66	−68	17	−109	110	−111	101
온도하중 $T_{k,cool}$		19	−43	44	−11	71	−72	72	−66
예상 지점침하: Δs_m		18	40	40	28	3	3	3	3
가능 지점침하: Δs_k		36	80	80	56	6	6	6	6
차량하중: 1.0 TS + 1.0 UDL		−770	735	−721	684	26	−16	15	−29
차량하중: 0.75 TS + 0.40 UDL		−425	408	−404	389	17	−12	12	−18
피로하중모델 $q_{k,LM3}$	min	−232	−15	−214	−7	17	3	22	−2
	max	3	211	23	207	1	−15	−4	−12

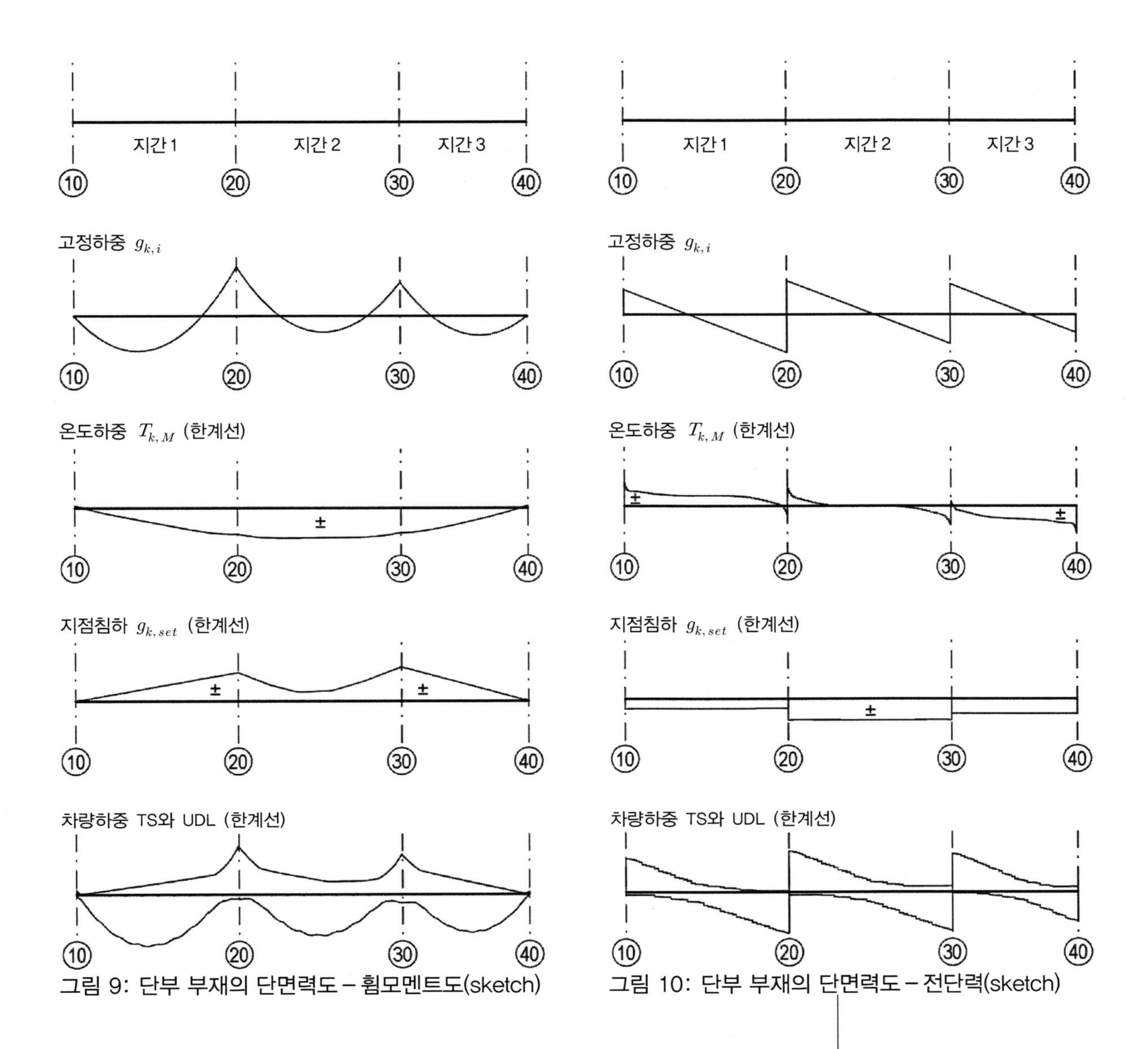

그림 9: 단부 부재의 단면력도 – 휨모멘트도(sketch)

그림 10: 단부 부재의 단면력도 – 전단력(sketch)

3.3 단면력의 재분배

프리캐스트 부재의 가설(가설 및 시공단계) 이후와 바닥판 콘크리트를 타설할 때의 프리캐스트 부재는 길이방향으로 단순 지간 부재이다. 이 구조계에서 지점 위치 20과 30에서는 시공 시 고정하중과 프리스트레스에 의한 지점 모멘트가 발생하지 않는다.

현장타설 콘크리트 부재(바닥판과 가로보)가 굳은 뒤, 또 가설동바리가 제거된 뒤에는 3경간 연속보의 구조계가 작용한다. 시공 시 자중과 프리스트레스 하중경우는 크리프와 수축으로 단면력이 재분배된다(그림 11 참조). 이에 따라 지점 위치 20과 30에 지점 모멘트가 발생할 수 있다. 이 값은 Trost / Wolff [4] 또는 Kupfer [9]의 방법으로 계산한다. 이들에 따라 재분배계수 $k_N = 1 - c_V = 0.75$로 한다.

[4] *Trost/Wolff*: 구간 별로 가설되는 프리스트레스트 콘크리트 구조의 단면력 근사 계산, Bauingenieur 45(1970)

[9] *Kupfer*: 프리스트레스트 콘크리트 부재의 설계 - 부분 프리스트레스를 포함하여. BK 1991/I

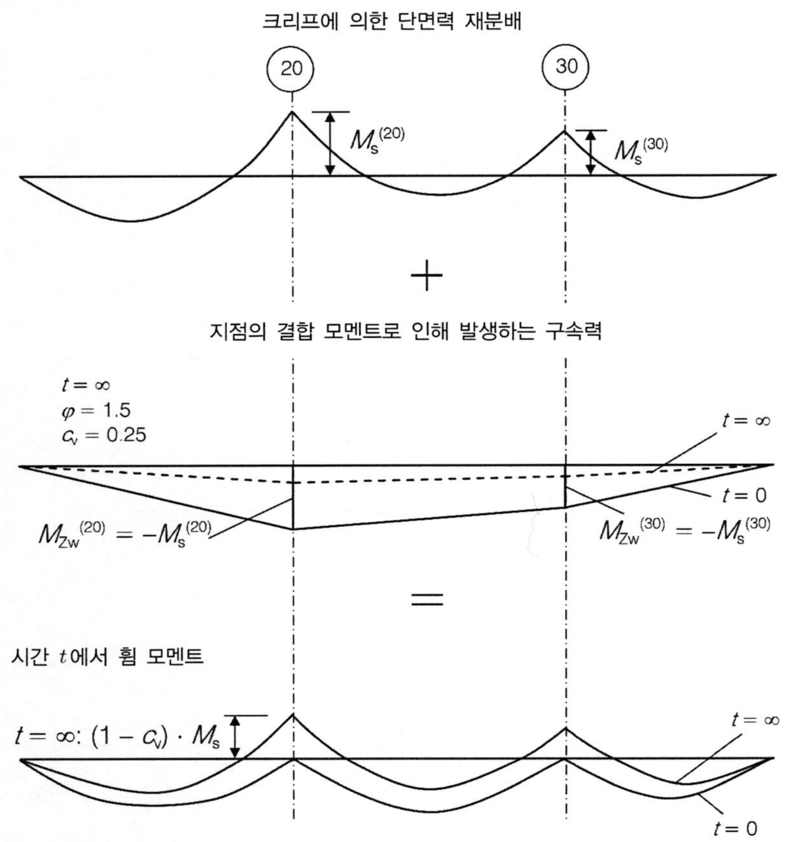

그림 11: 자중과 프리스트레스 하중경우에 대한 단면력 재분배

재분배된 구조계의 시공 시 자중과 프리스트레스에 의한 단면력은 표 3.3-1에 정리하였다. 합성 구조계에서 프리스트레스에 의한 단면력은 4.3절에 정리하였다.

단면력은 프리스트레스의 평균값에 대해 계산하였다. 프리스트레스 기준값(r_{inf} 및 r_{sup}을 적용하여 계산한 값)에 의한 단면력도 같은 방법으로 구할 수 있다.

표 3.3-1에서
1) Note: 완성 구조계에서 프리스트레스에 의한 단면력
$M_p = M_{pm0} = M_{pm0,dir} + M_{pm0,ind}$
M_{pm0} – 프리스트레스에 의한 총 모멘트
$M_{pm0,dir}$ – 정정 구조계의 단면력
$M_{pm0,ind}$ – 부정정 구조계의 단면력
→ 각 부분의 모멘트는 표 4.3-1 참조

표 3.3-1: 구조계의 재분배된 단면력[6]

하중경우	단면력						지점 모멘트	
	지간 1		지간 2		지간 3		A20 위치	A30 위치
	M	N	M	N	M	N	M	M
	[kNm]	[kN]	[kNm]	[kN]	[kNm]	[kN]	[kNm]	[kN]
CS: 프리캐스트 부재 자중 g_{PC}	2,542		2370		1483			
CS: 프리스트레스 p	−5,551	8527	−5544	8516	−3988	6195		
CS1의 합	−3009	8527	−3174	8516	−2505	6195	0	0
CS: 추가 현장타설 콘크리트 자중	1510		1411		881			
CS: 프리스트레스 손실 $t=85d$	300	−460	299	−460	215	−335		
CS2의 합계	−1199	8067	−1463	8056	−1409	5860	0	0
FS: 자중 g_1	2643		1211		1453		−3670	−2506
FS: 프리스트레스 $p^{1)}$	−4409	8536	−1091	8484	−3122	6202	6946	5365
FS: 프리스트레스 손실 $t=85d$	238	−461	59	−458	169	−335	−375	−290
FS의 합계	−1528	−8075	179	8026	−1500	5867	2901	2569
재분배 g_1+p: 0.75FS+0.25CS2	−1446	8073	−232	8033	−1478	5865	2176	1927
재분배 $g_1+0.9p$	−994	7254	−16	7219	−1156	5270	1683	1546
재분배 $g_1+1.1p$	−1897	8892	−448	8848	−1799	6460	2669	2308

4. 프리스트레스

4.1 일반

각 강선은 9개, 12개, 15개의 강연선을 사용하는 강선 부착 포스트텐션 방법으로 긴장한다. 각 0.62" 강연선은 강종 St 1570/1770의 냉간인발의 강선 7개로 만들었다.

EC2-2/NA, (NCI) 3.3에 더하여:
DIN EN1018: 강선−1부~4부를 독일에 도입하기까지 일반적인 건설 허가가 유효하다. 강선, 제조방법, 특성, 시험방법과 검증방법은 이들 허가에 대해서 유효하다.

다음은 사용 강선의 제원이다.

이 값들은 해당되는 건설 허가사항에서 취한 것이다.

- 15개 강연선의 강선:

강선 단면적:	A_p	$=22.5\ cm^2$
쉬스 직경(Type 1):	$\phi_{duct,i}$	$=80$ mm
	$\phi_{duct,a}$	$=87$ mm
마찰계수:	μ	$=0.20$
파상계수:	k	$=0.3$ °/m
쉬스 내 편심값:	e	$=11$ mm
정착구에서 미끄러짐:	Δl	$=6.0$ mm

- 12개 강연선의 강선:

역자주 6 CS는 시공단계(Construction Stage)이며, FS는 최종단계(Final Stage) 또는 완성된 구조계로 표시하였다. 아랫첨자 i는 내부, a는 외부를 뜻한다.

강선 단면적:	A_p	$=18.0\ cm^2$
쉬스 직경(Type 1):	$\phi_{duct,\,i}$	$=75$ mm
	$\phi_{duct,\,a}$	$=82$ mm
마찰계수:	μ	$=0.20$
파상계수:	k	$=0.3$ °/m
쉬스 내 편심:	e	$=11$ mm
정착구에서 미끄러짐:	Δl	$=6.0$ mm

• 9개 강연선의 강선:

강선 단면적:	A_p	$=13.5\ cm^2$
쉬스 직경(Type 1):	$\phi_{duct,\,i}$	$=65$ mm
	$\phi_{duct,\,a}$	$=72$ mm
마찰계수:	μ	$=0.20$
파상계수:	k	$=0.3$ °/m
쉬스 내 편심:	e	$=9$ mm
정착구에서 미끄러짐:	Δl	$=6.0$ mm

4.2 강선 배치

강선 배치를 그림 12에 간단히 보였다.

강선 중심이 부재 하연에서 떨어진 거리는 피복 두께, 스터럽과 길이방향 철근 직경, 쉬스 직경, 강선의 쉬스 내 편심 및 탈압축한계상태에 대한 최소 요구조건을 고려하여 정한다.

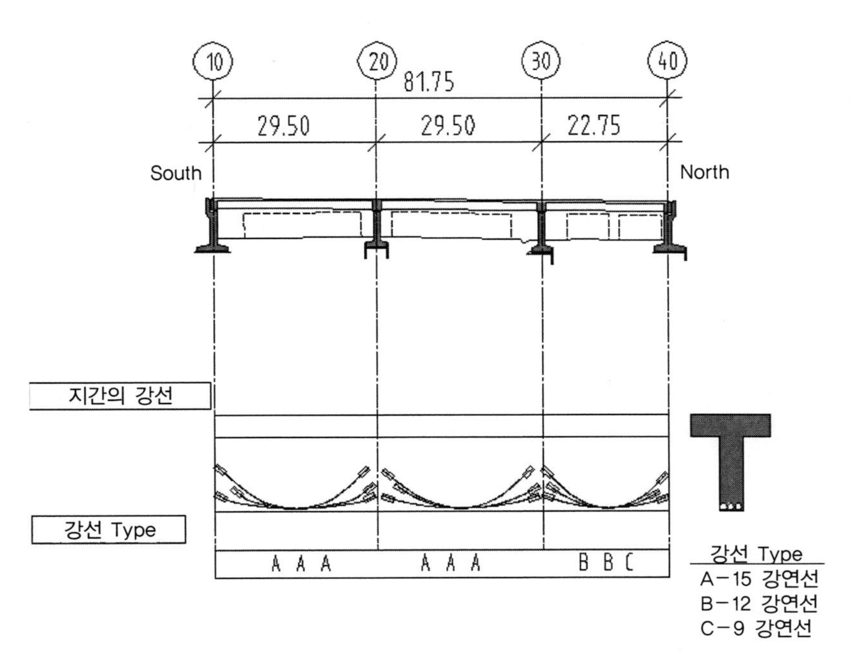

그림 12: 강선 배치(Sketch, 축척 무시)

4.3 프리스트레스에 의한 단면력

프리스트레스는 프리스트레스 손실의 영향을 고려하여 구한다.
포스트텐션 부재에서 시간 t, 위치 x의 프리스트레스의 평균값은:

$$P_{mt}(x) = P_{m0}(x) - \Delta P_{c+s+r}(x)$$

EC2-1-1, 5.10.3 (4)

여기서 P_{m0}는 긴장 직후, 정착 시(시간 $t = t_0$)에 즉시 손실 $\Delta P_1(x)$를 뺀 값이다.

EC2-1-1, 5.10.3 (2)

포스트텐션 부재에서 즉시 손실을 결정하기 위해 다음을 고려한다.

EC2-1-1, 5.10.3 (2)

- ΔP_{el} 콘크리트 탄성수축 손실
- ΔP_r 단기 릴랙세이션 손실
- $\Delta P_\mu(X)$ 마찰 손실
- ΔP_{sl} 정착구 미끄러짐 손실

$\Delta P_{c+s+r}(x)$는 강선의 시간 손실로 크리프, 수축과 강선의 릴랙세이션에 따른 것이다.

EC2-1-1, 5.10.3 (4)

강선의 긴장 방법을 고려하여 허용 인장력을 구한다.

최대 긴장력:

EC2-1-1, 5.10.2.1

긴장 시 긴장단의 긴장력은 P_{max}를 넘지 못한다.

이 값은 초과 긴장 시에도 넘지 못한다.

EC2-2/NA, 5.10.2.1 (2)

$$P_{max} = A_p \cdot \sigma_{p,max}$$

EC 2-1-1, 5.10.2.1: (1)P (5.41)식

최대 강선 응력 $\sigma_{p,max}$는 다음과 같다.

$$\sigma_{p,max} = \min\begin{Bmatrix} k_1 \cdot f_{pk} = 0.8 \cdot 1770 = 1416\,\mathrm{MN/m^2} \\ \mathrm{k_2} \cdot \mathrm{f_{p0,1k}} = 0.9 \cdot 1500 = 1350\,\mathrm{MN/m^2} \end{Bmatrix}$$

EC2-2/NA, (NDP) 5.10.2.1 (1)P

$\sigma_{p,max} = 1350$ MN/m²

포스트텐션 부재에서 계획 긴장력은 마찰손실을 감안하여 부재 내에서 필요한 프리스트레스가 확보될 수 있게(초과 긴장에 따른 여유가 가능하게) 계산한다. 계획 최대 프리스트레스 P_{max}는 다음 계수 k_μ로 감소시킨다.

EC2-2/NA, (NCI) 5.10.2.1 (NA.103)

더 높은 마찰계수, 큰 파상마찰과 이물질 존재 등으로 계획 프리스트레스 보다 마찰손실이 크면 초과긴장이 필요하다.

EC2-2/NA, (NA.5.41.4)식

$$k_\mu = e^{-\mu \cdot \gamma \cdot (k-1)}$$

여기서 μ =0.20 건설 허가의 마찰계수

일반적 건설허가(abZ)

$\gamma = \theta + k \cdot x$

여기서 θ 길이 x에서 변화각의 합

일반적 건설허가(abZ)

k =0.3°/m 건설허가의 파상손실 변화각

x 한 방향 긴장에서: 긴장단과 정착단 사이의 거리

k =1.5 초과 긴장을 보장하기 위한 여유값(강선을 쉬스 안에 둘 때 3주까지 적용)

유압잭으로 콘크리트에 정착한 직후의 프리스트레스의 평균값은 다음과 같이 계산한다.

EC2-1-1, 5.10.3 (2)

EC2-1-1, (5.43)식

$$P_{m0}(x) = A_p \cdot \sigma_{m0}(x)$$

긴장 직후, 프리스트레스 전달 직후의 강선응력:

$$\sigma_{pm0}(x) = \min\begin{Bmatrix} k_7 \cdot f_{pk} = 0.75 \cdot 1770 = 1328\,\mathrm{MN/m^2} \\ \mathrm{k_9} \cdot \mathrm{f_{p0,1k}} = 0.85 \cdot 1550 = 1275\,\mathrm{MN/m^2} \end{Bmatrix}$$

EC2-2/NA, (NDP) 5.10.3 (2)P

$\sigma_{pm0}(x) = 1275$ MN/m²

따라서 각 강선의 프리스트레스는 다음과 같다.

• 15개 강연선의 강선:

$P_{0,max}$ = 1350 MN/m² · 22.5 cm² **= 3038 kN**

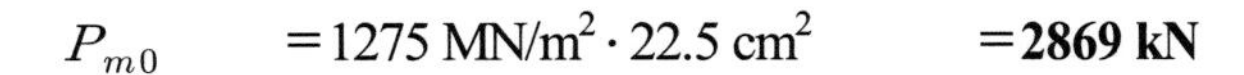

P_{m0} $= 1275\ \text{MN/m}^2 \cdot 22.5\ \text{cm}^2$ $= \mathbf{2869\ kN}$

- 12개 강연선의 강선:

$P_{0,\max}$ $= 1350\ \text{MN/m}^2 \cdot 18.0\ \text{cm}^2$ $= \mathbf{2430\ kN}$

P_{m0} $= 1275\ \text{MN/m}^2 \cdot 18.0\ \text{cm}^2$ $= \mathbf{2295\ kN}$

- 9개 강연선의 강선:

$P_{0,\max}$ $= 1350\ \text{MN/m}^2 \cdot 13.5\ \text{cm}^2$ $= \mathbf{1823\ kN}$

P_{m0} $= 1275\ \text{MN/m}^2 \cdot 13.5\ \text{cm}^2$ $= \mathbf{1721\ kN}$

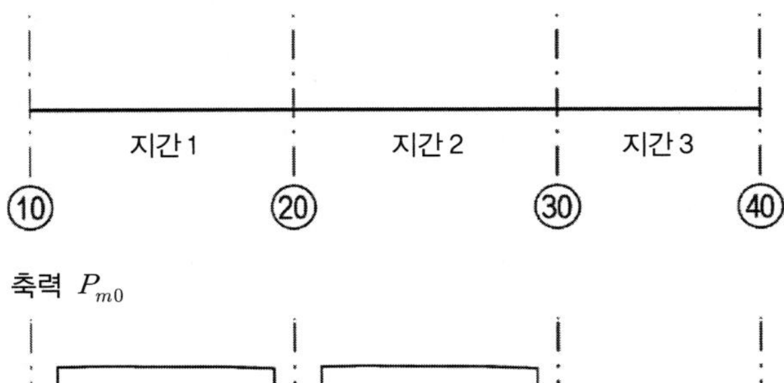

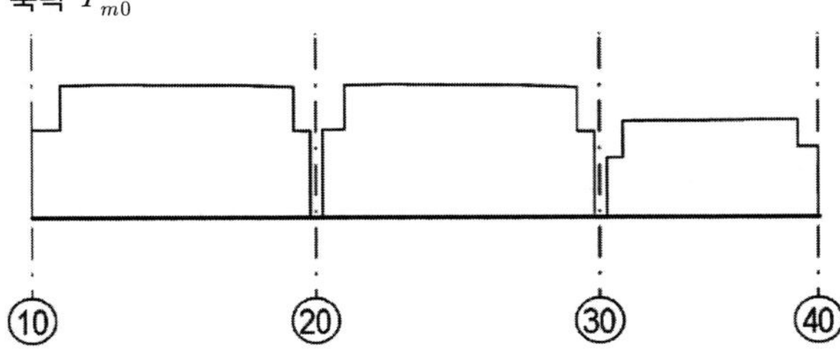

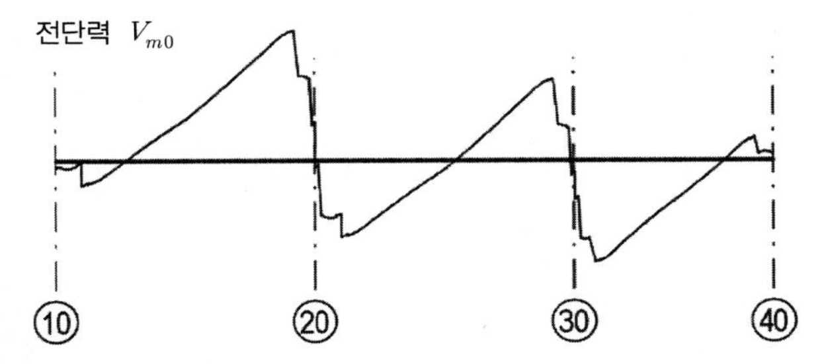

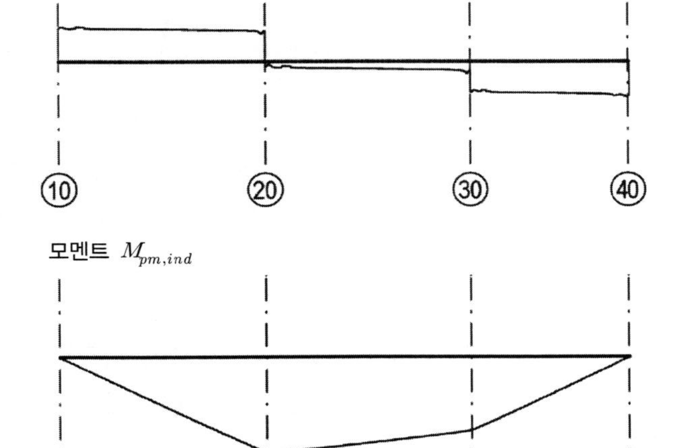

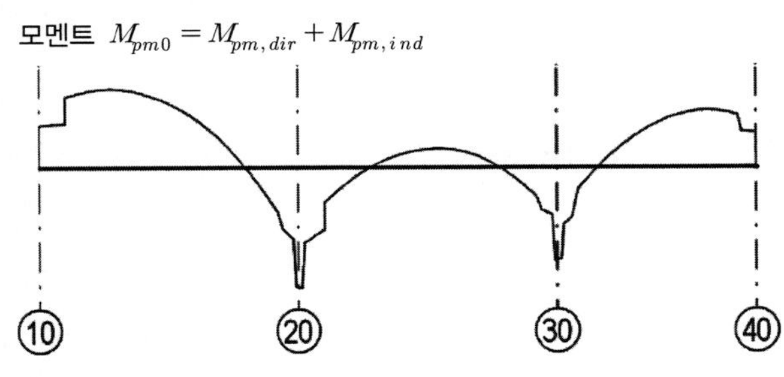

그림 13.: 완성 구조계에서 프리스트레스에 의한 단면력

마찰과 정착구에서 미끄러짐에 의한 손실을 고려한 초기 프리스트레스의 계산은 컴퓨터 프로그램[6]으로 계산한다.

마찰과 정착구에서 미끄러짐에 의한 손실을 고려한 프리스트레스로 단부 부재의 단면력을 계산한 것을 그림으로 보였다(그림 13).

지간 중앙과 지점에서의 단면력을 표로 정리하였다(표 4.3-1).

표 4.3-1: 완성 구조계의 프리스트레스에 의한 단면력

		지간모멘트 $M_{y,k}$[kNm]			지점모멘트 $M_{y,k}$[kNm]	
		지간1	지간2	지간3	지점 20 위치	지점 30 위치
프리스트레스 P_{m0}	[kN]	8536	8484	6202	7	10
정정 구조계 $M_{pm0,dir}$	[kNm]	−7126	−7311	−5212	0	0
부정정 구조계 $M_{pm0,ind}$	[kNm]	2717	6220	2090	6946	5365
총 모멘트 M_{pm0}	[kNm]	−4409	−1091	−3122	6946	5365

4.4 시간 손실

EC2-1-1, 5.10.6

크리프, 수축과 릴랙세이션에 의한 x 점에서 프리스트레스의 시간 손실은 다음의 근사식으로 계산한다.

EC2-1-1, 5.10.6 (2)

$$\Delta P_{c+s+r} = A_p \cdot \Delta\sigma_{p,c+s+r}$$

$$= A_p \frac{\epsilon_{cs} \cdot E_p + 0.8\Delta\sigma_{pr} + \frac{E_p}{E_{cm}}\varphi(t,t_0) \cdot \sigma_{c,QP}}{1 + \frac{E_p}{E_{cm}} \cdot \frac{A_p}{A_c}\left(1 + \frac{A_c}{I_c} \cdot z_{cp}^2\right)[1 + 0.8\varphi(t,t_0)]}$$

EC2-1-1, (5.46)식

설계에서 필요한 시간과 단면에 대해 시간손실을 구해야 한다. 프리캐스트 부재는 재령 30일에 긴장하고 추가로 현장타설 콘크리트를 친다. 85일 후에 보도와 포장을 가설하여 완공한다. 이 예제에서는 시간 $t=85$일과 $t \to \infty$ 사이의 시간 손실을 계산한다.

먼저 크리프와 수축계수를 구한다. 강선 위치의 콘크리트 강도가 중요하므로 프리캐스트 부재의 강도 C45/55에 대해 계산한다.

EC2-1-1, 3.1.4와 EC2-1-1, 부록 B

기본 계수들은 다음과 같다.

최초 재하 시의 재령:	t_0	$=30d$
추가하중 재하 시의 재령:	t_0	$=85d$
환경조건:	RH	=80%
콘크리트 압축강도(C45/55):	$f_{cm} = f_{ck} + 8$	$=53$ MN/m²
등가 부재두께(mm):	$h_0 = 2A_c / u = 2 \cdot 1.59 / 7.71$	$=413$ mm

RH−주위 대기의 상대습도[%]
EC2-2NA, (NCI)3.1.4:
(1) P 교량에서는 일반적으로 RH=80%

EC2-1-1, 표 3.1

EC2-1-1, 부록 B, (B.6)식

각 시간의 크리프와 수축계수의 계산은 DIN EN 1992-1-1의 계산식을 따른다.

a) 크리프

EC2-1-1, 부록 B

크리프 계수: $\varphi(t, t_0) = \varphi_0 \cdot \beta_c(t, t_0)$

EC2-1-1, 부록 B, (B.1)식

기본 크리프 계수: $\varphi_0 = \varphi_{RH} \cdot \beta(f_{cm}) \cdot \beta(t_0)$

EC2-1-1, 부록 B, (B.2)식

여기서 $f_{cm} > 35$ MN/m²에서 대기습도에 대한 계수:

$$\varphi_{RH} = \left[1 + \frac{1 - RH/100}{0.1 \cdot \sqrt[3]{h_0}} \cdot \alpha_1\right] \cdot \alpha_2$$

EC2-1-1, 부록 B, (B.3b)식

$$\alpha_1 = (35 / f_{cm})^{0.7} = (35 / 53)^{0.7} = 0.748$$

$$\alpha_2 = (35 / f_{cm})^{0.2} = (35 / 53)^{0.2} = 0.920$$

EC2-1-1, 부록 B, (B.8c)식
콘크리트 압축강도에 따른 계수

$$\varphi_{RH} = \left[1 + \frac{1 - 80/100}{0.1 \cdot \sqrt[3]{413}} \cdot 0.748\right] \cdot 0.92 = 1.105$$

콘크리트 압축강도 계수:

$$\beta(f_{cm}) = \frac{16.8}{\sqrt{f_{cm}}} = \frac{16.8}{\sqrt{53}} = 2.308$$

EC2-1-1, 부록 B, (B.4)식

하중 재하 시의 재령에 따른 계수:

$$\beta(t_0) = \frac{1}{0.1 + t_0^{0.20}}$$

EC2-1-1, 부록 B, (B.5)식

$t_0 =$ 재하 시의 유효 재령

콘크리트 종류가 크리프에 미치는 영향은 다음과 같이 재령을 보정하여 반영한다.

EC2-1-1, 부록 B, B.1 (2)

EC2-1-1, 부록 B, (B.9)식

$$t_0 = t_{0,T} \cdot \left[\frac{9}{2 + t_{0,T}^{1.2}} + 1\right]^{\alpha} \geq 0.5$$

α는 시멘트 종류에 따른 계수
시멘트 종류: 32.5R(CEM II) → $\alpha = 0$
EC2-1-1, 3.1.2: (6) 시멘트 강도등급

여기서:

$\alpha = 0$

$t_{0,T} = t_0 = 30\ d \rightarrow \beta(t_0) = 0.482 \rightarrow \varphi_0 = 1.229$

온도의 오르내림에 따른 콘크리트의 경화정도의 차이는 EC2-1-1, 부록 B, B.1(3)에 따라 고려하지 않는다.

시간에 따른 크리프 계수:

$$\beta_c(t, t_0) = \left[\frac{(t - t_0)}{\beta_H + t - t_0}\right]^{0.3}$$

EC2-1-1, 부록 B, (B.7)식
t – 고려하는 시간에서의 콘크리트 재령

여기서:

대기습도 계수, $f_{cm} \geq 35$ MN/m²에 대하여:

$$\beta_H = 1.5 \cdot [1 + (0.012 \cdot \mathrm{RH})^{18}] \cdot h_0 + 250 \cdot \alpha_3 \leq 1500 \cdot \alpha_3$$

EC2-1-1, 부록 B, (B.8b)식

여기서: $\alpha_3 = (35 / f_{cm})^{0.5} = (35 / 53)^{0.5}$ $= 0.813$

EC2-1-1, 부록 B, (B.8c)식

$\beta_H = 1.5 \cdot [1 + (0.012 \cdot 80)^{18}] \cdot 413 + 250 \cdot 0.813$ $= 1120$

$< 1500 \cdot 0.813$ $= 1220$

$t = 85d \rightarrow \beta_c(85, 30)$ $= 0.399$

$t = \infty \rightarrow \beta_c(\infty, 85)$ $= 1.0$

크리프 계수:

→시간 $85d$: $\rightarrow \varphi(t, t_0) = \varphi(85, 30)$ $= 1.229 \cdot 0.399$ $= \mathbf{0.5}$

→시간 ∞: $\rightarrow \varphi(t, t_0) = \varphi(\infty, 30)$ $= 1.229 \cdot 1.0$ $= \mathbf{1.23}$

b) 수축

EC2-1-1, 3.1.4

총 수축: $\epsilon_{cs} = \epsilon_{cd} + \epsilon_{ca}$

EC2-1-1, 3.1.4: (6) (3.8)식

여기서

건조수축: $\epsilon_{cd}(t, t_s) = \gamma_{lt} \cdot \beta_{ds}(t, t_s) \cdot k_h \cdot \epsilon_{cd,0}$

EC2-2/NA, (NCI) 3.1.4: (6) (NA.103.9)식

여기서:

기본 건조수축

EC2-1-1, 부록 B, (B.11)식
α_{ds1}, α_{ds2} – 시멘트 Type, 종류에 따른 계수: 32.5 R(CEM II)
→ $\alpha_{ds1} = 4$, $\alpha_{ds2} = 0.12$
Note: exp( )은 $e^{(\,)}$를 뜻한다.

$$\epsilon_{cd,0} = 0.85 \left[(220 + 110 \cdot \alpha_{ds1}) \cdot \exp\left(-\alpha_{ds2} \cdot \frac{f_{cm}}{f_{cm0}} \right) \right] \cdot 10^{-6} \cdot \beta_{RH}$$

$$\epsilon_{cd,0} = 0.85 \cdot \left[(220 + 110 \cdot 4) \cdot \exp\left(-0.12 \cdot \frac{53}{10} \right) \right] \cdot 10^{-6} \cdot 0.756$$

$$\epsilon_{cd,0} = 22.45 \cdot 10^{-5}$$

대기습도의 영향:

EC2-1-1, 부록 B, (B.12)식
$RH_0 = 100\%$

$$\beta_{RH} = 1.55 \cdot \left[1 - \left(\frac{RH}{RH_0} \right)^3 \right] = 1.55 \cdot \left[1 - \left(\frac{80}{100} \right)^3 \right] = 0.756$$

계수 $k_h = 0.72$

EC2-1-1, 표 3.3
$h_0 = 413$ mm에 대해 선형 보간한 값

시간에 따른 수축계수:

EC2-1-1, (3.10 식)
t – 고려하는 시간에서의 재령
t_s – 건조 시작 시의 재령

$$\beta_{ds}(t, t_s) = \frac{(t - t_s)}{(t - t_s) + 0.04\sqrt{h_0^3}}$$

$$\rightarrow \beta_{ds}(85, 30) = \frac{55}{55 + 0.04\sqrt{413^3}} = 0.141$$

$$\rightarrow \beta_{ds}(t \rightarrow \infty) = 1.0$$

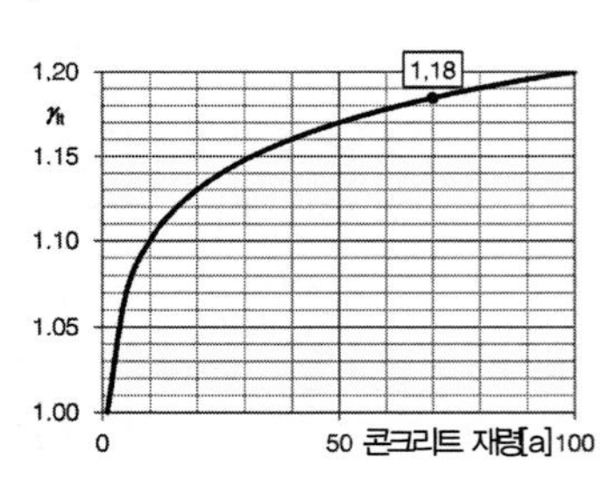

장기 변형에 따른 안전계수

$$\gamma_{lt} = 1 + 0.1 \cdot \log\left(\frac{t}{t_{ref}}\right)$$

$t = 85d < 1$ year $\quad \rightarrow \gamma_{lt} = 1.0$

$t = 70$ years $\quad \rightarrow \gamma_{lt} = 1.18$

EC2-2, 부록 B.105, (B.128)식
$t_{ref} = 1$ year

EC2-2/NA, (NCI) 그림 3.1: 계산상 계획 공용 수명은 70년으로 가정한다.

건조수축:

$\rightarrow \epsilon_{cd}(85, 30) \quad = 1.0 \cdot 0.141 \cdot 0.72 \cdot 22.45 \cdot 10^{-5} \quad = -2.28 \cdot 10^{-5}$

$\rightarrow \epsilon(t \rightarrow \infty) \quad = 1.18 \cdot 1.0 \cdot 0.72 \cdot 22.45 \cdot 10^{-5} \quad = -19.1 \cdot 10^{-5}$

자기수축: $\quad \epsilon_{ca}(t) = \beta(t) \cdot \epsilon_{ca}(\infty)$

EC2-1-1, 3.1.4: (6) (3.11)식

여기서:

$\epsilon_{ca}(\infty) = 2.5(f_{ck} - 10) \cdot 10^{-6}$

$= 2.5 \cdot (45\text{-}10) \cdot 10^{-6} \quad = -8.75 \cdot 10^{-5}$

EC2-1-1, 3.1.4: (6) (3.12)식

$\beta_{as}(t) = 1 - e^{-0.2 \cdot \sqrt{t}}$

$\beta_{as}(85) = 1 - e^{-0.2 \cdot \sqrt{85}} \quad = 0.842$

$\beta_{as}(\infty) = 1 - e^{-0.2 \cdot \sqrt{\infty}} \quad = 1.0$

EC2-1-1, 3.1.4: (6) (3.13)식

자기수축:

$\rightarrow \epsilon_{ca}(85) \quad = -8.75 \cdot 10^{-5} \cdot 0.842 \quad = -7.37 \cdot 10^{-5}$

$\rightarrow \epsilon_{ca}(\infty) \quad = -8.75 \cdot 10^{-5} \cdot 1.0 \quad = -8.75 \cdot 10^{-5}$

총 수축:

$\rightarrow$ 시간 $85d$: $\epsilon_{cs}(t) = \epsilon_{cs}(85) = -2.28 \cdot 10^{-5} - 7.37 \cdot 10^{-5} \quad = \mathbf{-9.65 \cdot 10^{-5}}$

$\rightarrow$ 시간 ∞: $\epsilon_{cs}(t) = \epsilon_{cs}(\infty) = -19.1 \cdot 10^{-5} - 8.75 \cdot 10^{-5} \quad = \mathbf{-27.8 \cdot 10^{-5}}$

EC2-1-1, 3.1.4: (6) (3.8)식

c) 강선의 릴랙세이션

사용하는 강선의 릴랙세이션 손실은 일반적으로 건설허가 시의 제원을 쓴다. 이 예제에서 1000시간($t = 85d$)과 $5 \cdot 10^5$시간($t \rightarrow \infty$)에서 릴랙세이션에 의한 응력손실(%)은 건설허가 시의 초기응력으로부터 구한다.

EC2-2/NA, (NCI) 3.3.2 (4)P

프리스트레스 가하는 시점: $t = 30d$
릴랙세이션 발생 기간 $\Delta t = 85 - 35 = 55d$
$\rightarrow$ 약 1000h

t[h]	σ_{p0}/f_{pk}	0.60	0.70	0.80
1000	σ_{pr}/σ_{p0}	< 1.0%	2.0%	5.0%
$5 \cdot 10^5$	σ_{pr}/σ_{p0}	2.5%	6.5%	13.0%

일반적인 건설허가 자료(abZ)

이들 값으로부터 지간2의 지간 단면에 대해 크리프, 수축과 릴랙세이션에 의한 프리스트레스 손실계산의 예를 보인다.

프리스트레스 손실: 지간, 시간 $t = 85d$

프리스트레스 손실 계산에서 프리캐스트 부재에서 완성 구조계로 응력재분배는 고려치 않는다. 시간 $t=85d$에서는 프리캐스트 단면에 대해 계산한다.

1.4절의 단면 계수 참조.
기호는 EC2-1-1, (5.46)식 참조
압축응력과 변형을 (+)로 한다.

E_p/E_{cm} $=195{,}000/36{,}000$ $=5.42$

$A_c \cdot z_{cp}^2/I_c$ $=0.998 \cdot 0.651^2/0.1657$ $=2.552$

W_{cp} $=I_c/z_{cp}=0.1657/0.651$ $=0.254\ \text{m}^3$

$A_p=3 \cdot 22.5=67.5\ \text{cm}^2$
$A_c=0.998\ \text{m}^2$
$I_c=0.1657\ \text{m}^4$
$z_{cp}=0.65\ \text{m}$
$\sigma_{pm0}=1262\ \text{MN/m}^2$
$P_{m0}=8516\ \text{kN}$
$M_{pm0}=-5544\ \text{kNm}$

$\sigma_{c,g}$ $=(M_{PC}+M_{Inst}/W_{cp})$
$=-(2.370+1.411)/0.254$ $=-14.88\ \text{MN/m}^2$

σ_{cp0} $=P_{m0}/A_c+M_{pm0}/W_{cp}$
$=8.516/0.998+5.544/0.254$ $=+30.36\ \text{MN/m}^2$

$\sigma_{c,QP}$ $=-14.88+30.36$ $=+15.47\ \text{MN/m}^2$

σ_{QP} – 준-고정 하중(차량하중은 없음)하에서 강선 위치에서의 콘크리트 응력

σ_p/f_{pk} $=1262/1770=0.71$
$\rightarrow \Delta\sigma_{pr}=0.02 \cdot 1262$ $=25\ \text{MN/m}^2$

$$\Delta P_{c+s+r}=0.00675 \cdot \frac{9.65 \cdot 10^{-5} \cdot 195000+0.8 \cdot 25+5.42 \cdot 0.5 \cdot 15.47}{1+5.42 \cdot \dfrac{0.00675}{0.998}(1+2.55) \cdot [1+0.8 \cdot 0.5]}$$

$\Delta P_{c+s+r}=0.461\ \text{MN}=461\ \text{kN}$

따라서 프리스트레스 손실 비율은 461/8516=5.4%

프리스트레스 손실: 지간, 시간 $t\rightarrow\infty$

시간 $t\rightarrow\infty$에서 완성된 구조계에 대해서도 계산한다.

1.4절의 단면 계수 참조.

E_p/E_{cm} $=195{,}000/36{,}000$ $=5.42$

$A_c \cdot z_{cp}^2/I_c$ $=1.555 \cdot 0.871^2/0.3032$ $=3.89$

W_{cp} $=I_c/z_{cp}=0.3032/0.871$ $=0.348\ \text{m}^3$

$A_p=3 \cdot 22.5=67.5\ \text{cm}^2$
$A_c=1.555\ \text{m}^2$
$I_c=0.3032\ \text{m}^4$
$z_{cp}=0.871\ \text{m}$
$\sigma_{pm0}=1250\ \text{MN/m}^2$
$P_{m0}=8438\ \text{kN}$
$M_{pm0}=-1074\ \text{kNm}$

$\sigma_{c,g}$ $=(M_{g1,FS}+M_{g2,FS}/W_{cp})$
$=-(1.211+0.403)/0.348$ $=-4.64\ \text{MN/m}^2$

σ_{cp0} $=P_{m0}/A_c+M_{pm0}/W_{cp}$
$=8.438/1.555+1.074/0.348$ $=8.51\ \text{MN/m}^2$

$\sigma_{c,QP}$ $=-4.64+8.51$ $=3.87\ \text{MN/m}^2$

σ_{QP} – 준-고정 하중(차량하중은 없음)하에서 강선 위치에서 콘크리트 응력

σ_p/f_{pk} $=1250/1770=0.71$
$\rightarrow \Delta\sigma_{pr}=0.065 \cdot 1250$ $=81\ \text{MN/m}^2$

ΔP_{c+s+r}

$$=0.00675 \cdot \frac{(27.8-9.65)\cdot 10^{-5}\cdot 195000+0.8\cdot 81+5.42\cdot 1.23\cdot 3.87}{1+5.42\cdot \frac{0.00675}{1.555}(1+3.89)\cdot [1+0.8\cdot 1.23]}$$

$\Delta P_{c+s+r}=0.692$ MN $=692$ kN

따라서 프리스트레스 손실 비율은 692 / 8438 = 8.2%

5. 사용한계상태

5.1 일반

부재의 내구성과 사용성을 보장하기 위하여 콘크리트, 철근과 강선에 작용하는 응력을 제한한다. 이에 더하여 탈압축 상태를 검토하고 균열폭을 제한한다.

프리스트레스트 콘크리트 도로교에서 복부가 세장한 단면($h_w/b_w>3$)이면 전단균열을 제한한다.[7] 흔한 하중조합에서 상태 I(비균열 상태)의 응력에 대해서 전단력과 비틀림에 의한 경사 주인장응력이 $f_{ctk;0.05}$를 넘지 않아야 한다.

EC2-2/NA, (NCI) 7.3.1 (NA. 111)
$h_w/b_w=1.50/0.60=2.5<3$
이 예제에서 이 검토가 필요하지 않다.
$\sigma_{cl,freq}=\frac{\sigma}{2}+\frac{1}{2}\cdot\sqrt{\sigma^2+4\cdot\tau^2}\le f_{ctk;0.05}$

이 예제의 교량에서 상부구조는 부착 포스트텐션부재이며, 길이방향으로는 부정정구조이다. 이에 따라 길이방향의 거더에 대해서 다음을 검토한다.

- 최종 단계의 준-고정 하중조합에서 탈압축 상태에 대한 검토
- 흔한 하중조합에서 균열폭 $w_{max}\le 0.2$ mm로 제한

EC2-2/NA, (NDP) 7.3.1: (105) 표 7.101DE

사용한계상태의 검토는 프리스트레스의 가능한 변동(예를 들어 강선의 마찰 등으로)에 상대적으로 민감하므로, 프리스트레스의 평균값 $P_{m,t}$의 하한 및 상한 특성값에 대하여 검토한다.

EC2-1-1, 5.10.9 (1)

$$P_{k,sup}=r_{sup}\cdot P_{m,t}(x)$$
$$P_{k,inf}=r_{inf}\cdot P_{m,t}(x)$$

EC2-1-1, (5.47)식
EC2-1-1, (5.48)식
첨자 sup: 상한값
첨자 inf: 하한값

부착 포스트텐션부재에서 이 값들은 $r_{sup}=1.10$, $r_{inf}=0.90$으로 한다.

EC2-2/NA, (NCI) 5.10.9 (1)P

시공단계의 탈압축에 대한 검토에서 변동값은 $r_{sup}=1.05$, $r_{inf}=0.95$로 가정할 수 있다.

EC2-2/NA, (NCI) 5.10.9 (7)P
그라우팅된 곡선 배치 강선

역자주 7 복부가 매우 세장($h_w/b_w>3$)한 프리스트레스트 콘크리트 도로교에서는 복부의 전단균열을 제한하기 위하여 주인장응력의 크기를 제한한다. 이는 박스 거더 교량 등에서 특히 문제가 된다. 참고문헌 [A2]의 연구를 참고하라.

결정 하중조합에 대해서는 구조계의 재분배를 고려한다. 프리캐스트 부재 단면에서 총 단면으로 바뀌는 데 따르는 단면 내의 재분배는 계산을 단순하게하기 위해 고려치 않는다.

5.2 균열상태

5.1절의 응력 검토를 위해서는 사용하중하에서 단면을 상태 II(균열상태)로 계산해야 하는지 판단해야 한다.

일반적으로 균열상태는 기준하중조합(드문 하중조합)에서 콘크리트 인장응력이 인장강도 $f_{ct,eff}$을 초과할 때이다. 최소 인장철근을 계산할 때는 $f_{ct,eff}$로 콘크리트의 평균인장강도 f_{ctm}을 쓴다.

EC2-1-1, 7.1 (2)
EC2-2/NA, (NCI) 7.1 (2)
EC0, 6.5.3 (2)a, Note: 부재에 돌이킬 수 없는 작용을 하는 기준하중

기준하중조합:

EC0, 6.5.3 (2)a

$$\sum G_{k,j} + P_k + Q_{k,1} + \sum_{i>1} \psi_{0,i} \cdot Q_{k,i}$$

EC0, (6.14b)식

결정적인 기준하중조합을 정하기 위해서는 여러 가지 하중조합을 시험한다. 이때 온도하중 T_M 또는 하중그룹 $gr1$(하중모델 1: 바퀴하중 TS와 등분포차량하중 UDL)을 주하중 $Q_{k,1}$으로 선택하고 프리스트레스를 상한 또는 하한 기준값으로 계산한다.

단면 하연의 최대응력은 프리캐스트 부재에 지간별로 강선이 배치되었으므로 프리스트레스의 하한값 ($r_{inf}=0.90$)으로 계산할 때가 결정값이다.

조합계수는:

EC0, 부록 A, 표 A2.1

- 차축하중 TS에 대해서 $\psi_0=0.75$
- 차량 등분포하중 UDL에 대해서 $\psi_0=0.40$
- 온도 차이 TM에 대해서 $\psi_0=0.80$

ARS 22/2012, 부속서 2, (2)

예상 지점침하는 고정하중으로 간주하여 기준값으로 검토한다.

드문 하중으로 다음 하중조합을 고려한다.

$$E_{d,1}=\sum G_{k,j}+0.9\cdot P+1.0\cdot G_{SET,k}+(1.0\cdot Q_{TS,k}+1.0\cdot Q_{UDL,k})+0.8\cdot Q_{TM,k}$$

$$E_{d,2}=\sum G_{k,j}+0.9\cdot P+1.0\cdot G_{SET,k}+(0.75\cdot Q_{TS,k}+0.4\cdot Q_{UDL,k})+1.0\cdot Q_{TM,k}$$

표 5.2-1: 드문 하중조합하의 단면력과 응력[8]

하중		지간 1	지간 2	지간 3
$\sum g_0 + 0.9p$(재분배)	M[kNm] N[kN]	−994 7254	−16 7219	−1156 8270
프리스트레스 손실 $t=85d$에서 $t\rightarrow\infty$	M[kNm] N[kN]	317 −615	79 −611	225 −447
가설하중	M[kNm]	827	403	476
예상 지점침하	M[kNm]	215	190	240
온도하중	M[kNm]	445	1098	404
차량하중: 1.0TS+1.0UDL 0.75TS+0.40UDL	 M[kNm] M[kNm]	 3788 2206	 3097 1838	 2763 1648
하중조합 1: $\sigma_{c,bot,rare1}$	**[MN/m²]**	**−6.4**	**−8.1**	**−3.2**
하중조합 2: $\sigma_{c,bot,rare2}$	**[MN/m²]**	**−1.8**	**−4.9**	**−0.1**

비교, 표 3.3-1: 시간 $t=85d$ 까지의 프리스트레스 손실은 단면력 계산에서 제외
$M_{csr} = -M_{pm0,FS} \cdot 0.9 \cdot 0.082$
($r_{inf}=0.9$와 프리스트레스 손실 8.2%)

인장응력의 부호는 (−)!

결정 단면에 대해 응력을 산정한다. 5.3절에서는 예를 들어서 지간 1의 응력을 계산하였다. 같은 방법으로 기준하중조합에 대한 응력을 계산하여 정리하였다(표 5.2-1 참조).

지간 1과 지간 2의 단면 하연에서 콘크리트 인장강도 $f_{ctm}=3.8$ MN/m²(프리캐스트 부재, C45/55)을 초과한다.
이들 지간에서는 사용한계상태의 검토에서 균열단면으로 응력을 계산한다. 지간 3에서는 균열이 발생하지 않으므로 상태 I의 응력으로 검토할 수 있다.

가설단계에서는 프리캐스트 부재에 프리스트레스가 도입될 때 최대응력에 도달한다. 이때 단면 상연의 인장응력은 최대 2.1 MN/m²이다(표 5.2-2 참조).

프리스트레스는 상한값($r_{sup}=1.10$)으로 계산한다. 인장응력이 인장강도 $f_{ctm}=3.8$ MN/m²(프리캐스트 부재, C45/55)보다 작으므로 가설단계에서는 비균열단면으로 응력을 검토한다.

표 5.2-2: 가설단계의 단면력과 응력

하중		지간 1	지간 2	지간 3
프리캐스트 부재 자중 g_{PC}	M[kNm]	2542	2370	1483
프리스트레스 p	M[kNm] N[kN]	−5551 8527	−5544 8516	−3988 6195
합 $g_{PC}+1.1p$	M[kNm] N[kN]	−3564 9380	−3728 9367	−2904 6814
max $\sigma_{c,top,CS}$	**[MN/m²]**	**−1.5**	**−2.1**	**−2.1**

EC2-2/NA, 표 7.101DE

가설단계에서 연단 인장응력은 $0.85 f_{ctk;0.05}$로 제한된다. 콘크리트등급 C45/55의 프리캐스트 부재에서 제한값은 $0.85 f_{ctk;0.05}=2.3$ MN/m²이다. 모든 프리캐스트부재에서 가설단계의 연단 인장응력 제한에 대한 검토를 만족한다.

EC2-1-1, 표 3.1: C45/55
$f_{ctk;0.05}=2.7$ MN/m²

역자주 8 단면 하연은 첨자 *bot*(bottom), 상연은 *top*으로 나타내었다.

5.3 탈압축한계상태

크리프와 수축이 끝난 시점 $t \to \infty$ 에서 단면의 탈압축에 대해 검토한다. DIN EN 1992-2의 독일 규정에서 부착포스트텐션 도로교량에서는 준-고정 하중조합하에서 강선이 가장 가까이에 있는 부재연단에는 인장응력이 발생하지 않아야 한다.

EC2-2/NA, (NDP) 7.3.1: (105) 표 7.101DE

EC2-2/NA, (NCI) 7.3.1: (105)

준-고정 하중조합:

EC0.6.5.3 (2) c

$$\sum G_{k,j} + P_k + \sum_{i \geq 1} \psi_{2,i} \cdot Q_{k,i}$$

EC0. (6.16b)식

하중조합계수는:

- 차축하중 TS에 대해서 $\psi_2 = 0.20$
- 차량 등분포하중 UDL에 대해서 $\psi_2 = 0.20$
- 온도 차이 T_M에 대해서 $\psi_2 = 0.50$

EC0/NA/A1. (NDP) A2.2.6 (1) Note 1

EC0. 표 A2.1

예상 지점침하는 고정하중으로 간주하여 기준값으로 계산한다. 준-고정 하중에 대해 다음 조합을 고려한다.

$$E_{d,qs} = \sum G_{k,j} + 0.9 \cdot P_{m,t} + 1.0 \cdot G_{SET,k} + (0.2 \cdot Q_{TS,k} + 0.2 \cdot Q_{UDL,k}) + 0.5 \cdot Q_{TM,k}$$

이후의 계산은 지점단면의 결정단면에 대해 상태 I의 응력을 계산하며, 모든 검토단면에 대한 계산결과를 표로 정리하였다.

가설단계의 응력 산정에서 프리캐스트 부재의 프리스트레스과 자중은 순단면으로 계산한다. 현장타설 콘크리트는 프리캐스트 부재 총단면에 대한 값으로 계산한다. 완성된 구조계에서 응력은 환산단면에 대한 단면력으로 산정한다.

예를 보이기 위해 지간 1의 응력 계산과정을 보였다. 지간 2와 지간 3의 응력은 표에 정리하였다.

가설단계 1(지간 1의 단부 부재):

$$\sigma_{c,bot,CS1} = \frac{0.9 \cdot N_{pm}}{A_{c,PC,net}} + \frac{M_{k,PC} + 0.9 \cdot M_{pm}}{W_{c,bot,PC,net}}$$

$$= \frac{0.9 \cdot 8.527}{0.981} + \frac{2.542 - 0.9 \cdot 5.551}{0.202}$$

$$\sigma_{c,bot,CS1} = 20.0 \text{ MN/m}^2$$

압축응력이 (+)!

가설단계 2(지간 1의 단부 부재):

$$\sigma_{c,bot,CS2} = \sigma_{cu,CS1} + \frac{N_{csr}}{A_{c,PC}} + \frac{M_{k,Inst} + M_{csr}}{W_{c,bot,PC}}$$

$$\sigma_{c,bot,CS2} = 22.4 + \frac{-0.9 \cdot 8.527 \cdot 0.054}{0.998}$$

$$+ \frac{1.51 + 0.9 \cdot 5.551 \cdot 0.054}{0.214}$$

프리스트레스 손실 5.4%, 4.4절 참조

$$\sigma_{c,bot,CS2} = 11.1\ \text{MN/m}^2$$

최종단계 - 하중경우 $g_{k,1}$과 p:

$$\sigma_{c,bot,FS} = \frac{0.9 \cdot N_{pm} + N_{csr}}{A_{c,trans}} + \frac{M_{k,g1} + 0.9 \cdot M_{pm} + M_{csr}}{W_{c,bot,trans}}$$

$$\sigma_{c,bot,FS} = \frac{0.9 \cdot 8.536 + 0.9 \cdot 8.536 \cdot 0.054}{1.579}$$

프리스트레스 손실 5.4%, 4.4절 참조

$$+ \frac{2.643 - 0.9 \cdot 4.409 + 0.9 \cdot 4.409 \cdot 0.054}{0.331}$$

$$\sigma_{c,bot,FS} = 8.0\ \text{MN/m}^2$$

재분배 - 0.75 FS + 0.25 CS2:

$$\sigma_{c,bot,g1+p} = 0.75 \cdot 8.0 + 0.25 \cdot 11.1 = 8.7\ \text{MN/m}^2$$

준·고정 하중조합에서 단면 하연에서 최대 응력[9]:

$$\sigma_{c,bot} = \sigma_{c,bot,g1+p} + \frac{N_{csr,\infty}}{A_{c,trans}}$$

$$+ \frac{M_{csr,\infty} + M_{g2} + M_{setz} + 0.2 \cdot (M_{TS} + M_{UDL}) + 0.5 \cdot M_{temp}}{W_{c,bot,trans}}$$

$$\sigma_{c,bot} = -10.6 + \frac{0.9 \cdot 8.536 \cdot 0.08}{1.579}$$

$$+ \frac{0.9 \cdot 4.409 \cdot 0.08 + 0.827 + 0.215 + 0.2 \cdot 3.788 + 0.5 \cdot 0.445}{0.331}$$

긴장력 손실 8.2%, 4.4절 참조

$$\sigma_{c,bot} = 3.2\ \text{MN/m}^2$$

압축응력 (+)

역자주 9 단면 계수의 첨자 *trans*는 환산단면(transformed cross section)을 뜻한다. 첨자 *net*는 순단면(net cross section), *gross*는 총단면(gross cross section)을 나타낸다.

표 5.3-1: 탈압축 검토를 위한 준-고정 하중조합에서 단면력과 응력

하중		지간 1	지간 2	지간 3
$\sum g_0 + 0.9p$ (재분배)	M [kNm] N [kN]	−994 7254	−16 7219	−1156 5270
프리스트레스 손실 $t=85d$에서 $t\to\infty$까지	M [kNm] N [kN]	317 −615	79 −611	225 −447
가설하중	M [kNm]	827	403	476
예상 지점침하	M [kNm]	215	190	240
온도하중	M [kNm]	445	1098	404
차량하중: 0.2TS+0.2UDL	M [kNm]	758	619	553
$\sigma_{c,bot,CS1}$	[MN/m²]	20.0	20.8	16.1
$\sigma_{c,bot,CS2}$	[MN/m²]	11.1	12.3	10.7
$\sigma_{c,bot,FS}$	[MN/m²]	8.0	3.7	7.0
$\sigma_{c,bot,g1+p}$	[MN/m²]	8.7	5.9	7.9
$\sigma_{c,bot,t\to\infty}$	**[MN/m²]**	**3.2**	**0.4**	**3.9**

표 3.3-1과 비교: 시간 $t=85d$까지의 프리스트레스 손실은 단면력 계산에서 고려치 않는다.
$M_{csr} = -M_{pm0,FS} \cdot 0.9 \cdot 0.082$
($r_{inf}=0.9$와 프리스트레스 손실 8.2%)

압축응력(+)

준-고정 하중조합하의 검토 위치에서 강선에서 가장 가까운 부재 하연에 인장응력이 발생하지 않았다.
탈압축에 대한 검토를 만족한다.

5.4 균열 제한 검토

부착 포스트텐션 부재의 프리스트레스트 콘크리트 상부 구조에서 흔한 하중조합에 대해 길이방향의 균열 제한을 검토한다.

EC2-2/NA, (NDP)7.3.1: (105) 표 7.101DE

균열폭 제한은 탈압축 검토에 더하여 다음을 포함한다.

EC2-2, 7.3

- 최소 철근 검토

EC2-2, 7.3.2

- 결정 하중조합하에서 균열폭 제한 검토

EC2-2, 7.3.3과 7.3.4

인장영역에서 균열폭 제한을 위한 최소 철근이 배근되어야 한다. 이는 균열 발생 직전의 콘크리트 인장응력과 철근의 인장력으로부터 산정한다. 최소 철근은 인장력을 받는 단면 연단에 주로 배치하며, 인장영역에 분포시켜 큰 폭의 수렴균열을 방지한다.[10]

EC2-2, 7.3.2 (1)P

EC2-2/NA, (NCI) 7.3.2 (102)

역자주 10 부재높이가 높고 주 철근이 인장 측에 집중배치된 부재에서 휨 균열이 발생할 때 인장 철근 근처에서는 균열이 분산되고 균열폭이 작게 발생하나, 복부에 표면 철근이 배치되지 않으면 이들 균열이 복부에서 모이고 균열폭이 크게 된다. 이를 수렴균열이라 한다. 수렴 균열을 방지하기 위한 표면 철근에 대해서는 예제집 1권[7]의 예제6, 5.2.1.2절을 참조하라.

프리스트레스트 콘크리트 부재에서 기준 하중조합(=드문 하중조합)과 기준 프리스트레스하에서 단면 연단에서 콘크리트 압축응력이 1 MN/m^2 이상이면, 해당 구역에서 최소 철근이 필요 없다.

EC2-2/NA, (NDP)7.3.2 (4)−(NA. 104)

흔한 하중조합:

EC0, 6.5.3 2) b

$$\sum G_{k,j} + P_k + \psi_{1,1} \cdot Q_{k,1} + \sum_{i>1} \psi_{2,i} \cdot Q_{k,i}$$

EC0. (6.15b)식

흔한 하중조합의 결정값을 산정하기 위해서는 다양한 조합을 사용해야 한다. 여기서는 온도하중 T_M 또는 차축하중 TS와 등분포하중 UDL을 주하중 $Q_{k,1}$으로 하는 하중그룹 gr1(주-하중모델 1)과 프리스트레스의 상한 및 하한 기준값으로 계산한다.

하중조합 계수는 다음과 같다.

- 차축하중 TS $\psi_1 = 0.75$와 $\psi_2 = 0.20$
- 차량 등분포하중 UDL $\psi_1 = 0.40$와 $\psi_2 = 0.20$
- 온도 차이 T_M $\psi_1 = 0.60$와 $\psi_2 = 0.50$

EC0. 표 A2.1과 EC0/NA/A1, (NDP) A2.2.6 (1) 주석1

예상 지점침하는 고정하중으로 간주하여 기준값으로 계산한다.

흔한 하중조합으로 다음을 고려한다.

$$E_{d,h1} = \sum G_{k,j} + 0.9 \cdot P_{m,t} + 1.0 \cdot G_{SET,k} + (0.75\, Q_{TS,k} + 0.40\, Q_{UDL,k}) + 0.5 \cdot Q_{TM,k}$$

$$E_{d,h2} = \sum G_{k,j} + 0.9 \cdot P_{m,t} + 1.0 \cdot G_{SET,k} + 0.6 \cdot Q_{TM,k} + (0.20\, Q_{TS,k} + 0.20\, Q_{UDL,k})$$

표 5.4−1. 흔한 하중조합에서 단면력과 응력

하중		지간 1	지간 2	지간 3
$\sum g_0 + 0.9p$(재분배)	M [kNm] N [kN]	−994 7254	−16 7219	−1156 5270
프리스트레스 손실 $t = 85d$에서 $t \to \infty$ 까지	M [kNm] N [kN]	317 −615	79 −611	225 −447
가설하중	M [kNm]	827	403	476
예상 침하	M [kNm]	215	190	240
온도	M [kNm]	445	1098	404
차량하중 0.75TS+0.40UDL 0.20TS+0.20UDL	 M [kNm] M [kNm]	 2206 758	 1838 619	 1648 553
조합 1: $\sigma_{c,bot,h1}$	**[MN/m^2]**	**−1.2**	**−3.3**	**0.6**
조합 2: $\sigma_{c,bot,h2}$	**[MN/m^2]**	**3.1**	**0.1**	**3.7**

참조. 표 3.3-1: 시간 $t = 85d$까지의 프리스트레스 손실은 단면력에 포함됨.
$M_{csr} = -M_{pm0,FS} \cdot 0.9 \cdot 0.082$
($r_{inf} = 0.9$이며 프리스트레스 손실 8.2%)

압축응력이 (+)

균열폭은 직접 계산하지 않고 철근 응력에 따라 철근 직경 또는 간격을 제한하여 허용값 이하로 제어할 수 있다.

EC2-2, 7.3.3 (101)

5.5절에서 균열폭 제한을 위해 최소 철근을 결정하는 과정과 철근 허용응력과 제한직경의 관계를 보였다.

EC2-2/NA, (NDP) 7.3.3: (2) 표 7.2DE
EC2-2, 7.3.2 (102)와 (7.1)식

최소 철근 계산에서 흔한 하중조합하의 최대 연단 인장응력은 콘크리트의 평균 인장강도 f_{ctm} =3.8 MN/m²을 넘지 않으므로 균열폭 검토를 하지 않아도 된다.

지점축 20과 30 영역에서는 프리스트레스의 부정정 부분과 온도응력 및 지점 침하로 단면 하연에 인장응력이 발생한다.

주로 외적 하중이 지배적인 단면의 균열폭 제한 검토에서는 구속력과 이에 따라 발생하는 단면력은 중요하지 않다.

이런 이유로 저자들은 지점 단면의 하중조합에 대한 최소 철근 배근 영역에서 최초 균열에 대해 계산할 것을 추천한다. 최소 철근은 5.5절에서 결정한다.

지점단면의 하부에서는 구속력에 의해 높은 인장응력이 발생하므로 균열 상태로 간주한다. 예를 들어서 지점 단면의 균열폭 제한 검토에서는 상태 II(균열상태)로 가정할 것을 추천한다.

EC2-2/NA, (NCI) 2.3.1.2, (NA. 102)에 따라 온도하중에 의한 구속 단면력의 결정 시 상태 II(균열상태)에 따른 강성저하를 고려하여 0.6배 한 값을 사용한다.

지점축 20－흔한 하중조합에서 최대 설계 휨모멘트

자중 g_1과 프리스트레스가 작용하는 하중경우에 대해 재분배된 단면력을 대입한다. 단면력 재분배는 크리프에 의해 발생하므로 시간에 따른 변화를 고려해야 한다.
균열폭 제한 검토는 결정 시점인 시간 t =차량통행 시에 대해 수행한다.

자중: $M_{g1} = 0.75 \cdot M_{g1,FS} + 0.25 \cdot M_{g1,CS}$
$= -0.75 \cdot 3670 + 0 = -2752$ kNm

참조. 표 3.3-1: 시간 t =85d까지의 시간손실은 단면력 계산에 포함되었다.

프리스트레스: $M_p = 0.75 \cdot M_{p,FS} + 0.25 \cdot M_{p,CS}$
$= 0.75 \cdot 6946 + 0 = 5210$ kNm

프리스트레스 손실 t =85d:
$M_{csr} = -0.75 \cdot 6946 \cdot 0.054 = -281$ kNm

다음의 조합을 흔한 하중조합으로 고려한다.

$$E_{d,h1} = \sum G_{k,j} + 1.1 \cdot P_{m,t} + 1.0 \cdot G_{SET,k} + (0.75\,Q_{TS,k} + 0.40\,Q_{UDL,k}) + 0.5 \cdot Q_{TM,k}$$

$$E_{d,h2} = \sum G_{k,j} + 1.1 \cdot P_{m,t} + 1.0 \cdot G_{SET,k} + 0.6 \cdot Q_{TM,k} + (0.20\,Q_{TS,k} + 0.20\,Q_{UDL,k})$$

예상 침하에 대한 단면력은 상태 II에 따른 강성저하를 적용하지 않는다.

하중조합 1－주하중이 차량하중:

$$M_{d,h1} = -(2752-1249) + 0.6 \cdot [1.1 \cdot (5210-281) + 0.5 \cdot 953] + 536 + 208$$

$$M_{d,h1} = 282 \text{ kNm}$$

하중조합 2 – 주하중이 온도하중:

$M_{d,h2} = -(2752-1249) + 0.6 \cdot [1.1 \cdot (5210-281) + 0.6 \cdot 953] + 536 + 73$

$M_{d,h2} = 204$ kNm

$N_{d,h1} = N_{d,h2} = 0$

상태 II의 철근응력은 Kupfer [9], 표 Va에 따라 구한다. 바닥판의 콘크리트 압축영역은 플랜지 유효폭 $b = 2.695$ m로 계산한다.

[9] *Kupfer*: 프리스트레스트 콘크리트 부재설계, BK 1991/ I
근사적으로 직사각형 단면으로 계산 (Hochreither [5]에서 인용)

표 Va의 입력값:

$M_r \quad = M - N \cdot y_r = 282$ kNm

$N \cdot h_r / M_r \quad = 0$

M_r – r 위치에 대한 휨모멘트

$n \cdot \mu \quad = (E_s / E_c) \cdot (A_s + A_p) / (b \cdot h_r)$

$= (200 / 34) \cdot (33.2 + 0) / 269.5 \cdot 140) \quad = 0.005$

현장타설 콘크리트 바닥판의 압축영역
C35/45: $E_{cm} = 34{,}000$ MN/m²
used $A_s = 33.2$ cm², 6.3절 참조

→ 표 Va에서: $k_x = 0.06 \rightarrow x = 0.06 \cdot 1.40 = 0.08$ m $< h_f = 0.33$ m

$k_z = 0.98$

이에 따라 철근응력을 계산하면:

$\sigma_s \quad = [M_r / (k_z \cdot h_r) + N] / (A_s + \alpha \cdot A_p) \quad = T / A_s$

$T \quad = 282 / (0.98 \cdot 1.40) + 0 \quad = 206$ kN

$\sigma_{s,h} \quad = 0.282 / 33.2 \cdot 10^{-4} \quad$ **= 62 MN/m²**

→ 표 7.2DE에 따른 제한직경: $\phi_s^* > 27$ mm

EC2-2/NA, (NDP) 7.3.3: (2) 표 7.2DE
$w_k = 0.2$ mm에 대한 값

지점단면 하부의 균열폭을 제한하기 위해 강도한계상태에서 정한 철근 외의 추가 철근이 필요치 않다.

5.5 최소 철근

드문 하중조합과 기준 프리스트레스의 결정 값에 의해 콘크리트 압축응력이 1 MN/m² 이하이거나 인장응력이 작용하는 구간에서 최소 철근은 필요하다.

EC2-2/NA, (NDP) 7.3.2 (4) – (NA. 104)

드문 하중조합에서 응력은 5.2절에서 구하였으며 표 5.2-1에 정리하였다. 지간 1에서 3까지는 드문 하중조합에서 콘크리트 인장응력이 발생한다. 따라서 모든 지간에 최소 철근이 필요하다.

다음에 예를 보이기 위해 지간 2의 단면 하부에 대해 필요한 최소 철근을 계산하였다.

검토 단면의 인장영역에 필요한 최소 철근은 다음 식으로 계산한다.

$$A_{s,\min} \cdot \sigma_s = k_c \cdot k \cdot f_{ct,eff} \cdot A_{ct}$$

EC2-2, 7.3.2: (102) (7.1)식

여기서:

A_{ct} 콘크리트 인장영역 단면적 = 최초균열 발생 직전에 인장응력이 발생하는 단면 영역이다. T형 단면에서는 검토 단면의 플랜지 아래쪽 단면으로 가정한다.

EC2-2, 그림 7.101

k_c 내부 팔길이의 변화와 같은 단면 내의 응력분포의 영향을 고려하는 계수

$$k_c = 0.4 \cdot \left[1 - \frac{\sigma_c}{k_1 \cdot (h/h^*) \cdot f_{ct,eff}}\right] \leq 1$$

EC2-2, 7.3.2: (102) (7.2)식
휨과 축력이 작용할 때

여기서:

σ_c $= N_{Ed} / (b \cdot d)$ 총 단면에 최초 균열을 발생시키는 하중조합하에서 비균열 단면의 중립축 높이에서 콘크리트 응력

EC2-2/NA, (NCI) 7.3.2 (102)

압축력이 (+)

N_{Ed} 검토하는 단면에서 사용한계상태에 작용하는 축력

일반적으로 결정 하중조합하에서 프리스트레스와 축력의 기준값.

N_{Ed} $= P_{k\infty,inf} = 0.9 \cdot 8.516 \cdot (1 - 0.136) = 6.6$ MN

시간에 따른 프리스트레스 손실은 4.4절 참조:
5.4% + 8.2% = 13.6%

→ $\sigma_c = 6.6 / 1.555 = 4.3$ MN/m²

h^* $= 1.0$ m, $h \geq 1.0$ m일 때

k_1 $= 1.5$, N_{Ed}는 압축력

$f_{ct,eff}$ 실제 콘크리트 인장강도의 평균값(C45/55)

EC2-2, 7.3.2 (105)와 (NCI) 7.3.2(105)
교량 상부구조와 시간이 상당히 경과한 뒤의 구속에 대해서만 고려

$f_{ct,eff}$ $= \max\{f_{ctm}(t);\ f_{ctm};\ 2.9\ \text{MN/m}^2\} \rightarrow f_{ct,eff} = f_{ctm} = 3.8\ \text{N/mm}^2$

$$\rightarrow k_c = 0.4 \cdot \left[1 - \frac{4.02}{1.5 \cdot (1.50/1.0) \cdot 3.8}\right] = 0.212 < 1.0$$

k 구속을 감소시키는 비선형분포의 콘크리트 인장응력을 고려한 계수

EC2-2, (NCI) 7.3.2: (102)
$k = 0.8$; $\min\{b;\ h\} \leq 300$ mm에 대해
$k = 0.5$; $\min\{b;\ h\} > 800$ mm에 대해
최종 단계에서 구속으로는 실질적인 비선형 인장응력이 발생하지 않는다.

k $= 0.62$, $\min\{b; h\}$의 복부에 대한 값 → $b = 600$ mm

A_{ct} 콘크리트 인장영역 단면적 = 최초 균열발생 직전에 인장응력이 발생하는 단면영역

비교: EC2-2, 그림 7.101

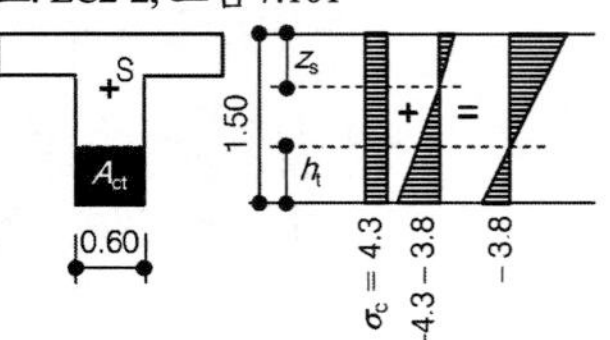

h_t $= -3.8 \cdot (1.50 - 0.505)/(-3.8 - 4.3) = 0.47$ m

A_{ct} $= b_t \cdot h_t = 0.60 \cdot 0.47 = 0.28$ m²

σ_s 균열폭 제한을 위한 허용 철근응력으로 철근의 제한 직경에 따른 값이다.

EC2-2/NA, (NDP) 7.3.3: (2) 표 7.2 DE

→ 선택 철근 직경: $\phi_s = 20\ \text{mm}$

철근 제한직경은 (7.6 DE)식을 수정하여 구한다.

EC2-2/NA, (NCI) 7.3.3: (2) (7.6 DE)식 변환

$$\phi_s^* = \phi_s \cdot \frac{4 \cdot (h-d)}{k_c \cdot k \cdot k_{cr}} \cdot \frac{2.9}{f_{ct,eff}} \le \phi_s \cdot \frac{2.9}{f_{ct,eff}}$$

$$\phi_s^* = 20 \cdot \frac{4 \cdot (0.11)}{0.212 \cdot 0.62 \cdot 0.47} \cdot \frac{2.9}{3.8} \qquad = 109\ \text{mm}$$

$$\phi_s^* \le 20 \cdot \frac{2.9}{3.8} \qquad = 15\ \text{mm} \rightarrow \text{결정값}$$

→ 균열폭 $w_k = 0.2\ \text{mm}$에 대한 허용 철근응력(표 7.2 DE)

EC2-2/NA, (NDP) 7.3.3: (2) 표 7.2 DE

$\sigma_s = 215\ \text{MN/m}^2$

인장영역의 부착 강선은 강선 중심에서 거리가 $\le 150\ \text{mm}$인 것 까지 (7.1)식의 왼쪽 항(강도를 계산한 항)에 $\xi_1 \cdot A_p' \cdot \Delta\sigma_p$를 더하여 고려할 수 있다.

EC2-1-1, 7.3.2 (3)

여기서:

ξ_1 강선과 철근의 직경이 다른 것을 고려한 부착강도 비

$$\xi_1 = \sqrt{\xi \cdot \frac{\phi_s}{\phi_p}} = \sqrt{0.5 \cdot \frac{20}{1.6\sqrt{2250}}} = 0.363$$

EC2-1-1, 7.3.2: (3) (7.5)식

여기서:

$\xi_1 = 0.5$ 포스트텐션 부재의 강연선

EC2-1-1, 6.8.2: (2)P 표 6.2

$\phi_P = 1.6\sqrt{A_p}$ 강선 묶음

A_p' $A_{c,eff}$ 내의 부착 강선 단면적

$A_{c,eff}$ 유효 인장 단면적 = 인장 철근을 둘러싼 높이 $h_{c,ef}$의 콘크리트 단면적

EC2-1-1, 7.3.2: (3)

$h_{c,ef} = \min\{2.5(h-d)\,;\,(h-x)/3\,;\,h/2\}$

→ $A_p' = 3 \cdot 22.5 = 67.5\ \text{cm}^2$

$\Delta\sigma_p$ 콘크리트 변형 0인 상태를 기준으로 하여 구한 긴장재의 응력 증가량

→ $\Delta\sigma_p \approx \sigma_s$

필요 최소 철근:

$$A_{s,\min} \cdot \sigma_s + \xi_1 \cdot A_p' \cdot \Delta\sigma_p = k_c \cdot k \cdot f_{ct,eff} \cdot A_{ct}$$

→ $A_{s,\min} = k_c \cdot k \cdot f_{ct,eff} \cdot A_{ct} / \sigma_s - \xi_1 \cdot A_p'$

$= 0.212 \cdot 0.62 \cdot 3.8 \cdot 0.28 \cdot 10^4 / 215 - 0.363 \cdot 67.5$

$= 6.5 - 24.5 \qquad < 0$

→ $A_{s,\min}$이 0보다 작다. 이는 균일 제한을 위한 추가의 철근이 필요하지 않은 것을 뜻한다! 강건성(Robustness)을 위한 철근은 6.3절에 따라 계산하여 배근한다.

지점 축 20과 30 위치에서는 프리스트레스의 부정정 부분과 온도응력 및 지점 침하에 의해 인장응력이 단면 하부에 발생한다. 이 구간에서는 최초 균열을 유발하는 단면력 조합에 대해 최소 철근을 배근하는 것이 바람직하다.

$$k_c = 0.4 \cdot \left[1 - \frac{\sigma_c}{k_1 \cdot (h/h^*) \cdot f_{ct,eff}}\right] \le 1$$

EC2-2, (7.2)식 휨

여기서: $N_{Ed} = 0 \rightarrow \sigma_c = 0 \rightarrow k_c = 0.4$

$f_{ct,eff} = 3.2\ \text{MN/m}^2$(C35/45)

$k = 0.62 \quad \min\{b;h\}$ 복부에 대해 $\rightarrow b = 600$ mm

EC2-2, (NCI) 7.3.2: (102) 보간. 최종 단계에서 구속에 의해 콘크리트에 실질적인 비선형 인장응력이 발생하지 않는다.

$h_t = 1.50 - 0.47 = 1.03$ m

$A_{ct} = b_t \cdot h_t = 0.60 \cdot 1.03 = 0.62\ \text{m}^2$

선택 철근 직경: $\phi_s = 20$ mm

(7.6 DE)식을 수정하여 제한직경을 구한다.

$$\phi_s^* = 20 \cdot \frac{4 \cdot (0.11)}{0.4 \cdot 0.62 \cdot 1.03} \cdot \frac{2.9}{3.2} = 31\ \text{mm}$$

EC2-2/NA, (NCI) 7.3.3: (2) (7.6 DE)식 변환

$$\phi_s^* \le 20 \cdot \frac{2.9}{3.2} = 18\ \text{mm} \rightarrow \text{결정값}$$

→ 균열폭 $w_t = 0.2$ mm에 대한 허용 인장응력(표 7.2 DE):

EC2-2/NA, (NDP) 7.3.3: (2) 표 7.2 DE

$\sigma_s = 196\ \text{MN/m}^2$

지점 축 20과 30 위치의 상부구조의 아래쪽에 필요한 최소 철근:

$$\begin{aligned} A_{s,\min} \cdot \sigma_s &= k_c \cdot k \cdot f_{ct,eff} \cdot A_{ct} \\ &= 0.4 \cdot 0.62 \cdot 3.2 \cdot 0.62 \cdot 10^4 / 196 \\ &= 25.1\ \text{cm}^2 \end{aligned}$$

EC2-2, 7.3.2: (102) (7.1)식

이 최소 철근은 강도한계상태의 검토에서 필요한 철근과 비교하면 결정값이 아니다.

6.3절 참조

5.6 콘크리트 압축응력 제한

축방향 균열(미세균열)을 피하기 위해서 기준 하중조합에서 콘크리트 압축응력을 $0.6 f_{ck}$로 제한한다.

EC2-2/NA, (NDP), 7.2 (102)

횡철근으로 단면을 둘러싸면 최소 1%의 횡철근으로 콘크리트 압축응력을 약 10% 크게 할 수 있다.

EC2-2/NA, (NDP), 7.2 (102)

선형 크리프 관계를 유지하기 위해서는 준-고정 하중조합하의 콘크리트 압축응력을 $0.45 f_{ck}$로 제한한다. 이 값을 초과하면 일반적으로 비선형 크리프를 고려해야 한다.

EC2-1-1/NA, (NDP) 7.2 (3)

다음은 지간 1~3에 대해 기준 하중조합으로 검토한 것이다. 시간 $t \to \infty$ 에서 크리프, 수축과 릴랙세이션에 의한 프리스트레스 손실을 고려하지 않을 때 최대 압축응력은 단면 하연에서 발생한다. 이어서 시간 $t = 85d$에 대해 검토한다. 추가로 시간 $t \to \infty$ 에서 최대 지간 모멘트에 의한 단면 상연의 압축응력을 구하여 정리한다.

$t = 85d$: 보도와 포장이 설치되고, 대략 차량통행이 시작되는 시점

지간 1과 2에서는 기준 하중조합하에서 단면 하연에서 응력이 콘크리트 인장강도를 초과한다(5.2절 참조). 지간 2에서는 예를 보이기 위해 균열 상태의 단면 상연의 콘크리트 압축응력을 계산한다.

그 외에도 프리캐스트 부재의 자중과 프리스트레스가 작용할 때 프리캐스트 부재의 콘크리트 압축응력을 검토한다(가설단계 및 조립단계).

표 5.6-1: 기준 하중조합하의 시간 $t = 85d$에서 단면 하연의 단면력과 응력

하중		지간 1	지간 2	지간 3
$\sum g_0 + 1.1p$ (재분배 없음)	M[kNm] N[kN]	−1897 8892	−448 8848	−1799 6460
추가 사하중	M[kNm]	827	403	476
지점 침하	M[kNm]	−215	−190	−240
온도 하중	M[kNm]	−290	−714	−262
차량하중 1.0TS+1.0UDL 차량하중 0.75TS+0.40UDL	M[kNm] M[kNm]	−634 −358	−971 −504	−704 −397
하중조합 1: min $\sigma_{c,bot,k1}$	**[MN/m²]**	**14.0**	**12.9**	**13.2**
하중조합 2: min $\sigma_{c,bot,k2}$	**[MN/m²]**	**13.3**	**11.9**	**12.4**

압축응력은 (+)

표 5.6-2: 기준 하중조합하의 시간 $t \to \infty$에서 단면 상연의 단면력과 응력(비균열 상태)

하중		지간 1	지간 2	지간 3
하중조합 1: min $\sigma_{c,top,k1}$	**[MN/m²]**	**11.8**	**12.2**	**7.7**
하중조합 2: min $\sigma_{c,top,k2}$	**[MN/m²]**	**9.4**	**10.6**	**6.0**

표에서 보는 바와 같이 기준 하중조합하에서 단면 하연의 압축응력은 모든 경우에 $0.6 f_{ck} = 0.6 \cdot 45 = 27.0$ MN/m²(프리캐스트 부재, C45/55)보다 훨씬 작다. 따라서 압축응력 제한을 만족한다.

EC2-2, 7.2 (102)

또한 이들 하중조합(결정값은 준-고정 하중조합)하에서 콘크리트 압축응력이 $0.45 f_{ck} = 0.45 \cdot 45 = 20.2$ MN/m²보다 작으므로, 최종 단계에서 선형 크리

EC2-1-1, 7.2 (3)

프를 가정할 수 있다.

단면 상연에서 허용 압축응력은 현장타설 콘크리트 C35/45에 대하여 검토한다. 계산된 압축응력은 $0.6f_{ck}=0.6\cdot35=21.0$ MN/m²와 $0.45f_{ck}=0.45\cdot35=15.8$ MN/m² 보다 작다.

지간 2에서 단면 상연의 콘크리트 압축응력은 균열상태에 대하여 계산한다.

표 5.6-3: 기준 하중조합하에서 지간 2의 단면력

하중	지간 2	
	M[kNm]	N[kN]
$\sum g_0+0.9p$ (재분배 없음)	−16	7219
프리스트레스 손실: $t=85d$에서 $t\to\infty$ 까지	79	−611
추가 사하중	403	
지점 침하	190	
온도 하중	1098	
차량하중 1.0TS+1.0UDL 차량하중 0.75TS+0.40UDL	3097 1838	
하중조합 1:	**4631**	**6608**
하중조합 2:	**3592**	**6608**

상태 II(균열상태)의 콘크리트 압축응력은 *Kupfer* [9], 표 Va에 따라 계산한다. 슬래브의 콘크리트 압축영역은 등가폭으로 고려해야 하는데, 이는 반복 계산으로 구한다. 시작단계에서는 T형보의 유효폭 $b=2.695$ m로 가정한다.

[9] *Kupfer*: 프리스트레스트 콘크리트 부재 설계 BK 1991/ I
직사각형 단면에서 근사적으로 정합 (*Hochreither* [5]에서 인용)

표 V_a의 입력값:

$M_r = M-N\cdot y_r = 4631+6608\cdot(1.006-0.10) = 10618$ kNm

$N\cdot h_r\,/\,M_r = 6608\cdot(1.50-0.10)\,/\,10618 = 0.87$

$M_r - r$ 위치에 대한 휨모멘트

• 첫 번째 계산:

$n\cdot\mu = (E_s\,/\,E_c)\cdot(A_s+A_p)/(b\cdot h_r)$

$= (200\,/\,34)\cdot(17.1+3\cdot22.5)\,/\,(269.5\cdot140) = 0.0131$

현장타설 슬래브 구간의 압축영역 C35/45: $E_{cm}=34{,}000$ MN/m²
$used\,A_s$는 6.3절 참조

→ 표 V_a에서 값을 읽으면: $k_x=0.28$

$\to x = 0.28\cdot1.40 = 0.39\text{ m} > h_f = 0.33$ m

[9] 첫 번째 계산단계의 표 V_a

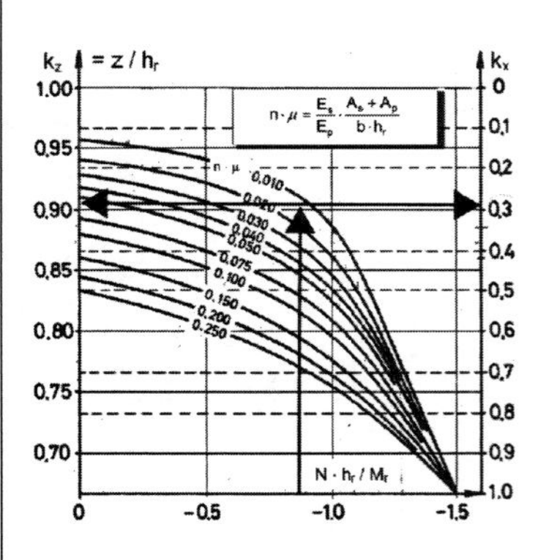

압축영역의 등가폭 b_i는 *Grasser* 등 [10]에 따라 계산한다.

입력값: $b_f\,/\,b_w = 2.695\,/\,0.60 = 4.5$

$h_f\,/\,d = 0.33\,/\,1.40 \approx 0.25$

$\xi = k_x = 0.28$

값을 읽으면: $100\cdot\lambda_b \approx 99 \to b_i = 0.99\cdot2.695 = 2.67$ m

[10] *Grasser / Kupfer / Pratsch / Feix*: EC2에 따른 철근과 프리스트레스트 콘크리트 부재의 휨, 축력, 전단과 비틀림 설계 BK 1996/ I

• 두 번째 계산:

$n \cdot \mu$ $=(200/34) \cdot (17.1+3 \cdot 22.5)/(267 \cdot 140)$ $=0.0133$

→ 표 V_a [10]의 값을 읽으면: $k_x=0.28$

$\xi=k_x=0.28$에 대한 압축영역의 등가폭 b_i

값을 읽으면: $100 \cdot \lambda_b \approx 99 \rightarrow b_i=0.99 \cdot 2.695$ $=2.67$ m

$\xi=k_x$의 값이 더 이상 변하지 않으므로 반복계산을 끝냈다. 이후의 계산은 등가폭 $b_i=0.27$ m에 대해 한다.

→ 표 V_a의 값을 읽으면: $k_z=0.91$

인장력[11]: $Z=-(M_r/(k_z \cdot h_r)-N)$

$=-(10618/(0.91 \cdot 1.40)-6608)$ $=-1726$ kN

압축응력이 (+)

콘크리트 압축력: $D=N-Z=6608+1726$ $=+8334$ kN

압축영역 높이: $x=k_x \cdot h_r=0.28 \cdot 1.40$ $=0.39$ m

사용한계상태에서는 선형응력 분포를 가정한다.

$D=0.5 \cdot \sigma_{c,top} \cdot x \cdot b_i$

콘크리트 압축영역에서 선형 응력분포를 가정하면(현장타설 콘크리트 C35/45) 단면 상연에서 최대 압축응력은

$\sigma_{c,top}=2 \cdot D/(x \cdot b_1)$ $=2 \cdot 8.334/(0.39 \cdot 2.67)$

$\mathbf{=16.0\ MN/m^2}$

$<0.6 f_{ck}$ $=0.6 \cdot 35$ $=21.0\ \text{MN/m}^2$

$\approx 0.45 f_{ck}$ $=0.45 \cdot 35$ $=15.8\ \text{MN/m}^2$

가설 및 조립 단계에서 프리캐스트 부재의 최대 압축응력은 자중과 프리스트레스하에서 단면 하연에서 발생한다. 이를 표 5.6-4에 정리하였다.

표 5.6-4: 가설과 조립단계에서 프리캐스트 부재의 단면력과 응력

하중		지간 1	지간 2	지간 3
프리캐스트 부재 하중: g_{PC}	M [kNm]	2542	2370	1483
프리스트레스 p	M [kNm]	−5551	−5544	−3988
	N [kN]	8527	8516	6195
CS1의 합: $g_{PC}+1.1p$	M [kNm]	−3564	−3728	−2904
	N [kN]	9380	9367	6814
$\sigma_{c,bot,CS1}$	[MN/m²]	27.2	28.0	21.3
추가 현장타설 콘크리트 g_{Inst}	M [kNm]	1510	1411	881
$\Delta\sigma_{c,bot,CS2}$	[MN/m²]	−7.1	−6.6	−4.1
$\sigma_{c,bot,CS2}$	[MN/m²]	20.2	21.4	17.2

역자 주 11 수식에서 내력 Z는 인장력(Tension), D는 압축력(Compression)을 뜻한다. 참고문헌[10]을 참조할 수 있게 T, C로 바꾸지 않았다.

시공상태의 최대 압축응력(프리캐스트 부재 C45/55)는:

$\sigma_{c,bot,CS1} = 28.0 \text{ MN/m}^2 > 0.6 f_{ck} = 0.6 \cdot 45 = 27.0 \text{ MN/m}^2$

최소한 1% 이상의 횡방향 철근으로 단면을 둘러싸면 콘크리트 압축응력을 10% 이상 더 받을 수 있으므로, 시공단계에서 콘크리트 압축응력은 받을 수 있는 수준이다. $(28.0 / 27.0 = 1.037 < 1.10)$

EC2-2/NA, (NDP) 7.2 (102)

시공단계 1에서 프리캐스트 자중과 프리스트레스에 의한 고정하중으로 발생하는 압축응력이 $0.45 f_{ck} = 0.45 \cdot 45 = 20.2 \text{ MN/m}^2$을 초과한다.

EC2-1-1, 7.2 (3)

현장타설 콘크리트를 추가하여 이 압축응력은 최대 21.4 MN/m²로 줄어든다.

프리스트레스를 가하고, 현장타설 콘크리트 슬래브를 타설하는 사이에는 비선형 크리프에 의한 변형이 발생할 수 있다.
이 비선형 크리프 변형은 시공단계에서 예측된 부재 처짐과 프리스트레스의 손실에 영향을 미친다. 이에 따른 차이를 고려하는 것이 합당하나(5.9절 참조), 비선형 크리프 발생기간이 2-3주 정도로 상대적으로 짧아서 사용상태의 거동, 강도와 내구성에 큰 영향을 미치지 못할 것으로 판단한다.

DAfStb-Heft [600], 7.2 (3)에 추가:
응력 제한 $0.45 f_{ck}$는 시공상태와 같은 단기 하중에 대한 것은 아니다. 왜냐하면 크리프의 영향은 크리프가 유발되는 장기 하중에 대해 고려하여 제한하기 때문이다. 크리프의 영향은 크리프에 의한 단면력, 변위 또는 관련된 설계값이 10% 이상의 차이를 보일 때 유효하다.

따라서 다음의 계산은 비선형 크리프를 더 이상 고려하지 않는다.

5.7 강선응력의 제한

콘크리트 압축응력에 더하여 강선의 응력은 제한해야 한다. 강선응력은 준-고정 하중조합과 모든 프리스트레스 손실 후의 평균 프리스트레스에 대하여 계산한 값이 최대 $0.65 f_{pk}$로 제한된다. 준-고정 하중조합에서의 단면력은 5.3절 탈압축상태의 검토에서 계산한 바 있다.

EC2-2/NA, (NDP) 7.2 (5)

자중 g_1은 프리스트레스를 가할 때 작용하므로 프리스트레스에 의한 강재응력에 포함된다. 따라서 강선은 추가의 현장타설 콘크리트 하중, 추가하중 g_2와 지점침하 및 차량과 온도하중에 의한 추가응력을 부담한다.

강선응력 증분 $\Delta\sigma_p$는 강선 위치의 콘크리트 응력으로부터 계산할 수 있다.

표 5.7-1: 강선응력 검토를 위한 준-고정 하중조합하의 단면력

하중		지간 1	지간 2	지간 3
$\sum g_0 + p$ (재분배)	M[kNm]	−1446	−232	−1478
	N[kN]	8073	8033	−5865
CS: 콘크리트 현장타설	M[kNm]	1510	1411	881
FS: 콘크리트 현장타설	M[kNm]	1004	460	552
프리스트레스 손실	M[kNm]	353	87	250
$t=85d$에서 $t\rightarrow\infty$ 까지	N[kN]	−683	−679	−496
추가하중	M[kNm]	827	403	476
지점침하	M[kNm]	215	190	240
온도하중	M[kNm]	445	1098	404
차량하중: 0.2TS+0.2UDL	M[kNm]	758	619	553

표 3.3-1 비교: 시간 $t=85d$까지의 프리스트레스 손실은 단면력에 포함된다.

전체 단면에서 현장타설 콘크리트 단면의 비율:
$0.593\ m^2 / 1.555\ m^2 = 0.38$
$\rightarrow M_{g,Inst} = M_{g1} \cdot 0.38$

지간 1: $N_{pm} = 8073$ kN

$$\sigma_{p,p+g} = \frac{N_{pm}}{A_p} = \frac{8.073}{3 \cdot 0.00225} = -1196\ MN/m^2$$

인장응력은 (−)값

시간에 따른 프리스트레스 손실(시간 $t=85d$에서 $t\rightarrow\infty$ 까지):

$$\sigma_{p,csr} = \frac{-N_{csr}}{A_p} = \frac{-8.073 \cdot 0.08}{3 \cdot 0.00225} = 96\ MN/m^2$$

가설과 조립단계에서 프리캐스트 부재 거치 이후 콘크리트의 현장타설로 모멘트가 발생하며 최종상태의 구조계로 힘이 재분배된다.

CS: $$\Delta\sigma_{cp,Inst,CS} = \frac{M_{Inst,CS}}{W_{cp,PC}} = \frac{1.510}{0.25} = -6.0\ MN/m^2$$

$W_{cp,PC} = I_{y,PC} / z_{cp,PC}$
$= 0.1657 / 0.651 = 0.25\ m^3$

FS: $$\Delta\sigma_{cp,Inst,FS} = \frac{M_{Inst,FS}}{W_{cp,trans}} = \frac{1.004}{0.38} = -2.6\ MN/m^2$$

$W_{cp,trans} = I_{y,trans} / z_{cp,trans}$
$= 0.3238 / 0.849 = 0.38\ m^3$

여기서 $z_{cp,trans} = 1.50 - 0.651 = 0.849$ m

재분배(Redistribution): $\Delta\sigma_{cp,Inst,Re.} = -0.75 \cdot 2.6 - 0.25 \cdot 6.0$
$= -3.4\ MN/m^2$

$$\Delta\sigma_{cp,x} = \frac{M_{g2} + M_{SET} + 0.2 \cdot (M_{TS} + M_{UDL}) + 0.5 \cdot M_{TM}}{W_{cpt}}$$

$$\Delta\sigma_{cp,x} = \frac{0.827 + 0.215 + 0.758 + 0.5 \cdot 0.445}{0.38} = -5.3\ MN/m^2$$

환산 단면에 대한 값은 C35/45와 C45/55의 탄성계수 평균값으로 근사계산한다.
$\alpha_p = E_p / E_{cm} = 195 / (C34+36)/2 = 5.6$

$$\sigma_{pm,\infty} = \sigma_{p,p+g,\infty} + \alpha_p \cdot \Delta\sigma_{cp,\infty}$$
$$= -1196 + 96 - 5.6 \cdot (3.4 + 5.3) \quad \mathbf{= -1149\ MN/m^2}$$

지간 2: $N_{pm} = 8033$ kN

$$\sigma_{p,p+g} = \frac{N_{pm}}{A_p} = \frac{8.033}{3 \cdot 0.00225} = -1190\ MN/m^2$$

$$\sigma_{p,csr} = \frac{-N_{csr}}{A_p} = \frac{-8.033 \cdot 0.08}{3 \cdot 0.00225} = 95\ MN/m^2$$

CS: $$\Delta\sigma_{cp,Inst,CS} = \frac{1.411}{0.25} = -5.6\ MN/m^2$$

FS: $\Delta\sigma_{cp,\,Inst,\,FS} = \dfrac{0.460}{0.38}$ $= -1.2\ \text{MN/m}^2$

재분배: $\Delta\sigma_{cp,\,Inst,\,Re} = 0.75 \cdot 1.2 + 0.25 \cdot 5.6$ $= -2.3\ \text{MN/m}^2$

$\sigma_{pm,\infty} = -1190 + 95 - 5.6 \cdot (2.3 + 4.5)$ $\mathbf{= -1133\ MN/m^2}$

지간 3: N_{pm} $= 5865\ \text{kN}$

$\sigma_{p,\,p+g} = \dfrac{N_{pm}}{A_p} = \dfrac{5.865}{2 \cdot 0.0018 + 0.0012}$ $= -1222\ \text{MN/m}^2$

$\sigma_{p,\,csr} = \dfrac{-N_{csr}}{A_p} = \dfrac{-5.865 \cdot 0.08}{2 \cdot 0.0018 + 0.0012}$ $= 98\ \text{MN/m}^2$

CS: $\Delta\sigma_{cp,\,Inst,\,CS} = \dfrac{1.411}{0.25}$ $= -5.6\ \text{MN/m}^2$

FS: $\Delta\sigma_{cp,\,Inst,\,FS} = \dfrac{0.460}{0.38}$ $= -1.2\ \text{MN/m}^2$

재분배: $\Delta\sigma_{cp,\,Inst,\,Re} = 0.75 \cdot 1.4 + 0.25 \cdot 3.5$ $= -1.9\ \text{MN/m}^2$

$\Delta\sigma_{cp,\,\infty} = \dfrac{0.476 + 0.240 + 0.553 + 0.5 \cdot 0.404}{0.38}$ $= -3.9\ \text{MN/m}^2$

$\sigma_{pm,\infty} = -1222 + 98 - 5.6 \cdot (1.9 + 3.9)$ $\mathbf{= -1156\ MN/m^2}$

준-고정 하중조합에서 모든 프리스트레스 손실을 고려하여 감소한 강선의 최대 응력은 $\sigma_{pm\,\infty} = 1156\ \text{MN/m}^2$에 근사한 값이다.

EC2-2NA, (NDP) 7.2 (5)

5.8 철근응력의 제한

미관을 고려하여 균열과 변형을 제한하기 위해 기준하중조합하에서 철근의 인장응력을 $0.8 f_{yk}$로 제한한다. 간접하중(구속)으로 인한 인장응력은 $1.0 f_{yk}$로 제한한다.

EC2-1-1, (NDP) 7.2 (5)

사용한계상태에서 프리스트레스는 일반적으로 상한 또는 하한 기준값을 사용한다. 그러나 철근응력을 간단히 계산하기 위해 프리스트레스의 평균값으로 계산할 수 있다.

다음을 참조: [11] *Rossner/Graubner*: 프리스트레스트 콘크리트 부재–4부: EC2에 따른 설계(2012)

기준하중조합하에서 상태 I의 콘크리트 응력으로 철근응력을 계산할 수 있다. 5.6절에서 강선 중심위치의 인장력 $T = -1726\ \text{kN}$을 계산하였다. *Kupfer* [9]에 따라 철근응력은 다음과 같이 계산할 수 있다.

5.6절 참조

$\sigma_s = [M_r / (k_z \cdot h_r) + N] / (A_s + \alpha \cdot A_p) = T / (A_s + \alpha \cdot A_p)$

여기서: $\alpha = y_{np} / y_{ns} \approx 0.975\ \text{m} / 1.075\ \text{m} = 0.90$

$\sigma_{s,\,ch} = -1.726 / (17.1 \cdot 10^{-4} + 0.9 \cdot 67.5 \cdot 10^{-4})$

$= -222\ \text{MN/m}^2 < 0.8 f_{yk} = 400\ \text{MN/m}^2$

[9] *Kupfer*, 프리스트레스트 콘크리트 부재의 설계, BK 1991/ I

5.9 처짐 제한

EC2-1-1, 7.4

구조물이 기대한 성능을 발휘하고, 부재 자체 또는 부속 부재의 미관을 해치지 않기 위해 처짐을 제한한다.

EC2-1-1, 7.4 (1)

도로교의 처짐 제한과 관련된 하중조합에 대한 규정은 ZTV-ING [2]에 있다.[12]

EC2-2/NA, (NCI) 7.4.3 (1)P

ZTV-ING의 해당 조항은 준-고정 하중조합하에서 시간 $t \to \infty$ 에서 처짐이다. 하중에 의한 처짐 계산에서 유효탄성계수, 크리프 변형에 대한 조항을 사용한다.

ZTV-ING - 1부: 2절, 부록 A.2.8
EC2-1-1, 7.4.3 (4)

크리프에 의한 단면력을 구하기 위해 유효탄성계수로 전체 변형을 계산한다.

EC2-1-1, 7.4.3 (5)

$$E_{c,eff} = E_{cm} / [1 + \varphi(\infty, t_0)]$$

EC2-1-1, (7.20)식

여기서 $\varphi(\infty, t_0)$는 하중과 기간에 따른 결정 크리프 계수이다.

휨부재의 변형거동은 (7.18)식으로 근사계산한다.

$$\alpha = \zeta \cdot \alpha_{II} + (1 - \zeta) \cdot \alpha_I$$

EC2-1-1, (7.18)식

여기서:

α	구하고자 하는 변형값, 일반적으로 α가 수직 처짐(u)인 경우가 대부분이다.
α_I / α_{II}	비균열 또는 완전한 균열상태의 변형값
ζ	균열 사이의 인장경화 작용(tension stiffening effect)을 고려한 분배계수

결정하중하에서 모든 곳의 응력이 콘크리트 인장강도보다 작다면 부재는 비균열 상태에 있다고 본다.

EC2-1-1, 7.4.3 (3)

ZTV-ING에서는 준-고정 하중조합하의 변형을 계산한다. 5.3절에서는 준-고정 하중조합하에서 탈압축 상태에 대해 검토하였다. 이에 따르면 콘크리트에 인장응력이 발생하지 않았다. 따라서 처짐을 구할 때 부재는 비균열 상태에 있다고 볼 수 있다.

ZTV-ING - 1부: 2절, 부록 A.2.8
5.3절 참조

→ $\zeta = 0$이며 $\alpha = \alpha_1$

고정하중은 크리프 변형을 유발하므로 시간 t_0에 하중이 최초로 재하되었을 때 부재의 총 변형은 다음 식으로 구한다.

역자주 12 예제13의 역자 주3을 참조하라.

$$u_z(\infty, t_0) = \Sigma[u_{z,i} \cdot (1+\varphi(\infty, t_0))]$$

여기서 개별하중 경우에 대하여 유효탄성계수 E_{cm}을 사용하여 처짐을 구하여 합한다. 크리프에 의한 변형은 (7.20)식을 변환하여 구한다.

크리프 계수 $\varphi(t, t_0)$는 4.4절에서 구한 바 있다.

→ 시간 $85d$에서 → $\varphi(t, t_0) = \varphi(85, 30) = 0.5$

→ 시간 ∞ 에서 → $\varphi(t, t_0) = \varphi(\infty, 85) = 1.0$

탄성 처짐 계산

다음은 개별하중 경우에 대한 탄성 처짐을 구한 것이다. 가설 및 조립단계의 프리캐스트 부재의 처짐은 단순보로 보고 계산하였다.

표 5.9-1: 개별하중 경우의 처짐 - 프리캐스트 부재 $u_{z,PC}$

하중	지간 1	지간 2	지간 3
프리캐스트 부재 자중	36 mm	31 mm	12 mm
현장타설 콘크리트 자중	21 mm	18 mm	7 mm
프리스트레스	−80 mm	−76 mm	−35 mm

처짐 (−)값 = 솟음

표 5.9-2: 완성 구조계의 처짐 $u_{z,FS}$

하중	지간 1	지간 2	지간 3
자중 g_1	18 mm	5 mm	6 mm
추가 사하중 g_2	6 mm	2 mm	2 mm
프리스트레스	−30 mm	−3 mm	−13 mm
차량하중: 1.0TS+1.0UDL	27 mm	19 mm	12 mm

지간 1의 처짐:

- 시간 $t = 30d$: 부재 긴장

$u_{t=30} = u_{g,PC} + u_{p,PC} = 36 - 80 \qquad = -44$ mm

- 현장 콘크리트 타설

$u'_{t=30} = u_{t=30} + u_{g,Inst} = -44 + 21 \qquad = -23$ mm

- 시간 $t = 85d$: 포장 추가, $t = 30-85d$ 기간의 크리프 변형 계산

$u_{t=85} = u'_{t=30} + u_{g2} + \varphi_{t=85} \cdot (u_{g1,FS} + u_{p,FS})$

$= -23 + 6 + 0.5 \cdot (18 - 30) \qquad = -23$mm

- 시간 $t \to \infty$: 프리스트레스와 크리프에 의한 솟음

$u_{t\to\infty} = u_{t=85} + \varphi_{t\to\infty} \cdot (u_{g1,FS} + u_{g2,FS} + u_{p,FS})$

$= -23 + (1.23 - 0.5) \cdot (18 + 6 - 30) \qquad = -27$ mm

지간 2의 처짐:

- 시간 $t = 30d$: 부재 긴장

$u_{t=30} = u_{g,PC} + u_{p,PC} = 31 - 76$ $= -45$ mm

– 현장 콘크리트 타설

$u'_{t=30} = u_{t=30} + u_{g,Inst} = -45 + 18$ $= -27$ mm

– 시간 $t = 85d$: 포장 추가, $t = 30 - 85d$ 기간의 크리프 변형 계산

$u_{t=85} = u'_{t=30} + u_{g2} + \varphi_{t=85} \cdot (u_{g1,FS} + u_{p,FS})$

$= -27 + 2 + 0.5 \cdot (5 - 3)$ $= -24$ mm

– 시간 $t \to \infty$: 프리스트레스와 크리프에 의한 솟음

$u_{t\to\infty} = u_{t=85} + \varphi_{t\to\infty} \cdot (u_{g1,FS} + u_{g2,FS} + u_{p,FS})$

$= -24 + (1.23 - 0.5) \cdot (5 + 2 - 3)$ $= -21$ mm

지간 3의 처짐:

– 시간 $t = 30d$: 부재 긴장

$u_{t=30} = u_{g,PC} + u_{p,PC} = 12 - 35$ $= -23$ mm

– 현장 콘크리트 타설

$u'_{t=30} = u_{t=30} + u_{g,\in st} = -23 + 7$ $= -16$ mm

– 시간 $t = 85d$: 포장 추가, $t = 30 - 85d$ 기간의 크리프 변형 계산

$u_{t=85}$

$= u'_{t=30} + u_{g2} + \varphi_{t=85} \cdot (u_{g1,FS} + u_{p,FS})$

$= -16 + 2 + 0.5 \cdot (6 - 13)$ $= -18$mm

– 시간 $t \to \infty$: 프리스트레스와 크리프에 의한 솟음

$u_{t\to\infty} = u_{t=85} + \varphi_{t\to\infty} \cdot (u_{g1,FS} + u_{g2,FS} + u_{p,FS})$

$= -18 + (1.23 - 0.5) \cdot (6 + 2 - 13)$ $= -22$ mm

프리스트레스와 콘크리트 크리프에 의해 지간 중앙에 솟음이 발생한다. 최대 솟음은 지간 1에서 $u_z = -29$ mm인데 이는 지간의 약 1/1020 값이다.

솟음은 처짐에 비하여 문제가 덜 하므로 프리캐스트 부재에 미리 침하를 두지는 않았다.

현장타설 바닥판 제작 시에 프리캐스트 부재의 솟음을 고려한다.

최대 처짐은 준-고정 하중조합에 대하여 계산하였다. 하중모델 1의 차량하중에 조합계수 $\psi_2 = 0.2$를 적용한다.

지간 1: $\max . u_z = -27 + 0.2 \cdot 27$ **= −22 mm**

지간 2: $\max . u_z = -21 + 0.2 \cdot 19$ **= −17 mm**

지간 3: $\max . u_z = -22 + 0.2 \cdot 12$ **= −19 mm**

준-고정 하중조합하에서도 각 지간 중앙에 솟음이 발생한다.

6. 강도한계상태

6.1 일반

다음은 축력과 휨, 전단력, 비틀림 모멘트 및 피로에 대해 5장에서 고려한 단면의 강도한계상태 검토이다.

6.2 축력과 휨

축력과 휨에 대한 강도한계상태 검토는 사용상태, 즉 시간 $t=$차량하중 재하 시작에서 $t \rightarrow \infty$까지, 강선 부착의 포스트텐션 방식의 프리스트레스가 가해질 때의 내부 지점과 내부 지간에 대해 수행한다. 강도를 계산하기 위해 직사각형 단면의 설계도표(무차원 계수를 사용한다)를 사용한다(예. [7]).

[7] DBV-설계예제집 1권.
부록 4: 직사각형 단면의 설계도표 - 무차원 계수 사용, C12/15~C50/60에 적용, 철근의 응력변형관계 식으로 항복응력 이후에 응력이 증가하는 직선식 적용

일반 설계상황(정상 및 임시 설계상황: persistent and transient design situation)은 다음과 같다.

$$\sum_{j \geq 1} \gamma_{Gj} \cdot G_{kj} + \gamma_P \cdot P_k + \gamma_{Q1} \cdot Q_{k1} + \sum_{i > 1} \gamma_{Qi} \cdot \psi_{0i} \cdot Q_{ki}$$

EC0. 6.4.3.2와 (6.10)식

고정하중에 대한 부분안전계수는 불리하게 작용하는 경우이므로 $\gamma_{G,sup}=1.35$를 적용한다. 프리스트레스에 대한 부분안전계수 $\gamma_P=1.0$이며 불리하게 작용하는 차량하중에 대한 부분안전계수는 $\gamma_{Q,sup}=1.35$를 적용한다.

EC0/NA, 부록 A, 표 NA.A2.4

온도하중에 의한 구속 단면력도 다른 상세한 검토가 없다면 상태 I(비균열)의 강성을 0.6배 한 값으로 계산한다.

EC2-2/NA, (NCI) 2.3.1.3 (NA. 102)

차량과 온도하중에 의한 변동하중에 대해서는 이들이 주하중이 아니면 조합계수 ψ_0를 적용한다.
차축하중에 대한 조합계수 $\psi_0=0.75$이며 차량 등분포하중 UDL에 대한 조합계수 ψ_0는 0.40이다.

EC0, 표 A2.1

온도하중에 대한 조합계수 $\psi_0=0.80$이다.

[1] ARS 22/102, 부록 2. (2)

발생할 수 있는 지반활동에 대해 부분안전계수 $\gamma_{G,et}=1.0$을 적용하는데, 상태 II(균열)로 진행될 수 있으므로 상태 I(비균열)의 강성을 0.6배 한 값으로 계산한다.

EC2-2/NA, (NCI) 2.3.1.3 (4)

EC2-2/NA, (NCI) 2.3.1.3 (NA. 103)

일반 설계상황의 하중조합은 다음과 같다.

하중조합 1－주하중이 차량하중일 때:

$$E_{d1} = \Sigma\gamma_G \cdot G_{k,j} + \gamma_{G,SET} \cdot G_{SET,k} + \gamma_P \cdot P_{m,ind} + \gamma_Q[Q_{TS,k} + Q_{UDL,k} + \psi_0 \cdot Q_{TM,k}]$$

하중조합 2－주하중이 온도하중일 때

$$E_{d2} = \Sigma\gamma_G \cdot G_{k,j} + \gamma_{G,SET} \cdot G_{SET,k} + \gamma_P \cdot P_{m,ind} + \gamma_Q[Q_{TM,k} + \psi_0 \cdot Q_{TS,k} + \psi_0 \cdot Q_{UDL,k}]$$

강도한계상태 검토에서는 자중 g_1과 프리스트레스의 하중조합에 대해서는 재분배한 단면력을 쓴다. 이는 단면력 재분배는 크리프에 의해 발생하는데, 이들은 시간에 따라 다른 값으로 계산하기 때문이다. 따라서 강도한계상태의 검토는 2개의 시점, 't =차량하중이 재하되기 시작할 때'와 '$t \rightarrow \infty$'에 대해 수행한다.
이 예제에서는 $t \rightarrow \infty$일 때에 대한 검토만을 예를 들어 보였다.

표 6.2-1은 자중 g_1과 프리스트레스의 하중조합하에서 시간 $t \rightarrow \infty$에서 재분배한 단면력을 정리한 것이다.

표 6.2-1 : 자중과 프리스트레스에 의한, 재분배가 발생한 구조계의 단면력

하중경우	지간 모멘트			지점 모멘트	
	지간 1	지간 2	지간 3	A 20	A 30
	M[kNm]	M[kNm]	M[kNm]	M[kNm]	M[kNm]
CS: 프리캐스트 부재 자중 g_{PC}	2542	2370	1483		
CS: 현장타설 콘크리트 자중	1510	1411	881		
CS: 합 g	4052	3781	2364	0	0
FS: 자중 g_1	2643	1211	1453	－3670	－2506
재분배된 g_1: 0.75FS+0.25CS	2995	1854	1681	－2753	－1880
CS: 프리스트레스 $P_{m0,ind}$	0	0	0	0	0
FS: 프리스트레스 $P_{m0,ind}$	2717	6220	2090	6946	5365
FS: 프리스트레스 손실 t=85d	－147	－336	－113	－375	－290
FS: 합 $P_{m0,ind}$	2570	5884	1977	6571	5075
재분배된 $P_{m0,ind}$: 0.75FS+0.25CS	1928	4413	1483	4928	3806
긴장력 손실 t=85d에서 $t \rightarrow \infty$까지	－217	－498	－167	－556	－429

강도한계상태 검토의 예를 지간 2의 최대 모멘트와 지점축 A20의 최소 및 최대 모멘트에 대해서 보인다.

• 지간 2의 검토

주어진 유효깊이:

$$d = h - d_1 - \phi_{duct}/2 - e = 1.50 - 0.125 = 1.375\ \text{m}$$

플랜지 유효폭: b_{eff} =2.695 m

지간 2－강선 중심에 대한 휨모멘트

하중조합 1－주하중이 차량하중일 때:

$$M_{Eds} = \gamma_G \cdot M_g + \gamma_{SET,G} \cdot M_{SET} + \gamma_P \cdot M_{Pm,ind} + \gamma_Q \cdot [(M_{TS} + M_{UDL}) + \psi_0 \cdot M_{TM}]$$

$$M_{Eds} = 1.35 \cdot (1854 + 403) + 0.6 \cdot 380 + 1.0 \cdot (4413 - 498) + 1.50 \cdot [(3097) + 0.8 \cdot 0.6 \cdot 1098]$$

M_{Eds} **= 12626 kNm**

단면력은 표 3.2-1, 4.3-1과 6.2-1 참조
M_{Eds} = 강선중심에 대한 휨모멘트
지점침하는 상태 I(비균열) 강성의 60%로 계산하였다.
온도구속은 상태 I(비균열) 강성의 60%로 계산하였다.

하중조합 2－주하중이 온도하중일 때:

$$M_{Eds} = \gamma_G \cdot M_g + \gamma_{SET,G} \cdot M_{SET} + \gamma_P \cdot M_{Pm,ind} + \gamma_Q \cdot [(\psi_0 \cdot M_{TS} + \psi_0 \cdot M_{UDL}) + M_{TM}]$$

$$M_{Eds} = 1.35 \cdot (1854 + 403) + 0.6 \cdot 380 + 1.0 \cdot (4413 - 498) + 1.50 \cdot [(1838) + 0.6 \cdot 1098]$$

$M_{Eds} = 10935$ kNm

단면 설계도표를 이용하여 설계한다.

[7] DBV-설계예제집 1권, 부록 4: 직사각형 단면의 설계도표(무차원계수 사용. C12/15～C50/60에 적용)

[7]도표 입력값－무차원 설계모멘트

$$M_{Eds} = |M_{Eds}| / (b \cdot d^2 \cdot f_{cd})$$

$$M_{Eds} = 12.626 / (2.695 \cdot 1.3752 \cdot 19.8) = 0.13$$

$\rightarrow$ $\omega_1 = 0.1401$ $\quad \Sigma\epsilon_{p1} = -16.73‰$ $\quad \epsilon_{c2} = 3.50‰$

f_{cd}는 1.3절의 C35/45 참조, 현장타설 바닥판의 압축영역에 대한 값

$\sigma_{sd} = 448.6$ MN/m²

$\xi = x / d = 0.173 \rightarrow x = 0.173 \cdot 1.365 = 0.24$ m $< h_{f,\min} = 0.32$ m

$\zeta = z / d = 0.928 \rightarrow z = 0.928 \cdot 1.365 = 12.7$ m

변형 한계값 검사:

DIN EN 1992-2/NA에서는 강선의 변형 한계값이 $\epsilon_{ud} = \epsilon_p^{(0)} + 0.025 \le 0.9\epsilon_{uk}$ 이다. 여기서 $\epsilon_p^{(0)}$는 강선의 긴장에 의한 초기 변형이다.

EC2-2/NA, (NDP) 3.3.6 (6)

$$\epsilon_p^{(0)} = 0.71 \cdot f_{pk} / E_p = 0.71 \cdot 1770 / 195{,}000 = 0.00644$$

초기강선 응력은 4.3절 지간 2의 평균 프리스트레스에서 확인

f_{pk}와 E_p는 강재 제원의 값

포스트텐션 부재 강선의 시간 $t \rightarrow \infty$ 에서 프리스트레스 손실은 13.4%이므로 유효 변형은 다음과 같다.

시간에 따른 프리스트레스 손실은 4.4절 참조

$$\epsilon_{pm\infty} = (1 - 0.134) \cdot 0.00644 = 0.0056$$

$$\epsilon_{p1} = \epsilon_{pm\infty} + \Delta\epsilon_{p1} = 5.6 + 16.7 = 22.3‰$$

$$> \epsilon_{py} = f_{p0.1k} / (E_p \cdot \gamma_S) = 1500/(195 \cdot 1.15) = 6.7‰$$

프리스트레스 손실의 합

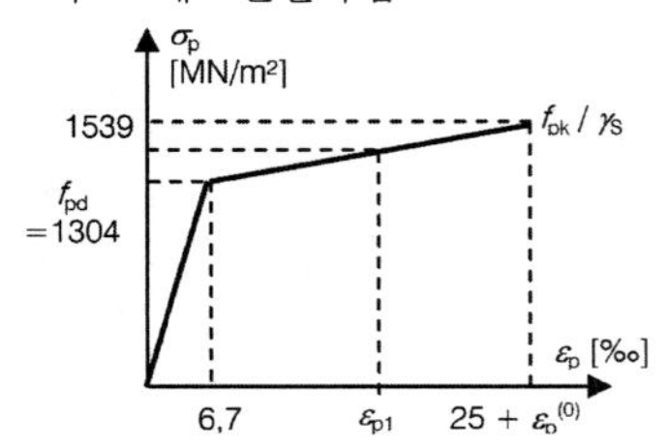

$< 0.9\epsilon_{uk} \quad = 0.9 \cdot 35 \quad = 31.5‰$

$\epsilon_{pm\infty} + 25‰ = 30.6‰$

$\sigma_{pd1} \quad = 1539 - (1539 - 1304) \cdot (30.6 - 22.3) / (30.6 - 6.7)$ — EC2-1-1, (NDP) 3.3.6: (7) 그림 3.10

$= 1457 \text{ MN/m}^2$

$A_{p,rqd} \quad = \omega_1 \cdot b \cdot d \cdot f_{cd} / \sigma_{pd1}$

$= 0.1401 \cdot 269.5 \cdot 138 \cdot 19.8 / 1457$

$= 70.8 \text{ cm}^2 \quad > A_{p,prov} = 6.75 \text{ cm}^2$

→ 추가 철근이 필요하다.

$A_{s,rqd} \quad = (\omega_1 \cdot b \cdot d \cdot f_{cd} - A_p \cdot \sigma_{pd1}) / \sigma_{sd}$ — 6.3절 참조

$= 0.1401 \cdot 2.695 \cdot 1.38 \cdot 19.8 - 67.5 \cdot 10^{-4} \cdot 1457) / 448.6 \cdot 104$

$= 10.7 \text{ cm}^2$

→ 철근은 6.3절의 강건성(robustness)을 추가로 고려하여 선택한다.

• 지점 20에 대한 검토

유효깊이: $d_{top} = h - c_{nom} - \phi_{s,strp} - 1.5 \cdot \phi_{s,l}$ — 2단 배근의 상단 철근

$= 1500 - 45 - 16 - 1.5 \cdot 28$

$= 1400 \text{ mm} \quad = 1.40 \text{ m}$

$d_{bot} \quad = 1.40 \text{ m}$ — 하부 철근

복부폭: $b_w \quad = 0.60 \text{ m}$

지점축 20 - 강선 중심에 대한 최소설계 휨모멘트

하중조합 1 - 주하중이 차량하중:

단면력은 표 3.2-1, 4.3-1과 6.2-1 참조
M_{Eds} - 철근 중심에 대한 설계 휨모멘트
지점침하는 상태 I(비균열) 강성의 60%로 계산
온도구속은 상태 I(비균열) 강성의 60%로 계산

$M_{Eds} \quad = \gamma_G \cdot M_g + \gamma_{SET,G} \cdot M_{SET} + \gamma_P \cdot M_{Pm,ind}$

$+ \gamma_Q \cdot [(M_{TS} + M_{UDL}) + \psi_0 \cdot M_{TM}]$

$M_{Eds} \quad = -1.35 \cdot (2753 + 1249) - 0.6 \cdot 1072 + 1.0 \cdot (4928\text{-}556)$

$- 1.50 \cdot [(3529) + 0.80 \cdot 0.6 \cdot 620]$

$M_{Eds} \quad = \mathbf{-7414 \text{ kNm}}$

하중조합 2 - 주하중이 온도하중:

$M_{Eds} \quad = \gamma_G \cdot M_g + \gamma_{SET,G} \cdot M_{SET} + \gamma_P \cdot M_{Pm,ind}$

$+ \gamma_Q \cdot [(\psi_0 \cdot M_{TS} + \psi_0 \cdot M_{UDL}) + M_{TM}]$

$M_{Eds} \quad = -1.35 \cdot (2753 + 1249) - 0.6 \cdot 1072 + 1.0 \cdot (4928 - 556)$

$- 1.50 \cdot [(1822) + 0.6 \cdot 620]$

$M_{Eds} \quad = \mathbf{-4965 \text{ kNm}}$

$N_{Ed} \quad = 0$

자중, 추가 사하중, 차량하중에 대해 지점에서 모멘트 곡선을 완화하여 지점 모멘트를 감소하는 것은, 그렇게 하지 않는 것이 안전 측이므로 고려하지 않았다.

EC2-2, 5.3.2.2 (104)와 EC2-2/NA, (NDP) 5.3.2.2 (104) 참조

지점 모멘트에 대해 단면 설계도표를 이용하여 설계한다.

[7] DBV-설계예제집 1권, 부록 4: 직사각형 단면의 설계도표(무차원 계수 사용, C12/15~C50/60에 적용)
f_{cd}는1.3절의 C35/45 참조, 지점의 가로보는 현장타설 콘크리트가 압축영역
$\mu_{Eds} = |M_{Eds}| / (b \cdot d^2 \cdot f_{cd})$

[7] 입력값－무차원 설계 모멘트:

$$\mu_{Eds} = 7.414 / (0.60 \cdot 1.40^2 \cdot 19.8) = 0.32$$

$$\rightarrow \quad \omega_1 = 0.4038 \quad \epsilon_{s1} = -3.52‰ \quad \epsilon_{c2} = 3.50‰$$

$$\sigma_{sd} = 436.1 \text{ MN/m}^2$$

$\xi = 0.499 \rightarrow x = 0.499 \cdot 1.40 = 0.70$ m
$\zeta = 0.793 \rightarrow z = 0.793 \cdot 1.40 = 1.11$ m

$$A_{s,rqd} = (\omega_1 \cdot b \cdot d \cdot f_{cd}) / \sigma_{sd}$$
$$= (0.4038 \cdot 60 \cdot 140 \cdot 19.8) / 436 \qquad \mathbf{= 154\ cm^2}$$

선택:
2단 배근 $2 \times 13\phi 28 = 160$ cm² $> A_{s,rqd} = 154$ cm²
분포폭 $b_{eff} / 2 = 2.695 / 2 = 1.35$ m

EC2-2/NA, (NDI) 9.2.1.2 (2), (NA. 102) 인장철근의 배근

지점축 20－철근 중심에 대한 최대 휨모멘트

하중조합 1－주하중이 차량하중일 때:

$$M_{Eds} = \gamma_G \cdot M_g + \gamma_{SET,G} \cdot M_{SET} + \gamma_P \cdot M_{Pm,ind} + \gamma_Q \cdot [(M_{TS} + M_{UDL}) + \psi_0 \cdot M_{TM}]$$

$$M_{Eds} = -1.0 \cdot (2753 + 1249) + 0.6 \cdot 1072 + 1.0 \cdot (4928 - 556) + 1.50 \cdot [(365 + 0.80 \cdot 0.6 \cdot 953]$$

$$M_{Eds} = 2247 \text{ kNm}$$

단면력은 표 3.2-1, 4.3-1과 6.2-1 참조
M_{Eds}－철근 중심에 대한 설계 휨모멘트
지점침하는 상태 I(비균열) 강성의 60%로 계산
온도구속은 상태 I(비균열) 강성의 60%로 계산
$\gamma_G = 1.0$－자중이 유리하게 작용할 때

하중조합 2－주하중이 온도하중일 때:

$$M_{Eds} = \gamma_G \cdot M_g + \gamma_{SET,G} \cdot M_{SET} + \gamma_P \cdot M_{Pm,ind} + \gamma_Q \cdot [(\psi_0 \cdot M_{TS} + \psi_0 \cdot M_{UDL}) + M_{TM}]$$

$$M_{Eds} = -1.0 \cdot (2753 + 1249) + 0.6 \cdot 1072 + 1.0 \cdot (4928 - 556) + 1.50 \cdot [(208) + 0.6 \cdot 953]$$

$$M_{Eds} = 2183 \text{ kNm}$$

$N_{Ed} \quad = 0$

[7] 입력값－무차원 설계 모멘트:

[7] DBV-설계예제집 1권, 부록 4:
$\mu_{Eds} = |M_{Eds}| / (b \cdot d^2 \cdot f_{cd})$
f_{cd}는1.3절의 C35/45 참조, 현장타설 콘크리트 바닥판의 압축영역

$\mu_{Eds} = 2.247 / (2.695 \cdot 1.40^2 \cdot 19.8) = 0.02$

$\rightarrow \quad \omega_1 = 0.0203 \quad \epsilon_{s1} = -25.0‰ \quad \epsilon_{c2} = 1.150‰$

$\sigma_{sd} = 456.5$ MN/m²

$A_{s,rqd} = (\omega_1 \cdot b \cdot d \cdot f_{cd}) / \sigma_{sd}$

$= (0.0203 \cdot 269.5 \cdot 140 \cdot 19.8) / 456.5 =$ **33.2 cm²**

$\xi = 0.044 \rightarrow x = 0.044 \cdot 1.40 = 0.06$ m
$\zeta = 0.985 \rightarrow z = 0.985 \cdot 1.40 = 1.38$ m

6.3 예고 없는 파괴에 대한 검토

강선의 파단으로 인한 예고 없는 파괴를 방지해야 한다.

EC2-1-1, 5.10.1 (5)

독일에서는 다음의 두 가지 방법을 사용할 수 있다.

a) 강선 단면적을 감소할 때의 강도 검토

b) 최소 철근의 배근(강건성(robustness) 철근의 배근)

EC2-2, 6.1 (109)과 EC2-2/NA, (NDP) 6.1: (109) 참조, 방법 c)는 적용하지 않는다.

이 예제에서는 b) 방법을 적용한다.

예고 없는 파괴를 막기 위한 최소 철근은 다음과 같다.

$A_{s,\min} = M_{rep} / (z_s \cdot f_{yk})$

EC2-2, 6.1: (109b) (6.101a)식

여기서:

$M_{rep} = W \cdot f_{ctk;0.05}$ 프리스트레스가 없는 상태에서 콘크리트 인장응력이 $f_{ctk;0.05}$인 때의 균열 모멘트

EC2-2/NA, (NDP) 6.1 (109): 바깥쪽 인장연단의 인장응력 $f_{ctk;0.05}$

$z_s \approx 0.9d$ 강도한계상태에서 철근에 대한 내력의 팔길이

철근콘크리트 직사각형 단면에서 $z_s = 0.9d$로 가정할 수 있다.

지간 영역에서 계산값은 다음과 같다.

$W_{bot,trans} = 0.3311$ m³

$f_{ctk;0.05} = 2.7$ MN/m²

$d = 1.40$ m

$W_{bot,trans}$는 표 1.4-2 참조
EC2-1-1, 표 3.1 (C45/55)

EC2-2, 6.1 (109)

$A_{s,\min} = 0.3311 \cdot 2.7 \cdot 104 / (0.9 \cdot 1.40 \cdot 500) = 14.2$ cm²

T형 및 박스단면의 연속보의 지간에서 연성을 확보하기 위하여 철근은 지점을 넘어서 인접 지간까지 연장 배근되어야 한다.

EC2-2, 6.1 (110) iii)

선택 :
$4\phi20 + 2\phi12 = 17.1$ cm² $> \min A_{s,rqd} = 14.2$ cm²

지점 영역에서는 같은 방법으로 계산한다.

$W_{top,\,trans}$ $=0.6203\ \text{m}^3$

$f_{ctk;0.05}$ $=2.2\ \text{MN/m}^2$

$A_{s,\min}$ $=0.6203 \cdot 2.2 \cdot 104 \,/\, (0.9 \cdot 1.40 \cdot 500)$ $\mathbf{=21.7\ cm^2}$

$W_{top,\,trans}$는 표 1.4-2 참조
EC2-1-1, 표 3.1(C35/45)

최소 철근은 드문 하중조합하에서 콘크리트에 인장응력이 발생하는 구간에 배치한다(프리스트레스가 정정 구조계에 작용하는 경우는 고려하지 않는다).

EC2-2, 6.1 (110) I)

6.4 전단과 비틀림 검토

DIN EN 1992-1-1에 따라 전단강도 외에도 전단과 비틀림이 같이 작용할 때의 상관관계를 고려한 비틀림 강도도 검토해야 한다.

EC2-1-1, 6.2
EC2-1-1, 6.3

6.4.1 전단력

EC2-1-1, 6.2

• 작용 전단력의 설계값

전단철근을 배근하는 부재의 전단강도를 검토하기 위한 설계단면은, 직접 지지되고 등분포하중이 작용하는 부재에서는 지점 연단에서 d만큼 떨어진 거리에 있다.
사압축대 강도는 지점 연단까지 검토한다.

EC2-2/NA, (NCI) 6.2.1 (8)

표 6.4-1은 지점축 20과 30의 프리스트레스에 의한 전단력을 정리하였다.

표 6.4-1 : 완성 구조계에서 프리스트레스에 의한 전단력

하중	지점축 20		지점축 30	
	$V_{k,l}$[kN]	$V_{k,r}$[kN]	$V_{k,l}$[kN]	$V_{k,r}$[kN]
정정구조 부분 $V_{pm,dir}$	0	0	0	0
부정정구조 부분 $V_{pm,ind}$	222	−40	−71	−229
총 전단력 V_{pm0}	222	−40	−71	−229

다음은 예를 들어서 지점축 20의 지점 중심에서 전단력에 대해 설계한 것이다.

지점 중심의 전단력－지점축 20
하중조합 1－주하중이 차량하중일 때:

단면력은 표 3.2-1, 4.3-1과 6.4-1 참조
지점침하는 상태 I(비균열) 강성의 60%로 계산
온도구속은 상태 I(비균열) 강성의 60%로 계산한다.

$$V_{Ed0} = \gamma_G \cdot (V_{g1,k} + V_{g2,k}) + \gamma_{SET,G} \cdot V_{SET,k} + \gamma_P \cdot V_{pm,ind} + \gamma_Q \cdot [(V_{TS,k} + V_{UDL,k}) + \psi_0 \cdot V_{TM}]$$

$$V_{Ed0} = 1.35 \cdot (716 + 263) + 0.6 \cdot 36 - 1.0 \cdot 222 \cdot (1 - 0.134) + 1.5 \cdot [(770) + 0.80 \cdot 0.6 \cdot 29]$$

$$V_{Ed0} = \mathbf{2327\ kN}$$

하중조합 2－주하중이 온도하중일 때:

$V_{Ed0} = \gamma_G \cdot (V_{g1,k} + V_{g2,k}) + \gamma_{SET,G} \cdot V_{SET,k} + \gamma_P \cdot V_{pm,ind}$
$\quad + \gamma_Q \cdot [(\psi_0 \cdot V_{TS,k} + \psi_0 \cdot V_{UDL,k}) + V_{TM}]$

$V_{Ed0} = 1.35 \cdot (716 + 263) + 0.6 \cdot 36 - 1.0 \cdot 222 \cdot (1 - 0.134) + 1.5 \cdot [(425) + 0.6 \cdot 29]$

$V_{Ed0} = 1815 \text{ kN}$

다음은 하중조합 1－주하중이 차량하중일 때에 대해 계산한 것이다.

지점축 20과 30에서는 지점폭이 0.5 m이다. 유효깊이 $d = 1.40$ m이므로 전단철근 배근을 위한 결정단면은 지점축에서 1.65 m 떨어진 곳이다.

전단력은 (3장)에서 여러 가지 하중경우에 대해 지점축에서 1.6 m 떨어진 곳의 전단력을 보간하여 구할 수 있다(표 6.4-2).

이 계산에서는 TS하중에 의한 지점 근처의 집중하중에 대한 감소는 무시한다.

EC2-1-1, 6.2.2 (6):
지점 근처의 집중하중에 대해서는 EC2-2/NA, (NDP)와 (NCI) 6.2.2 (6) 참조

표 6.4-2: 전단철근을 결정하기 위한 결정단면의 전단력[kN]

하중	V_k[kN] 지점축 20에서 1.6 m 떨어진 곳	차이 ΔV_k[kN]
자중 $g_{k,1}$	－650	66
추가사하중 $g_{k,2}$	－239	24
등분포하중 UDL	－398	37
온도하중 $T_{k,heat}$	－29	0
온도하중 $T_{k,cool}$	19	0
가능 지점침하	18	0
프리스트레스 $P_{m,ind}$	222	0

ΔV_k－지점축 20과 결정단면의 전단력 차이

$V_{Ed,red} = V_{Ed} - [\gamma_G \cdot (\Delta V_{g1,k} + \Delta V_{g2,k}) + \gamma_Q \cdot \Delta V_{UDL,k}]$

$V_{Ed,red} = 2327 - [1.35 \cdot (66 + 24) + 1.5 \cdot 37]$

$V_{Ed,red} = \mathbf{2150 \text{ kN}}$

경사 강선을 고려한다.

프리스트레스를 하중으로 고려하면, 경사강선의 전단력 성분 V_{pd}를 고려한다. 이 예제에서는 프리스트레스로 인한 전단력을 하중으로 고려하였으므로 전단력 성분을 더 이상 고려하지 않는다.

EC2-2/NA, (NCI) 6.2.1 (P)
경사 긴장강선의 영향 고려

• 전단강도 검토

전단강도는 몇 가지 파괴 메커니즘으로부터 구한다. 전단강도를 구하기 위해서 다음의 설계값을 구한다.

EC2-1-1, 6.2.1 (1)P

$V_{Rd,c}$ 전단철근이 없을 때의 전단강도

$V_{Rd,\max}$ 콘크리트 사압축대에 의한 전단강도

$V_{Rd,s}$ 전단철근의 항복에 의한 전단강도

보 부재는 기본적으로 최소전단철근이 필요하므로, 이 위치에서 전단철근 없이 받을 수 있는 전단력($V_{Rd,c}$)은 검사하지 않는다.

EC2-2/NA, 6.2.1 (NA. 104)

DIN EN 1992-1-1은 변각 트러스 방법으로 설계전단강도를 정한다.

전단철근이 부재축에 수직인 부재(수직 전단철근)의 사압축대 검토:

EC2-1-1, 6.2.3

$$V_{Rd,\max} = \alpha_{cw} \cdot b_w \cdot z \cdot \nu_1 \cdot f_{cd} / (\cot\theta + \tan\theta)$$

여기서:

α_{cw}	$= 1.0$	압축영역의 응력상태를 고려한 계수	EC2-2, 6.2.3: (103) (6.9)식
b_w	$= 0.60$ m	단면폭의 최소값: 지점에는 강선이 없으므로 총 복부폭	EC2-2/NA, (NDP) 6.2.3 (103) EC2-1-1, 6.2.3 (1) 그림 6.5
z	$= 1.11$ m	지점단면의 휨 설계에서의 내부 팔길이 (6.2절 참조)	EC2-1-1, 6.2.3 (1)과 EC2-2/NA, (NCI) 6.2.3(1): $z \le d - 2c_{v,j} \ge d - c_{v,j} - 30$ mm $z \le 1.40 - 2 \cdot 0.07 = 1.26$ m
ν_1	$= 0.75$	전단철근에 의한 콘크리트 강도감소계수	
f_{cd}	$= 19.8$ MN/m²	현장타설 콘크리트 C35/45에 대한 값	EC2-2/NA, (NDP) 6.2.3 (103)

콘크리트 사압축대의 경사각은 (6.107a DE)식의 범위에 있다.

1.3절 참조

$$1.0 \le \cot\theta \le \frac{1.2 + 1.4\,\sigma_{cp}/f_{cd}}{1 - V_{Rd,cc}/V_{Ed}} \le 1.75$$

EC2-2/NA, (NDP) 6.2.3 (2)

여기서: $V_{Rd,cc} = c \cdot 0.48 \cdot f_{ck}^{1/3}(1 - 1.2\sigma_{cp} / f_{cd}) \cdot b_w \cdot z$

경사 전단철근에 대해서는 $\cot\theta$는 0.58까지 쓸 수 있다.

c	$= 0.5$		EC2-2/NA, (6.76 DE)식
σ_{cp}	$= N_{Ed} / A_c$	단면 중심에서 길이방향 응력의 설계값	콘크리트 인장응력이면 σ_{cp}는 (−) 값
N_{Ed}	$= 0$	강선 없는 지점단면의 축력	

$V_{Rd,cc} = 0.5 \cdot 0.48 \cdot 35^{1/3} \cdot 0.60 \cdot 1.11$

$V_{Rd,cc} = 0.523$ MN

f_{ck}는 EC2-1-1, 표 3.1 (C35/45) 참조

$\cot\theta \le 1.2 / (1 - 0.523 / 2.150)$

$\le 1.59 < 1.75$

결정값은 비틀림 트러스의 사압축대를 같이 고려하여 정한다.

선택: $\boldsymbol{\theta = 38°}$ 따라서 $\boldsymbol{\cot\theta = 1.48}$

6.42절 참조
EC2-2/NA, (NCI) 6.3.2 (NA. 102)

사압축대 검토를 수행하면:

$V_{Rd,\max} = 1.0 \cdot 0.60 \cdot 1.11 \cdot 0.75 \cdot 19.8 / (1.48 + 1 / 1.48)$

$\boldsymbol{= 4.59}$ **MN**

EC2-2/NA, (NCI) 6.2.1 (8)
사압축대의 검토는 지점연단에 대해 한다.

$> V_{Ed0} = 2.327$ MN

EC2-2, (6.9)식
안전 측으로 검토하여 지점중심의 V_{Ed0}에 대해 계산한다.

$V_{Rd,s} = V_{Ed}$가 되게 필요 스터럽 철근량을 정하면:

$A_{sw,rqd}/s_w = V_{Ed} / (z \cdot f_{ywd} \cdot \cot\theta)$

$= 2150 / (1.11 \cdot 43.5 \cdot 1.48)$

$= \mathbf{30.1\ cm^2/m}$

EC2-2, (6.8)식 변환
$f_{ywd} = f_{yd}$, 1.3절과 비교

최소 전단철근 (스터럽 $\alpha = 90°$):

$\rho_{w,\min} = 0.16 \cdot f_{ctm} / f_{yk}$

$= 0.16 \cdot 3.8 / 500 = 0.00121$ 프리캐스트 부재 C45/55

EC2-2/NA, (NDP) 9.2.2 (5), (9.5a DE)식
1.3절과 비교
T형 부재에서 처음에 인장을 받는 플랜지(복부폭이 작은 박스단면 또는 double T단면)에서
$\rho_{w,\min} = 0.256 \cdot f_{ctm} / f_{yk}$

$\min A_{sw} / s = \rho_w \cdot b_w \cdot \sin\alpha$

$= 0.00121 \cdot 0.60 \cdot 104 \cdot 1.0 = 7.3\ \text{cm}^2/\text{m} < A_{sw,rqd} / s_w$

EC2-1-1, (9.4)식 변환

스터럽의 길이방향 최대 간격:

$V_{Ed,red} / V_{Rd,\max} = 2.150 / 4.59 = \mathbf{0.47} > 0.30$이며 < 0.60

$\rightarrow s_{\max} = \mathbf{300\ mm} < 0.5h = 0.5 \cdot 1500 = 750$ mm

EC2-2/NA, (NDP) 9.2.2: (6) 표 NA.9.1

단면 횡방향으로 스터럽까지의 최대 간격은 다음 한계값을 넘을 수 없다.

$s_{\max} = \mathbf{600\ mm} < h = 1500$ mm

EC2-2/NA, (NDP) 9.2.2: (8) 표 NA.9.2
즉, 복부 $b = 400$ mm에서 가지가 2개인 스터럽으로 충분하다.

6.4.2 비틀림

EC2-1-1, 6.3

• 작용 비틀림 모멘트의 설계값

비틀림 설계는 지점축 20에 적용한 예를 보였다. 비틀림 모멘트는 하중조합 1－주하중이 차량하중일 때에 대해서 격자구조 해석으로 구하였다.

$$T_{Ed} = \gamma_G \cdot (T_{g1,k} + T_{g2,k}) + \gamma_{SET,G} \cdot T_{SET,k} + \gamma_P \cdot T_{Pm} + \gamma_Q \cdot [(T_{TS,k} + T_{UDL,k}) + \psi_0 \cdot T_{TM}]$$

$$T_{Ed} = 1.35 \cdot (8 + 69) + 1.0 \cdot 0.6 \cdot 6 + 1.50 \cdot [(26) + 0.8 \cdot 0.6 \cdot 71]$$

$$T_{Ed} = \mathbf{198\ kN}$$

단면력은 표 3.2-2 참조
지점침하는 상태 I(비균열) 강성의 60%로 계산, 온도구속은 상태 I(비균열) 강성의 60%로 계산한다.

• 비틀림 검토

구조계의 정역학적 평형이 개별부재의 비틀림 강성에 좌우되거나, 적용한 비틀림 강성에 따라 단면력 분포가 영향을 받을 때 비틀림 설계가 필요하다.

EC2-1-1, 6.3
EC2-2/NA, (NCI) 6.3.1, (NA. 101)

비틀림 설계에서는 다음을 검토한다.

• $T_{Ed} \le T_{Rd,\max}$ － 비틀림 강도의 설계값

- 비틀림에 의해 필요한 길이방향 철근
- 필요 비틀림 스터럽 철근
- 비틀림과 전단이 동시에 작용할 때의 설계

설계 비틀림 강도 $T_{Rd,\max}$의 계산:

$$T_{Rd,\max} = 2 \cdot \nu \cdot \alpha_{cw} \cdot f_{cd} \cdot A_k \cdot t_{ef,i} \cdot \sin\theta \cdot \cos\theta$$

EC2-2/NA, (NDI) 6.3.2: (104) (6.30)식

여기서:			
	ν	$=0.525$	일반적인 비틀림에 대한 계수
	α_{cw}	$=1.0$	압축영역의 응력분포를 고려한 계수
	f_{cd}	$=19.8\ \mathrm{MN/m^2}$	현장타설 콘크리트 C35/45
	A_k		유효 벽두께
	θ		비틀림과 전단이 같이 작용할 때의 사압축대 경사각

EC2-2/NA, (NDP) 6.2.3 (103)

1.3절 비교

EC2-1-1, 6.3.2 (1)

등가 박벽 단면의 정의:

DIN EN 1992-2/NA, NCI 6.3.2 (1)에 따른 등가 박벽 단면의 유효 벽두께: 유효 벽두께=외측면에서 길이방향 철근 중심까지 거리의 2배

EC2-1-1, 그림 6.11과 EC2-2/NA, (NCI) 6.3.2 (1)

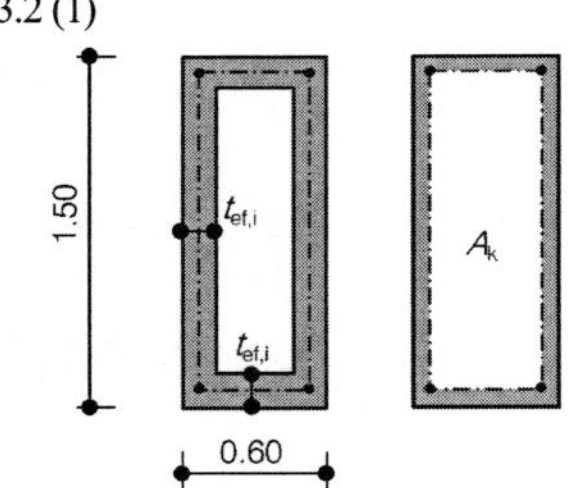

$$t_{ef,i} = 2 \cdot d_1 = 2 \cdot (c_{nom} + \phi_{s,strp} + 0.5\phi_{s,l})$$
$$= 2 \cdot (45 + 16 + 0.5 \cdot 20) = 140\ \mathrm{mm}$$
$$\rightarrow u_k = 2 \cdot [(1.50 - 0.14) + (0.60 - 0.14)] = 3.64\ \mathrm{m}$$
$$\rightarrow A_k = (1.50 - 0.14) \cdot (0.60 - 0.14) = 0.626\ \mathrm{m^2}$$

비틀림과 전단이 같이 작용할 때 사압축대 경사각의 공통값을 $\theta = 34°$로 한다. 이에 따라 비틀림 강도를 계산하면 다음과 같다.

EC2-2/NA, (NCI) 6.3.2 (NA. 102): 전단과 비틀림이 같이 작용할 때 사압축대, 경사각 θ는 두 응력이 같게 선택해야 한다.

$$T_{rd,\max} = 2 \cdot 0.525 \cdot 1.0 \cdot 19.8 \cdot 0.626 \cdot 0.14 \cdot \sin 34° \cdot \cos 34°$$
$$= \mathbf{0.845\ MNm^2}$$
$$> T_{Ed} = 0.198\ \mathrm{MNm}$$

필요 비틀림 길이방향 철근

$$\frac{\Sigma A_{sl}}{u_k} = \frac{T_{Ed}}{2 \cdot A_k \cdot f_{yd}} \cdot \cot\theta = \frac{198 \cdot \cot 34°}{2 \cdot 0.626 \cdot 43.5} \quad = \mathbf{5.4\ cm^2/m}$$

EC2-2, 6.3.2: (103)(6.28)식 변환. 일반적으로 길이방향 철근은 등가 박벽단면 둘레에 고루 분배한다.

필요 비틀림 스터럽

$$\frac{A_{sw}}{s_w} = \frac{T_{Ed}}{2 \cdot A_k \cdot f_{yd}} \cdot \tan\theta = \frac{198 \cdot \tan 34°}{2 \cdot 0.626 \cdot 43.5} \quad = \mathbf{2.4\ cm^2/m}$$

EC2-2/NA, (NCI) 6.3.2: (103) (NA. 6.28.1)식 비틀림 스터럽 철근은 부재축에 수직하게 배치하며 그 간격은 길이방향 s_w로 한다.

비틀림 스터럽의 길이방향 최대 간격은 전단 스터럽과 같으나 $u_k / 8$를 넘을 수 없다.

EC2-1-1, 9.2.3 (3)

전단 스터럽의 길이방향 간격(전단설계 참조):

$$s_{\max} = 300\ \text{mm} < u_k / 8 = 3640/8 = 455\ \text{mm}$$

EC2-2/NA, (NDP) 9.2.2: (6) 표 NA. 9.1

• 비틀림과 전단이 같이 작용할 때

사압축대의 경사각 θ는 (6.7b DE)식의 V_{Ed} 대신에 벽체의 전단력 $V_{Ed,\,T+V}$를 (NA.6.27.1)식으로 구하여 대입하여 구한다.

EC2-2/NA, (NCI) 6.3.2 (NA. 102)

등가 박벽 단면의 벽체 전단력:

벽체의 비틀림 전단 흐름: $\tau_{t,i} \cdot t_{ef,i} = T_{Ed} / (2 \cdot A_k)$

EC2-1-1, 6.3.2: (1) (6.26)식

비틀림에 의한 벽체 전단력: $V_{Ed,i} = \tau_{t,i} \cdot t_{ef,i} \cdot z_i$

EC2-1-1, 6.3.2: (1) (6.27)식

여기서: $t_{ef,i} = 0.14\ \text{m}$

$A_k = 0.626\ \text{m}^2$

비틀림 검토 참조

$z_i = 1.50 - 0.14 = 1.36\ \text{m}$(벽체 i의 높이)

$$\rightarrow \quad V_{Ed,i} = T_{Ed} \cdot z_i / (2 \cdot A_k)$$

$$= 198 \cdot 1.36 / (2 \cdot 0.626) = 215\ \text{kN}$$

비틀림과 전단력에 의한 벽체 전단력:

EC2-2/NA, (NCI) 6.3.2: (102) (NA. 6.27.1)식

$$V_{Ed,\,T+V} = V_{Ed,\,T} + V_{Ed} \cdot t_{ef,i} / b_w$$

$$= 215 + 2150 \cdot 0.14/0.60 = 717\ \text{kN}$$

(6.7b DE)식에서 전단과 비틀림이 같이 작용할 때 $V_{Rd,cc}$를 구하기 위하여 b_w대신 등가 박벽 단면의 벽체 두께 $t_{ef,i}$를 대입한다.

$$V_{Rd,cc} = c \cdot 0.48 \cdot f_{ck}^{1/3}(1 - 1.2\sigma_{cp} / f_{cd}) \cdot \tau_{ef,i} \cdot z$$

EC2-2/NA, (NDP) 6.3.2: (2) (6.7b DE)식

$$V_{Rd,cc} = 0.5 \cdot 0.48 \cdot 35^{1/3} \cdot 0.14 \cdot 1.36$$

$$V_{Rd,cc} = 0.149\ \text{MN}$$

$$\rightarrow \quad \cot\theta \le 1.2 / (1 - 0.149 / 0.717)$$

$$\le 1.51 < 1.75$$

EC2-2/NA, (NDP) 6.3.2: (2) (6.107a DE)식

선택: $\boldsymbol{\theta = 34°}$, $\boldsymbol{\cot\theta = 1.48}$

전단설계는 6.4.1절 참조

전단과 비틀림이 같이 작용할 때 콘크리트 사압축대는 다음 식으로 검토한다.

$$\left(\frac{T_{Ed}}{T_{Rd,\max}}\right)^2 + \left(\frac{V_{Ed}}{V_{Rd,\max}}\right)^2 = \left(\frac{0.198}{0.845}\right)^2 + \left(\frac{2.15}{4.59}\right)^2 = 0.2 < 1.0$$

EC2-2/NA, (NCI) 6.3.2: (104) (NA. 6.29.1)식, 속이 찬 단면에 대하여

전단과 비틀림에 필요한 스터럽 철근을 구한다. (철근형태의 차이에 유의)

선택: 스터럽, 2가지 ϕ16 / 115 mm
여기서 $a_{sw,prov}$ = 35.0 cm²/m
> $a_{sw,rqd}$ = 30.1 + 2 · 2.4 = 34.9 cm²/m

• 비틀림과 휨

비틀림과 휨이 같이 작용하는 경우를 DIN EN 1992-2에서 고려한다. 이에 따르면 휨과 비틀림 철근을 따로 계산하여 더한다. 압축영역에서는 길이방향 철근이 압축내력을 감소시킨다.

EC2-2, 6.3.2 (103)

포스트텐션 부재의 강선에 대해 이 검토를 적용할 수 있다.

• 비틀림과 전단력, 휨모멘트와 축력

비틀림과 전단력, 휨모멘트와 축력이 동시에 작용할 때의 압축영역에서 임계 주응력이 발생하는 것을 막기 위해, 특히 박스단면에서는 주압축응력을 제한한다.

EC2-2/NA, (NCI) 6.3.2 (NA. 106)

6.5 프리캐스트 부재와 현장타설 콘크리트 바닥판의 부착

EC2-1-1, 6.2.5와 EC2-2/NA

프리캐스트 부재와 현장타설 콘크리트 바닥판 사이의 이음은 전단력에 대해 안전해야 한다. 먼저 이음부의 표면 거칠기와 요철을 검토한다.

EC2-1-1, 6.2.5 (1)

다음의 검토에서 이음부는 '거친' 표면이다. 즉, 골재가 적어도 3 mm 깊이에 분포되어야 한다.

EC2-2/NA, (NCI) 6.2.5 (2)

프리캐스트 부재의 현장타설 콘크리트 접촉면에서 부담하는 전단응력의 설계값 v_{Edi}는 (6.24)식으로 계산한다.

EC2-1-1, 6.2.5 (1)
여기서 첨자 i: interface

$$v_{Edi} = \beta \cdot V_{Ed}/(z \cdot b_i)$$

EC2-1-1, 6.2.5: (1) (6.24)식

여기서: β 고려하는 단면에서 압축 또는 인장영역의 총 축력에 대한 추가 콘크리트 영역이 부담하는 축력의 비

V_{Ed} 작용 전단력의 설계값

z 총 단면의 내부 팔길이

b_i 이음부의 폭

상부가 인장플랜지인 단면:

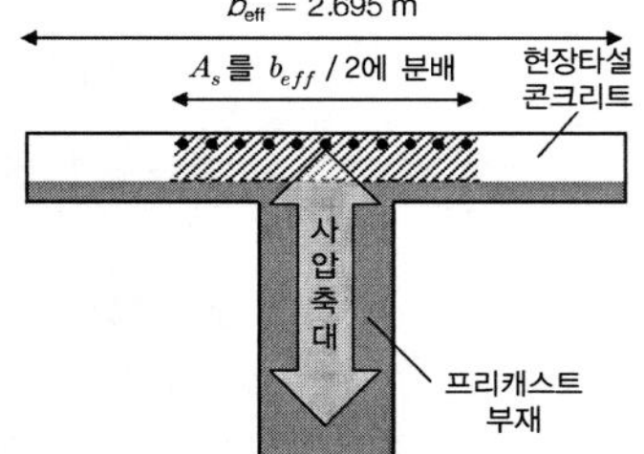

예를 들어 지점축 20 근처의 전단설계 결정단면(프리캐스트+현장타설 콘크리트)에 대해 설계를 수행한다.

6.2절의 휨과 축력에 대한 설계에서 설계 휨모멘트 M_{Eds}, 내부 팔길이 z, 압축영역의 높이 x값을 가져온다.

6.2절 참조

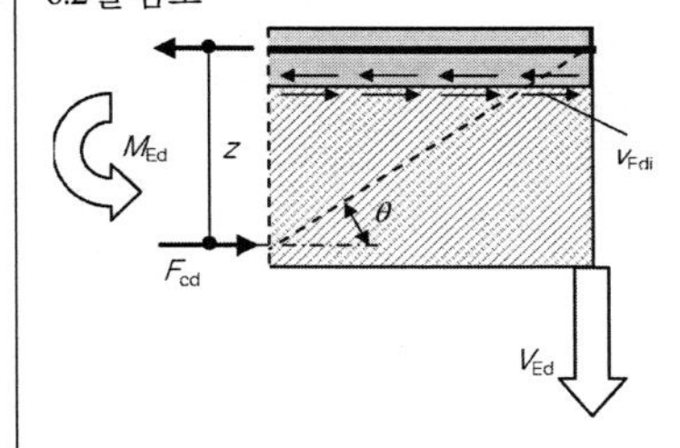

현장타설 콘크리트 인장 플랜지에 철근이 배근되므로 압축력은 전적으로 이음부에서 전달된다. 즉 $\beta = 1.0$이다.

전단설계에서 결정 전단값 V_{Ed}는 지점축에서 $d = 1.65$ m 떨어진 곳 근처로 결정단면 $d_i = 1.65 - 0.22 = 1.43$ m의 값은 보간하여 구한다.

6.4.1절 참조
$V_{Ed0} = 2327$ kN, 지점축 20의 값
$V_{Ed,red} = 2150$ kN − 지점축에서 1.65 m 떨어진 곳의 값
EC2-2/NA, (NCI) 9.2.1.2 (2), (NA. 102): 인장철근은 유효폭의 1/2에 분배

$V_{Ed,red} = 2150 + (2327 - 2150) \cdot 0.22/1.65 = 2174$ kN

$b = b_{eff} / 2 = 2.695/2 = 1.35$ m 인장 플랜지 폭

→ $v_{Edi} = 1.0 \cdot 2.150 / (1.11 \cdot 1.35)$ $= \mathbf{1.45\ MN/m^2}$

이음부의 전단강도 설계값:

EC2-1-1, 6.2.5 (1)

$$V_{Rdi} = c \cdot f_{ctd} + \mu \cdot \sigma_n + \rho \cdot f_{yd} \cdot (1.2\mu \cdot \sin\alpha + \cos\alpha) \le 0.5 \cdot \nu \cdot f_{cd}$$

EC2-1-1, (6.25)식과 부착철근 보강에 관한 EC2-2/NA, (NCI) 6.2.5 (1)

여기서:

c	$=0$	거칠기에 따른 계수(피로에 대한 값)
μ	$=0.7$	거친 이음부의 마찰계수
f_{ctd}		콘크리트 인장강도 설계값
f_{ctd}	$=1.27$ MN/m^2	현장타설 콘크리트 C35/45에 대한 값
σ_n	$=0$	이음부에 수직한 최소 응력
ρ	$= A_s / A_i$	
A_s		이음부를 교차하는 철근 단면적
A_i		전단력이 전달되는 이음부 면적
A_i	$= 1.35 \cdot 1.0 = 1.35$ m^2	
α	$=90°$	부착철근(스터럽)의 경사각
ν	$=0.50$	거친 이음부의 강도 감소계수

EC2-1-1, 6.2.5 (2)
EC2-2/NA, (NCI) 6.2.5: (NA. 105)
$c = 0$; 동적하중과 피로하중 작용할 때

f_{ctd}는 예를 보이기 위해서 계산한 것뿐이다. $c = 0$이면 점착에 관한 항은 없다.
EC2-1-1, (NDP) 3.1.6: (102)P (3.16)식 $\alpha_{ct} = 0.85$, $f_{ctk;0.05} = 0.21 f_{ck}^{2/3}$, $\gamma_c = 1.5$

콘크리트	$f_{ctk;0.05}$[MN/m²]	f_{ctd}[MN/m²]
C16/20	1.33	0.76
C20/25	1.55	0.88
C25/30	1.80	1.02
C30/37	2.03	1.15
C35/45	2.25	1.27
C40/50	2.46	1.39
C45/55	2.66	1.51
C50/60	2.85	1.62

필요 부착철근에 대한 식으로 (6.25)식을 변환한다.

$$A_{s,rqd} = \frac{v_{Edi} - (c \cdot f_{ctd} + \mu \cdot \sigma_n)}{f_{yd} \cdot (1.2\mu \cdot \sin\alpha + \cos\alpha)} \cdot A_i$$

$$A_{s,rqd} = \frac{1.45 - 0}{435 \cdot (1.2 \cdot 0.7)} \cdot 1.35 \cdot 10^4 = \mathbf{53.6\ cm^2}$$

EC2-2/NA, (NCI) 6.2.5: (1) (6.25)식 변환

부착철근은 접촉면에 고루 분포하게 배치하는데, 이에는 이미 설계한 전단 철근도 포함된다.

→ 이미 배치한 전단철근(비틀림 제외)
$a_{sw,prov} = 35.0 - 2.24 = 30.2\ \mathrm{cm}^2/\mathrm{m}$
6.4.2절 참조

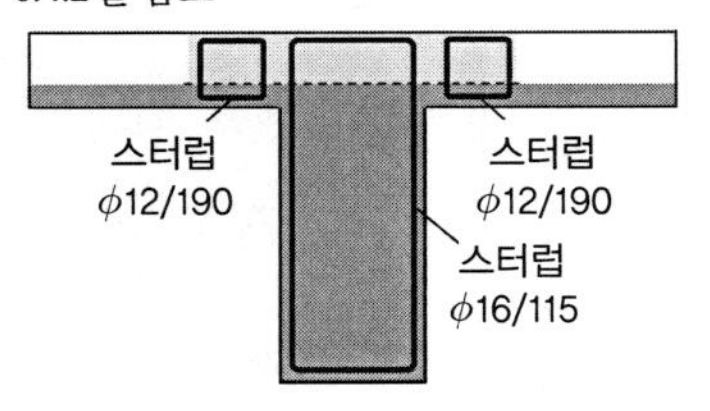

선택: 4가지의 추가 스터럽
$\phi 12/190\ \mathrm{mm} = 23.8\ \mathrm{cm}^2/\mathrm{m}$
$a_{s,prov} = 30.2 + 23.8 = 54.0\ \mathrm{cm}^2/\mathrm{m} > 53.6\ \mathrm{cm}^2/\mathrm{m}$

이음부의 최대 전단강도 검사:

$$v_{Rd,\max} = 0.5 \cdot \nu \cdot f_{cd} = 0.5 \cdot 0.50 \cdot 19.8$$
$$= \mathbf{4.95\ MN/m^2} > v_{Edi} = 1.45\ \mathrm{MN/m}^2$$

EC2-1-1, (NCI) 6.2.5: (1) (6.25)식
C35/45에 대한 f_{cd}

→ 검토를 만족한다.

6.6 피로

EC2-1-1, 6.8과 EC2-1-1/NA
EC2-2, 6.8과 EC2-2/NA

6.6.1 일반

구조물과 부재에 규칙적인 반복하중이 재하되면 콘크리트와 철근의 피로를 검토한다.

EC2-2, 6.8.1 (102)

도로교에서 드문 하중조합과 평균 프리스트레스하에서 콘크리트 압축응력이 $0.6f_{ck}$ 이하로 제한되면 콘크리트의 피로검토가 필요하지 않다. 5.6절에서 사용한계상태에서 드문 하중조합과 기준 프리스트레스하에서 콘크리트 압축응력은 $0.6f_{ck}$를 넘지 않았다.

EC2-2/NA, (NDP)6.8.1 (102). Note g)

5.6절 참조

다음은 휨과 전단을 받을 때 철근과 강선에 대한 피로검토이다.

기준하중으로 강재에 대해 피로검토를 수행한다. 피로검토는 피로하중모델 ELM 3에 대해 수행한다.[13]

EC2-2/NA, 부록 NA.NN.2 (102)P

사용강성 검토 대신에 강재에 대한 등가손상진폭에 대한 피로검토를 수행할 수 있다. 강재의 등가손상진폭은 다음 식으로 계산한다.

EC2-1-1, 6.8.5 (1)
EC2-2/NA, 부록 NA.NN.2 (102)P

$$\Delta\sigma_{s,equ} = \Delta\sigma_s \cdot \lambda_s$$

EC2-2/NA, 부록 NA.NN.2 (NA.NN.1)식

하중모델 3에 따른 응력진폭 $\Delta\sigma_s$로부터 등가손상진폭을 구하기 위한 수정계수 λ는 DIN EN 1992-2/NA, 부록 NA.NN.2에 따라 정한다.

입력값은 다음과 같다.

역자주 13 피로하중모델(ELM3)는 단일 차량 모델로 2.5절, 그림 6과 같다.

N_{obs} $=0.125 \cdot 10^6$ 화물차 비율이 낮은 간선도로

k_2 $=9$ 철근(직선/곡선 철근)

EC1-2, 4.6.1, 表 4.5

k_2 $=7$ 부착 포스트텐션 부재의 강선(강재 쉬스 내에 곡선 배치된 강선)

EC2-2/NA, (NCI) 6.8.4, 表 6.3DE
EC2-2/NA, (NCI) 6.8.4, 表 6.4DE

$N_{years}=100$ 교량의 기대 수명

차량하중에 대한 계수:

[1] ARS 22/2012, 부록 4. (1)

$\overline{Q}=0.82$ $k_2=9$와 지역차량에 대하여

EC2-2/NA, 부록 NA.NN.2, 表 NA.NN.1

$\overline{Q}=0.78$ $k_2=7$와 지역차량에 대하여

지간의 영향, 연도별 차량 증가, 사용 수명, 차선 수, 통행형태와 노면 상태에 따른 보정은 다음과 같다.

EC2-2/NA, 부록 NA.NN.2 (103)P

$$\lambda_s = \varphi_{fat} \cdot \lambda_{s,1} \cdot \lambda_{s,2} \cdot \lambda_{s,3} \cdot \lambda_{s,4}$$

EC2-2/NA, 부록 NA.NNA.2, (NA.NN.2)식

표 6.6-1: 보정계수 $\lambda_{s,1}$(지간과 구조계의 영향 계수)

$\lambda_{s,1}$	지점	지간 1+2 (l =29.5 m)	지간 3 (l =22.75 m)	전단철근
철근	0.94	1.19	1.14	1.18
강선	1.06	1.33	1.29	–

EC2-2/NA, 부록 NA.NN.2
그림 NA.NN.1과 2

보정계수 $\lambda_{s,2}$(연도별 차량 증가와 통행형태의 영향계수):

$$\lambda_{s,2} = \overline{Q} \cdot \sqrt[k_2]{\frac{N_{obs}}{2.0}}$$

EC2-2/NA, 부록 NA.NN.2, (NA.NN.3)식

철근: $\lambda_{s,2}$ $=0.82 \cdot (0.125/2.0)^{1/9}$ $=0.60$

강선: $\lambda_{s,2}$ $=0.78 \cdot (0.125/2.0)^{1/7}$ $=0.52$

보정계수 $\lambda_{s,3}$ (사용수명의 영향계수):

$$\lambda_{s,3} = \sqrt[k_2]{\frac{N_{years}}{100}} = \sqrt[k_2]{\frac{100}{100}} \quad =1.0$$

EC2-2/NA, 부록 NA.NN.2, (NA.NN.4)식

보정계수 $\lambda_{s,4}$ (다수의 차선에 대한 영향계수):

$$\lambda_{s,4} = \sqrt[k_2]{\frac{\Sigma N_{obs,i}}{N_{obs,1}}}$$

EC2-2/NA, 부록 NA.NN.2, (NA.NN.5)식

이들 보정계수를 정하기 위해서는 건설 기본계획이 필요하다. 다음 계산에서는 일반적으로 공항에서는 1방향 통행이 발생하므로 보정계수는 $\lambda_{s,4}$ = 1.0으로 한다.

보정계수 φ_{fat}(노면상태의 영향계수):

EC2-2/NA. 부록 NA.NN.2 (108)P

$\varphi_{fat} = 1.2$ 노면은 약간의 요철이 있는 상태

[1] ARS 22/2012, 첨부 4. (1): 교량포장은 [2] ZTV-ING에 따름

$\lambda_s = 1.2 \cdot \lambda_{s,1} \cdot \lambda_{s,2} \cdot 1.0 \cdot 1.0 = 1.2 \cdot \lambda_{s,1} \cdot \lambda_2$

표 6.6-2: 보정계수 λ_s의 결정

λ_s	지점	지간 1+2	지간 3	전단철근
철근: $\lambda_{s,2} = 0.60$ $\lambda_s =$	$\lambda_{s,1} = 0.94$ **0.68**	$\lambda_{s,1} = 1.19$ **0.86**	$\lambda_{s,1} = 1.14$ **0.82**	$\lambda_{s,1} = 1.18$ **0.85**
강선: $\lambda_{s,2} = 0.52$ $\lambda_s =$	$\lambda_{s,1} = 1.06$ **0.66**	$\lambda_{s,1} = 1.33$ **0.83**	$\lambda_{s,1} = 1.29$ **0.80**	–

6.6.2 휨에 대한 피로검토

피로검토는 "흔한 하중조합을 확장한 경우"에 대해 수행한다. 고정하중은 기준값으로 고려한다.

EC2-2/NA, (NCI) 6.8.3 (1)P

프리스트레스의 부정정 부분은 기준값을 고려하고, 정정 부분은 평균값을 0.9배 하여 고려한다.

강선 커플러가 있는 시공 이음에서는 프리스트레스의 정정 부분의 평균값에 0.75배 하여 줄인다.

예상 지점침하는 고정하중으로 간주하여 기준값을 고려한다.

EC0, 부록 A, A.2.2.6: (1) 표 A.2.1

온도하중은 흔한 경우에 관한 계수 $\psi_1 = 0.6$을 적용한다.

모멘트 M_0에 대한 조합:

$$M_0 = \Sigma M_{g,k} + 1.0 \cdot M_{SET,k} + 0.6 \cdot M_{TM,k} + 1.1 \cdot M_{Pm\infty,ind,k}$$
$$+ 0.9 \cdot M_{Pm\infty,dir}$$

단면력은 표 3.2-1과 4.3-1 참조
프리스트레스에 의한 모멘트는 부정정 부분을 제외한다.
$M_{Pm\infty,dir} = -6220 - 1091 = -2311$ kNm
압축력이 (+)

지간 2의 최대 지간 모멘트를 계산하면:

$$M_0 = (1211 + 403) + 190 + 0.6 \cdot 1098 + 1.1 \cdot 6220 - 0.9 \cdot 7311$$
$$= 2725 \text{ kNm}$$

$$N_0 = 0.9 \cdot 8484 = 7636 \text{ kN}$$

철근에 대한 등가손상진폭 $\Delta\sigma_s$를 계산하기 위해 피로하중모델 3의 차축하중에 다음 계수를 곱한다.

EC2-2/NA, 부록 NA.NN.2 (101)P

중간지점을 고려한 계수: $\gamma_{ELM3} = 1.75$

나머지 구간에 대한 계수: $\gamma_{ELM3} = 1.40$

피로하중모델 3에 의한 휨모멘트:

$\min \Delta M_{ELM3} = 1.4 \cdot (-153) = -214$ kNm

$\max \Delta M_{ELM3} = 1.4 \cdot 757 = 1060$ kNm

단면력은 표 3.2-1 참조

설계 휨모멘트:

M_{min} $= 2725 - 214$ $= 2511$ kNm

M_{max} $= 2725 + 1060$ $= 3785$ kNm

이 설계모멘트에 대한 철근과 강선의 응력은 반복 계산하여 구하거나 *Hochreither*[5]의 설계도표를 이용하여 구할 수 있다. 상태 II(균열상태)의 철근 응력은 *Kupfer*[9]의 표 Va로 구할 수 있다. 이후에 철근과 강선의 평균 높이에 대해 인장력을 계산한다.

[5] *Hochreither*: '부분 프리스트레스된 휨 부재의 설계규정'과
[9] *Kupfe*: '프리스트레스트 콘크리트 부재 설계', BK 1991/ I 참조
5.6절 참조

EC2-1-1, 6.8.2 (2)P: 피로검토는 상태 II(균열상태)에 대해 수행한다.

[9] 표 Va의 입력값:

$M_r = M - N \cdot y_r$ 여기서 $y_r = 1.006 + 0.10 = 0.906$ m

$N \cdot h_r / M_r$ 여기서 $h_r = 1.50 - 0.10 = 1.40$ m

$n \cdot \mu = (E_s / E_c) \cdot (A_s + A_p) / (b \cdot h_r)$

$= (200/34) \cdot (17.1 + 3 \cdot 22.5) / (267 \cdot 140) = 0.013$

현장타설 콘크리트 바닥판이 압축영역
C35/45: $E_{cm} = 34000$ MN/m²
배치된 최소 철근 A_s
6.3절 참조
등가폭 결정 $b_i = 2.67$ m
5.6절 참조

인장력(T)으로부터 *Kupfer*[9]를 이용하여 철근응력을 구할 수 있다.

$\sigma_s = (M_r / (k_z \cdot h_r) + N) / (A_s + \alpha \cdot A_p) = T / (A_s + \alpha \cdot A_p)$

여기서: $\alpha = y_{np} / y_{ns} \approx 0.975/1.075 = 0.90$

$\sigma_p = (T - \sigma_s \cdot A_s) / A_p$

표 6.6-3: 피로검토를 위한 철근과 강선응력

입력값	$M_{min} = 2511$ kNm	$M_{max} = 3785$ kNm
$M_r = M - N \cdot y_r$	9429 kNm	10703 kNm
$N \cdot h_r / M_r$	−1.13	−1.00
표 Va에서 읽은 값: k_2	0.84	0.88
$T = M_r / (k_z \cdot h_r) + N$	−382 kN	−1052 kN
σ_s	−49 MN/m²	−135 MN/m²
σ_p	−44 MN/m²	−122 MN/m²

[9] 표 Va

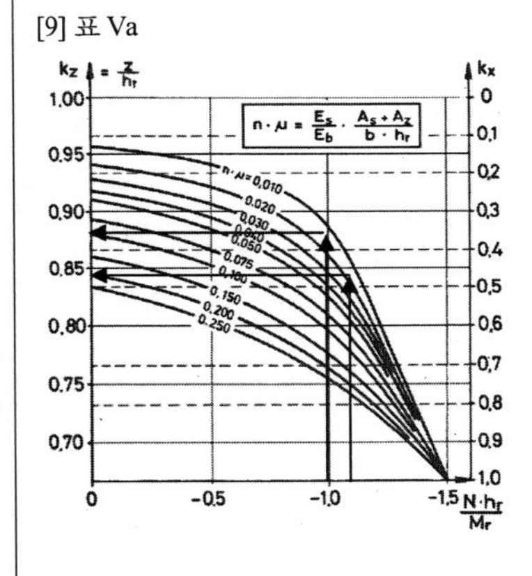

이로부터 상태 II의 단면에서 응력진폭은 다음과 같다.

철근: $\Delta\sigma_s$ $= 135 - 49$ $= 86$ MN/m²

강선: $\Delta\sigma_p$ $= 122 - 44$ $= 77$ MN/m²

철근과 강선의 부착거동이 다른 것은 철근응력을 계수 η로 증가시켜 고려한다.

EC2-1-1, 6.8.2 (2)P

DIN EN 1992-2/NA에서는 그 외에도 철근과 강선의 높이가 다른 것도 고려한다.

$$\eta = \frac{A_s + \Sigma \frac{e_{pi}}{e_s} \cdot A_{pi}}{A_s + \Sigma \frac{e_{pi}}{e_s} \cdot A_{pi} \cdot \sqrt{\xi \cdot \phi_s / \phi_p}}$$

EC2-2/, (NCI) 6.8.2, 그림 NA. 6.101: 철근과 강선의 높이를 고려한 근사식

여기서:

EC2-1-1, 표 6.2

ξ $=0.5$

ϕ_s $=20$ mm

EC2-1-1, 6.8.2 (2)P (6.64)식

ϕ_p $=1.6 \cdot \sqrt{A_p}$ $=1.6 \cdot \sqrt{2250}=76$ mm

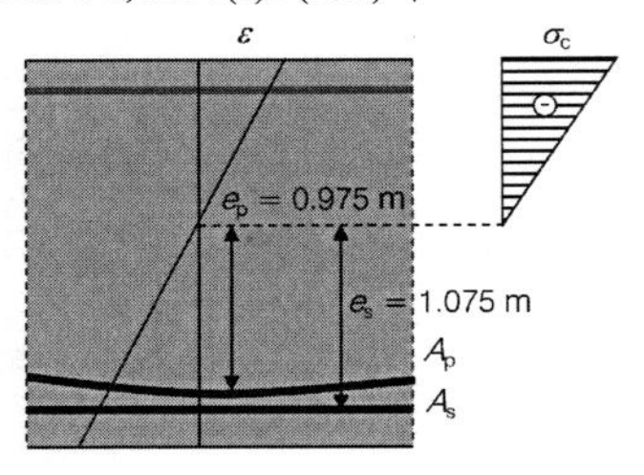

A_s $=17.1$ cm^2 (강건성(robustness)를 위한 철근)

A_p $=3 \cdot 22.5$ $=67.5$ cm^2

e_{si}, e_{pi} − 각 강재가 중립축에서 떨어진 거리

e_{pi}/e_{s1} $=0.975/1.075$ $=0.90$

$$\eta = \frac{17.1 + 0.9 \cdot 67.5}{17.1 + 0.9 \cdot 67.5 \cdot \sqrt{0.5 \cdot 20/76}} = 1.99$$

최종적으로 철근의 응력진폭은 다음과 같다.

$\Delta\sigma_s$ $=1.99 \cdot 86$ **$=171$ MN/m^2**

등가손상진폭은 다음과 같다.

등가손상진폭은 응력스펙트럼이 일정할 때 N^* 반복 응력에 대한 진폭으로 차량흐름에 따른 진폭 스펙트럼에 의한 손상이 같은 것이다.

철근 $\Delta\sigma_{s,equ}$ $=0.86 \cdot 171$ **$=147$ MN/m^2**

강선 $\Delta\sigma_{p,equ}$ $=0.83 \cdot 77$ **$=64$ MN/m^2**

철근, 강선과 커플러의 피로검토는 다음 조건을 만족해야 한다.

EC2-1-1, 6.8.5 (3)

$$\gamma_{F,fat} \cdot \Delta\sigma_{s,equ}(N^*) \leq \Delta\sigma_{Rsk}(N^*)/\gamma_{S,fat}$$

EC2-1-1, (6.71)식

여기서:

$\Delta\sigma_{Rsk}(N^*)$ N^* 반복재하에서 S-N 곡선의 진폭 값

$\Delta\sigma_{Rsk}(N^*)=175$ MN/m^2 철근에 대한 값

$\Delta\sigma_{Rsk}(N^*)=120$ MN/m^2 강재 쉬스 내부의 곡선강선(Class 1)에 대한 값

EC2-2/NA, 표 6.3DE
EC2-2/NA, 표 6.4DE

$\gamma_{F,fat}=1.0$ 하중의 부분안전계수

EC2-2/NA, (NDP) 6.8.4 (1)
EC2-2/NA, 표 2.1DE

$\gamma_{S,fat}=1.15$ 재료의 부분안전계수

철근 검토:

$1.0 \cdot$ **1.47 MN/m^2** $< 175 / 1.15 =$ **152 MN/m^2**

→ 검토 만족!

강선 검토:

$1.0 \cdot$ **64 MN/m^2** $< 120 / 1.15 =$ **104 MN/m^2**

→ 검토 만족!

6.6.3 전단에 대한 피로검토

스터럽에 대한 피로검토는 피로하중모델 3에 의한 전단력과 비틀림 모멘트에 대해 수행한다.

피로하중모델 3에 의한 지점축 30의 전단력:

단면력은 표 3.2-2 참조

$$\min\Delta V_{z,ELM3} = 1.752 \cdot (-214) = -374\ \text{kN}$$

EC2-2/NA, 부록 NA.NN.2 (101)P: 중간지점에 대한 하중계수 1.75

$$\max\Delta V_{z,ELM3} = 1.75 \cdot 23 = 40\ \text{kN}$$

$$V_{z,fat} = (\max\Delta V_{z,ELM3} - \min\Delta V_{z,ELM3}) = 414\ \text{kN}$$

피로하중모델 3에 의한 지점축 30의 비틀림 모멘트:

$$(\min\Delta V_z)\text{에 따른 } \Delta T_{ELM3} = 1.75 \cdot 22 = 38\ \text{kNm}$$

$$(\max\Delta V_z)\text{에 따른 } \Delta T_{ELM3} = 1.75 \cdot (-4) = -7\ \text{kNm}$$

$$T_{fat} = 45\ \text{kNm}$$

전단철근의 피로검토에서 사압축대 경사각 θ_{fat}는 강도한계상태의 사압축대 경사각에서 구한다.

$$\tan\theta = \sqrt{\tan\theta} \leq 1.0$$

$$\tan\theta = \sqrt{1/1.48} = 0.82 \leq 1.0 \rightarrow \cot\theta_{fat} = 1.22$$

EC2-1-1, 6.8.2: (3) (6.65)식

이미 배근한 스터럽 $\phi 16 / 115$ mm (각 스터럽 가지에 대해 $A_{sw}/s_w = 17.5\ \text{cm}^2/\text{m}$에 대한 등가손상진폭:

$$\Delta\sigma_{s,equ}(N^*) = \lambda_s \cdot \left(\frac{\dfrac{V_{z,fat}}{2 \cdot z \cdot \cot\theta_{fat}} + \dfrac{T_{fat}}{2 \cdot A_k \cdot \cot\theta_{fat}}}{\dfrac{A_{sw}}{s_w}} \right)$$

λ_s – 표 6.6-2 참조
z – 6.2절 참조
A_k – 6.4.2절 참조

$$= 0.85 \cdot \left(\frac{\dfrac{0.414}{2 \cdot 1.11 \cdot 1.22} + \dfrac{0.045}{2 \cdot 0.626 \cdot 1.22}}{17.5 \cdot 10^{-4}} \right)$$

$$\Delta\sigma_{s,equ}(N^*) = 0.85 \cdot \left[\frac{(0.153 + 0.029)}{17.5 \cdot 10^{-4}} \right] = 0.85 \cdot 104 = \mathbf{88\ MN/m^2}$$

전단철근의 피로검토는 다음 조건을 만족해야 한다.

EC2-1-1, 6.8.5 (3)

$$\gamma_{F,fat} \cdot \Delta\sigma_{s,equ}(N^*) \leq \Delta\sigma_{Rsk}(N^*) / \gamma_{S,fat}$$

EC2-1-1, (6.7.1)식

여기서:

$\Delta\sigma_{Rsk}(N^*)$ N^* 반복재하 시 진폭

$\Delta\sigma_{Rsk}(N^*) = 175\ \text{MN/m}^2$ 철근에 대해서

EC2-2/NA, 표 6.3DE

$\gamma_{F,fat} = 1.0$ 하중에 대한 안전계수

EC2-2/NA, (NDP) 6.8.4 (1)

$\gamma_{S,fat} = 1.15$ 재료에 대한 안전계수

EC2-2/NA, 표 2.1DE

철근 직경 $\phi \leq 16$ mm인 스터럽에 대한 감소계수 ζ_1은 스터럽 경사각이 90° 이며 스터럽 높이 ≥600 mm인 경우에 적용하지 않는다.

EC2-2/NA, (NCI) 6.8.47, 표 6.3DE

전단철근의 피로검토:

$1.0 \cdot$ **88 MN/m²** $< 175 / 1.15 =$ **152 MN/m²**

→ 검토 만족!

7. 배근도

간략 배근도

단면: 지간 2

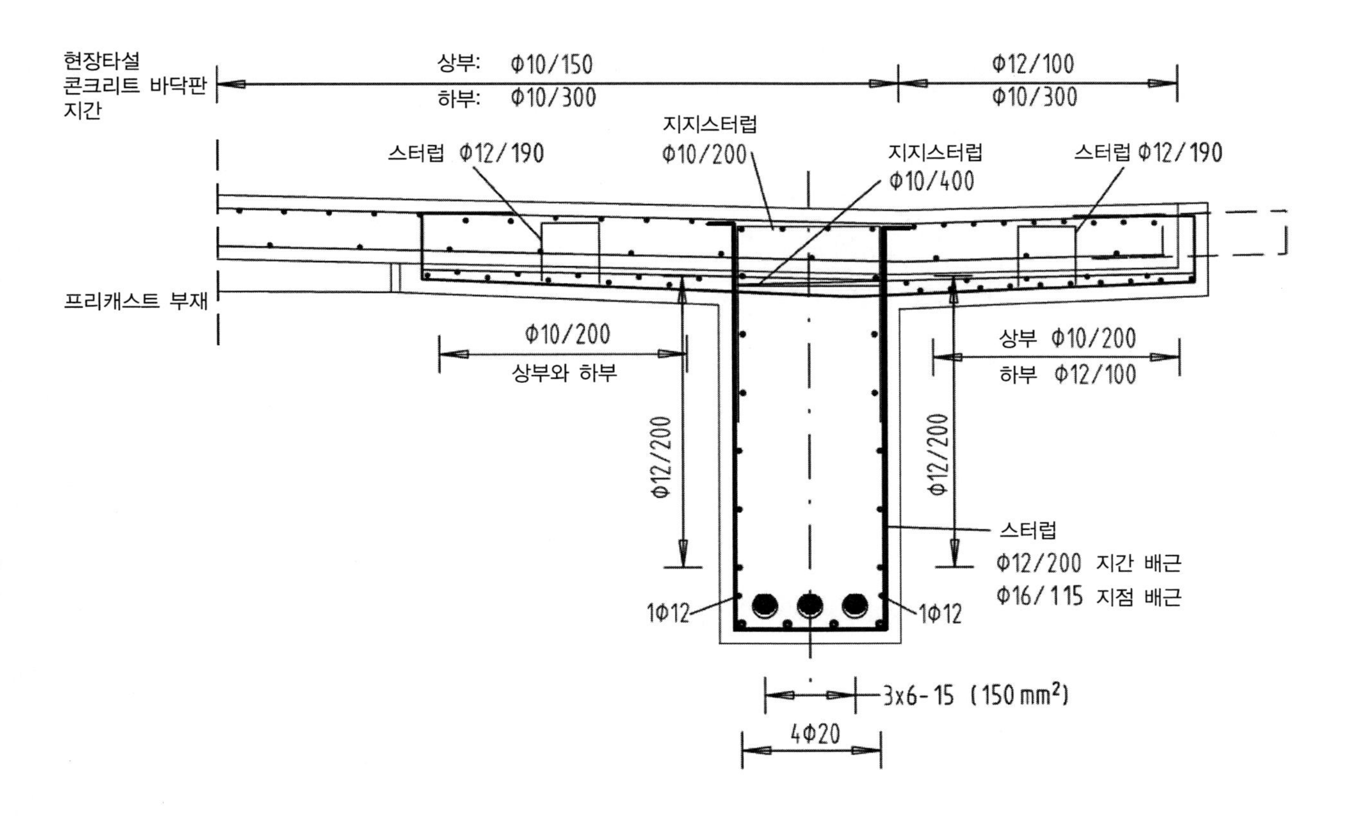

부재: 예제 14: 프리캐스트 프리스트레스트 콘크리트 합성 교량	
콘크리트 강도 등급과 노출등급 프리캐스트 부재: C45/55 XC4, SD1, XF2, WA 현장타설 콘크리트: C35/45 XC4, SD1, XF2, WA	철근 – 강선 B 500 B–St 1570/1770
피복두께 스터럽: 45 mm (c_{nom}) 쉬스: 85 mm (c_{nom})	설계자: WTM ENGINEERS

역자 미주 1 ARS 22/2-12에서는 EC1-1-5, 표 6.2(표면 두께의 변화에 따른 보정계수 k_{sur}의 권장값)에 대해 다음을 제안한다.

도로교, 보도교, 철도교						
포장두께	Type 1 강구조		Type 2 합성구조		Type 3 콘크리트 구조	
	상면이 하면보다 온도가 높을 때	하면이 상면보다 온도가 높을 때	상면이 하면보다 온도가 높을 때	하면이 상면보다 온도가 높을 때	상면이 하면보다 온도가 높을 때	하면이 상면보다 온도가 높을 때
[mm]	k_{sur}	k_{sur}	k_{sur}	k_{sur}	k_{sur}	k_{sur}
포장이 없을 때	1.61)	0.6	1.1	0.9	1.5[1)]	1.0
50	1.0	1.0	1.0	1.0	1.0	1.0
80	0.82	1.1	1.0	1.0	0.82	1.0
100	0.7	1.2	1.0	1.0	0.7	1.0
150	0.7	1.2	1.0	1.0	0.5	1.0
자갈 (600mm)	0.6	1.4	0.8	1.2	0.6	1.0

[1)] 이 값은 검은색 포장에 대한 상한값이다.

예제 15 : 폐기물 보관창고 벽체

차례

예제 15 : 폐기물 보관창고 벽체

과제 개요

그림 1의 폐기물 보관창고에서 벽기둥으로 보강한 A축 벽체를 설계한다.

EC2-1-1은 건물구조뿐만 아니라 토목구조의 해석과 설계에 적용된다.

외측 벽체의 구조계산은 비선형 계산으로 수행한다.
벽체에는 폐기물의 압력과 수압, 온도하중 및 풍하중과 크레인 사용하중이 작용한다.

유럽설계기준에서 규정의 각 항목기호는 다음을 뜻한다.
(1)P 총괄 기준→ 원칙
(1) 원칙을 만족하는 적용항목

횡방향은 라멘구조로 지지된다. 구조계는 지붕도리, 기둥과 기초슬래브로 구속되는 벽기둥으로 구성된다. 창고의 지붕은 평면응력부재로 간격 6.25 m의 라멘구조와 결합된다.

국가별 부록(NA: National Appendix) 설명:
NDP National Determined Parameter(국가별 결정 변수)
NCI National Complementary Information (국가별 보충 정보)

주로 정적(static)인 하중이 작용한다.

EC2-1-1/NA, (NCI) NA. 1.5.2.6: 주로 정적인 하중
EC2-1-1, 6.8.1: (2) 크레인에 대해서는 이 예제에서 상세하게 다루지 않았다.

폐기물 보관창고의 설계 시 요구사항은 다음과 같다.

- 폐기물 압력을 받을 수 있을 것
- 지표면에서 높이[1] ±0.0 mm까지의 수압을 받을 수 있을 것
- 화학적 침해에 대한 수밀성과 저항능력이 있을 것
- 물리적 침해(버켓 충돌)과 마찰 시의 압력에 대한 내하력이 있을 것[2]

벽체 바깥면의 환경 조건:
- 높이 ±0.0 m이상: 실외 부재, 직접 비에 접하며 동결될 수 있다
- 높이 ±0.0 m이하: 실내 부재, 빈번하게 외기와 접하나 동결되지는 않는다

건축주의 특별 요구사항:

토목 구조물의 계획과 설계에서 사용 시의 특성값이, 예를 들어 EC2-1-1/NA 表 7.1DE의 최소 요구조건과 같은 제한값을 넘지 않도록 건축주와 정기적으로 협의한다. 이들 한계상태는 결정 하중조합하에서 주어진 값을 만족해야 한다.

준-고정 하중조합과 이에 더한 폐기물의 온도하중에 대해 계산 균열폭 w_k =0.30 mm 이하로 할 것

드문 하중조합(폐기물하중, 풍하중, 온도하중과 크레인 하중)하에서 라멘구조계의 최대 상단편심[3]은 지붕도리의 높이에서 최대 $h/150$으로 할 것

라멘구조의 상단 편심이 이보다 큰 것은 극단적인, 드문 설계상황으로 여기서는 다루지 않는다.

역자주 1 여기서 높이는 그림1에서와 같이 건물 부지의 지표면에서 높이를 말한다.

역자주 2 폐기물을 운반하는 장치(크레인 등)에 딸린 버켓이 충돌하는 경우와 고체 폐기물이 벽체에 직접 부딪혔을 때의 국부적 충격과 마찰을 고려한 것이다.

역자주 3 시공오차 또는 하중의 예기치 않은 편심으로 기둥의 기울어짐이 발생할 수 있다. 벽체와 기둥 중심선의 기울어짐은 EC2-1-1, 5.2절에 제시되어 있다. 기울어짐으로 편심을 정의하는 것이 라멘 등의 구조에서는 적절하지 않을 수 있다. 이런 경우 구조계상단의 편심을 정의한다(그림에서 f).

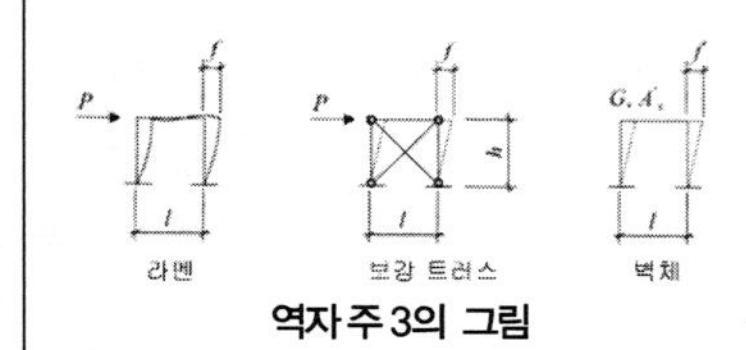

역자주 3의 그림

재료:

- 콘크리트 C35/45
- 철근 B500A(보통연성)
- 철근망 B500A(보통연성)

EC2-1-1, 3.1: 콘크리트
EC2-1-1, 3.2: 철근

환경보호의 관점에서 필요한 다른 요구조건(예를 들어서 물관리법[4]에 따른 것)은 이 예제에 포함하지 않았다.
예를 들어 다음의 자료를 참고하라.
[12] *Brüning*: 고체 폐기물을 저장하는 철근콘크리트 구조의 온도하중: DAfStb-Heft 470
[13] *Grote*: 폐기물 처리장 콘크리트 건물에서 미세재료를 포함하는 액체의 누출에 관한 규정: DAfStb-Heft 483

1. 구조형상, 부재 치수, 피복 두께

1.1 구조형상과 부재 치수

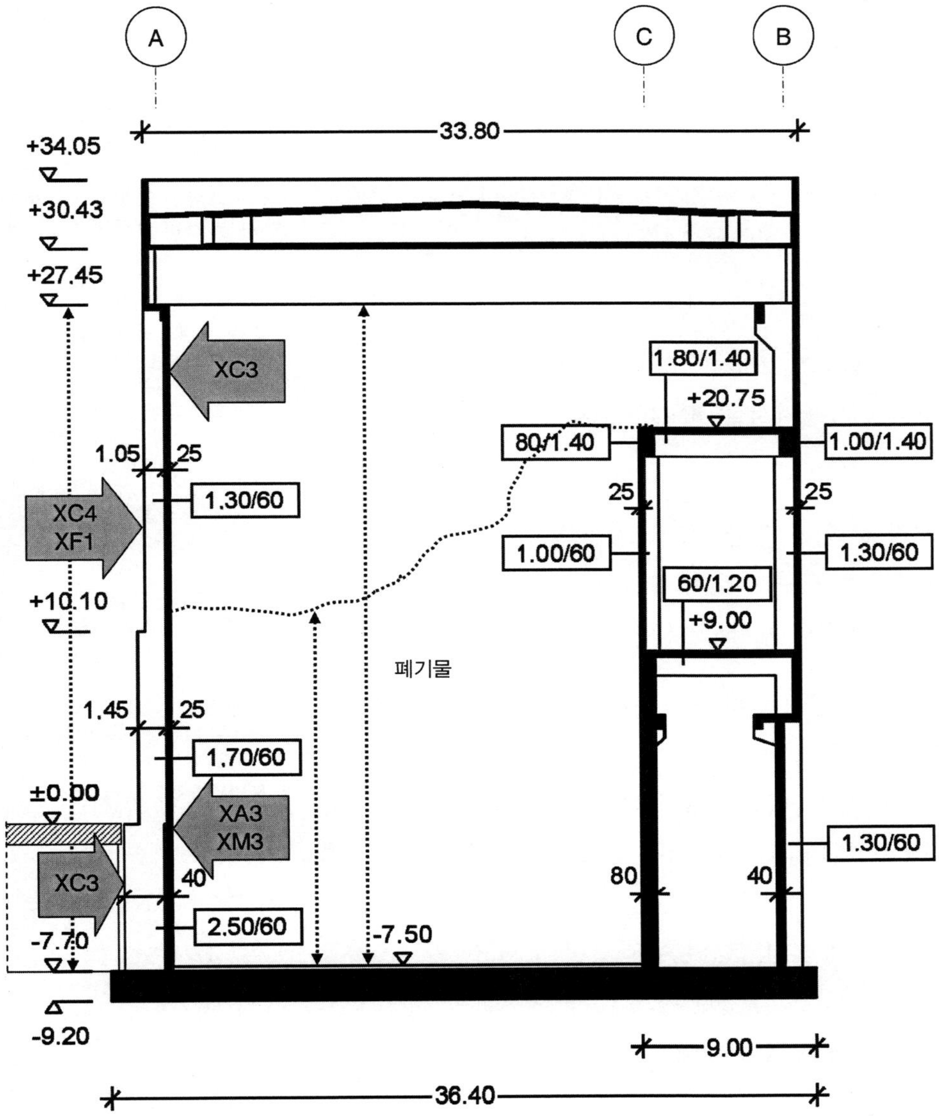

그림 1: 건물단면과 구조부재의 단면치수, A축 위치의 바깥단면의 노출등급

역자주 4 WHG (Wasserhauslatgesetz: Law on the organization of the water balance)을 말한다.

1.2 최대 강도등급, 피복두께

EC2-1-1, 4: 내구성과 피복두께

노출등급의 선택

벽기둥과 외측 벽체:

• 탄산화에 의한 철근 부식:

비에 직접 젖는 실외부재, 높이 ±0.0 m 상부 → XC4

외기와 접하는 부재, 높이 ±0.0 m 하부 → XC3

최소 강도등급 → C25/30

EC2-1-1, 표 4.1: 노출등급
XC4: 표면이 습윤 또는 건조 상태가 교번하며 XC2 등급으로 평가할 수 없는 경우
XC3: 보통의 습윤 상태,
대기습도가 보통 또는 높은 건물의 콘크리트

• 콘크리트의 동결 피해:

실외부재 → XF1

콘크리트 최소 강도등급 → C25/30

EC2-1-1, 표 4.1: 노출등급
XF1: 염화물을 사용하지 않는 보통의 습윤 상태. 콘크리트 표면에 수직하게 비가 내리고, 동결되는 경우는 제외

내측 벽체:

• 탄산화에 의한 철근 부식:

빈번하게 외기와 접함 → XC3

콘크리트 최소 강도등급 → C20/25

EC2-1-1, 표 4.1: 노출등급
XC3: 대기습도가 보통 또는 높은 건물의 콘크리트
습도등급 WF - 알칼리 골재 반응에 의한 콘크리트 손상(콘크리트는 빈번하게 습윤 상태)

• 환경조건(폐기물)에 따른 화학적 침해로 콘크리트 손상:

화학적 침해가 큰 환경조건의 산업시설(DIN EN 206-1) → XA3

콘크리트 최소 강도등급 → C35/45

EC2-1-1, 표 4.1: 노출등급
XA3: 화학적 침투성이 강한 환경조건([DBV5]의 추천값 ≥ XA3)
여기서 화학적 침투성을 XA3 등급으로 평가하는 것은 적절한 콘크리트 배합을 전제로 특별한 품질관리를 하는 경우에 대한 것이다. DIN 1045-2, 5.3.2에 따라 콘크리트 표면에 추가의 보호막을 하는 것은 물리적인 침해가 매우 커서 불가능하다.

• 마찰압력(폐기물 버켓의 충격)에 의한 콘크리트 손상:

버켓 충격을 큰 마찰압력으로 간주 → XM3

콘크리트 최소 강도등급(표면처리를 따로 하지 않을 때) → C35/45

DIN 1045-2, 표 1과 EC2-1-1, 4.4.1.2: (13)
Note: 경우에 따라 XM3 등급에 대해 적절한 콘크리트 배합과 특별한 품질관리가 필요하다.
다른 방법 → EC2-1-1, 4.4.1.2: (13)
콘크리트 피복두께 증가(보호 콘크리트), 즉, 최소 피복두께 c_{min}을 15 mm로 한다.
DIN 1045-2, 표 F.2.2에 따라 DIN 1100의 경화제를 사용하는 것은 수직 벽체에 적합하지 않다.

폐기물 보관창고의 화학적 및 물리적 하중은 DBV - 지침 "콘크리트 구조에 대한 화학적 침해"[DBV5]를 참조:

- 화학적 하중: 예를 들어 폐기물의 유기물에 의한 화학반응
- 물리적 하중: 폐기물에 포함된 금속, 철제 부분과 버켓에 의한 물리적 침해

선택: C35/45 XC4, XA3, XF1, XM3, WF

같은 범주의 노출등급(여기서는 탄산화에 대한 것 XC)이 서로 다른 때는 일반적으로 높은 등급을 적용한다(콘크리트 시공에서 중요).

콘크리트 피복두께는 노출등급 XC4에 대해 정한다.

EC2-1-1, 표 4.4DE: 최소 콘크리트 피복두께 c_{min}과 허용오차 Δc_{dev}는 노출등급에 따라 다르다. c_{min}에 대해 가능한 감소값을 5~10 mm로 하는 것을 적용하지 않는다.

벽체와 벽기둥

→ 최소 피복두께 c_{min} = 25 mm

\+ 허용오차 Δc_{dev} = 15 mm

EC2-1-1, 4.4.1.1

= 공칭 피복두께 c_{nom} =40 mm

EC2-1-1, 4.4.1.2

부착 성능을 보장: ≥ 철근직경 ≥ 12~28 mm

길이방향 철근 ϕ28: $c_{\min}=28$ mm; $\Delta c_{dev}=10$ mm; $c_{nom}=38$ mm

스터럽 ϕ12: $c_{\min}=128$ mm; $\Delta c_{dev}=10$ mm; $c_{nom}=22$ mm

DAfStb-Heft [600], 추가 4.4.1.3 (1)P: 부착조건이 결정적일 때는 허용오차를 Δc_{dev} = 10 mm로 하는 것으로 충분하다.

선택: 사용 피복두께 c_v = 40 mm, 스터럽 ϕ12에 대한 값

→ 길이방향 철근 ϕ28의 사용 피복두께: $c_v=40$ mm + 12 mm = 52 mm

A축의 벽체에서 허용오차는 간단하게 외측과 내측에 같은 크기로 선택한다.

2. 하 중

2.1 폐기물 하중에 대한 일반적인 사항

폐기물 하중은 지침이나 규정에 정의되어 있지 않다. 해당 하중은 각각의 경우에 대해 시설운영자와 협의하여 정해야 한다.

EC0: 구조 설계 기본사항
EC1-1-1: 구조계의 하중

수평압력계수는 폐기물 더미가 불균질하다는 조건을 고려하여 매우 제한적으로 토압계수와 유사하게 결정할 수 있다.

하중은 기존의 운용중인 시설의 측정 및 경험을 반영하여 정하는 것이 바람직하다. 다음의 압력계수 계산은 예를 들어서 대략 값을 보인 것이다.

이 예제에서와 같이 상대적으로 강성이 큰 벽체에서는 수평토압계수를 정토압과 유사하게 정한다.
마찰계수 $\varphi=45°$에 대한 정토압 계수는 $k_h=1-\sin\varphi=1-0.707=0.293$이다.
마찰계수 $\varphi=50°$에 대한 정토압 계수는 $k_h=0.234$이다.
이 예제에서는 평균 수평 정토압 계수로 $k_h=0.25$로 계산한다.

압력계수 0.25는 통상적인 값으로 계측한 값과 잘 맞는다.

폐기물 하중에 대한 더 많은 정보는 예를 들어 [14] Torringrn: Bautechnik bei Müllverbrennungsanlagen (폐기물 소각장의 건설기술), VGB-Baukonferenz 1996에서 얻을 수 있다.

폐기물 자중과 이에 따라 벽체에 작용하는 하중은 폐기물 성분과 밀도에 따른 것으로 적치 높이와 보관조건에 따른 값이다.

폐기물의 비중은 적치높이에 따라 정한다. 외부 벽체 설계에서 적치높이는 $h_M=10.50-(-7.50)=18.0$ m이다.
적치높이의 상부 1/2의 폐기물 비중은 $\gamma_{M1}=3.0\,\text{kN/m}^3$, 하부 1/2은 $\gamma_{M2}=5.0\,\text{kN/m}^3$로 한다.

그림 2 참조

비중을 다르게 하는 것은 폐기물이 자체 압밀되는 것을 고려한 것이다.

축 C의 내부 벽체에 대해서는 적치높이를 $h_M=20.75-(-7.50)=28.25$ m로 한다. 폐기물 하중은 9.25~9.50 m 높이로 비슷한 높이의 3개 구간으로 나누어 정한다. 이 3개 구간의 폐기물 비중은 $\gamma_{M1}=3.0\,kN/m^3$, $\gamma_{M2}=5.0\,kN/m^3$, $\gamma_{M3}=7.0\,kN/m^3$이다.

폐기물의 특성과 구성성분에 따라서 가열되기도 하고 발화되기도 한다. 가열되는 경우에 내외부의 온도 차이가 벽체에 하중으로 작용한다.

폐기물이 발화되기도 하므로 화재의 경우를 사고하중(파괴 시나리오에 따른다)으로 고려한다.

화재를 진화하기 위한 소방수는 높이 ±0.0 m까지 채워진다고 가정한다. 이 이상의 높이에서는 물이 문으로 빠져나간다.
높이 ±0 m 이하에서 물-폐기물 혼합체는 $\gamma_{MA\,3}=11.0\,kN/m^3$, 높이 ±0 m에서 +10.50 m까지의 폐기물은 $\gamma_{MA\,1}=4.0\,kN/m^3$로 가정한다.

그림 3 참조

2.2 하중 기준값

2.2.1 일반 설계상황

EC1-1-1, 3: 설계상황

첨자 k = characteristic

a) 지붕하중(높이 +30.43 m)

고정하중(자중):	$G_{k,\,1}$	=	590 kN
변동하중(사용하중):	$Q_{k,\,1}$	=	210 kN

→ 근사계산한 값
예제 계산을 간단히 하도록 설하중은 고려하지 않았다.

b) 크레인 하중(높이 +27.45 m)

고정하중(자중):	$G_{k,\,2}$	=	10 kN
변동하중(사용하중):			
수직하중:	$Q_{k,\,2v}$	=	480 kN
수평하중:	$Q_{k,\,2h}$	=	90 kN

→ 근사계산한 값
크레인 하중은 크레인 자료집 또는 EC1-3: '크레인과 기계에 의한 하중'을 참조하라.

c) 외부 벽체에 작용하는 수평하중(변동하중)

$$q_{k,\,Ml,\,1}=\gamma_{M1}\cdot h_{1l}\cdot k_h=3.0\cdot 9.00\cdot 0.25=6.75\,kN/m^2$$

$$q_{k,\,Ml,\,2}=q_{k,\,M1,\,1}+\gamma_{M2}\cdot h_{2l}\cdot k_h=6.75+5.0\cdot 9.00\cdot 0.25=18.00\,kN/m^2$$

첨자 l은 왼쪽을 뜻한다.

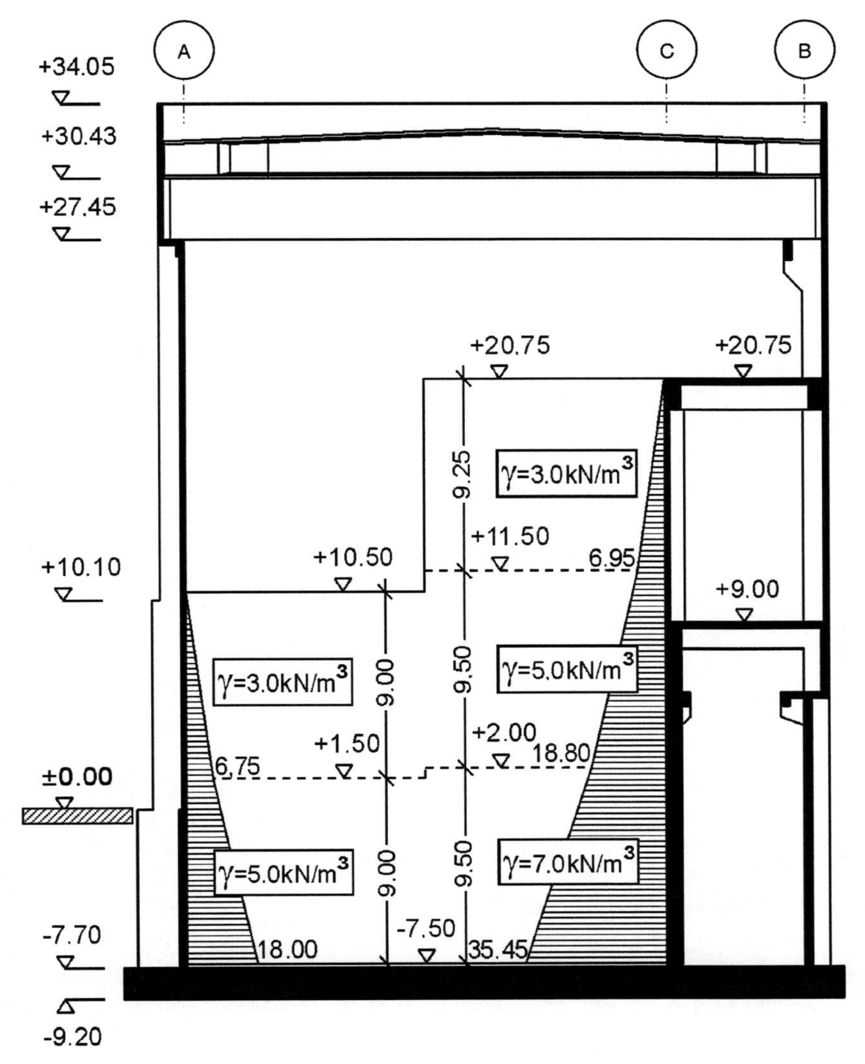

그림 2: 폐기물에 의한 수평하중

폐기물의 점착성에 의한 벽체 마찰로 생기는 수직하중은 무시하였다.

d) 내부 벽체에 작용하는 폐기물의 수평하중(변동하중)

첨자 r은 오른쪽을 뜻한다.

$$q_{k,\,Mr,\,1} = \gamma_{M1} \cdot h_{1r} \cdot k_h = 3.00 \cdot 9.25 \cdot 0.25 \cong 6.95\ \text{kN/m}^2$$

$$q_{k,\,Mr,\,2} = q_{k,\,Mr,\,1} + \gamma_{M2} \cdot h_{2r} \cdot k_h = 6.95 + 5.00 \cdot 9.50 \cdot 0.25 \cong 18.80\ \text{kN/m}^2$$

$$q_{k,\,Mr,\,3} = q_{k,\,Mr,\,2} + \gamma_{M3} \cdot h_{3r} \cdot k_h = 18.80 + 7.00 \cdot 9.50 \cdot 0.25 \cong 35.45\ \text{kN/m}^2$$

e) 기초 슬래브에 작용하는 폐기물의 수직하중

$$q_{k,\,Ml,\,v} = \gamma_{M1} \cdot h_{1l} \cdot \gamma_{M2} \cdot k_{2l} = 3.00 \cdot 9.00 + 5.00 \cdot 9.00 = 72.00\ \text{kN/m}^2$$

$$q_{k,\,Mr,\,v} = \gamma_{M1} \cdot h_{1r} \cdot \gamma_{M2} \cdot k_{2r} + \gamma_{M3} \cdot h_{3r}$$

$$= 3.00 \cdot 9.25 + 5.00 \cdot 9.50 + 7.00 \cdot 9.50 = 114.75\ \text{kN/m}^2$$

f) 높이 ±0 m 이상에 작용하는 풍하중

EC1-1-4: 풍하중

구조물은 풍하중 구역 3에 위치한다.

이에 따른 기본 풍압 $q_{b,0}=0.47\ \text{kN/m}^2$이다.

EC1-1-4/NA, 부록 NA.A, 그림 NA.A.1
가정: 내륙(지역범주 II와 III이 섞인 표면 형상)

높이에 따른 가스트 풍압은 25 m 이상의 높이에 대해 구한다.

$q_p(z)=1.7\cdot q_{b,0}(z/10)^{0.37}=1.7\cdot 0.47\cdot(34.05/10)^{0.37}=1.26\ \text{kN/m}^2$

EC1-1-4/NA, NA.B.3.3, (NA.B.2)식:
EC1-1-4, 7.2.2, 그림 7.4

$h\approx b$일 때 높이에 따른 풍압은 일정하게 가정할 수 있다.

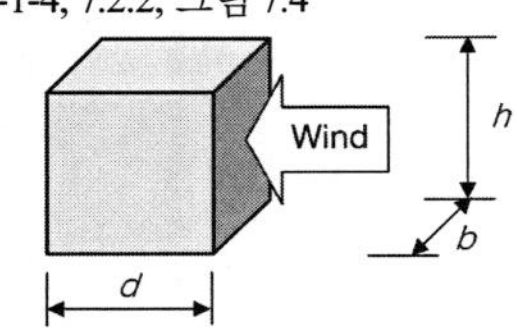

외부 벽체에 작용하는 풍압:

하중작용면적 $A>10\ \text{m}^2$일 때 외부압력계수는 EC1-1-4, 표 7.1에 따라서:

$c_{pe,10}=+0.80$ (D영역 – 압력)과

$c_{pe,10}=-0.50$ (E영역 – 양력)

EC1-1-4, 5.2, (5.1)식

$w_e \quad =c_{pe}\cdot q_p(z_e)$

$w_{eD} \quad =0.80\cdot 1.26 \quad \approx 1.0\ \text{kN/m}^2$

$w_{eE} \quad =-0.50\cdot 1.26 \quad \approx -0.65\ \text{kN/m}^2$

w_{eD}: 풍압력
w_{eE}: 풍양력

g) 온도하중

사용자와 협의하여 높이 ±0 m를 기준으로 아래, 위로 나누어 2개의 정상(stationary) 온도하중을 정하였다. 이때 외부의 대기 온도와 폐기물 온도의 상관관계를 고려한다.

높이 ±0 m 아래에서는 벽체 외부 표면과 폐기물 온도를 각각 +5°C와 +55°C로 한다. 온도 차이 $\Delta T=50\ K$, 평균온도 $T_m=30$°C이다.

높이 ±0 m 위에서는 벽체 외부 표면과 폐기물 온도를 각각 +5°C와 +50°C로 한다. 따라서 콘크리트 벽체에서 온도 차이 $\Delta T=45\ K$(예를 들어 외기온도 −30°C이면 폐기물 온도 +35°C이다)이며 평균온도 $T_m=27.5$°C이다.

사용조건과 화학반응, 내부 물질의 온도, 내부공기 및 외부공기의 차이로 정상온도와 순간온도가 달라지는데, 이를 단순하게 결정할 수 없다. 그러나 이를 정확하게 예측하는 것이 설계에서 매우 중요한 것은 아니다.
내부 저장물의 온도가 높은 경우에 대한 구조물의 온도분포계산은 예를 들어서 [15] Silo-Handbuch(사일로 핸드북), Ernst & Sohn, 1988을 참고할 수 있다.

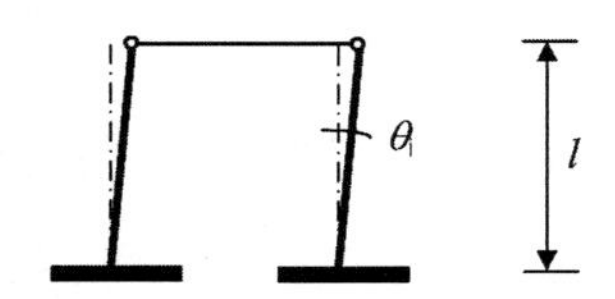

h) 예상치 않은 편심

EC2-1-1, (5.1)식
l = 기둥의 비지지 길이
수직부재의 개수에 따른 감소는 고려하지 않았다. ($\alpha_m=1.0$)

구조물의 기울어짐은 다음과 같이 계산한다.

$\theta=\theta_0\cdot\alpha_h\cdot\alpha_m$

여기서

기본값: $\theta_0=1/200$

높이에 따른 감소계수: $\alpha_h=2/\sqrt{l}\le 1$

$\alpha_h=2/\sqrt{38.13}=0.3239$

부재 수에 따른 감소계수: $\alpha_m=1.0$

$\theta_i=\theta_0\cdot\alpha_h=1/200\cdot 0.3239 \quad =0.0016$

EC2-1-1, 5.2 (2)P: 편심은 일반 설계상황과 사고설계상황에서 강도한계상태에 대해 검토한다.
EC2-1-1, 5.2 (3): 편심은 사용한계상태에서는 고려하지 않는다.

2.2.2 사고 설계상황

a) 폐기물과 침출수에 의한 수평하중

$q_{k,\,MA,\,1} = \gamma_{MA1} \cdot h_1 \cdot k_h$

$= 4.0 \cdot 9.00 \cdot 0.25 \qquad = 9.00\ \text{kN/m}^2$

$q_{k,\,MA,\,2} = q_{k,MA,1} + \gamma_{MA2} \cdot h_2 \cdot k_h$

$= 9.00 + 6.0 \cdot 1.50 \cdot 0.25 \qquad = 11.25\ \text{kN/m}^2$

$q_{k,\,MA,\,3} = q_{k,MA,2} + (\gamma_{MA3} - \gamma_w) \cdot h_3 \cdot k_h$

$= 11.25 + (11.0 - 10.0) \cdot 7.50 \cdot 0.25 \qquad \cong 13.15\ \text{kN/m}^2$

$q_{k,\,MA,\,4} = q_{k,MA,3} + \gamma_w \cdot h_3$

$= 13.15 + 10.0 \cdot 7.50 \qquad \cong 88.15\ \text{kN/m}^2$

폐기물의 자중은 지표고±1.50 m 위에서는 4.0 kN/m^{3}이며, 그 이하에서는 6.0 kN/m^{3}으로 가정한다.

지표고 ±0 m 이하의 물이 찬 구역에서는 폐기물과 공극의 부피비율을 각 50%로 한다. 공극은 침출수로 채워진다. 이에 따라 자중은 11.0 kN/m^{3}이 된다.

b) 기초 슬래브에 작용하는 수직하중 (높이 −7.70 m에서)

$q_{k,\,MA,\,v} = \gamma_{MA1} \cdot h_1 + \gamma_{MA2} \cdot h_2 + \gamma_{MA3} \cdot h_3$

$= 4.0 \cdot 9.00 + 6.0 \cdot 1.50 + 11.0 \cdot 7.50$

$= 127.5\ \text{kM/m}^2$

폐기물-물 혼합물의 자중은 $\gamma_{MA} = 11$ kN/m^{3}은 수압 10 kN/m^{3}과 나머지 압력을 유발하는 부분 1.0 kN/m^{3}으로 나눈다.

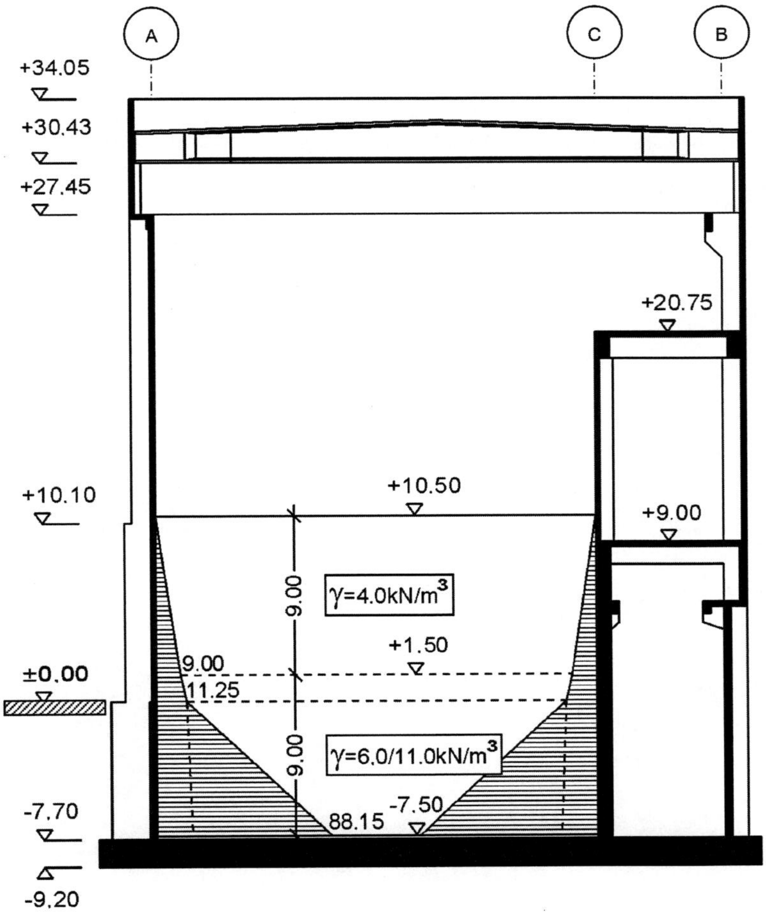

그림 3: 사고 설계상황에서 폐기물과 침출수에 의한 수평하중

폐기물과 침출수의 기준값은 사고설계상황의 강도한계상태에 적용한다.

2.3 부분안전계수와 하중조합 식

강도한계상태의 부분안전계수:

하중: 작용 효과에 따라서

	유리하게 작용할 때	불리하게 작용할 때
고정	$\gamma_G = 1.0$	$\gamma_G = 1.35$
변동	$\gamma_Q = 0.0$	$\gamma_Q = 1.50$

하중조합 계수:

		주하중	부하중	풍하중	온도하중
		폐기물	지붕과 크레인		
드문 하중조합	$\psi_0 =$	1.00	1.00	0.60	0.60
흔한 하중조합	$\psi_1 =$	0.90	0.90	0.20	0.50
준-고정 하중조합	$\psi_2 =$	0.80	0.50	0	0

강도한계상태의 하중조합 식:

- 일반 설계상황:

$$E_d = \Sigma(\gamma_G \cdot G_k) + \gamma_{Q,1} \cdot Q_{k,1} + \Sigma(\gamma_{Q,i} \cdot \psi_{0,i} \cdot Q_{k,i})$$

- 사고 설계상황:

$$E_{dA} = \Sigma(\gamma_{GA} \cdot G_k) + \psi_{1,1} \cdot Q_{k,1} + \Sigma(\psi_{2,i} \cdot Q_{k,i}) + \gamma_A \cdot A_k$$

사용한계상태의 하중조합 식:

- 기준 하중조합:

$$E_{d,char} = \Sigma G_k + Q_{k,1} + \Sigma(\psi_{0,i} \cdot Q_{k,i})$$

- 흔한 하중조합:

$$E_{d,freq} = \Sigma G_k + \psi_{1,1} \cdot Q_{k,1} + \Sigma(\psi_{2,i} \cdot Q_{k,i})$$

- 준-고정 하중조합:

$$E_{d,perm} = \Sigma G_k + \Sigma(\psi_{2,i} \cdot Q_{k,i})$$

EC0, A.1.3.1 (4), 표 NA.A.1.2 (B): 하중이 유리하게 또는 불리하게 작용할 때의 부분안전계수

EC0, 4.1.1: 하중 분류
- 고정하중
- 변동하중
- 예외적인 하중

EC0, 4.1.3: 변동하중의 대표값

선형 탄성해석 결과에서 결정적인 하중이 폐기물 하중임을 알 수 있다. 따라서 비선형 계산에서는 폐기물 하중이 주로 변하는 것으로 계산한다.

하중조합계수:
- 폐기물: 건물주와 사용자가 확인(EC0, 표 A.1.1: 참고)
- 풍하중+온도하중: EC0, 표 NA.A.1.1

독립적인 하중인 지붕과 크레인 하중을 간단하게 계산하기 위해 하나로 묶었다. 안전 측으로 고려하여 둘 중 큰 값을 쓰거나 크레인 하중에 준-고정 하중조합 계수를 적용할 수 있다.

EC0, 3.1 (4): 설계상황은 다음과 같이 나눈다.
- 정상(persistent)
- 임시(transient)
- 사고(accidental) 설계상황

으로 나눌 수 있다.

EC0, 6.4.3.2, 6.4.3.3과 부록 A1.A.1.3: 강도한계상태

EC0, 6.5.3과 부록 A1.A.1.4: 사용한계상태

2.4 강도한계상태의 설계값

2.4.1 일반 설계상황

EC0, 부록 A1.A.1.3: 강도한계상태

하중조합 식은 2.3절 참조

a) 지붕들보 하중

고정하중: $G_{d,1} = \gamma_G \cdot G_{k,1} = 1.35 \cdot 590 = 796.5\ \text{kN}$

변동하중: $Q_{d,1} = \gamma_Q \cdot \psi_{0,1} \cdot Q_{k,1} = 1.50 \cdot 1.00 \cdot 210 = 315.0\ \text{kN}$

b) 크레인 하중

고정하중: $G_{d,2} = \gamma_G \cdot G_{k,2} = 1.35 \cdot 10 = 13.5\ \text{kN}$

변동하중: $Q_{d,2v} = \gamma_Q \cdot \psi_{0,K} \cdot Q_{k,2v} = 1.50 \cdot 1.00 \cdot 480 = 720.0\ \text{kN}$

$Q_{d,2h} = \gamma_Q \cdot \psi_{0,K} \cdot Q_{k,2h} = 1.50 \cdot 1.00 \cdot 90 = 135.0\ \text{kN}$

c) 폐기물 하중: 왼쪽 외부벽체에 작용

$q_{d,Ml,1} = \gamma_Q \cdot q_{k,Ml,1} = 1.50 \cdot 6.75 = 10.12\ \text{kN/m}^2$

$q_{d,Ml,2} = \gamma_Q \cdot q_{k,Ml,2} = 1.50 \cdot 18.00 = 27.00\ \text{kN/m}^2$

d) 오른쪽 내부 벽체에 작용

$q_{d,Mr,1} = \gamma_Q \cdot q_{k,Mr,1} = 1.50 \cdot 6.95 = 10.43\ \text{kN/m}^2$

$q_{d,Mr,2} = \gamma_Q \cdot q_{k,Mr,2} = 1.50 \cdot 18.80 = 28.20\ \text{kN/m}^2$

$q_{d,Mr,3} = \gamma_Q \cdot q_{k,Mr,3} = 1.50 \cdot 35.45 = 53.18\ \text{kN/m}^2$

e) 풍하중

풍압력: $q_{d,WD} = \gamma_Q \cdot \psi_{0,w} \cdot w_{eD} = 1.50 \cdot 0.60 \cdot 1.00 = 0.90\ \text{kN/m}^2$

풍양력: $q_{d,WE} = \gamma_Q \cdot \psi_{0,w} \cdot w_{eS} = 1.50 \cdot 0.60 \cdot -0.65 = -0.59\ \text{kN/m}^2$

f) 온도하중

온도경사 $\Delta T/h$에 $\gamma_Q \cdot \psi_{0,T}$를 곱한다. 즉, $1.5 \cdot 0.60 = 0.90$배 한 값을 쓴다.

g) 편심 → 부재경사 $\theta_i = 0.0016$

하중을 받기 전의 구조계의 기울어짐

2.4.2 사고 설계상황

a) 지붕들보 하중

하중조합 식은 2.3절 참조
EC0, A.1.3, 부록 A1.A.1.3.2:
$\gamma_{GA} = 1.00$
$\gamma_A = 1.00$

고정하중: $G_{dA,1} = \gamma_{GA} \cdot G_{k,1}$ $= 1.00 \cdot 590$ $= 590$ kN

변동하중: $Q_{dA,1} = \psi_{2,1} \cdot Q_{k,1}$ $= 0.50 \cdot 210$ $= 105$ kN

b) 크레인 하중

이 하중조합에서는 크레인 하중을 주하중으로 하였다.

고정하중: $G_{dA,2} = \gamma_{GA} \cdot G_{k,2}$ $= 1.00 \cdot 10$ $= 10$ kN

변동하중: $Q_{dA,2v} = \psi_{1,K} \cdot Q_{k,2}$ $= 0.90 \cdot 480$ $= 432$ kN

$Q_{dA,2h} = \psi_{1,K} \cdot Q_{k,3}$ $= 0.90 \cdot 90$ $= 81$ kN

c) 폐기물 하중: 왼쪽 외부벽체에 작용

폐기물과 침출수의 혼합은 사고하중이다.

$q_{d,MA,1} = \gamma_A \cdot q_{k,MA,1}$ $= 1.00 \cdot 9.00$ $= 9.00$ kN/m^2

$q_{d,MA,2} = \gamma_A \cdot q_{k,MA,2}$ $= 1.00 \cdot 11.25$ $= 11.25$ kN/m^2

$q_{d,MA,3} = \gamma_A \cdot q_{k,MA,3}$ $= 1.00 \cdot 13.15$ $= 13.15$ kN/m^2

$q_{d,MA,4} = \gamma_A \cdot q_{k,MA,4}$ $= 1.00 \cdot 88.15$ $= 88.15$ kN/m^2

d) 풍하중

$q_{dA,W}$ $= 0$

풍하중과 온도하중에 대한 $\psi_2 = 0$

e) 온도하중

$q_{dA,T}$ $= 0$

EC2-1-1, 5.2 (2)P: 편심은 일반설계상황과 사고설계상황에서 강도상태에 대해 검토한다.

f) 편심 → 부재경사

θ_i $= 0.0016$

2.5 사용한계상태

a) 드문 하중조합

하중조합식과 하중조합계수는 2.3절 참조

$G_{k,1}$ $= 590$ kN (지붕들보)

$G_{k,2}$ $= 10$ kN (크레인)

$\psi_{0,1} \cdot Q_{k,1}$ $= 1.00 \cdot 210$ $= 210$ kN (지붕들보)

$\psi_{0,K} \cdot Q_{k,2v}$ $= 1.00 \cdot 480$ $= 480$ kN (크레인)

$\psi_{0,K} \cdot Q_{k,2h}$ $= 1.00 \cdot 90$ $= 90$ kN (크레인)

$q_{k1,Ml,1}$ $= 6.75$ kN/m^2

$q_{k1,Ml,2}$ $= 18.00$ kN/m^2

폐기물 하중이 축 A의 외부 벽체에 주하중으로 작용

$q_{k1,\,Mr,\,1}$ $= 6.95\ \text{kN/m}^2$

$q_{k1,\,Mr,\,2}$ $= 18.80\ \text{kN/m}^2$

$q_{k1,\,Mr,\,3}$ $= 35.45\ \text{kN/m}^2$

폐기물 하중이 축 C의 내부 벽체에 주하중으로 작용

$\psi_{0,\,w} \cdot w_{eD}$ $= 0.60 \cdot 1.0$ $= 0.60\ \text{kN/m}^2$ 풍압력

$\psi_{0,\,w} \cdot w_{eS}$ $= 0.60 \cdot -0.65$ $= -0.39\ \text{kN/m}^2$ 풍양력

b) 흔한 하중조합

$G_{k,\,1}$ $= 590\ \text{kN}$ 지붕들보

$G_{k,\,2}$ $= 10\ \text{kN}$ 크레인

$\psi_{2,\,1} \cdot Q_{k,\,1}$ $= 0.50 \cdot 210$ $= 105\ \text{kN}$ 지붕들보

$\psi_{2,\,K} \cdot Q_{k,\,2v}$ $= 0.50 \cdot 480$ $= 240\ \text{kN}$ 크레인

$\psi_{2,\,K} \cdot Q_{k,\,2h}$ $= 0.50 \cdot 90$ $= 45\ \text{kN}$ 크레인

$\psi_{1,\,M} \cdot q_{k,\,Ml,\,1}$ $= 0.90 \cdot 6.75$ $= 6.08\ \text{kN/m}^2$

$\psi_{1,\,M} \cdot q_{k,\,Ml,\,2}$ $= 0.90 \cdot 18.00$ $= 16.20\ \text{kN/m}^2$

폐기물 하중이 축 A의 외부 벽체에 주하중으로 작용

$\psi_{1,\,M} \cdot q_{k,\,Mr,\,1}$ $= 0.90 \cdot 6.95$ $= 6.26\ \text{kN/m}^2$

$\psi_{1,\,M} \cdot q_{k,\,Mr,\,2}$ $= 0.90 \cdot 18.80$ $= 16.92\ \text{kN/m}^2$

$\psi_{1,\,M} \cdot q_{k,\,Mr,\,3}$ $= 0.90 \cdot 35.45$ $= 31.91\ \text{kN/m}^2$

폐기물 하중이 축 C의 내부 벽체에 주하중으로 작용

풍하중과 온도하중에 대한 조합계수 $\psi_{2,\,i} = 0$이므로 단면력 계산에 포함되지 않는다.

c) 준–고정 하중조합

$G_{k,\,1}$ $= 590\ \text{kN}$ 지붕들보

$G_{k,\,2}$ $= 10\ \text{kN}$ 크레인

$\psi_{2,\,1} \cdot Q_{k,\,1}$ $= 0.50 \cdot 210$ $= 105\ \text{kN}$ 지붕들보

$\psi_{2,\,K} \cdot Q_{k,\,2v}$ $= 0.50 \cdot 480$ $= 240\ \text{kN}$ 크레인

$\psi_{2,\,K} \cdot Q_{k,\,2h}$ $= 0.50 \cdot 90$ $= 45\ \text{kN}$ 크레인

$\psi_{2,\,M} \cdot q_{k,\,Ml,\,1}$ $= 0.80 \cdot 6.75$ $= 5.40\ \text{kN/m}^2$

$\psi_{2,\,M} \cdot q_{k,\,Ml,\,2}$ $= 0.80 \cdot 18.00$ $= 14.40\ \text{kN/m}^2$

폐기물 하중이 축 A의 외부 벽체에 주하중으로 작용

$\psi_{2,\,M} \cdot q_{k,\,Mr,\,1}$ $= 0.80 \cdot 6.95$ $= 5.56\ \text{kN/m}^2$

$\psi_{2,\,M} \cdot q_{k,\,Mr,\,2}$ $= 0.80 \cdot 18.80$ $= 15.04\ \text{kN/m}^2$

$\psi_{2,\,M} \cdot q_{k,\,Mr,\,3}$ $= 0.80 \cdot 35.45$ $= 28.36\ \text{kN/m}^2$

폐기물 하중이 축 C의 내부 벽체에 주하중으로 작용

풍하중과 온도하중에 대한 조합계수 $\psi_{2,i}$ =0이므로 단면력 계산에 포함되지 않는다.

주의: 이 예제에서 균열폭을 계산할 때는 온도하중의 값을 수정 없이 준-고정 하중 조합에 포함하여 사용한다.

3. 구조계의 결정

설계과제의 외부 벽체는 3개의 개구부(축 A, 그림 4)가 있으며 벽기둥이 있는 쉘요소([16])으로 모델링한다.

벽기둥은 평면요소로 하여 두께만 더 큰 것으로 하였다. 모든 요소가 편심을 갖고 배치되므로 내부면을 평면으로 하고 해당위치에 절점을 둔다. 바깥에서 볼 때 벽기둥 요소는 벽체에서 돌출되어 보인다(그림 5 참조).

기초 슬래브는 상대적으로 많은 요소로 모델링하였는데, 이는 벽기둥과 휨강성을 갖고 결합하는 것을 정확하게 반영하기 위한 것이다.

축 B의 기둥(그림 4)는 반대로 크게 모델링하였는데, 이들은 이 예제에서 설계하지 않고 지붕들보를 포함하는 라멘구조계 설계에서 고려한다. 비선형 계산에서는 상태 II(균열)를 근사적으로 고려하여 대략 값으로 이 요소의 상태 I(비균열)의 강성을 0.5배 하여 사용한다.

평면 벽체요소(축 C, 그림 5)는 폐기물과 침출수의 하중을 평면 라멘구조계에 전달하는 역할을 한다.

지붕들보는 뼈대 부재요소로 양측 외부 벽체와 결합을 반영한다.

벽체를 뼈대요소와 평면요소로 섞어서 모델링하면 상태 II에 대한 비선형 FEM 계산에서 적합조건을 만족시키기 어렵다.

[16] SOFiSTiKAG, 프로그램 모듈 ASE

여기서 사용한 쉘요소는 4절점 QUAD 요소는 non-conformal shape function을 가지며 전단변형을 포함하는 Mindlin 판이론을 따른다.[5] 비선형계산을 위해 두께방향으로 10개 층으로 분할하였다. 각 층 경계에서 비선형 응력과 변형을 계산하며, 각 층 내부에서는 응력과 변형이 직선 분포하는 것으로 본다. 쉘요소의 단면력은 이들을 적분하여 구한다.

역자주 5 벽기둥을 제외하면 전단변형을 고려하는지 않는 Kirchhoff 판이론을 따르는 것으로 충분하다.

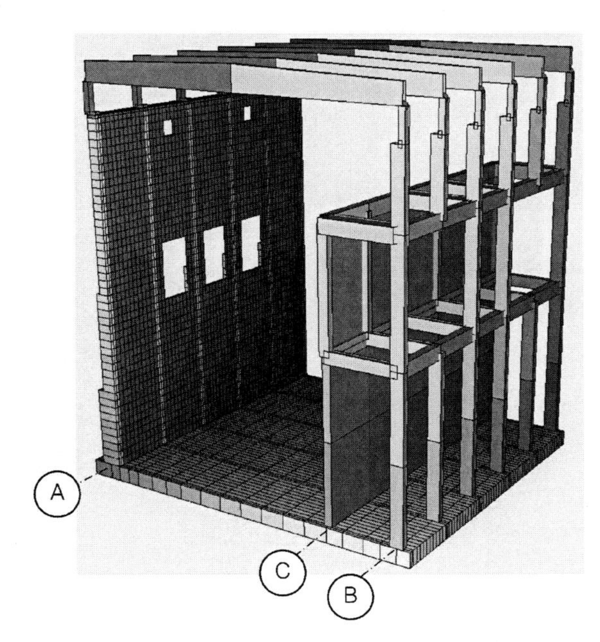

그림 4: 요소분할 – 내부에서 본 그림

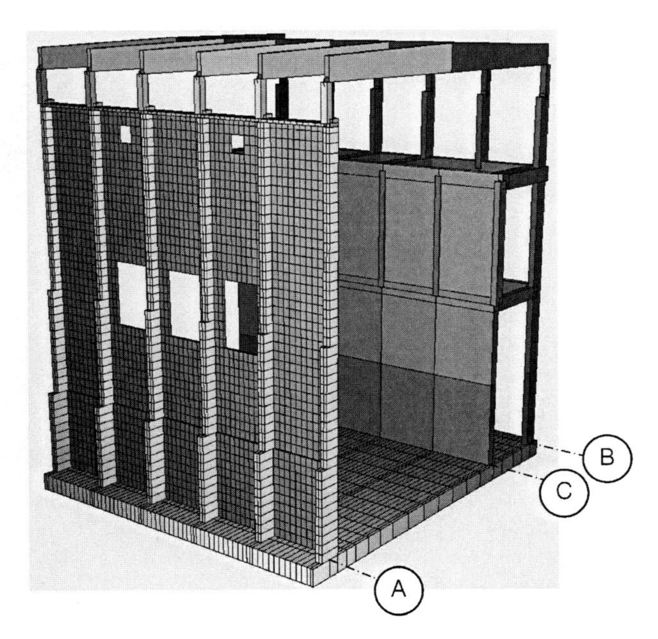

그림 5: 요소분할 – 외부에서 본 그림

4. 비선형 구조계산

4.1 기본사항

4.1.1 일반

EC2에서는 단면력을 구하기 위한 방법으로 다음의 4가지 중에서 선택할 수 있다.

EC2-1-1.
5.4: 선형 탄성계산
5.5: 선형 탄성계산과 제한된 재분배
5.6: 소성이론에 따른 계산
5.7: 비선형계산

- 선형 탄성계산
- 제한된 재분배를 더한 선형 탄성계산
- 소성이론에 의한 계산
- 비선형계산

EC2-1-1, 5.7:
(1) 단면력 계산을 위한 비선형 구조해석은 사용한계상태뿐만 아니라 강도한계상태에 대해서도 적용된다.

비선형 구조계산은 비선형 단면력 – 변위의 관계식(재료 비선형)을 고려한다.

변형 후의 평형관계를 고려하는 2차 해석(기하 비선형)은 포함하지 않는다.

EC2-1-1/NA, (NCI) 5.7:
(NA. 8) 철근의 크기와 위치를 정하므로 비선형계산은 휨과 축력을 받는 부재의 설계에 포함된다.[6]
(NA.9) 구조계의 변위와 단면력은 응력–변형관계를 바탕으로 계산하는데, 이는 재료의 평균값을 사용한다.

DIN 1045: 1988-07 [R10]에 따른 철근 콘크리트 설계는 단면력 계산에서는 선형–탄성 구조해석을 따르고 단면설계에서만 재료의 비선형 성질을 고려한다.

철근 콘크리트의 비선형 재료성질을 단면력 결정에서 고려하면 실제의 단면력과 응력 분포에 가까운 결과를 얻을 수 있다.

구조계의 종류와 하중 종류에 따라 선형 탄성 구조해석과 비선형 구조해석의 결과가 어떻게 다른지에 대해서는 다양한 비교자료가 있다. 평면 부재와 구속력을 받는 경우에 해석결과의 차이가 가장 크다.

배근과 단면 강성 사이에 비선형관계가 있으므로 단면력 계산을 위한 비선형 구조해석에서는 각 하중(하중경우)뿐만 아니라 각 하중조합도 분리하여 계산할 수 없다.

원칙적으로 다음의 두 가지 형태의 비선형계산이 가능하다. 첫 번째는 먼저 단면력을 비선형 구조해석으로 계산하고 '단면 차원'에서 단면에 대한 작용 단면력과 저항 단면력을 비교하는 것이다. 두 번째는 결정적 하중조합에 대해서 강도한계상태(구조계의 내하력)과 설계값 사이의 안전율을 '구조계 차원'에서 검토하는 것이다.

5.7 (NA.6)에 더하여 [3]의 해설을 참조하라.

역자주 6 비선형 계산을 수행하기 위해서는 철근의 크기와 위치가 정해져야 한다. 따라서 비선형 계산이 설계과정의 일부이다.

EC2/NA에서는 '구조계 차원'으로 검토한다.

결정하중조합 E_d와 내하력의 설계값 R_d 사이에 필요한 안전계수는 γ_R = 1.3(사고설계상황에서는 γ_R = 1.1)로 한다.

단면력 결정과 단면설계에서 사용하는 응력-변형 관계식은 동일하다. 단면력 결정에서 콘크리트 실린더 압축강도 f_{cR}와 철근 항복응력 f_{yR}의 평균값을 사용한다.

이 값들은 설계값에 1.3배 한 값으로 정의한다.

$$f_{cR} = 0.8 \cdot \alpha_{cc} \cdot f_{ck} \qquad \rightarrow f_{ck} = \gamma_C \cdot f_{cd}/\alpha_{cc}$$
$$f_{cR} = 0.8 \cdot \alpha_{cc} \cdot \gamma_C \cdot f_{cd}/\alpha_{cc}$$
$$f_{cR} = 0.85 \cdot \gamma_C \cdot f_{cd}$$
$$f_{cR} = 0.85 \cdot 1.50 \cdot f_{cd}$$
$$f_{cR} \approx 1.30 \cdot f_{cd}$$

$$f_{yR} = 1.10 \cdot f_{yk} \qquad \rightarrow f_{yk} = \gamma_S \cdot f_{yd}$$
$$f_{yR} = 1.10 \cdot \gamma_S \cdot f_{yd}$$
$$f_{yR} = 1.10 \cdot 1.15 \cdot f_{yd}$$
$$f_{yR} \approx 1.30 \cdot f_{yd}$$

강도한계상태는 임의의 단면이 다음 상태에 있을 때이다.

- 철근의 임계변형 ϵ_{su} = 25‰
- 콘크리트 임계변형 ϵ_{cu1} = 3.5‰ (C50/60까지의 보통 콘크리트)에 도달할 때 또는
- 전체 구조계 또는 부재가 평형을 만족하지 못할 때

EC2-1-1/NA, (NCI) 5.7 (NA.10):
일반(정상 및 임시)설계상황에서는 부분안전계수 γ_R = 1.3으로 해야 한다.
응력-변형곡선:
콘크리트 → EC2-1-1, 3.1.5: 그림 3.2, f_{cR}을 적용

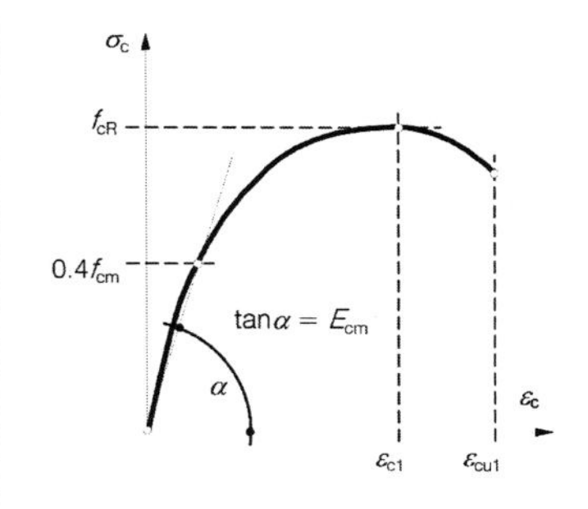

철근 → EC2-1-1, 3.2.7: 그림 NA. 3.8.1, $f_y = f_{yR}$을 적용

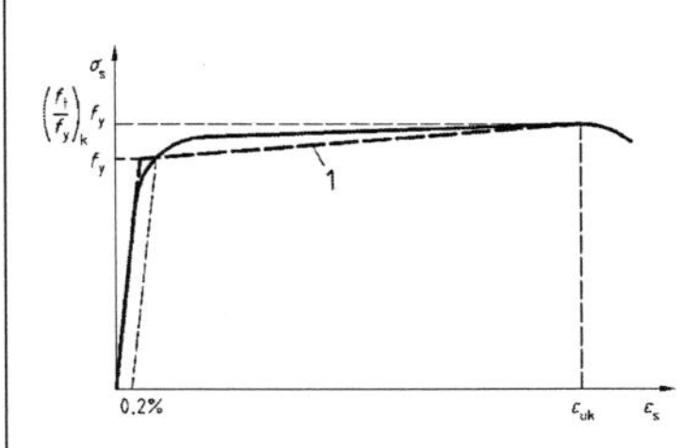

EC2-1-1: (NA.9), (NA.5.12.7)식과 (NA.5.12.7)

f_{cR} - 단면력 산정을 위한 비선형계산에서 콘크리트 실린더 압축강도의 계산상 평균값

f_{yR} - 철근 항복응력의 계산상 평균값

EC2-1-1, 5.7 (NA.12)와 (NA.13)

4.1.2 재료강도의 평균값

재료강도의 계산상 평균값은 다음과 같이 정한다.

→ 철근 B500A

f_{yk} = 500 N/mm²

f_{yR} = $1.10 \cdot f_{yk}$ = $1.10 \cdot 500$ = 550 N/mm²

f_{tR} = $1.05 \cdot f_{yR}$ = $1.05 \cdot 550$ = 577 N/mm²

→ 콘크리트 C35/45

f_{ck} = 35 N/mm²

EC2-1-1/NA, (NCI) 5.7 (NA.9)와 (NA.10):
재료강도의 평균값을 사용한 구조의 변위와 단면력 결정
B500B에 대해서도 안전 측 →
장점: 철근과 철근망을 임의로 선택하여 사용할 수 있다.

EC2-1-1/NA, (NCI) 5.7 (NA.5.12.2)
EC2-1-1/NA, (NCI) 5.7 (NA.5.12.4)

$f_{cR} = 0.85 \cdot \alpha_{cc} \cdot f_{ck} = 0.85 \cdot 0.85 \cdot 35 = 25.3\ \text{N/mm}^2$

$E_{cm} = 34{,}000\ \text{N/mm}^2$

EC2-1-1/NA, (NCI) 5.7 (NA.5.12.27
EC2-1-1, 3.1.2: (3) 표 3.1

4.2 벽체 검토에 대한 설명

폐기물 창고의 벽체에는 상대적으로 높은 온도가 작용할 수 있다. 이는 폐기물의 화학적 및 생물학적 반응에 따라 가능하다. 이 온도하중을 선형계산의 단면력 산정에 적용하면 매우 큰 구속 단면력이 계산되는데, 실제로는 콘크리트에 균열이 발생하여 강성이 감소하게 되므로 계산에서와 같은 큰 값의 단면력은 발생하지 않는다.

EC2-1-1, 2.3.1.2 (3)와 EC2-1-1/NA (NCI) 참조

따라서 DIN EN 1992-1-1/NA, 5.7에 따른 단면력 산정을 위해 비선형 계산방법을 적용한다.[7] 여기서 사전에 결정한 철근에 대해 검토한다. 사용한계상태에서 변형의 계산과 단면응력의 검토에 동일한 재료-안전계수를 적용한다.

철근은 예비설계에서 정하거나 경험값으로 어림하여 정한다. 철근의 선택은 계산경험에 따라 정하는데 일반적으로 반복 계산하여 (최적이 되게) 개선한다.

필요에 따라 콘크리트 인장강도의 하한값과 상한값에 대해 단면력 한계값을 검토한다. 상한값은 강성이 크고 또한 이에 따라 온도에 의한 구속력도 클 때 필요하다.

크리프와 수축에 의한 시간에 따른 변형은 $t = t_0$(하중재하 시작점)과 $t \rightarrow \infty$(최종단계)의 두 시점에서 고려한다.

크리프와 수축변형은 준-고정 하중조합하의 사용상태 계산에서 재료강도의 평균값으로 계산한다.

이 예제에서는 추가계산하거나 또는 DIN EN 1992-1-1, 3.1.4와 부록 B의 값을 택하여 최종 크리프 계수와 수축변형을 다음 값으로 한다.

$\varphi(\infty,\ t_0) = 2.2$

$\epsilon_{c\infty} = -2 \cdot 10^{-4}$

선택한 초기값:
크리프와 수축을 고려한 $t \rightarrow \infty$에서의 상태는 콘크리트 강성을 계수 $1/(1+\varphi)$를 곱하여 감소한 값으로 간단하게 정한다. 콘크리트의 응력-변형곡선도 이를 반영하여 변형 방향의 값으로 조정하여 구한다. 크리프에 의한 응력을 비선형으로 계산할 때는 주어진 철근과 콘크리트 응력-변형 관계식을 쓴다. 콘크리트는 이 상태에서 이미 균열이 발생할 수 있으며 이에 따라 단면력이 재분배된다. 이 상태의 하중경우에서는 이에 따른 변형과 응력을 포함한다. 추가 변형은 추가 응력에 대해 경사가 큰 단기 응력-변형곡선으로 구한다. 최종적인 총 변형은 서로 다른 응력-변형곡선으로부터 부분 변형을 합하여 얻을 수 있다.

비선형계산에서는 다음 4가지의 불리할 수 있는 하중조합을 검사한다.

경우에 따라 편심이 불리한 방향으로 발생한다.

- 축 C 방향으로 작용하는 모든 하중(이는 오른쪽으로 최대 변형을 유발한다);
- 축 C 방향으로 작용하는 모든 하중과 추가 온도하중(이는 축 A의 벽체에 안쪽 면에는 최대 콘크리트 압축응력, 바깥쪽 면에는 최대 균열폭을 유발

축의 방향은 2.2절의 그림 2와 3을 참조하라.

역자주 7 설계 규정에 비선형해석이 가능하게 규정되어 있다하더라도 모든 설계계산에서 비선형해석이 유용한 것은 아니다. 이 예제에서와 같이 선형해석의 결과가 실제와 차이가 큰 것을 예상할 수 있을 때 비선형 해석이 적당하다. 선형해석의 중첩원리(principle of superposition)은 설계에서는 매우 강력한 도구이다.

한다);
- 왼쪽 방향으로 작용하는 모든 불리한 하중(축 A 방향);
- 왼쪽 방향으로 작용하는 모든 외부 하중(축 A 방향)과 온도하중

4.3 강도한계상태 검토

일반(정상 및 임시) 설계상황

2차 해석에 따른 기하적 안정성을 검토하기 위해 하중을 γ_F배 하여 부재의 최소 강성을 가정한다.

재료값은 평균값을 쓰면서 강성을 크게 감소하는 것은 세장한 압축부재의 설계에서는 논쟁의 여지가 있다.
[17] *Graubner*; *Six*:: 세장한 철근 콘크리트 부재의 신뢰성-비선형 검토 개념의 분석, Bauingenieur 77(2002)

콘크리트

최대 압축강도

$f_{cR}/1.30 \quad = 0.85 \cdot \alpha_{cc} \cdot f_{ck}/1.30$, 이때 $\alpha_{cc} = 0.85$

$= 0.85 \cdot 0.85 \cdot 35.0/1.30$

$= 19.4\ \text{N/mm}^2$

주로 휨과 구속력이 작용하는 벽체에 대해서 이 가정은 필요하다.

인장영역의 인장강도

$f_{ct} = 0$

균열 사이의 인장경화작용을 고려하기 위해서는 안전계수 1.30을 고려하여 인장강도의 평균값을 가정한다.

$f_{ct} = f_{ctm}/1.30 \quad = 3.20/1.30 \quad = 2.46\ \text{N/mm}^2$

EC2-1-1, 3.1.2: (3) 표 3.1: f_{ctm}은 C35/45에 대한 값

철근

최대 인장강도

$f_{tR}/1.30 = 577/1.30$

$= 444\ \text{N/mm}^2$

비례한계

$f_{yR}/1.30 = 550/1.30$

$= 423\ \text{N/mm}^2$

위의 재료계수를 사용하고, 1단 배근의 철근으로 외부하중과 동시에 작용하는 온도하중을 받을 수 있는 것으로 가정한다.

두 번째 계산에서는 구속하중에 대해 강성이 큰 것이 불리하게 작용하는 것을 고려하여 강도의 실제 평균값 또는 상한 95% 값을 재료감소계수 없이 사용하여 계산한다.

콘크리트

최대 압축강도

f_{cm} $= 43\ \text{N/mm}^2$

인장영역의 인장강도

$f_{ctk;0.95}$ $= 4.2\ \text{N/mm}^2$

이 값은 균열 사이의 인장경화 작용을 고려한 인장강도로도 쓴다.

$f_{ctk;0.05}$ $= 4.2\ \text{N/mm}^2$

DAfStb-Heft [600]의 5.7 (1): (NA.14)와 (NA. 15) 해설: 균열 사이의 인장경화 작용을 고려하는 것은 완전 균열(상태 II)에 비하여 강성이 증가하는 것이므로 계산에서는 긍정적으로 또는 부정적으로 작용할 수 있다. 단면력 재분배를 정할 때는 인장경화 작용을 감안하면 재분배 값이 줄어들어서 안전율은 감소한다.

철근

계산 평균값

f_{yR} $= f_{yk}$ $= 500\ \text{M/mm}^2$

f_{tR} $= 1.05 \cdot f_{yR}$

$= 1.05 \cdot 500$ $= 525\ \text{N/mm}^2$

4.4 사용한계상태 검토

4.4.1 재료값

우선 드문 하중조합에 대해 검토한다.

단면 강성과 응력분포를 구하기위해서는 각 하중조합하에서 단면에 균열이 발생했는지의 여부가 매우 중요하다.
균열 상태는 일반적으로 드문 하중조합에 대해서 구하는데, 이는 부재의 사용 초기에 발생할 수 있으며 발생한 균열은 이후의 모든 설계 상황에서 고려해야 되기 때문이다.

드문 하중조합의 균열 상태를 검토하고, 그 결과로부터 준-고정 하중조합에 대해서도 검토한다.

재료강도의 두 가지 한계값(상한값과 하한값)을 구한다. 이때 재료에 대한 부분안전계수는 적용하지 않는다.

→ 하한값:

콘크리트

최대 압축강도

콘크리트 C35/45
EC2-1-1/NA, (NCI) 5.7 (NA.5.12.7)

f_{cR} $= 0.85 \cdot \alpha_{cc} \cdot f_{ck}$, 이때 $\alpha_{cc} = 0.85$

$= 0.85 \cdot 0.85 \cdot 35.0$

$= 25.3\ \text{N/mm}^2$

EC2-1-1, 3.1.2: (3) 표 3.1

인장영역의 인장강도

$f_{ctk;0.05}$ $= 2.2\ \text{N/mm}^2$

균열 사이의 인장경화작용 시 인장강도

f_{ctm} $= 3.2\ \text{N/mm}^2$

철근

강도의 계산상 평균값

$f_{yR} \quad = f_{yk} \quad = 500$ N/mm²

$f_{tR} \quad = 1.05 \cdot f_{yR}$

$\quad = 1.05 \cdot 500 \quad = 525$ N/mm²

→ 상한값

콘크리트

최대 압축강도

$f_{cm} \quad = 43$ N/mm²

인장영역의 인장강도와 균열 사이 인장경화작용 시의 인장강도

$f_{ctk;0.95} \quad = 4.2$ N/mm²

철근

강도의 계산 평균값

$f_{yR} \quad = f_{yk} \quad = 500$ N/mm²

$f_{tR} \quad = 1.05 \cdot f_{yR}$

$\quad = 1.05 \cdot 500 \quad = 525$ N/mm²

4.4.2 드문 하중조합하의 검토

• 콘크리트 압축응력의 제한

$\sigma_{c,\,char} \leq 0.6 \cdot f_{ck} = 0.6 \cdot 35 \quad = 21$ N/mm²

2-1-1, 7.2:
(2) 이 조건은 다른 방법이 없다면 XC, XF, XS 상태의 길이방향 균열을 피하기 위해 필요하다.

• 철근 응력의 제한

$\sigma_{s,\,char} \leq 0.8 \cdot f_{yk} = 0.8 \cdot 500 = 400$ N/mm² 하중에 의한 응력

또한, $\sigma_{s,\,char} \leq 1.0 \cdot f_{yk} = 500$ N/mm² 구속만에 의한 응력

EC2-1-1/NA, (NDP) 7.2 (5)

• 변형의 제한

사용성 검토를 위해 창고 벽체의 수평변형을 고려한다. 결정 하중조합은 이 예제에서는 드문 하중조합으로 선택하였다. 전체 구조계의 상단 편심에 결정적인 하중은 폐기물의 수평압력이다. 풍하중과 온도하중은 하중조합에서 안전 측으로 고려한다.

EC2-1-1, 7.4: 설계기준에는 휨 부재의 수직 변형만을 다룬다. 그 외의 다른 변형한계상태(예를 들어 수평변위)는 공학적 가정의 설정과 건설계획단계에서 최대한 전문가들이 협의하여 정한다.

사용성과 인장부재에 대한 작용에 따라 건축주와 협의하여 다음의 허용수평변위를 결정하였다.

외부 벽체 지간의 국부 변위(지점축 $a = 6.25$ m):

$\max u_{wall} = 6250 \text{ mm}/250 \quad = 25 \text{ mm}$

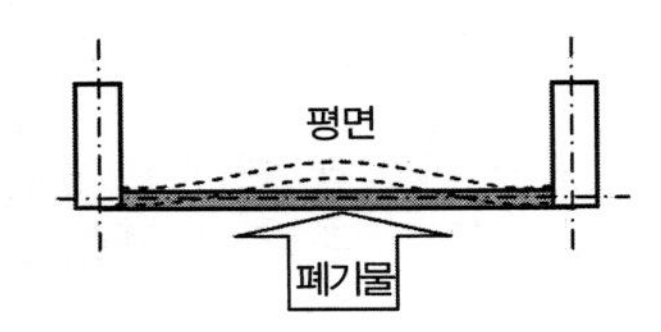

지붕도리 지점에서(h =38.13 m) 라멘시스템의 상단변위 허용값:

$$\max u_{head} = 38{,}130 \text{ mm}/150 \quad = 254 \text{ mm}$$

변형 제한값은 설비 - 또는 부속재의 기술적 변수(출입문의 변형 허용값, 기능성, 밀폐성능 등) 저장조건(예를 들어 측벽요소) 또는 외관요구조건(균열이 발생하지 않는 조적조 등)에 따라 결정할 수 있다.

4.4.3 준-고정 하중조합하의 검토

- 콘크리트 압축응력의 제한

$$\sigma_{c,\,perm} \leq 0.45 \cdot f_{ck} = 0.45 \cdot 35 \qquad = 15.7 \text{ N/mm}^2$$

EC2-1-1, 7.2: (3) 이 조합은 부재에 크리프를 고려해야 할 때 비선형 크리프 변형을 피하기 위해 필요하다.

- 균열폭 제한

벽체 외측면: $w_k = 0.30$ mm

벽체 내측면: $w_k = 0.30$ mm

EC2-1-1/NA, (NDP) 7.3.1: (5) 표 7.1DE: 외부: 노출등급 XC4에 대해 준 - 고정 하중조합하에서 계산 균열폭 $w_{\max}$ =0.30 mm가 필요하다.

내부: 건축주가 요구하는 하중조합 → 준 - 고정 하중조합 + 온도하중 100%

4.5 계산과정

4개의 하중조합(풍하중 왼쪽, 오른쪽 각각에 대해 온도하중이 있는 경우와 없는 경우)에 대한 계산과정은 다음과 같다.

a) 준 – 고정 하중조합과 편심재하

기본적으로 편심 재하는 모든 한계상태에서 안전 측으로 가정한다(각각 왼쪽과 오른쪽으로 재하한다).

b) 계산 a)에 대한 크리프와 수축

강도 감소, 추가 변형을 초래한다.

c) 초기 변형 및 계산 b)에 의한 $t \rightarrow \infty$에서 크리프/수축이 있을 때의 강도한계 상태:

→ c1) 강도 하한값 f_{inf}으로 계산(최대 변형을 계산함)

→ c2) 강도 상한값 f_{sup}로 계산(최대 응력을 계산함)

첨자 *inf*: 하한값을 뜻한다.
첨자 *sup*: 상한값을 뜻한다.

d) 사용한계상태 – 드문 하중조합:

→ d1) f_{inf} 사용, 초기 변형, 계산 b)에 의한 $t \rightarrow \infty$에서 크리프/수축

→ d2) f_{sup} 사용, 초기 변형, 계산 b)에 의한 $t \rightarrow \infty$에서 크리프/수축

→ d3) f_{inf} 사용, 계산 a)에 대한 $t = t_0$에서 크리프/수축 없음

→ d4) f_{sup} 사용, 계산 a)에 대한 $t = t_0$에서 크리프/수축 없음

e) 사용한계상태 – 계산 d)를 기초로 한 준 - 고정 하중조합:

(즉, 이 계산은 크리프와 수축, 계산 d)의 드문 하중조합에 의한 균열상태로 인한 초기 변형을 고려하여 시작한다.)

→ e1) f_{inf} 사용, 초기 변형, 계산 d1)에 의한 $t \rightarrow \infty$에서 크리프/수축

→ e2) f_{sup} 사용, 초기 변형, 계산 d2)에 의한 t → ∞에서 크리프/수축

→ e3) f_{inf} 사용, 초기 변형, 계산 d3)에 의한 $t = t_0$에서 크리프/수축

→ e4) f_{sup} 사용, 초기 변형, 계산 d4)에 의한 $t = t_0$에서 크리프/수축

검토한 하중조합의 개수:

a)와 b) 각 2개의 하중조합 → 4개 하중경우

c), d), e) 각 4개의 하중조합 → 40개 하중경우

기술적 검토와 시험계산으로 하중조합과 크리프/수축 계산의 변수를 줄일 수 있다.

5. 계산결과의 정리

5.1 일반

부재거동과 결정 응력상태를 보이기 위해 우선 2개의 단위 하중경우에 대한 변형과 응력도를 보였다.

[16] SOFiSTiK AG, Program Module ASE

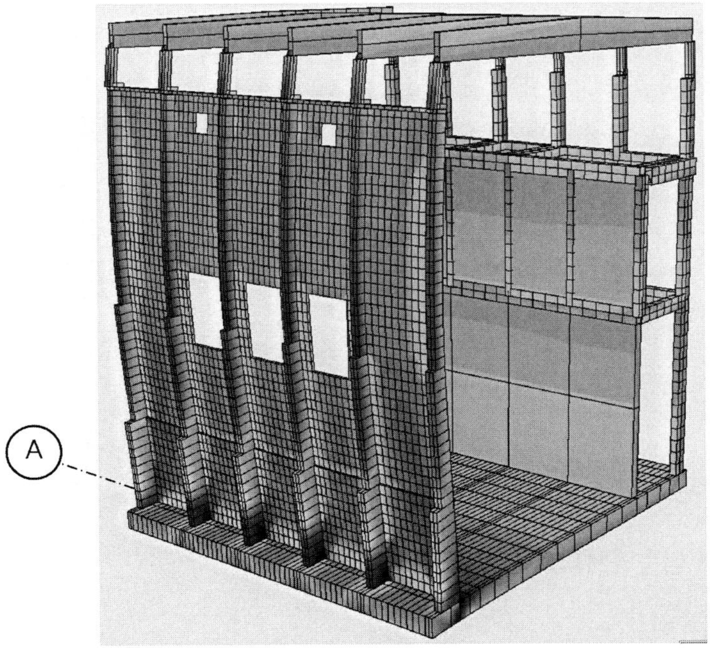

그림 6: 단위 하중경우 – 외측 벽에 폐기물 하중이 작용

그림 6에서 벽체가 바깥쪽으로 휘는 변형을 보이며 벽기둥의 뿌리 부분에 큰 압축응력(진한 회색)이 발생함을 알 수 있다.

먼저 선형해석을 수행하여 하중경우 120 의 해석결과를 보였다.

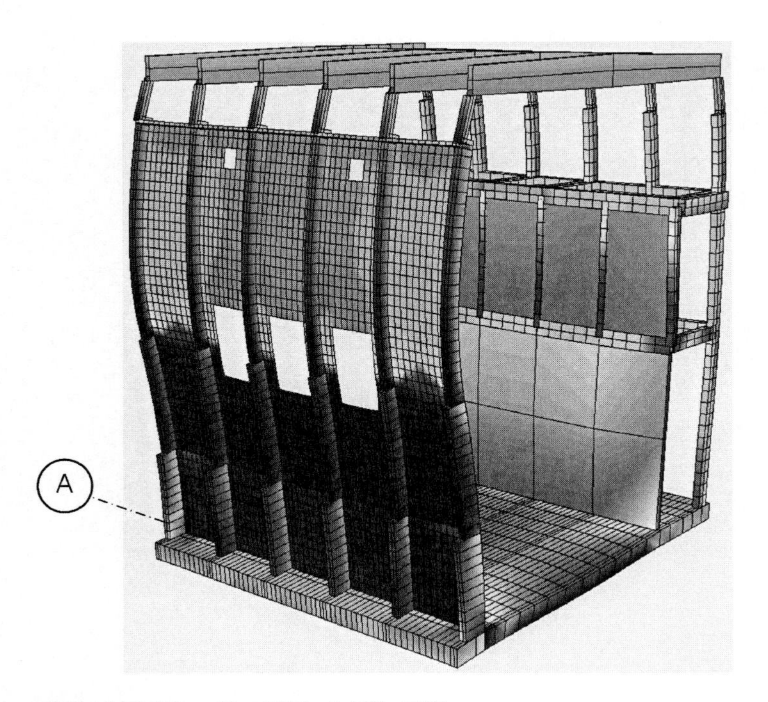

그림 7: 단위 하중경우 – 온도하중 $\Delta T/h$ 작용

폐기물에 의해 높은 온도가 발생하므로 창고의 내측에서 콘크리트가 크게 신장하여 외측 벽체는 선형계산에서 바깥쪽으로 크게 휜다.
내측면에서는 압축응력이 발생하고 외측 벽체의 외측면에는 그림 7에서 진한 회색으로 표시되는 바와 같이 인장응력이 발생한다.

비선형계산에서는 항상 각각 결정된 하중상태에 대한 총합을 고려한다. 강도한계상태를 위한 설계상황은 다음의 하중조합으로 검토한다.

2.4절 참조

$$E_d = 1.35 \cdot G_k + +1.50 \cdot [Q_{Garbage} + 1.0 \cdot (Q_{Crane,k} + Q_{Roof,k}) + 0.6 \cdot Q_{Wind,k} + 0.6 \cdot Q_{Temp,k}]$$

풍양력과 폐기물 압력은 외측 벽체 축 A에 대해서만 작용한다(폐기물 압력은 벽체 A에만 왼쪽으로 작용).
온도하중은 평균온도 T_m은 일정하고 선형 온도경사 $\Delta T/h$를 가정한다.

다음 그림은 2개의 벽체 기둥 사이의 외측벽체요소로 이 설계하중조합에 대해 선형 해석한 결과이다.

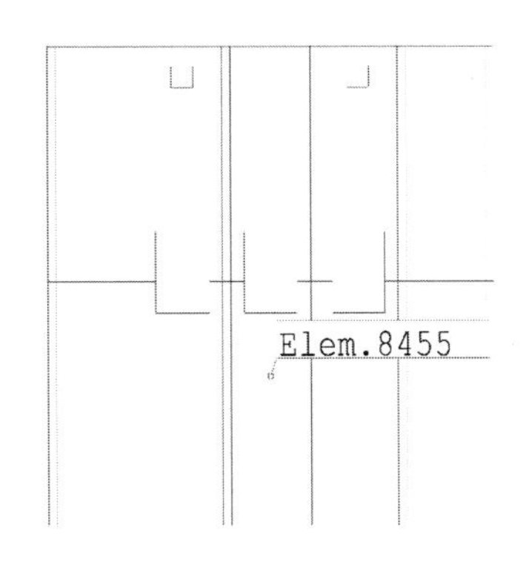

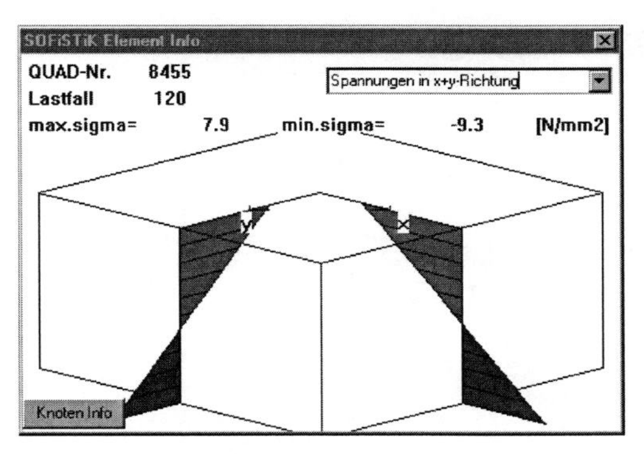

먼저 선형해석을 수행하여 하중경우 120의 해석결과를 보였다.

여기에 보인 Element 8455에서 상부(응력 삼각형의 위쪽 부분)은 벽체 안쪽을, 하부는 벽체 바깥쪽을 나타낸다. 아래쪽(즉, 벽체 바깥쪽)이 큰 인장응력이 발생함을 알 수 있다. 그 값이 7.9 N/mm^{2}으로 콘크리트 인장강도를 초과한다.

이 하중조합에 대한 비선형 해석에서는 벽체 바깥쪽의 콘크리트 층(Layer)에 균열이 발생하므로 강성이 감소되어 단면력이 재분배된다.

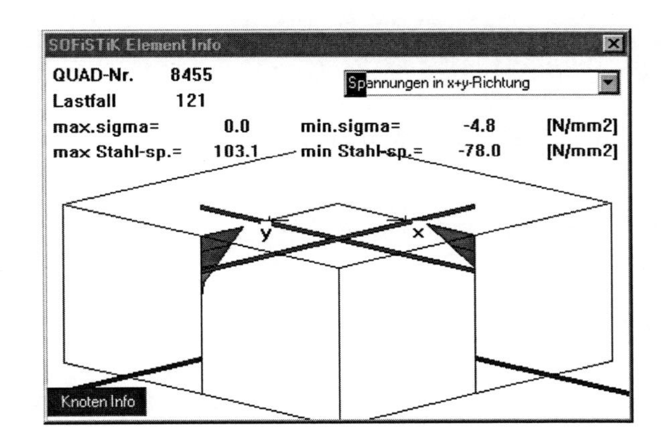

하중경우 121

→QUAD-Element와 Layer에 대해서는 3장의 해설을 참조하라.

Element-Info-Dialogbox에서 같은 요소에 대해 비선형 해석한 결과를 볼 수 있다. 내측에 압축응력영역(상부에 진한 회색으로 표시)이 생긴 것을 알 수 있다. 단면력은 균열로 인해 크게 감소하며 외측면의 철근 인장응력 σ_s = 103.1 N/mm^{2}이 된다. 철근응력은 균열 사이의 인장경화작용으로 인한 응력 증분을 포함한 것이다. 내부 layer의 인장응력은 발생하지 않는데, 강도한계상태 설계를 위한 계산이므로 철근이 배근되지 않는 콘크리트 layer의 콘크리트 인장강도를 0으로 하였기 때문이다.

비교를 위해 사용한계상태에 대한 비선형 해석 결과를 보였다.

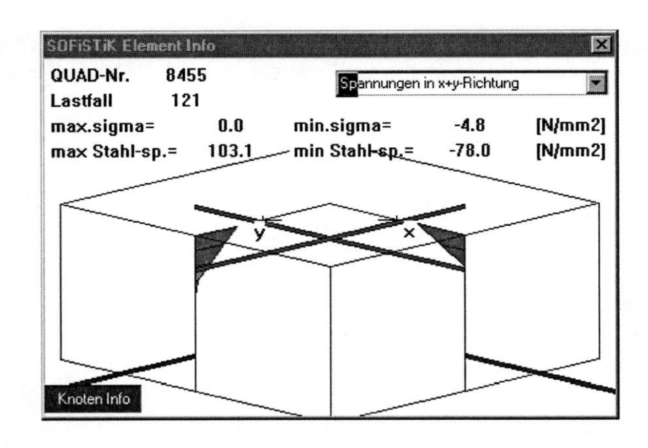

하중경우 221: 드문 하중경우, 온도하중, 재료값은 하한값 사용.

이 계산에서 내부 layer의 인장응력은 최대값까지 도달하는데, 여기서는 이는 인장강도의 하한값으로 max$\sigma_{ct} \leq f_{ctk;0.05}$ =2.2 N/mm^{2}이다. 이 값에 해당하는 변형을 초과하면 받을 수 있는 콘크리트 인장응력은 0까지 선형으로 감소한다.

4.4절 참조

위의 그림에서 Element의 내부에 콘크리트 응력 삼각형이 생긴 것을 볼 수 있다. 아래쪽에 보인 철근은 콘크리트가 더 이상의 인장응력을 받을 수 없는 상태의 변형을 보인다(균열 형성이 완료된 상태이다).

아래 표시된 철근
→ 벽체 바깥쪽

그러나 균열 사이의 콘크리트는 인장경화작용으로 인장응력을 부담한다.

이들 계산에서 선형 해석에 의한 단면력이 매우 크게 감소하는데, 이는 이 단면력이 온도구속에 의해 주로 발생한 것이기 때문이다. 이런 이유로 시간이 많이 걸리는 비선형 해석이 필요하다. 정정구조계의 단면력은 재분배되지 않는다.

5.2 강도한계상태 검토

일반설계상황(정상 및 임시 설계상황)

5.2.1 축력과 힘

이 예제의 비선형 해석에 대한 가장 중요한 질문은, 통상의 설계에서 사용하는 선형탄성 해석결과에 따라 창고 벽체에 배근해야하는 철근을 비선형 해석방법을 사용하면 얼마나 줄일 수 있는가 하는 것이다.

비선형 계산에서는 일반적으로 철근을 배치한 뒤에 해석한다.

- 외부하중은 철근이 받는다. 비선형 해석으로 내부 단면력과 외부 하중이 평형을 이루면 계산은 수렴한다.
- 각 단면의 변형은 허용범위 내에 있어야 한다.
  '비선형 해석'에서 강도한계상태의 허용범위는 다음과 같다.

결정 하중조합 ↔ 구조계 작용 하중

$|\epsilon_c| \quad \leq \epsilon_{cu1} \; = 3.5‰$

$\epsilon_s \quad \leq \epsilon_{su} \; = 25.0‰$

소성이론에 따른 방법(EC2-1-1, 5.6)의 회전능력검토에서는 '비선형 해석'이지만 위의 변형제한이 적용되지 않는다.[8]

EC2-1-1, 5.7 (NA.12)

- 사용한계상태에서 결정 하중조합하의 응력은 허용범위 내에 있어야 한다.

  강도한계상태에서 응력은 재료의 평균 강도값에 따른 응력-변형 관계식을 따른다.

4.4절 참조

4.3절 참조

- 사용한계상태에서 준-고정 하중조합 하(경우에 따라 온도하중을 포함)에서 균열은 허용 계산 균열폭 이하라야 한다.

그림 8은 선형-탄성 해석으로 단면력을 구하여 외측 벽체에 대해 설계한 수직 외측 철근을 보인 것이다.
(→ 높이 −7.70 m; +0.10 m; +7.00 m)

1.1절의 기하제원 참조

기초 슬래브 단면(최하부 단면)에서 수직철근은 다음과 같다.

벽체: $rqd\ a_{s,l}$ = 23⋯54 cm²/m

벽체기둥: $\max a_{s,l}$ = 175 cm²/m

그림 9는 비선형 해석을 위해 가정한 철근이다(수직, 외측 철근).
이는 한 번의 설계로 바로 구한 것이 아니고, 시공상의 조건과 DIN EN 1992-1-1, 9.2.1.1에 따른 필요 강건성(robustness)을 고려하여 정한 것이다.

EC2-1-1, 9.2.1.1 (1): 부재의 연성거동을 보장하기 위한 최소 철근은 균열 모멘트를 콘크리트 평균 인장강도 f_{ctm}, 철근응력 $\sigma_s = f_{yk}$로 계산하여 구한 값에 대한 것이다. 최소 철근은 인장영역의 폭과 높이에 고루 분포시킨다. 지간에 필요한 하부 최소 철근은 인장력강도선과 무관하게 지점을 넘어서 배근해야 한다.[9]
중간지점의 상부 최소 철근은 인접한 지간에서 적어도 지간장의 1/4 이상 배근해야 한다. 캔틸레버에서는 전체 지간에 걸쳐 배근해야 한다.

역자주 8 소성해석에서 응력-변형률 관계를 완전소성(perfect plastic)으로 가정하면 종국변형은 따로 고려하지 않는다.

역자주 9 휨 설계에서 작용 인장력도와 인장력 강도선을 비교하여 철근을 배근한다. 지점에서는 이에 추가하여 지점을 넘어서 배근하는 철근에 관한 규정을 적용한다. 설계예제집 1권 [7]: 예제1의 역자 주10을 참조하라.

그림 8: 선형 탄성해석에 의해 필요한 수직한 외측 철근

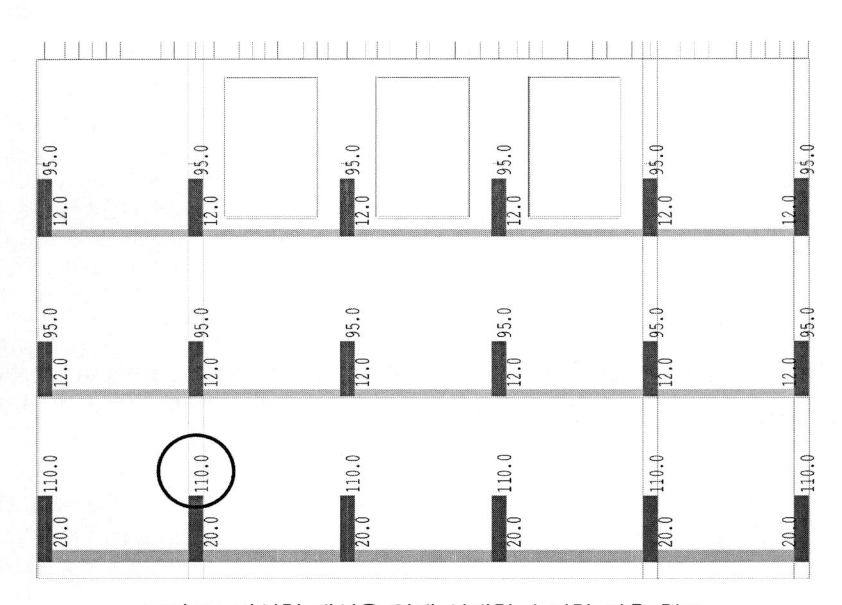

그림 9: 비선형 해석을 위해 선택한 수직한 외측 철근

기초슬래브 단면은 벽체의 바깥쪽으로 가정한다.

벽체: $used\ a_{s,l}$ $= 20\ \mathrm{cm^2/m}$

벽기둥: $used\ a_{s,l}$ $= 110\ \mathrm{cm^2/m}$

선택한 철근은 선형탄성으로 구한 철근보다 작으나, 비선형 해석에서 평형 조건을 만족한다. 이는 균열을 고려하여 온도에 의한 구속 단면력이 크게 감소했기 때문이다.

특히 선형 해석에서 계산한 필요 철근량의 첨두값(예를 들어 기초슬래브 연결부의 $rqd\ a_s = 54\ \mathrm{cm^2/m}$)는 실제 시공에서 어느 정도 분산하여 배치한다 하더라도 통상적인 설계에서 감당하기 쉽지 않다.

비선형 해석에서는 이러한 특이값(singularity)이 계산과정에서 반복적인 응력의 재분배를 통하여 없어진다. 그러나 이곳에서 균열폭은 크게 증가한다. 이를 제어하기 위해서 콘크리트 변형은 $|\epsilon_c| \leq 3.5‰$, 철근 변형은 $\epsilon_s \leq 25‰$로 제한한다.

EC2-1-1/NA, (NCI) 5.7 (NA.12)

그림 10은 강도한계상태에 대한 결정 하중조합하에서 벽체 내측에서의 최대 압축변형이 $-0.328‰$인 것을 보인다.

하중경우 121

크리프와 수축을 고려할 때의 응력과 변형의 결정에 대한 설명은 4.2절 참조

그림 11에서 상태 II(균열상태)의 콘크리트 응력은 내측에서 $\max\sigma_c = -9.86$ N/mm² (수직과 수평방향의 최대값)이다.

그림 12에서 외측의 최대 철근응력은 선형구간에서 거의 모두 항복응력 $f_{yR}/\gamma_R = 423$ N/mm² 이하이다. 한 단면에서만 이 값을 약간 넘었다. 그러나 이곳에서도 인장응력 $\max\sigma_s = 436$ N/mm²으로 비선형 해석의 허용값 $f_{tR}/\gamma_R = 444$ N/mm²을 넘지 않는다. 따라서 철근변형은 전체적으로 25‰ 이하이다.

4.3절 참조

이러한 계산방식을 강도한계상태의 모든 하중경우에 대해 수행하였으며 결과를 검토하였다. 비선형계산에서는 겹침의 정리가 성립하지 않으므로 많은 하중조합에 대해 따로 계산해야 한다.
각 하중에 대해서 γ_F배 한 값을 더해야 한다.

사고설계상황에 대하여 더 이상 높은 설계값이 계산되지 않았으므로 더 이상 소개하지 않는다.

사고설계상황: EC0, A.1.3.2 1):
하중에 대하여: $\gamma = 1.0$
EC2-1-1/NA, (NCI) 5.7 (NA.10):
저항에 대하여: $\gamma_R = 1.1$

5.2.2 전단력

전단설계에서 강도한계상태에 대하여 비선형계산으로 단면력을 구하였다. 여기서는 통상의 전단설계와 같이 재료안전계수는 $\gamma_C = 1.50$, $\gamma_S = 1.15$를 사용하였다.

EC2-1-1, 6.2.1-6.2.3 전단강도

EC2-1-1/NA, (NDP) 2.4.2.4: (1) 표 2.1DE

벽기둥 사이의 벽체 판에서는 전단철근이 필요하지 않다. 벽기둥은 보의 최소전단철근으로 배근한다.

EC2-1-1, 9.2.2 보의 전단배근
EC2-1-1, 9.6.4 벽체의 전단배근

5.2.3 프리캐스트 들보의 결합력

라멘시스템이 강도를 발휘하기 위해서는 기둥 축과 프리캐스트 들보의 결합이 보장되어야 한다.

결정 하중조합하에서 단면력을 구하고 들보지점을 설계하고 적절한 상세가

지점설계는 이 예제에서 다루지 않았다.

정해져야 한다.

최대결합력은 하중경우 122에서 발생한다.
풍하중, 폐기물 압력이 벽체 A에 작용(왼쪽으로 작용)하고, 재료값은 평균값을 사용하여 구하였다.
들보의 축력은 이때 최대 +199 kN이다. 그림 13에서 결합력을 보였다.

하중경우 121

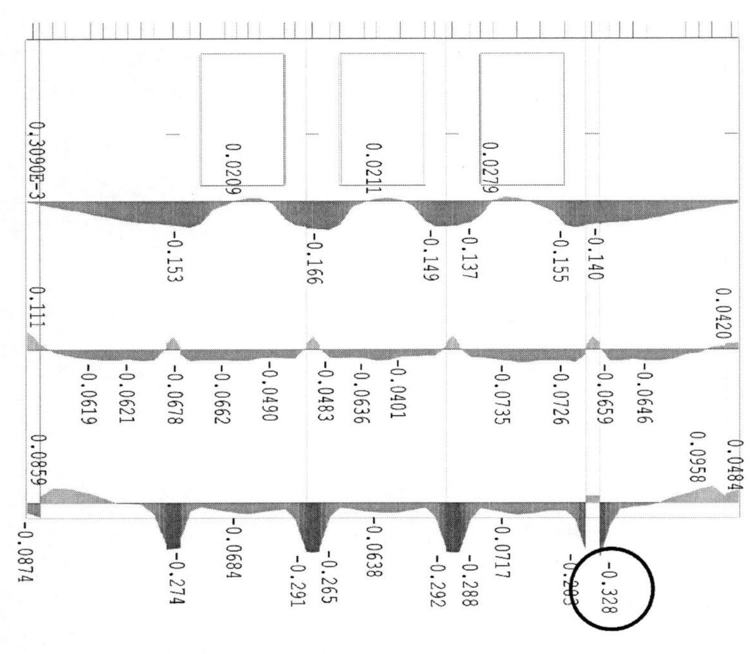

그림 10: 강도한계상태에서 벽체 내측면의콘크리트 변형

하중경우 121

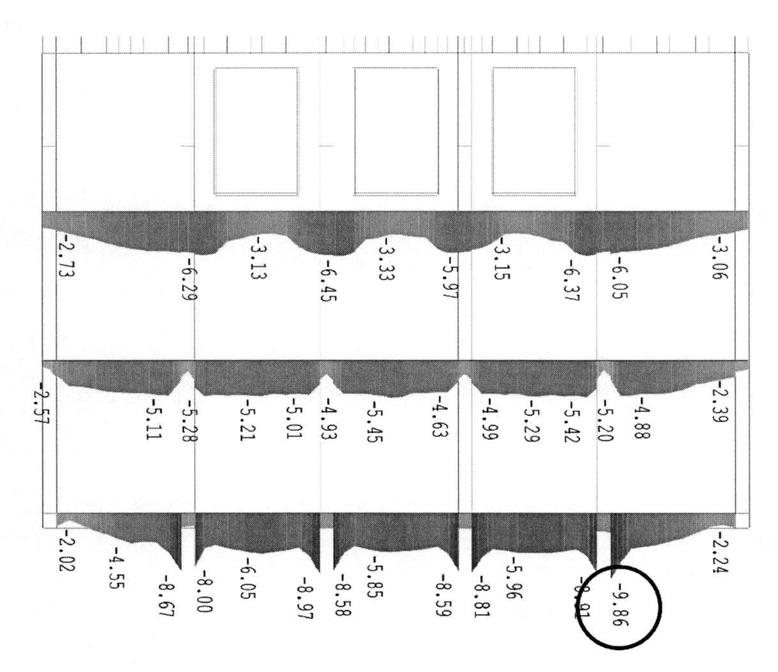

그림 11: 강도한계상태에서 벽체 내측면의 콘크리트 응력

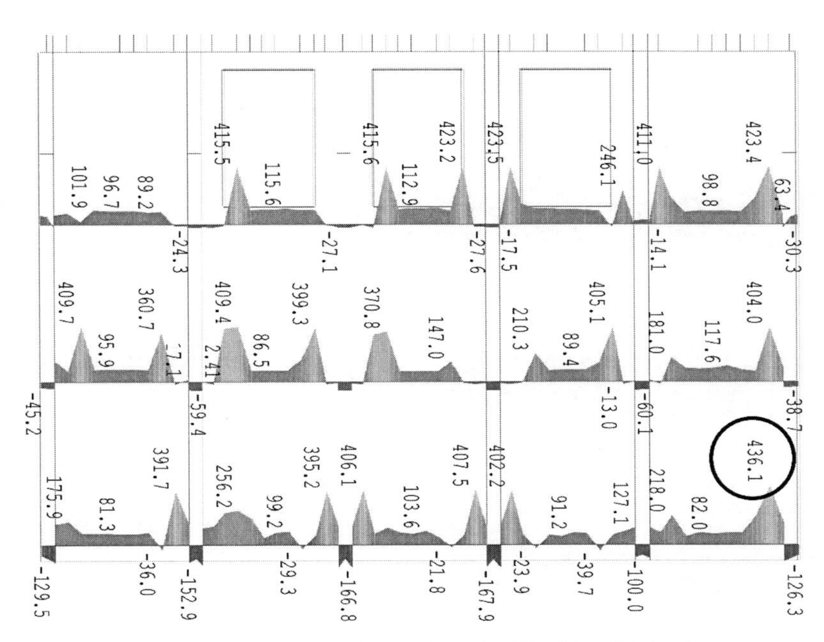

그림 12: 강도한계상태에서 벽체 외측면의 철근응력

하중경우 121

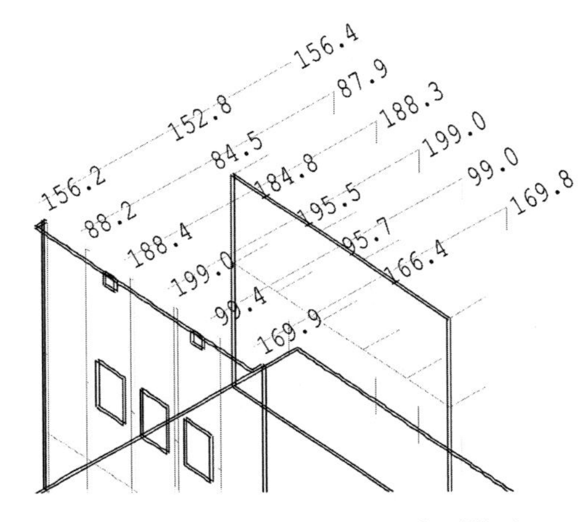

그림 13: 프리캐스트 들보의 결합력

5.3 사용한계상태 검토

5.3.1 콘크리트와 철근응력

여기서는 드문 하중조합에서 여러 번 계산한 결과 중에서 최대 콘크리트 응력이 발생한 하중조합만을 보인다.
이는 강도한계상태의 결정 하중조합과 유사하다.

콘크리트 응력(그림 14)은 모든 영역에서
$|\sigma_{c,\,char}| \leq 0.6 \cdot f_{ck} = 21\ \text{N/mm}^2$이다.

4.4.1절 참조

최대값은 외측 벽체의 내측면에서 발생하였으며
$\sigma_{c,\,char} = -12.2\ \text{N/mm}^2$이다.

콘크리트 응력이 강도한계상태에 대한 값보다 큰데, 이는 드문 하중조합하에서는 강성이 더 커서 단면력의 재분배가 작게 발생하기 때문이다.

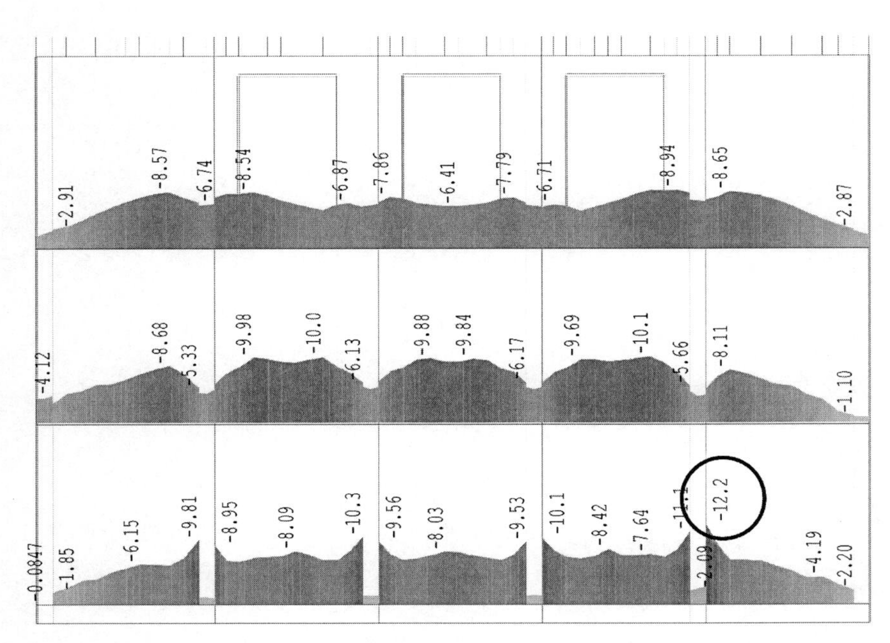

그림 14: 드문 하중조합하에서 벽체 내측면에서 콘크리트 응력

준-고정 하중조합하에서 철근응력은 선형 크리프가 적용되는 영역에서 $|\sigma_{c,perm}| \leq 0.45 \cdot f_{ck} = 15.7$ N/mm²이다.

여기에 보이지 않았다. 4.4.2절 참조

철근응력은 $\max\sigma_{s,char} = 187$ N/mm²으로 허용값 $0.8 \cdot f_{yk} = 400$ N/mm² 이하이다(그림 15).

4.4.1절 참조

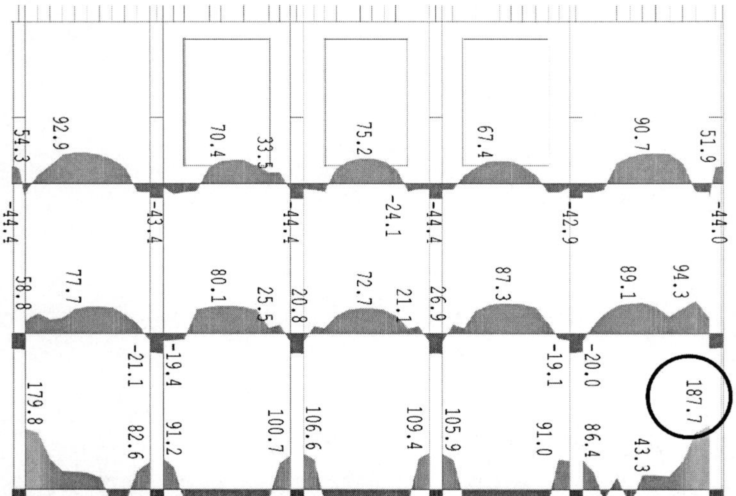

그림 15: 드문 하중조합하에서 벽체 외측면에서 철근응력

5.3.2 변형

드문 하중조합하에서 최대 변형을 검사하였다.

4.4.2절 참조

벽기둥 사이 벽체의 국부적인 휨 처짐을 계산하면 그 차이가 최대 2 mm 로 매우 작다. 이는 최대 폐기물 압력이 작용하는 영향영역에서 벽체강성(h =400 mm)이 크기 때문이다.

비교: 벽체의 휨 세장비
$l_i/d = 0.8 \cdot 6250/334 = 15 < 35$

DIN EN 1992-1-1, 5.2절에 따라 구조계의 편심을 고려하므로 구조계 상단의 변위는 따로 계산할 필요가 없다.
이 예제에서는 최대 변위를 2차 해석으로 구하는데, 초기 편심은 계산값 61 mm로 한다.

EC2-1-1, 5.2 (3): (불완전으로 인한) 편심은 사용한계상태에서 고려하지 않는다.
상단편심(2.2.1절 참조):
$u_\theta = 0.0016 \cdot 38130 = 61.0$ mm
변형계산에서 편심은 안전 측으로 계산하여
→286.5-61.0=226 mm

아래 표는 구조계의 편심을 고려한 하중조합에 대해 비선형계산한 변형값이다.

준-고정 하중조합, 구조계 편심 포함, 온도하중 제외:
101 −89.882 Quasi incline −Y
103 209.890 Quasi incline +Y
드문 하중조합, 구조계 편심 포함, 온도하중 포함:
211 −113.48 SLS −Y with T
231 286.513 SLS +Y with T

아래 표는 상단 변위를 계산하기 위한 각 단위하중의 기여분으로 선형계산에 의한 하중경우 (LC 1~63)이다.

LC No.	V_y [mm]	하중
단위 하중경우:		
1	−4,231	자중
2	−2,030	지붕하중
11	−5,819	크레인하중 −Y
12	4,591	크레인하중 +Y
21	−6,625	외측벽 폐기물하중 −Y
22	66,204	내측벽 폐기물하중 +Y
31	−12,757	폐기물+침출수 −Y
32	31,148	폐기물+침출수 +Y
51	−45,954	풍하중 −Y
52	45,568	풍하중 +Y
61	7,588	tM(온도) +55°
62	−1,826	온도 차이 − T/h
63	5,762	온도합계

비선형계산은 2차 해석, 균열에 의한 강성감소를 고려한 것으로 라멘시스템의 최대 상단 수평변위는 다음과 같다.

$$u_{head} = 226 \text{ mm} \leq allow\ u = 254 \text{ mm} = h/150$$

따라서 변형한계에 대한 검토를 만족한다.

5.3.3 균열폭 제한

계산상 균열폭은 비선형계산에서 maxw_k =0.11 mm로 벽체 외측면의 허용 $w_{\max}$ =0.3 mm 이하다(그림 16).

EC2-1-1/NA, (NDP) 7.3.1: (5) 표 7.1DE
노출등급 XC4: $allow\ w_{\max} = 0.3$ mm

그림 17(균열도)에서 창고 벽의 외측면에 폭넓게 수직 및 수평균열이 발생함을 알 수 있다.
그림에 보인 것은 결정값인 준-고정 하중조합과 내측의 높은 폐기물 온도 하중이 작용하는 경우에 대한 것이다.
이 상태에서 벽체의 내측면은 대부분의 영역에서 2축 압축을 받는다(그림 18).
외측 기둥의 뿌리에는 수평방향의 큰 균열이 발생하는데, 균열폭 maxw_k = 0.28 mm < $allow\ w_{\max}$ =0.30 mm이다.

철근(지점축에서)
피복두께 c_{nom} =40 mm
수평 ϕ12: d_{lh} =46 mm
수직 ϕ28: d_{lv} =66 mm

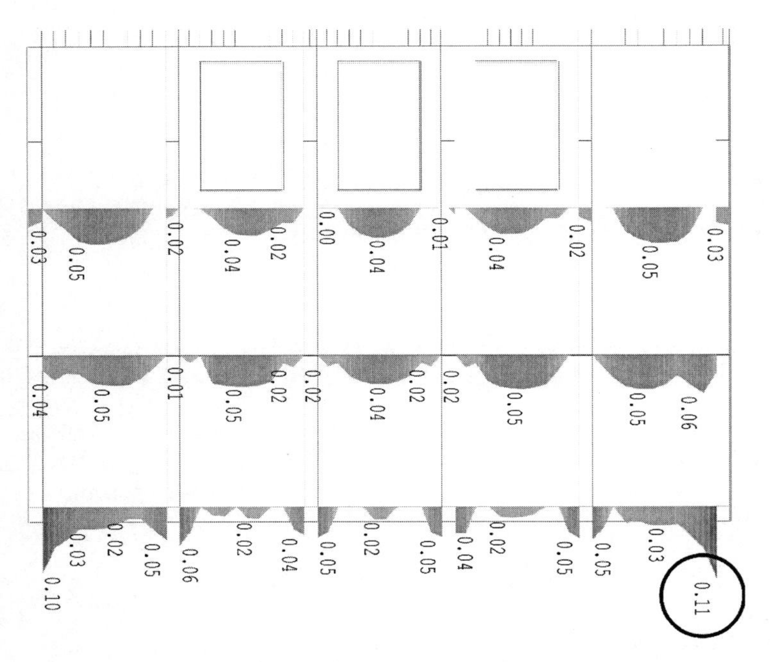

그림 16: 결정 하중조합하에서 벽체 외측면의 균열폭

그림에 보인 것은 최대 균열폭으로 균열방향과는 무관하다.

이 예제에서 균열발생에는 온도하중이 결정값이다. 따라서 온도하중을 포함하는 하중조합이 상한값으로 중요하다.

다른 하중조합에서 제한 균열폭은 더 작은 값일 수도 있다. 예를 들어 사고설계상황에서 높이 ±0 m 이하에서 화재진압을 위한 물이 폐기물의 침출수로서 작용하면 콘크리트 구조의 방수성능이 필요하다.

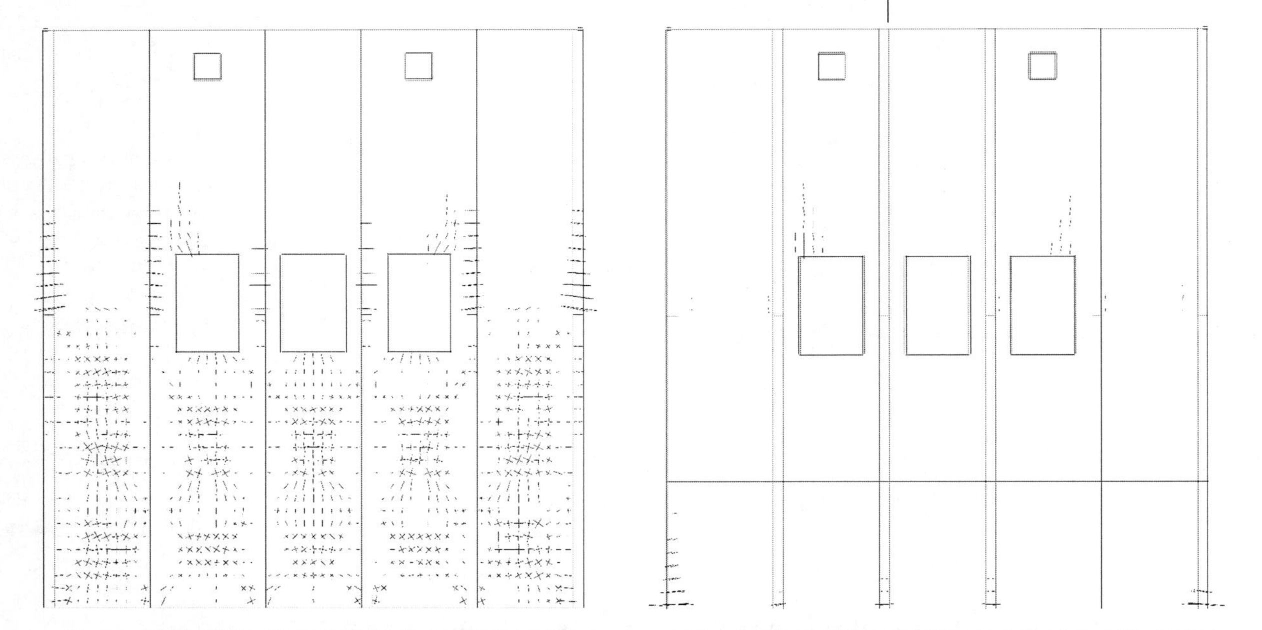

그림 17: 결정 하중조합하에서 벽체 외측면의 균열도

그림 18: 결정 하중조합하에서 벽체 내측면의 균열도

예제 16 : 항복선 이론에 의한 바닥판 설계

차례

예제 16 : 항복선 이론에 의한 바닥판 설계

항복선 이론 소개와 과제 개요

주택의 테라스로 쓰이는 바닥판을 설계한다.

EC2-1-1/NA, (NCI) NA.1.5.2.5: 일반건물

이 예제는 1권 [7]의 '예제 2: 철근 콘크리트 슬래브 설계'로 다룬 바가 있는데, 여기서는 강도한계상태 설계를 위해 소성이론[1]의 운동학적 방법을 적용하는 것을 보인다.

이 예제의 주택 바닥판은 다른 설계결과와 비교하기 위해 두께를 일정하게 하였다.

소성이론의 정역학적 방법으로 판에 대한 *Hillerborg-Strip* 방법이 있다(DAfStb-Heft [425]. 2.5.5.1 또는 [18] *Hillerborg*: Strip Method Design Handbook 참조). 소성이론의 운동학적 방법으로 항복선 이론이 있으며 이를 본 예제에 적용한다.[2]

EC2-1-1, 5.6.1:
(1)P 소성이론에 의한 방법은 강도한계상태의 검토에만 적용해도 된다.
(3)P 소성이론에 의한 방법은 하한계 해석(정역학적 방법) 또는 상한계 해석(운동학적 방법)을 적용할 수 있다.

항복선 이론은 판에 적용하여 수계산이 가능하고, 계산과정을 쉽게 이해할 수 있으므로 간단하고 개념설계가 가능한 방법이다. 이 방법의 허용조건은 다음과 같다. 압축영역의 높이 비는 일정한 값을 넘지 않아야 한다. 지점과 지간 모멘트 비는 정해진 한계값 내에 있어야 한다.

소성이론에 의한 방법의 참고문헌은 [18]에서 [46] 사이에 정리하였다.

일반적으로 보통의 건물 부재 설계에서는 사용한계상태의 검토가 결정적이다. 이는 통상의 설계와 비교하기 위한 본 예제에서도 마찬가지이다.

소성이론을 이용하여 선형 탄성해석으로 구하기 어려운 큰 값의 개별 변동하중 또는 사고 하중조합(예를 들어: 충돌, 폭발 등)에서의 부재강도를 하중 증가의 경우로 변환하여 구할 수 있다.

DAfStb-Hefr [600] 5.6 추가:
소성이론에 의한 방법: 여러 가지 경우에 이 방법을 사용하는 것이 제한될 수 있다. 사용한계상태의 검토(응력 제한과 균열폭 제한)가 설계에 결정적일 때 그러하다. 고정하중의 비중이 크고 변동하중의 하중조합계수가 클 때 불리한 조건이 된다.

지붕 바닥판은 2방향 슬래브로 2지간 연속부재이다.
지붕 바닥판은 조적벽체 위에 있어 활절 지지된다.

EC2-1-1, 5.3.2.2:
(2) 연속판에서 단면력은 활절지점으로 가정하여 수행한다.

환경조건:

아래: 건조한 실내

위: 부재는 절연되고 테라스는 방수처리하였다.

주로 정적인 하중

EC2-1-1/NAm (NCI) NA.1.5.2.6: 주로 정적인 하중

내하성능등급:

테라스를 도피로로 사용(OKFF ≤ 7 m)
MBO [47]에 의한 건물등급 2
내하검토는 [7] 1권, 예제 2, 4.4절 참조

역자주 1 여기서 소성이론은 좁은 의미로 한계해석(Limit Analysis)를 뜻한다.

역자주 2 판의 소성이론은 Hillerborg의 Strip Method와 Johansen의 Yield Line Theory가 대표적이다. 전자는 일반적인 설계에 적당하며, 후자는 기존 구조물의 해석과 전산해석의 검증에 유용하다.

REI 30(화재 지연)

재료:

콘크리트: C20/25

철근: B500B (고연성)

EC2-1-1,3.1: 콘크리트
EC2-1-1, 3.2: 철근
EC2-1-1, 5.6.2 (NA.6)P:
뼈대부재와 판부재에 소성이론을 적용할 때는 철근을 보통연성철근(B500A)으로 쓸 수 없다.

1. 구조계, 치수, 피복두께

1.1 구조계, 지간장

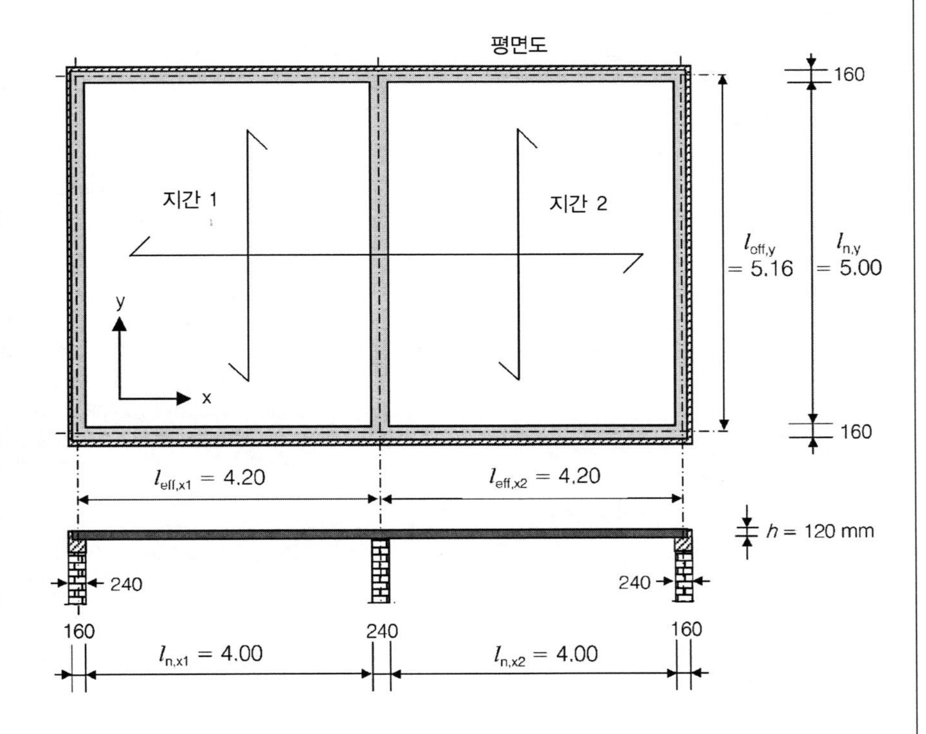

대칭 지간 1과 2

EC2-1-1, 5.3.2.2 (1)과 그림 5.4:
l_n 지점 연단간의 순간격
l_{eff} 유효 지간장

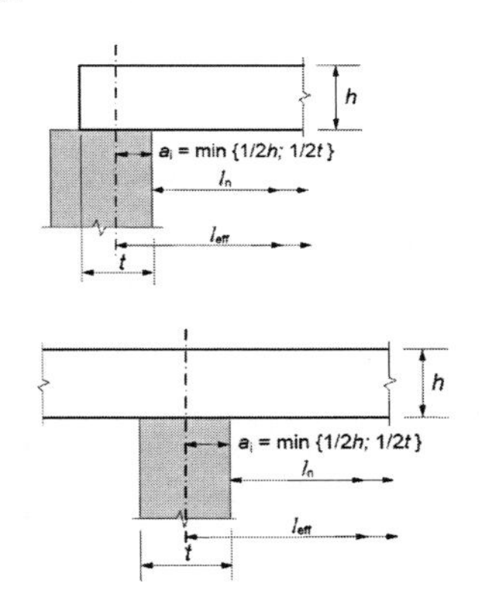

Note:
벽돌 벽체의 압력에 대한 검토는 유럽설계기준 EC6-1-1에 따른다. 이 예제에서는 검토하지 않는다.

1.2 유효 지간장

$l_{eff} \quad = l_n + a_1 + a_2$

$l_{eff,x} \quad = 4.00 + 0.16/2 + 0.24/2 \quad = 4.20\ \text{m}$

$l_{eff,y} \quad = 5.00 + 0.16/2 + 0.16/2 \quad = 5.16\ \text{m}$

EC2-1-1, 5.3.2.2 (1)과 그림 5.4:
허용 $\min h/2 = 60$ mm
단부지점: $t/2 = 80$ mm (선택)
중간지점: $t/2 = 120$ mm (선택)

1.3 최소 강도등급, 피복두께

철근 부식에 대한 노출등급

하부－탄산화에 대한 노출등급: → XC1

상부－탄산화에 대한 노출등급: → XC3

EC2-1-1, 표 4.1: 노출등급

아랫면: XC1 건조(실내부재);
[600] 윗면: XC3 → XC3는 지붕 윗면은 방수처리되고 min C20/25와 $c_{min} = 20$ mm라야 한다. 이런 경우의 XC3에 대해서는 허용오차를 $\Delta c_{dev} = 10$ mm로 하는 것으로 충분하다.

콘크리트 최소 강도등급: → C20/25

알칼리 실리카 반응에 대한 습도등급 → WO

EC2-1-1, 부록 E, 표 E.1.DE:
최소 콘크리트 압축강도

WO – 알칼리 골재 반응에 의한 콘크리트 열화 없음(보통 건물의 실내 부재)

선택: C20/25 XC3, WO

피복두께

같은 범주(여기서는 탄산화에 대한 노출등급 XC)의 노출등급이 차이가 있을 때는 일반적으로 가장 높은 노출등급으로 충분하다.

하부–노출등급 XC1:

→ 최소피복두께 $c_{\min,dur}$ $=10$ mm

+허용오차 Δc_{dev} $=10$ mm

=공칭피복두께 c_{nom} $=20$ mm =사용 피복두께 c_v

상부–노출등급 XC1:

→ 최소피복두께 $c_{\min,dur}$ $=20$ mm

+허용오차 Δc_{dev} $=10$ mm

=공칭피복두께 c_{nom} $=30$ mm

EC2-1-1/NA, (NDP) 표 4.4DE:
최소피복두께 $c_{\min,dur}$
EC2-1-1/NA, (NDP) 4.4.1.3 (1):
허용오차 Δc_{dev}
EC2-1-1, 4.4.1.1 (2), (4.41)식:
공칭값 c_{nom}
표 4.3DE에서 $c_{\min,dur}$를 5 mm 줄이는 것은 XC3에 대해 C20/25 < C30/37으로 선택하였으므로 허용되지 않는다.

상부철근을 지지하는 것을 고려한 사용 피복두께 c_v(거푸집 위에서 지지, 예: DBV/EC2_ 70_S_L)[3]

$h_{support}=70$ mm, 상부 2단철근 $\phi 10$ mm (가정):

$c_v = h - h_U - \phi_1 - \phi_2 = 120-70-2\cdot 10 = 30$ mm =사용 피복두께 $\geq c_{nom}$

$\Delta c_{dev}=10$ mm 지붕 아랫면에서는 충분하다([600] 4.2절 참조).
EC2-1-1/NA, (NCI) 4.4.1.1 (2)P:
스터럽이 필요하지 않으므로 바깥쪽이 철근단에 대해서는 공칭값 $c_{nom}=c_v$(사용 피복두께)로 한다.

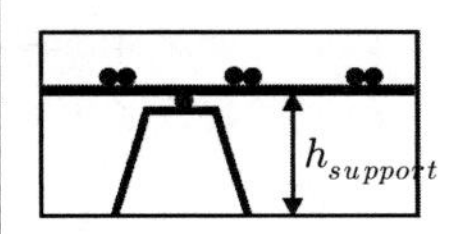

상부 철근의 지지 (예: DBV-지침, 철근의지지 [DBV3])

지지재는 10 mm 간격으로만 생산된다.→ $h_{support}=80$ mm는 너무 높을 수 있다!

부착을 보장:

$c_{\min}=10\text{ mm} \geq \phi$ 또는 ϕ_n

철근을 선택하면 다시 검토해야 한다.

EC2-1-1, 4.4.1.2 (3) 표 4.2 부착을 위해 필요한 피복두께
EC2-1-1/NA, (NDP) 4.4.1.3 (1)P: Δc_{dev} = 10 mm

1.4 변형제한을 위한 바닥판 두께 결정

Note: EC2-1-2의 내화설계를 위한 피복두께 [7] 1권, 예제 2, 4.4절 참조

휨 세장비 제한:

EC2-1-1/NA, (NCI) 7.4.2 (2):
휨 세장비는 일반적으로 $l/d \leq K\cdot 35$로 제한되어야 한다.

필요한 길이방향 철근의 어림값:

$\rho = \rho_{\lim} = 0.24\% \rightarrow$ $l/d \leq K\cdot 35$

일반적인 요구조건: $rqd.d \leq l/(K\cdot 35)$

EC2-1-1, 7.4.2 (2), 표 7.4N:
2방향 슬래브가 긴 방향으로 연속부재일 때 단부지간에서 $K=1.3$이다.

역자 주 3 사용 피복두께와 철근의 지지에 관해서는 설계예제집 1권 [7]: 예제1의 역자 주5와 4.2.1절의 해설을 참고하라.

$rqd.\,d \quad \leq 4200/(1.3 \cdot 35) = 92$ mm

철근직경 가정: $\phi \leq 8$ mm 이내
하부의 피복두께가 결정값

지간: $h \geq rqd.\,d + \phi/2 + c_v$

$= 92 + 8/2 + 20 = 116$ mm

EC2-1-1, 9.3.1.1 (NA.5):
속이 찬 슬래브의 최소두께 $h_{\min}$
Note:
슬래브에 대해 휨 세장비를 제한하는 간이 검토법은 경험적인 것으로, 단면력은 탄성해석으로 구하고 이에 따라 철근을 배근하는 경우에 대한 것이다. 비선형 해석 또는 소성이론에 따른 방법을 적용하면 일반적으로 철근량이 달라지므로 변형을 직접 계산하여 검토하는 것이 바람직하다. 이는 특히 슬래브 두께를 휨 세장비 조건에 따라 선택했을 때 그러하다. 이 예제에서는 그렇게 하지 않았는데, 왜냐하면 사용한계상태에서 탄성해석으로 철근을 선택하였기 때문이다.

선택: $h = 120$ m

$> rqd.h = 116$ mm

$> \min h = 70$ mm

직접계산 없이 변형을 제한하는 것은 보통 건물의 바닥판에서 강도한계상태에서 필요한 길이방향 철근비 ρ가 어림값 이하일 때를 제외하고는 적절하다. ρ가 어림값 이하이면 어림값을 달리하여 다시 계산할 수 있다(1권－예제 2, 5.3절 [7] 참조).

2. 하 중

2.1 기준값

첨자 k = characteristic

하중		기준값(kN/m²)
고정하중(자중):		
－15 mm 석고보드:	$0.015 \cdot 12$ kN/m³	0.18
－120 mm 철근 콘크리트 슬래브:	$0.12 \cdot 25$ kN/m³	3.00
－접착재 포함 절연체		0.07
－130 mm 스티로폼 절연체	$13 \cdot 0.01$ kN/m²/cm	0.13
－2층 역청 지수판	$2 \cdot 0.07$ kN/m²	0.14
－40 mm 모래마감:	$0.04 \cdot 20$ kN/m³	0.80
－20 mm 콘크리트판:	$0.02 \cdot 24$ kN/m³	0.48
합계:		$\boldsymbol{g_k = 4.80}$
변동하중(사용하중):		$\boldsymbol{q_{k,1} = 4.00}$

EC1-1-1, 표 A.1: 석고모르타르
EC1-1-1, 표 A.1: 철근 콘크리트
EC1-1-1, 표 NA.A.27: 지붕방수
EC1-1-1, 표 NA.A.20: 슬래브, 매트
EC1-1-1, 표 A.7: 저장재료
EC1-1-1, 표 A.1: 일반 콘크리트

EC1-1-1/NA, (NDP) 표 6.1DE, Category Z:
지붕테라스 $g_k = 4.0$ kN/m²
집중하중 $Q_k = 2.0$ kN은 여기서 결정값이 아니다.

2.2 강도한계상태 설계값

EC0, (NDP) A.1.3.1 (4), 표 NA.1.2 (B):
하중이 불리하게 작용할 때와 유리하게 작용할 때의 하중조합계수

강도한계상태의 부분안전계수:

사중	유리하게 작용할 때	불리하게 적용할 때
고정하중	$\gamma_G = 1.0$	$\gamma_G = 1.35$
변동하중	$\gamma_Q = 0$	$\gamma_Q = 1.50$

첨자 d = design
유리하게 작용하는지 불리하게 작용하는지에 대한 판단은 하중조합의 결과, 즉 단면력 또는 다른 설계량에 따른다.

$g_d = \gamma_G \cdot g_k = 1.35 \cdot 4.80 = 6.48$ kN/m²

$q_{d,1} = \gamma_G \cdot q_{k,1} = 1.50 \cdot 4.00 = 6.00$ kN/m²

$e_d = g_d + q_{d,1}$ $\quad$ **= 12.48 kN/m²**

EC2-1-1/NA, (NCI) 5.1.3 (NA.2):
연속 슬래브와 보에서는 개별적인 또는 독립적인 고정하중(예를 들어 자중)은 상한값 또는 하한값 γ_G를 모든 지간에 동일하게 적용한다.
→ 여기서: $\gamma_G = 1.35$로 둔다.

2.3 사용한계상태 대표값

사용한계상태의 부분안전계수:

모든 하중에 적용:

$\gamma_F = 1.0$

EC0, A.1.4.1 (1): 사용한계상태의 하중에 대한 부분안전계수

사용한계상태의 변동하중에 대한 하중조합계수:

하중조합에 따라

드문 하중조합 $\psi_{0,1} = 0.70$

흔한 하중조합 $\psi_{1,1} = 0.50$

준-고정 하중조합 $\psi_{2,1} = 0.30$

EC0/NA, (NDP) A.1.2.2, 표 NA.A.1.1: $\psi_{0,i}$는 i>1일 때, 즉 하나 이상의 변동하중이 적용될 때 쓴다. 이 예제에서는 해당되지 않는다.

EC1-1-1/NA, (NDP) 표 6.1DE, Category Zd: d는 각 건물의 사용하중 Category의 하중조합에 따라 정한다.
→ 여기서는: 주택 = Category A
EC0, (NDP) A.1.2.2, 표 NA.A.1.1: 사용하중 Category A: 주택과 거주공간

$\psi_{j,i}$의 첫 번째 아래 첨자는 하중조합을 뜻하며, 두 번째 아래 첨자는 $\psi_{j,i}$를 곱한 변동(교통-) 하중을 뜻한다.

이 예제에서는 드문(기준) 하중조합(철근응력의 제한에 적용), 준-고정 하중조합(균열폭 제한과 콘크리트 압축응력의 제한에 적용)이 쓰인다.

EC0, 3.4: 사용한계상태의 설계상황은 다음과 같이 나눌 수 있다.
– 드문(기준) 설계상황, 구조에 되돌릴 수 없는(지속적인) 하중작용의 결과를 초래한다.
– 흔한 설계상황, 구조에 되돌릴 수 있는(일시적인) 하중작용의 결과를 초래한다.
– 준-고정 설계상황, 구조에 장기간 작용한다.

a) 드문 하중조합: $E_{d,rare} = G_k + Q_{k,1} + \Sigma(\psi_{0,i} \cdot Q_{k,i})$

$g_k = 4.80 \text{ kN/m}^2$

$q_{k,1} = 4.00 \text{ kN/m}^2$

$e_{d,rare} = \mathbf{8.80\ kN/m^2}$

b) 준-고정 하중조합: $E_{d,perm} = G_k + \Sigma + (\psi_{2,i} \cdot Q_{k,i})$

$g_k = 4.80 \text{ kN/m}^2$

$\psi_{2,1} \cdot q_{k,1} = 0.3 \cdot 4.00 = 1.20 \text{ kN/m}^2$

$e_{d,perm} = \mathbf{6.00\ kN/m^2}$

3. 단면력 산정

3.1 강도한계상태

3.1.1 휨모멘트

소성이론에 의한 단면력 산정 방법은 다음과 같다.

EC2-1-1, 5.6
DAfStb-Heft [425], 2.5.5.3.1

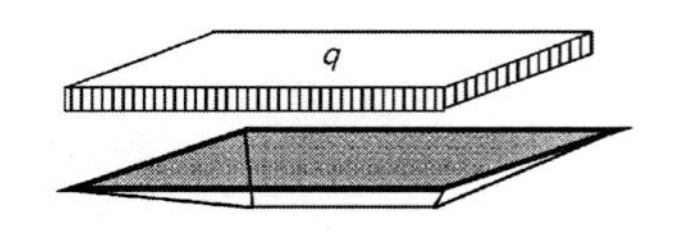

내하력을 정하기 위해서는 항복선을 정의해야 한다. 항복선에서 소성영역의 상대적 회전이 집중되며 최대 모멘트를 받게 된다. 항복선 형태는 지지형태에 따라 달라진다. 운동역학적 메카니즘에 따른 항복선으로 슬래브는 몇 개의 부분으로 나뉜다.

슬래브의 파괴는 항복선에 의한 활절 시스템이 형성되며 시작된다. 운동역학적 메카니즘에 의한 활절 시스템은 평면들로 이루어진, 직선 경계를 갖는 지붕을 뒤집어 높은 것처럼 보인다. 활절 시스템의 변형에 의한 외적 가상일과 항복선에 따른 하중강도의 내적 가상일이 평형을 이룬다.

이 방법은 철근비가 $\rho=0.2\%$에서 1.0%까지인 상대적으로 저보강된 철근콘크리트 슬래브에 적용된다.

지점과 지간의 모멘트 비는 적당한 값(0.5에서 2.0 사이의 값)으로 선택해야 한다.[4]

EC2-1-1, 5.6.2 (2)와 (NDP) 5.6.2 (2):
아래의 모든 조건을 만족할 때 필요한 연성이 충분하다고 가정할 수 있다.
i) 인장철근 단면적이 제한되어 각 단면에서 ≤ C50/60에서 $x_u/d \leq 0.25$일 것
ii) 철근은 class B일 것
iii) 지점과 지간 모멘트의 비는 0.5와 2.0 사이에 있을 것

비교: [7] 1권, 예제 2, 탄성계산:
$-m_{xerm}/m_{xm} = 22.01/12.07 = 1.8$

[44] Schmitz: '항복선 이론의 적용'에서 발췌
(Stahlbetonbau aktuell 2013, page C.56ff., 표 C.2.11a와 C.2.11b)

지지형태:

x, l_x; y, l_y; 1, 2.1, 2.2, 3.1, 3.2, 4, 5.1, 5.2, 6

계수값	$K=q\cdot l_x\cdot l_y$
지간 모멘트	
$m_{xf}=K/f_x$	$m_{yf}=K/f_y$
지점 모멘트	
$m_{xs}=-K/s_x$	$m_{ys}=-K/s_y$

지점과 지간 모멘트비 $-m_s/m_t=1.0$, 각 변의 길이 비 l_y/l_x ($l_x=l_{min}$)

지지형태	계수값	1.0	1.1	1.2	1.3	1.4	1.5	1.6	1.7	1.8	1.9	2.0
1	f_x	24.0	22.1	21.0	20.3	20.0	19.9	20.0	20.2	20.5	20.9	21.3
	f_y	24.0	26.8	30.2	34.4	39.2	44.9	51.3	58.5	66.5	75.5	85.3
2.1	f_x	36.8	32.2	29.1	27.1	25.8	24.9	24.4	24.2	24.1	24.1	24.3
	f_y	25.3	26.7	28.8	31.5	34.7	38.5	42.9	47.9	53.5	59.8	66.7
	s_y	25.3	26.7	28.8	31.5	34.7	38.5	42.9	47.9	53.5	59.8	66.7
2.2	f_x	25.3	24.4	24.1	24.1	24.4	24.8	25.4	26.0	26.8	27.6	28.4
	f_y	38.8	43.0	50.5	59.4	69.6	81.4	94.7	110	126	145	166
	s_x	25.3	24.4	24.1	24.1	24.4	24.8	25.4	26.0	26.8	27.6	28.4
3.1	f_x	56.6	47.7	41.6	37.3	34.3	32.2	30.7	29.6	29.0	28.5	28.3
	f_y	28.3	28.9	29.9	31.5	33.6	36.2	39.3	42.8	46.9	51.5	56.6
	s_y	28.3	28.9	29.9	31.5	33.6	36.2	39.3	42.8	46.9	51.5	56.6
3.2	f_x	28.3	28.2	28.6	29.2	30.0	31.0	32.1	33.2	34.4	35.7	37.0
	f_y	56.6	68.3	82.4	98.9	118	139	164	192	223	257	296
	s_x	28.3	28.2	28.6	29.2	30.0	31.0	32.1	33.2	34.4	35.7	37.0
6	f_x	48.0	44.2	42.0	40.7	40.0	39.9	40.0	40.5	41.1	41.8	42.7
	f_y	48.0	53.5	60.4	68.7	78.5	89.7	102	117	133	151	171
	s_x	48.0	44.2	42.0	40.7	40.0	39.9	40.0	40.5	41.1	41.8	42.7
	s_y	48.0	53.5	60.4	68.7	78.5	89.7	102	117	133	151	171

지점과 지간 모멘트비 $-m_s/m_t=1.5$, 각 변의 길이 비 l_y/l_x ($l_x=l_{min}$)

지지형태	계수값	1.0	1.1	1.2	1.3	1.4	1.5	1.6	1.7	1.8	1.9	2.0
1	f_x	24.0	22.1	21.0	20.3	20.0	19.9	20.0	20.2	20.5	20.9	21.3
	f_y	24.0	26.8	30.2	34.4	39.2	44.9	51.3	58.5	66.5	75.5	85.3
2.1	f_x	43.8	37.7	33.6	30.8	28.8	27.5	26.7	26.1	25.9	25.7	25.8
	f_y	26.3	27.4	29.0	31.2	33.9	37.2	41.0	45.4	50.3	55.8	61.9
	s_y	17.5	18.3	19.4	20.8	22.6	24.8	27.3	30.2	33.5	37.2	41.2
2.2	f_x	26.3	25.8	25.8	26.0	26.5	27.2	27.9	28.8	29.7	30.7	31.7
	f_y	43.8	52.0	61.8	73.3	86.6	102	119	138	160	184	211
	s_x	17.5	17.2	17.2	17.4	17.7	18.1	18.6	19.2	19.8	20.4	21.1
3.1	f_x	79.0	65.2	55.6	48.8	43.8	40.2	37.5	35.6	34.2	33.2	32.4
	f_y	31.6	31.6	32.0	33.0	34.3	36.1	38.4	41.1	44.3	47.9	51.9
	s_y	21.1	21.0	21.4	22.0	22.9	24.1	25.6	27.4	29.5	31.9	34.6
3.2	f_x	31.6	32.2	33.0	34.1	35.4	36.8	38.3	39.9	41.5	43.2	44.9
	f_y	79.0	97.3	119	144	174	207	245	288	336	390	449
	s_x	21.1	21.4	22.0	22.8	23.6	24.5	25.5	26.6	27.7	28.8	29.9
6	f_x	60.0	55.3	52.5	50.8	50.1	49.8	50.1	50.6	51.3	52.3	53.3
	f_y	60.0	66.9	75.5	85.9	98.1	112	128	146	166	189	213
	s_x	40.0	36.9	35.0	33.9	33.4	33.2	33.4	33.7	34.2	34.8	35.6
	s_y	40.0	44.6	50.4	57.3	65.4	74.8	85.4	97.4	111	126	142

역자주 4 여기서 첨자 s는 지점, f는 지간을 뜻한다.

1번 가정: 지점과 지간 모멘트비 $-m_s/m_f=1.5$이며 회전능력을 간접 검토

[44] 표 C.2.11b Schmitz: '항복선 이론의 적용'

[44]에 따라 휨모멘트 산정

계수 $Ke_d \cdot l_x \cdot l_y = 12.48 \cdot 4.20 \cdot 5.16 = 270$ kN

[44] 표 C.2.11b
e_d는 2.2절 참조
$l_x = l_{eff,x}$와 $l_y = l_{eff,y}$, 1.2절 참조

지점모멘트: $m_{xs} = -K/s_x$

여기서 $l_y/l_x = 5.16 / 4.20 = 1.23$, 지지형태 2.2

위의 표에서 계수 $s_x = 17.3$을 읽으면

$m_{xs} = -270 / 17.3 = -15.6$ kNm/m

지점과 지간 모멘트비 (1.5)일 때 압축영역 높이로 연성검사:

EC2-1-1, 5.6.2 (1)P와 5.6.1 (2)P:
소성이론에 의한 방법은 강도한계상태에 대하여 임계단면의 연성이 계획한 소성값으로 충분할 때 적용할 수 있다.

중간지점의 유효깊이:

$d = h - c_v - 0.5 \cdot \phi = 120 - 30 - 0.5 \cdot 10 = 85$ mm

콘크리트 강도 설계값:

C20/25: $f_{cd} = 0.85 \cdot 20 / 1.50 = 11.3$ N/mm^2

단면 설계도표에서(단위길이당의 값에서 무차원 도표를 이용한다):

$\mu_{Eds} = |m_{xs}|/(d_2 \cdot f_{cd})$

$= 15.6 \cdot 10^{-3} / (0.085^2 \cdot 11.3) = 0.191$

[7]에서 $\mu_{Eds} = 0.191$에 대한 값을 읽으면: $\xi = 0.264 > 0.25$

[7] 1권, 부록 A4:
C50/60까지의 콘크리트에 대한 설계도표 무차원 값:
ξ = 압축영역 깊이 비 x_u/d

→ 임계단면에서 연성이 계획한 소성값으로 충분하지 않다. 회전능력을 간접적으로 검토하여[5] 적합하지 않는 것으로 판단한다.

주로 휨을 받는 부재에서 소성회전에 대해 간단하게 검토하는 방법은 뼈대 부재와 1방향 슬래브에서만 적용 가능하다.

DAfStb-Heft [600], 5.6.2 (2):
2방향 슬래브에서 대하여 필요 회전값을 산정하는 적당한, 또는 알려진 방법은 현재는 없다.

2번 가정: 지점과 지간 모멘트비 $-m_s/m_f=1.0$이며 최종 휨 모멘트의 산정

1번 가정과 같이 표 [44] C.2.11a를 이용하여 설계모멘트를 산정할 수 있다.

4변 고정단 지지의 직사각형 철근콘크리트 슬래브의 일반적인 경우의 항복선과 설계 휨 모멘트

여기서는 예를 보이기 위해서 주어진 식을 이용하여 설계모멘트를 계산하였다. 지지조건과 모멘트비가 다른 때는 직접 유도할 수 있다.

역자주 5 압축영역 깊이 비 x_u/d를 검토한다.

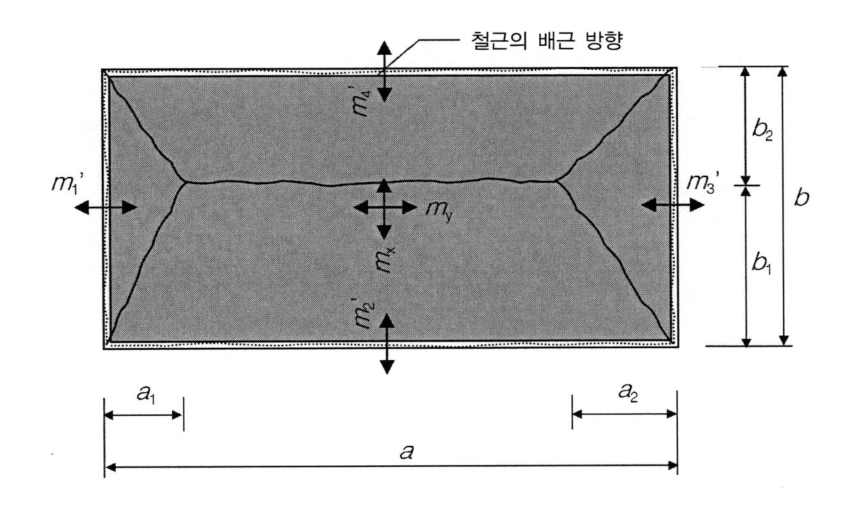

$-m_s/m_f=1.5$에 대한 회전검토에서 x/d는 약간 초과하였으므로 2번 가정으로 $-m_s/m_f=1.3\sim1.4$의 값이 적절할 것이다. 모멘트 비는 드문 하중조합하의 사용한계상태의 설계 모멘트가 강도한계상태의 설계 모멘트에 비해 가능한 작게 하며, 사용하중에서 철근의 항복을 피할 수 있게 한다($\sigma_{s,rare} \leq 400$ N/mm²).

이 예제에서 2번 가정은 표의 값과 비교할 수 있게 설계 모멘트비 $-m_s/m_f=1.0$으로 하였다.

여기에 보인 것은 슬래브 아랫면에 형성되는 항복선이다. 중간지점 또는 고정단에서는 슬래브 윗면에 항복선이 형성된다.

여기서: $m_y=\mu \cdot m_x$

$m_1'=-i_1 \cdot m_y$ $m_3'=-i_3 \cdot m_y$

$m_2'=-i_2 \cdot m_y$ $m_4'=-i_4 \cdot m_y$

여기서 i_1, i_2, i_3, i_4 지점과 지간 모멘트비

$i_1=i_2=i_3=0$ 1, 2, 3변은 활절 지지

$i_4=1.0$ 4변은 고정단(연속 부재)

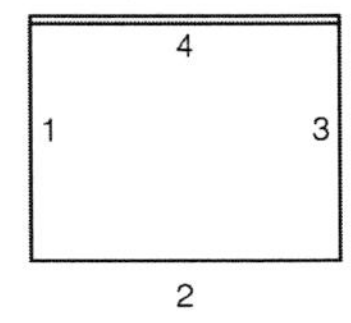

$a=5.16$ m

$b=4.20$ m

$a/b=1.23$

$a=l_{eff,y}$이며 $b=l_{eff,x}$, 1.2절 참조

또, μ 지간 모멘트비로 근사적으로 다음으로 가정한다.

[44] C.2.32식
이 가정에서 μ는 탄성거동에 가까운 거동을 고려한다.

$$\mu \approx \left(\frac{b_r}{a_r}\right)^2$$

다음과 같은 감소한 길이로 계산한다.

$$a_r=\frac{2 \cdot a}{\sqrt{1+i_1}+\sqrt{1+i_3}}=\frac{2 \cdot 5.16}{\sqrt{1}+\sqrt{1}}=5.16\text{ m}$$

[44] C.2.30a 식

$$b_r=\frac{2 \cdot b}{\sqrt{1+i_2}+\sqrt{1+i_4}}=\frac{2 \cdot 4.20}{\sqrt{1}+\sqrt{1+1}}=3.48\text{ m}$$

[44] C.2.30b 식

$$\mu \approx \left(\frac{3.48}{5.16}\right)^2=0.455$$

→주 모멘트 방향의 지간 모멘트

$$m_{xf}=\frac{e_d \cdot b_r^2}{24}\left(\sqrt{3+\mu\left(\frac{b_r}{a_r}\right)^2}-\sqrt{\mu} \cdot \frac{b_r}{a_r}\right)^2$$

[44] C.2.29식
[32] *Haase*: 슬래브의 항복이론(1962)을 따름

$$m_{xf} = \frac{12.48 \cdot 3.48^2}{24}\left(\sqrt{3+0.455\left(\frac{3.48}{5.16}\right)^2} - \sqrt{0.455} \cdot \frac{3.48}{5.16}\right)^2$$

$\boldsymbol{m_{xf} = 11.24}$ **kNm/m**

→부 모멘트 방향의 지간 모멘트:

$m_{yf} = 0.455 \cdot 11.24$

$\boldsymbol{m_{yf} = 5.11}$ **kNm/m**

표의 값과 비교: [454] 표 C.2.11a
$K = 270$ kN, $l_y/l_x = 1.23$, 지지형태 2.2의 지간모멘트:
$f_x = 24.1$, $m_{xf} = 270/24.1 = 11.20$ kNm/m
$f_y = 24.1$, $m_{yf} = 270/53.2 = 5.08$ kNm/m
지점모멘트:
$s_y = 24.1$, $m_{xs} = -270/24.1 = -11.20$ kNm/m

→지점 모멘트:

$m_{xs} = -1.0 \cdot 11.24$

$\boldsymbol{m_{xs} = -11.24}$ **kNm/m**

지점과 지간 모멘트비 1.0(0.5와 2.0 사이)일 때 압축영역 높이로 연성을 간접 검토:

설계 도표에서(단위길이당의 값에 대해 무차원 도표를 이용한다):

$\mu_{Eds} = |m_{xs}|/(d^2 \cdot f_{cd})$
$= 11.24 \cdot 10^3/(0.085^2 \cdot 11.3) = 0.138$

[7] 1권, 부록 A4:
C50/60까지의 설계도표

[7]에서 $\mu_{Eds} = 0.14$에 대한 값을 읽으면:

ξ = 압축영역 높이비 x_u/d

$\boldsymbol{\xi = 0.188 < 0.25}$

→ 회전능력을 간접적으로 검토한 결과 적합하다.

비교:

참고문헌 [46], 그림 2, 판 42의 휨모멘트 계산

[46] *Friedrich*: 소성계산법: 직사각형 판에 대한 수식과 도표(2011)
([46]의 기호를 따름)

지점과 지간 모멘트비:

$\mu_c = -m_{ey}/m_y = 1.0$

변의 길이 비

$\lambda = l_x/l_y = 1.23$

위의 내용 참조

지간 모멘트의 주 모멘트 방향과 부 모멘트 방향의 비:

$\mu = m_y/m_x = 1/0.455 = 2.20$

$\rightarrow m_x = 0.455\, m_y$

계수를 읽기 위해서 좌표값을 변환함

→주 모멘트 방향의 지간 모멘트:

$2.73 \cdot m_x + 2.16 \cdot \lambda \cdot m_y + 0.79 \cdot \lambda \cdot m_{ey}$
$= (0.25 \cdot \lambda \cdot -0.061) \cdot e_d \cdot l_y^2$

e_d는 2.2절 참조

$2.73 \cdot 0.455 \cdot m_y + 2.16 \cdot 1.23 \cdot m_y + 0.79 \cdot 1.23 \cdot m$
$= (0.25 \cdot 1.23 \cdot -0.061) \cdot 12.48 \cdot 4.20^2$

$$4.87 m_y = 54.27$$

$$\rightarrow \boldsymbol{m_y} = \mathbf{11.14\ kNm/m}$$

지점과 지간의 모멘트비 $-m_{ey}/m_y = 1.0$ 에 대해 압축영역높이 비를 이용한 회전능력 검사는 앞의 내용 참조

→ 부 모멘트 방향의 지간 모멘트:

$$m_x = \mu \cdot m_y$$

$$m_x = 0.455 \cdot 11.14$$

$$\boldsymbol{m_x} = \mathbf{5.07\ kNm/m}$$

→ 지점 모멘트:

$$m_{ey} = -1.0 \cdot m_y$$

$$m_{ey} = -1.0 \cdot 11.14$$

$$\boldsymbol{m_{ey}} = \mathbf{-11.14\ kNm/m}$$

비교:

일-에너지 방정식에 의한 휨모멘트 비교

[37] *Haase*: 슬래브의 항복선 이론, Werner-Verlag(1962)에 따름

항복선 위치

여기에 보인 것은 슬래브 아랫면에 형성되는 항복선이다. 중간지점에서는 슬래브 윗면에 항복선이 형성된다.

$$a_1 = \sqrt{\frac{6 \cdot \mu \cdot m_x}{e_d} \cdot (1+i_1)} = \sqrt{\frac{6 \cdot 0.455 \cdot 11.24}{12.48}} = 1.57\ \text{m}$$

$$a_2 = \sqrt{\frac{6 \cdot \mu \cdot m_x}{e_d} \cdot (1+i_3)} = \sqrt{\frac{6 \cdot 0.455 \cdot 11.24}{12.48}} = 1.57\ \text{m}$$

[44] C.2.31 a-e식

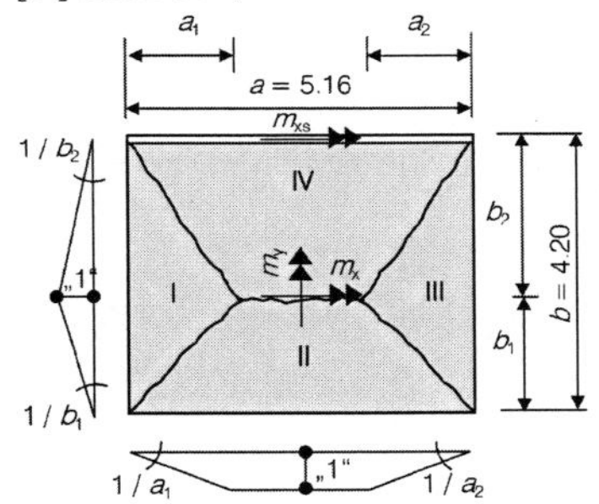

보조값 B: $$B = 3 - \frac{2(a_1+a_2)}{a} = 3 - \frac{2(1.57+1.57)}{5.16} = 1.78$$

$$b_1 = \sqrt{\frac{6 \cdot m_x}{e_d \cdot B} \cdot (1+i_2)} = \sqrt{\frac{6 \cdot 11.24}{12.48 \cdot 1.78}} = 1.74\ \text{m}$$

$$b_2 = \sqrt{\frac{6 \cdot m_x}{e_d \cdot B} \cdot (1+i_4)} = \sqrt{\frac{6 \cdot 11.24}{12.48 \cdot 1.78} \cdot (1+1)} = 2.46\ \text{m}$$

외적 변형 가상일의 계산

각 슬래브 부분의 외적 가상일 W_a^i는 각 부분에 작용하는 가상변위 "1"에 의한 각 부분의 중심 변위를 곱하여 계산한다.

슬래브 부분(I)

$$W_a^I = \frac{4.20 \cdot a_1}{2} \cdot e_d \cdot \frac{1}{3} = 0.70 \cdot a_1 \cdot e_d$$

e_d는 2.2절 참조

슬래브 부분(II)

$$W_a^{II} = b_1 \cdot (5.16 - a_1 - a_2) \cdot e_d \cdot \frac{1}{2} + b_1 \cdot (a_1 + a_2) \cdot \frac{1}{2} \cdot e_d \cdot \frac{1}{3}$$

$$W_a^{II} = \left(2.58 \cdot b_1 - \frac{1}{3}a_1 \cdot b_1 - \frac{1}{3}a_2 \cdot b_1\right) \cdot e_d$$

슬래브 부분(III)

$$W_a^{III} = \frac{4.20 \cdot a_2}{2} \cdot e_d \cdot \frac{1}{3} = 0.70 \cdot a_2 \cdot e_d$$

슬래브 부분(IV)

$$W_a^{IV} = \left(2.58 \cdot b_2 - \frac{1}{3}a_1 \cdot b_2 - \frac{1}{3}a_2 \cdot b_2\right) \cdot e_d$$

총 외적 변형 가상일

따라서

$\Sigma W_a = (0.70 \cdot 1.57$

$+2.58 \cdot 1.74 - 1.57 \cdot 1.74/3 - 1.57 \cdot 1.74/3$

$+0.70 \cdot 1.57$

$+2.58 \cdot 2.46 - 1.57 \cdot 2.46/3 - 1.57 \cdot 2.46/3) \cdot e_d$

$\Sigma W_a = 8.64 \cdot e_d$

내적 가상일의 계산

내적 가상일 W_i^i는 회전축에 대한 각도, 항복 모멘트와 길이로 구한다.

슬래브 부분 I $\quad W_i^I = \frac{1}{a_1} \cdot \mu \cdot m_x \cdot 4.20$

슬래브 부분 II $\quad W_i^{II} = \frac{1}{b_1} \cdot m_x \cdot 5.16$

슬래브 부분 III $\quad W_i^{III} = \frac{1}{a_2} \cdot \mu \cdot m_x \cdot 4.20$

슬래브 부분 IV $\quad W_i^{IV} = \frac{1}{b_2} \cdot (1+1)m_x \cdot 5.16 = \frac{1}{b_2} \cdot (1+1)m_x \cdot 10.32$

슬래브 부분 IV: $m_x = -1.0 m_{xs}$

따라서

총 내적 가상일

$\Sigma W_i = (0.455 \cdot 4.20/1.57 + 5.16/1.74$

$+0.455 \cdot 4.20/1.57 + 10.32/2.46) \cdot m_x$

$\Sigma W_i = 9.60 \cdot m_x$

평형관계식: $\quad \boldsymbol{\Sigma W_a = \Sigma W_i}$

각 슬래브 부분의 회전량의 증분으로 외적 변형 가상일을 계산하며 이는 내적 가상일과 같아야 한다. $\Sigma W_a = \Sigma W_i$

$9.60 \cdot m_x = 8.64 \cdot e_d$

$m_x = 8.64 \cdot 12.48/9.60$

$\boldsymbol{m_x = 11.23}$ **kNm/m** 주 모멘트 방향의 지간 모멘트

e_d는 2.2절 참조

$m_{xs} = -1.0 \cdot m_x = -1.0 \cdot 11.23$

$\boldsymbol{m_{xs} = -11.23}$ **kNm/m** 주 모멘트 방향의 지점 모멘트

$m_y = \mu \cdot m_x = 0.455 \cdot 11.23$

$\boldsymbol{m_y = 5.11}$ **kNm/m** 부 모멘트 방향의 지간 모멘트

3.1.2 전단력

강도한계상태의 전단력은 항복선(항복 활절선)으로 나누는 부분의 기하형태를 고려하여 계산한다.

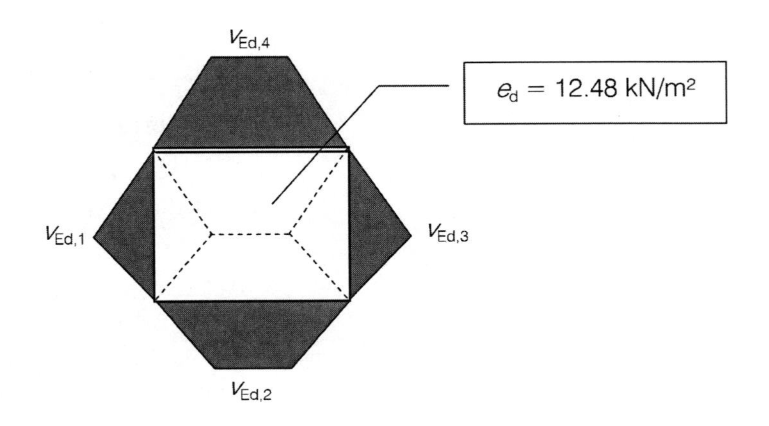

e_d는 2.2절 참조

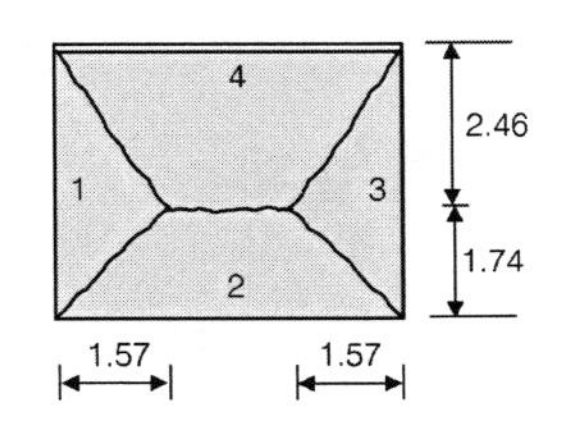

단면의 길이는 일-에너지 관계식 참조

$v_{Ed,1} = v_{Ed,3} = 12.48 \cdot 1.57$ **=19.6 kN/m**

$v_{Ed,2} = 12.48 \cdot 1.74$ **=21.7 kN/m**

$v_{Ed,4} = 12.48 \cdot 2.46$ **=30.7 kN/m**

3.2 사용한계상태

항복선 이론으로 강도한계상태의 단면력만을 계산한다. 따라서 사용한계상태의 단면력은 선형-탄성 해석으로 산정해야 한다.

[48] *Czerny*: 직사각형의 계산표, BK 1991-I, 등분포 하중을 받는 4변 지지의 직사각형 판 p.283의 지점 모멘트
$\epsilon = l_y / l_x = 5.16/4.20 = 1.23$

균열폭 제한, 콘크리트 압축 응력 제한, 역학적으로 필요한 철근에 대한 철근응력 제한은 준-고정 또는 드문 하중조합에 대해 검토한다.

$m_{s,rare}$와 $m_{s,perm}$은 2.3절 참조

이 예제에서는 지점모멘트만 계산한다.

지간 모멘트는 지점 모멘트의 50% 이하이다.

드문 하중조합하의 지점 모멘트:

$m_{s,rare} = -8.80 \cdot 4.20^2 / 10.0$ $\boldsymbol{= -15.52}$ **kNm/m**

이것으로 사용한계상태의 검토가 설계에 결정적임을 알 수 있다. 왜냐하면 $m_{s,rare} > m_{xs}$이며 $m_{s,perm} \approx m_{xs}$이다.

준-고정 하중조합하의 지점 모멘트:

$m_{s,perm} = -6.00 \cdot 4.20^2 / 10.0$ $\boldsymbol{= -10.58}$ **kNm/m**

4. 강도한계상태 검토

EC2-1-1, 6

4.1 재료 설계값

강도한계상태의 부분안전계수:

콘크리트 $\gamma_C = 1.50$

철근 $\gamma_S = 1.15$

EC2-1-1/NA, (NDP) 2.4.2.4, 표 2.1DE: 정상 및 임시 설계상황(일반 설계상황)의 내하력을 정하기 위한 부분안전계수

콘크리트 C20/25 $f_{ck} = 20$ N/mm²

$f_{cd} = 0.85 \cdot 20/1.50$ **= 11.3 N/mm²**

EC2-11, 표 3.1: 콘크리트의 강도와 변형
EC2-1-1, 3.1.6 (1)P, (3.15)식: 감소계수 α_{cc} = 0.85는 장기하중에 대한 값

철근 B500B: $f_{yk} = 500$ N/mm²

$f_{yd} = 500/1.15$ **= 435 N/mm²**

EC2-1-1, 3.2.2 (3)P (또는 DIN 488): 철근의 재료 성질
EC2-1-1, 3.2.7 (2), 그림 3.8

4.2 휨 설계

EC2-1-1, 6.1: 순수 휨과 축력 + 휨

4.2.1 중간지점의 설계

내부벽 = 중간지점

지점모멘트의 완화곡선에 따른 감소:

EC2-1-1, 5.3.2.2: (4)지점모멘트를 완화곡선에 따라 감소하는 것은 계산방법과 무관하게 허용된다.

허용 감소값:

$\Delta m_{Ed} = F_{Ed,sup} \cdot t/8$

$= 2 \cdot 21.36 \cdot 0.24/8$

$= 1.28$ kNm/m

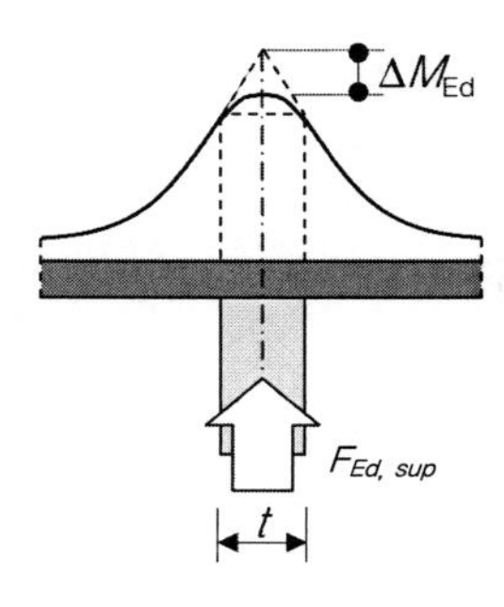

EC2-1-1, 5.3.2.2: (4) (5.9)식:
$F_{Ed,sup}$ = 지점 반력의 설계값
항복모멘트가 지점선 길이 5.16 m에서 일(work)를 하므로 사다리꼴 분포의 지점반력을 평균하여 계산한다.
$F_{Ed,4,m} = 30.7 \cdot (5.16 - 1.57)/5.16 = 21.36$ kN/m
여기서 2지간 슬래브이므로: $2 \cdot F_{Ed,4,m}$
E_d에 의한 모멘트는 3.1.1절 참조

설계 모멘트:

$m_{xs,red} = -11.24 + 1.28$

$= -9.96$ kNm/m

유효깊이: $d = h - c_v - .5 \cdot \phi$

$= 120 - 30 - 0.5 \cdot 10 = 85$ mm

c_v는 1.3절 참조
가정: $\phi \leq 10$ mm

설계단면: **$b / h / d = 1.00 / 0.12 / 0.085$ m**

단면 설계도표를 이용한 설계 (단위 m당의 값):

$\mu_{Eds} \, |m_{xs,red}| / (d^2 \cdot f_{cd}) = 9.96 \cdot 10^{-3} / (0.085^2 \cdot 11.3) = 0.12$

[7] 1권, 부록 A4: C50/60까지의 콘크리트, 압축철근 없는 직사각형 단면에 축력이 있는 휨 모멘트가 작용하는 경우의 설계도표 무차원 값
ω_1 = 역학적 철근비
ξ = 압축영역 깊이비 $x/d < 0.25$

[7]에서 $\mu_{Eds}=0.12$에 대한 값을 읽으면:

ω_1	ξ	σ_{sd}
0.1285	0.159	450.4 N/mm²

비교: 1권 [7], 예제 2, 선형탄성계산:
$rqd\ a_s=7.01\ cm^2/m$
설계값이 큰 차이를 보이는 것에 주목할 만하다. 예를 들어 부재 파괴가 예외적인 상황이거나 사용성이 의미가 없는 경우에는 설계상의 여유값이 된다.

$$rqd\ a_{s,x} = \omega_1 \cdot b \cdot d \cdot f_{cd} / \sigma_{sd}$$
$$= 0.1285 \cdot 100 \cdot 8.5 \cdot 11.3 / 450.4 = 2.8\ cm^2/m$$

4.2.2 지간의 설계

x-방향 지간:

유효깊이: $d = h - c_v - 0.5 \cdot \phi$
$= 120 - 20 - 0.5 \cdot 10 = 95\ mm$

c_v는 1.3절 참조
가정: $\phi \le 10\ mm$

설계단면: $\boldsymbol{b / h / d = 1.00 / 0.12 / 0.095\ m}$

단면 설계도표를 이용한 설계 (단위 m당의 값):

$$\mu_{Eds} = |m_{xf,red}| / (d^2 \cdot f_{cd}) = 11.24 \cdot 10^{-3} / (0.095^2 \cdot 11.3) = 0.110$$

[7]에서 $\mu_{Eds}=0.11$에 대한 값을 읽으면:

[7] 1권, 부록 A4: C50/60까지의 콘크리트, 압축철근 없는 직사각형 단면에 축력이 있는 휨 모멘트가 작용하는 경우의 설계도표 무차원 값

ω_1	ξ	σ_{sd}
0.117	0.145	452.4 N/mm²

$$rqd\ a_{s,x} = \omega_1 \cdot b \cdot d \cdot f_{cd} / \sigma_{sd}$$
$$= 0.117 \cdot 100 \cdot 9.5 \cdot 11.3 / 452.4 = \mathbf{2.78\ cm^2/m}$$

이 예제집에서 사용한 설계 보조자료는 EC2-1-1, 3.2.7: 그림 3.8이 철근응력변형곡선(항복이후 응력증가가 있는 곡선)에 따라 구한 것이다.

y-방향 지간:

유효깊이: $d = h - c_v - \phi - 0.5 \cdot \phi$
$= 120 - 20 - 10 - 0.5 \cdot 10 = 85\ mm$

c_v는 1.3절 참조
x-와 y- 방향에서: $\phi \le 10\ mm$

설계단면: $\boldsymbol{b / h / d = 1.00 / 0.12 / 0.085\ m}$

단면 설계도표를 이용한 설계 (단위 m당의 값):

$$\mu_{Eds} = m_{yf} / (d^2 \cdot f_{cd}) = 5.11 \cdot 10^{-3} / (0.085^2 \cdot 11.3) = 0.0625$$

[7] 1권, 부록 4: C550/60까지의 콘크리트, 압축철근 없는 직사각형 단면의 축력이 있는 휨 모멘트가 작용하는 경우의 설계도표

[7]에서 $\mu_{Eds}=0.0625$에 대한 값을 보간하면:

ω_1	ξ	σ_{sd}
0.0648	0.089	456.5 N/mm²

비교: [7] 1권, 예제 2
선형탄성 해석
$rqd\ a_{s,x}=2.99\ cm^2/m$
$rqd\ a_{s,y}=1.59\ cm^2/m$

철근의 선택은 [7] 1권, 예제 2와 유사하게 한다(예제 2에서는 철근망 Q335A 선택).

$rqd\ a_{s,x} = \omega_1 \cdot b \cdot d \cdot f_{cd}/\sigma_{sd}$

$= 0.0648 \cdot 100 \cdot 8.5 \cdot 11.3 / 456.5 = 1.36\ \text{cm}^2/\text{m}$

EC2-1-1/NA, (NDP) 9.3.1.1 (3):
철근 사이 간격은 $s_{\max,slabs}$ 보다 클 수 없다.
여기서:
– 길이방향 주 모멘트 방향 철근:
$s_{\max,slabs} = 150$ mm
– 횡방향 부 모멘트 방향 철근:
$s_{\max,slabs} = 250$ mm

선택: 지간철근 B500B

길이방향	**ϕ8/150**	**=3.35 cm²/m**	$> 2.78\ \text{cm}^2/\text{m} = rqd\ a_{s,x}$
횡방향	**ϕ8/150**	**=3.35 cm²/m**	$> 1.36\ \text{cm}^2/\text{m} = rqd\ a_{s,y}$

4.3 전단설계

EC2-1-1, 6.2: 전단력

지간과 지점의 철근이 다르게 배근되고, 유효깊이가 서로 다르므로 중간지점과 단부지점이 최대 전단력에 대해 검토한다.

지간 y-방향의 횡방향 철근이 같으므로 유효깊이가 작은 곳의 전단력 $v_{Ed,1+3}$이 더 작은 값이 된다.

등분포하중을 받는 직접지지 부재에서는 지점연단에서 d만큼 떨어진 위치에서 전단철근을 결정한다.

3.1절 참조

중간지점	단부지점
$\lvert v_{Ed,4}\rvert = 30.7$ kN/m	$\lvert v_{Ed,2}\rvert = 21.7$ kN/m
$v_{Ed,4,red} = 30.7 - (0.120 + 0.085) \cdot 12.48 = 28.1$ kN/m	$v_{Ed,2,red} = 21.7 - (0.080 + 0.095) \cdot 12.48 = 19.5$ kN/m

EC2-1-1, 6.2.1 (8):
작용 전단력의 설계값

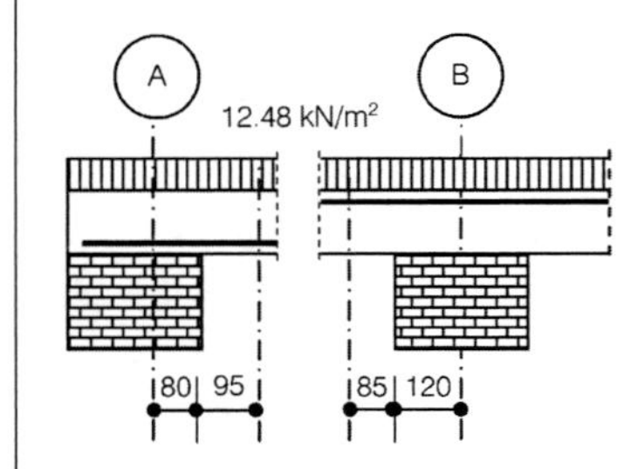

슬래브에서 전단철근 없이 받을 수 있는 전단력 $v_{Rd,c}$:

$$v_{Rd,c} = [C_{Rd,c} \cdot k(100\rho_1 f_{ck})^{1/3} + 0.12 \cdot \sigma_{cp}] \cdot d \geq v_{Rd,c,\min}$$

여기서 $C_{Rd,c} = 0.15/\gamma_C = 0.10$

$k = 1 + (200/d)^{1/2} \leq 2.0$

여기서 $d = 85 \sim 95\ \text{mm} < 200\ \text{mm}$: $k = 2.0$

$f_{ck} = 20\ \text{N/mm}^2$ $\qquad \sigma_{cp} = N_{Ed}/A_c = 0$

EC2-1-1, 6.2.2: (1) (6.2a)식
슬래브 단위 폭 $b_w = 1$ m에 대한 값

C20/25

$N_{Ed} = 0$(외부하중 또는 프리스트레스에 의해 단면에 작용하는 축력)

최소 전단강도:

$$v_{Rd,c,\min} = \left[\frac{0.0525}{\gamma_c} \cdot \sqrt{k^3 \cdot f_{ck}}\right] \cdot d$$

EC2-1-1, 6.2.2: (1) (6.2b)식과 (6.3aDE): b_w = 1 m에 대한 최소 전단 강도

중간지점에서: $\quad v_{Rd,c,\min} = \left[\frac{0.0525}{1.5} \cdot \sqrt{2.0^3 \cdot 20}\right] \cdot 85 = 37.6\ \text{kN/m}$

단부지점에서: $\quad v_{Rd,c,\min} = \left[\frac{0.0525}{1.5} \cdot \sqrt{2.0^3 \cdot 20}\right] \cdot 95 = 42.1\ \text{kN/m}$

$\rho_1 = A_{sl}/(b_w \cdot d) \leq 0.02$

$\rho_1=2.81/(100\cdot 8.5)=0.00329$		$\rho_1=3.35/(100\cdot 9.5)=0.00353$	
$v_{Rd,c}$	$=0.15/1.5\cdot 2.0\cdot 1.0(100\cdot 0.00329\cdot 20)^{1/3}\cdot 0.085$ $=0.0318$ MN/m $<v_{Rd,c,\min}$	$v_{Rd,c}$	$=0.15/1.5\cdot 2.0\cdot 1.0(100\cdot 0.00353\cdot 20)^{1/3}\cdot 0.095$ $=0.03648$ MN/m $<v_{Rd,c,\min}$
$v_{Ed,4,red}$ $<v_{Rd,c,\min}$	$=28.1$ kN/m $=37.6$ kN/m	$v_{Ed,4,red}$ $<v_{Rd,c,\min}$	$=19.5$ kN/m $=42.1$ kN/m

→ 전단철근이 필요 없다!

EC2-1-1, 그림 6.3:
A_{sl} = 인장철근 단면적, 고려하는 단면에서 적어도 d만큼 연장 배근되며, 충분히 정착될 것
여기서: $rqd\ a_{sl}=2.81$ cm²/m, 4.2.1절 참조
여기서: $used\ a_{sl}=3.35$ cm²/m, 4.2.2절 참조

EC2-1-1/NA, (NCI) 9.3.2 (2):
$b/h>5$인 슬래브에서 계산상 전단철근이 필요 없다면 ($V_{Ed}\le V_{Rd,c}$) 최소 전단철근이 필요 없다.

5. 사용한계상태 검토

EC2-1-1, 7

5.1 사용조건의 응력 제한

EC2-1-1, 7.2

이 예제는 '탄성해석에 의한 단면력' 조건(해설 참조)에 해당되지 않는다. 사용조건에 따른 응력검토를 수행하라.

EC2-1-1/NA, (NCI) 7.1 (NA.3):
7.2절의 응력검토(콘크리트 압축응력과 철근응력)은 6장에 따라 설계되는 일반 건물의 철근 콘크리트 구조에서 단면력을 탄성해석으로 구하는 경우에는 일반적으로 생략할 수 있다.

사용한계상태의 응력 검토를 만족하는지를 검토하기 위해 중간지점의 철근을 선택하였다. 중간지점의 철근은 강도한계상태에서 계산한 값보다 많다. 철근이 많으면 강도한계상태의 회전 능력에 대한 간접검토를 할 수 없다. 그러나 이 예제에서는 이에 대해서는 더 이상 따지지 않는다.

선택: 지점철근 B500B

길이방향	**ϕ10/120**	**=6.54 cm²/m**	>2.8 cm²/m$=rqd\ a_{s,x}$
횡방향	**ϕ8/250**	**=2.01 cm²/m**	$>0.20\cdot a_{s,x}$

EC2-1-1, 9.3.1.1 (2):
1방향 슬래브(여기서는 중간지점 위)에서는 일반적으로 횡철근을 주철근의 20% 이하로 할 수 없다.

EC2-1-1/NA, (NDP) 9.3.1.1 (3):
철근 최대 간격 $s_{\max,slabs}$에 유의할 것!
여기서: 길이방향/횡방향 $s\le 150/250$ mm

5.1.1 콘크리트 압축응력 제한

EC21-1, 7.2

다음은 부재의 장기 변형이 선형 크리프 영역 내에 있는지 검토한다.

이를 위해서 준-고정 하중조합하에서 콘크리트 압축응력이 $|\sigma_{c,perm}|\le 0.45 f_{ck}$이어야 한다.

EC2-1-1, 7.2 (1)P:
콘크리트 압축응력은 길이방향 균열, 미세균열 또는 큰 크리프를 피하기 위하여 제한한다.

이 제한으로 비선형 크리프 변형을 피한다.

이 예제에서는 가장 불리한 단면으로 중간지점에서 최소 유효높이가 되는 단면에 대해 검사한다.

추가의 간단한 가정으로 단철근 직사각형 단면, 선형응력분포를 가정한다.

선형탄성해석으로 구한 지점 단면력은 해당 경우 지간 모멘트의 약 2배가 되므로, 중간지점의 단면에서도 길이방향 철근 단면적 $a_{s,s}/a_{s,f}$ =6.54/3.35 cm²/m가 결정값이다.

압축영역의 높이와 내부 팔 길이의 결정

DAfStb-Heft [425]: EC2, Part 1의 설계 보조 자료, 11.3절: p.123

$x/d \quad = [\alpha_e \cdot \rho_1 \cdot (2+\alpha_e \cdot \rho_1)]^{1/2} - \alpha_e \cdot \rho_1$

C20/25: $E_{cm} = 30{,}000\ \text{N/mm}^2$

EC2-1-1, 3.1.2: (3) 표 3.1
콘크리트 탄성계수 E_{cm}
EC2-1-1, 3.2.7: (4)
철근 탄성계수 E_s

탄성계수 비:

$\alpha_e = E_s / E_{cm} = 200{,}000/30{,}000 = 6.67$

[49] *Zilch/Rogge*: BK 2002/1, 3.3.2, p.281: 이 검토에서 결정시점은 일반적으로 크리프가 시작되는 시점인 $t = t_0$ 이다. 왜냐하면 재하시점에 이미 작용하는 압축응력은 불가역적이므로 비선형 크리프를 유발하기 때문이다.

중간지점의 길이방향 철근비

$\rho_1 = 6.54/(100 \cdot 8.5) = 0.0077$

$x/d = [6.67 \cdot 0.0077 \cdot (2+6.67 \cdot 0.0077)]^{1/2} - 6.67 \cdot 0.0077 \quad = 0.273$

중간지점의 길이방향 철근 $a_s = 6.54\ \text{cm}^2/\text{m}$는 강도한계상태에서 필요한 값보다 크게 선택하였다. 4.2.1절 참조

→ 압축영역 깊이 $\quad x = 0.273 \cdot 85 \quad = 23.2\ \text{mm}$

→ 내부 팔길이 $\quad z = d - x/3 = 85 - 23.2/3 \quad = 77.3\ \text{mm}$

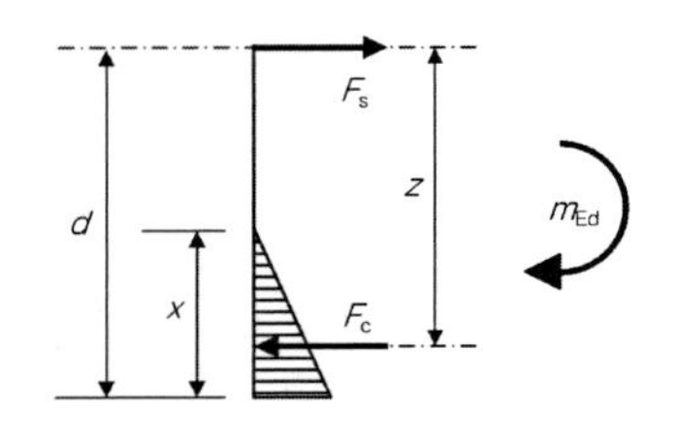

콘크리트 압축응력의 결정

지점 모멘트 $\quad m_{s,perm} = -10.58\ \text{kNm/m}$

$\max|\sigma_c| = 2 \cdot |m_{s,perm}| / (z \cdot x)$

$= 2 \cdot 10.58 \cdot 10^{-3} / (0.0773 \cdot 0.0232)$

$\mathbf{= 11.8\ N/mm^2}$

$> 0.45 \cdot f_{ck} = 0.45 \cdot 20 = 9.0\ \text{N/mm}^2$

최대 콘크리트 압축응력(압축연단응력)은 $|\sigma_c| \leq 0.45 \cdot f_{ck}$를 만족하지 않는다.

사용한계상태의 검토에서는 모멘트 재분배를 허용하지 않는다.
여기서 고려하지 않는(모멘트 선의 완화에 따른) 지점 모멘트의 감소는 EC2-1-1, 5.3.2.2 (4)에 따라 활절 중간지점에서 가능하다.

다른 방법:

- 선형탄성 해석으로 단면력을 구하고, 응력검토를 생략하는 설계(1권 [7], 예제 2에서 $rqd\ a_s = 7.01\ \text{cm}^2/\text{m}$)
- 슬래브 두께를 늘리고/늘리거나 콘크리트 압축강도 증가
- 비선형 크리프를 포함하여 크리프 변형을 검토(많은 계산이 필요)
- [49] *Zilch/Rogge*의 제안: 단면 내 연단응력이 클 경우에 크리프에 의한 재분배를 고려하여 휨 부재 응력 제한을 조정 → 콘크리트 연단응력의 허용값을 증가 $|\sigma_c| \leq 0.55 \cdot f_{ck} = 11.0\ \text{N/mm}^2$
- 초기의 비선형 크리프가 강도, 사용성, 내구성에 문제가 되지 않으면, 콘크리트 응력이 재분배되고 콘크리트의 탄성계수를 감소하여 시간 $t > t_0$에서 응력을 계산하거나 검토를 생략할 수 있다.

[49] *Zilch/Rogge*: 콘크리트, 철근 콘크리트, 프리스트레스트 콘크리트 부재 설계의 기초, BK 2002/1, 3.3.2절

크리프 작용은 준-고정 하중 부분이 클수록, 또 콘크리트가 이른 시점에 힘을 받을수록 커진다. 이를 감안하여 재하시점 t_0에서 아직 재하되지 않는 준-

고정 하중 부분인 테라스 사용하중을 무시하고, 슬래브 자중과 부가 하중만을 고려하여 콘크리트 응력을 계산하면:

$\max|\sigma_{c,perm}| = 11.8 \cdot 4.80 / 6.00$ $= \mathbf{9.4\ N/mm^2} \approx 9.0\ N/mm^2$

$< 0.55 f_{ck} = 11.0\ N/mm^2$

하중조합은 2.3절 참조

다른 방법으로 시간 t_∞ 에서의 콘크리트 압축응력을 쓸 수 있다. 이때 근사적으로 (선형크리프에 대한) 최종 크리프 계수를 가정한다. → 철근응력 검토는 5.1.2절 참조

비선형 크리프에 의해 최종 크리프 계수가 커지면 콘크리트 압축응력이 감소한다.

여기서 고려하지 않은 비선형 크리프에 의한 응력 재분배로 인한 여유분은 철근응력 검토에서도 영향을 미친다. – 5.1.2절 참조

5.1.2절로부터: $x = 42.9$ mm와 $z = 70.7$ mm

콘크리트 압축응력 결정

지점 모멘트 $m_{s,perm} = -10.58$ kNm/m

$\max|\sigma_c| = 2 \cdot |m_{s,perm}| / (z \cdot x)$

$= 2 \cdot 10.58 \cdot 10^{-3} / (0.0707 \cdot 0.0429)$

$\mathbf{= 7.0\ N/mm^2} < 0.45 \cdot 20 \mathbf{= 9.0\ N/mm^2}$

EC2-1-1, 7.2 (3):
준-고정 하중조합하에서 $\sigma_c \le 0.45 f_{ck}$

5.1.2 철근응력 제한

EC2-1-1, 7.2 (5)

소성변형을 피하기 위하여 철근응력은 드문 하중조합하에서 $\sigma_{s,rare} \le 0.8 f_{yk}$로 제한된다.

[3] 철근응력은 드문 하중조합하에서 항복응력을 넘을 수 없다. 왜냐하면 항복응력을 넘을 때 너무 크며, 회복하지 않는 변형과 균열폭 >0.5 mm인 급작스러운 균열증가를 초래할 수 있기 때문이다. 이에 따라 하중에 의한 응력은 상한값 $0.8 f_{yk}$으로 정하였다.

여기서도 앞서와 같이 중간지점 단면을 검사한다.

크리프의 장기적 영향을 간단하게 고려하기 위해 콘크리트의 유효탄성계수를 사용한다.

크리프를 고려한 콘크리트의 유효탄성계수:

$$E_{c,eff} = E_{cm} / [1 + \varphi(\infty, t_0)]$$

EC2-1-1, 7.4.3 (5), (7.20)식:

여기서

최종 크리프 계수: $\varphi(\infty, t_0) \approx 4.0$

C20/25: $E_{cm} = 30{,}000\ N/mm^2$

EC2-1-1, 3.1.2 (3), 표 3.1: E_{cm}

EC2-1-1, 3.1.4 (5), 그림 3.1a:
보통 콘크리트, 건조한 실내(RH = 50%)에서 최종 크리프 계수 $\varphi \approx 4.0$, C20/25, $h_0 = 2A_c/u \approx h = 120$ m(슬래브), 시멘트 CEM 32.5R (Curve N)
재하시점 $t_0 = 14$일

$\rightarrow E_{c,eff} = 30{,}000/[1 + 4.0]$ $= 6{,}000\ N/mm^2$

압축영역 깊이와 내부 팔길이 결정:

$x/d = [\alpha_e \cdot \rho_1 \cdot (2 + \alpha_e \cdot \rho_1)]^{1/2} - \alpha_e \cdot \rho_1$

탄성계수 비:

$\alpha_e = E_s / E_{c,eff} = 200{,}000/6{,}000 = 33.3$

중간지점의 길이방향 철근 비

$\rho_1 = 6.54/(100 \cdot 8.5) = 0.0077$

추가 가정:
단철근 직사각형 단면, 선형 응력분포

DAfStb-Heft [425]: EC2, Part 1의 설계 보조자료, 11.3절: p.123

EC2-1-1, 3.2.7: (4) E_s

$x/d = \ [33.3 \cdot 0.0077 \cdot (2 + 33.3 \cdot 0.0077)]^{1/2} - 33.3 \cdot 0.0077 \quad = 0.504$

→ 압축영역 깊이 $\quad x = 0.504 \cdot 85 \quad = 42.9$ mm

→ 내부 팔길이 $\quad z = d - x/3 \quad = 85 - 42.9/3 \quad = 70.7$ mm

중간지점의 길이방향 철근 $a_s = 6.54$ cm²/m로 강도한계상태의 필요값보다 크게 선택하였다. 4.2.1절 참조

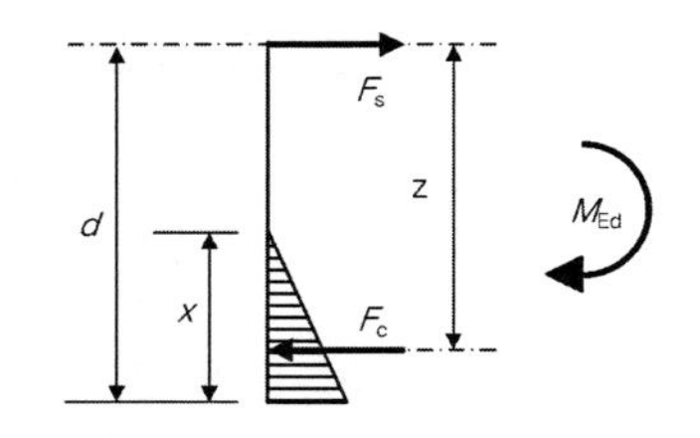

철근 응력 계산:

지점 모멘트: $\quad m_{s,rare} = -15.52$ kNm/m

$\sigma_{s,rare} = m_{s,rare} / (a_s \cdot z)$

$= 15.52 \cdot 10^{-3} / (6.54 \cdot 10^{-4} \cdot 0.0707)$

$\mathbf{= 336\ N/mm^2}$

$< 0.80 \cdot 500\ \text{N/mm}^2 = 400\ \text{N/mm}^2$

EC2-1-1, 7.2: (5) $\sigma_s \leq 0.8 f_{yk}$, 드문 하중조합하에서

5.2 균열제한

EC2-1-1, 7.3: 균열폭 제한

5.2.1 균열폭 제한을 위한 최소 철근

EC2-1-1, 7.3.2

이 예제에서 주어진 제원(치수, 절연상태, 지지조건 등)을 고려할 때 변형 구속으로 균열 단면력에 도달하지 않는 것으로 판단한다. 따라서 최소 철근 검토를 생략한다.

5.2.2 역학적으로 필요한 철근에 대한 균열폭 제한

EC2-1-1. 7.3.3: 균열제한의 간접 방법

부재 하부에 배치한 철근에 대해서는 균열폭 제한 검토를 수행하지 않는다. 왜냐하면 이에 대해 노출등급 XC1과 $h = 120$ mm < 200 mm이기 때문이다.

EC2-1-1, 7.3.3: (1)와 NCI:
일반 건물의 철근 콘크리트 슬래브가 주로 휨 부재로 작용하며 큰 인장력이 작용하지 않고, 노출등급 XC1이며, 전체 두께 200 mm 이하이며, 9.3절의 조건(속이 찬 슬래브의 부재 상세)을 만족할 때는 균열폭 제한을 위한 특별한 조치가 필요하지 않다.

상부 철근에 대해서는 철근의 최대허용간격을 검토하여 균열폭을 제한한다.

슬래브 상부에서 주어진 노출조건 XC3에 대해 구조의 내구성 조건을 만족하기 위해, 준-고정 하중조합하의 계산 균열폭이 $w_{\max} = 0.3$ mm로 제한되어야 한다.

EC2-1-1, 7.3.1: (5) 표 7.1DE

준-고정 하중조합하의 휨 모멘트:

$m_{s,perm} \quad = -10.58$ kNm/m

$used\ a_{sx}$ $=6.54\ \text{cm}^2/\text{m}$

3.2절 참조

σ_s $=|m_{s,perm}|/(a_s \cdot z)$

$=10.58 \cdot 10^{-3} / (6.54 \cdot 10^{-4} \cdot 0.9 \cdot 0.085)$

$=\mathbf{211\ N/mm^2} \approx 220\ \text{N/mm}^2$

4.2.1절 참조, 상부 길이방향 철근 $z=0.9d$로 가정

철근 간격의 최대값:

$w_k=0.3$ mm와 $\sigma_s=220\ \text{N/mm}^2$에 대해 보간하면:

$s_{\max}=225\ \text{mm} > used\ s=120\ \text{mm}$

EC2-1-1, 7.3.3: (2) 표 7.3N:
철근 간격의 최대값(평면구조, 1단 배근에 대해서만 유효)

5.3 처짐의 제한

EC2-1-1, 7.4

휨 세장비 제한을 통한 간단한 검토로 필요 슬래브 두께를 구하였다.

이 예제의 1.4절 참조

단면력을 비선형 해석으로 계산하고 이에 따라 설계하는 경우에는 처짐의 제한에 대해서도 다르게 검토하는 것이 바람직하다.

이 예제에서 매우 얇은 두께 $h=120$ mm의 바닥판으로 한 것은 [7]의 예제 2의 경우와 비교할 수 있다.

6. 배근, 부재 상세

6.1 기본 정착길이

EC2-1-1, 8.4.3

기본값: $l_{b,rqd}$ $=(\phi/4) \cdot (\sigma_{sc}/f_{bd})$

EC2-1-1, 8.4.3 (2), (8.3)식

부착강도의 설계값

f_{bd} $=2.25 \cdot \eta_1 \cdot \eta_2 \cdot f_{ctd}$

f_{ctd} $=1.0 \cdot f_{ctk;0.05}/\gamma_c$

$=1.0 \cdot 1.55 / 1.5 = 1.03\ \text{N/mm}^2$

→ f_{bd} $=2.25 \cdot 1.0 \cdot 1.0 \cdot 1.03 = \mathbf{2.32\ N/mm^2}$

EC2-1-1, 8.4.2 (2), (8.2)식
수평철근, 타설 방향의 부재두께<300 mm일 때: $\eta_1=1.0$, 철근 직경 $\phi \leq 32$ mm: $\eta_2=1.0$
EC2-1-1, 3.1.3 (3) 표 3.1: $f_{ctk;0.05}$
EC2-1-1/NA, (NDP) 3.1.6 (2), (3.16)식

철근 응력의 설계값

$\sigma_{sd}=f_{yd}=435\ \text{N/mm}^2$

기본 정착길이는 $\sigma_{sd}=f_{yd}=f_{yk}/\gamma_s$에 대해 구한다.
EC2-1-1, 3.2.2: (3)P (또는 DIN 488) 철근의 재료성질

→ $\phi 8$ mm 철근의 기본 정착길이:

$l_{b,rqd}$ $=(8/4) \cdot (435/2.32) = \mathbf{375\ mm}$

σ_{sd}가 f_{yd}와 다르므로, 정착길이의 설계값을 $\sigma_{sd}/f_{yd}=(a_{s,rqd}/a_{s,used})$으로 수정할 수 있다.

→ $\phi 8$ mm 철근의 기본 정착길이:

$l_{b,rqd}$ $=(10/4) \cdot (435/2.32) = \mathbf{470\ mm}$

6.2 단부지점의 정착

(필요) 지간 철근의 적어도 1/2 이상을 지점까지 연장 배근하여 정착한다. 이 예제에서는 지간 철근을 모두 단부지점까지 배근한다.

EC2-1-1, 9.3.1.2 (1):
지점 근처의 슬래브 설계
4.3.2절 참조: 휨 철근 100% 배근할 때 전단 강도의 검토

단부지점의 x-방향에 정착하는 인장력:

$F_{Ed} \quad = V_{Ed} \cdot a_1 / x + N_{Ed} \quad \geq V_{Ed} / 2$

$V_{Ed} \quad = v_{Ed,2} \quad = 21.7$ kN/m $\quad N_{Ed} = 0$

EC2-1-1, 9.2.1.4: (2) (9.3DE)식: 인장력은 (+)
3.1절 참조

연장길이 $a_l = d$

EC2-1-1, 9.2.1.3: (2) 전단철근이 없는 슬래브의 연장 길이

$F_{Ed} \quad = 21.78 \cdot d / 0.9d$

$F_{Ed} \quad = 21.7 / 0.9 \quad = 24.1$ kN/m

EC2-1-1, 6.2.3 (1): $z = 0.9d$ 가정

$rqd\ a_{s,x} \quad = F_{sd} / f_{yd} = 0.0241 \cdot 10^4 / 432 \quad = 0.55$ cm²/m

정착길이의 설계값

		B500B: $\phi 8$		
$l_{b,\min}$	$= 0.3 \cdot \alpha_1 \cdot l_{b,rqd}$	$l_{b,\min}$	$= 0.3 \cdot 1.0 \cdot 375$	**= 113 mm**
	$\geq 10\phi$		$> 10 \cdot$	= 80 mm
$l_{b,d}$	$= \alpha_1 \cdot l_{b,rqd} \cdot (a_{s,rqd}/a_{s,used})$	$l_{b,d}$	$= 1.0 \cdot 375 \cdot (0.55 / 3.35)$	**= 62 mm**
	$\geq l_{b,\min}$		$< l_{b,\min}$	= 113 mm
$l_{b,dir}$	$= \alpha_5 \cdot l_{bd}$	$l_{b,dir}$	$= (2/3) \cdot 113$	**= 75 mm**
	$\geq 6.7\phi$		$> 6.7 \cdot 8$	= 48 mm

최소 정착 길이 $l_{b,\min}$

EC2-1-1, 8.4.4: (4), (8.6)식 표 8.2
곧은 철근의 정착길이: $\alpha_1 = 1.0$, $\alpha_2 \sim \alpha_4 = 1.0$

EC2-1-1, 8.4.4: (1), (8.4)식

EC2-1-1/NA, (NCI) 9.2.1.4: (3) $\alpha_5 = 2/3$, 간접 지지일 때

지간철근은 단부지점의 x-방향으로 지점 연단의 앞부분에서부터 **100 mm** > $rqd\ l_{b,dir}$ 만큼 길게 배근한다.

y-방향의 정착은 그보다 작게 할 수 있다($F_{sd,y} < F_{sd,x}$). 그러나 같은 방법으로 y-방향 지점 연단의 일부분에서부터 100 mm 길게 배근한다.

6.3 중간지점의 정착

(필요) 지간 철근의 적어도 1/2 이상을 지점을 넘어 배근하고 정착한다.

EC2-1-1, 9.3.1.2:
(1) 지점 근처의 슬래브 철근

이 예제에서: 전체 지간 철근을 중간지점에 연장 배근한다.

$$\min l_{b,dir} \geq 6\phi = 6 \cdot 8 = 48 \text{ mm}$$

EC2-1-1, NA, (NCI) 9.2.1.5: (2)
연속 지지부재의 중간지점에서는 필요 철근을 지점 연단 뒤로 적어도 6ϕ만큼 연장 배근한다.

6.4 지점을 넘어서 정착

소성이론을 이용한 인장력 강도선은 강도한계상태뿐만 아니라 사용한계상태에서도 유용하다.

각 한계상태에서 인장력선은 모멘트 재분배에 따라 서로 다르다.

이 예제에서 지간철근은 지점 사이에서 끊지 않고 끝까지 배근하였다. 따라서 모든 경우에 인장력 강도선이 인장력선을 포함한다.[6]

중간이 절단하지 않고 배근한 중간지점의 상부 철근은 인장력선에서 더 이상 필요하지 않는 위치에서 l_{bd} 길이에 걸쳐 정착한다.

EC2-1-1, 9.2.1.3: (3) 그림 (9.2)
작용 인장력선은 $M_{Ed}/z + N_{Ed}$ 선을 연장 길이 a_l만큼 이동하여 그린 것이다.

$l_{bd} \quad = \alpha_1 \cdot l_{b,rqd} \cdot (a_{s,rqd}/a_{s,used}) \quad = 0 \; (a_{s,rqd} = 0$이므로)

$\quad < l_{b,\min} = 0.3 \cdot 1.0 \cdot 470 \quad = 141 \text{ mm}$

EC2-1-1, 8.4.4: (1), (8.4)식

$l_{b,\min}$은 6.1절 참조

$l_{bd} \quad = 150 \text{ mm}$ 선택

6.5 연성거동을 위한 최소 철근

EC2-1-1, 9.3.1.1: (1)
최소 철근과 최대 철근

균열 모멘트:

$m_{cr} \quad = f_{ctm} \cdot h^2 / 6$

$\quad = 2.2 \cdot 10^3 \cdot 0.12^2 / 6 \quad = 5.28 \text{ kNm/m}$

EC2-1-1/NA, (NDP) 9.2.1.1: (1)
f_{ctm}과 $\sigma_s = f_{yk}$로 설계

EC2-1-1, 3.1.2: (3) 표 3.1:
C20/25에 대해 $f_{ctm} = 2.2 \text{ N/mm}^2$

$\min a_{s,x,support} \quad = m_{cr} / (f_{yk} \cdot z)$

$\quad = 0.00528 \cdot 10^4 / (500 \cdot 0.9 \cdot 0.085) \quad = 1.38 \text{ cm}^2/\text{m}$

$\quad < used\ a_{sl} = 3.35 \text{ cm}^2/\text{m},$ 중간지점 위에서

$z = 0.9d$ 가정
4.2.2절 참조

$\min a_{s,x,span} \quad = m_{cr} / (f_{yk} \cdot z)$

$\quad = 0.00528 \cdot 10^4 / (500 \cdot 0.9 \cdot 0.095) \quad = 1.24 \text{ cm}^2/\text{m}$

$\quad < used\ a_{sl} = 3.35 \text{ cm}^2/\text{m},$ 지간에서

EC2-1-1/NA, (NCI) 9.3.1.1: (1)
(NCP) 9.2.1.1 (1)에 따른 최소 철근은 2방향 슬래브에서 주 모멘트 방향에 대해서만 적용된다.

6.6 단부지점의 구속단 모멘트에 대한 철근

철근 콘크리트 슬래브가 외부 벽체에 의해 활절 지지된다. 따라서 부분적인 구속단 모멘트 작용에 대한 철근은 생략한다.

EC2-1-1, 9.3.1.2: (2)
단부지점에서 계산상 고려하지 않는 구속단 작용은 시공설계에서 고려한다.

역자 주 6 휨 설계에서 철근의 작용 인장력도와 인장력 강도선에 관해서는 설계예제집 1권 [7]: 예제 1의 역자 주10을 참조하라.

6.7 판의 비틀림 모멘트에 대한 철근[7]

이 예제에서 슬래브 모서리 들림은 억제되지 않는다.

강도한계상태에서 해당 부분의 항복선은 갈라지고 모서리가 들린다.

그러나 대각선이 만나는 점 바깥에서 휘는 부분에 의해 모멘트가 생기므로 상부에 인장응력이 발생한다.

사용한계상태의 단면력은 직사각형판의 표 [48]를 이용하여 구할 수 있다. 이는 적어도 가능한 판의 비틀림 모멘트에 대한 최소한의 시공배근을 포함한다.

Stiglat/Wippel [50]의 제안:

max $0.03 \cdot e_d \cdot l_{\min}^2$의 등가하중에 대한 상부 모서리 철근을 배근한다.

$$m_E^* = 0.03 \cdot 12.48 \cdot 4.20^2 = 6.60 \text{ kNm/m}$$

이 철근을 모서리 들림 부분에 배근한다.

상부 유효깊이: $d = h - c_v - 0.5 \cdot \phi = 120 - 30 - 0.5 \cdot 10 = 85$ mm

설계단면: $\boldsymbol{b / h / d = 1.00 / 0.12 / 0.085}$ **m**

설계도표를 이용한 설계:

$\mu_{Eds} = m_E^* / (d^2 \cdot f_{cd}) = 6.60 \cdot 10^{-3} / (0.085^2 \cdot 11.3) = 0.081$

[7]에서 $\mu_{Eds} = 0.08$에 대해 읽으면:

$\omega_1 = 0.0836$ $\sigma_{sd} = 456.5$ N/mm^2

$$rqd\ a_{s,E} = \omega_1 \cdot b \cdot d \cdot f_{cd} / \sigma_{sd}$$
$$= 0.0836 \cdot 100 \cdot 8.5 \cdot 11.3 / 456.5$$
$$\mathbf{= 1.76\ cm^2/m}$$

선택: **상부 모서리 철근**
철근망 B500A

Q188A $= 150 \cdot 6.0$ $/ 150 \cdot 6.0$
$= 1.88$ cm^2/m / 1.88 cm2/m (길이방향/횡방향)
> 1.76 cm^2/m $= rqd\ a_{s,E}$

중간지점의 슬래브 모서리 A 영역에는 자유단에 수직하게 $0.5 \cdot a_{sf}$의 비틀림 모

[44] *Schmitz*: 항복선 이론의 적용. In Stahlbetonbau aktuell 2013, C. 57 참조

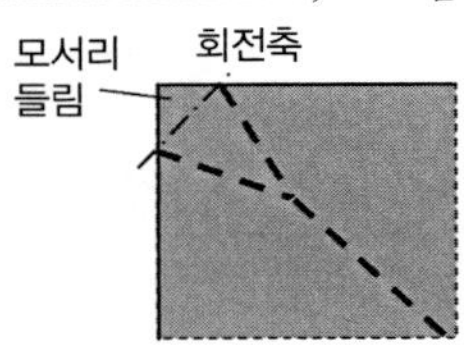

[48] *Czerny*: 직사각형 계산 도표, BK 1991/I

EC2-1-1/NA, (NCI) 9.3.1.3:
(NA.3) 슬래브 모서리의 비틀림 철근은 각 변에 평행하게 상, 하부에 철근망으로 배근할 수 있다. 각 방향 철근 단면적은 지간 철근과 같게 하고 길이는 적어도 0.3 min l_{eff}로 한다.

다른 방법: [50] BK2000/2: *Stiglat/Wippel*: 콘크리트 슬래브, P 235ff, 5.3.2: 모서리가 들리는 비틀림 강성이 있는 4변 활절 지지 슬래브

e_d는 2.2절 참조

[7] 1권, 부록 A4:
C50/60까지의 콘크리트, 압축철근이 없는 직사각형 단면, 축력과 휨이 작용하는 경우의 설계도표

모서리 철근의 구분은 [50] BK 2000/2: *Stiglat Wippel*: 콘크리트 슬래브, p.238, 그림 5.4 참조

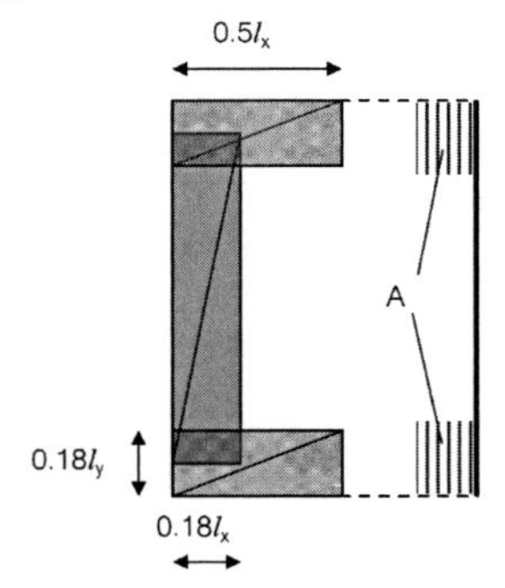

EC2-1-1/NA, (NCI) 9.3.1.3: (NA.4):
슬래브 모서리가 자유단과 구속단으로 동시에 지지되면 (NA.3) (지간 철근 단면)에 따른 철근의 1/2을 자유단에 수직하게 배근한다.

역자주 7 판의 비틀림 모멘트에 대해서는 설계예제집 1권 [7]: 예제2의 6.8절을 참조하라.

멘트가 작용하는 것으로 가정한다. 이는 지점 철근의 횡철근으로 받을 수 있다.

필요 지간 철근은 4.2.2절 참조
지점의 횡철근 선택은 5.1절 참조

선택 $a_{s,\,y,\,support} = 2.01\ \mathrm{cm^2/m} > 0.5 \cdot rqd\ a_{s,\,x,\,span} = 0.5 \cdot 2.78 = 1.39\ \mathrm{cm^2/m}$

철근의 연성등급

소성이론에 의한 설계에서는 고연성 철근(B)를 사용하는 것을 전제로 한다.

EC2-1-1/NA, (NCI) 5.6.2: (NA.6)P 슬래브의 소성이론을 적용할 때에 일반 연성 철근(B500A)은 사용할 수 없다.

DIN 488에 따른 B500B와 일반적인 건설허가에 따른 철근은 기본적으로 고연성 철근이다.

6.7절 참조

항복선 이론에 따른 단면력으로 설계하지 않거나, 시공 철근으로 배근한 일반철근(A)이 허용된다(예를 들어 용접 철근망).

시공상의 이유(서로 다른 철근이 섞여서 착오가 있거나 보관, 주문 등의 이유)로 전체 부재 또는 구조의 철근을 하나의 등급(A 또는 B)으로 하는 것을 추천한다.

예제 17: 비부착 프리스트레스트 콘크리트 플랫 슬래브

차례

예제 17: 비부착 프리스트레스트 콘크리트 플랫 슬래브

과제 개요

다층 건물의 플랫 슬래브를 설계한다.

1.1절, 그림 1: 평면도 참조

지간장이 길며, 가능한 슬래브 두께가 얇아야 하는 조건을 만족하기 위하여 프리스트레스트 콘크리트 플랫 슬래브를 선택하였으며, 해당 구조의 해석에 유한요소해석법을 적용하는 예를 보인다.

유한요소해석법 – Finite Element Method

플랫 슬래브 내부에 비부착 강선을 두고 낮은 프리스트레스 정도로 긴장하여 강도와 변형 거동을 크게 개선하며, 철근 콘크리트 슬래브와 비교하여 부재 두께를 훨씬 작게 할 수 있다.

EC2-1-1, 1.5.2.3: 비부착 내부 강선

슬래브의 긴장은 주열대에 집중 배치하는 피복강선으로 한다. 플랫 슬래브의 강선배치에 따른 효과를 비교한 연구에 따르면, 지간과 지점에 동일하게 강선을 배치하여 강재를 훨씬 작게 쓰면서도 내하력은 거의 같게 할 수 있다 [51], [52].

[51] *Iványi; Buschmeyer; Müller*: 프리스트레스트 콘크리트 플랫 슬래브의 설계(1987)

[52] Fastabend: 비부착 프리스트레스트 콘크리트에서 강선 배치의 문제(1999)

피복강선[2]은 7연선으로 구성되는데, 부식 방지물질로 충진하며 플라스틱 피복으로 둘러싼다. 이 제조방법으로 강선은 부식에 대해 2중으로 보호된다.

EC2-1-1/NA. (NCI) N.1.5.2.14: 피복 강선

피복강선 프리스트레스방법은 다음과 같은 장점이 있다.

- 피복강선의 직경이 작으므로 얇은 슬래브에서도 강선 편심을 상대적으로 크게 할 수 있다.
- 부착 강선과 비교하여 강선의 마찰손실을 크게 줄일 수 있다.
- 비부착 피복강선은 '자유처짐 강선'[3] 형태로 배치할 수 있다.
- 원칙적으로 내부 강연선의 교체가 가능하다.

→ ETA 또는 abZ[1] 유의:
곡선부에서 강선의 고정위치의 간격이 ≤ 1 m가 되게 느슨하게 배치하는 자유처짐 강선(고정위치 사이에서는 강선이 자유롭게 처지게 배치한 강선)은 허가사항이다. 일반적으로 사용한계상태에 대해서만 검토한다.

다음과 같은 조건으로 과제를 설계한다.

- 일반 건물(사용하중 $q_k \leq 5$ kN/m^2)
- 주로 정적 하중

EC2-1-1/NA, (NCI) NA.1.5.2.5: 일반 건물
EC2-1-1/NA, (NCI) NA.1.5.2.6: 주로 정적인 하중

역자 주 1 ETA(European Technical Approval: 유럽 기술 허가), abZ(abZ(Allgemeine bauaufsichtliche Zulassung: 일반적인 건설 허가)를 뜻한다. 예제 13의 역자 주4 참조.

역자 주 2 여기서는 HDPE피복과 내부충진 물질로 강연선을 둘러싸는 형태의 피복강선을 뜻한다.

역자 주 3 '자유처짐 강선'은 강선 고정 작업을 크게 줄이므로, 좁은 공간에서 강선배치의 수고를 줄일 수 있다. 대신에 강선 위치가 계획과 다를 수 있다. 참고문헌 [53]에 따르면 콘크리트 타설 후의 계산상의 강선 위치와 실제 위치의 차이는 허용범위 내에 있다.

- 횡이동 변위가 없는 구조(전단벽으로 횡방향지지된다)
- 환경조건: 대기 습도가 높은 실내 부재
- 경량 칸막이벽의 손상이 없도록 처짐 제한에 대한 높은 요구조건

EC2-1-1, 5.8.3.3: 횡지지 구조계의 기준
EC2-1-1, 4.2: 환경 조건
EC2-1-1, 7.4.1: (5) 변형 제한

재료:

- 콘크리트 C30/37
- 철근 B500B(고연성)
- 강선 St 1570/1770(고연성)

7연선; ϕ_p =15.7 mm(0.62″)

EC2-1-1, 3.1: 콘크리트
EC2-1-1, 3.2: 철근
주로 정적인 하중에 대해서는 일반적으로 보통 연성 철근 B500A로 충분하다.
EC2-1-1/NA, (NCI) 3.3.1: (1) 강선의 재료 성질은 일반적인 건설허가 사항에 따른다.

1. 구조계, 부재 치수, 피복 두께

1.1 구조계

이 예제의 구조계는 평면(그림 1)과 단면(그림 2)로 나타낸 플랫 슬래브이다.

Note: 평면과 단면은 축척을 지키지 않았다.

슬래브는 철근 콘크리트 기둥(b/h =500/500 mm)으로 점지지되거나 전단벽 h =250 mm)으로 선지지된다.

EC2-1-1/NA, (NCI) 9.5.1: (1) 현장타설(수직타설) 콘크리트 기둥의 최소단면 200 / 200 mm

단부와 모서리 기둥은 슬래브 연단과 같이 끝난다.

EC2-1-1, 5.3.2.2: (2) 연속 지지된 슬래브와 보의 단면력은 활절지점을 가정하여 구할 수 있다.

기둥은 활절 지점으로 간주한다. 슬래브 연단의 탄성지지 작용은 적절한 계산방법[240]에 따라 시공상세에서 고려한다.

DAfStb-Heft [240]: 철근 콘크리트 구조의 단면력과 변형계산 보조자료, 3.5장(플랫 플레이트 및 플랫 슬래브의 단부와 모서리 기둥의 모멘트)

선택 슬래브 두께: h =260 mm, 1.3절 참조

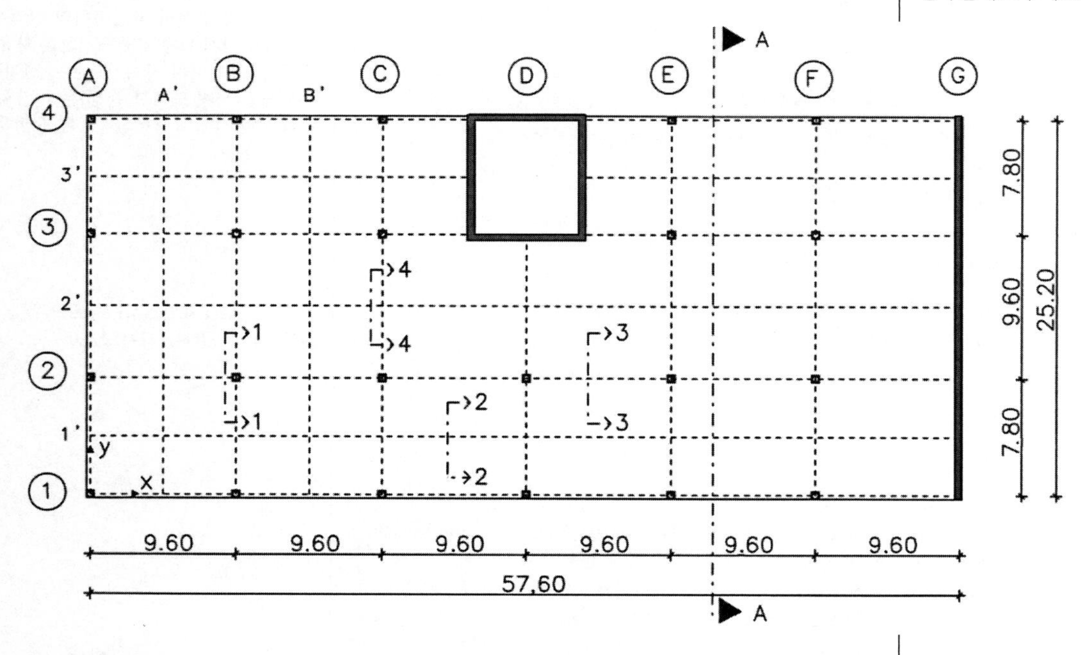

그림 1: 평면도

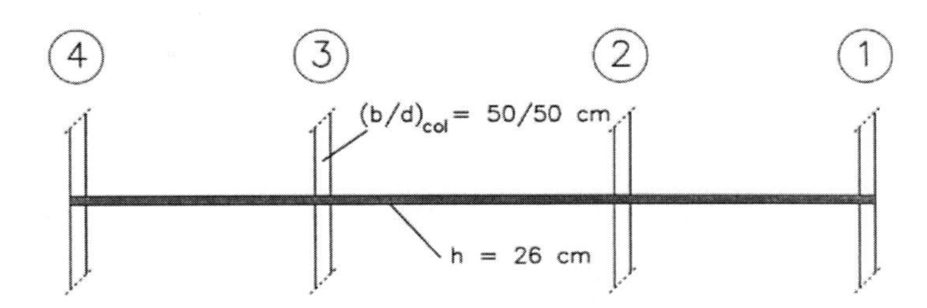

그림 2: 단면 A–A

1.2 최소 강도등급, 피복두께

EC2-1-1, 4: 내구성과 피복 두께

철근 부식에 대한 노출등급

탄산화로 인한 부식 → XC3

최소 강도등급 → C20/25

EC2-1-1, 4.2, 표 4.1: 노출등급 XC3, 보통습도(대기 습도가 높은 실내 부재)

비부착 프리스트레스트 콘크리트 부재의

최소 강도등급 → C25/30

건설허가(abZ)에 따른다.

콘크리트 열화에 대한 노출등급은 고려하지 않는다.

습도등급 WF – 알칼리 골재반응에 따른 콘크리트 열화(자주 젖는 콘크리트)

선택: C30/37 XC3, WF

Note: 프리스트레스방법에 대한 건설허가(abZ)의 최소 강도등급에 유의해야 한다. 설계에서는 높은 쪽의 콘크리트 강도등급을 선택한다. 노출등급과 습도등급은 주어진 값이다(DIN 1045-2에 따른 콘크리트 시공에서 중요하다).

철근에 대한 피복두께:

노출등급 XC3에 대하여:

최소 피복두께	$c_{\min,s}$	$=20-5$	$=15$ mm
+ 허용오차	Δc_{dev}		$=15$ mm
=공칭 피복 두께	$c_{nom,s}$		$=30$ mm

EC2-1-1/NA, (NDP) 4.4.1.2: (5) 표 4.3DE: C30/37이 XC3에 대한 C20/25보다 두 단계 높은 강도등급이므로 $c_{\min,dur}$를 5 mm 줄일 수 있다.

EC2-1-1/NA, 4.4.1.2: (4) 강선의 정착 영역에서 최소 피복두께는 해당 경우의 유럽기술허가(ETA)에 따른다.

부착의 보장: $c_{\min,s} \geq \phi_s$

$\phi_s \leq 16$ mm: $c_{\min,b}=16$ mm $\Delta c_{dev}=10$ mm $c_{nom,s,bot} = 26$ mm[4]

$\phi_s \leq 20$ mm: $c_{\min,b}=20$ mm $\Delta c_{dev}=10$ mm $c_{nom,s,bot} = 30$ mm

EC2-1-1/NA, (NDP) 4.4.1.3 (1): Δc_{dev} = 10 mm로 충분하다.

슬래브 상·하부 철근의 사용 피복두께는 y-방향으로 배근하는 철근이 부재 연단에서 최소 간격이 되게 결정한다.

EC2-1-1/NA, (NDP) 4.4.1.1: (2) 사용 피복두께 c_v
시중의 간격재는 5 mm씩 차이난다.

$\phi_s \leq 16$ mm: $c_{v,ds,y,bot} \geq c_{nom,s,bot} = 30$ mm

$c_{v,ds,x,bot} = c_{v,ds,y,bot} + \phi_{s,y,bot} = 46$ mm

Note: 유효 깊이를 결정할 때는 바깥쪽의 길이방향 철근을 둘러싼 스터럽이 있다고 가정하는 것이 항상 안전 측이다. 본 설계에서는 전단철근이 필요하지 않다. 따라서 이 예제에서 피복두께는 스터럽을 고려치 않고 결정하였다.

역자 주 4 마지막 첨자 *bot*는 하부(bottom), *top*은 상부를 뜻한다.

$\phi_s \leq 20\,\text{mm}$: $c_{v,ds,y,top} \geq c_{nom,s,top} = 30\,\text{mm}$

$c_{v,ds,x,top} = c_{v,ds,y,top} + \phi_{s,y,top} = 50\,\text{mm}$

강선 중심까지 거리 u는 지지점(강선 교차영역)에서 x-방향으로 배치되는 강선이 부재 연단에서 최소간격이 되게 결정한다.

Note: 경우에 따라서 추가로 내화설계의 피복두께를 고려한다. 5.4절 참조

$\phi_{p,duct,x} = \phi_{p,duct,y} \leq 19\,\text{mm}$

$$u_{p,x,top} = c_{v,ds,x,top} + \phi_{p,duct,x}/2 = 50 + 19/2 = 60\,\text{mm}$$

$$u_{p,x,bot} = c_{v,ds,x,bot} + \phi_{p,duct,x}/2 = 46 + 19/2 = 55\,\text{mm}$$

$$u_{p,y,top} = c_{v,ds,x,top} + \phi_{s,x,top} + \phi_{p,duct,y}/2 = 50 + 20 + 19/2 = 80\,\text{mm}$$

$$u_{p,y,bot} = c_{v,ds,x,bot} + \phi_{s,x,bot} + \phi_{p,duct,x}/2 = 46 + 16 + 19/2 = 71\,\text{mm}$$

피복강선 직경 $\phi_p \leq 19$ mm(PE 피복을 포함한 값)는 일반적인 건설허가에서 적합하다.

첨자 'duct'는 쉬스를 뜻한다.

→ 프리스트레스방법에 대한 ETA로부터: 강선의 피복두께는 20 mm 또는 같은 단면에서 철근의 피복두께보다 작아서는 안 된다. 정착부의 피복두께는 적어도 20 mm 이상이어야 한다.

이들을 그림 3: 단면 1~4에 정리하였다. →

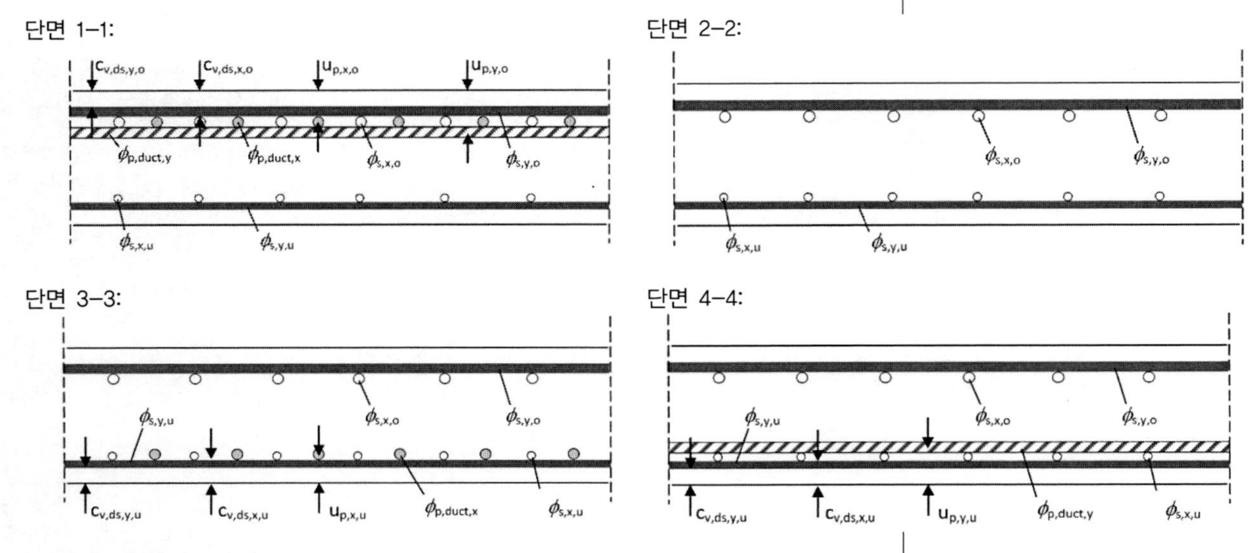

그림 3: 슬래브 단면 1–4(그림 1 참조)

1.3 처짐 제한에 의한 슬래브 두께의 결정

처짐 제한 검토와 부재두께 가정은 철근 콘크리트 슬래브에서는 간단하게 휨 세장비를 제한하여 가능하다. 프리스트레스트 콘크리트 슬래브에서는 이 같은 간단한 검토방법이 없다.

EC2-1-1, 7.4.2

[3]으로부터 $\rho_{\lim} = 0.32\%$, C30/37에 대해

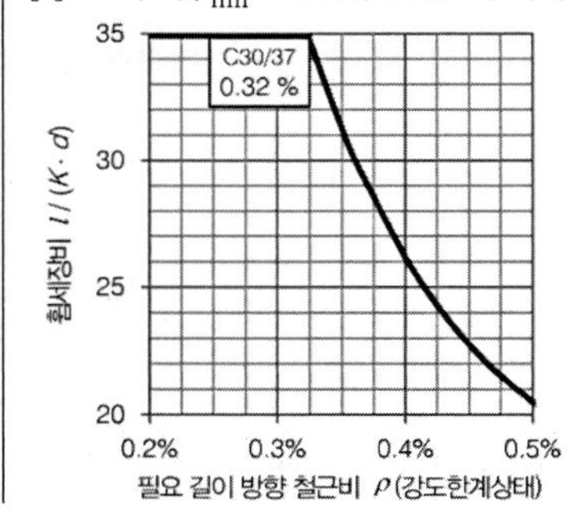

철근 콘크리트 플랫 슬래브에서는 휨 세장비를 다음과 같이 제한한다.

→ 일반 건물의 슬래브에 대해서 일반적으로:

필요한 길이방향 철근의 어림값(C30/37)에 대해:

(7.16a)식 ($\rho \leq \rho_0 = 0.55$), $l/d \leq K \cdot 35$에서

$\rightarrow \rho \leq \rho_{\text{lim}} = 0.32\%$

요구조건: $rqd\ d \geq l/(K \cdot 35)$

$\rightarrow rqd\ d = 9600\,/\,(1.2 \cdot 35) \quad \approx 230\text{ mm}$

$rqd\ h \quad = rqd\ d + c_{v,ds,y,bot} + 0.5\phi_{s,x,bot} + \phi_{s,y,bot}$

$= 230 + 30 + 16\,/\,2 + 16 \quad \approx 285\text{ mm}$

EC2-1-1, 7.4.2, 표 7.4N:
플랫 슬래브에서 $K = 1.2$
플랫 슬래브에서는 양쪽의 등가 지간장 중에서 큰 쪽을 따른다.

사용 피복두께는 1.2절 참조

→ 일반 건물의 슬래브에서 높은 요구조건의 경우:

$l/d \leq K^2 \cdot 150/l$

$\rightarrow rqd\ d = 9.6^2\,/\,(1.2^2 \cdot 150) \quad = 426\text{ mm}$

$rqd\ h \quad = 426 + 30 + 16\,/\,2 + 16 \quad \approx 480\text{ mm}$

EC2-1-1/NA, (NCI) 7.4.2: (2)
변형에 민감한 비구조 요소(예를 들어 경량 칸막이벽)가 있는 부재

이 계산의 슬래브 두께는 가능한 두께를 얇게 하고자 하는 요구사항을 만족하지 못하므로 슬래브 처짐을 감소시킬 수 있는 추가 조치를 취해야 한다.

원칙적으로 다음의 방법이 가능하다.

- 처짐을 보상하기 위한 솟음
- 휨 모멘트와 균열(상태 II)을 줄이기 위한 강선배치

EC2-1-1, 7.4.1: (4) 솟음이 처짐의 일부 또는 전체를 보상하게 시공할 수 있다. 거푸집의 솟음은 일반적으로 지간장의 1/250을 넘을 수 없다.

플랫 슬래브의 처짐을 보상하기 위해 거푸집에 솟음을 두는 것은 비용이 많이 들고 제한적으로만 쓸 수 있다.

솟음은 변형에 예민한 부재의 처짐, 예를 들어 경량벽체 가설 후의 처짐을 제한하는 데 적당하지 않다.

이에 반하여 처짐 제한을 위해 부재 내부에 비부착 강선을 배치하여 프리스트레스를 가하는 것은 훨씬 시공이 간단하다. 강선의 곡선배치로 하중에 의한 휨 모멘트를 줄일 수 있고 프리스트레스로 슬래브의 균열(상태 II)을 억제할 수 있다.

이에 따라 플랫 슬래브에 프리스트레스를 가하며, 슬래브 두께는 경험에 따라 다음 값으로 선택한다.

$\boldsymbol{h \quad = 260\text{ mm}} \quad > \min h = 70\text{ mm}$

EC2-1-1/NA, (NCI) 9.3.1.1: (NA. 5) 전단철근이 없는 속 찬 슬래브의 최소 두께

이 슬래브 두께에 따른 처짐 제한의 검토는 시간에 따른 변형 및 시간과 무관한 변형을 모두 고려한 변형의 직접계산으로 수행한다.

처짐 제한 검토는 6.3절 참조

2. 고정하중과 변동하중

2.1 기준값

하중	기준값(kN/m²)	
고정하중: (자중)		
−260 mm 철근 콘크리트 슬래브 0.26 m · 25 kN/m³	$g_{k,1}$	6.50
−마감+매달린 천정[5]	$g_{k,2}$	1.50
소계	g_k	**=8.00**
변동하중:		
−사용하중(칸막이벽 부가하중 제외)		2.00
−칸막이벽에 부가되는 사용하중) (벽체하중 5 kN/m)		1.20
소계:	$q_{k,1}$	**=3.20**

첨자 k = charateristic을 뜻한다.

EC1-1-1: 부록 A, 표 A.1
가정: 1.50 kN/m ²

EC1-1-1/NA, (NDP) 6.3.1.1, 표 6.1DE: Category B1: 사무실 공간과 복도

EC1-1-1/NA, (NCI) 6.3.1.2: (8) 하중을 받지 않는 경량 칸막이벽의 하중은 정밀하게 계산하지 않고, 사용하중에 대한 등분포 부가하중(칸막이벽 부가 하중)으로 고려한다. 부가하중으로 석고를 포함하여 벽체 길이에 대해 최대 5 kN/m를, 최소 등분포 하중으로 1.2 kN/m²을 제한한다.

2.2 강도한계상태 설계값

강도한계상태의 부분안전계수:

하중	유리하게 적용할 때	불리하게 작용할 때
• 고정하중	$\gamma_G=1.0$	$\gamma_G=1.35$
• 변동하중	$\gamma_Q=0.0$	$\gamma_Q=1.50$
• 프리스트레스	$\gamma_P=1.0$	$\gamma_P=1.00$

$$g_d = \gamma_G \cdot g_k = 1.35 \cdot 8.00 = 10.80\ \text{kN/m}^2$$

$$q_{d,1} = \gamma_Q \cdot q_{k,1} = 1.50 \cdot 3.25 = 4.88\ \text{kN/m}^2$$

$$e_d = \mathbf{15.68\ kN/m^2}$$

EC0, 부록 A, 표 NA.A.1.2(B):
하중의 부분안전계수, STR(구조설계)
EC2-1-1/NA, (NDP) 2.4.2.2. (1)

첨자 d = design(설계)
변동하중이 유리하게 작용하는 것(예를 들어서 지간 모멘트에 대하여)은 지간별로 하중 배치를 달리하는 것으로 고려한다(즉, $\gamma_Q=0$로 하되, 하중경우를 통하여 유리한 작용을 반영한다).

EC2-1-1/NA, (NCI) 5.1.3:
연속 슬래브와 보에서 독립 고정하중(예를 들어 자중)에 대해서는 γ_G의 상한 또는 하한값을 모든 지간에서 동일하게 적용한다.

2.3 사용한계상태의 대표값

사용한계상태의 변동하중에 대한 하중조합 계수:

Category B−사무실:

$\psi_{0,1}=0.70$

$\psi_{1,1}=0.50$

$\psi_{2.1}=0.30$

EC0/NA, (NDP) 부록 A: 표 NA.A.1.1
건물구조의 하중조합 계수 계산값
Category B: 건물의 사용하중

이 예제에서는 드문 하중조합(철근응력 제한)과 준-고정 하중조합(균열폭 제한, 콘크리트 압축응력 제한, 강선응력 제한과 변형계산)이 필요하다.

역자 주 5 건축에서 천장과 천정을 구분하여 사용한다면, 이 경우는 천정을 뜻한다.

a) 드문 하중조합

$E_{d,\,rare} \quad = G_k + Q_{k,\,1} + \Sigma(\psi_{0,\,i} \cdot Q_{k,\,i})$

$e_{d,\,rare} \quad = g_k + q_{k,\,1} = 8.00 + 3.20 \qquad = 11.20\ \text{kN/m}^2$

EC0, 6.5.3
사용한계상태의 하중조합

첨자 rare = 드문(기준) 조합

b) 준-고정 하중조합

$E_{d,\,perm} \quad = G_k + \Sigma(\psi_{2,\,i} \cdot Q_{k,\,i})$

$e_{d,\,perm} \quad = g_k + \psi_{2,\,1} \cdot q_{k,\,1} = 8.00 + 0.3 \cdot 3.20 \qquad = 9.00\ \text{kN/m}^2$

첨자 perm(permanent) = 준-고정 조합

3. 프리스트레스 하중

프리스트레스는 방향전환력[6]과 정착력의 형태로 작용하는 외부 고정하중으로 간주한다.

하중값은 프리스트레스방법, 강선 배치, 강선 손실과 작용 프리스트레스에 따라 달라진다.

EC2-1-1, 5.10.1:
(2) 프리스트레스를 하중 또는 선 변형(pre-strain), 선 곡률(pre-curvature)에 대한 저항으로 고려할 수 있다. 이에 따라 강도를 계산한다.

3.1 프리스트레스 방법, 제원

슬래브에 사용하는 내부, 비부착 프리스트레스를 위한 피복강선의 제원은 다음과 같다.

Note: 이들 제원의 값은 따로 표시하지 않으면, 강선의 일반 건설허가에 따른 것이다.

a) 피복강선:

강연선 공칭 직경:	ϕ_p	$= 15.7\ \text{mm}(0.62'')$
강연선 공칭 단면적:	A_p	$= 150\ \text{mm}^2$
강연선 단면 2차 모멘트:	I_p	$= 269.2\ \text{mm}^4$
강선 탄성계수:	E_p	$= 195{,}000\ \text{N/mm}^2$
강연선 자중:	g	$= 13.03\ \text{N/m}$
마찰계수:	μ	$= 0.06$
파상곡률:	k	$= 0.5°/\text{m} = 0.00873\ \text{rad/m}$
최소 곡률반경:	$\min R$	$= 2.6\ \text{m}$

[53] *Maier; Wicke*: 자유강선 배치(2000), I_p 및 g에 대한 값

역자주 6 강선의 곡률로 인한 상향력 또는 하향력을 뜻한다.

b) 개별 정착:

가동 정착구 미끄러짐:	Δl_{sl}	$=5$ mm
고정 정착구 미끄러짐:	Δl_{sl}	$=5$ mm
정착판 크기:	b_z/b_y	$=75/105$ mm
최소 중심간격:	$\min a_y$	$=180$ mm
수평 최소 연단거리:	$\min r_y$	$=115$ mm
수직 최소 연단거리:	$\min r_z$	$=70$ mm

c) 조합 정착(최대 4개 강연선):

가동 정착구 미끄러짐:	Δl_{sl}	$=6$ mm
고정 정착구 미끄러짐:	Δl_{sl}	$=5$ mm
정착판 크기:	b_z/b_y	$=145/200$ mm
최소 중심간격:	$\min a_y$	$=295$ mm
수평 최소 연단거리:	$\min r_y$	$=170$ mm
수직 최소 연단거리:	$\min r_z$	$=115$ mm

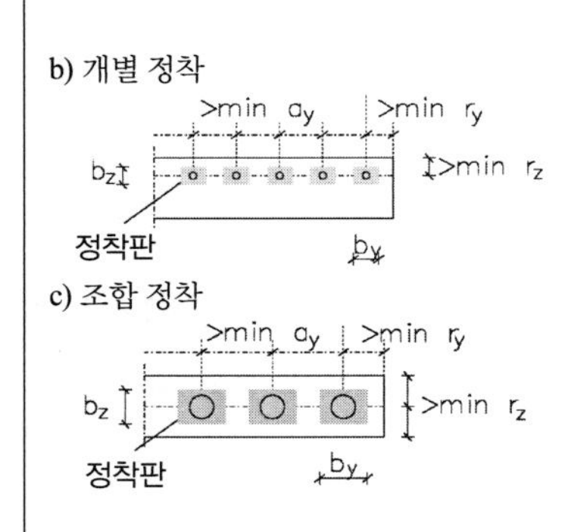

EC2-1-1/NA, (NCI) 8.10.3: (NA.7) 내부 강선의 다발 배치는 정착영역 밖에서 허용된다.

d) 쉬스:

피복의 외부 직경:	d_{duct}	$=19$ mm
강선 중심간격:	$rqd\ a_{duct}$	$=19+1.0\cdot 19\approx 38$ mm
수평 최소 연단거리:	$\min a_{duct,h}$	$\geq 19+50=69$ mm

EC2-1-1/NA, (NCI) 8.10.3 (NA.6), 8.10.1.3 (3)과 그림 8.15: 쉬스 간 순간격은 DIN 1045-1에 비하여 $0.8\phi \sim 1.0\phi$만큼 증가한다.

3.2 강선 배치 제원

[R 12]에서는 점지지 슬래브의 강선을 포물선 배치 – 즉, 지속 하중의 모멘트 선을 따라 배치 – 할 것을 추천한다.

[R 12] DIN 4227-6, 프리스트레스트 콘크리트; 비부착 프리스트레스트 콘크리트 부재, 부록 A(Prestandard)

강선을 중간대에는 고루 분포시키고, 주열대에는 집중 배치하여 프리스트레스에 의한 상향력이 발생하게 한다. 이런 배치로 계산과 유한요소 같이 복잡한 해석 없이도 간단한 계산으로 슬래브의 휨 모멘트 값을 결정할 수 있고, 프리스트레스의 효율을 높인다.

이러한 강선 배치가 불리한 점도 있다. 이를테면;
– 곡선 배치 시공과 포물선 배치 위치의 측정은 품이 많이 든다.
– 2단계의 하중 부담 시스템((1) 지간 강선은 하중을 주열대로 전달한다. (2) 주열대 강선은 하중을 지점으로 전달한다)으로 강선이 상대적으로 많이 필요하다.

플랫 슬래브에서는 일반적으로 복잡한 강선 배치가 필요하지 않다. 왜냐하면:

- 슬래브의 모든 영역에서 외부 하중과 프리스트레스에 의한 모멘트를 최소로 하기 위해 강선을 넓게 분포시키는 것이 꼭 필요하지는 않다. 왜냐하면 내부 강선 비부착 프리스트레스트 콘크리트 부재에서는 탈압축 상태에 대해서는 검토하지 않아도 되기 때문이다.
- 또한 이전과는 달리 유한요소해석법을 적용하는 것이 어렵지 않으므로 강선배치의 선택에서 계산방법이 얼마나 간단한지는 문제가 되지 않기 때문이다.

EC2-1-1/NA, (NDP) 7.3.1 (5), 표 7.1DE: 비부착 프리스트레스, XC3 → 탈압축상태에 대한 검토가 필요하지 않다.

EC2-1-1/NA, (NCI) NA.1.5.25: 탈압축한계상태는 결정 하중조합하에서 콘크리트 단면의 일부가 압축응력 상태에 있는 것을 뜻한다.

[52] *Fastabend*: 비부착 프리스트레스트 콘크리트에서 강선 배치에 관하여(1999)

플랫 슬래브에 프리스트레스를 가하여 내하력은 적절하게 증가시키고, 처짐을 효과적으로 제한하는 상대적으로 경제적인 방법으로 주열대에만 강선을 집중배치하고[52], 나머지 위치에서는 '자유처짐 곡선'으로 두는 방법을 고려할 수 있다.

EC2에서는 '자유처짐 곡선' 배치에 관한 규정이 없다. 관련 규정은 유럽건설허가(ETA) 또는 프리스트레스 방법에 따른 일반적인 건설허가를 참조한다.

이 방법에서 이미 고정된 상부와 하부의 철근에 적당한 방법으로 강선을 고정시킨다. 지점위에서 최고 2개 위치에서 상부 철근에 강선을 고정하며, 따로 지지하지 않고 자유처짐에 의해 하부 철근위치를 지나간다.

DIN 1045-1 [R5], 12.10.4에서 이와 관련하여 $h \leq 450\,\text{mm}$인 피복강선 비부착 프리스트레스트 콘크리트 슬래브에 대해 권장하는 사항이다.

[53]의 실험에 따르면, 고정점 사이의 피복강선의 자유처짐은 근사적으로 4차 함수를 나타낼 수 있다.

[53] *Maier; Wicke*: '자유처짐 곡선' 배치 강선(2000)

연단부에서 '자유처짐 곡선' 강선의 배치는 다음 식으로 나타낼 수 있다.

$$z(x) = (e_{1r} + e_{2r}) \cdot \left[\frac{x^4}{l_r^4} - \frac{2 \cdot x^3}{l_r^3} + \frac{2 \cdot x}{l_r} \right] - e_{2r}$$

연단부의 강선 배치와 l_r의 계산은 부록 A 17.1: '자유처짐 곡선' 강선 배치를 참조하라.

선택한 피복강선의 제원에서 자유처짐 길이는 다음 값으로 계산할 수 있다.

$$l_r = 99.2 \cdot \sqrt[4]{e_{1r} + e_{2r}} \qquad (e_{1r},\ e_{2r} \text{과 } l_r \text{은 [m]})$$

z – 강선 위치
e – 부재와 강선 중심 간의 간격
l_r – 연단에서 자유처짐 길이
l_m – 중간부에서 자유처짐 길이

중간부에서 '자유처짐 곡선' 강선의 배치는 다음 식으로 나타낼 수 있다.

$$z(x) = (e_{1m} + e_{2m}) \cdot \left[\frac{3 \cdot x^4}{l_m^4} - \frac{8 \cdot x^3}{l_m^3} + \frac{6 \cdot x}{l_m} \right] - e_{1m}$$

중간부의 강선 배치와 l_m의 계산은 부록 A 17.1: '자유처짐 곡선' 강선 배치를 참조하라.

선택한 피복강선의 제원에서 자유처짐 길이는 다음 값으로 계산할 수 있다.

$$l_m = 130.50 \cdot \sqrt[4]{e_{1m} + e_{2m}} \qquad (e_{1m},\ e_{2m} \text{과 } l_m \text{은 [m]})$$

자유처짐 곡선부에서 강선은 콘크리트 타설 시에 흔들려서 제 위치를 벗어날 수 있다. 독일의 허가에서도 이를 고려하여 프리스트레스의 유리한 효과는 일반적으로 사용한계상태에서만 계산한다.

강도한계상태의 검토에서는 강선이 전체 길이에서 걸쳐 적당한 방법으로 고정되는 것이 필요하다. 이 예제에서는 이를 위하여 자유처짐 곡선부에 추가의 지지부를 두어 강선을 고정한다. 또한 강선을 직선 배치하는 영역에서는 철근과 일정한 간격을 두고 고정한다.

3.2.1 강선 배치값

강선 교차영역, 즉 지점영역에서는 x-방향의 강선이 y-방향의 강선 위에 있게 배치한다. 따라서 강선 배치값은 방향에 따라서 따로 계산한다.

a) x-방향 강선 배치 값

$e_{1r,x} = h/2 - u_{p,x,bot} = 260/2 - 55 = 75\text{ mm}$

$e_{2r,x} = h/2 - \min r_z = 260/2 - 115 = 15\text{ mm}$

$l_{rx} = 1.72\text{ m}$

$e_{1m,x} = h/2 - u_{p,x,bot} = 260/2 - 55 = 75\text{ mm}$

$e_{2m,x} = h/2 - u_{p,x,top} = 260/2 - 60 = 70\text{ mm}$

$l_{mx} = 2.55\text{ m}$

부록 A17.1:
강선 중심까지 거리
$u_{p,x,bot} = 55$ mm; $u_{p,x,top} = 60$ mm

조합 정착 $\min r_z$은 3.1절 참조

b) y-방향 강선 배치 값

$e_{1r,y} = h/2 - u_{p,y,bot} = 260/2 - 71 = 59\text{ mm}$

$e_{2r,y} = 0\text{ mm}$

$l_{ry} = 1.55\text{ m}$

$e_{1m,y} = h/2 - u_{p,y,bot} = 260/2 - 71 = 59\text{ mm}$

$e_{2m,y} = h/2 - u_{p,y,top} = 260/2 - 80 = 50\text{ mm}$

$l_{my} = 2.38\text{ m}$

강선 중심까지 거리
$u_{p,y,bot} = 71$ mm; $u_{p,y,top} = 80$ mm

Note: y-방향에서 강선은 부재 축에 정착된다.

3.2.2 강선 배치에 따른 구조계산

프리스트레스트에 의한 방향전향력과 정착력이 외부하중으로 전체 구조계에 작용하는 것으로 보고 플랫 슬래브의 총 단면력(정정 작용 부분과 부정정 작용 부분을 합한 값)을 구한다.

곡선배치 강선의 프리스트레스로 다음의 상향력이 발생한다.

$$u(x) = z''(x) \cdot P$$

실무에서는 포물선 하중분포에 대해 슬래브 단면력을 구하는 것은 번거롭다.

Note:
부재 단부의 정착에서는 다음의 단면력을 고려한다.
- 축력
- 휨 모멘트(부재 중심에 정착하지 않을 때)
- 전단력(정착점에서 강선이 수평배치되지 않을 때)

이에 비하여 포물선 상향력으로 인한 단면 중심의 등가하중으로부터 단면력과 변형을 계산하는 것은 이해하기 쉽다.

단부의 등가하중은 다음과 같이 적분하여 구한다.

단부에서 상향력 분포와 등가하중은 이 예제의 부록 A17.1 '자유처짐 곡선' 배치 강선을 참조

$$U_{1r} = U_{2r} = \int_0^{l_r} u(x)\,dx = \frac{2 \cdot (e_{1r} + e_{2r})}{l_r} \cdot P$$

U_{1r}과 U_{2r}은 지점에서 다음과 같이 떨어진 곳의 외부 하중으로 간주한다.

$$U_{1r} \rightarrow x = 0 \qquad\qquad U_{2r} \rightarrow x = 1/2 \cdot l_r$$

중간부의 등가하중은 다음과 같이 적분하여 구한다.

중간부에서 상향력 분포와 등가하중은 이 예제의 부록 A17.1 '자유처짐 곡선' 배치 강선을 참조

$$U_{1m} = U_{2m} = \int_0^{l_m/3} u(x)\,dx = \int_{l_m/3}^{l_m} u(x)\,dx = \frac{16}{9} \cdot \frac{(e_{1m} + e_{2m})}{l_m} \cdot P$$

U_{1m}과 U_{2m}은 상부철근 정착점에서 다음과 같이 x만큼 떨어진 곳의 외부 하중으로 간주한다.

$$U_{1m} \rightarrow x = 1/9 \cdot l_m \qquad\qquad U_{2m} \rightarrow x = 2/3 \cdot l_m$$

이들 등가하중이 작용하는 등가부재에 대해 구조 해석하여 강선의 작용을 계산한다.

다음은 단면 $b/h = 1.00/0.26$ m의 등가 보 부재(콘크리트 C30/37)에 대해 지지조건과 강선배치를 달리하여 구조 해석한 결과를 정리한 것이다.

	단부 지간	내부 지간
강선 배치	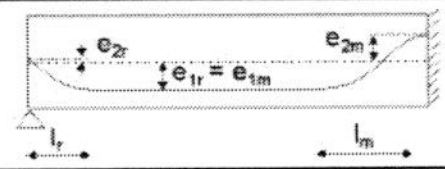 e_{2r}, $e_{1r} = e_{1m}$, e_{2m}, l_r, l_m	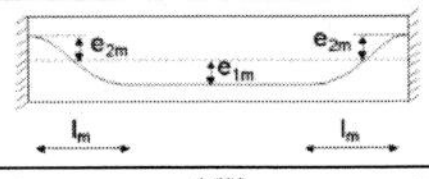 e_{2m}, e_{1m}, e_{2m}, l_m, l_m
상향력 $U_{x,s}$	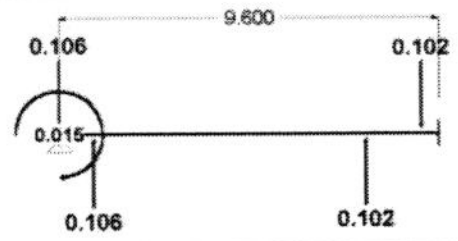 9.600; 0.106, 0.102, 0.015; 0.106, 0.102	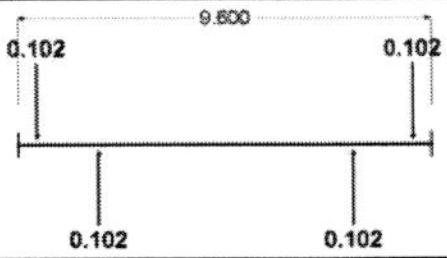 9.600; 0.102, 0.102; 0.102, 0.102
모멘트 $m_{x,s}$	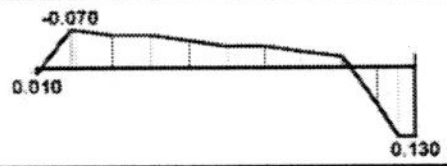 -0.070; 0.010; 0.130	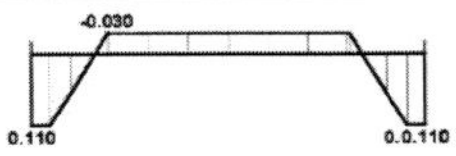 -0.030; 0.110; 0.0.110
처짐 $w_{x,s}$	 0.0097	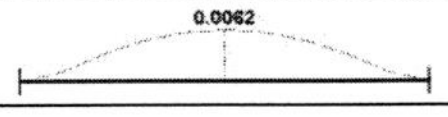 0.0062
상향력 $U_{y,s}$	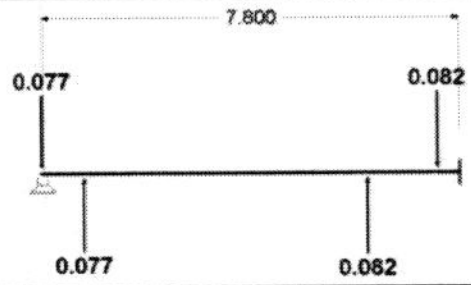 7.800; 0.077, 0.082; 0.077, 0.082	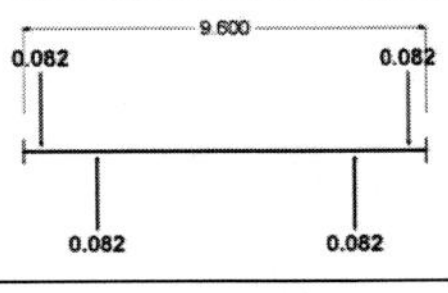 9.600; 0.082, 0.082; 0.082, 0.082
모멘트 $m_{y,s}$	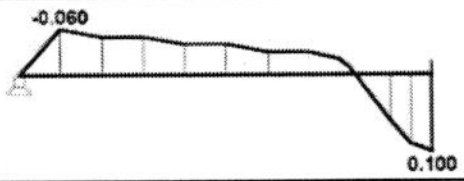 -0.060; 0.100	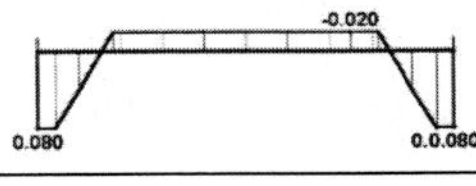 -0.020; 0.080; 0.0.080
처짐 $w_{y,s}$	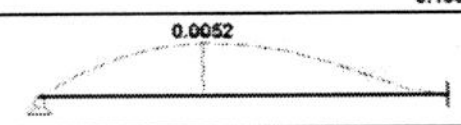 0.0052	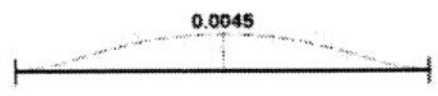 0.0045

프리스트레스에 대한 구조해석(첨자 s)을 위해 필요한 계산값

– 지점 영역에서 고정부 사이 간격: $a = 300$ mm
– 구조해석을 위한 프리스트레스: $P = 1$ kN
– 지점간격:
단부지간: $l_{st,x} = 9.60$ m
$l_{st,y} = 7.80$ m
내부지간: $l_{st,x} = l_{st,y} = 9.60$ m

– 단부 배치:
$e_{1rx} = 75$ mm
$e_{2rx} = 15$ mm
$l_{rx} = 1.72$ m
$U_{1rx,s} = U_{2rx,s} = 2 \cdot P \cdot (e_{1rx} + e_{2rx}) / l_{rx} = 0.106$ kN
$M_{1rx} = e_{2rx} \cdot P = 0.015$ kNm

$e_{1ry} = 59$ mm
$e_{2ry} = 0$ mm
$l_{ry} = 1.55$ m
$U_{1ry,s} = U_{2ry,s} = 2 \cdot P \cdot (e_{1ry} + e_{2ry}) / l_{ry} = 0.077$ kN
$M_{1ry} = 0$ kNm

– 중간부 배치:
$e_{1mx} = 75$ mm
$e_{2mx} = 70$ mm
$l_{mx} = 2.55$ m
$U_{1mx,s} = U_{2mx,s} = 16/9 \cdot P \cdot (e_{1mx} + e_{2mx}) / l_{mx} = 0.102$ kN

$e_{1my} = 59$ mm
$e_{2my} = 50$ mm
$l_{my} = 2.38$ m
$U_{1my,s} = U_{2my,s} = 16/9 \cdot P \cdot (e_{1my} + e_{2my}) / l_{my} = 0.082$ kN

3.3 프리스트레스 기준값

3.3.1 일반

긴장방법에 따라 시간 t_0에서의 프리스트레스의 평균값 P_{m0}를 다음의 영향을 고려하여 결정할 수 있다.

- 탄성변형
- 강선의 단기 릴랙세이션
- 마찰 손실
- 정착구의 미끄러짐

이에 따라 시간 $t > t_0$에서의 평균값 $P_{mt}(x)$은 긴장방법에 따라 다음의 영향을 고려하여 결정할 수 있다.

- 콘크리트의 크리프와 수축에 의한 손실
- 강선의 장기 릴랙세이션

EC2-1-1, 5.10.3: (2)
$P_{m0}(x)$는 시간 t_0에서 평균 프리스트레스

EC2-1-1, 5.10.3: (3)
$\Delta P_i(x)$는 즉시 손실

EC2-1-1, 5.10.3: (4)
$P_{mt}(x)$는 시간 $t > t_0$에서 평균 프리스트레스

3.3.2 시간 $t = t_0$에서의 프리스트레스 계산

위치 x, 시간 $t = t_0$(강선이 정착된 직후)의 프리스트레스의 평균값은 다음과 같다.

$$P_{m0}(x) = P_0 - \Delta P_{el} - \Delta P_{\mu}(x) - \Delta P_{sl}(x)$$

여기서: P_0 강선 긴장 중 최대값(긴장기의 긴장력)

$\Delta P_{el}(x)$ 콘크리트 탄성수축으로 인한 프리스트레스 손실

ΔP_{μ} 마찰 손실

$\Delta P_{sl}(x)$ 정착쐐기의 미끄러짐에 의한 손실

강선의 단기 릴랙세이션에 의한 손실은 비부착 프리스트레스에서 무시할 수 있다(<1%). 이는 굳은 콘크리트에 대한 강선의 긴장과 정착 사이의 시간이 일반적으로 매우 짧기 때문이다.
계산에 사용하는 값은 경우에 따라 프리스트레스에 대한 건설허가의 값을 사용한다.

3.3.3 시간 $t = t_0$에서의 최대 프리스트레스

강선의 물성에서:

인장강도	f_{pk}	$= 1770$ N/mm²
항복응력(0.1% proof 변형)	$f_{p0.1k}$	$= 1500$ N/mm²

EC2-1-1, 3.3.2: 재료성질

강선: St 1570/1770(고연성), 각 피복강선에서 $A_p = 150$ mm²인 7연선 사용
이 재료값은 St 1570/1770의 강연선에 대한 일반적인 건설허가 값을 취한 것이다.

긴장 중에 강선(긴장단의 강선)의 최대 긴장력은 다음 값 중에서 작은 값을 넘지 않아야 한다.

$P_{max} = A_p \cdot 0.80 f_{pk} \quad = 150 \cdot 0.80 \cdot 1770 \cdot 10^{-3} \quad = 212$ kN

또, $\boldsymbol{P_{max}} = A_p \cdot 0.90 f_{p0.1k} \quad = 150 \cdot 0.90 \cdot 1500 \cdot 10^{-3} \quad$ **= 203 kN**

EC2-1-1, 5.10.2.1, (5.41)식과 EC2-1-1/NA, (NDP) 5.10.2.1 (1)P

시간 $t=t_0$(강선이 정착된 직후)의 프리스트레스의 평균값은 모든 위치에서 다음 값 중에서 작은 값을 넘지 않아야 한다.

$$P_{m0}(x)=A_p \cdot 0.75 f_{pk} \quad =150 \cdot 0.75 \cdot 1770 \cdot 10^{-3} \quad =199\ \text{kN}$$

또, $$\boldsymbol{P_{m0}(x)}=A_p \cdot 0.85 f_{p0.1k} \quad =150 \cdot 0.85 \cdot 1500 \cdot 10^{-3} \quad =\mathbf{191\ kN}$$

EC2-1-1, 5.10.3, (5.43)식과 EC2-1-1/NA, (NDP) 5.10.3 (2)

3.3.4 부재의 탄성수축으로 인한 프리스트레스 손실

각 강선은 굳은 콘크리트에 대해 연속적으로 긴장한다. 긴장과정이 진행됨에 따라 프리스트레스가 증가하므로 탄성수축이 더해진다.

긴장과정의 정확한 값은 긴장계획에 따른다.

따라서 최초의 긴장강선은 전체 부재의 탄성수축 만큼의 변형이 발생하나 마지막 긴장 강선은 탄성수축이 없다.

Note: 최초 강선의 탄성수축이 지나치게 크지 않도록 계산상 최대 긴장력을 $P_0=200\ \text{kN} < P_{\max}=203\ \text{kN}$으로 제한한다.

이들 사이의 강선은 긴장과정에 따라 몇 개로 구분하여 탄성수축을 계산할 수 있다.

부재의 탄성수축으로 인한 프리스트레스 손실은 다음으로 계산한다.

$$\Delta P_{el}=0$$

3.3.5 긴장 시의 마찰로 인한 프리스트레스 손실

마찰 손실은 다음과 같이 계산한다.

$$\Delta P_{\mu}(x)=P_{\max} \cdot (1-e^{-\mu \cdot (\theta + k \cdot x)})$$

EC2-1-1, 5.10.5.2, (5.45)식

여기서: θ 길이 x에 걸쳐서 강선 배치에 따라 계산한 수평과 연직 각도 변화의 합(방향과 부호와 무관)

k 예상치 않은 각도 변화(단위 길위당의 값)

μ 강선과 쉬스 간의 마찰계수

μ와 k는 3.1절 참조

포물선 강선 배치의 변곡점은 부록 17.1의 '자유처짐 배치'의 $z'(x)=0$ 참조

단부 배치 및 중간부 배치 강선의 각도 변화는 각 경우의 변곡점에 대해서 구한다.

$$\theta_{ri}=z'(0)=2 \cdot \frac{(e_{1r}+e_{2r})}{l_r} \quad \text{(단부 배치)}$$

$$\theta_{mi}=z'\left(\frac{l_m}{3}\right)=\frac{16}{9} \cdot \frac{(e_{1m}+e_{2m})}{l_m} \quad \text{(중간부 배치)}$$

포물선 배치 각도 변화는 $z'(x)=0$으로 계산

Note: 슬래브 단부 사이에서 이음장치(coupler)를 두지 않는 것으로 가정한다.

a) x-방향의 프리스트레스 손실

긴장 시의 최대 프리스트레스에 대한 마찰손실의 비:

$$\frac{\Delta P_\mu(l_{tot,x})}{P_0} = \left(1 - e^{-\mu \cdot (\sum\theta_{rix} + \sum\theta_{mix} + k \cdot l_{tot,x})}\right) = 0.152 \qquad = 15.2\%$$

여기서, 곡선 배치된 강선의 각도 변화의 합:

$$\Sigma\theta_{rix} = 2 \cdot \frac{(e_{1rx} + e_{2rx})}{l_{rx}} \cdot i_{rx} = 2 \cdot \frac{(0.075 + 0.015)}{1.72} \cdot 2 \qquad = 0.212$$

$$\Sigma\theta_{mix} = \frac{16}{9} \cdot \frac{(e_{1mx} + e_{2mx})}{l_{mx}} \cdot i_{mx} = \frac{16}{9} \cdot \frac{(0.075 + 0.07)}{2.55} \cdot 20 = 2.035$$

예상치 않은 각도 변화의 합:

$k \cdot l = 0.00873 \cdot 57.6 = 0.503$

Σ 단부 배치의 각도 변화:
i_{rx} =2(각 단부 지점마다 수평강선 배치에 적합하게 한 번의 각도 변화)

Σ 중간 배치의 각도 변화:
i_{mx} =20(각 내부 지점마다 수평강선 배치에 맞게 또는 강선 배치에 맞게 수평배치하며 4번의 각도 변화)

b) y-방향의 프리스트레스 손실

긴장 시의 최대 프리스트레스에 대한 마찰손실의 비:

$$\frac{\Delta P_\mu(l_{tot,y})}{P_0} = \left(1 - e^{-\mu \cdot (\sum\theta_{riy} + \sum\theta_{miy} + k \cdot l_{tot,y})}\right) = 0.06 \qquad = 6\%$$

Note: 슬래브 단부 사이에 이음부(coupler)가 없다.

여기서, 곡선 배치된 강선의 각도 변화의 합:

$$\Sigma\theta_{riy} = 2 \cdot \frac{(e_{1ry} + e_{2ry})}{l_{ry}} \cdot i_{ry} = \frac{2 \cdot 0.06}{1.55} \cdot 2 \qquad = 0.155$$

$$\Sigma\theta_{miy} = \frac{16}{9} \cdot \frac{(e_{1my} + e_{2my})}{l_{my}} \cdot i_{my} = \frac{16}{9} \cdot \frac{(0.05 + 0.06)}{2.38} \cdot 8 = 0.685$$

예상치 않은 각도 변화의 합:

$k \cdot l = 0.00873 \cdot 25.2 = 0.220$

Σ 단부 배치의 각도 변화:
i_{rx} =2(각 단부 지점마다 수평강선 배치에 적합하게 한 번의 각도 변화)

Σ 중간 배치의 각도 변화:
i_{mx} =8(각 내부 지점마다 수평강선 배치에 맞게 또는 강선 배치에 맞게 수평배치하며 4번의 각도 변화)

3.3.6 정착구 미끄러짐으로 인한 프리스트레스 손실

강선을 이완하면 긴장 중의 최대 긴장력 P_0는 정착 위치에서 정착구의 미끄러짐 Δl_{sl}에 따라 ΔP_{sl0}만큼 감소한다.

정착구 미끄러짐 Δl_{sl}은 3.1절 참조

정착구 미끄러짐에 의한 프리스트레스 손실은 다음 그림에서 영향길이 l_{sl}에 걸쳐 발생한다.

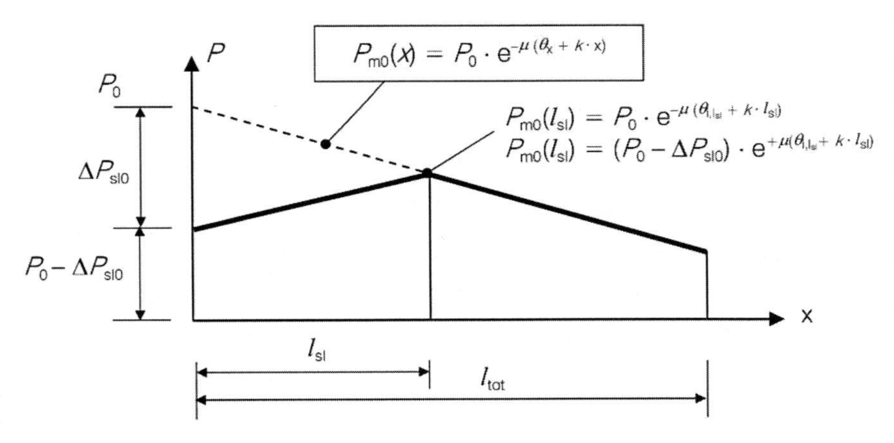

그림 4: 정착구 미끄러짐에 의한 프리스트레스의 분포

긴장 시와 이완 시의 마찰계수 μ를 같이 가정하여 구한 것

강선을 긴장할 때와 정착구 미끄러짐에 의해 강선이 이완될 때의 마찰 저항이 같다고 가정하면 프리스트레스의 분포를 근사적으로 직선으로 둘 수 있다.

$$\epsilon_{sl} = \Delta l_{sl} / l_{sl} = 0.5 \cdot \Delta \sigma_{sl0} / E_p \qquad \Delta \sigma_{sl0} = \Delta P_{sl0} / A_p$$

$$\begin{aligned} \Delta P_{sl0} &= 2 \cdot \Delta P_\mu(l_{sl}) \\ &= 2 \cdot P_0 \cdot \left(1 - e^{-\mu(\Sigma\theta_{i,l_{sl}} + k \cdot l_{sl})}\right) \\ &\approx 2 \cdot P_0 \cdot \mu \cdot (\Sigma\theta_{i,l_{sl}} + k \cdot l_{sl}) \end{aligned}$$

근사계산 1:
$x < 0.1$의 경우의 지수: $e^x = 1 + x$
$e^{0.1} = 1.105 \approx 1.100 = 1 + 0.1$이므로
$\Delta P_\mu(x) = P_0 \cdot \left(1 - e^{-\mu(\theta_i + k \cdot x)}\right)$
$\Delta P_\mu(x) \approx P_0 \cdot \mu \cdot (\theta + k \cdot x)$

단위길이당의 평균 각도변화를 도입하면:

$$\bar{k} = (\Sigma\theta_{i,l} + k \cdot l) / l$$

근사계산 2:
$P_{m0}(X)$가 선형변화

다음과 같이 쓸 수 있다. $\Delta P_{sl0} \approx 2 \cdot P_0 \cdot \mu \cdot \bar{k} \cdot l_{sl}$

따라서 위의 식을 정착구 미끄러짐 Δl_{sl}과 미지수 P_0와 l_{sl}에 관하여 정리하면:

$$l_{sl} = \sqrt{\frac{\Delta l_{sl} \cdot E_p \cdot A_p}{P_0 \cdot \mu \cdot \bar{k}}}$$

정착위치에서의 프리스트레스 손실은 다음과 같다.

$$\Delta P_{sl0} = 2 \cdot \Delta P_\mu(l_{sl}) = 2 \cdot \sqrt{P_0 \cdot \mu \cdot \bar{k} \cdot E_p \cdot A_p \cdot \Delta l_{sl}}$$

영향길이 l_{sl}을 계산하기 위하여 초기 긴장력 P_0는 영향길이 위치에서의 프리스트레스 $P_{m0}(l_{sl})$이 최대 허용값이 되게 정한다.

$$P_{m0}(l_{sl}) = P_0 - \Delta P_{sl0} / 2 \le P_{\max}$$

$P_{\max}$는 3.3.3절 참조

입력값 P_0를 달리하여 반복 계산하면 만족하는 해를 구할 수 있다. 정착 후

의 정착위치에서의 프리스트레스 $P_{m0}(0)$는 다음과 같다.

$$P_{m0}(0) = P_0 - \Delta P_{sl0}$$

a) x-방향의 마찰과 정착구 미끄러짐 손실에 따른 프리스트레스 분포

$t=0$에서 x-방향의 프리스트레스 분포는 프리스트레스방법에 따라 주어진 값과 단위길이당의 각도변화:

프리스트레스방법에 따라 주어진 값은 3.1절 참조

x-방향 강선의 마찰에 의한 프리스트레스 손실은 3.3.5.a절 참조

$$\bar{k} = (0.212 + 2.035 + 0.503) / 57.6 = 0.048 \text{ rad/m}$$

그리고 다음의 근사값들을 사용하여 계산한다.

P_0	l_{sl}	ΔP_{sl0}	$P_{m0}(l_{sl})$	$P_{m0}(0)$
200 kN	15.93 m	18.4 kN	190.8 kN	181.7 kN

비교를 위해 근사값을 쓰지 않고 반복 계산하여 구한 값과 비교하였다. 이들은 충분히 비슷한 것을 알 수 있다.

Note: 근사계산하지 않고 반복 계산하는 것은 탁상계산기로 가능하다.

P_0	l_{sl}	ΔP_{sl0}	$P_{m0}(l_{sl})$	$P_{m0}(0)$
200 kN	18.20 m	18.0 kN	191.0 kN	182.0 kN

그림 5의 (1)~(4) 곡선은 강선의 프리스트레스 분포를 보인 것으로 부재 길이에 걸쳐 번갈아 긴장하며, 마찰과 정착구 미끄러짐에 의한 손실이 반영된 것이다. 정착구 미끄러짐에 의한 손실의 효과는 부재 전체 길이에 영향을 미치는 것은 아니다. 프리스트레스 분포선(2)와 (4)의 평균값으로부터 긴장력의 합력(6)을 구할 수 있다.

정착구의 미끄러짐에 대한 기준은 $\Delta l_{\mu}(x=l) \leq \Delta l_{sl}$

앞으로의 계산에서는 시간 $t=0$에서 강선의 프리스트레스는 다음의 평균값을 쓴다.

평균값 P_{m0}는 프리스트레스 분포선 $P_{m0}(x)$에 대한 선형 추세선의 값이다.

$$\boldsymbol{P_{m0,x} = 182 \text{ kN}}$$

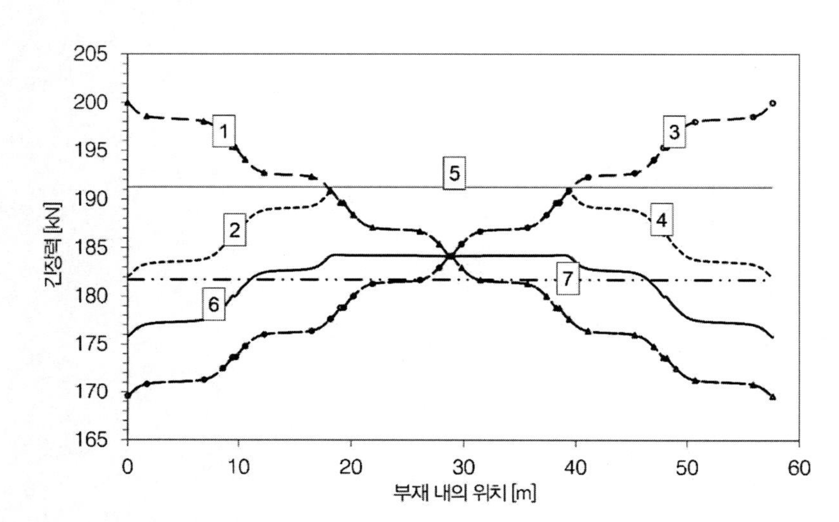

그림 5: 시간 $t=0$에서 프리스트레스 $P_{m0}(x)$

프리스트레스 분포곡선 설명:
1. 왼쪽 긴장 $P_{m0}(0)=200$ kN
2. 왼쪽 정착구 미끄러짐 $P_{m0}(0)=182$ kN
3. 오른쪽 긴장 $P_{m0}(57.6)=200$ kN
4. 오른쪽 정착구 미끄러짐 P_{m0} $(57.6)=182$ kN
5. $P_{m0,\max}=191$ kN
6. $P_{m0}(x)$
7. 추세선 $P_{m0}(x)=P_{m0,x}=182$ kN

b) y-방향의 마찰과 정착구 미끄러짐 손실에 따른 프리스트레스 분포

$t=0$에서 y-방향의 프리스트레스 분포는 프리스트레스방법에 따라 주어진 값과 단위길이당의 각도변화:

y-방향 강선의 마찰에 의한 프리스트레스 손실은 3.3.5 b)절 참조

$$\bar{k} = (0.155 + 0.658 + 0.220) / 25.2 = 0.041 \text{ rad/m}$$

그리고 다음의 근사값들을 사용하여 계산한다.

P_0	l_{sl}	ΔP_{sl0}	$P_{m0}(l_{sl})$	$P_{m0}(0)$
200 kN	17.24 m	16.9 kN	191.6 kN	183 kN

그림 6의 (1)~(4) 곡선은 강선의 프리스트레스 분포를 보인 것이다. 정착구 미끄러짐은 부재 전체 길이에서 영향을 미치는 것은 아니다.

앞으로의 계산에서는 시간 $t=0$에서 강선의 프리스트레스는 다음의 평균값을 쓴다.

평균값 P_{m0}는 프리스트레스 분포선 $P_{m0}(y)$에 대한 선형 추세선의 값이다.

$$P_{m0,y} = 188 \text{ kN}$$

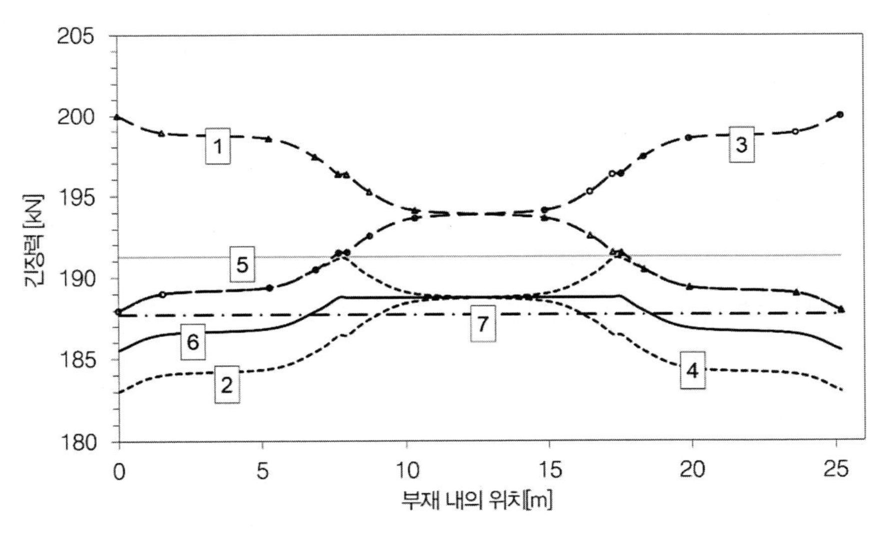

그림 6: 시간 $t=0$에서 프리스트레스 $P_{m0}(y)$

프리스트레스 분포곡선 설명:
1. 왼쪽 긴장 $P_{m0}(0)=200$ kN
2. 왼쪽 정착구 미끄러짐 $P_{m0}(0)=183$ kN
3. 오른쪽 긴장 $P_{m0}(25.2)=200$ kN
4. 오른쪽 정착구 미끄러짐 $P_{m0}(25.2)=183$ kN
5. $P_{m0,\max}=191$`rmkN
6. $P_{m0}(y)$
7. 추세선 $P_{m0}(y)=P_{m0,y}=188$ kN

3.3.7 시간에 따른 손실

비부착 부재의 강선의 응력변화로부터 시간 $t=\infty$까지의 시간에 따른 프리스트레스 손실을 콘크리트의 크리프와 수축 및 강선의 릴랙세이션을 고려하여 다음 식으로 구한다.

EC2-1-1, 5.10.6: (2) (5.46)식

EC2-1-1, 5.10.6: (3) 응력의 평균값을 사용할 때 비부착 부재에 대해 (5.46)식을 쓴다.

$$\Delta P_{c+s+r} = A_p \cdot \Delta\sigma_{p,c+s+r}$$
$$= A_p \frac{\epsilon_{cs} \cdot E_p + 0.8 \cdot \Delta\sigma_{pr} + \alpha_p \cdot \varphi(\infty, t_0) \cdot \sigma_{c,QP}}{1 + \alpha_p \cdot \dfrac{A_p}{A_c} \cdot \left(1 + \dfrac{A_c}{I_c} \cdot z_{cp}^2\right) \cdot [1 + 0.8 \cdot \varphi(\infty, t_0)]}$$

여기서

a) E_p $=195{,}000\ \text{N/mm}^2$ 강선의 탄성계수(강연선)

E_{cm} $=33{,}000\ \text{N/mm}^2$ 콘크리트 C30/37의 탄성계수

α_p $=E_p\ /\ E_{cm}=5.91$

EC2-1-1, 3.3.6: (3) E_p
EC2-1-1, 3.1.2: (3) 표 3.1 E_{cm}

b) ϵ_{cs} $=\epsilon_{ca}+\epsilon_{cd}$

EC2-1-1, 3.1.4: (6) (3.8)식

$\epsilon_{ca\infty}$ $=2.5\cdot(f_{ck}-10)\cdot 10^{-6}$

$=2.5\cdot(30-10)\cdot 10^{-6}$ $=-0.05‰$

EC2-1-1, 3.1.4: (6) (3.12)식: 시간 $t=\infty$에서 자기수축변형 $\epsilon_{ca\infty}$

$\epsilon_{cd\infty}$ $=k_h\cdot\epsilon_{cd0}$

$=0.80\cdot 0.27$ $=-2‰$

EC2-1-1, 3.1.4: (6) (3.9)식: 시간 $t=\infty$에서 건조수축변형 $\epsilon_{cd\infty}$
$h_0=260$ mm에 대한 계수 k_h는 표 3.3에 따른다.
EC2-1-1/NA, (NCI) 부록 B: 표 NAB.2 C30/37, RH 80%, 시멘트 N, 시간 $t=\infty$에서 수축변형

$\epsilon_{c\infty}$ $=-0.05-0.22$ $=-0.27‰$

c) $\varphi(\infty,\ t_0)=2.2$ 그림 3.1b: 습윤환경, $t=\infty$에서 보통 콘크리트의 최종 크리프 계수

EC2-1-1, 3.1.4, 그림 3.1b: C30/37, 시멘트 강도등급 N, 상대습도 80% (습도가 높은 실내 부재), 재하시간: 7일(긴장 시점), $h_0=260$ mm

d) $\Delta\sigma_{pr}$ 위치 x에서 릴랙세이션에 의한 강선의 응력변화($\Delta\sigma_{pr}<0$)

긴장 시에 슬래브의 자중이 작용한다(동시에 거푸집이 떨어진다)고 가정하면, 부재 변형으로 인한 강선응력의 작은 응력증가는 무시할 수 있다.

따라서 x-방향과 y-방향의 강선에 대하여:

$$\sigma_{pg0,\,x}=\sigma_{pm0,\,x}=P_{m0,\,x}\ /\ A_p=182\ \text{kN}\ /\ 150\ \text{mm}^2 \quad =1213\ \text{N/mm}^2$$

$$\sigma_{pg0,\,y}=\sigma_{pm0,\,y}=P_{m0,\,y}\ /\ A_p=188\ \text{kN}\ /\ 150\ \text{mm}^2 \quad =1253\ \text{N/mm}^2$$

릴랙세이션 손실은 강선의 일반적인 건설허가사항에 따라 긴장응력과 기준강도의 비로 표시된다. 즉,

$$\sigma_{p0}\ /\ f_{pk}=1213\ /\ 1770\approx 1253\ /\ 1770\approx 0.70$$

EC2-1-1, (NDI) 5.10.6 (2): $\Delta\sigma_{pr}$은 강선의 허가사항에 따라 (σ_p/f_{pk})에 따라 정한다.

으로 긴장 후 10^6시간($t=\infty$를 뜻한다)에서 냉간인발 강선은 릴랙세이션에 의한 손실값이 매우 작다.
양방향으로 초기응력 σ_{p0}의 7% 손실로 계산한다.

강연선에 대한 DIBt의 일반적인 건설허가에 따른 프리스트레스 손실의 계산값(대표값은 예제 13, 4.4절 참조).

$$\Delta\sigma_{pr,\,x}=0.07\cdot 1213=-84.9\ \text{N/mm}^2$$

$$\Delta\sigma_{pr,\,y}=0.07\cdot 1253=-87.7\ \text{N/mm}^2$$

e) 강선 높이에서의 콘크리트 응력 $\sigma_{c,QP}$

프리스트레스트 콘크리트 플랫 슬래브에서는 준-고정 하중에 반대로 작용하는 프리스트레스에 의한 상향력으로 단면 높이에 걸쳐 거의 일정한 콘크리트 압축응력이 발생한다. 이에 따라 평균 콘크리트 응력은 다음과 같이 근사 계산할 수 있다.

$$\sigma_{c,QP} = \frac{N_p}{A_c} + \frac{M_g + M_p}{I_c} \cdot z_{cp} \approx \frac{N_p}{A_c} + 0 = \frac{\sigma_{pm0} \cdot A_p}{a_p \cdot h}$$

각 긴장방향으로 강선 간격을 평균하면 다음과 같다.

$$a_{px} = l_y / \Sigma(n_{xr} + n_{xm}) = 25.2 / (2 \cdot 8 + 2 \cdot 24) \approx 0.394 \text{ m}$$

$$a_{py} = l_x / \Sigma(n_{yr} + n_{ym}) = 57.6 / (1 \cdot 8 + 5 \cdot 24) \approx 0.450 \text{ m}$$

x-방향과 y-방향의 강선 개수는 3.4절 참조

따라서 각 방향의 평균 콘크리트 응력을 계산할 수 있다.

$$\sigma_{c,QP} = \frac{\sigma_{pm0,x} \cdot A_p}{a_{px} \cdot h} = \frac{1213 \cdot 150}{394 \cdot 260} = -1.78 \text{ N/mm}^2$$

$$\sigma_{c,QP} = \frac{\sigma_{pm0,y} \cdot A_p}{a_{py} \cdot h} = \frac{1253 \cdot 150}{450 \cdot 260} = -1.60 \text{ N/mm}^2$$

$\sigma_{pm0,x}$와 $\sigma_{pm0,y}$에 대해 3.3.7 d) 참조

f) 콘크리트 단면과 강선의 중심간 간격

프리스트레스에 의한 모멘트를 고려하지 않으면, 강선의 시간에 따른 손실을 약간 크게 계산하므로 안전 측의 계산이 된다. → $z_{cp} = 0$.

a) - e)항의 변수들을 고려하여 다음과 같이 시간에 따른 프리스트레스 손실을 계산한다.

$$\Delta\sigma_{p,c+s+r,x} = \frac{-0.27 \cdot 10^{-3} \cdot 195000 - 84.9 + 5.91 \cdot 2.2 \cdot (-1.78)}{1 + 5.91 \cdot \frac{150}{394 \cdot 260} \cdot [1 + 0.8 \cdot 2.2]}$$

$$= 157 \text{ N/mm}^2$$

$$\Delta\sigma_{p,c+s+r,x} = \frac{-0.27 \cdot 10^{-3} \cdot 195000 - 87.7 + 5.91 \cdot 2.2 \cdot (-1.60)}{1 + 5.91 \cdot \frac{150}{450 \cdot 260} \cdot [1 + 0.8 \cdot 2.2]}$$

$$= 158 \text{ N/mm}^2$$

시간 $t = \infty$에서 각 강선의 프리스트레스 손실:

$$\Delta P_{c+s+r,x} = -157 \cdot 150 \cdot 10^{-3} = -23.5 \text{ kN}$$

$$\Delta P_{c+s+r,y} = -158 \cdot 150 \cdot 10^{-3} = -23.7 \text{ kN}$$

시간 $t=\infty$에서 강선의 평균 프리스트레스:

$$P_{m\infty,x} = P_{m0,x} + P_{c+s+r,x} = 182 - 23.5 = 159\ \text{kN}$$

$$P_{m\infty,y} = P_{m0,y} + P_{c+s+r,y} = 188 - 23.7 = 164\ \text{kN}$$

콘크리트의 크리프와 수축, 강선의 릴랙세이션에 의한 손실을 고려하는 계수(손실율)는 x-방향과 y-방향에 대해 같은 값이 된다.

$$\eta_{\Delta Pc+s+r} = P_{m\infty,x} / P_{m0,x} \approx P_{m\infty,y} / P_{m0,y} \approx \mathbf{0.88}$$

3.4 프리스트레스 정도의 결정

비부착 프리스트레스트 콘크리트 부재에서 균열폭과 콘크리트 인장응력 제한은 철근 콘크리트와 같은 최소 요구조건이 적용된다. 교량의 부착 프리스트레스트 콘크리트 실외부재의 프리스트레스 정도를 결정하기 위하여 탈압축 검토가 가장 중요하나,[7] 이 경우에는 필요하지 않다.

EC2-1-1/NA, (NDP) 7.3.1: (5) 표 7.1DE: 비부착 프리스트레스, XC3→탈압축에 대한 검토가 필요 없다.

EC2-1-1/NA, (NDI)NA. 1.5.2.25: 탈압축: 결정 하중조합하에서 콘크리트 단면의 일부가 압축응력상태에 있는 한계상태

주열대의 프리스트레스 정도－즉, 강선을 몇 개 쓸 것인가－는 설계상의 다른 요구조건들로부터 결정할 수 있다. 이 검토의 시작점으로 변형제한을 고려할 수 있다. 프리스트레스가 작용하는 주열대는 근사적으로 4면에서 철근 콘크리트 중간대를 선지지하는 것으로 간주한다. 이 조건은 주열대에서 다음 관계가 있을 때 만족하는 것으로 볼 수 있다.

$$w_{gk1} + n \cdot w_{p,\infty} \approx 0$$

w_{gk1} －슬래브 자중에 의한 처짐
$w_{p,\infty}$ －강선의 상향력에 의한 $t \to \infty$에서 처짐
n －강선 개수

처짐값 w_{gk1}과 $w_{p,\infty}$는 구조계의 기하제원과 지지조건을 고려하여 등가의 값으로 결정할 수 있다.

등가 들보의 제원:
$b/h = 1.00/0.26$ m
콘크리트 강도등급 C30/37

a) 프리스트레스에 의한 처짐 $w_{p,\infty}$

선택한 강선 배치에 대해 정정구조 작용을 고려하여 시간 $t=\infty$에서 강선의 프리스트레스에 따른 주열대의 처짐을 계산할 수 있다.

$$w_{p,\infty} = w_s \cdot P_{m0} \cdot \eta_{\Delta Pc+s+r}$$

각 방향의 주열대 처짐은 다음과 같다.

역자주 7 탈압축 검토에 따라 강선이 가장 가까이 배치된 부재연단에 인장응력이 발생하지 않아야 한다. 탈압축 검토에서 EC2-1-1((NCI)7.3.1(5)참조)와 EC2-2(7.3.1 (105),표 7.101DE참조)는 상당한 차이가 있다. EC2-2의 조항이 더 엄격하므로 교량의 프리스트레스 정도가 탈압축 한계상태에 의해 결정될 가능성이 더 높다. EC2-1-1의 적용은 예제집 1권[7]의 예제8, 6.2.3절을 참고하고, EC2-2의 적용은 이 책의 예제13과 예제14의 5.3절을 참조하라.

표 3.4-1: 주열대의 처짐

		x-방향		y-방향	
		단부지간	내부지간	단부지간	내부지간
w_s	[mm]	0.0097	0.0062	0.0052	0.0045
P_{m0}	[kN]	182	182	188	188
$\eta_{\Delta Pc+s+r}$	[/]	0.88	0.88	0.88	0.88
$w_{p,\infty}$	[mm]	1.554	0.993	0.860	0.744
$w_{p,\infty,m}$	[mm]	**1.274**		**0.802**	

w_s 는 3.2.2절 참조
P_{m0} 는 3.3.6절 참조
$\eta_{\Delta Pp,c+s+r}$ 는 3.3.7절 참조

b) 슬래브 자중에 의한 처짐 w_{gk1}

슬래브 자중에 의한 주열대의 처짐을 영향면-즉 영향면에 따른 삼각형 및 사다리꼴 선형하중-으로 계산할 수 있다[240].

DAfStb-Heft [240], 2.3.4절:
2방향 직사각형 판의 지지보의 단면력

주열대 사이의 철근 콘크리트 슬래브는 2방향으로 힘을 받고, 선형 지지되며, 다음의 등분포하중을 받는다.

$$g_{k,1} = 6.50 \text{ kN/m}^2$$

$g_{k,1}$(슬래브 자중의 기준값)은 2.1절 참조

이에 해당하는 선형하중을 받는 등가구조계와 처짐값은 그림 7에 정리하였다.

x-방향	단부지간	내부지간
	단부-주열대(축 1과 4)	
슬래브 방향 (y, x)	l_x = 9.60 m, l_y = 7.80 m	l_x = 9.60 m, l_y = 7.80 m
등가하중	9.600; 18.5 18.5; 0.0 0.0	9.600; 18.0; 0.0 0.0
처짐 $w_{gk1,x,r}$ [mm]	8.951	5.946
x-방향	내부-주열대(축 2와 3)	
슬래브 방향 (y, x)	l_x = 9.60 m, l_y = 9.60 m	l_x = 9.60 m, l_y = 9.60 m
등가하중	9.600; 31.2 31.2; 0.0 0.0	9.600; 62.4; 0.0 0.0
처짐 $w_{gk1,x,m}$ [mm]	33.761	20.613

모서리 기둥의 탄성 회전강성[8]:
c_φ = 47.5 MNm/rad

\ $w_{gk1,x,r}$ 의 평균값:

$w_{gk1,x,rr}$	=	8.951 mm
$w_{gk1,x,rm}$	=	5.946 mm
$\boldsymbol{w_{gk1,x,r}}$	=	**7.449 mm**

단부기둥의 탄성 회전강성:
c_φ = 27.9 MNm/rad

$w_{gk1,x,m}$ 의 평균값:

$w_{gk1,x,mr}$	=	33.761 mm
$w_{gk1,x,mm}$	=	20.613 mm
$\boldsymbol{w_{gk1,x,m}}$	=	**27.187 mm**

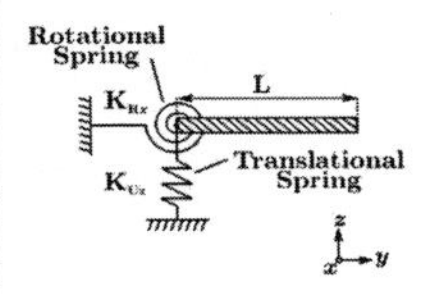

역자주8 그림

역자주8 단부 기둥을 지점의 회전스프링(rotational spring)으로 모델링하고(역자주8 그림 참조), 탄성 스프링 상수를 탄성 회전강성으로 한 것이다.

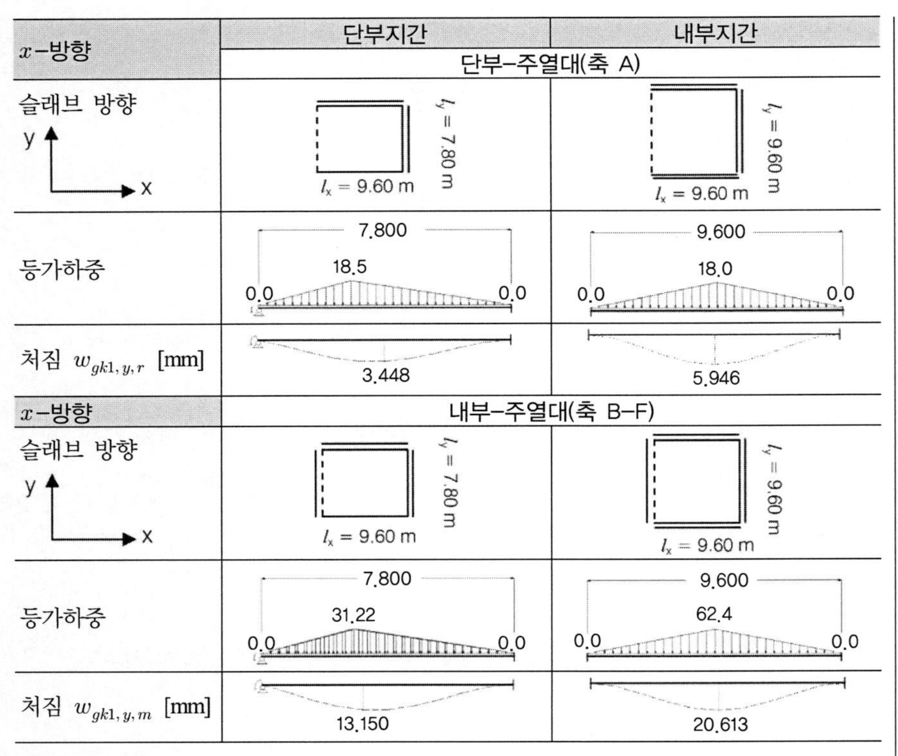

그림 7: 등가구조계와 처짐 정리

모서리 기둥의 탄성 회전강성:
c_φ =39.6 MNm/rad

$w_{gk1,y,r}$ 의 평균값:

$w_{gk1,y,rr}$	=	3.448 mm
$w_{gk1,y,rm}$	=	5.946 mm
$\mathbf{w_{gk1,y,r}}$	**=**	**4.697 mm**

단부기둥의 탄성 회전강성:
c_φ =25.0 MNm/rad

$w_{gk1,y,m}$ 의 평균값:

$w_{gk1,y,mr}$	=	13.150 mm
$w_{gk1,y,mm}$	=	20.613 mm
$\mathbf{w_{gk1,y,m}}$	**=**	**16.882 mm**

단부지간의 처짐을 계산하기 위해서 단부기둥의 탄성구속을 주열대 폭 b_m 에 대한 탄성 회전강성으로 고려한다.

탄성 회전강성 c_φ 의 계산

$$c_\varphi = (M / \varphi) \cdot (b_{col} / b_m) = (2 \cdot EI_{col} / h_{col}) \cdot (b_{col} / b_m)$$

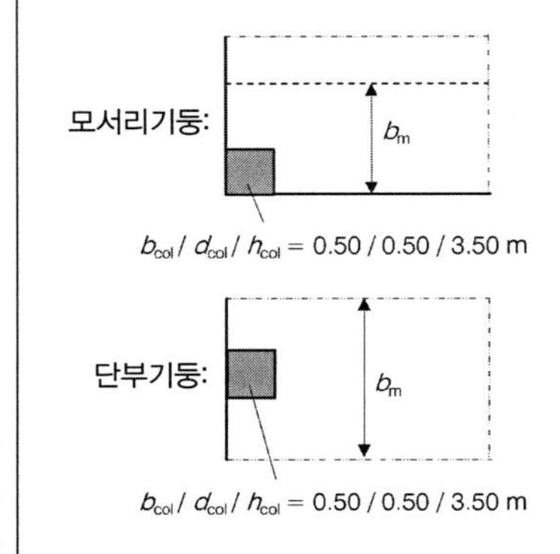

주열대폭 b_m 은 c) 참조

표 3.4.2: 회전강성

영역	대상	b_m[mm]	c_φ[MNm/rad]
단부-주열대(축 1+4)	모서리기둥	1.00	47.5
중간-주열대(축 2+3)	단부기둥	1.70	27.9
단부-주열대(축 A+G)	모서리기둥	1.20	39.6
중간-주열대(축 B+F)	단부기둥	1.90	25.0

c) 강선의 개수와 강선 배열

주열대에 필요한 강선 개수는 다음으로 계산한다.

$$n_{x,r} = w_{gk1,x,r} / w_{p,\infty,m} \qquad n_{x,m} = w_{gk1,x,m} / w_{p,\infty,m}$$

$$n_{y,r} = w_{gk1,y,r} / w_{p,\infty,m} \qquad n_{y,m} = w_{gk1,y,m} / w_{p,\infty,m}$$

강선은 주열대에 등간격으로 배열한다. 주열대 폭은 고려하는 방향에 수직한 기둥열의 간격(l_{1x}와 l_{2x}, l_{1y}와 l_{2y})로 구한다[240].

DAfStb-Heft [240], 3.3절
플랫 플레이트 및 플랫 슬래브의 모멘트 결정을 위해 등가라멘 또는 등가연속보를 이용하는 근사법

$b_{m,x,r} = 0.1 \cdot l_{1,y} + 0.5 \cdot d_{col}$ $b_{m,y,m} = 0.1 \cdot l_{1,y} + 0.1 \cdot l_{2,y}$

$b_{m,y,r} = 0.1 \cdot l_{1,x} + 0.5 \cdot d_{col}$ $b_{m,y,m} = 0.1 \cdot l_{1,x} + 0.1 \cdot l_{2,x}$

표 3.4-3: 강선 개수

x-방향		y-방향	
단부 띠	내부 띠	단부 띠	내부 띠
$b_{mx,r} \approx$ 1.00 m $w_{gk1,x,r}$ = 7.45 mm	$b_{mx,m} \approx$ 1.70 m $w_{gk1,x,m}$ = 27.19 mm	$b_{my,r} \approx$ 1.20 m $w_{gk1,y,r}$ = 4.70 mm	$b_{my,m} \approx$ 1.90 m $w_{gk1,y,m}$ = 16.88 mm
$w_{p,\infty,m,x}$ = 1.274 mm		$w_{p,\infty,m,y}$ = 0.802 mm	
$n_{x,r}$ = **8개**	$n_{x,m}$ = **24개**	$n_{y,r}$ = **8개**	$n_{y,m}$ = **24개**

n – 강선 개수

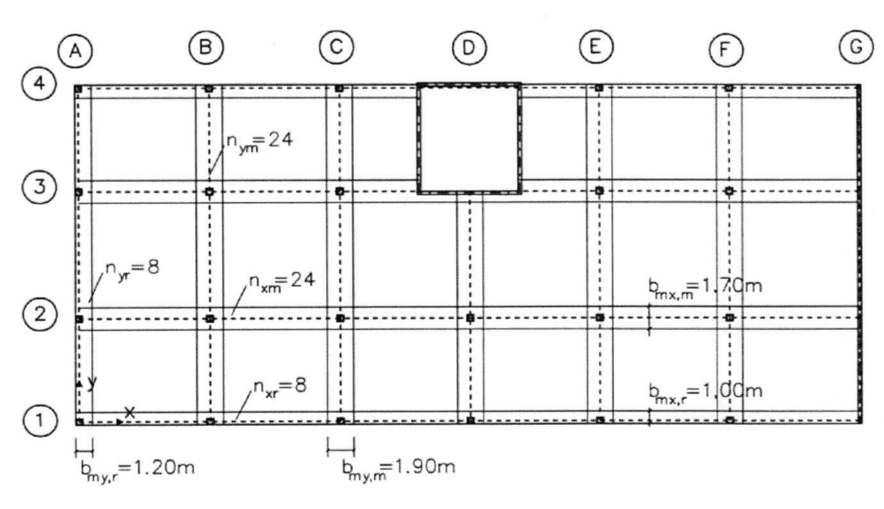

그림 8: 강선 배치

3.5 상향력의 평균값

선택한 강선배치에 대하여 주열대의 강선 개수에 따라 상향력의 평균값과 시간 $t=0$에서 프리스트레스의 평균값을 계산한다.

$$u_{1r} = u_{2r} = \frac{2 \cdot (e_{1r} + e_{2r})}{l_r} \cdot \frac{n \cdot P_{m0}}{b_m} = u_r$$

$$u_{1m} = u_{2m} = \frac{16}{9} \cdot \frac{(e_{1m} + e_{2m})}{l_m} \cdot \frac{n \cdot P_{m0}}{b_m} = u_m$$

x-방향 상향력 계산을 위해 주어진 값:
e_{1rx} = 75 mm
e_{2rx} = 15 mm
l_{rx} = 1.72 m
e_{1mx} = 75 mm
e_{2mx} = 70 mm
l_{mx} = 2.55 m
$P_{m0,x}$ = 182 kN

표 3.5-1: x-방향과 y-방향으로 배열한 강선에 의한 단위길이당 상향력의 평균값

x-방향		y-방향	
단부 띠	내부 띠	단부 띠	내부 띠
$n_{x,r}$ = 8개	$n_{x,m}$ = 24개	$n_{y,r}$ = 8개	$n_{y,m}$ = 24개
$b_{mx,r}$ = 1.00 m	$b_{mx,m}$ = 1.70 m	$b_{my,r}$ = 1.20 m	$b_{my,m}$ = 1.90 m
$u_{r,x}$ = **153 kN/m**	$u_{r,x}$ = **294 kN/m**	$u_{r,y}$ = **97 kN/m**	$u_{r,y}$ = **220 kN/m**
$u_{m,x}$ = **148 kN/m**	$u_{m,x}$ = **261 kN/m**	$u_{m,y}$ = **103 kN/m**	$u_{m,Y}$ = **195 kN/m**

y-방향 상향력 계산을 위해 주어진 값:
e_{1ry} = 59 mm
e_{2ry} = 0 mm
l_{ry} = 1.55 m
e_{1my} = 59 mm
e_{2my} = 50 mm
l_{my} = 2.38 m
$P_{m0,y}$ = 188 kN

4. 단면력 산정

4.1 일반

철근 콘크리트 구조에 대해 플랫 슬래브의 모멘트를 구하기 위한 판 이론에 따른 근사법이 있다[240]. 이 방법으로 주로 기둥이 격자 배치되고 거의 등분포 하중이 작용할 때의 내부지간, 단부지간과 모서리 지간의 주열대와 중간대 모멘트를 구할 수 있다.

DAfStb-Heft [240]: 판이론에 따라 철근 콘크리트 부재의 단면력과 변형을 계산하기 위한 보조자료

그러나 유한요소법과 같은 수치해석법으로 2방향 슬래브 구조에서 강성비를 더 잘 파악할 수 있으므로 실제 거동을 더 잘 반영하는 설계가 가능하다. 이를 위해서는 프리스트레스에 의한 상향력은 등분포하중으로 간주하여 고정 및 변동하중과 간단히 겹치거나 조합한다.

프리스트레스트 콘크리트 플랫 슬래브의 단면력을 유한요소해석 프로그램인 InfoCad [55]로 계산한 예를 보인다. 계산의 기본가정은 다음과 같다.

[55] InfoCad, Version 5.5

- 슬래브는 등방성이며 비틀림에 대해 저항하지 않는다.
- 포아송비 $\mu_c = 0$이다.
- 슬래브는 벽체와 기둥에 대해 활절로 지지된다.
- 선형-탄성 재료거동을 가정한다.
- 선형탄성 해석으로 결정한 휨모멘트는 재분배하지 않는다.

부가하중이 없는 지붕슬래브
EC2-1-1, 3.1.3 (4)
EC2-1-1, 5.3.2.2 (2)
EC2-1-1, 5.5
EC2-1-1, 5.5 (2)

이 예제에서는 슬래브 단면에서 축 1-3과 축 A-C 범위 내의 휨 모멘트만을 구한다.

4.1.1 고정하중과 변동하중에 의한 단면력

고정하중에 의한 기준 단면력은 다음 하중경우에 대해 계산한다.

2.1절 참조: 기준값: 고정하중(자중)

하중경우 1: 슬래브 자중($g_{k,1}$)
하중경우 2: 슬래브 자중($g_{k,2}$)

2.1절 참조: 기준값: 변동하중

변동하중에 의한 기준 단면력은 다음 하중경우에 대해 계산한다.

Note: 하중경우 3과 4는 슬래브 지간별로 사용하중을 교차 재하한 것이다(조합방법: 변동하중).

하중경우 3과 4: 사용하중($q_{k,1}$)

4.1.2 프리스트레스의 상향력에 의한 단면력

시간 $t = 0$에서 프리스트레스에 의한 기준 단면력은 다음 하중경우에 대해 계산한다.

3.5절 참조: 상향력의 평균값

하중경우 5: x-방향 강선에 의한 상향력

하중경우 6: y-방향 강선에 의한 상향력

4.1.3 프리스트레스에 의한 축력

프리스트레스에 의한 축력이 슬래브 중간면에 평면응력상태로 작용한다고 볼 수 있다. 이는 비부착 프리스트레스에 의한 판응력(슬래브의 단면에 작용하는 휨응력)과 분리하여 고려할 수 있다. 바닥 슬래브에 의한 평면응력 부재의 변형 구속은 고려하지 않는다.[9] 정착영역에서는 시간 $t=0$에서 축력에 의한 응력이 집중되는데, 집중응력이 확산되면 분포폭 b_m에 대해서 다음 식으로 분포응력으로 계산할 수 있다.

이 구조계의 횡지지 구조계는 상대적으로 문제가 없다고 본다.

3.4절 참조
n – 각 방향의 강선 개수
b_m – 강선이 배치한 주열대의 유효폭

$$n_{Pm0} = P_{m0} \cdot n \,/\, b_m$$

정착영역에서부터 하중의 확산각도 $\beta \approx 35°$로 슬래브 내에 힘이 도입되는 것으로 가정한다. 지간장, 강선 개수, 주열대의 유효폭에 따라서 슬래브에 작용하는 축력은 다음(표 4.1.3-1)과 같이 근사계산하였다.

EC2-1-1, 8.10.3: (5) 그림 8.18:
간단하게 다음과 같이 가정한다. 프리스트레스는 확산각도 2β로 확산된다. 확산은 정착부의 끝단에서 시작되며, β arctan 2/3로 가정할 수 있다.

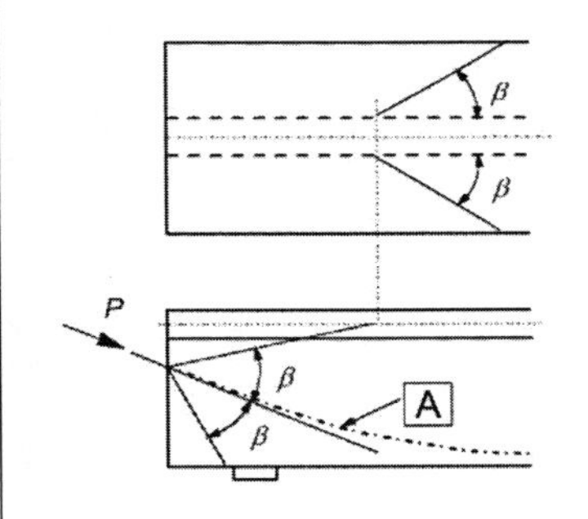

표 4.1.3–1: 슬래브의 축력

		← x–방향 →					
	시작(m) 끝(m)	−0.25 0.95	0.95 4.80	4.80 8.65	8.65 10.55	10.55 18.25	18.25 19.20
		$n_{Pm0,x}$ [kN/m] $n_{Pm0,yx}$ [kN/m]					
↑ y–방향 ↓	−0.25 0.75	1456 1255	350 0	453 0	453 2375	453 0	453 2375
	0.75 3.90	0 366	453 0	453 0	453 585	453 0	453 585
	3.90 6.95	0 415	560 415	453 415	453 415	453 415	453 415
	6.95 8.65	2570 415	560 415	453 415	453 415	453 415	453 415
	8.65 16.55	0 415	560 415	453 415	453 415	453 415	453 415
	16.55 17.40	2570 415	560 415	453 415	453 415	453 415	453 415

역자주 9 이 예제에서는 구조계에 작용하는 횡방향 하중에 대해 전단벽으로 구성한 횡지지 구조계가 따로 있는 것으로 가정하였다(과제 개요 참조). 횡지지 구조계에서 슬래브는 평면 응력부재로 전단벽과 같은 횡방향 강성이 큰 부재에 횡방향력을 전달하는 역할을 한다. 이때 슬래브에는 단면에 수직한 단면력(축력)이 발생하므로 이를 따로 평면응력 부재로 보고 해석한다(이 책의 예제 20을 참조하라). 여기서는 프리스트레스에 의해서도 슬래브에 축력이 발생하므로 언급한 것이다. 프리스트레스는 자체평형 하중이며, 여기에서 가정한 것과 같이 횡지지 구조계에 영향을 줄 정도의 변형이 발생하지 않는다면 같이 고려하지 않아도 된다.

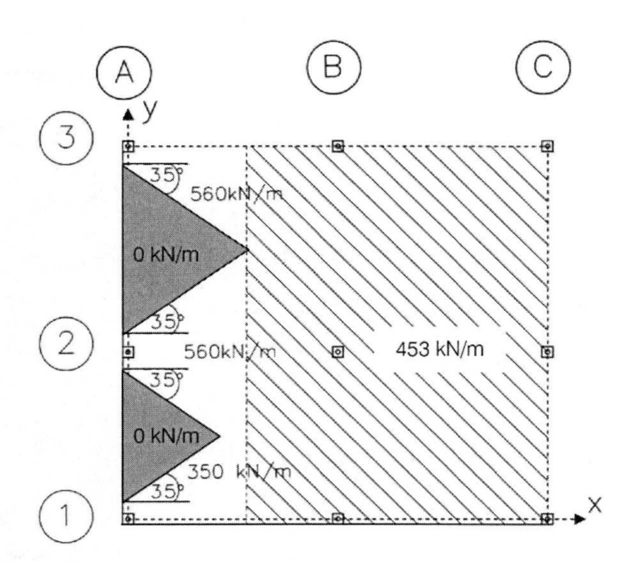

그림 9: 슬래브 평면에서 x−방향 축력 $n_{Pm0,\,x}$의 분포

하중도입부 바깥 영역의 축력 분포:

$n_x = (P_{m0,\,x} \cdot \Sigma n_{x,r,m})/l$
$= [182 \cdot (2 \cdot 8 + 2 \cdot 24)]/(25.20 + 2 \cdot 0.25)$
$n_x = 453$ kN/m

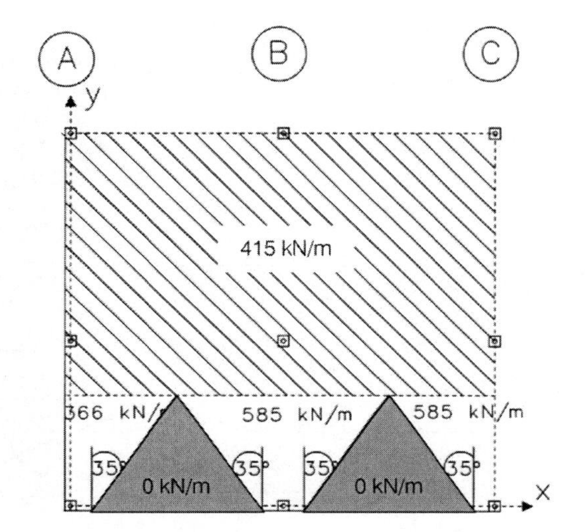

그림 10: 슬래브 평면에서 y−방향 축력 $n_{Pm0,\,y}$의 분포

하중도입부 바깥 영역의 축력 분포:
$n_y = (P_{m0,\,y} \cdot \Sigma n_{y,r,m})/l$
$= [188 \cdot (1 \cdot 8 + 5 \cdot 24)]/(57.60 + 0.25)$
$n_y = 415$ kN/m

4.2 강도한계상태

EC2-1-1, 5.10.8

4.2.1 상태 I에서 상태 II로 전환

강도한계상태의 단면력은 슬래브의 상태 I(비균열상태)의 휨강성으로 구한다.

부재가 상태 II(균열상태)로 전환되는 데 따른 변형을 고려하여 프리스트레스의 응력증분은 통상의 값인 $\Delta\sigma_{p,\,ULS} = 100$ N/mm^{2}으로 가정한다.[10]

EC2-1-1, 5.10.8: (2)
비부착강선 프리스트레스트 콘크리트 부재: 유효 프리스트레스와 강도한계상태의 응력 사이의 응력증분은 $\Delta\sigma_{p,\,ULS} = 100$ N/mm^{2}로 가정할 수 있다.

역자주 10 이 근사값은 내부강선 비부착 프리스트레스 부재에 적용된다. 외부강선 비부착 프리스트레스트 콘크리트의 경우는 전체 부재의 변형을 구하여 계산해야 한다.

선택한 피복강선의 인장력 증가값은 다음과 같다.

$$\Delta P_{m,\infty} = \Delta \sigma_{p,ULS} \cdot A_p = 100 \cdot 150 = 15\text{ kN}$$

DAfStb-Heft [600], 5.10.8:(2) 여기서 주어진 값은 단순보에 대한 것이다. 외팔보에서는 응력증분을 $\Delta\sigma_p = 50\text{ N/mm}^2$, n지간의 플랫 슬래브에서는 $\Delta\sigma_p = 250\text{ N/mm}^2$로 계산한다. Laugesen 등 [54]의 실험에 따르면 강도한계상태의 강선의 응력증분은 플랫 슬래브에 대해 규정한 350 N/mm²[600]보다 부분적으로는 훨씬 작은 값이다. 이에 따라 이 예제의 응력증분은 100 N/mm²으로 두었다.
→ 다른 방법: 정밀 계산

구조가 상태 II로 전환되는 데 따라 프리스트레스에 의한 외부하중을 증가계수를 적용하여 구한다.

$$\begin{aligned}\eta_{\Delta\sigma P} &= (\eta_{\Delta P c+s+r} \cdot P_{m0} + \Delta P_{m,\infty}) / (\eta_{\Delta P c+s+r} \cdot P_{m0}) \\ &= (0.88 \cdot 182 + 15) / (0.88 \cdot 182) \\ &\approx \mathbf{1.1}\end{aligned}$$

$\eta_{\Delta Pc+s+r}$ 부록 3.3.7절 참조

4.2.2 최대 지간 및 지점 철근을 결정하기 위한 설계 단면력

슬래브의 설계 단면력은 최대 휨 모멘트와 해당 위치의 프리스트레스로 인한 축력을 더하여 얻는다.
슬래브 부재의 사용기간 중의 최대응력상태를 정하기 위해 시간 $t=0$와 $t=\infty$의 설계 단면력을 구한다.

DAfStb-Heft [240]: 판이론에 따라 철근 콘크리트 부재의 단면력과 변형을 계산하기 위한 보조자료
3.4절: 판이론에 따라 플랫 슬래브의 모멘트를 산정하는 근사방법

유한요소해석에서는 지점 위치에서 부분적으로 매우 큰 휨 모멘트가 계산된다. 해당 위치에서는 결정 주열대에 대해 판이론에 따라 적분과 평균값을 취하여 휨 모멘트를 계산한다[240].

a) 시간 $t=0$에서의 설계 단면력

$$m_{Ed,t=0} = m[\Sigma(\gamma_{G,j} \cdot G_{k,j}) + \gamma_{Q,1} \cdot Q_{k,1} + \gamma_P \cdot \eta_{\Delta\sigma n P} \cdot U_{Pm0}]$$

$$n_{Ed,t=0} = n(\gamma_P \cdot \eta_{\Delta\sigma P} \cdot n_{Pm0})$$

시간 $t=0$에서 설계 단면력은 다음의 하중경우를 조합하여 구한다.

고정하중:
(하중경우 1+2) · 1.35
(하중경우 5+6) · 1.0 · 1.1

변동하중:
(하중경우 3+4) · 1.5

표 4.2.2-1		x-방향										y-방향				
	시작	−0.25		0.95		8.65		10.55		18.25		−0.25	0.95	8.65	10.55	18.25
	끝	0.95		8.65		10.55		18.25		19.20		0.95	8.65	10.55	18.25	19.20
y-방향		$\min m_{Ed,x,t=0}$ / $\max m_{Ed,x,t=0}$ [kNm/m]										$n_{Ed,x,t=0}$ [kN/m]				
시작	끝	$\min m_{Ed,y,t=0}$ / $\max m_{Ed,y,t=0}$ [kNm/m]										$n_{Ed,y,t=0}$ [kN/m]				
−0.25	0.75	*	*	−75	130	−185	*	−95	75	−190	75	1600	385	499	499	499
		*	*	*	*	*	*	*	*	*	*	1380	0	2610	0	2610
0.75	6.95	*	*	*	95	−75	*	*	*	*	*	0	0/499	499	499	499
		−65	110	*	65	−75	80	*	65	−90	75	400	0	644	0	644
6.95	8.65	−75	*	−80	110	−210	*	−90	65	−140	65	2830	499	499	499	499
		−205	*	−75	*	−200	*	−80	*	−145	*	456	456	456	456	456
8.65	16.55	*	*	*	95	−80	*	*	60	−65	*	0	0/499	499	499	499
		−65	105	*	65	−75	85	*	65	−90	80	456	456	456	456	456
16.55	17.40	−75	*	−80	110	−210	*	−90	65	−140	65	2830	499	499	499	499
		−205	*	−75	*	−200	*	−80	*	−145	*	456	456	456	456	456

Note: 표에서 *로 표시한 곳은 이미 최소 철근을 배근하여(6.2.1절 참조) 축력을 추가로 고려하는 데 따르는 휨 모멘트 계산의 유리한 점을 고려할 필요가 없는 것을 뜻한다.

b) 시간 $t=\infty$에서의 단면력

$$m_{Ed,t=\infty} = m[\Sigma(\gamma_{G,j} \cdot G_{k,j}) + \gamma_{Q,1} \cdot Q_{k,1}$$

시간 $t=\infty$에서 설계 단면력은 다음의 하중경우를 조합하여 구한다.

$$+\gamma_P \cdot \eta_{\Delta\sigma P} \cdot \eta_{\Delta Pc+s+r} \cdot U_{Pm0}]$$

$$n_{Ed,\,t=\infty} \quad = n(\gamma_P \cdot \eta_{\Delta\sigma P} \cdot \eta_{\Delta Pc+s+r} \cdot n_{Pm0})$$

고정하중:
(하중경우 1+2) · 1.35
(하중경우 5+6) · 1.0 · 1.1 · 0.88

변동하중:
(하중경우 3+4) · 1.5

표 4.2.2-2		x-방향										y-방향				
	시작	−0.25		0.95		8.65		10.55		18.25		−0.25	0.95	8.65	10.55	18.25
	끝	0.95		8.65		10.55		18.25		19.20		0.95	8.65	10.55	18.25	19.20
y-방향 시작	끝	$\min m_{Ed,x,t=\infty}$ / $\max m_{Ed,x,t=\infty}$ [kNm/m] $\min m_{Ed,y,t=\infty}$ / $\max m_{Ed,y,t=\infty}$ [kNm/m]										$n_{Ed,x,t=\infty}$ [kN/m] $n_{Ed,y,t=\infty}$ [kN/m]				
−0.25	0.75	*	*	−65	140	−220	*	−85	85	−225	*	1409	339	439	439	439
		*	*	*	*	*	*	*	*	*	*	1215	0	2299	0	2299
0.75	6.95	*	*	*	100	−80	*	*	*	*	*	0	0/439	439	439	439
		*	125	*	65	*	90	*	*	−75	85	354	0	566	0	566
6.95	8.65	*	*	*	120	−255	*	−75	70	−180	*	2488	439	439	439	439
		−230	*	−85	*	−245	*	−85	*	−165	*	402	402	402	402	402
8.65	16.55	*	*	*	100	−80	*	*	70	−70	*	0	0/439	439	439	439
		*	115	*	*	*	95	*	65	−70	88	402	402	402	402	402
16.55	17.40	*	*	*	120	−255	*	−75	70	−180	*	2488	439	439	439	439
		−230	*	−85	*	−245	*	−85	*	−165	*	402	402	402	402	402

4.2.3 가설상태의 설계 단면력 – 처음에 압축력을 받는 인장영역의 검토

프리스트레스트 콘크리트에서는 최종 상태의 단면력 결정에 추가하여 가설상태에서 처음에 압축력을 받는 인장영역의 강도가 슬래브 자중($g_{k,1}$)과 프리스트레스에 의한 하중조합에 의한 단면력을 넘는지를 검토한다.

가설상태($t=0$)에서의 설계 단면력은 다음의 하중경우를 조합하여 구한다.

고정하중:
(하중경우 1) · 1.0
(하중경우 5+6) · 1.0 · 1.1

결정 단면력은 다음과 같이 계산한다.

$$m^0{}_{Ed} = m(\gamma_G \cdot G_{k,1} + \gamma_P \cdot \eta_{\Delta\sigma P} \cdot U_{Pm0} x)$$

$$n^0{}_{Ed} = n(\gamma_P \cdot \eta_{\Delta\sigma P} \cdot n_{Pm0})$$

표 4.2.3-1		x-방향										y-방향				
	시작	−0.25		0.95		8.65		10.55		18.25		−0.25	0.95	8.65	10.55	18.25
	끝	0.95		8.65		10.55		18.25		19.20		0.95	8.65	10.55	18.25	19.20
y-방향 시작	끝	$m^0{}_{Ed,x}$ [kNm/m] $m^0{}_{Ed,y}$ [kNm/m]										$n^0{}_{Ed,x}$ [kN/m] $n^0{}_{Ed,y}$ [kN/m]				
−0.25	0.75	−65	*	*	*	*	75	−60	*	*	85	1600	385	499	499	499
		*	*	*	*	−65	*	*	*	−70	*	1380	0	2610	0	2610
0.75	6.95	*	*	*	*	*	*	*	*	*	*	0	0/499	499	439	499
		*	*	*	*	−80	*	*	*	−100	*	400	0	644	0	644
6.95	8.65	−110	*	−85	*	*	100	−85	*	*	110	2830	499	499	499	499
		*	*	*	*	*	90	*	*	*	100	456	456	456	456	456
8.65	16.55	*	*	*	*	*	*	*	*	*	*	0	0/499	499	499	499
		*	*	*	*	−80	*	*	*	−80	*	456	0	456	456	456
16.55	17.40	−110	*	−85	*	*	100	−85	*	*	110	2830	499	499	499	499
		*	*	*	*	*	90	*	*	*	100	456	456	456	456	456

4.3 사용한계상태

EC2-1-1. 5.10.9

사용한계상태의 단면력 검토를 위하여 가설 및 최종 상태에서 드문 하중조합과 준-고정 하중조합의 단면력을 계산한다.

외부 하중에 의해 최대 지간- 및 지점 모멘트 위치에서 선택한 강선배치에서 프리스트레스는 인장영역에서는 부재응력을 줄이고, 압축영역에서는 부재응력을 높이게 된다.

프리스트레스의 예상 변동을 고려하여 단면력은 다음과 같이 상한 및 하한값으로 정한다.

$$P_{k,sup} = r_{sup} \cdot P_{mt}(x) \quad = 1.05 \cdot P_{mt}(x)$$

$$P_{k,inf} = r_{inf} \cdot P_{mt}(x) \quad = 0.95 \cdot P_{mt}(x)$$

아래 첨자 sup: 상한값
아래 첨자 inf: 하한값

EC2-1-1, 5.10.9, (5.47)식
EC2-1-1, 5.10.9, (5.48)식
또 EC2-1-1/NA, (NCP) 5.10.9 (1)P 비부착 강선

4.3.1 드문 하중조합에 의한 단면력

드문 하중조합에 의한 단면력으로 균열 및 비균열 상태의 사용응력을 검토하며 최대 철근응력을 결정한다.

부재 단면의 최대 인장응력은 시간 $t=0$에서 프리스트레스의 상한 기준값($P_{k,sup}$)과 시간 $t=\infty$에서 프리스트레스의 하한 기준값($P_{k,inf}$)에 대해 발생한다.

a) 사용 단면력(드문 하중조합) 최종 상태($t=0$)

$$m_{Ed,rare,t=0} = m(\Sigma G_{k,j} + Q_{k,1} + r_{sup} \cdot U_{Pm0})$$

$$n_{Ed,rare,t=0} = n(r_{sup} \cdot n_{Pm0})$$

드문 하중조합($t=0$)에서의 단면력은 다음의 하중경우를 조합하여 구한다.

고정하중:
(하중경우 1+2)·1.0
(하중경우 5+6)·1.05

변동하중:
(하중경우 3+4)·1.0

표 4.3.1-1		x-방향										y-방향				
	시작	−0.25		0.95		8.65		10.55		18.25		−0.25	0.95	8.65	10.55	18.25
	끝	0.95		8.65		10.55		18.25		19.20		0.95	8.65	10.55	18.25	19.20
y-방향		$\min m_{Ed,rare,x,t=0}$ / $\max m_{Ed,rare,x,t=0}$[kNm/m]										$n_{Ed,rare,x,t=0}$[kN/m]				
시작	끝	$\min m_{Ed,rare,y,t=0}$ / $\max m_{Ed,rare,y,t=0}$[kNm/m]										$n_{Ed,rare,y,t=0}$[kN/m]				
−0.25	0.75	−60	20	−65	80	−85	55	−80	45	−95	85	1530	368	475	475	475
		−25	30	−10	10	−50	25	−15	10	−65	35	1325	0	2505	0	2505
0.75	6.95	−20	10	−20	70	−50	20	−25	30	−35	10	0	0/475	475	475	475
		−55	65	−20	40	−75	45	−20	30	−85	40	384		445	0	445
6.95	8.65	−90	30	−65	65	−95	70	−85	40	−50	75	2715	475	475	475	475
		−105	60	−50	−5	−90	65	−50	−5	−55	70	436	436	436	436	436
8.65	16.55	−20	10	−20	70	−50	10	−25	40	−45	20	0	0/475	475	475	475
		−55	65	−20	35	−75	55	−20	40	−75	50	436		436	436	436
16.55	17.40	−90	30	−65	65	−95	70	−85	40	−50	75	2715	475	475	475	475
		−105	60	−50	−5	−90	65	−50	−5	−55	70	436	436	436	436	436

b) 사용 단면력(드문 하중조합) 최종 상태($t=\infty$)

$$m_{Ed,\,rare,\,t=\infty}=m(\Sigma G_{k,\,j}+Q_{k,\,1}+r_{inf}\cdot\eta_{\Delta Pc+s+r}\cdot U_{Pm0})$$

$$n_{Ed,\,rare,\,t=\infty}=n(r_{inf}\cdot\eta_{\Delta Pc+s+r}\cdot n_{Pm0})$$

드문 하중조합($t=\infty$)에서의 단면력은 다음의 하중경우를 조합하여 구한다.

고정하중:
(하중경우 1+2) · 1.0
(하중경우 5+6) · 0.95 · 0.88

변동하중:
(하중경우 3+4) · 1.0

표 4.3.1-2		x−방향										y−방향				
시작		−0.25		0.95		8.65		10.55		18.25		−0.25	0.95	8.65	10.55	18.25
끝		0.95		8.65		10.55		18.25		19.20		0.95	8.65	10.55	18.25	19.20
y−방향 시작	끝	$\min m_{Ed,rare,x,t=\infty}$ / $\max m_{Ed,rare,x,t=\infty}$ [kNm/m] $\min m_{Ed,rare,y,t=\infty}$ / $\max m_{Ed,rare,y,t=\infty}$ [kNm/m]										$n_{Ed,rare,x,t=\infty}$ [kN/m] $n_{Ed,rare,y,t=\infty}$ [kN/m]				
−0.25	0.75	−30	10	−50	95	−140	35	−70	60	−135	45	1217	293	379	293	379
		−35	45	−10	5	−25	40	−15	10	−40	15	1049	0	1986	0	1986
0.75	6.95	−15	10	−25	75	−60	−10	−25	40	−40	−15	0	0/379	379	379	379
		−45	80	−20	45	−60	60	−25	45	−60	55	306	0	489	0	489
6.95	8.65	−40	25	−55	80	−155	50	−65	50	−105	60	2149	468	379	379	379
		−145	15	−60	−5	−150	50	−60	−10	−110	65	347	347	347	347	347
8.65	16.55	−20	10	−30	85	−60	−15	−40	50	−50	−10	0	0/379	379	379	379
		−45	75	−35	45	−60	65	−30	45	−60	60	347	0	347	347	347
16.55	17.40	−40	25	−55	80	−155	50	−65	50	−105	60	2149	468	379	379	379
		−145	15	−60	−5	−150	50	−60	−10	−110	65	347	347	347	347	347

4.3.2 준−고정 하중조합에 의한 단면력

준-고정 하중조합에 의한 단면력은 부재 단면의 최대 콘크리트 압축응력과 인장응력의 결정을 위해 계산한다.

부재 단면의 최대 압축응력과 인장응력은 시간 $t=0$에서 프리스트레스의 상한 기준값 ($P_{k,sup}$)과 시간 $t=\infty$에서 프리스트레스의 하한 기준값($P_{k,inf}$)에 대해 발생한다.

a) 사용 단면력(준-고정 하중조합) 최종 상태($t=0$)

$$m_{Ed,\,perm,\,t=0}=m(\Sigma G_{k,\,j}+\psi_{2,\,1}\cdot Q_{k,\,1}+r_{sup}\cdot U_{Pm0})$$

$$n_{Ed,\,perm,\,t=0}=n(r_{sup}\cdot n_{Pm0})$$

준-고정 하중조합($t=0$)에서의 단면력은 다음의 하중경우를 조합하여 구한다.

고정하중:
(하중경우 1+2)·1.0
(하중경우 5+6)·1.05

변동하중:
(하중경우 3+4)·0.3

표 4.3.1-1		x−방향										y−방향				
시작		−0.25		0.95		8.65		10.55		18.25		−0.25	0.95	8.65	10.55	18.25
끝		0.95		8.65		10.55		18.25		19.20		0.95	8.65	10.55	18.25	19.20
y−방향 시작	끝	$\min m_{Ed,perm,x,t=0}$ / $\max m_{Ed,perm,x,t=0}$ [kNm/m] $\min m_{Ed,perm,y,t=0}$ / $\max m_{Ed,perm,y,t=0}$ [kNm/m]										$n_{Ed,perm,x,t=0}$ [kN/m] $n_{Ed,perm,y,t=0}$ [kN/m]				
−0.25	0.75	−25	15	−60	65	−85	35	−70	35	−20	80	1530	368	475	475	475
		−25	20	−10	5	−25	20	−15	5	−30	15	1325	0	2505	0	2505
0.75	6.95	−20	10	−20	55	−45	−10	−25	25	−30	10	0	0/475	475	475	475
		−50	60	−20	30	−55	40	−20	30	−60	30	384	0	445	0	445
6.95	8.65	−55	25	−65	60	−90	50	−70	35	−55	70	2715	475	475	475	475
		−95	15	−50	−10	−90	50	−45	−15	−60	60	436	436	436	436	436
8.65	16.55	−20	10	−20	50	−45	−10	−25	20	−30	5	0	0/475	475	475	475
		−55	60	−20	30	−50	45	−20	30	−60	40	436	436	436	436	436
16.55	17.40	−55	25	−65	60	−90	50	−70	35	−55	70	2715	475	475	475	475
		−95	15	−50	−10	−90	50	−45	−15	−60	60	436	436	436	436	436

b) 사용 단면력(드문 하중조합) 최종 상태($t=\infty$)

$$m_{Ed,perm,t=\infty} = m(\Sigma G_{k,j} + \psi_{2,1} \cdot Q_{k,1} + r_{inf} \cdot \eta_{\Delta Pc+s+r} \cdot U_{Pm0})$$

$$n_{Ed,perm,t=\infty} = n(r_{inf} \cdot n_{Pm0})$$

표 4.3.1-2		x–방향										y–방향				
	시작	−0.25		0.95		8.65		10.55		18.25		−0.25	0.95	8.65	10.55	18.25
	끝	0.95		8.65		10.55		18.25		19.20		0.95	8.65	10.55	18.25	19.20
y–방향		min$m_{Ed,perm,x,t=\infty}$ / max$m_{Ed,perm,x,t=\infty}$ [kN/mm]										$n_{Ed,rare,x,t=\infty}$ [kN/m]				
시작	끝	min$m_{Ed,perm,y,t=\infty}$ / max$m_{Ed,perm,y,t=\infty}$ [kN/mm]										$n_{Ed,rare,y,t=\infty}$ [kN/m]				
−0.25	0.75	−25	15	−60	65	−85	35	−70	35	−20	80	1217	293	379	379	379
		−25	20	−10	5	−25	20	−15	5	−30	15	1049	0	1986	0	1986
0.75	6.95	−20	10	−20	55	−45	−10	−25	25	−30	10	0	0/379	3.79	379	379
		−50	60	−20	30	−55	40	−20	30	−60	30	306	0	489	0	489
6.95	8.65	−55	25	−65	60	−90	50	−70	35	−55	70	2149	468	379	379	379
		−95	15	−50	−10	−90	50	−45	−15	−60	60	347	347	347	347	347
8.65	16.55	−20	10	−20	50	−45	−10	−25	20	−30	5	0	0/379	379	379	379
		−55	60	−20	30	−50	45	−20	30	−60	40	347	347	347	347	347
16.55	17.40	−55	25	−65	60	−90	50	−70	35	−55	70	2149	468	379	379	379
		−95	15	−50	−10	−90	50	−45	−15	−60	60	347	347	347	347	347

준-고정 하중조합($t=\infty$)에서의 단면력은 다음의 하중경우를 조합하여 구한다.

고정하중:
(하중경우 1+2) · 1.0
(하중경우 5+6) · 0.95 · 0.88

변동하중:
(하중경우 3+4) · 0.3

5. 강도한계상태 설계

현장타설 공법으로 가설되는 플랫 슬래브는 고차 부정정구조가 된다. 이러한 바닥판 구조계에서 프리스트레스트의 작용은 바닥판이 압축응력에 의해 얼마나 구속 없이 단축변형을 할 수 있는가에 달려 있다. 특히 전단벽체로 횡지지되는 구조계에서는 이러한 단축변형에 대한 구속이 크다. 이런 점에서 계획 단계에서 기술자가 슬래브에 작용하는 축력에 의한 응력을 가능한 근사하게 어림하는 것이 중요하다.

→ 강선의 지지와 고정에 관한 유럽기술허가(ETA): 강선은 최대 1개 이하의 간격으로 지지하며 플라스틱 결속 장치로 고정한다.

'통상적 방법'으로 고정하여 배치하는 경우와 '자유처짐'으로 배치하는 경우의 최소 회전반경은 같다.

이 예제에서는 강도한계상태 검토를 위해 다음의 단면 치수에 대해 검토한다.

촘촘하게 지지하지 않고 '자유처짐'으로 배치하는 강선에 대해서는 사용한계상태에 대해서만 검증한다.

$$-0.25\text{m} \le x < 19.20\text{ m} - 0.25\text{ m} \le y < 17.40\text{ m}$$

이 정도의 단면치수에 대해서는 횡지지 부재가 슬래브 변형에 미치는 영향이 크지 않다. 따라서 다음의 강도한계상태 검토에서는 프리스트레스에 의한 압축응력을 줄이지 않는다.

5.1 재료 설계값

강도한계상태의 부분안전계수:

EC2-1-1/NA, (NDP) 2.4.2.4: (1) 표 2.1DE: 강도한계상태의 재료 부분안전계수

- 콘크리트 ≤ C50/60 $\gamma_C = 1.50$
- 철근과 강선 $\gamma_S = 1.15$

콘크리트	C30/37:	f_{ck}	$=30\ N/mm^2$		EC2-1-1, 3.1.2: (3) 표 3.1: 콘크리트 강도와 변형값
		f_{cd}	$=0.85 \cdot 30/1.50$	$=17.0\ N/mm^2$	EC2-1-1, 3.1.6: (1) (3.15)식 EC2-1-1/NA, (NDP) 3.1.6: (1) $\alpha_{cc}=0.85$
철근	B500B:	f_{yk}	$=500\ N/mm^2$		
		f_{yd}	$=500 / 1.15$	$=435\ N/mm^2$	EC2-1-1, 3.2.7: (2) 그림 33.8 EC2-1-1/NA, (NDP) 3.2.2 (3)
강선	St 1570/1770:	f_{pk}	$=1770\ N/mm^2$		
		$f_{p0.1k}/\gamma_S$	$=1500 / 1.15$	$=1304\ N/mm^2$	
		f_{pk}/γ_S	$=1770 / 1.15$	$=1539\ N/mm^2$	EC2-1-1, 3.3.6: (7) 그림 3.10

5.2 축력과 휨에 대한 설계

내부 비부착 프리스트레스트 콘크리트 슬래브의 설계에서는 단면에서 적합조건이 아니라 전체 부재 길이의 적분을 통하여 적합조건을 만족해야 한다. 상태 I에서 상태 II로 전환되는 데 따른 강선의 응력증분은 앞에서 한 것과 같이 강선응력을 $\Delta\sigma_{p,\,ULS}=100\ N/mm^2$ 증가하여 반영하며, 이에 따른 프리스트레스에 의한 단면력의 증가는 $\eta_{\Delta\sigma P}=1.1$로 고려한다.

이에 따라 강도한계상태의 결정 단면력(m_{Ed}와 n_{Ed})에 대해 휨과 축력을 받는 철근 콘크리트 단면으로 간주하여 슬래브를 선택할 수 있다.

강도한계상태의 단면력은 4.2절 참조

철근 배치에 따른 평균 유효깊이:

$$d_x = h - c_{v,\,ds,\,x} - 0.5\phi_{s,\,x} = 260 - 50 - 10 = 200\ mm = 0.20\ m$$

$$d_y = h - c_{v,\,ds,\,y} - 0.5\phi_{s,\,y} = 260 - 30 - 10 = 220\ mm = 0.22\ m$$

$c_{v,j}$는 1.2절 참조, 가정: $\phi_s \leq 20\ mm$

설계 단면은 다음으로 한다.

$$b / h / d = 1.00 / 0.26 / d\ (m)$$

주열대와 중간대의 x-방향 및 y-방향에 대하여 휨과 축력을 받는 부재에 대한 단면 설계도표를 이용하여 설계한다. 주열대와 중간대에 대해 최대 단면력에 대해서만 상, 하부 휨 철근을 구하여, 연속 부재에 배치하여 간단하게 설계한다.

최종상태의 설계 단면력은 4.2.2절 참조

가설상태 − 처음에 압축을 받는 인장영역 − 의 설계 단면력은 4.2.3절 참조

휨 설계에서 프리스트레스에 의한 철근 중심에 대한 휨모멘트를 축하중(압축력(−)값)으로 보고 계산한다.

$$m_{Eds} = |M_{Ed}| - n_{Ed} \cdot (d - h / 2)$$

여기서 압축력의 부호는 (−)로 한다.

기본 철근으로 균열폭 제한을 위한 최소 철근을 슬래브 상, 하부에 교차하여 배근한다.

$$\min a_s = 7.85 \text{ cm}^2/\text{m} \ (\phi 10/100 \text{ mm})$$

균열폭 제한을 위한 최소 철근은 6.2.1절 참조

기본 철근에 더하여 필요한 각 주열대나 중간대에 필요한 하부철근(a_{s1})과 상부철근(a_{s2})을 표에 정리하였다.

a) 휨설계 - 압축 철근이 없는 경우와 있는 경우, 하부철근 a_{sx1}, 상부철근 a_{sx2}, $d=200$ mm, $d_2 / d = 0.20$

표 5.2-1

추가철근 a_{sx1}(하부철근): -0.25 m$<x<$19.20 m											
y-방향 [m]		n_{Ed}	m_{Ed}	m_{Eds}	μ_{Eds}	σ_{sd}	ω_1	$rqd\ a_{sx1}$	추가 철근		
시작	끝	kN/m	kNm/m	kNm/m	/	N/mm^2	/	cm^2/m	a_{sx1} cm^2/m	ϕ_s mm	s mm
−0.25	0.75	339	140	164	0.24	439.0	0.280	13.96	6.70	16	300
0.75	6.95	0	100	100	0.15	445.9	0.164	12.51	6.70	16	300
6.95	8.65	439	120	151	0.22	440.1	0.253	9.57	6.70	16	300
8.65	16.55	0	100	136	0.15	445.9	0.164	12.51	6.70	16	300
16.55	17.40	439	120	151	0.22	440.1	0.253	9.57	6.70	16	300

[7] 1권, 부록 A4:
휨과 축력을 받는 단면의 설계도표, C50/60 까지 압축철근이 없는 직사각형 단면

Note: μ_{Eds} 는 소수점 이하 2자리로 반올림 하였다.

계산 예: $rgd\ a_{sx1}$;
-0.25 m$<y<-0.75$ m

$\mu_{Eds} = m_{Eds}/(d^2 \cdot f_{cd})$
$\mu_{Eds} = 0.164/(0.20 \cdot 17.0) = 0.24$
[7] 1권, 부록 A4:
$\omega_1 = 0.2804$[/]
$\sigma_{sd} = 439.0$[MN/m^2]
$rqd\ a_{sx1} = (\omega_1 \cdot b \cdot d \cdot f_{cd} + n_{Ed})/\sigma_{sd}$
$rqd\ a_{sx1} = (0.28 \cdot 2000 \cdot 17 - 339 \cdot 10)/439$
$rqd\ a_{sx1} = 13.96$ cm^2/m

표 5.2-2

추가철근 a_{sx2}(상부철근): -0.25 m$<x<$8.65 m와 10.55 m$<x<$18.25 m											
y-방향 [m]		n_{Ed}	m_{Ed}	m_{Eds}	μ_{Eds}	σ_{sd}	ω_1	$rqd\ a_{sx2}$	추가 철근		
시작	끝	kN/m	kN/mm	kN/mm	/	N/mm^2	/	cm^2/m	a_{sx2} cm^2/m	ϕ_s mm	s mm
−0.25	0.75	499	−95	130	0.19	442.0	0.213	5.10	−	−	−
0.75	6.95	0	*	−	−	−	−	−	−	−	−
6.95	8.65	499	−85	120	0.18	442.8	0.201	4.16	−	−	−
8.65	16.55	0	*	−	−	−	−	−	−	−	−
16.55	17.40	499	−90	125	0.18	442.8	0.201	4.16	−	−	−

표 5.2-3

추가철근 a_{sx2}(상부철근), a_{sx1}(하부철근): 8.65 m$<x<$10.55 m와 18.25 m$<x<$19.20 m											
y-방향 [m]		n_{Ed}	m_{Ed}	m_{Eds}	μ_{Eds}	σ_{s1d} σ_{s2d}	ω_1 ω_2	$rqd\ a_{sx1}$ $rqd\ a_{sx2}$	추가 철근		
시작	끝	kN/m	kN/mm	kN/mm	/	N/mm^2	/	cm^2/m	$used\ a_{sx1}$ $used\ a_{sx2}$ cm^2/m	ϕ_s mm	s mm
−0.25	0.75	439	−225	256	0.37	−388.9 436.8	0.092 0.457	8.04 25.52	3.93 20.94	10 20	200 150
0.75	6.95	439	−80	110	0.16	− 444.7	− 0.176	− 3.58	− −	− −	− −
6.95	8.65	439	−255	286	0.42	−388.9 436.8	0.155 0.519	13.55 30.35	5.65 25.13	12 20	200 125
8.65	16.55	439	−80	110	0.16	− 444.7	− 0.173	− 3.58	− −	− −	− −
16.55	17.40	439	−255	283	0.42	−388.9 436.8	0.155 0.519	13.55 30.35	5.65 25.13	12 20	200 125

[7] 1권, 부록 A5:
휨과 축력을 받는 단면의 설계도표, C12/15에서 C50/60까지, 압축철근이 있는 직사각형 단면:
$\xi_{\lim} = 0.45$; B500; $\gamma_S = 1.15$
$\xi_{\lim} = 0.45$에서 허용 모멘트 재분배$=0$
(8.3.3, (14)식 참조)
계산예: $rqd\ a_{sx2}$와 a_{sx1}; 6.95 m$<y<$8.65 m
$\mu_{Eds} = m_{Eds}/(d^2 \cdot f_{cd})$
$\mu_{Eds} = 0.286/(0.20 \cdot 17.0) = 0.42$
[7] 1권 부록 A5, $d_2/d = 0.20$:
$\omega_1 = 0.155$[/] $\sigma_{s1d} = -388.9$[MN/m^2]
$\omega_2 = 0.519$[/] $\sigma_{s2d} = 436.8$[MN/m^2]
$rqd\ a_{sx2} = (\omega_2 \cdot b \cdot d \cdot f_{cd} + n_{Ed}) / \sigma_{s2d}$
$rqd\ a_{sx2} = (0.519 \cdot 2000 \cdot 17 - 439 \cdot 10)/437$
$rqd\ a_{sx2} = 30.35$ cm^2/m
$rqd\ a_{sx1} = (\omega_1 \cdot b \cdot d \cdot f_{cd})/\sigma_{s1d}$
$rqd\ a_{sx1} = (0.155 \cdot 2000 \cdot 17)/389$
$rqd\ a_{sx1} = 13.55$ cm^2/m

b) 휨설계 – 압축 철근이 없는 경우와 있는 경우, 하부철근 a_{sy1}, 상부철근 a_{sy2}, $d=220$ mm

표 5.2-4

추가철근 a_{sy1} (하부철근): -0.25 m $< y <$ 17.40 m											
x-방향 [m]		n_{Ed}	m_{Ed}	m_{Eds}	μ_{Eds}	σ_{sd}	ω_1	$rqd\ a_{sy1}$	추가 철근		
시작	끝	kN/m	kN/mm	kN/mm	/	N/mm²	/	cm²/m	a_{sy1} cm²/m	ϕ_s mm	s mm
−0.25	0.95	354	125	157	0.19	442.0	0.213	10.05	−	−	−
0.95	8.65	0	65	65	0.08	456.5	0.084	6.88	−	−	−
8.65	10.55	402	95	131	0.16	444.7	0.176	5.76	−	−	−
10.55	18.25	0	65	65	0.08	456.5	0.084	6.88	−	−	−
18.25	19.20	456	100	141	0.17	443.7	0.188	5.57	−	−	−

[7] 1권, 부록 A4:
휨과 축력을 받는 단면의 설계도표, C12/15에서 C50/60까지, 직사각형 단면

계산 예: $rqd\ a_{sy1}$; -0.25 m $< x < -0.95$ m

$\mu_{Eds} = m_{Eds}/(d^2 \cdot f_{cd})$
$\mu_{Eds} = 0.157/(0.22 \cdot 17.0) = 0.19$
[7] 1권 부록 A4:
$\omega_1 = 0.2134[/]$　　$\sigma_{sd} = 442.0[\text{MN/m}^2]$
$rqd\ a_{sy1} = (\omega_1 \cdot b \cdot d \cdot f_{cd} + n_{Ed})/\sigma_{sd}$
$rqd\ a_{sy1} = (0.213 \cdot 2200 \cdot 17 - 354 \cdot 10)/442$
$rqd\ a_{sy1} = 10.05$ cm²/m

표 5.2-5

추가철근 a_{sy2}(상부철근): -0.25 m $< y <$ 6.95 m와 8.65 m $< y <$ 16.55 m											
x-방향 [m]		n_{Ed}	m_{Ed}	m_{Eds}	μ_{Eds}	σ_{sd}	ω_1	$rqd\ a_{sy2}$	추가 철근		
시작	끝	kN/m	kN/mm	kN/mm	/	N/mm²	/	cm²/m	a_{sy2} cm²/m	ϕ_s mm	s mm
−0.25	0.95	400	−65	101	0.12	450.4	0.129	7.83	−	−	−
0.95	8.65	0	*	−	−	−	−	−	−	−	−
8.65	10.55	644	−75	133	0.16	444.7	0.176	0.32	−	−	−
10.55	18.25	0	*	−	−	−	−	−	−	−	−
18.25	19.20	644	−100	158	0.19	442.0	0.213	3.45	−	−	−

표 5.2-6

추가철근 a_{sy2}(상부철근): 6.95 m $< y <$ 8.65 m와 16.55 m $< y <$ 17.40 m											
x-방향 [m]		n_{Ed}	m_{Ed}	m_{Eds}	μ_{Eds}	σ_{sd}	ω_1	$rqd\ a_{sy2}$	추가 철근		
시작	끝	kN/m	kN/mm	kN/mm	/	N/mm²	/	cm²/m	a_{sy2} cm²/m	ϕ_s mm	s mm
−0.25	0.95	402	−230	266	0.32	436.1	0.404	25.43	20.94	20	150
0.95	8.65	402	−85	121	0.15	445.9	0.164	4.74	−	−	−
8.65	10.55	402	−245	281	0.34	435.5	0.439	28.47	20.94	20	150
10.55	18.25	402	−85	121	0.15	445.9	0.164	4.74	−	−	−
18.25	19.20	402	−165	201	0.24	439.0	0.280	14.96	7.54	12	150

위의 표에서 계산한 휨철근과 무관하게 뚫림전단 검토영역에서 길이방향 철근은 검토해야 한다. 해당 영역에서 더 많은 길이방향 철근이 필요하다면(예를 들어 뚫림전단철근 없이 콘크리트 강도로 전단력을 받으려면 길이방향 철근이 많이 필요할 수 있다), 이에 따라 해당영역의 길이방향 철근을 배근한다.

5.3 전단설계

5.3.1 뚫림전단

EC2-1-1, 6.4

뚫림전단의 안전에 대한 검토방법은 공간트러스 모델과 다수의 단면검토를 기초로 한다.

검토방법에 대한 해설은 [7] 1권, 설계 예제 4를 참조하라.

5.3.1.1 전단력 부담

설계 전단력 결정에서 결정값은 최종단계 시간 $t=\infty$, 모든 지간에 완전히 하중이 재하될 때의 것이다.

2.2절 참조: 강도한계상태의 설계값
EC2-1-1/NA, (NCI) 5.1.3: (NA.3) 일반 건물에서 모든 지간에 완전히 재하

$$g_d + q_{d,1} = 15.65 \text{ kN/m}^2$$

작용 전단력은 다음의 하중경우 조합에 대하여 유한요소해석 프로그램[55]로 계산할 수 있다.

기둥종류	축	V_{Ed0} [kN]
내부기둥	B/2	**1575**
	C/2	**1425**
모서리기둥	A/1	**225**
단부기둥	B/1	**650**

고정하중과 변동하중:
(하중경우 1+2)·1.35
(하중경우 3+4)·1.50
(하중경우 5+6)·0.88

뚫림전단의 안전 검토에서 경사 강선에 의한 프리스트레스의 전단력 성분 V_{pd}는 V_{Ed0}에 평행하고 고려하는 둘레단면 내에 있는 값으로 다음과 같이 고려한다.

EC2-1-1, 6.4.3: (9) 고려하는 둘레 단면에서 경사강선에 의한 전단력의 수직성분 V_{pd}는 유리하게 작용하는 것으로 고려할 수 있다.

$$V_{Ed} = V_{Ed0} - V_{pd}$$

단부와 모서리기둥에 대한 검토는 기준값이 다른 것을 고려하여 검토한다. [7] 1권, 설계예제 4 참조.

뚫린전단에 대한 안전검토로 축 C/2 단면의 내부기둥에 대해 계산한 예를 보인다.

5.3.1.2 내부기둥

C30/37

5.2절 참조: $d_{x,y}$

$d \quad = (d_x + d_y)/2$

$\quad = (220+200)/2 = 210$ mm

2d
500

임계 둘레단면:

EC2-1-1, 6.4.2 (1), 그림 6.13: 하중 도입부와 검토 단면

$u_{crit} \quad = 2 \cdot (2 \cdot 0.50 + \pi \cdot 2.0 \cdot 0.21)$

$u_{crit} \quad = 4.64$ m

a) 임계 둘레단면에 작용하는 최대 전단력

$V_{Ed} \quad = \beta \cdot V_{Ed}/(u_{crit} \cdot d)$

EC2-1-1, 6.4.3 (3), (6.38)식

$\beta \quad =1.10$

$V_{Ed0} \quad =1425\ \text{kN}$

$V_{pd} \quad =n \cdot P_{mt\infty} \cdot \sin\theta$

그림 6.21DE: 내부기둥

5.3.1.1절 참조: 내부기둥 B/2의 작용 전단력

임계 둘레단면에서 강선 경사에 따른 수직성분 V_{pd}는 다음과 같이 구한다.

EC2-1-1, 6.4.3: (9) 고려하는 둘레단면에서 경사강선에 의한 전단력의 수직 성분 V_{pd}는 유리하게 작용하는 것으로 고려할 수 있다.
(계산 강선의 위치는 EC2-1-1, 9.4.3 (2) 참조)

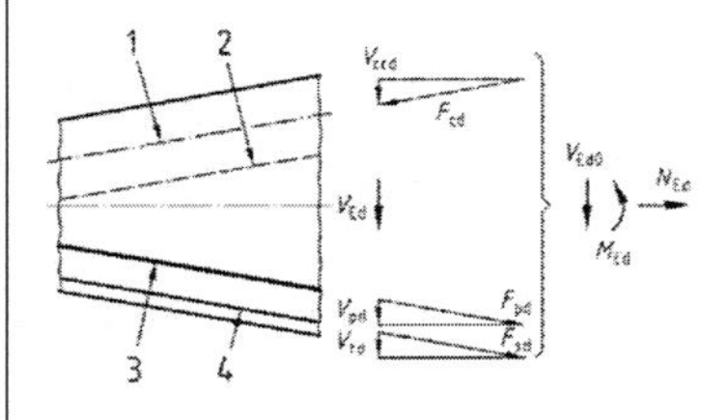

$l_0 \quad =0.5 \cdot (b+2 \cdot 2.0 \cdot d-a)$

$\quad =0.5 \cdot (500+4 \cdot 210-300)=520\ \text{mm}$

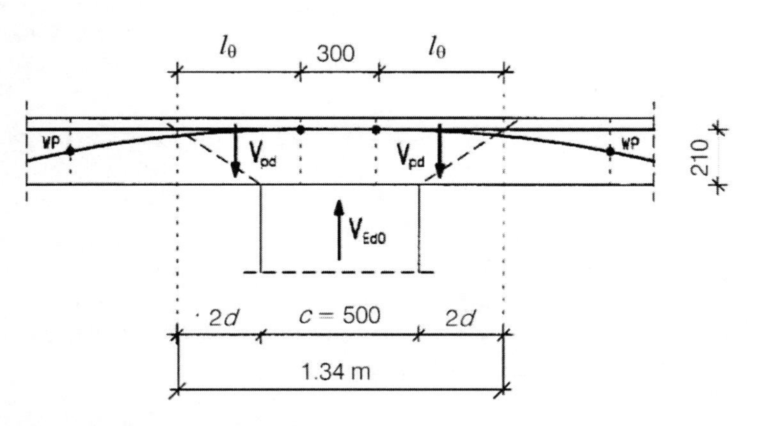

그림 11: 내부기둥과 강선 배치 형태

WP: 변곡점

강도한계상태 계산에서 강선은 최대 1 m 이하의 간격으로 지지하며 플라스틱 결속 장치로 고정한다.

l_θ에서 경사각은 강선 위치에 대한 1차 도함수로 구한다.

$$z'(x,y)=(e_{1m}+e_{2m}) \cdot \left[\frac{12 \cdot l_\theta^3}{l_m^4}-\frac{24 \cdot l_\theta^2}{l_m^3}+\frac{12 \cdot l_\theta}{l_m^2}\right] e_{2m}$$

부록 A17.1 참조: '자유처짐' 강선 배치

강선의 각 방향에 대한 경사각은 다음과 같다.

3.2.1절 참조: 강선 배치 변수:
$e_{1mx}=75\ \text{mm}$
$e_{2mx}=70\ \text{mm}$
$l_{my}=2.55\ \text{m}$

$\theta_x=-0.088\ \text{rad} \qquad \theta_x=180/\pi \cdot 0.088 \qquad =5.05°$

$\theta_y=-0.073\ \text{rad} \qquad \theta_y=180/\pi \cdot 0.073 \qquad =4.20°$

$e_{1my}=59\ \text{mm}$
$e_{2my}=50\ \text{mm}$
$l_{my}=2.38\ \text{m}$

주열대에 강선을 등간격으로 배치하면, 계산 강선 수는:

$a_{x,crit} \quad =b_x/(n_x-1) \qquad =1.70/23 \qquad =0.074\ \text{m}$

$n_{x,crit} \quad =b_{crit}/a_{x,crit}+1 \qquad =0.71/0.074+1 \qquad =11$

$a_{y,crit} \quad =b_y/(n_y-1) \qquad =1.90/23 \qquad =0.083\ \text{m}$

$n_{y,crit} \quad =b_{crit}/a_{y,crit}+1 \qquad =0.71/0.083+1 \qquad =10$

EC2-1-1, 9.4.3 (2):
뚫림전단 검토에서는 기둥에서 $0.5d$ 거리 내의 강선만을 검토한다.
$\rightarrow b_{crit}=c+1.0d=0.50+0.21=0.71\ \text{m}$

따라서 임계 둘레단면 내의 강선에 의한 상향력은 다음과 같다.

중앙의 주열대에서 x-방향과 y-방향의 강선 숫자는 3.4절을 참조하라.

$V_{pdx} \quad =2 \cdot [n_{x,crit} \cdot P_{m\infty,x} \cdot \sin(\theta_x)]$

$\quad =2 \cdot [11 \cdot 182 \cdot 0.88 \cdot \sin(5.05)] \qquad =310\ \text{kN}$

V_{pd} 계산에 포함하지 않는 강선

$V_{pdy} = 2 \cdot [n_{y,crit} \cdot P_{m\infty,x} \cdot \sin(\theta_y)]$

$= 2 \cdot [10 \cdot 188 \cdot 0.88 \cdot \sin(4.20)]$ $= 242$ kN

$V_{Ed} = 1425 - 310 - 242$ $= 873$ kN $= 0.87$ MN

$V_{Ed} = 1.10 \cdot 0.87 / (4.64 \cdot 0.21)$ $= 0.98$ MN/m²

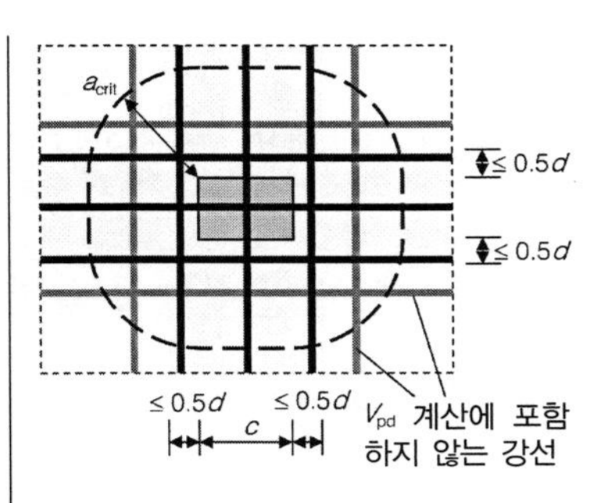

b) 뚫림전단철근이 없을 때의 전단강도

$v_{Rd,c} = C_{Rd,c} \cdot k \cdot (100 \cdot \rho_1 \cdot f_{ck})^{1/3} + 0.10 \cdot \sigma_{cp}$

EC2-1-1, 6.4.4: (1) (6.47)식
뚫림전단철근을 배근하지 않은 슬래브

여기서 $k = 1 + (200/d)^{1/2} = 1 + (200/210)^{1/2} = 1.98 \leq 2.0$

$C_{Rd,c} = 0.18/\gamma_C = 0.18/1.5$ $= 0.12$

EC2-1-1/NA, (NDP) 6.4.4: (1) $C_{Rd,c}$, $u_0/d = 4 \cdot 500/210 > 4$에 대한 값

$\rho_1 = (\rho_{1x} \cdot \rho_{1y})^{0.5} \leq 0.50 f_{cd}/f_{yd} \leq 0.02$

ρ_1 = 검토 둘레단면 내의 길이방향 철근비의 평균값
임계 둘레단면의 상부 휨 철근은 5.2절 참조: 강도한계상태의 설계에 대하여 상부의 추가철근은 $\phi_s = 20$ mm, $s = 150$ m를 더한다.
$18.25 < x < 19.20$ m, $6.95 < y < 8.65$ m
$used\ a_{sx2} = 7.85 + 25.13 = 32.98$ cm²/m
$used\ a_{sy2} = 7.85 + 20.94 = 28.79$ cm²/m

$\rho_{1x} = 32.98/(100 \cdot 20)$ $= 0.0165$

$\rho_{1y} = 28.79/(100 \cdot 22)$ $= 0.0131$

$\rho_1 = (0.0165 \cdot 0.0131)^{1/2}$ $= 0.0147$

$\leq 0.50 \cdot 17.0/435$ $= 0.02 \leq 0.02$

$\sigma_{cp} = (\sigma_{cd,x} + \sigma_{cd,y})/2$

$\sigma_{cp,x} = n_{Edx}/A_{c,x} = 399/0.26$ $= 1535$ kN/m²

$\sigma_{cp,y} = n_{Edy}/A_{c,y} = 365/0.26$ $= 1404$ kN/m²

$\sigma_{cp} = (1535 + 1404)/2$ $= 1469$ kN/m²

슬래브 단면에서 축력은 5.2절 참조.
압축응력의 부호는 (+)!

$v_{Rd,c} = 0.12 \cdot 1.98 \cdot (100 \cdot 0.0147 \cdot 30)^{1/3} + 0.10 \cdot 1.47$

$= 0.839 + 0.147 = 0.99$ MN/m²

$> \nu_{Ed} = 0.98$ MN/m²

가장 큰 힘을 받는 기둥 B/2에서는 뚫림전단철근(예를 들어 Dowel-steel)이 필요하다. 다르게는 기둥머리를 보강할 수도 있다.

기둥 C/2에서 뚫림전단철근은 필요하지 않다.

c) 편심 하중에 의한 최소 모멘트

$\min m_{Ed,x} = \eta_x \cdot V_{Ed}$

$\min m_{Ed,y} = \eta_y \cdot V_{Ed}$

EC2-1-1/NA, (NDI) 6.4.5: (NA.6)
단면 해석 결과의 단면력이 너무 크지 않으면 전단강도를 보장하기 위하여 기둥영역의 슬래브를 (NA.6.54.1)식에 따른 최소 모멘트 m_{Ed}로 설계한다.

$\eta_x = \eta_y = 0.125$

$|\min m_{Ed,x,y}| = 0.125 \cdot 873$ $= 109$ kNm/m

$< |m_{Ed,x}|$ $= 255$ kNm/m

$< |m_{Ed,y}|$ $= 245$ kNm/m

5.2절 참조

단면력 계산 결과 이보다 큰 모멘트가 작용한다.

최소 모멘트가 내부기둥의 설계에서 결정값이 아니므로, 기둥 위치에서 필요 철근은 $0.3l_y$ 및 $0.3l_x$의 분포 폭으로 배치하는 것으로 충분하다.

EC2-1-1/NA, (NCI) 6.4.5: (NA.6) 표 NA.6.1.1: 내부기둥, x-방향과 y-방향 대칭, 슬래브 윗면이 인장, 최소한 $0.3l_{xy}$에 철근 분포하는 경우

5.3.2 뚫림전단 영역 밖의 전단설계

예를 들어서 설계한 내부기둥에서는 뚫림전단철근이 필요 없다.

다른 계수에 대해서는 전단강도가 다르다. 예를 들어 유효깊이 d, 콘크리트 응력 σ_{cd}가 다를 수 있다.

이는 휨철근으로 받을 수 있는 전단력 $v_{Rd,c}$가 검토 단면에서 충분히 정착된다면, 전체 뚫림전단 영역의 모든 단면에서 유효하다.

이 구조계에서 최종의 작용 전단력은 강선의 경사에 크게 좌우된다. 기둥에서 멀리 떨어질수록 강선의 경사가 줄어들고, 이에 따라 작용 전단력이 커지므로 이에 따라 전단검토 단면이 더 필요하다.

최소 철근 7.85 cm²/m를 뚫림전단 구역 밖의 슬래브에 배치하는 것으로 하여 슬래브 단위 m당의 전단강도를 계산하면 다음과 같다.

$$v_{Rd,c} = [C_{Rd,c} \cdot k \cdot (100 \cdot \rho_1 \cdot f_{ck})^{1/3} + 0.12 \cdot \sigma_{cp}]$$

EC2-1-1, 6.2.2: (1) (6.2a)식, d를 빼면 전단응력에 관한 식이 된다.

여기서

$$C_{Rd,c} = 0.15 / \gamma_C = 0.10$$

$$k = 1 + (200 / d)^{1/2} = 1.98 \leq 2.0$$

$$\rho_1 = 7.85 / (100 \cdot 21) = 0.0037$$

$$\sigma_{cp} = 1469 \text{ kN/m}^2 < 0.2 f_{cd} = 3.4 \text{ MN/m}^2$$

EC2-1-1/NA, (NDP) 6.2.2: (1) $C_{Rd,c}$ $k_1 = 0.12$

$$v_{Rd,c} = [0.10 \cdot 1.98 \cdot (0.37 \cdot 30)^{1/3} + 0.12 \cdot 1.47]$$
$$= 0.618 \text{ MN/m}^2$$

슬래브 단면에서 해당 축력은 5.2절 참조 압축 응력의 부호가 (+)!

전단강도에 유리하게 작용하는 강선에 의한 전단력 부분을 제외하고 외부 둘레단면 길이를 구하면 다음과 같다.

$$u_{out} = \beta \cdot V_{Ed} / (v_{Rd,c} \cdot d)$$
$$= 1.1 \cdot 1.425 / (0.618 \cdot 0.21) = 12.1 \text{ m}$$

EC2-1-1, 6.4.5: (4) (6.54)식

기둥 연단에서 둘레단면까지 거리는 $a_{out} = 1.60 \text{ m} \approx 8d$.

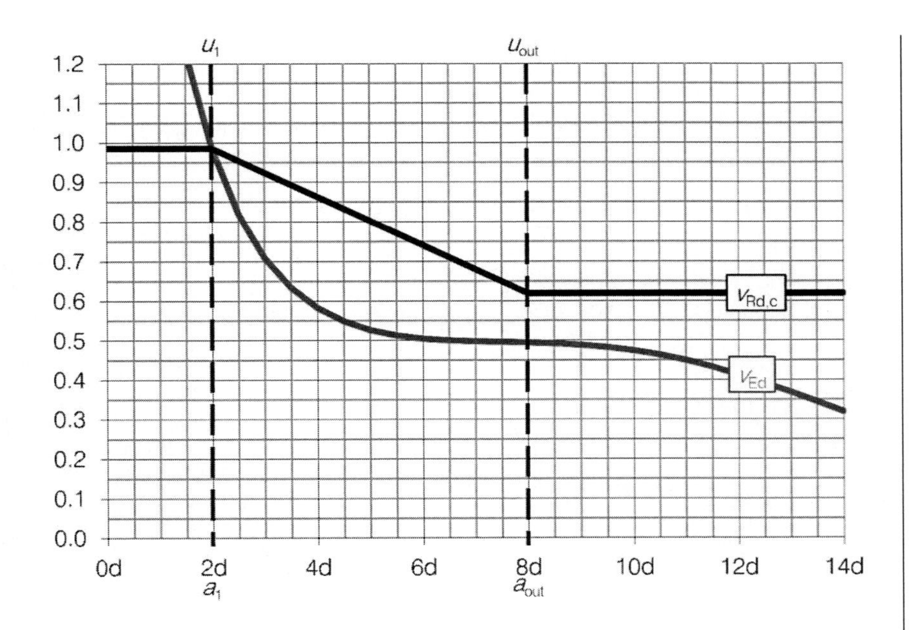

뚫림전단 영역 바깥에서 슬래브의 기둥위치 철근을 충분히 정착한다면, 전단 강도는 u_1과 u_{out} 사이에서 선형 보간할 수 있다.

이에 따라 전단철근이 필요하지 않다!

5.4 내화성능 검토

EC2-1-2: 일반규정 – 구조물의 내화 설계

가정:
다층 건물의 슬래브에 대한 요구조건은 공간구성 슬래브에 대한 REI 90 '내화성'으로 한다.[11]

부재의 내화성능에 대한 요구사항은 MBO [47], 또는 각 주의 건설규정을 따른다. 예를 들어 요구사항 R90은 건물등급 5의 모든 슬래브 또는 건물등급 3~5의 지하층 슬래브에 대한 것이다.

간단한 표를 이용하는 방법으로 슬래브를 검토한다. 외장이 따로 없는 프리스트레스트 콘크리트 플랫 슬래브에 대한 결정값은 EC2-1-2, 표 5.9에서 구한다.

내부 피복강선을 배치한 비부착 프리스트레스트 콘크리트이며 이음이 없는 부재는 부착 포스트텐션 부재와 같이 내화 지속기간을 구한다.

프리스트레스 방법에 대한 일반적인 건설허가

→ 모든 허가사항에 포함된 것은 아니지만 유용하다. 부식을 방지하기 위해 선택한 콘크리트 또는 그라우팅 재료의 내화성능이 나쁠 수 있기 때문이다.

그러나 필요한 최소 연단거리[12]는 PE-쉬스에 대한 콘크리트 피복 두께로 확보한다.

역자주 11 부재의 내화성능에 대한 요구조건은 예제집 1권[7]의 예제1,2의 4.4절을 참조하라.
역자주 12 내화설계에서 연단거리(axis distance: 철근 중심에서 콘크리트 표면까지의 거리) a는 EC2−1−2,5.2절에 정의되어 있다.

표 5.9: 철근 및 프리스트레스트 콘크리트 플랫 슬래브의 최소값과 연단거리

내화성능등급	최소값 [mm]	
	슬래브두께 h_s	연단거리 a
REI 30	150	10
REI 60	180	15
REI 90	**200**	**25**
REI 120	200	35
REI 180	200	45
REI 240	200	50

EC2-1-2, 5.1: 표의 자료
(1) 일반적인 화재에 대해
(2) 보통 콘크리트에 대해
(3) 전단, 비틀림 강도와 철근 정착에 관한 추가의 검사가 필요하지 않을 때

EC2-1-2, 5.7.4:
(1) 다음 규정은 모멘트 재분배가 15% 이하인 플랫 슬래브에서 유효하다. 그렇지 않을 때는 연단거리를 1방향 슬래브(표 5.8, 3열)과 같이하고, 최소 두께를 표 5.9에 따라 선택해야 한다.
(2) 내화강도 등급 ≥ REI 90에 대해서는 각 방향으로 EC2-1-1에 따라 필요한 철근의 20%를 중간지점을 넘어서 전체 지간에 연장하고 주열대에 배치해야 한다.
(3) 최소 슬래브 두께는(예를 들어서 바닥 마감을 포함한다든지 하는 방법으로) 감소하지 않아야 한다.
(4) 연단거리 a는 가장 아래쪽 철근 단에 대한 것이다.

표 5.9를 적용하는 데 따른 제한조건을 지켜야 한다.
- 상온에서 모멘트 재분배 $\leq 15\%$
- 내화성능 REI 90 → EC2-1-1에 따라 필요한 철근이 적어도 20%를 중간지점을 넘어서 전체 지간에 연장하고 주열대에 배치한다.

부재 두께:

$$used\ h = 260\ \text{mm} > \min h_s = 200\ \text{mm}$$

철근 연단거리:

강재 연단거리:

철근: $used\ a = 38\ \text{mm} > \min a = 25\ \text{mm}$

강선: $used\ c_{duct} = 46\ \text{mm}$ (PE-쉬스의 콘크리트 피복 두께)
$> \min a = 25 + 15 = 40\ \text{mm}$ (강연선)

→REI 90에 대한 검토를 통과한다.

철근:
$\min a = 30 + 16/2 = 38$ mm, 1.2절 참조
강선(쉬스의 피복 두께) $\min c_{v,ds,x,u} = 46$ mm, 1.2절 참조

EC2-1-2, 5.2:
(5) 강선의 임계온도는 강봉은 400℃, 강소선과 강연선은 350℃로 가정한다. 특별한 검토가 없다면…, 프리스트레스트 콘크리트의 필요 연단거리는 … 슬래브에서 강봉은 10 mm, 강소선과 강연선은 15 mm 증가시켜야 한다.
(16) (예를 들어 부분 프리스트레스트 콘크리트와 같이) 철근과 강선을 동시에 사용한다면, 철근과 강선의 연단거리는 따로 정해야 한다.

비부착 강선에 대하여 5.2(7)절의 연단거리를 더 이상 수정하는 것은 허용하지 않는다.

6. 사용한계상태 검토

다음 영역에 대한 사용한계상태 검토의 예를 보인다.

$$-0.25\ \text{m} < x < 19.20\ \text{m} \qquad -0.25\ \text{m} < y < 17.40\ \text{m}$$

이 영역에서 횡지지 부재가 슬래브 변형에 미치는 영향이 작으므로 프리스트레스에 의한 부재 축방향 압축력의 감소를 고려하지 않고 사용성을 검토한다.

6.1 사용조건에 따른 응력 제한

프리스트레스트 콘크리트 플랫 슬래브의 내구성을 보장하기 위하여 콘크리트, 철근과 강선의 응력을 제한한다.

EC2-1-1, 7.2: (1) 길이방향 균열, 미세균열 또는 큰 크리프를 피하기 위하여, 이들이 구조의 기능에 지장을 줄 수 있을 때 콘크리트 압축응력은 제한되어야 한다.

사용한계상태 검토에서는 기본적인 드문 하중조합하에서 슬래브의 어떤 영역이 시간 $t=0$와 $t=\infty$에서 평균 인장강도 f_{ctm}을 초과하는지 검사한다. 경계값은 다음과 같다.

$$\sigma_{c,rare} \geq f_{ctm} = 2.9 \text{ MN/m}^2$$

단면의 균열 여부에 따라 결정응력의 값이 달라지므로 인장응력을 검토해야 한다. 아래 표 6.1-1은 드문 하중조합하에서 x-방향의 주열대와 중간대의 콘크리트 연단의 인장응력을 정리한 것이다.

표 6.1-1 드문 하중조합하의 콘크리트 연단 인장응력

x-방향의 최대 연단 인장응력($d=200$ mm)						
y-방향 시작	끝	max$m_{Ed,rare}$ min$m_{Ed,rare}$	$acc.\ n_{Ed,rare}$ $acc.\ n_{Ed,rare}$	A_c	W_c	max$\sigma_{c,rare,bot.fiber}$ max$\sigma_{c,rare,top.fiber}$
[m]	[m]	kNm/m	kN/m	m²	m³	MN/m²
−0.25	0.75	95 −140	293 379	0.26	0.011	7.51 11.27
0.75	6.95	75 −60	0 379	0.26	0.011	6.82 4.00
6.95	8.65	80 −155	468 379	0.26	0.011	5.47 12.63
8.65	16.55	85 −60	0 379	0.26	0.011	7.73 4.00
16.55	17.40	80 −155	468 379	0.26	0.011	5.47 12.63

드문 하중조합에 의한 단면력은 4.3.1절 참조

콘크리트 연단 응력의 계산:
$\sigma_{c,rare} = |m_{Ed,rare}| / W_c - n_{Ed,rare} / A_c$

표에서 보는 바와 같이 x-방향의 중간대뿐만 아니라 주열대에서도 콘크리트 연단 인장응력은 드문 하중조합하에서 일반적으로 평균 인장강도를 초과한다.

따라서 사용한계상태의 응력검토는 상태 II의 균열단면에 대하여 수행한다.

6.1.1 콘크리트 압축응력의 제한

드문 하중조합하에서 길이방향 균열을 피하기 위한 콘크리트 압축응력의 제한은 다음과 같다.

EC2-1-1, 7.2: (2) 노출등급 XD, XF, XS하의 부재에서는 콘크리트 압축응력이 0.6 f_{ck} 이하로 제한되어야 한다.

$$|\sigma_{c,rare}| \leq 0.6 f_{ck}$$

주어진 노출등급 XC3에서는 이 조건을 생략할 수 있다.

이에 더하여 사용성, 강도와 내구성에 크리프의 영향이 큰 부재에서는 준-고정 하중조합하에서 콘크리트 압축응력을 다음과 같이 제한한다.

EC2-1-1, 7.2: (3) 준-고정 하중조합하에서 $0.45f_{ck}$ 이하이면 선형 크리프로 간주할 수 있다.

$$|\sigma_{c,perm}| \leq 0.45 f_{ck}$$

프리스트레스트 콘크리트 구조에서는 크리프에 의한 프리스트레스 손실이 기본적으로 중요한 영향인자이다. 크리프에 의한 프리스트레스의 시간손실은 따로 계산하고, 사용한계상태의 검토에서 고려한다.

3.3.7절 참조
가정: 선형 크리프

그러나 비부착 프리스트레스트 콘크리트 플랫 슬래브에서 비선형 크리프 변형을 피하기 위한 검토는 다음의 이유로 생략한다.

DAfStb-Heft [600], 7.2 (3) 추가:
크리프에 의한 영향은 크리프에 의해 단면력, 변형 또는 다른 설계값이 10% 이상 달라질 때 중요하게 다룬다.

- 하중 도입부에서 정착영역의 철근 배근은 프리스트레트 방법의 일반적인 건설허가에 따른다.
- 위험한 높은 콘크리트 압축응력은 국부적으로 높은 휨 모멘트가 발생하는 좁은 기둥영역에서만 생길 수 있다. 이 영역에서는 휨과 축력에 의해 연단응력이 허용 압축응력을 초과할 수 있다. 그러나 이것이 (특히 강선 위치에서) 국부적인 비선형 크리프를 초과하지 않는다. 슬래브는 2방향으로 작용하므로 단면에서의 적합조건과 횡단면에서의 단면력 재분배가 가능하므로 발생하는 변형이 크지 않다.
- 크리프에 의한 프리스트레스 손실을 고려하면 비부착 프리스트레스에 의해 국부적으로 제한된 콘크리트 변형은 큰 의미가 없다. 왜냐하면 비부착 프리스트레스트 콘크리트에서는 부착 포스트텐션 부재와 같이 국부적인 변형이 아니라 강선 중심에 따른 변형의 평균값이 결정값이기 때문이다.

이러한 이유로 사용한계상태의 콘크리트 압축응력 제한 검토는 고려하지 않는다.

위에서 언급한 바와 같이 크리프 영향이 크지 않다.

6.1.2 철근응력 제한

철근의 소성변형은 지속적인 큰 폭의 균열을 유발할 수 있으므로, 이를 피하기 위하여 드문 하중조합하에서 철근응력을 $\sigma_{s,rare} \leq 0.8 f_{yk}$로 제한한다.

EC2-1-1, 7.2 (4)
EC2-1-1, 7.2 (5)

예를 들어서 다음 구간 슬래브의 x-방향 한계 단면력에 대한 철근응력의 제한을 검토한다.

드문 하중조합하에서 단면력은 4.3.1절 참조

$$8.65\,\text{m} \leq x < 10.55\,\text{m} \qquad 6.95\,\text{m} \leq y < 8.65\,\text{m}$$

해당 단면력: $m_{Ed,rare,x,t=\infty} = -155\,\text{kNm/m}$ $\quad n_{Ed,rare,x,t=\infty} = -379\,\text{kN/m}$

$$|m_{Eds,rare}| = 155 - [-379 \cdot (0.20 - 0.13)] = 182\,\text{kNm/m}$$

[10] *Grasser; Kupfer; Pratsch; Felix*: EC2에 의한 휨, 축력, 전단력과 비틀림을 받는 철근 콘크리트와 프리스트레스트 콘크리트 부재의 설계, BK 1996/I, 6.2.3.3, p. 489ff., 표 6.1:

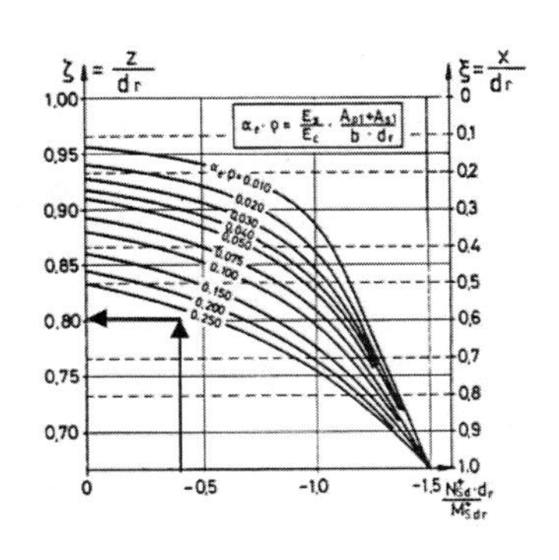

이에 해당하는 콘크리트 연단의 최대 압축응력은 [10]에 따라서 철근과 콘크리트 재료 거동을 선형 탄성으로 가정하고 균열 단면의 내부 팔길이를 적용하여 구할 수 있다.

$$\sigma_{s,rare,\mathrm{or}} = [m_{Eds,rare}/(\zeta \cdot d_x) + n_{Ed,rare}]/a_{sx,2}$$

단면 설계도표의 입력값으로 무차원 팔길이 $\zeta = z/d_x$와 콘크리트 압축력을 [10]에 따라 계산한다.

$$n_{Ed,rare} \cdot d_x / m_{Eds,rare} = -379 \cdot 0.20 / 182 = -0.42$$

$$\alpha_e \cdot \rho_1 = \alpha_e \cdot a_{sx2} / (b \cdot d_x) = 19 \cdot 32.98 / (100 \cdot 20) = 0.31$$

[10] 표 6.1 $\rightarrow \zeta = z / d_x \approx 0.80 \rightarrow z = \zeta \cdot d_x = 0.80 \cdot 0.20 = 0.16\ \mathrm{m}$

EC2-1-1, 7.4.3: (5) (7.20)식
$E_{c,eff} = E_{cm}/[1+\varphi(\infty, t_0)]$
3.3.7절 참조, $\varphi(\infty, t_0) = 2.2$
$E_{c,eff} = 33{,}000/[1+2.2] = 10{,}300\ \mathrm{N/mm^2}$
$\alpha_e = E_s / E_{c,eff} \approx 19$

이에 따른 철근응력을 계산하면:

$$\sigma_{s,rare,\mathrm{or}} = (0.182 / 0.16 - 0.379) / (32.98 \cdot 10^{-4}) = 229\ \mathrm{N/mm^2}$$

$$\leq 0.80 f_{yk} = 0.80 \cdot 500 \leq 400\ \mathrm{MN/m^2}$$

슬래브구간 $6.995\ \mathrm{m} < y < 8.65\ \mathrm{m}$, x-방향 상부철근은 5.2절 참조:
$used\ a_{sx2} = 32.98\ \mathrm{cm^2/m}$
$(\phi 10/100\ \mathrm{mm} + \phi 20/125\ \mathrm{mm})$

따라서 철근응력은 충분히 제한값보다 작다!

6.1.3 강선응력 제한

EC2-1-1/NA, (NDP) 7.2 (5)

강선의 응력부식 위험을 제한하기 위하여 준-고정 하중조합하에서 프리스트레스 손실이 모두 일어난 이후에($t=\infty$) 강선응력 평균값을 $\sigma_{p,perm} \leq 0.65\ f_{pk}$로 제한한다.

사용상태, 시간 $t=\infty$에서 최대강선응력은 다음과 같이 계산한다.

$$\sigma_{p,perm} = P_{m0} / A_p \cdot \eta_{\Delta Pc+s+r}$$

$$= 188 \cdot 10^{-3} / 150 \cdot 0.88 = 1103\ \mathrm{N/mm^2}$$

$$\leq 0.65 \cdot f_{pk} = 0.65 \cdot 1770 \leq 1150\ \mathrm{N/mm^2}$$

드문 하중조합하에서 비선형 강재 변형을 제한하기 위하여 긴장기의 압력을 제거하고 이완하여 정착한 뒤의 강선응력을 다음과 같이 제한한다.

EC2-1-1/NA, (NCI) 7.2: (NA.6)

$$\sigma_{p,rare}(t) \leq \min\begin{cases} 0.9 \cdot f_{p0.1k} \\ 0.8 \cdot f_{pk} \end{cases}$$

이 강선응력으로 내부 비부착 프리스트레스에서는 추가 검토 없이 시간 $t = t_0$에서 평균 프리스트레스 P_{m0}를 제한한다.

3.3.3절 참조: 시간 $t = t_0$에서 최대 프리스트레스

6.2 균열한계상태

6.2.1 균열폭 제한을 위한 최소 철근(구속응력 작용 시)

EC2-1-1, 7.3: (1)
구조물의 사용에 있어서 미관을 해치지 않고 내구성에 나쁜 영향을 주지 않도록 균열폭을 제한한다.

철근 콘크리트 부재의 표면 근처에서는 구속 작용과 자체 평형응력으로 최초 균열이 발생할 수 있으므로 일반적으로 최소 철근을 배치한다.

주어진 조건에서는 구속응력은 보강부재와 슬래브의 타설 단면에서 발생할 수 있다. 중심축 구속의 결정적인 원인은 타설 후 3~5일 후, 프리스트레스 도입 전의 수화열이다.

이후의 구속은 일반적으로 더 큰 값인 계절적 온도 차이로 발생할 수 있다.
이는 이 예제에서 다루지 않는다(실내부재이며 여름에 시공하므로 크지 않을 것으로 판단한다).

이 하중경우에 필요한 최소 철근은 다음과 같이 계산한다.

EC2-1-1, 7.3.2: (2) (7.1)식

$A_{s,\min} = k_c \cdot k \cdot f_{ct,eff} \cdot A_{ct}/\sigma_s$

여기서:

EC2-1-1, 7.3.2: (2) (7.2)식

k_c	최초 균열 발생 전의 단면 내 응력 분포나 균열 발생에 따른 팔길이 변화를 고려한 계수
σ_c	단면중심 높이의 콘크리트 응력 또는 전체 단면에 최초 균열을 발생하게 하는 하중조합하의 비균열 상태의 부분 단면중심 높이의 콘크리트 응력
k_1	압축 또는 인장력에 따른 계수
k	비선형 자체평형응력을 고려한 계수
$f_{ct,eff}$	최초 균열 발생 시의 콘크리트 유효 인장강도
A_{ct}	상태I의 콘크리트 인장영역 단면적
d	평균 유효깊이
h_1	최초 균열 발생 전의 단면 내 인장영역의 높이

$k_c = 0.4 \cdot [1 - \sigma_c \cdot h^* / (k_1 \cdot h \cdot f_{ct,eff})] \leq 1.0$

$\sigma_c = f_{ct,eff}$ 순수 인장응력

$k_1 = 2h^*/(3h)$ 인장력에 대한 값

$h^* = h$ $h < 1.0$일 때

$\rightarrow k_c = 1.0$

$k = 0.8$ $h \leq 300$ mm일 때

$f_{ct,eff} = 0.65 \cdot f_{ctm} = 0.65 \cdot 2.9 = 1.89$ N/mm²

(초기 구속에 대한 가정: 타설 후 3~5일의 평균 인장강도를 28일 강도의 65%로 한다.)[13]

$A_{ct} = 0.26 \cdot 1.0 = 0.26$ m²

철근의 최대 허용응력은 허용 균열폭 $w_{\max} = 0.30$ mm(비부착 프리스트레스와 XC 환경조건), 선택 철근직경 $\phi_s = 10$ mm에 대하여 구한다.

EC2-1-1/NA, (NDP) 7.3.1: (5) 표 7.1DE
EC2-1-1/NA, (NDP) 7.3.3: (2) 표 7.2DE
→ 표 7.2DE(여기서는 $f_{ct,eff} = 2.9$ N/mm²)에 따라 제한직경을 구하지 않고, 임의의 $f_{ct,eff}$에 대하여 철근 응력 σ_s를 구하는 일반식은[600], (H. 7-5)식과 [3], (46)식을 참조하라.

$$\sigma_s = \sqrt{w_k \cdot \frac{6 \cdot f_{ct,eff} \cdot E_s}{\phi_s}}$$

$$= \sqrt{0.30 \cdot \frac{6 \cdot 1.89 \cdot 200{,}000}{10}} = 261 \text{ N/mm}^2$$

역자주 13 이 경우에 EC2-1-1,7.3.2(2)의 표준조항에서는 $f_{ct,eff} = f_{ctm}(t)$를 쓸 수 있으며, 독일 NA.(NCI)7.3.2에서는 정확한 물성을 모른다면 $f_{ct,eff} = 0.5 \cdot f_{ctm}(28d)$를 쓸 수 있다고 하였다. 예제집 1권[7],예제3의 5.2.2.2절을 참조하라.

따라서 최소 철근은:

$$a_{s,\min} = 1.0 \cdot 0.8 \cdot 1.89 \cdot 0.26 \cdot 10^4 / 261 = \mathbf{15.1\ cm^2/m}$$

배력철근은 슬래브의 아래위에 1/2씩 교차 배근한다.

선택:	**배력철근 B500B**
교차배근	**ϕ10/100 mm 아래 위 배근**
	여기서 $a_x = 7.85\ cm^2/m$
	$> a_{s,\min} = 0.5 \cdot 15.1 = 7.55\ cm^2/m$

EC2-1-1, 3.1.2: (9) (3.4)식 시간에 따른 콘크리트 인장 강도의 증가: $f_{ctm}(t)/f_{ctm}$:

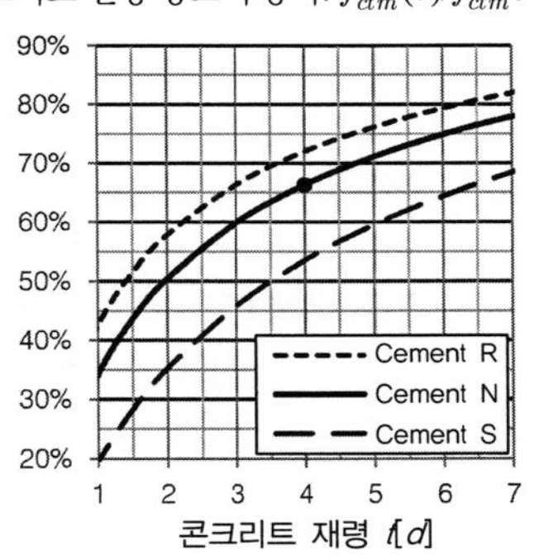

6.2.2 역학적으로 필요한 철근에 대한 균열폭 제한(하중 작용 시)

균열폭 제한은 간접 방법으로 철근의 허용 제한직경 또는 최대 철근간격을 검토하여 가능하다.

EC2-1-1/NA, (NCP) 7.3.3: (2) 표 7.2DE와 표 7.3N

미관과 내구성 조건은 주어진 노출등급 XC3에 대하여 계산 균열폭 $w_{\max} =$ 0.3 mm로 제한하여 만족할 수 있다. 슬래브의 역학적으로 필요한 철근에 대한 균열폭 제한 검토는 준-고정 하중조합하의 단면력에 대해 수행한다.

EC2-1-1/NA, (NCP) 7.3.1: (5) 표 7.1DE

예를 들어 다음 구간 슬래브의 x-방향 한계 단면력에 대해 배근한 철근의 균열폭 제한 검토를 수행한다.

$$8.65\ m \le x < 10.55\ m \qquad 6.95\ m \le y < 8.65\ m$$

4.3.2절 참조: 준-고정 하중조합하의 단면력

이에 따른 단면력:

$$m_{Ed,perm,x,t=\infty} = -90\ kNm/m$$

$$n_{Ed,perm,x,t=\infty} = -379\ kNm/m$$

$|m_{Eds,perm,x}|$ = 철근 중심에 대한 휨 모멘트

$$|m_{Eds,perm}| = 90 - [-379 \cdot (0.20 - 0.13)] = 116\ kNm/m$$

다음 슬래브 구간의 x-방향 상부 철근은 5.2절 참조:
$6.95\ m < y < 8.65\ m$
$used\ a_{sx2} = 32.98\ cm^2/m$
(ϕ10/100 mm + ϕ20/125 mm)

$$\sigma_{s,perm} = (|m_{Eds,perm,x}| / z + n_{Ed,perm,x}) / used\ a_{sx2}$$

$$= 10^1 \cdot [116 / (0.9 \cdot 0.20) - 379] / 32.98$$

$$= 80\ N/mm^2$$

EC2-1-1/NA, (NDP) 7.3.3: (2) 표 7.2DE
$\sigma_s < 160\ N/mm^2$, $w_k = 0.6$ mm에 대한 값

→ 허용 ϕ_s^* **> 41 mm**

Note: 콘크리트 유효 인장강도가 $f_{ct,eff} < 2.9\ N/mm^2$이면 제한 직경은 EC2-1-1/NA, (NCI) 7.3.3 (2)와 (7.7.1DE)식에 따라 수정해야 한다. 이 경우의 철근 직경이 매우 작게 된다.
이 예제에서는 $\phi_s \ge \phi_s^* \cdot f_{ct,eff}/f_{ctm}$, $f_{ctm} = 2.9\ N/mm^2$으로 계산하는 것은 최종단계에서 C30/37이므로 결정값이 아니다!

선택한 철근 직경 $\phi_s = 20$ mm로 해당 응력 수준에서 $w_k \le 0.3$ mm 제한을 만족한다.

6.3 처짐 제한

슬래브가 적절한 기능을 발휘하고 미관을 유지하기 위하여 사용상태에서 휨 부재의 처짐이 제한되어야 한다.

EC2-1-1, 7.4.1

철근 콘크리트 부재에서는 일반적으로 처짐을 직접 계산하는 것보다는 일반 건물의 슬래브에 유효한 처짐 제한값이 보장되는 세장비 한계값을 검토하는 것을 선호한다.

1.3절 참조: 처짐 제한에 따른 슬래브 두께의 결정

프리스트레스트 콘크리트 구조에서는 프리스트레스에 의한 상향력과 축방향력이 슬래브에 작용하므로, 철근 콘크리트 구조의 휨 세장비 기준을 적용할 수 없다. 이 경우에 처짐 제한은 직접 계산방법으로 검토할 수 있다.

처짐의 직접 계산법은 유럽설계기준 7.4.3절에 주어져 있다. 비선형 변형계산에 필요한 콘크리트, 철근과 강선의 응력-변형률 곡선과 강도는 3장에 있다. 이들 응력-변형률 관계로부터 부재 단면의 모멘트-곡률관계를 유도할 수 있고, 이로써 변형계산에 재료 비선형 거동을 반영한다.

[3] 주로 휨을 받는 철근 콘크리트와 프리스트레스트 콘크리트 부재에 발생할 수 있는 변형은 다음 변수에 의해 결정되는데, 이들은 부분적으로 큰 변동이 있을 수 있다.
- 단면 치수와 강성(상태 I 또는 상태 II)
- 콘크리트 재료 성질: 탄성계수, 인장강도, 크리프와 수축
- 지점, 기초의 구속 정도
- 하중분담: 1방향 또는 2방향
- 철근비, 철근 절단, 철근 배치
- 실제 하중의 크기와 시간에 따른 변동

따라서 실제의 처짐은 정확하게 계산할 수 없으며 근사적으로 어림계산 할 수밖에 없다.

그러나 단면력과 강성은 서로 영향을 주고받으며, 이에 더하여 단면은 단면력에 따라 정해지는 철근의 선택에 따라 달라지므로, 부정정 구조의 변형은 시산법으로 반복 계산하여 구할 수 있다. 요즘은 이러한 비선형 변형 계산이 가능한 모듈이 있는 유한요소해석 프로그램이 다수 있다. 다음은 특정한 계산 모듈에 따른 것이 아니라, 가능한 계산 절차를 보인 것이다.

이 예제에서는 [55]을 이용하여 변형을 반복 계산하는 예를 보인다. 안전 측의 검토를 위해 시간 $t=\infty$의 처짐을 구하고, 이 값이 처짐 제한을 위한 허용값을 넘지 않는지 검사한다.

[55] InfoCad

준-고정 하중조합하의 시간 $t=\infty$에서 처짐 계산은 다음 단계에 따라 계산한다.

$m_{x,y,rare,i...n,I,t=\infty}$ – x-방향과 y-방향이 슬래브 휨 모멘트, 드문 하중조합, 부재요소 $i...n$까지 상태 I(비균열 단면), 시간 $t=\infty$

i) 드문 하중조합하에서 시간 $t=\infty$, 일정 두께($h_{i...n,I}$=260 mm, 그림 12와 13)의 슬래브에 대해 유한요소해석으로 슬래브 휨 모멘트를 구한다.

$m_{cr,x,y}$ – 콘크리트 단면의 균열 모멘트

ii) 슬래브 단면의 균열 모멘트 m_{cr}을 다음의 M/N-관계로부터 구한다.

$$M_{cr}=(f_{ctm}\text{-}N_{Ed}/A_c)\cdot W_c$$

iii) 슬래브의 휨 모멘트와 균열 모멘트를 비교한다. $m_{x,y,rare,i...n,I,t=\infty}>m_{cr,x,y}$이면, 국부 요소에 작용하는 단면력($m_{Ed,rare}$와 $n_{Ed,rare}$)하에서 상태 II의 모멘트-곡률 관계와 부재요소의 두께 $h_{i...n,II}$ 를 줄인 경

우의 상태 I의 모멘트-곡률 관계가 같도록 조정한다.

iv) 시간 $t=\infty$에서 드문 하중조합하에서 부재요소 두께 $h_{i...n,II}$ 로 줄여서 슬래브 휨 모멘트를 새로 계산한다. 계산결과를 iii) 단계와 같이 다시 검증한다. 마지막 번의 반복에서 단면력과 최대 처짐이 큰 차이가 없으면 반복을 마친다.

$m_{x,y,rare,i...n,II,t=\infty}$ – x-방향과 y-방향이 슬래브 휨 모멘트, 드문 하중조합, 부재요소 $i...n$까지 상태 II(균열 단면), 시간 $t=\infty$

v) 시간 $t=\infty$에서 준-고정 하중조합하에서 부재요소 두께를 상태 II의 줄어든 두께로 하여 유한요소해석으로 슬래브 변형을 계산한다. 이를 허용변형과 비교한다.

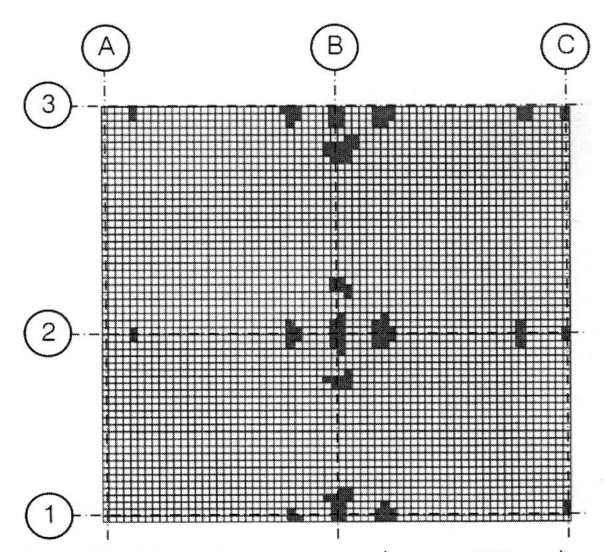

그림 12. 휨 모멘트 min$m_{Ed,rare,x,t=\infty}(h_{i...n,I}=260\text{ mm})$

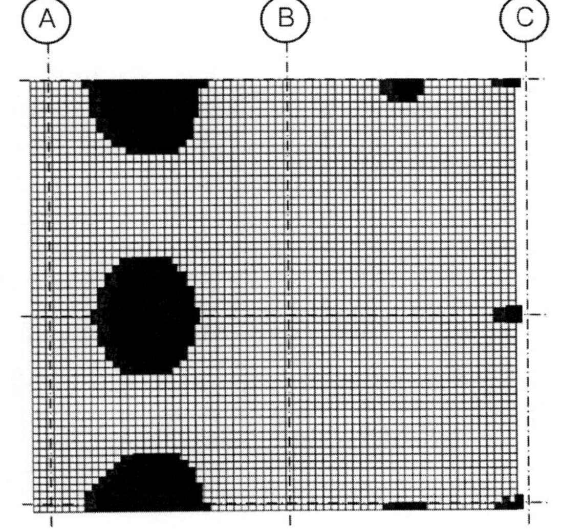

그림 13: 휨 모멘트 max$m_{Ed,rare,x,t=\infty}(h_{i...n,I}=260\text{ mm})$

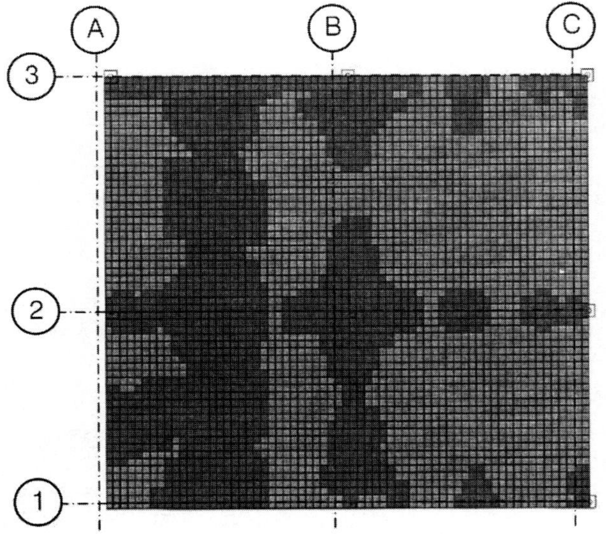

그림 14: 상태 II의 슬래브 두께(3번째 반복)

설명

그림 12와 13:
슬래브 휨 모멘트 m_{Edx}:
$|\min m_{Ed,x}| > m_{cr,x}$ → 회색
$\max m_{Ed,x} > m_{cr,x}$ → 검정색

균열 모멘트
$n_{Ed,perm,x,t=\infty}$ $= -379$ kN/m(표 4.3.2.2)
→ $m_{cr,x}$ $= (2.9 + 0.379/0.26) \cdot 0.26^2/6$
$= 0.049$ MNm/m

그림 14:
슬래브 두께
$h_I = 260$ mm → 밝은 회색
$h_{II} = 190$ mm → 짙은 회색

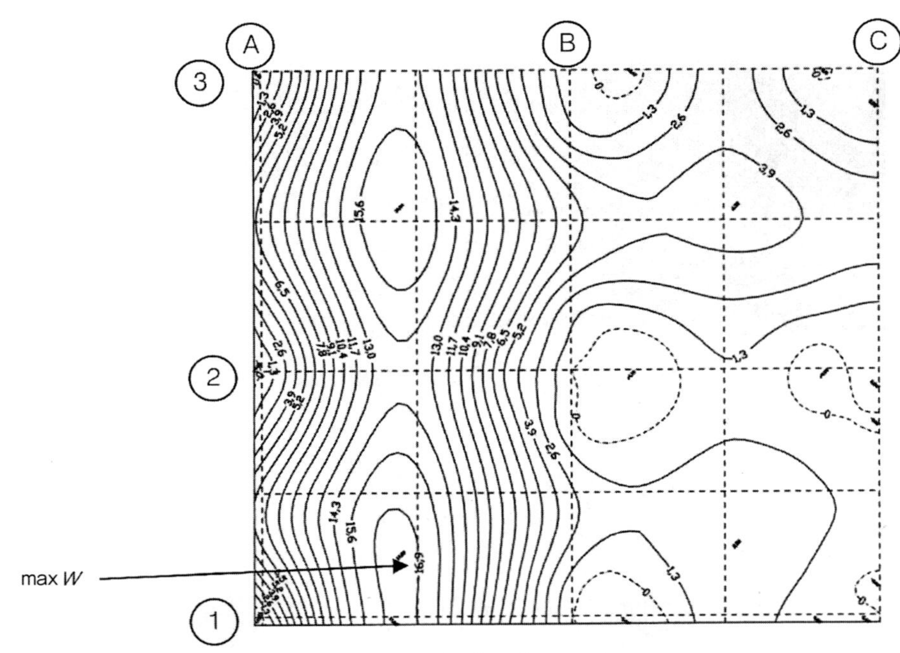

그림 15: 처짐[mm] 등고선

자세한 반복계산 절차는 부록의 Flow-chart에 보였다.

부록 A 17.2: 휨 세장한 플랫 슬래브 처짐의 직접계산 Flow Chart

반복과정을 이해하기 쉽게 각 요소의 두께가 아니라, 일정 영역의 슬래브 두께를 변화시켰다. 이에 따라 해당 영역의 x-방향과 y-방향에 대한 모든 요소에서 평균 유효두께를 사용하였다(그림 14).

이들 계산은 시간 $t=\infty$에 대한 것이다(그림 15).

EC2-1-1, 7.4.1: (4) 구조물의 미관과 사용성을 위하여 준-고정 하중조합하의 슬래브의 계산 처짐이 지간의 1/250을 넘지 않게 한다.

순처짐(=솟음 없는 처짐)

$$\mathbf{max}w = \mathbf{17\ mm} < allow\, w = l/250 = 7800/250 = \mathbf{31\ mm}$$

경량 칸막이벽이 있는 구조의 처짐 제한:

EC2-1-1, 7.4.1: (5) 일반적으로 인접부재(예를 들어 칸막이벽)를 손상시킬 수 있는 처짐은 제한한다. 준-고정 하중조합하의 처짐의 제한값을 지간의 1/500로 할 수 있다.

변형에 민감한 칸막이벽 등을 가설한 후의 결정적인 처짐은 거푸집을 제거한 후에 슬래브의 자중에 의한 처짐이 발생한 후에 생긴다.

준-고정 하중 $e_{d,perm}=9.00$ kN/m²에 따른 시간 $t=\infty$에서의 총 처짐에서 시간 $t=0$에서 슬래브 자중 $g_{k,1}=6.50$ kN/m²에 의한 처짐을 뺀다.
슬래브 자중 $g_{k,1}$에 의한 결정적 처짐은:

가정: 거푸집/동바리 제거 후 경량벽체 가설

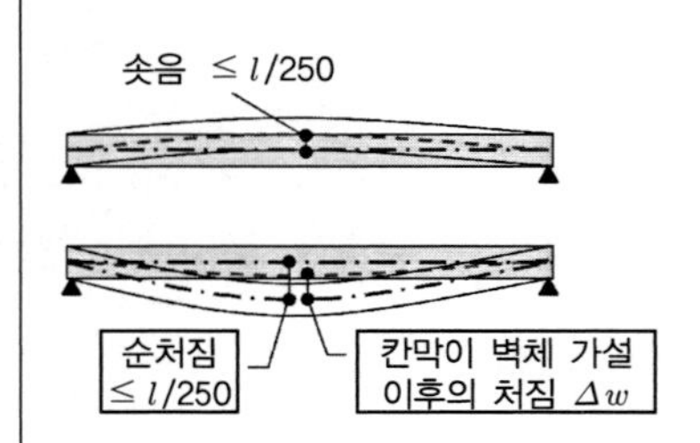

$$w_{gk,1}(t_0) = 2\text{ mm}$$

그림 15의 처짐 계산결과에서 다음을 알 수 있다. 경량 칸막이벽에 의해 균열이 발생하는 단부지간의 처짐을 보면, 주로 지간 9.60 m의 x-방향으로 처

짐 곡선이 형성된다. 따라서 경량 칸막이벽으로 인한 손상은 가능성이 낮다고 할 수 있다.

$$\Delta w_x = (17-2) = \mathbf{15\ mm} < l_x\ /\ \mathbf{500} = 9600\ /\ 500 = 19\ \text{mm}$$

7. 배근, 시공 세목

7.1 철근

7.1.1 기본 정착길이

기본값: $l_{n,rqd} = (\phi_s / 4) \cdot (\sigma_{sc} / f_{bd})$

EC2-1-1, 8.4.3: (2) (8.3)식

설계 부착응력:

EC2-1-1, 8.4.2: (2) (8.2)식
$\eta_1 = 1.0$ 슬래브 $h \leq 300$ mm에서 좋은 부착 조건일 때
$\eta_2 = 1.0$ $\phi_s \leq 32$ mm일 때
$f_{ctd} = 1.0 \cdot 2.0/1.5 = 1.33$ C30/37
$\sigma_{sd} = f_{yd}$(사용정도 100%)

$$f_{bd} = 2.25 \cdot \eta_1 \cdot \eta_2 \cdot f_{ctd} = 2.25 \cdot 1.33 = 3.0\ \text{N/mm}^2,\ \text{C30/37}$$

설계 철근응력:

$$\sigma_{sd} = f_{yd} = f_{yk}/\gamma_S = 435\ \text{N/mm}^2$$

위치	부착	ϕ_s(mm)	$l_{b,rqd}$(mm)
아래+위 배근	좋음	10	**365**
		12	**435**
		16	**580**
		20	**725**

7.1.2 단부와 모서리 기둥 근처의 정착

모든 단부와 모서리기둥에 대한 예로 첫 번째 단부기둥 B/1 근처의 철근 배근을 보인다. 이 검토에서 결정적인 것은 슬래브의 다음 구간 휨 철근이다.

$$-0.95\ \text{m} \leq x < 18.25\ \text{m} \qquad -0.25\ \text{m} \leq y < 6.95\ \text{m}$$

지간 철근의 적어도 1/2 이상을 지점을 지나 배근하고 정착해야 한다.

EC2-1-1, 9.3.1.2 (1)

a) 지점 사이의 자유단부

y-방향 철근은 5.2절 참조

y-방향의 최소 철근을 단부지점까지 연장한다. 이는 x-방향으로는 외측 주열대로 다음 구간의 단면이다.

$$0.95\ \text{m} \leq x < 8.65\ \text{m} \qquad\qquad 10.55\ \text{m} \leq x < 18.25\ \text{m}$$

$0.95 < x < 8.65$ m $\quad -0.25 < y < 6.95$ m
$used\,a_{sy1} = 7.85$ cm²/m(ϕ10/100 mm)
$used\,a_{sy2} = 7.85$ cm²/m(ϕ10/100 mm)

$10.55 < x < 18.25$ m $\quad -0.25 < y < 6.95$ m
$used\,a_{sy1} = 7.85$ cm²/m(ϕ10/100 mm)
$used\,a_{sy2} = 7.85$ cm²/m(ϕ10/100 mm)

b) 슬래브 자유단부의 마무리 배근

슬래브 자유단부에는 마무리 배근으로 ㄷ형 철근 ϕ10/100 mm를 배치한다. ㄷ형 철근은 아래쪽에서는 지간 하부철근과 겹치며, 위쪽에서는 시공 배근으로 슬래브 단부를 바깥쪽 주열대에 평행하게 다음 길이로 둘러싼다.

$$b_{m,a} = (0.2 l_{y,1} + b_{St}) = 0.2 \cdot 7.80 + 0.5 = 2.06\ \text{m}$$

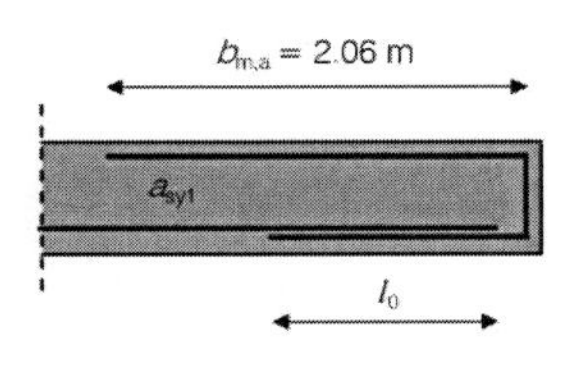

DAfStb-Heft [240] 참조: 주열대
→ 충분한 피복두께를 갖도록 유의할 것!

c) 슬래브 단부에서 지간 철근의 겹침이음 길이

기준		철근 $rqd\ a_{sy1}$ ϕ10/100 mm	
$l_{0,\min}$	$= 0.3 \cdot \alpha_1 \cdot \alpha_6 \cdot l_{b,rqd}$	$l_{0,\min}$	$= 0.3 \cdot 1.0 \cdot 1.0 \cdot 365 = 109$ mm
	$\geq 15\phi_s$		$< 15\phi_s = 150$ mm
	≥ 200 mm		**< 200 mm**
l_0	$= \alpha_1 \cdot \alpha_3 \cdot \alpha_5 \cdot \alpha_6 \cdot l_{b,rqd}$	l_0	$= 1.0 \cdot 1.0 \cdot 1.0 \cdot 1.0 \cdot 365 =$ **365 mm**
	$\geq l_{0,\min}$		> 200 mm

선택 겹침이음 길이 l_0 = **400 mm** $\geq rgd\ l_0$

EC2-1-1, 8.7.3: (1) (7.10)식과 (8.11)식
EC2-1-1, 8.4.4: (2)
계수 α_i는 표 8.2와 표 8.3DE 참조
α_1 = 1.0, 곧은 철근
α_3 = 1.0, 횡철근이 없을 때
α_5 = 1.0, 횡압력이 작용하지 않을 때
α_6 = 1.0, 이음부의 비율 > 33%, ϕ_s < 16 mm이며 $a > 8\phi_s$
$\sigma_{sd} = f_{yd}$(사용정도 100%)

d) 단부기둥영역의 하부 지간 철근

x-방향과 y-방향의 총 지간 철근은 지점까지 배근하고 정착한다. y-방향에서 결정구간은 다음과 같다.

$$8.65\ \text{m} \leq x < 10.55\ \text{m} \qquad -0.25\ \text{m} \leq y < 6.95\ \text{m}$$

y-방향 철근은 5.2절 참조
$8.65 < x < 10.55$ m $\quad -0.25 < y < 6.95$ m
$used\,a_{sy1}$ = 7.85 cm²/m

x-방향에서 결정구간은 다음과 같다.

$$0.95\ \text{m} \leq x < 18.25\ \text{m} \qquad -0.25\ \text{m} \leq y < 0.75\ \text{m}$$

x-방향 철근은 5.2절 참조
$0.95 < x < 18.25$ m $\quad -0.25 < y < 0.75$ m
$used\,a_{sx1}$ = 14.55 cm²/m
(ϕ10/100 mm + ϕ16/300 mm)

단부와 모서리 기둥에 의한 구속 모멘트로 슬래브 상부에 인장응력이 발생하므로 지간 철근의 정착은 적어도 연속보의 중간지점에서와 유사하게 한다.

$$\min l_{b,dir} = 6\phi_s = 6 \cdot 10 = 60\ \text{mm}$$

EC2-1-1/NA, (NCI) 9.2.1.5: (2)
일반적으로 연속 보의 중간지점에서는 필요철근을 적어도 $6\phi_s$ 이상 지점연단을 지나 연장배근하는 것으로 충분하다.

점지지 슬래브의 연속적인 파괴를 피하기 위하여 지간 철근의 일부를 내부와 단부지점이 있는 기둥영역을 지나서 연장배근하고 정착한다. 하중도입부 영역에 연장배근하고 정착하는 지간 철근은 다음과 같다.

EC2-1-1/NA, (NCI) 9.4.1: (3) 여기에 필요한 철근은 최소 단면적 $A_s = V_{Ed}/f_{yk}$로 구하고, 하중 도입부 영역에 배치한다.

$\min A_s = V_{Ed}/f_{yk}$

여기서 $\gamma_F = 1.0 \rightarrow V_{Ed} = V_{Ek}$ = 464 kN

$\min A_s = 0.464 \cdot 10^4 / 500$ = **9.3 cm²**

5.3.1절 참조:
$V_{Ek} = V_{Ed0}/\gamma_F \approx 650/1.4 = 464$ kN

전체 지간 철근을 지점까지 배근하고 정착하므로 기둥 폭 500 mm의 하중 도입부에는 적어도 y-방향으로 5ϕ10 mm, x-방향으로는 2·(5ϕ10 mm+2ϕ16 mm)

가 배근된다.

$$used\ A_s = 15 \cdot 0.79 + 4 \cdot 2.01 = \mathbf{19.9\ cm^2} > \min A_s$$

지점을 지나게 철근을 배근하고 정착하므로 추가 철근은 필요하지 않다.

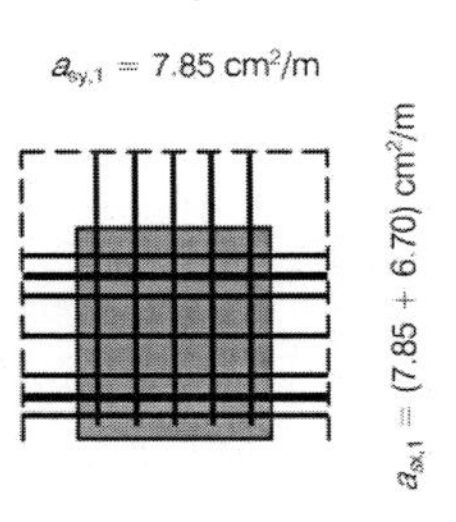

e) 단부지점 영역 기둥의 상부 철근

충분하게 횡지지되는 건물에서는 수직 하중에 의한 라멘구조의 내부기둥의 휨 모멘트는 무시할 수 있다. 그러나 단부기둥은 휨 모멘트에 대해 설계해야 되는데, 이는 근사적으로 [240]에 따라 정할 수 있다.

DAfStb-Heft [240], 1.6절, 라멘구조의 단면력

이 예제에서 단부기둥 영역의 휨 모멘트는 다음의 등가라멘 구조계에서 구한다.

Note: 플랫 슬래브의 단부와 모서리 기둥의 모멘트(DAfStb-Heft [240]: 3.5절)은 기둥설계에서는 따로 검토한다(이 예제에서는 다루지 않는다).

- 라멘기둥 $b / d / h = 0.50 / 0.50 / 3.50$ m
- 보 $l_x / h / l_y = 9.60 / 0.26 / 7.80$ m

하중이 완전히 재하될 때 등가라멘 구조계에서 보의 휨 모멘트:

$$m_{Edy} = -50\ \mathrm{kNm/m}$$

지점 철근을 정하기 위해서는 프리스트레스에 의한 축력을 고려해야 한다. 슬래브 구간 $0.95 \le x < 18.25$ m에서 y-방향의 필요 상부 철근은:

$$\mu_{Eds} = |m_{Edy}| / (d^2 \cdot f_{cd}) = 0.05 / (0.22^2 \cdot 17.0) = 0.06$$

$$\omega_1 = 0.0621[/] \qquad \sigma_{sd} = 456.5[\mathrm{MN/m^2}]$$

$$rqd\ a_{sy2} = (\omega_1 \cdot b \cdot d \cdot f_{cd} d)/\sigma_s$$

$$= (0.0621 \cdot 100 \cdot 22 \cdot 17.0)/456.5$$

$$= \mathbf{5.09\ cm^2/m}$$

$$< used\ a_{sy2} = 7.85\ \mathrm{cm^2/m} \quad \text{기본철근}$$

[7] 1권, 부록 A4:
직사각형 단면의 설계도표(C12/15에서 C50/60까지 적용)

6.2.1절 참조

슬래브의 상부 철근은 자유단까지 100% 연장배근 해야 하며 겹침이음 길이 l_0로 정착한다.

단부기둥에서 상부 철근은 y-방향으로 주열대에 배근한다.

$$rqd\ A_{sy2} = 1.90\ \mathrm{m} \cdot 5.09\ \mathrm{cm^2/m} = \mathbf{9.67\ cm^2} > used\ A_{sy2} = 3.93\ \mathrm{cm^2}$$

f) 단부기둥 위의 겹침이음 길이

기준		철근 $rqd\ a_{sy1}$ $\phi 16/100$ mm	
$l_{0,\min}$	$=0.3 \cdot \alpha_1 \cdot \alpha_6 \cdot l_{b,rqd}$	$l_{0,\min}$	$=0.3 \cdot 1.0 \cdot 2.0 \cdot 580 = \mathbf{348\ mm}$
	$\geq 15\phi$		$<15\phi = 240$ mm
	≥ 200 mm		<200 mm
l_0	$=\alpha_1 \cdot \alpha_3 \cdot \alpha_5 \cdot \alpha_6 \cdot l_{b,rqd}$	l_0	$=1.0 \cdot 1.0 \cdot 1.0 \cdot 2.0 \cdot 580 = \mathbf{1160\ mm}$
	$\geq l_{0,\min}$		>348 mm

EC2-1-1, 8.7.3: (1) (8.10)식과 (8.11)
EC2-1-1, 8.4.4 (2):
계수 α_i는 표 8.2와 8.3DE를 따른다.
α_1 =1.0, 곧은 철근
α_3 =1.0, 횡철근이 없을 때
α_5 =1.0, 횡압력이 없을 때
α_6 =2.0, 이음부의 비율 >33%, $\phi_s \geq 16$ mm 이며 $a < 8\phi_s$
$\sigma_{sd} = f_{yd}$(사용정도 100%)

선택 겹이음 길이 $l_0 = \mathbf{1.20\ m} > rqd\ l_0$

7.1.3 내부기둥에서 정착

모든 내부기둥을 대표해서 가장 큰 힘을 받는 내부기둥 B/2의 배근 예를 보인다. 다음 구간의 휨 철근을 검토한다.

$$8.65\text{ m} \leq x < 10.55\text{ m} \qquad 6.95\text{ m} \leq y < 8.65\text{ m}$$

지간 철근의 적어도 1/2 이상을 지점을 지나게 배근하고 정착한다.

EC2-1-1, 9.3.1.2 (1)

내부기둥 영역의 하부 지간철근:

5.3.2절 참조: 뚫림전단영역 바깥의 전단강도 검토는 지간철근 100%를 기본 철근으로 한다!

x-방향과 y-방향의 모든 지간철근은 기둥 위를 지나간다.

연속 부재의 중간지점에서 최소 정착길이:

$$\min\ l_{bd,\,dir} = 6\phi_s = 6 \cdot 16 = 96\text{ mm}$$

하중 도입부 영역에서 지점을 지나서 배근되고 정착되는 지간철근은 다음과 같다.

5.3.1절 참조:
$V_{Ek} = V_{Ed0} / \gamma_F \approx 1575/1.4 = 1125$ kN

다음 슬래브 구조의 x-방향과 y-방향 배근은 5.2절 참조:
$8.65 < x < 10.55$ m $6.95 < y < 8.65$ m
$used\ a_{sx1} = 14.55$ cm²/m
($\phi 10/100$ mm + $\phi 16/300$ mm)
$used\ a_{sy1} = 7.85$ cm²/m($\phi 10/100$ mm)

$$\min A_s = V_{Ed}/f_{yk}$$

여기서 $\gamma_F = 1.0 \rightarrow V_{Ed} = V_{Ek} = 1125$ kN

$$\min A_s = 1.125 \cdot 10^4 / 500 = \mathbf{22.5\ cm^2}$$

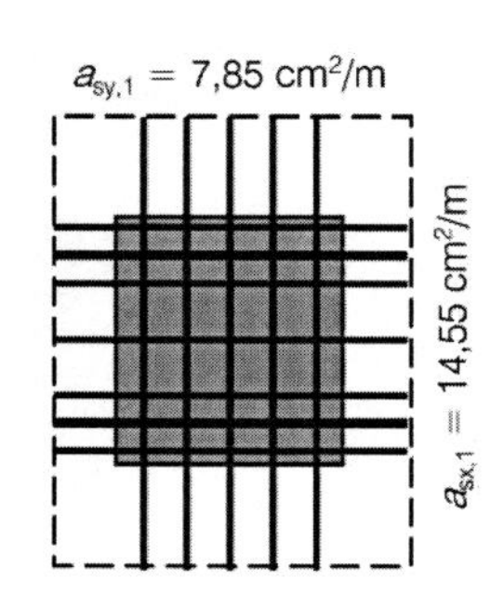

전체 지간철근을 지점을 지나게 배근하고 정착하므로 기둥폭 500 mm의 하중 도입부에는 y-방향으로는 최소 $(2 \cdot 5)\phi 10$ mm의 철근, x-방향으로는 $2 \cdot (5\phi 10\text{ mm} + 2\phi 16\text{ mm})$의 철근이 배근된다.

$$used\ A_s = 20 \cdot 0.79 + 4 \cdot 2.01 = \mathbf{23.8\ cm^2} > \min A_s$$

7.1.4 지점 바깥쪽의 정착

지점과 주열대에서 절단하여 배근된 기둥 상부의 철근을 각 철근의 인장력도에서 0이 되는 지점에서 l_{bd} 만큼의 길이로 정착한다.

EC2-1-1, 9.2.1.3, 그림 9.2: 인장력 강도선

l_{bd} $=\alpha_1 \cdot \alpha_3 \cdot \alpha_4 \cdot \alpha_5 \cdot l_{b,rqd} = 0$($a_{s,rqd} = 0$이므로)

$> l_{b,\min} = 10\phi = 200$ mm

EC2-1-1, 8.4.4: (1) (8.4)식
$\phi_s = 20$ mm에 대한 l_{bd}, 7.1.1절 참조

7.1.5 부재의 연성거동을 보장하기 위한 최소 철근

부재의 연성거동을 보장하기 위하여 상태 I의 단면에서 균열 모멘트로부터 최소 철근을 계산한다.

예고 없는 파괴를 피하기 위한 것이다.

EC2-1-1, 9.2.1.1: (4) 비부착 프리스트레스트 콘크리트 부재에서 강도한계상태의 휨 강도가 균열 모멘트보다 큰지를 검토해야 한다.
휨모멘트가 균열강도의 1.15배보다 크면 충분하다.

m_{cr} $= f_{ctm} \cdot W_{ct}$

$= 2.9 \cdot 0.26^2 / 6 \cdot 10^3 = 33$ kNm/m

$\min a_{sx}$ $= \min a_{sy}$

$= 1.15 \cdot m_{cr} / (f_{yk} \cdot z)$

$= 1.15 \cdot 0.033 / (500 \cdot 0.8 \cdot 0.20)$

$\mathbf{= 4.75\ cm^2/m}$

$< used \min a_s = 7.85\ \mathrm{cm^2/m}$ 교차배근

Note: 철근의 내부 팔길이 $z \approx 0.8d$

7.1.6 프리스트레스트 콘크리트 부재의 표면 철근

프리스트레스트 콘크리트 부재에는 항상 표면철근을 배근한다.

EC2-1-1/NA, (NCI) NA.J.4 (1)

노출등급 XC3의 슬래브에서 인장영역에 최대 철근길이는 200 mm 이하로 하며 직교하는 철근을 배치한다.

EC2-1-1/NA, (NCI) NA.J.4 (3)
표면철근은 슬래브의 인장과 압축영역에 교차 철근으로 배근한다. 거의 수직으로 교차하는 철근들은 각각 표 NA.J.4.1의 필요 단면적을 만족해야 한다. 이들은 철근 간격 200 mm를 넘지 않아야 한다.
$\rho = 0.16 \cdot f_{ctm} / f_{yk}$
$= 0.16 \cdot 2.9/500$

$\min a_{sx,surf}$ $= \min a_{sy,surf}$ $= 0.5 \cdot \rho \cdot h$

ρ $= 0.93‰$ $= 0.093\%$

$\min a_{sx,surf}$ $= \min a_{sy,surf}$ $= 0.5 \cdot 0.093 \cdot 0.26$ $\mathbf{= 1.21\ cm^2/m}$

$\max a_{sx,surf}$ $= \max a_{sy,surf}$ $= 3.35\ \mathrm{cm^2/m}$

7.2 강선배치

프리스트레스방법에 따른 시공과 부재 상세 시방은 프리스트레스방법의 건설허가(abZ) 또는 유럽기술허가(ETA)를 따른다.

정착영역에 필요한 할열 인장과 추가 철근은 프리스트레스 방법의 허가사항에 빠져 있다. 부재 내의 힘의 도입과 확산은 적절한 방법(예를 들어 스트럿-타이 모델)으로 검토한다.

일반적으로 해당 허가사항에는 프리스트레스가 콘크리트에 직접 전달되는

것에 대한 검토가 빠져 있다. 프리스트레스의 전달은 정착판의 크기, 연단거리, 추가의 (나선철근) 배근에 대한 허가사항으로 보장되며, 이는 콘크리트 강도등급과 강선의 수에 좌우된다.

허가사항에서 제시하는 추가 철근은 역학적으로 필요한 철근의 계산에서는 포함하지 않는다.

부록 A 17.1: 자유처짐 강선

[53] *Maier; Wicke*: 자유처짐 강선－개발과 실무에서의 적용
Beton- und Stahlberonbau 95 (2000), Heft 2, p.62ff.

비부착 피복강선의 자유처짐 배치에 따른 강선 처짐식은 Innsbruck 대학의 콘크리트 구조 연구소의 일련의 실험으로 얻어진 것이다. 실험체의 계측 결과로 단부와 중간부에서 지지된 강선의 처짐은 4차 다항식으로 충분히 좋은 근사값을 얻을 수 있음을 알 수 있다. 다음의 계산식은 강선 처짐, 경사, 곡률과 자유처짐구간과 상향력을 정리한 것이다.

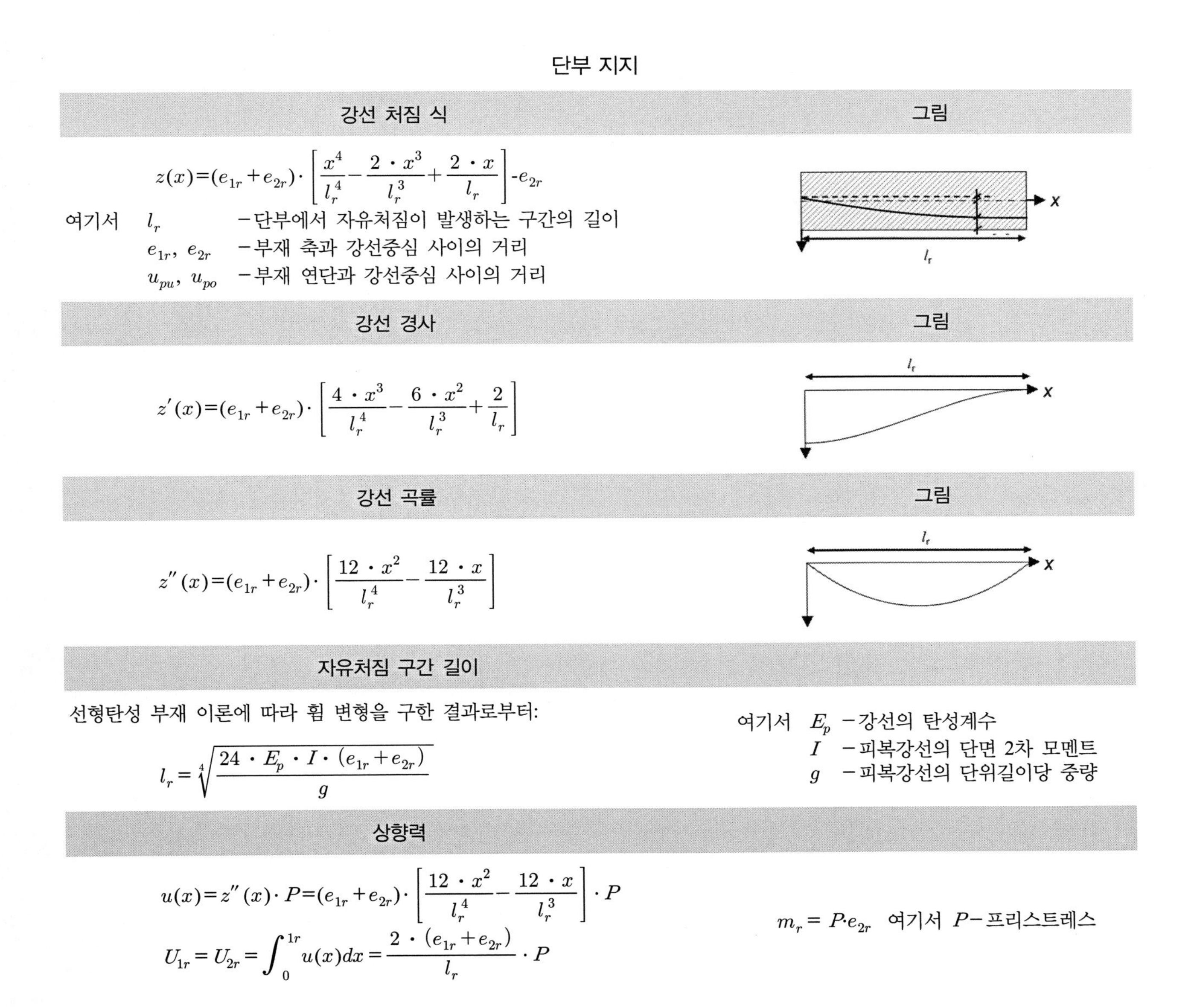

단부 지지

강선 처짐 식 — 그림

$$z(x)=(e_{1r}+e_{2r})\cdot\left[\frac{x^4}{l_r^4}-\frac{2\cdot x^3}{l_r^3}+\frac{2\cdot x}{l_r}\right]-e_{2r}$$

여기서 l_r －단부에서 자유처짐이 발생하는 구간의 길이
$e_{1r},\ e_{2r}$ －부재 축과 강선중심 사이의 거리
$u_{pu},\ u_{po}$ －부재 연단과 강선중심 사이의 거리

강선 경사 — 그림

$$z'(x)=(e_{1r}+e_{2r})\cdot\left[\frac{4\cdot x^3}{l_r^4}-\frac{6\cdot x^2}{l_r^3}+\frac{2}{l_r}\right]$$

강선 곡률 — 그림

$$z''(x)=(e_{1r}+e_{2r})\cdot\left[\frac{12\cdot x^2}{l_r^4}-\frac{12\cdot x}{l_r^3}\right]$$

자유처짐 구간 길이

선형탄성 부재 이론에 따라 휨 변형을 구한 결과로부터:

$$l_r=\sqrt[4]{\frac{24\cdot E_p\cdot I\cdot(e_{1r}+e_{2r})}{g}}$$

여기서 E_p －강선의 탄성계수
I －피복강선의 단면 2차 모멘트
g －피복강선의 단위길이당 중량

상향력

$$u(x)=z''(x)\cdot P=(e_{1r}+e_{2r})\cdot\left[\frac{12\cdot x^2}{l_r^4}-\frac{12\cdot x}{l_r^3}\right]\cdot P$$

$$U_{1r}=U_{2r}=\int_0^{1r}u(x)dx=\frac{2\cdot(e_{1r}+e_{2r})}{l_r}\cdot P$$

$m_r=P\cdot e_{2r}$ 여기서 P－프리스트레스

중간부 지지

강선 처짐 식	그림

$$z(x)=(e_{1m}+e_{2m})\cdot\left[\frac{3\cdot x^4}{l_m^4}-\frac{8\cdot x^3}{l_m^3}+\frac{6\cdot x}{l_m}-1\right]+e_{1m}$$

여기서 l_m －중간부에서 자유처짐이 발생하는 구간의 길이
e_{1m}, e_{2m} －부재 축과 강선중심 사이의 거리

강선 경사	그림

$$z'(x)=(e_{1m}+e_{2m})\cdot\left[\frac{12\cdot x^3}{l_m^4}-\frac{24\cdot x^2}{l_m^3}+\frac{12\cdot x}{l_m}\right]$$

강선 곡률	그림

$$z''(x)=(e_{1m}+e_{2m})\cdot\left[\frac{36\cdot x^2}{l_m^4}-\frac{48\cdot x}{l_m^3}+\frac{12}{l_m^2}\right]$$

자유처짐 구간 길이

선형탄성 부재 이론에 따라 휨 변형을 구한 결과로부터:

$$l_m=\sqrt[4]{\frac{72\cdot E_p\cdot I\cdot(e_{1m}+e_{2m})}{g}}$$

여기서 E_p －강선의 탄성계수
I －피복강선의 단면 2차 모멘트
g －피복강선의 단위길이당 중량

상향력

$$u(x)=z''(x)\cdot P=(e_{1m}+e_{2m})\cdot\left[\frac{136\cdot x^2}{l_m^4}-\frac{48\cdot x}{l_m^3}+\frac{12}{l_m^2}\right]\cdot P$$

$$U_{1m}=U_{2m}=\int_0^{1m}u(x)dx=\frac{16}{9}\cdot\frac{2\cdot(e_{1m}+e_{2m})}{lm}\cdot P$$

부록 A 17.2: 휨 세장한 플랫 슬래브의 처짐을 직접계산하기 위한 Flow Chart

주로 휨을 받는 콘크리트 부재의 처짐 한계 값을 검토하기 위하여 유럽설계기준 EC2에서는 처짐을 직접 계산할 수 있게 하였다. 다음의 Flow Chart는 철근 콘크리트와 프리스트레스트 콘크리트 슬래브의 시간에 따른 처짐을 직접 계산하기 위해 가능한 방법을 보인 것이다.

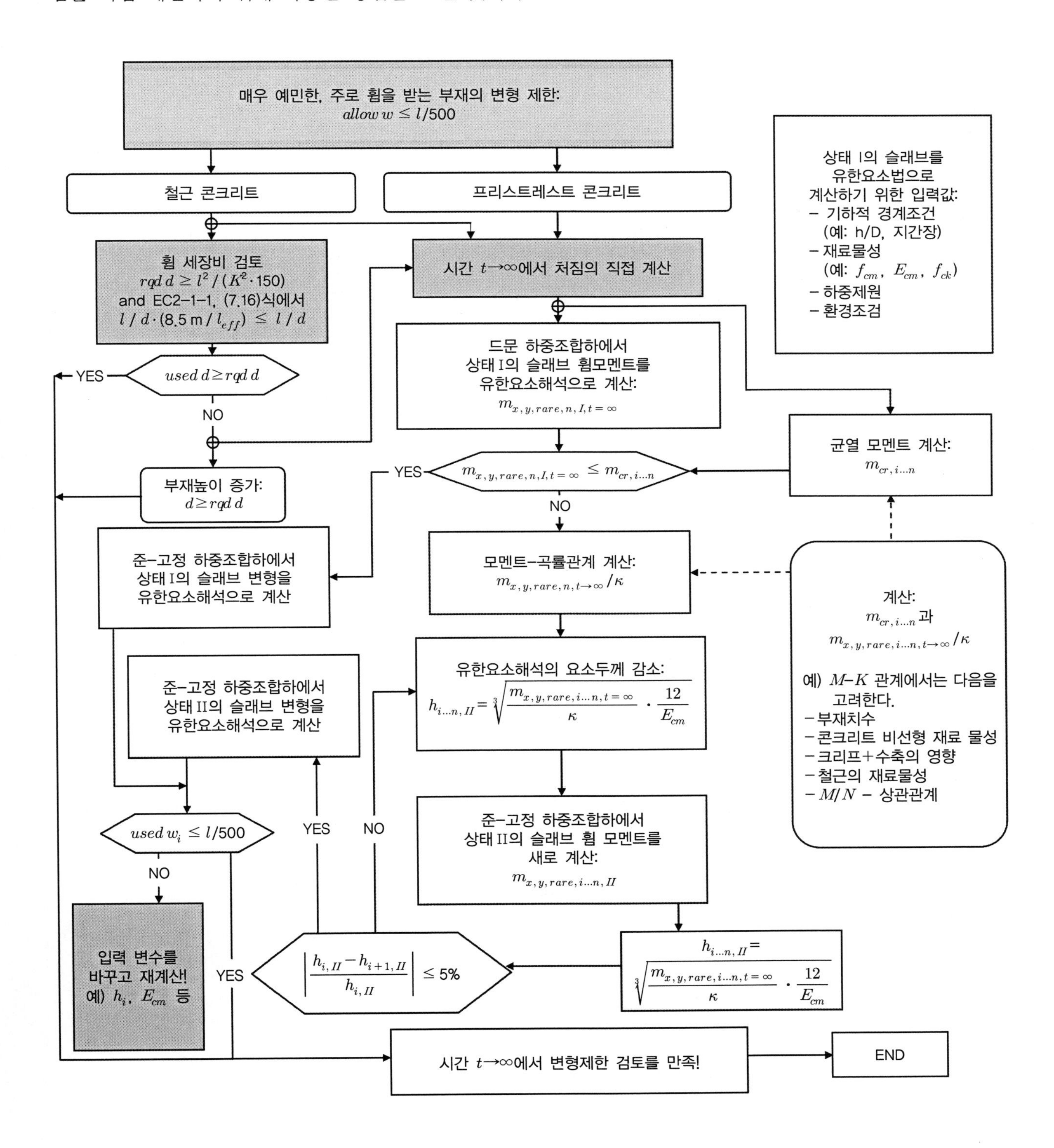

예제 18 : 내민부가 있는 플랫 슬래브

차례

예제 18: 내민부가 있는 플랫 슬래브

과제 개요

사무실 건물에서 내민부가 있는 플랫 슬래브의 사용성을 검토한다.

EC2-1-1/NA, (NCI) NA.1.5.2.5: 일반건물

사무실 건물은 벽체와 바닥판으로 횡지지되므로 플랫 슬래브에 대해서는 연직 하중만을 고려한다.

세장하고 지점조건이 다양한 경우와 또는 큰 집중하중 및 선하중이 작용하는 경우와, 평면배치가 규칙적이지 않거나 큰 개구부가 있는 경우의 바닥 슬래브에는 EC2-1-1, 7.4.2 (2)에 따라 처짐을 직접계산하지 않고 간단하게 휨 세장비를 제한하는 방법이 적당하지 않다.

슬래브는 단독 기둥과 벽체로 지지된다. 단면력을 산정할 때의 슬래브 지점은 지지부재의 중심선으로 가정한다.

이 예제에서는 특별히 근사적으로 처짐을 직접 계산하는 방법을 적용한다.

DAfStb-Heft [600]에는 처짐을 직접계산을 위한 문헌자료를 소개하나 직접적인 계산방법을 제시하지 않았다.[1] 추가의 설명은 [3]을 참조하라.

이 예제에서 준-고정 하중조합하의 허용 순처짐이 $l/250$ 이하가 되는지를 검사한다. 이때 균열단면을 고려하여 처짐을 직접 계산한다.

EC2-1-1, 7.4.1 (4)

변형에 예민한 부재에 대한 좀 더 높은 요구사항인 $l/500$은, 예를 들어 슬래브 위에 설치되는 경량 칸막이벽의 손상을 막기 위한 것으로, 결정적인 총 하중조합에 대한 1단계 처짐 검토를 통과하지 못하면, 2단계 처짐 검토로 검사할 수 있다.

EC2-1-1, 7.4.1 (5)

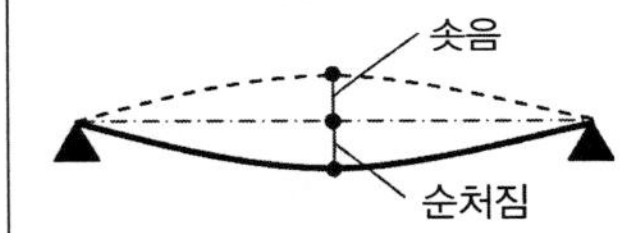

순처짐(Durchhang): 지점 사이의 연결선을 기준으로 할 때 부재의 수직변위
처짐(Durchbiegung): 부재의 구조계 중심선을 기준으로 할 때 부재의 수직변위[2]

시공단계에 따라 다음과 같이 처짐을 계산한다.

1. 거푸집 제거 후의 바닥판 자중과 칸막이 벽체와 바닥 슬래브 하중에 의한 것으로 크리프 $\varphi(t_0)$는 고려하고, 수축은 고려하지 않은 경우의 처짐
2. 바닥판 자중, 부가하중과 사용하중의 준-고정 하중 부분에 의한 것으로 크리프 $\varphi(t_\infty)$와 수축 $\eta_{cs}(t_\infty)$를 고려한 경우의 처짐

처짐은 가능한 솟음을 두어 순처짐이 $l/250$ 이하가 되게 할 수 있다.
손상에 예민한 부재가 있는 경우에만 가설 후 추가 처짐을 $l/500$ 이하로 제한한다.

EC2-1-1의 권장값
다르게는: 건물계획에서 제한값을 정할 수 있다.

구조계와 하중, 배근은 [56]을 적용한다. 참고문헌에는 배근세목과 부재상세가 자세하게 기술되어 있다.

[56] *Litzner*: DIN 1045-1에 따른 설계의 기초, 예제. BK 2002/1

역자주 1 철근 콘크리트 플랫 슬래브의 처짐을 직접 계산하는 방법으로 Hotzler/Kordina[A3]를 소개하고 있다.

역자주 2 유럽설계기준의 표준규정에서는 이들 구분을 명시하지 않았다. 솟음이 없을 때 순처짐과 처짐은 같다.

환경조건:

실내공간으로 보통의 상대습도

주로 정적인 하중이 작용한다.

내화요구 성능: REI 60(고 화재-지연)[3]

재료:

- 콘크리트: C30/37
- 철근: B500A(보통연성)

EC2-1-1/NA, (NCI) NA 1.5.2.6: 주로 정적인 하중
MBO [47]에 따른 건물등급 4에서 구조부재와 공간을 구성하는 바닥 슬래브

EC2-1-1, 3.1: 콘크리트
EC2-1-1, 3.2: 철근
→ 철근망

1. 구조계, 치수, 피복두께

1.1 구조계

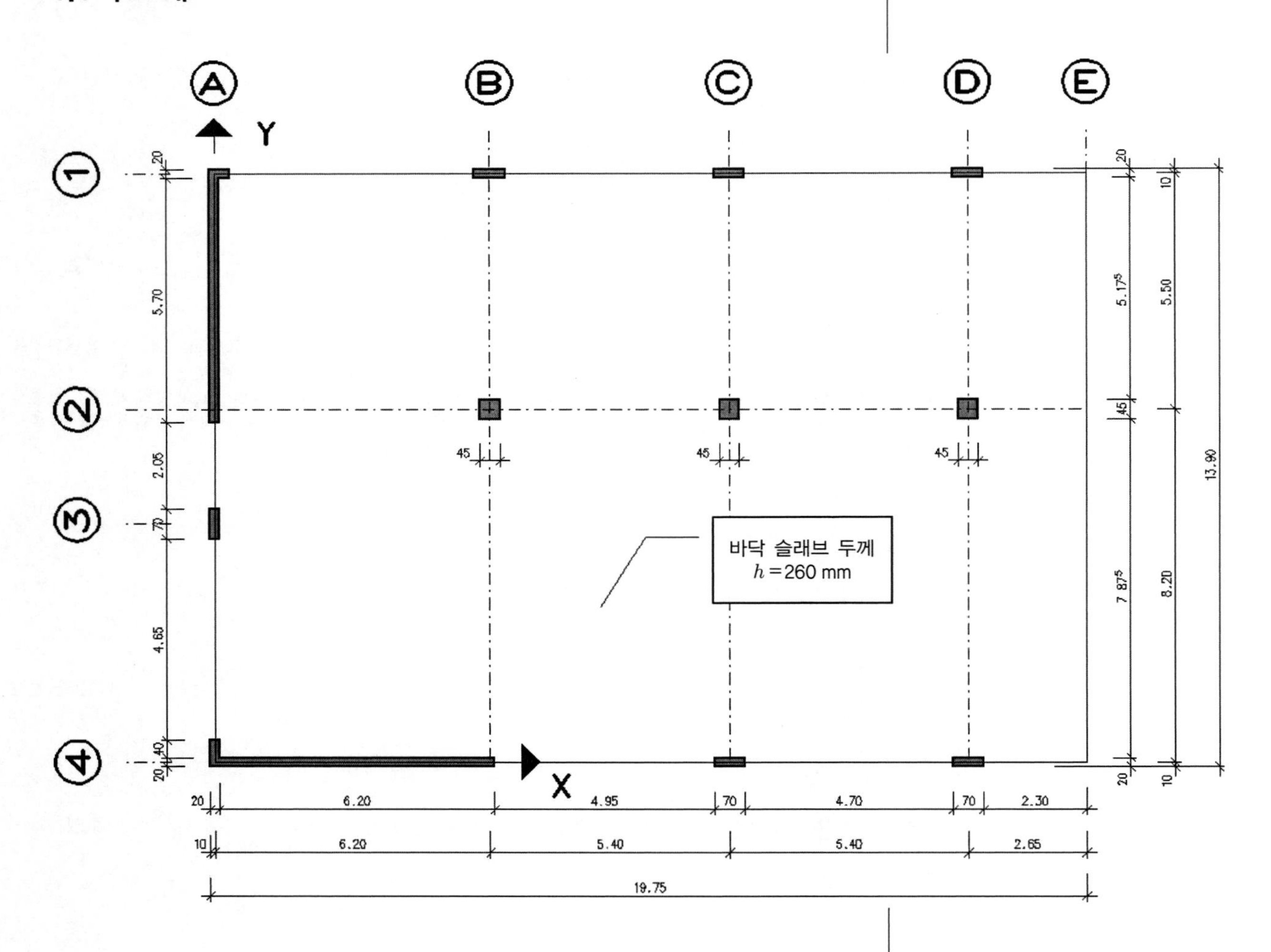

역자주3 고 화재-지연(high fire-retardant)은 예제집 1권[7],4.4절을 참조하라.

1.2 유효 지간장

EC-1-1, 5.3.2.2: (1)과 그림 5.4

$l_{eff} = l_n + a_1 + a_2$

$l_{eff,x(endspan)} = 6.10 + 0.20/2 + 0 = 6.20\,m$

$l_{eff,y(endspan)} = 8.10 + 0.20/2 + 0 = 8.20\,m$

$l_{eff,x(cantilever\,plate)} = 2.30 + 0.70/2 + 0 = 2.65\,m$

1.3 최소 강도등급, 피복두께

EC2-1-1; 4: 내구성과 피복두께

철근 부식에 대한 노출등급

탄산화에 대해: →XC1

콘크리트 최소 강도등급: →C16/20

ASR에 대한 습도등급: →WO

EC2-1-1, 표 4.1: XC1 건조한 환경(보통 상대습도의 실내공간)
EC2-1-1, 부록 E, 표 NA.E.1DE: 최소 강도등급
WO 알칼리 골재 반응에 따른 철근 부식이 없는 경우(상대습도가 높지 않은 실내 부재)

처짐은 콘크리트의 탄성계수에 주로 좌우되므로, 해당 지역의 골재 종류를 정해야 한다.[4]

α_E－의 값은 1.0으로 가정한다. 즉, 석영질의 골재를 사용한다.

→[3], EC2-1-1, 3.1.3 (2)

골재 주성분	보정계수 α_E
현무암	1.2
석영	1.0
석회암, 화강암	0.9
사암	0.7

선택: C30/37 XC1, WO, 골재 주성분: 석영

설계를 고려하여 높은 콘크리트 등급을 선택하였다.

피복두께

XC1에 대한 최소 피복두께	$c_{min,dur}$	=	10 mm
+ 허용오차(감소값)	Δc_{dev}	=	5 mm
= 공칭 피복두께	c_{nom}	=	15 mm

EC2-1-1/NA, (NDP) 4.4.1.2: (5) 표 4.4DE: 최소 피복두께 c_{min}과 허용오차 Δc_{dev}는 노출등급에 따른 값이다.
EC2-1-1, 4.4.1.3: (3) 품질관리를 위한 특별한 조치가 있을 때 Δc_{dev}는 5 mm줄일 수 있다. (DBV-지침, EC2에 따른 '콘크리트 피복두께와 배근', '철근 지지재', '간격재' 참조).
→품질관리를 위한 권장 조치들은 배근계획에 반영되어야 한다! (NA.2.8.2)

부착의 보강:

길이방향 철근 $\le \phi 12$ mm

→	$c_{min,b}$	=	12 mm
+ 허용오차(감소값)	Δc_{dev}	=	5 mm
= 공칭 피복두께	c_{nom}	**=**	**17 mm**

EC2-1-1, 4.4.1.2:
$c_{min,b} \ge$ 철근직경 ≥ 10 mm

뚫림전단철근으로 스터럽 $\phi 10$ mm:

길이방향 철근

역자 주 4 콘크리트의 탄성계수는 골재의 종류와 관계가 있다. 유럽설계기준은 석영질 골재에 대한 탄성계수를 기준으로 골재종류에 따른 보정계수를 곱한다.

→	$c_{\min,b}$	=	10 mm
+ 허용오차(감소값)	Δc_{dev}	=	5 mm
= 공칭 피복두께	c_{nom}	=	**15 mm**

위의 값에서 사용 피복두께(스터럽이 길이방향 철근을 둘러싼다):

길이방향 철근	$\leq \phi 12$ mm:	$c_{v,l}$	=	**20 mm**
스터럽	$\phi 10$ mm:	$c_{v,strp}$	=	**20 mm**

EC2-1-1, (NCI) 9.4.3 (1): 철근 직경은 평균 유효깊이로부터 구한다.[5]
$\phi \leq 0.05d \approx 0.05 \cdot (260-20-12) = 11$ mm

스터럽에 의한 뚫림전단철근은 내부에 놓인 길이방향 철근(2번째 단의 철근)을 둘러싼다. 스터럽은 바깥쪽 길이방향 철근(1번째 단의 철근)과 결합한다.

1.4 처짐 제한을 위한 바닥 슬래브 두께의 결정

EC2-1-1, 7.4.2: 직접계산하지 않는 처짐 제한

EC2-1-1, 7.4.2에 따른 처짐의 제한 검토에서는 처짐을 직접계산하지 않고 간단히 휨 세장비를 제한할 수 있다.

[3]에서 발췌: $\rho_{\lim} = 0.32\%$, C30/37

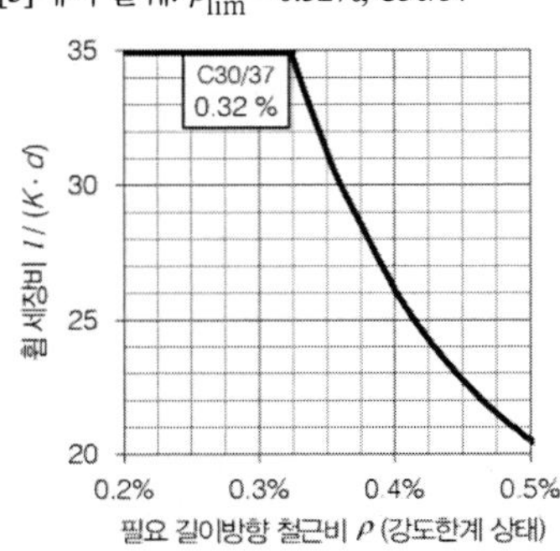

→ 일반건물의 바닥 슬래브에서 일반적으로[6]:

필요 길이방향 철근의 어림값(콘크리트 등급 C30/37에 대하여):
7.16a식 ($\rho \leq \rho_0 = 0.55$), $l / d < K \cdot 35$에 대해
→ $\rho \leq \rho_{\lim} = 0.32\%$

요구조건: $\boldsymbol{rqd\ d \geq l / (K \cdot 35)}$

단부지간: → $rqd\ d = 8200 / (1.2 \cdot 35)$ ≈ 195 mm
내민판: → $rqd\ d = 2650 / (0.4 \cdot 35)$ ≈ 190 mm

$rqd\ h = rqd\ d + c_v + 0.5\phi$
$= 195 + 20 + 10/2$ ≈ 220 mm

EC2-1-1, 7.4.2: 표 7.4N
$K = 1.2$, 플랫 슬래브일 때 (등가 지간장 l을 증가하여 계산)
$K = 0.4$, 내민부재일 때

→ 일반건물의 바닥 슬래브에서 처짐제한에 대한 요구조건이 높을 때:

$l / d \leq K^2 \cdot 150 / l$
단부지간: → $rqd\ d = 8.20^2 / (1.2^2 \cdot 150)$ $= 315$ mm
내민판: → $rqd\ d = 2.65^2 / (0.4^2 \cdot 150)$ $= 295$ mm

하부 길이방향 철근: $\max\phi = 10$ mm
상부 길이방향 철근: $\max\phi = 12$ mm

$rqd\ h = 315 + 20 + 10/2$ ≈ 340 mm

EC2-1-1, 7.4.2 (2):
변형에 예민한 요소(예, 칸막이 벽체)를 포함한 부재

선택: 바닥 슬래브 두께 $h = 260$ mm

역자주5 슬래브의 뚫림전단철근의 직경을 다음과 같이 정한다(EC2-1-1(NCI,9.4.3(1).
－스터럽: $\phi \leq 0.05d$
－길이방향 철근: $\phi \leq 0.08d$

역자주6 EC2-1-1,(NDP) 7.4.2:(2) (예제집 1권[7]의 역자 일러두기 3, 3-75)항)을 참조하라.

여기서 선택한 두께 $h=260$ mm는 일반적인 경우의 허용 휨세장비 $l/d \leq K \cdot 35$에 대한 한계값이다!

변형에 예민한 요소에 대한 높은 요구사항에 대해서는 (균열상태를 고려한) 더 정확한 처짐 계산이 필요하다.

2. 하 중

2.1 기준값

첨자 k = characteristic

고정하중:

하중경우 1(LC 1): 자중

철근 콘크리트 바닥 슬래브 0.26 m · 25 kN/m³ $g_{k,1}$ = **6.50 kN/m²**

EC1-1-1, 표 A.1: 철근 콘크리트 단위 중량 25 kN/m³

하중경우 2(LC 2): 부가하중

포장, 단열재 $g_{k,2}$ = **2.50 kN/m²**

EC1-1-1/NA, (NDP) 표 6.1DE, Category B1: 특별한 요구조건이 없는 사무실 평면, 복도 포함

변동하중:

하중경우 3~10(LC 3~LC 10)

사무실 사용하중, Category B1 2.00 kN/m²

칸막이벽 추가하중 1.00 kN/m²

$q_{k,1}$ = **3.00 kN/m²**

EC1-1-1/NA, (NCI) 6.3.1.2: (8) 벽체 자중 ≤ 3 kN/m인 경량 칸막이벽에 대해 최소한 $\Delta q = 0.8$ kN/m²

사용하중의 개별 하중경우는 각 위치에서 상한 및 하한값이 되게 불리하게, 또는 유리하게 조합한다.

변동하중은 지간에 따라 재하될 수도 있고 되지 않을 수도 있다.

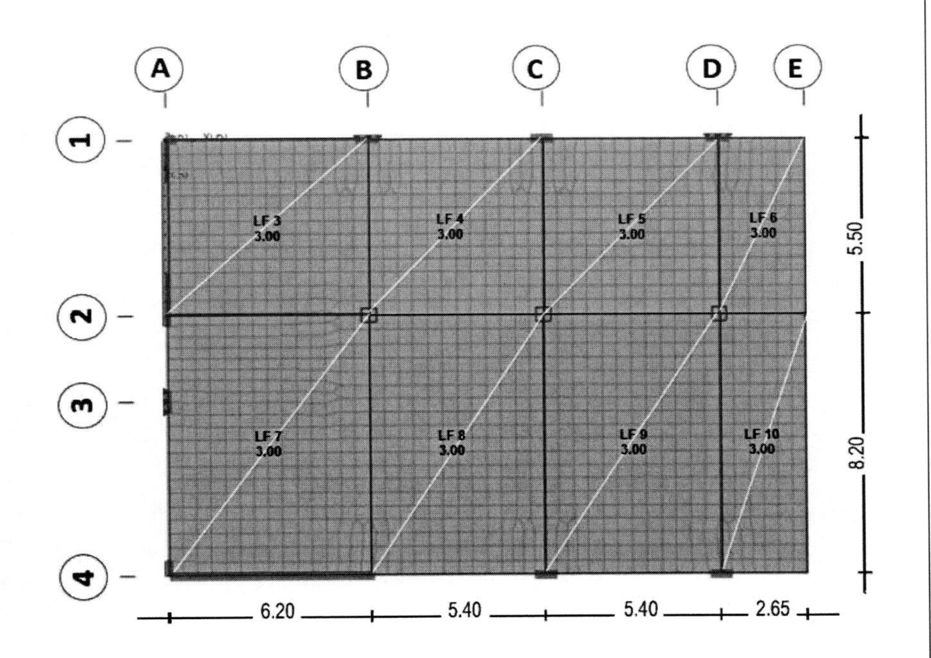

(그림에서 $LF\ n$은 n 구간에 변동하중이 작용하는 하중경우(Load Case)이다.)

2.2 강도한계상태의 하중조합

강도한계상태의 부분안전계수:

EC0/NA, (NDP) A.1.3.1 (4), 표 NA.A.1.2 (B): 하중이 유리하게 작용할 때와 불리하게 작용할 때의 부분안전계수

하중	유리하게 작용할 때	불리하게 작용할 때
• 고정하중	$\gamma_G = 1.00$	$\gamma_G = 1.35$
• 변동하중	$\gamma_Q = 0$	$\gamma_Q = 1.50$

일반적인 기본 하중조합(STR):

EC0, A.1.3: 하중조합 규칙, 표 2: 정상 및 임시 설계상황, 주변동하중 $i=1$인 경우

$$E_d = \Sigma(\gamma_G \cdot G_{k,i}) + \gamma_{Q,1} \cdot Q_{k,1} + \Sigma(\gamma_{Q,i} \cdot \psi_{0,i} \cdot Q_{k,i})$$
$$= 1.35 \cdot (6.50 + 2.50)\ \text{kN/m}^2 + 1.50 \cdot 3.0\ \text{kN/m}^2$$

2.3 사용한계상태의 하중조합

Category B1(사무실 건물)에 대한 하중조합 계수

EC0/NA, (NDP) 표 A.1.2.2, 표 NA.A.1.1: 사용하중이 결정 주하중일 때

- 드문 하중조합 $\psi_{0,1} = 0.7$
- 흔한 하중조합 $\psi_{1,1} = 0.5$
- 준-고정 하중조합 $\psi_{2,1} = 0.3$

EC0, 3.4: 사용한계상태의 설계상황

$G_{k,i} = (6.50 + 2.50) = 9.0\ \text{kN/m}^2$

드문 하중조합:

$$E_{d,rare} = \Sigma G_{k,i} + Q_{k,i} + \Sigma(\psi_{0,1} \cdot Q_{k,i}) \quad = 9.0\ \text{kN/m}^2 + 3.0\ \text{kN/m}^2$$

흔한 하중조합:

$$E_{d,rare} = \Sigma G_{k,i} + \psi_{1,1} \cdot Q_{k,i} + \Sigma(\psi_{2,i} \cdot Q_{k,i}) \quad = 9.0\ \text{kN/m}^2 + 0.5 \cdot 3.0\ \text{kN/m}^2$$

준-고정 하중조합:

$$E_{d,perm} = \Sigma G_{k,i} + \Sigma(\psi_{2,i} \cdot Q_{k,i}) \quad = 9.0\ \text{kN/m}^2 + 3.0 \cdot 3.0\ \text{kN/m}^2$$

경량 칸막이 벽체의 손상 가능성을 판단하기 위한 처짐 계산에서 정확한 하중(예를 들어 선하중)을 반영하거나, 또는 준-고정 하중조합 계수 ψ_2를 (경량 벽체 하중의 추가하중에는 적용하지 않고) 사용하중에만 적용하는 것이 적절하다. 이에 대해서는 이 예제에서 다루지 않는다.

3. 단면력 산정

3.1 일반

앞에서 정한 하중조합에 대해 유한요소해석 [58]으로 단면력을 산정하였다. 다음의 가정을 적용하였다.

[58] RIB-프로그램 TRIMAS®

- 등방, Kirchhoff 판
- 선형 탄성 재료
- 포아송비 $\mu = 0.20$

EC2-1-1, 5.4

EC2-1-1, 3.1.3 (4)

- 선형 탄성 지점($C_z = 2.18667 \cdot 10^6$ kN/m)
- 기둥은 선형 탄성 점지지($C_z = 2.114 \cdot 10^6$ kN/m)
- 판의 단부에 평행하고 수직하게 활절지점
- 요소 분할(아래 그림과 같다)

C_z = 탄성지점 스프링 강성

판의 단부에 연성지점(soft support)

아래 그림은 선택한 유한요소망이다.

철근을 결정하기 위해서는 더 듬성한 요소만으로 충분하나, 사용한계상태의 처짐 계산을 위해서 요소별로 상태 I에서 상태 II로 진행되어 강성이 변하는 것을 충분한 정밀도로 계산하기 위해 상대적으로 촘촘한 요소망을 선택하였다.
기둥에서 탄성 점지지와 벽체에 대해서 선지지 지점을 선택하여 원하지 않는 고정단 효과를 피했다. 그 외에 선지지 지점에 수직한 방향의 회전강성을 고려하지 않아서 벽체가 수직한 하중만을 받는 것으로 하였다.

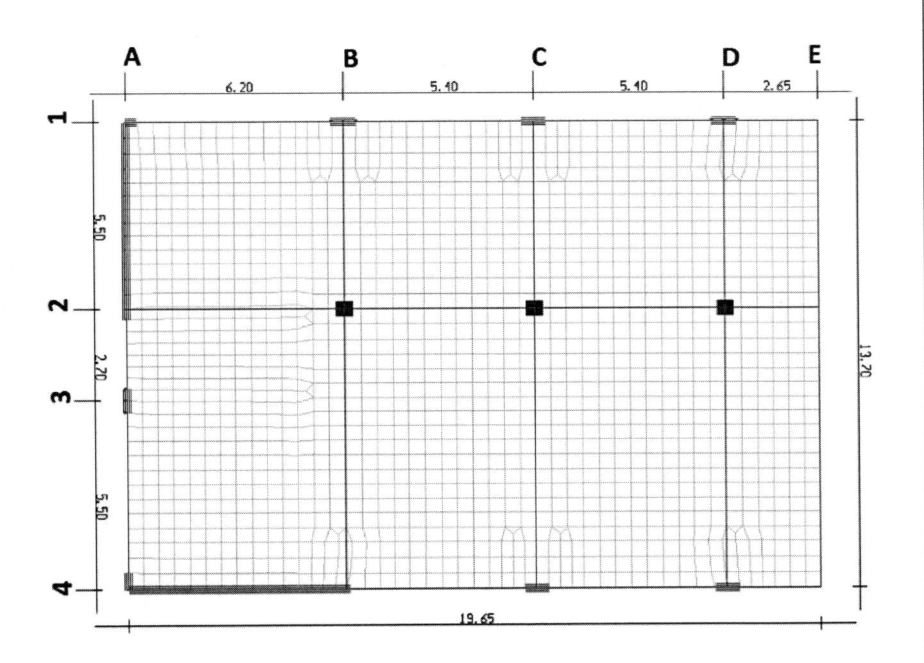

3.2 단면력

선형탄성 유한요소 해석으로 각 5개의 하중경우의 모든 단면력을 구하였다. 이들을 결합 계산하여 필요한 설계하중조합에 대해 검토한다.

예를 들어 $n_{xx} = n_{yy} = n_{xy} \rightarrow 0$

3.3 설계하중

원래의 계산 단면력에 부분안전계수와 하중조합계수를 적용하여 더해서 한계 주응력, 한계 주전단력, 경우에 따라 한계 반력을 구한다. 각 설계 하중조합에 대해 해당 단면력을 계산한다.

[58]: 9절점 쉘요소에서 요소 중앙의 9번 절점에서 단면력을 바로 얻을 수 있다.

설계에서는 각 요소의 중심에 대한 단면력 만으로 계산한다. 즉, 각 요소에 하나의 단면력만 계산한다.

- 기본 하중조합
- 드문 하중조합
- 흔한 하중조합
- 준-고정 하중조합

건물은 지진구역 0에 있다. 따라서 지진에 대하여 검토하지 않는다.

드문 하중조합과 기준 하중조합은 같다.

4. 강도한계상태

4.1 재료의 설계값

정상/임시 설계상황에 대한 강도한계상태의 부분안전계수:

- 콘크리트 ≤ C50/60 γ_C $=1.50$
- 철근 B500 γ_S $=1.15$

EC2-1-1/NA, (NDP) 2.4.2.4: (1) 표 2.1DE: 구조물의 내하력을 정하기 위한 부분안전계수
여기서: 정상 및 임시 설계상황(보통 경우)

콘크리트 C30/37: f_{ck} $=30\ \text{N/mm}^2$
f_{cd} $=0.85 \cdot 30 / 1.50$ $\mathbf{=17.0\ N/mm^2}$
E_{cm} $=33{,}000\ \text{N/mm}^2$

EC2-1-1/NA, (NDP) 3.1.6: (1)
장기하중을 고려하여 $\alpha_{cc}=0.85$

철근 B500A: f_{yk} $=500\ \text{N/mm}^2$
f_{yd} $=500 / 1.15$ $\mathbf{=435\ N/mm^2}$
f_{tk} $=525\ \text{N/mm}^2$
f_{td} $=525 / 1.15$ $=456\ \text{N/mm}^2$
E_s $=200{,}000\ \text{N/mm}^2$

EC2-1-1, (NDP) 3.2.2 (3)P

EC2-1-1, (NDP) 3.2.7 (2a)

4.2 휨강도

4.2.1 철근 중심간격

하부철근:

x-방향 철근의 유효깊이:

$$d_x = h - c_{v,l} - \phi_{s,l} - 0.5 \cdot \phi_{s,l} \quad = 260 - 20 - 10 - 10/2 \quad = 225 \text{ mm}$$

y-방향 철근의 유효깊이:

$$d_y = h - c_{v,l} - 0.5 \cdot \phi_{s,l} \quad = 260 - 20 - 10/2 \quad = 235 \text{ mm}$$

상부철근:

x-방향 철근의 유효깊이: d_x $= 215$ mm

y-방향 철근의 유효깊이: d_y $= 225$ mm

슬래브의 평균 유효깊이: d_m $= 220$ mm

4.2.2 연성파괴를 위한 철근

부재의 연성파괴를 보장하기 위하여, 균열 모멘트 작용 시의 주응력 방향으로 최소 철근을 배근한다.

EC2-1-1, 9.2.1.1 (1)
EC2-1-1, 3.1.2: (3) 표 3.1, C30/37에 대한 f_{ctm}

콘크리트 인장강도 f_{ctm} $= 2.9 \text{ N/mm}^2$

철근응력 f_{yk} $= 500 \text{ N/mm}^2$

균열 모멘트 m_{cr} $= f_{ctm} \cdot b \cdot h^2 / 6$

$= 2.9 \cdot 10^3 \cdot 1.0 \cdot 0.26^2 / 6$

$= 33.0 \text{ kNm/m}$

내부 팔길이 z $\approx 0.9 \cdot (d_x + d_y) / 2 = 0.207 \text{ m}$

컴퓨터 프로그램에서는 x-와 y-방향 각각이 유효깊이와 각 위치에 따른 내부 팔길이 z를 쓴다.

하부 지간철근

min a_s $= m_{cr} / (f_{yk} \cdot z) = 33.0 / (50 \cdot 0.207) = \mathbf{3.2\ cm^2/m}$

4.3 전단강도

4.3.1 뚫림전단

뚫림전단에 관해서는 [7]의 예제 4 ‘플랫 슬래브’에서 자세히 설명하였다. 따라서 이 예제에서는 뚫림전단에 대한 검토는 생략한다.

[7] 유효설계기준 EC2에 의한 설계 예제집, 1권: 일반구조,예제4, p.4-11ff

4.3.2 뚫림전단 영역 바깥의 전단강도

뚫림전단 영역 바깥에서는 선지지 슬래브에서 전단철근을 배근하지 않을 때의 플랫 슬래브 전단강도를 검토해야 한다. 다음은 내부기둥에서 뚫림전단 철근의 배근영역 경계(외측 둘레단면 u_{out})에서의 전단강도를 예를 들어서 검사한다.

$u_{out} = \beta \cdot V_{Ed} / (v_{Rd,c} \cdot d)$

인접지간이 $l_{y(1-2)} / l_{y(3-4)} = 5.5 / 8.2 = 0.67 < 0.8$로 지간비가 일정하지 않으므로, EC2-1-1, NA, 그림 6.21DE에 따른 하중증가계수 β의 근사값을 사용할 수 없다. β-계수는 정밀하게 정해야 한다.

EC2-1-1, 6.4.3 (6):
$0.8 \leq l_1/l_2 \leq 1.25$
$0.8 \leq l_y/l_x \leq 1.25$

이 예제에서는 예를 들어서 하중영역을 구분하여(각 4분면에 대해 $i=4$로 구분) β-계수를 근사적으로 구하는 방법[7]을 보인다. 불리한 작용[8]을 감안하여 이론적으로 구한 더 큰 β값을 쓴다.

DAfStb-Heft [600] 또는 [3] 참조

기둥치수 c: 0.45 m/0.45 m

일정한 면분포하중: $p = (g + q)$

4분면의 하중작용 면적은

$A_{Quadrant} = l_y \cdot l_x = 8.20\text{ m} \cdot 6.20\text{ m} = 50.8\text{ m}^2$($A_{load}$의 면적은 무시)

선택:

4개의 하중영역, $\alpha_{1,4} = 18.7°$와 $\alpha_{2,3} = 26.3°$

$A_1 = l_x \cdot y_1 / 2 = l_x^2 / 2 \cdot \tan\alpha_1 = 6.20^2 / 2 \cdot \tan 18.7° = 6.5\text{ m}^2$

$A_2 = l_x \cdot y_2 / 2 - A_1 = l_x^2 / 2 \cdot \tan(\alpha_1 + \alpha_2) - A_1$

$A_2 = 6.20^2 / 2 \cdot \tan(18.7° + 26.3°) - 6.5\text{ m}^2 = 12.7\text{ m}^2$

$A_4 = l_y \cdot x_1 / 2 = l_y^2 / 2 \cdot \tan\alpha_4 = 8.20^2 / 2 \cdot \tan 18.7° = 11.4\text{ m}^2$

$A_3 = A_{Quadrant} - (A_1 + A_2 + A_3) = 50.8 - 6.5 - 12.7 - 11.4 = 20.2\text{ m}^2$

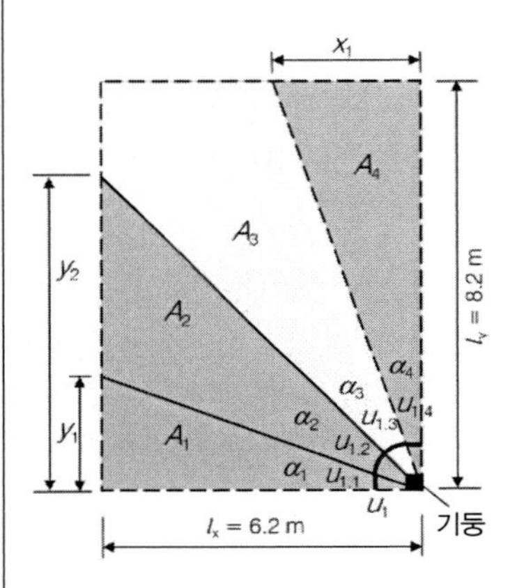

원형 둘레단면(sector 3): $u_{1,3} = 2\pi \cdot 2d / 8 = \pi \cdot d / 2$

$A_{Quadrant}$에서 임계 둘레단면: $u_1 / 4 = 2 \cdot c / 2 + 2\pi \cdot 2d / 4 = c + \pi d$

각 영역(sector)의 전단응력: $v_i = p \cdot A_i / (u_{1,i} \cdot d)$이며

평균 전단응력: $v_m = p \cdot A_{Quadrant} / (u_1/4 \cdot d)$

→ $\beta = \max v_i / v_m = v_3 / v_m$

$u_{1,3} = \pi \cdot 0.22 / 2 = 0.346\text{ m}$

$u_1 / 4 = 0.45 + \pi \cdot 0.22 = 1.14$

$\beta = A_3 / A_{Quadrant} \cdot (u_1/4) / (u_{1,3}) = 20.2 / 50.8 \cdot 1.14 / 0.346$

역자주7 뚫림전단에 관한 sector model은 EC2-1-1, 6.4.3(NCI) (3)과 https://baustatikwiki.fiw.hs-wismar.de. 「Durchstanzen-Korrekturfaktor」를 참조할 수 있다.

역자주8 둘레단면에 작용하는 전단력이 균일하지 않으므로 회전대칭을 가정한 뚫림전단 계산식을 그대로 적용할 수 없다. 하중증가계수 β는 이를 보정하기 위한 것이다.

$\beta = 1.31 > 1.10$

설계단면 u_{out}에 작용하는 전단력

$a_{out} \geq 0.5d + 2 \cdot 0.75d + 1.5d = 3.5d = 3.5 \cdot 0.22 \qquad = 0.77\ \text{m}$

단면 시작: $u_{out} = 4 \cdot 0.45 + 2 \cdot \pi \cdot 0.77 \qquad = 6.64\ \text{m}$

작용면적(설계단면 u_{out} 경계에 따른 면적):

$A_{out} = 4 \cdot 0.45 \cdot 0.77 + (2 \cdot 0.77)^2 \cdot \pi / 4 \qquad = 3.25\ \text{m}^2$

지점근처 하중 부분에서 빼는 값은 바깥쪽 둘레단면 u_{out}으로 하며, 이때 철근열을 적어도 3개열(≥2개열)로 하고, 각 열 간의 간격을 최대 허용값을 적용하여 계산한다.

$u_{out} = u_0 + 2 \cdot \pi \cdot a_{out}$

기둥단면 A_{load}(하중 작용 면적)를 뺀 값

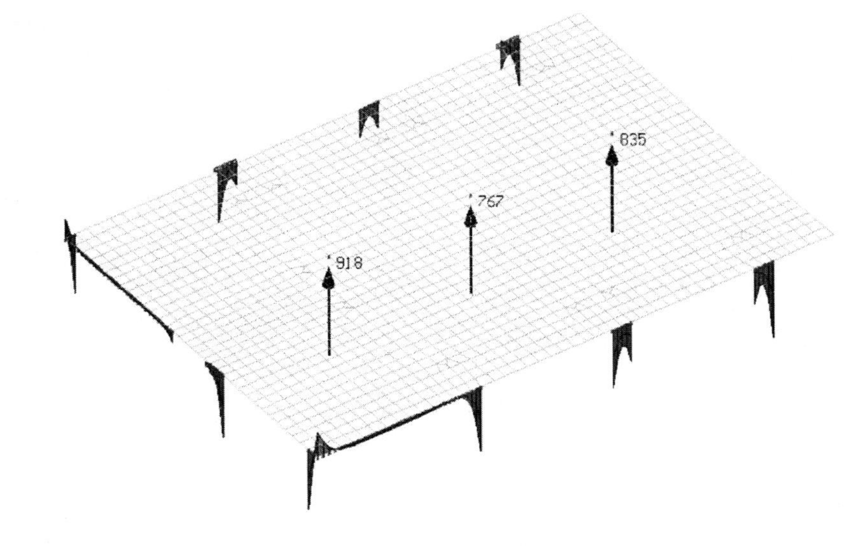

축 B-2의 내부기둥: 최대 기둥 하중 $V_{Ed} = 918\ \text{kN}$

$V_{Ed} = 918 - 19.65 \cdot 3.25 = 864\ \text{kN}$

$g_d = 1.35 \cdot 9.00 \quad = 12.15\ \text{kN/m}^2$
$q_d = 1.50 \cdot 3.00 \quad = 4.50\ \text{kN/m}^2$
$e_d = g_d + q_d \quad = 16.65\ \text{kN/m}^2$

전단철근이 없는 슬래브의 전단강도

$v_{Rd,c} = (0.15 / \gamma_C) \cdot k \cdot (100 \rho_1 f_{ck})^{1/3} \geq v_{Rd,c} = (0.0525 / \gamma_C) \cdot k^{3/2} \cdot f_{ck}{}^{1/2}$

EC2-1-1, 6.2.2: (1) (6.2a)식, $\sigma_{cp} = 0$,
전단응력은 단면적 $(b_w \cdot d)$로 부담한다.

$k = 1 + (200 / \text{d})^{1/2} = 1 + (200 / 220)^{1/2} = 1.95 < 2.0$

$\rho_1 = a_{sl} / (b_w \cdot d) = 27.1 / (100 \cdot 22.0) = 0.0123 < 0.02$

$f_{ck} = 30\ \text{N/mm}^2$

슬래브의 전단강도를 발휘하기 위해서는 u_{out} 바깥쪽에 정착되어야 한다.
상부철근이 결정값

$v_{Rd,c} = 0.15 / 1.5 \cdot 1.95 \cdot (100 \cdot 0.0123 \cdot 30)^{1/3}$

$v_{Rd,c} = 0.65\ \text{MN/m}^2 \geq v_{Rd,c,\min} = 0.0525 / 1.5 \cdot 1.95^{3/2} \cdot 30^{1/2} = 0.52\ \text{MN/m}^2$

$u_{out} = \beta \cdot V_{Ed} / (v_{Rd,c} \cdot d) = 1.31 \cdot 0.864 / (0.65 \cdot 0.22)$

$\boldsymbol{u_{out} = 7.91\ \text{m}}$

EC2-1-1/NA, (NDP) 6.2.2:
(1) (6.2b)식, $d < 600$ mm에 대한 값

A_{load}와 바깥쪽 둘레단면 사이의 간격:

$a_{out} = (u_{out} - u_0) / 2\pi = (7.91 - 4 \cdot 0.45) / 2\pi = 0.97\ \text{m}$

계산한 상부철근은 u_{out} 바깥에서 $l_{bd} + d$ (연장길이 a_1)로 정착되어야 한다.

C30/37:
→ $l_{b,rqd} = 430$ mm($\phi 12$와 좋은 부착조건)

$a_{out} \geq 4.4d$

→ 내부기둥을 둘러싼 뚫림전단영역 내에 5개의 철근열이 필요하다!

→ $l_{bd} \approx l_{b,rqd} \cdot 0.5 = 215$ mm (직선인장철근 <50%의 작용하중)

이미 배근한 상부철근은 여러 층의 철근망(4.6절의 선택 철근 참조)이므로 길이방향 철근을 뚫림전단철근([600]에 따라 최소한 50%)이 둘러싸기 위해서 특별한 철근 요소(예를 들어 abZ 또는 ETA가 있는 2중 두부 정착요소)가 유용하다.

선택: 5열의 뚫림전단철근

1. 기둥 전면에서 약 $0.45d$ 떨어진 철근열
2. 기둥 전면에서 약 $1.15d$ 떨어진 철근열(추가 철근열은 $0.7d$씩 간격을 더한다)

$a_{out} = (0.45 + 4 \cdot 0.70 + 1.5)d = 4.75d \geq 4.4d$

4.4 내화성능 검토

EC2-1-2; 일반규정 - 화재 시의 구조설계

가정:

다층 건물의 내화요구성능은 건물등급 4의 폐쇄공간의 바닥으로 REI 60 '고 화재-지연(high fire-retardant)'으로 한다.

부재의 내화요구성능은 MBO [47] 내지 주의 건설규정을 따른다.

MBO [47] § 2 (3) 기준 → 건물등급 4: 거주공간으로 쓰이며, 지면 슬래브 상면에서 최상층 바닥 상면까지지가 평균 13 m까지이며, 사용단위의 바닥면적 합이 400 m^2 이하인 건물

추가로 소방서의 구조장비와 관련 있다.

$A_{used} = 19.65 \cdot 13.70 = 269.2\ m^2 < 400\ m^2$

바닥 슬래브에 대해 도표를 이용하는 방법으로 검토한다. 외장하지 않은 철근 콘크리트 바닥에 대해 EC2-1-2, 표 5.9를 적용한다.

EC2-1-2, 표 5.9에서 발췌: 철근 및 프리스트레스트 콘크리트 플랫 슬래브의 최소값과 연단거리

내화성능 등급	최소값[mm]	
	슬래브 두께 h_s	연단간격 a
REI 30	150	10
REI 60	**180**	**15**
REI 90	200	25
REI 120	200	35
REI 180	200	45
REI 240	200	50

EC2-1-2; 5.1: 도표를 이용한 방법의 적용조건
(1) 보통의 화재
(2) 보통 콘크리트-, 비틀림 강도와 철근의 정착에 관한 추가의 검사가 필요하지 않는 경우

EC2-1-2, 5.7.4: (3) 슬래브의 최소 두께는 (예를 들어 바닥 마감을 포함하는 등의 방법으로) 줄일 수 없다.

이 예제에서 표 5.9를 적용하기 위한 전제조건은 다음과 같다.

EC2-1-2, 5.7.4

- 상온에서 모멘트 재분배 $\leq 15\%$
- 내화성능 등급 <REI 90 → 추가의 시공세목에 유의하지 않아도 된다.

$used\ h = 260\ mm > min h_s = 180\ mm$

$a = 20 + 10/2 = 25$ mm

$used\ a = 25\ mm > min a = 15\ mm$

EC2-1-2, 5.7.4: REI 90까지의 요구조건은 기타조건을 유의하면 항상 만족한다.
(2) 내화성능등급 ≥ REI 90을 위해서는 각 방향으로 EC2-1-1에서 필요한 철근의 적어도 20%를 중간지간을 지나 전체지간에 배근하고 주열대에 배치해야 한다.

→REI 60에 대한 검토를 만족한다.

4.5 필요 길이방향 철근 [cm²/m]

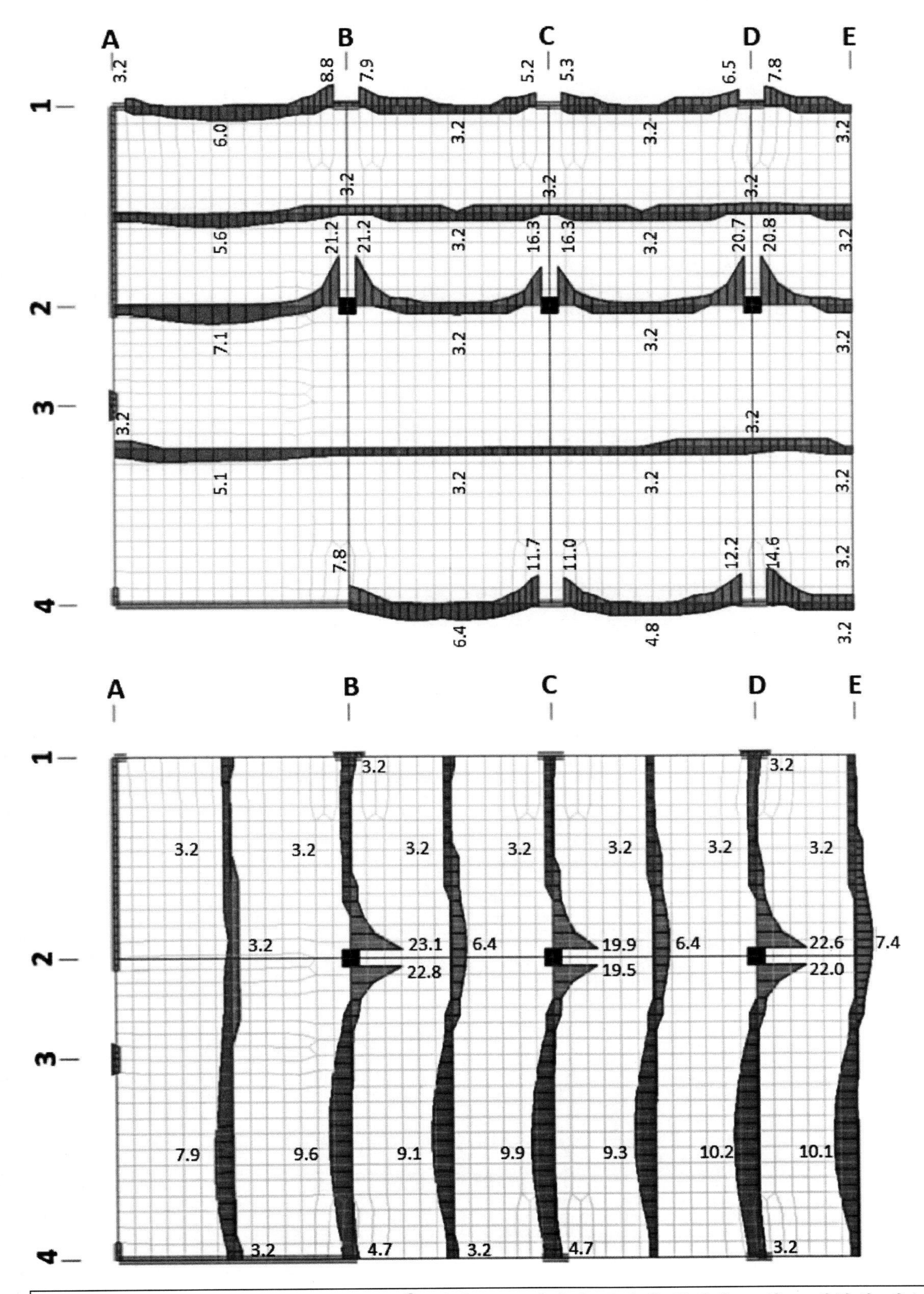

RIB-프로그램 **TRIMAS**®: 휨강도: 주열대와 중간대 중심의 x-와 y-방향의 필요 상·하부 철근 a_s[cm²/m]

4.6 선택 철근

이 철근은 주문 철근망으로 한다.[9]
(DIN 488-4에 따라, 단부 철근은 제외)

x-와 y- 방향의 상·하부 철근 a_s[cm²/m] 선택

하부:

축 1-2 사이의 지간:	a_{sx} / a_{sy} =7.8 / 5.0 cm²/m
축 2-4 사이의 지간:	a_{sx} / a_{sy} =7.8 / 11.3 cm²/m

상부:

전체 슬래브의 기본 철근:	a_{sx} / a_{sy} =5.7 / 5.7 cm²/m
기둥 근처의 추가 철근:	a_{sx} / a_{sy} =15.7 / 5.7 cm²/m
그 외	a_{sx} / a_{sy} =7.9 / 3.8 cm²/m

철근망 DIN 488-4-B500A
- 100×10/100×8
- 100×10/100×8.5d

철근망 DIN 488-4-B500A
- 100×8.5/200×12
- 100×10d/100×8.5
- 100×10/200×10

x-방향의 철근 단면적 a_s[cm²/m] (상부 철근망의 배력철근 포함)

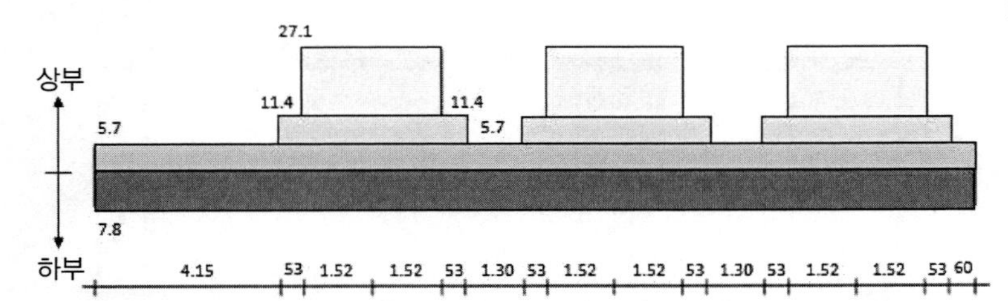

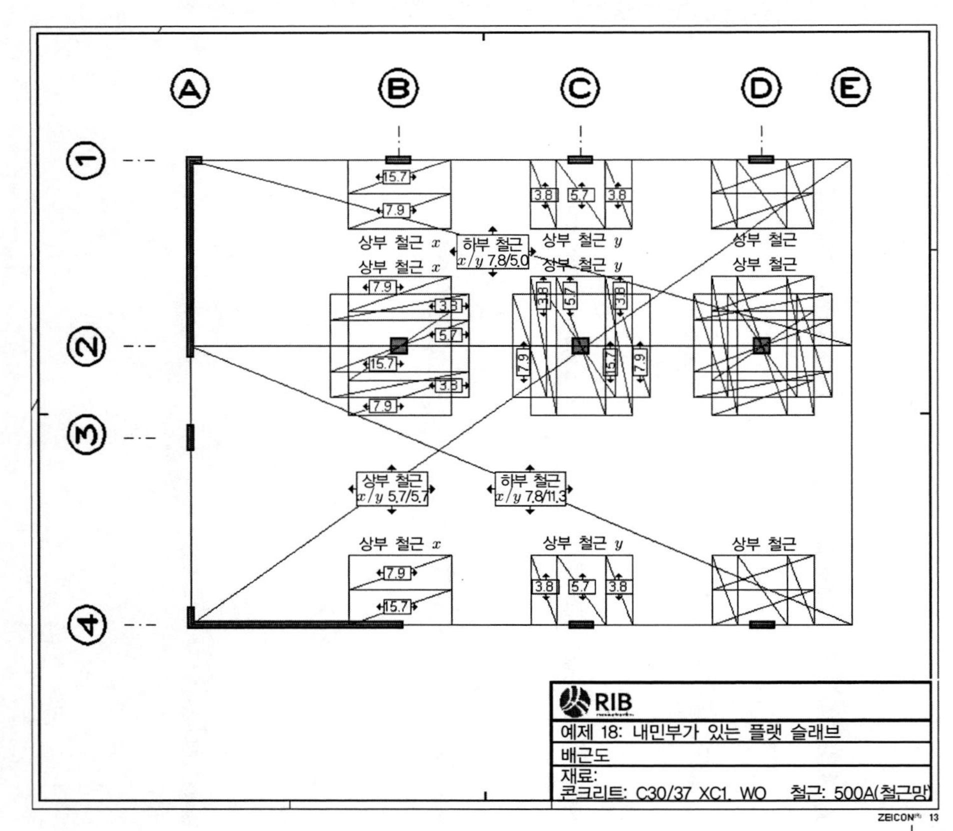

역자 주 9 철근망은 예제집 1권[7]의 역자 일러두기 2의 2-4)를 참조하라.

5. 사용한계 상태

EC2-1-1, 7

t_0에서 준-고정 하중조합하에서
→ 한계 응력 σ[(max/min 상부), (max/min 하부)] 각 철근 방향에 따른 값
→ 총단면 강성(비균열 상태)

5.1 단면력

5.1.1 시간 t_0에서의 모멘트

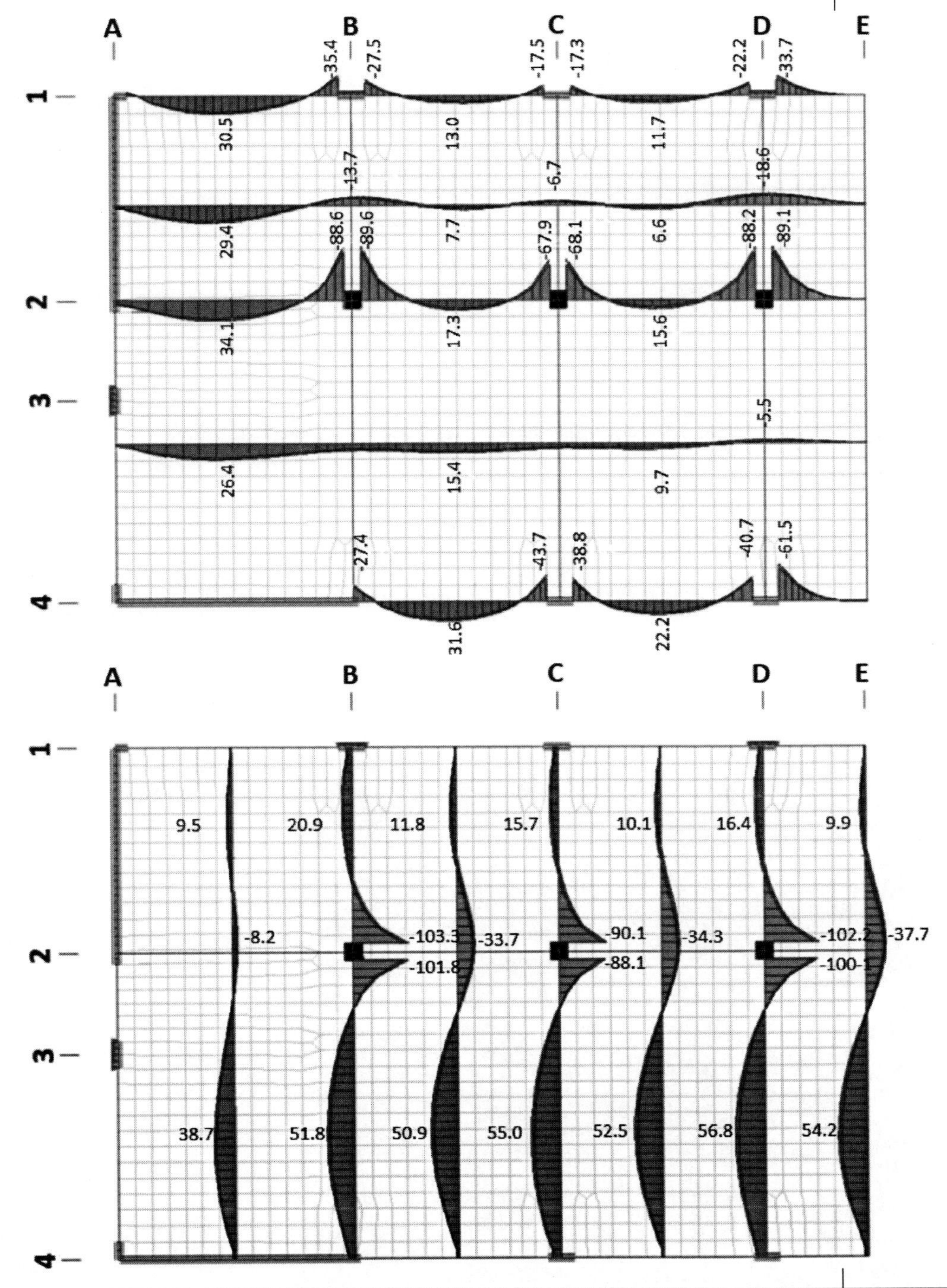

RIB-프로그램 **TRIMAS**®: x-방향 휨모멘트 m_{xx}[kNm/m]와 y-방향 휨모멘트 m_{yy} [kNm/m], 상태 I(비균열 상태), m_{xy}는 상대적으로 큰 값인 축 1과 축 4의 값만을 보임

5.2 응력 제한

단면력을 선형탄성 해석으로 구하고, 강도한계상태에서 15% 이하로 재분배 될 뿐만 아니라, 9장(부재 상세)에 따라 부재상세가 이루어지며 특히 최소 철근 배근이 보강되므로 응력 제한은 생략할 수 있다.

EC2-1-1/NA, (NCI)7.1: (NA.3) 7.2절에 따른 응력검토는 일반건물의 철근 콘크리트 구조에서는 일반적으로 생략할 수 있다.

5.3 균열 제한

EC2-1-1, 7.3

5.3.1 균열폭 제한을 위한 최소 철근

EC2-1-1, 7.3.2

주어진 구조계와 사용조건에서 바닥판에서 구속응력에 의해 균열 단면력에 도달하지 않을 것으로 볼 수 있다. 따라서 균열폭 제한을 위한 최소 철근은 생략할 수 있다.

5.3.2 균열폭 제한

EC2-1-1, 7.3.3

슬래브 두께 $h=260\text{ mm}>200\text{ mm}$이므로 균열폭 제한 검토가 필요하다.

EC2-1-1, 7.3.3 (1)

구조물의 내구성과 미관에 대한 요구조건은 이 예제의 노출등급 XC1에 대해 준-고정 하중조합에서 계산 균열폭을 $w_{\max}=0.4\text{ mm}$로 제한하여 만족할 수 있다.

EC2-1-1/NA, (NDP) 7.3.1: (5) 표 7.1DE 철근 콘크리트부재, 노출등급 XC1

EC2-1-1, 7.3.4에 따라 균열폭을 직접 계산하여 검토한다.

이 검토는 RIB 프로그램 TRIMAS [58]을 통하여 수행한다.

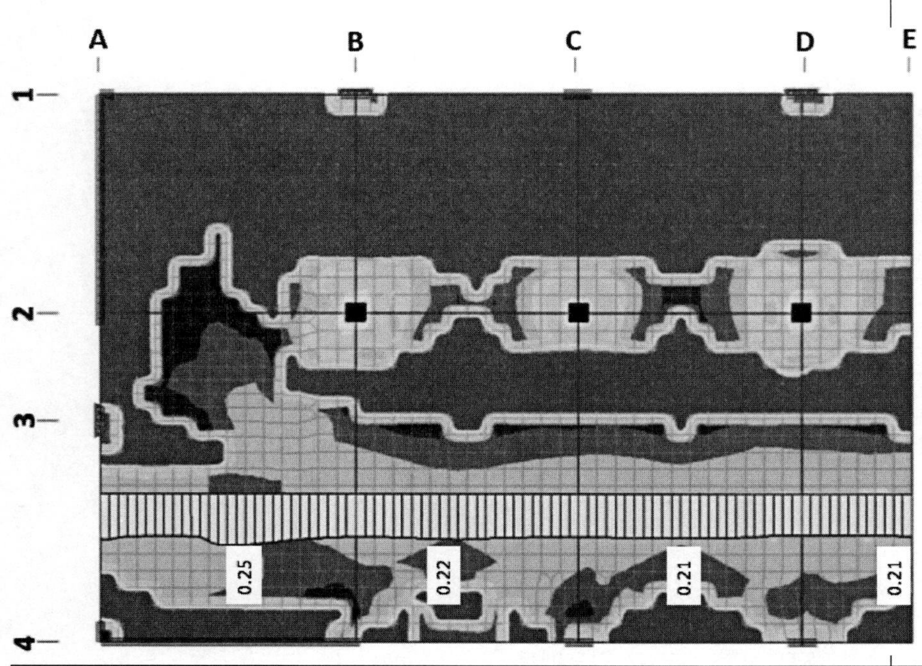

RIB running together RIB-프로그램 **TRIMAS®**: 준-고정 하중조합하에서 균열폭 제한, 최대 균열폭 $w_k=0.25\text{ mm}<0.40\text{ mm}$

다른 방법:

철근 직경 ϕ_s의 제한(직접계산하지 않는 방법)

EC2-1-1/NA, (NDP) 7.3.3: (2) 표 7.2DE

준-고정 하중조합하에서 균열 직후의 최대 철근 응력:

$$\sigma_s \approx M_{perm} / (z \cdot a_s)$$

가정: $z \approx 0.9d$

x-방향(축 2, 하부, ϕ10):

$$\sigma_{s,y} \approx 34.1 \cdot 10^{-3} / (0.9 \cdot 0.225 \cdot 7.8 \cdot 10^{-4}) = 216 \text{ N/mm}^2$$

y-방향(축 B-2, 상부, ϕ12):

$$\sigma_{s,y} \approx 103.31 \cdot 10^{-3} / (0.9 \cdot 0.225 \cdot 27.1 \cdot 10^{-4}) = 188 \text{ N/mm}^2$$

y-방향(축 D, 하부, ϕ8.5):

$$\sigma_{s,y} \approx 56.8 \cdot 10^{-3} / (0.9 \cdot 0.235 \cdot 11.3 \cdot 10^{-4}) = 238 \text{ N/mm}^2$$

사용 인장 철근은 다음과 같다.
$a_{sx} = 7.8 \text{ cm}^2/\text{m}$(하부)
$a_{sy} = 27.1 \text{ cm}^2/\text{m}$(상부)
a_{sy} 11.3 cm^2/m(상부)
철근의 유효 깊이는 4.2.1절 참조

EC2-1-1/NA, (NCI) 7.3.3: (NA.8)
이중철근($\phi \le 12$ mm)이 있는 철근망에서는 단일 철근의 직경으로 대치한다.

$\rightarrow$ $\phi_s^* = 24 \text{ mm} > \text{used}\phi = 8.5 \text{ mm}$, 10 mm와 12 mm

균열폭 제한에 관한 검토를 만족한다.

$\rightarrow$ 허용 제한 직경 ϕ_s^*, $\sigma_s = 240 \text{ N/mm}^2$, 표 7.2DE에 따른 값
C30/37: $\rightarrow f_{ctm} \ge 2.9 \text{ N/mm}^2$이므로 제한 직경을 수정하지 않는다.

5.4 처짐 제한

5.4.1 기본사항

EC2-1-1, 7.4

DIN EN 1992-1-1에 따른 요구조건

EC2-1-1, 7.4.1: (4)와 (5)

검토항목	제한값	사중조합
최종 상태의 순처짐	$\le l_{eff}/250$	준-고정
최종 상태의 캔틸레버의 순처짐	$\le l_{eff}/100$	
변형에 예민한 추가 부재가 설치된 후 또는 인접 부재의 손상이 예측될 때의 처짐	$\le l_{eff}/500$	
시공 시의 솟음	$\le l_{eff}/250$	-

EC2-1-1/NA, (NCI) 7.4.1: (4) 캔틸레버 부재에서는 내민부 길이의 2.5배로 지간을 계산한다. 즉, 내민부 길이를 기준으로 순처짐 ≤1/100이다. 그러나 캔틸레버 부재의 최대 허용 순처짐은 인접지간의 값을 넘을 수 없다.
사용성 조건을 만족하더라도, 미관에 관한 특별한 조건을 고려해야하는 경우에는 이들 제한값을 더 높일 수 있다.

5.4.2 직접계산 방법

휨세장비 제한에 따른 부재 높이를 만족하지 못할 때(예를 들어, 변형에 예민한 부재일 때) 실제의 강성을 고려한 직접 처짐 검토가 필요하다.

DAfStb-Heft [600], 3.1.3:
콘크리트가 탄성영역에 있더라도, 일반적으로 균열에 따른 강성의 변화가 부재변형에 큰 영향을 준다. 그러나 철근이 많이 배근된 부재와 비균열 상태를 유지하는 부재(예를 들어 압축부재, 프리스트레스트 콘크리트 부재)에서는 콘크리트의 탄성 변형에 관한 물성이 처짐에 결정적이다.

철근 콘크리트 부재의 장기 처짐을 직접 계산하는 것은 시간에 따라 다르게 작용하는 영향인자가 많고, 교번하중에 따른 영향을 고려해야 하므로 많은 계산이 필요하고 복잡하다. 이는 평면 부재에서 특히 더 심하다. 그러나 이에 대한 간단한 해결책은 없다.

설계 실무에서는 다음과 같은 구조계, 재료와 하중에 따른 변수를 고려한 공학적 모델이 사용된다.

- 구조계의 경계 조건(예를 들어 지점)

- 골재 종류와 재하 시의 콘크리트 상태를 고려한 콘크리트 탄성계수
- 콘크리트 인장강도(→ 균열 모멘트)
- 크리프와 수축 작용
- 크리프를 유발하는 하중 이력
- 균열 사이의 인장경화 작용
- 철근 형태, 위치, 철근량, 철근 배치
- 균열 이력, 즉 이전의 하중에 의해 이미 발생한 손상의 영향
- 준-고정 하중조합의 영향: 사용하중 부분 비율 $\psi_2=0.3\sim0.8$
- 대기 습도와 온도와 같은 환경조건

콘크리트의 탄성계수는 주로 골재 종류에 좌우된다. 일반적인 경우에는 EC2-1-1, 표 3.1에 주어진 탄성계수의 계산값에 보정계수 α_E를 적용하여 충분하다(1.3절 참조).

탄성계수가 부재 거동에 중요한 경우에 신뢰할 만한 경험값이 없을 때는 DIN EN 206-1/DIN 1045-2에 따른 추가요구사항으로, 최초 실험으로 필요한 값을 정하며, 생산 시에 품질을 관리해야 한다. 이때는 실제 구조물(현장)에서의 분산이 실험에서 정한 탄성계수의 10% 이상을 벗어날 수 없다.

처짐의 직접계산은 일반적으로 유한요소해석으로 가능하다. 이는 중요한 영향인자-특히 크리프와 수축-를 고려한 실제에 가까운 휨강성을 고려하여 수행해야 한다. 또한 정교한 계산모델에 의해 처짐을 직접 근사계산하거나 예측한다. 경우에 따라서 재료변수에 대한 한계값을 검사한다.

계산모델을 증명하기 위해, 부재변위의 해석값과 측정값을 비교한 결과가 제시되어야 한다.

유럽설계기준 EC2에서는 철근 콘크리트 부재 처짐의 직접계산은 '더하기' 형태의 계산방법이다. 소위 ζ-방법으로 상태 I(비균열)의 처짐과 상태 II(완전한 균열)의 처짐 사이의 값을 구한다.

EC2-1-1, 7.4.3
추가의 설명은 [600], [3] 참조

$$\alpha=\zeta\cdot\alpha^{II}+(1-\zeta)\cdot\alpha_I$$

EC2-1-1, 7.4.3: (3) (7.18)식
α - 변위값, 예를 들어 곡률 $(1/r)$
처짐 계산값 $w=k\cdot(1/r)_m\cdot l_{eff}^2$
(k=모멘트 계수)

여기서

ζ 균열 분배계수(상태 I와 II의 변위 분배 비율)

$\zeta=1-\beta\cdot(\sigma_{sr}/\sigma_s)^2$

$\zeta=0$, 상태 I에 대해

휨에 대해서는 (σ_{sr}/σ_s) 대신에 (M_{cr}/M)을 쓴다.

여기서 M_{cr}-균열 모멘트

α_I 비균열 상태의 변위

α_{II} 완전 균열상태의 변위

$\beta=1.0$ 단기하중 재하

$\beta=0.5$ 지속하중 또는 반복하중 재하

직접 변위계산에 의한 실제 변위는 준-고정 하중조합하의 값으로 드문 하중조합에 따른 강성 대표값으로 계산한다.

[600] 참조

이 예제에서 변위의 계산은 유한요소해석 프로그램[58]을 이용하였다. 여기서는 ζ-방법을 사용하지 않고, 각 요소에 대해 각각의 '실제의' 강성을 사용하며 '정확한' 곡률이 계산된다. 장기하중에 따른 총 변위는 곡률의 단면별

적분으로 계산한다.

이 예제의 계산모델은 다음의 가정 및 영향인자를 고려한 것이다.

- 재료계수가 시간에 따라 변하는 시점, $t_0 < 28$일
- 콘크리트 인장강도 $f_{ctm,\,fl}$
- 크리프와 수축 $\varphi(t,\ t_0)$, $\epsilon(t,\ t_0)$
- 하중이력
  - $t_0 = 21$일(하중재하 시점의 콘크리트 재령)
  - $t_1 = 50$일(경량벽체를 시설할 때의 콘크리트 재령)
  - $t_\infty = 50$년 = 18250일(사용지속등급 4)
- 길이방향 철근 배근

EC2-1-1, 3.1.4

EC0, 2.3: 표 2.1, 사용하중의 지속 등급

이전의 손상의 영향

강성은 장기거동을 고려하고, 드문 하중조합하에서 반복적으로 변경되므로 마지막 반복 단계의 준-고정 하중조합하에서는 더 이상의 변위증가가 없다. 이에 따라 단기적으로 높은 하중과 균열에 의한 전체적인 구조계의 재분배와 같은 이전의 손상의 영향이 반영된다.

균열에 대해 불리한 하중조합
→ 최대 부재영역에 계산상 상태 II

콘크리트 인장강도의 영향

이 예제에서는 (두께가 얇은 휨부재이므로) 단면 높이에 따라 변하는 평균 휨인장강도[10] $f_{ctm,\,fl}$을 사용한다.

안전 측으로 평균 인장강도 f_{ctm}을 쓸 수도 있다.

$$
\begin{aligned}
f_{ctm,\,fl} &= [1.6 - h\,/\,1000)] \cdot f_{ctm} \geq f_{ctm} \\
&= [1.6 - 260\,/\,1000)] \cdot 2.9\ \mathrm{N/mm^2} \\
&= 3.9\ \mathrm{N/mm^2} > 2.9\ \mathrm{N/mm^2}
\end{aligned}
$$

EC2-1-1, 3.1.8: (1) (3.23)식

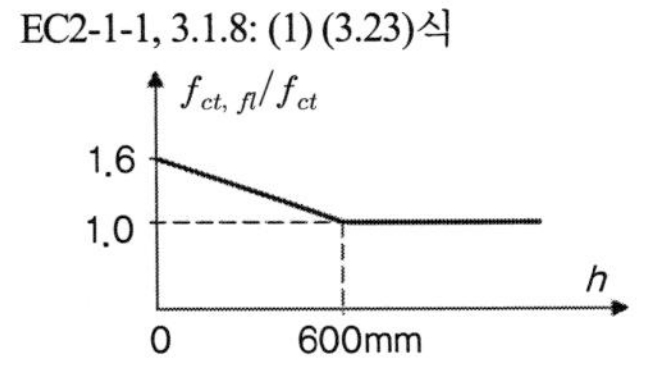

드문 하중경우에 대한 콘크리트 응력과 인장강도 $f_{ctm,\,fl}/\sigma_{c,\,rare}$를 요소별로 비교하여 강성의 값을 균열 또는 비균열에 해당하는 값을 쓸 지를 결정한다.

인장력을 받은 콘크리트의 균열 사이의 작용(인장경화 작용)은 철근의 응력-변형곡선을 수정하여 고려한다. 균열분배계수의 계산은 비균열 (a), 최초 균열 (b)와 형성완료 균열 (c)로 구분하여 수행한다.

균열 사이의 부착 응력으로 콘크리트가 인장력을 부담하므로 완전한 상태 II에 비하여 인장응력에 대한 강성이 증가한다. 이러한 강성증가 현상을 균열 사이의 콘크리트 협동작용(독일: Mitwirkung) 또는 인장경화작용(tensile stiffening effect)이라 한다.

한 번 균열된 요소는 균열요소로 취급하여 균열 이력을 반영한다.

역자 주 10 인장강도의 크기효과(size effect)가 반영된 값을 사용한다.

크리프의 영향

전체 변위에 대한 크리프의 영향은 근사적으로 유효탄성계수 $E_{c,eff}$로 반영한다.

콘크리트 유효탄성계수

$$E_{c,eff} = E_{cm} / [1+\varphi(\infty,\ t_0)]$$

여기서: 최종 크리프 계수

$$\varphi(t,\ t_0) = \varphi(\infty,\ t_0) = 2.5$$

$$E_{c,eff} = 33{,}000 / [1+2.5]$$

$$E_{c,eff} = 9{,}430\ \text{N/mm}^2$$

유효탄성계수의 분산을 고려하여 추가로 서로 다른 유효탄성계수 $E_{c,eff}$로 시간 t_∞에서의 처짐을 계산한다.

- 하한값:
  $E_{c,eff} = 7{,}870\ \text{N/mm}^2$(평균값의 약 83%)
- 상한값:
  $E_{c,eff} = 11{,}80\ \text{N/mm}^2$(평균값의 약 125%)

시간 t_0에서부터 시간에 따른 탄성계수의 변화는 $\beta_{cc}(t_0)^{0.3} \approx 0.99$.

수축의 영향

수축의 영향은 자체 평형응력(self euilibriate stress)[12]에 따른 것이다. 콘크리트와 철근 중심의 수축변형으로 적합조건과 평형조건을 만족하는 내적 힘을 계산할 수 있다. 크리프와 수축은 유사한 거동을 하는 것으로 가정한다.

총 수축변형

$$\varepsilon = \varepsilon_{cd} + \varepsilon_{ca}$$

$$\varepsilon_{cs}(\infty) = \varepsilon_{cd}(\infty) + \varepsilon(\infty)$$

$$\varepsilon_{cs}(\infty) = 0.8 \cdot 0.48 + 0.05$$

$$= 0.434 \approx 0.4‰$$

처짐 계산에서는 사용하중하의 응력한계가 $0.45 f_{ck}$이므로 일반적으로 선형 크리프가 발생한다.

EC2-1-1, 7.4.3: (5) (7.20)식
($\alpha_E = 1.0$ 적용, 1.3절 참조)

EC2-1-1, 3.1.4 (2), 그림 3.1 a)
적용조건:
C30/37, $h_0 = 260$ mm
Cement class N
재하시작점 $t_0 = 21$일
→ $\varphi(\infty, t_0) \approx 2.5$

콘크리트 유효탄성계수는 참고문헌에 따라 다음 값이다. 예를 들어 콘크리트등급 C30/37, 크리프 계수 $\varphi(t, t_0) = \varphi(\infty, t_0) = 2.5$)에 대해 이들을 비교하면:
→ DAfStb-Heft [525], H.9-18식:
$E_{c0,eff} = E_{c0} / [1 \rho(t, t_0) \cdot \varphi(t, t_0)]$
$E_{cm,eff} = 31900 / (1+0.8 \cdot 2.5) = 10{,}630\ \text{N/mm}^2$
→ [49] Zlich; Rogge: BK 2002/1, 3.1.3, (3.26)식
$E_{c,eff} = 1.1 E_{cm} / [1.1 + \varphi(t, t_0)]$
$= 1.1 \cdot 8300 / (1.1+2.5) = 8{,}650\ \text{N/mm}^2$
→ [57] Krüger; Mertzsch; Koch (2009):
$E_{c,eff} = 1.1 E_{cm} / [\psi_0 + \varphi(t, t_0)]$
$= 1.1 \cdot 28300 / (1.02+2.5) = 8{,}840\ \text{N/mm}^2$
E_{ctm}과 E_{cm}은 DIN 1045-1, 9.1.3, 표. 9, 릴랙세이션계수[11] $\rho(t, t_0) = 0.8$이며 재령계수 $\psi_0 = 1/[\beta_{cc}(t_0\ )]^{0.5} = 1.02$(Cement N, $s = 0.25$)에 대한 값

EC2-1-1, 3.1.4: (6) (3.8)식
ε_{cd}-건조수축
(변위계산에서 가장 중요한 부분; 양생의 종료시점에 시작하여 전 사용기간에 작용한다.)
ε_{ca}-화학적 내지 자기수축
(기본수축; 소성수축과 탄산화는 변위와 무관하다.)

EC2-1-1/NA, (NCI) 부록 B.2, by NA.B.2:
$\varepsilon_{cd,0} = 0.48‰$ (C30/37, RH = 50%일 때, 건조수축의 기본값)
EC2-1-1, 3.1.4: (6) $\beta_{ds}(\infty) = 1.0$
$h_0 = 260$ mm → $k_h \approx 0.8$
$\varepsilon_{ca}(\infty) = 2.5(f_{ck} - 10) \cdot 10^{-6}$
$= 2.5(30-10) \cdot 1^{0-6} = 0.05‰$
$\beta_{as}(\infty) = 1.0$

역자주 11 여기서 릴랙세이션계수는 콘크리트의 크리프에 따라 응력이 감소하는 것을 반영하기 위한 것이다. EC2-1-1,5.10.6(1) (b)항의 note에서와 같이하여 0.8로 한 것이다.

역자주 12 철근과 콘크리트의 수축 차이로 구속응력이 발생할 때, 평면 유지의 가정을 만족하기 위한 구속응력을 말한다.

철근의 영향

철근의 영향은 중요하므로 상태 I뿐만 아니라 상태 II도 고려해야 한다. 필요 철근량은 강도한계상태(ULS)와 사용한계상태(SLS)의 설계과정에서 정해진 값으로 하되 위치에 따라 배근을 달리한다.

$$A_{s,\,prov} \geq A_{s,\,rqd} \text{ from ULS and SLS}$$

필요철근이 아니라 실제로 배치된 철근으로 처짐을 계산하면 처짐값을 줄일 수 있다.

일반건물에서는 $A_{s,rqd}$는 통상 ULS에 의해 결정된다.

하중이력의 영향

적어도 다음의 경우에는 하중이력을 고려해야 한다.

－변형에 예민한 부가부재로 처짐에 대한 요구조건이 높은 경우 추가로 보강한 부재 단면에 대해서도 주의한다. 이는 자중을 프리캐스트 단면만이 받고 추가의 현장타설 단면이 시공될 때 또는 보조 지보재가 사용될 때가 그러하다.

허용 처짐

허용 처짐(솟음이 없는 경우에 처짐=순처짐)은 다음과 같다.

EC2-1-1/NA, (NCI) 7.4.1: (4) 캔틸레버에서는 지간을 내민부 길이의 2.5배로 계산하므로 순처짐 ≤ 내민부 길이의 1/100이 된다. 그러나 내민부의 최대 허용 순처짐은 인접 지간의 순처짐을 넘을 수 없다.

－지간 1-2: $f_{allow} = 6200 / 250 = 25$ mm

－지간 2-4: $f_{allow} = 8200 / 250 = 33$ mm

－내민부 D-E: $f_{allow} = 2650 / 100 = 26$ mm

결정값: → 25 mm, 지간 1-2

5.4.3 상태 I의 변위

시간 t_0의 변위 [mm]

준-고정 하중조합
→총 단면의 강성(비균열)

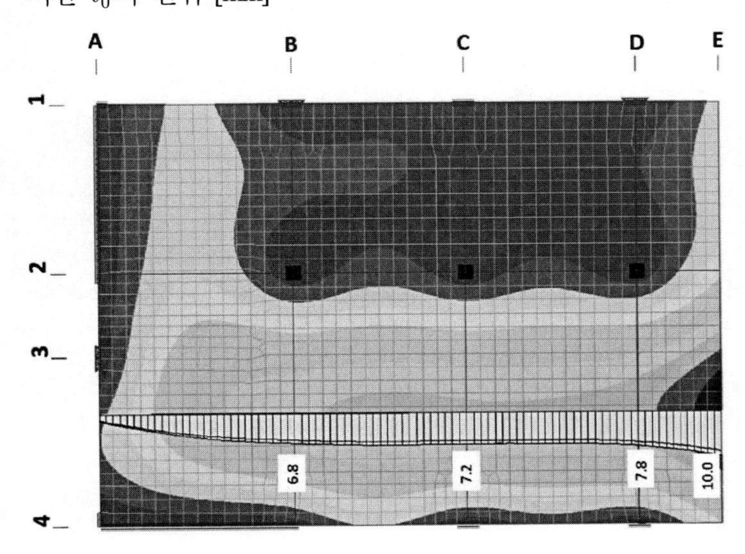

5.4.4 상태 II의 변위

시간 t_∞ 의 변위 [mm]

시간 t_∞ 에서 변위
→준-고정 하중조합에서 상태II에 대한 변위
→드문 하중조합에서 유효강성에 대한 변위

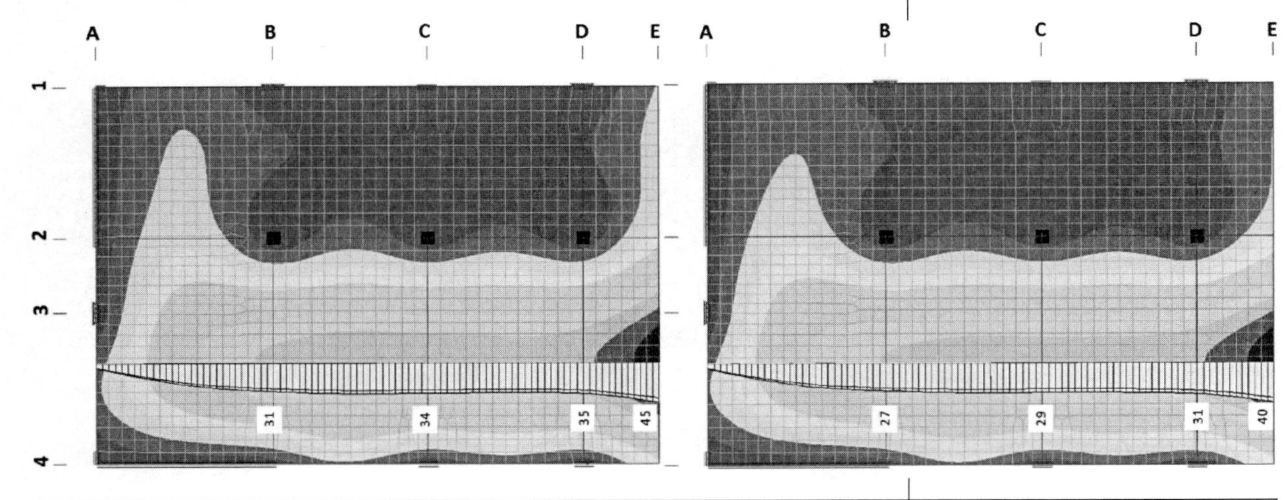

RIB-프로그램 **TRIMAS®**: 단기 변위, 크리프와 수축을 고려하지 않은 상태 I
• 위의 그림: 시간 t_0, 준-고정 하중조합, 내민부의 단부 처짐: 계산 $w=10$ mm

RIB-프로그램 **TRIMAS®**: 장기 변위, 크리프 고려: $\varphi(\infty, 21)=2.5$;
수축 $\varepsilon_{cs}(\infty)=0.4‰$; 휨 인장강도 $f_{ctm,ft}=3.9$ N/mm²
• 아래 왼쪽 그림: 필요 길이방향 철근으로 계산, 내민부의 단부 처짐: 계산 $w=45$ mm
• 아래 오른쪽 그림: 사용 길이방향 철근으로 계산, 내민부의 단부 처짐: 계산 $w=40$ mm

시간 t_∞ 에서 변위 한계값 [mm]

시간 t_∞ 에서 변위
→준-고정 하중조합에서 상태II에 대한 변위
→드문 하중조합에서 유효강성에 대한 변위

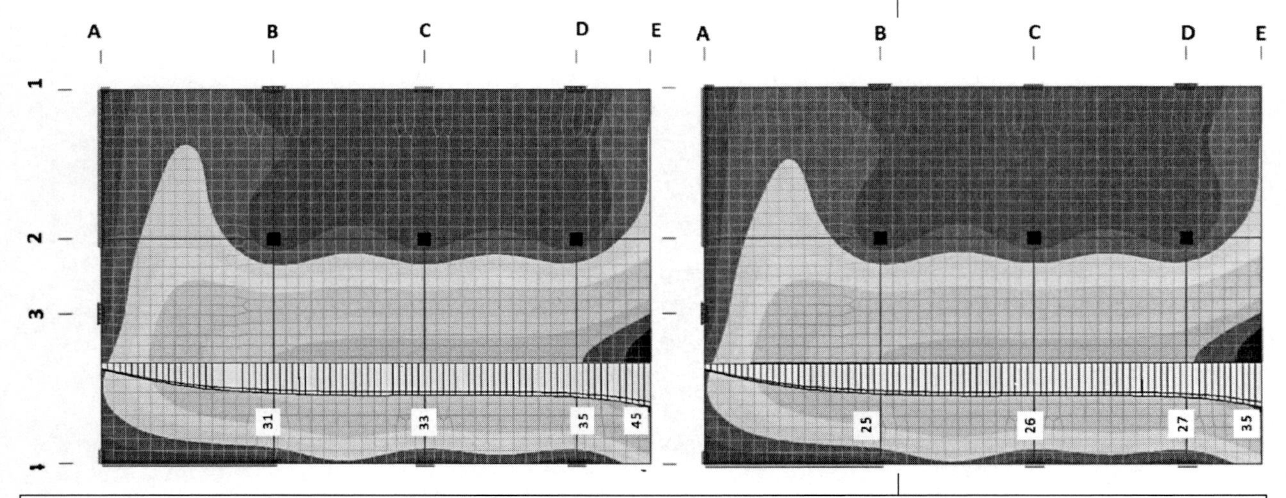

RIB-프로그램 **TRIMAS®**: 장기 변위, 크리프 고려: $\varphi(\infty, 21)=2.5$;
수축 $\varepsilon_{cs}(\infty)=0.4‰$; 휨 인장강도 $f_{ctm,fl}=3.9$ N/mm², 사용한 길이방향 철근으로 계산
• 왼쪽 그림: 하한값(~83%, $E_{c,eff}$), 내민부의 단부 처짐: **계산** $w=45$ mm
• 오른쪽 그림: 상한값(~125%, $E_{c,eff}$), 내민부의 단부 처짐: **계산** $w=35$ mm

5.4.5 변위계산 결과 정리

축 1과 2 사이의 지간모멘트는 일반적으로 균열모멘트 이하의 값이다. 이에 따라 이들 지간영역의 변형은 매우 작다. 해당 슬래브에는 균열이 발생하지 않는다.

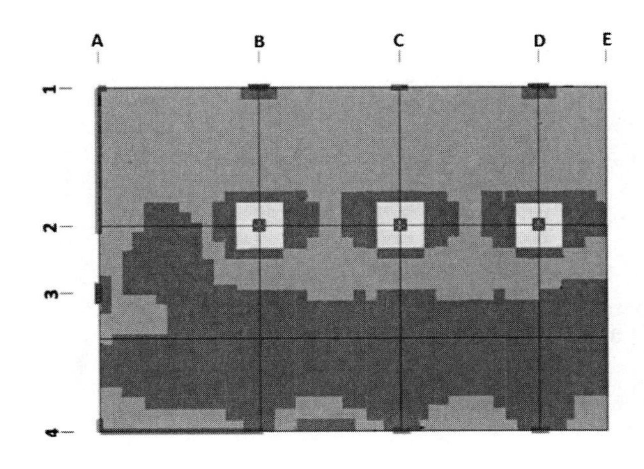

그림: 시간 t_0에서 크리프와 수축의 영향을 고려하지 않고, 요소별 강성의 감소를 보인 것이다.

이에 반하여 축 2와 4 사이의 지간에서는 넓은 영역에 걸쳐 균열이 발생한다. 시간 t_∞에서 균열이 발생하므로 시간 t_0의 처짐에 비하여 훨씬 큰 강성의 감소가 있다.

다음 표는 최초 하중재하, 크리프와 수축, 철근과 하중조합의 영향을 보인 것이다.

철근	크리프	수축	하중조합	변위 w [mm] 지간 2–4		
	φ	ε_{cs}		축 B	축 D	축 E
상태 I			$g_{k,1}$	4.5	5.1	6.6
			$\Sigma g_k + 0.3q_k$	6.8	7.8	10
상태 II, 휨 인장강도 $f_{ctm,fl}=3.9\ \text{N/mm}^2$						
$t_0=14d$ $\boldsymbol{t_0=21d}$ $t_0=28d$ $\boldsymbol{t_1=50d}$	0 0 0 0.8	0 0 0 0	$g_{k,1}$	5.1 **4.6** 4.5 **6.5**	5.9 **5.4** 5.1 **7.5**	8.0 **7.5** 7.3 **10**
used A_s	0	0	Σg_k	9	11	14
used A_s	0.8	0	Σg_k	11	14	18
rqd A_s used A_s	0	0	$\Sigma g_k + 0.3q_k$	14 13	16 15	22 20
rqd A_s used A_s	0.8	0	$\Sigma g_k + 0.3q_k$	18 15	21 18	28 24
rqd A_s used A_s	2.5	0	$\Sigma g_k + 0.3q_k$	27 23	31 27	41 36
rqd A_s used A_s	2.5	0.4‰	$\Sigma g_k + 0.3q_k$	31 **27**	35 **31**	45 **40**
used A_s	2.5	0.4‰	$\Sigma g_k + 0.3q_k$	**31** 25	**35** 27	**45** 35

상태 II의 값은(g_1을 제외하고) 반올림하였다.

축 E: 내민부의 단부

처짐의 최대값은 축 3과 4 사이의 지간에 있다.

자중에 의한 변위

시간 t_0에서 준-고정 하중조합에 의한 변위

시간 t에서 자중에 의한 변위

시간 t_0에서 자중+부가사하중에 의한 변위

시간 t_1에서 자중+부가사하중에 의한 변위

시간 t_0에서 준-고정 하중조합에 의한 변위

시간 t_1에서 준-고정 하중조합에 의한 변위

시간 t_∞에서 준-고정 하중조합에 의한 변위

$E_{c,eff}$의 하한값 사용

$E_{c,eff}$의 상한값 사용

처짐을 비교하여 각 변수의 영향을 살펴본다.

– 구조계의 영향

지간장은 비례하는 것보다 큰 영향을 미친다. 단지간 슬래브에 비해 연속 지간의 슬래브에서 더 작은 변위가 발생한다. 2방향 슬래브에서 주하중 방향의 하중분담은 상태 II 영역에서 뚜렷하다.

– 최초 재하시점의 영향

자중은 거푸집 제거시점부터 작용한다. 최초 재하시점의 영향은 뚜렷하다. 거푸집을 일찍 제거할수록 콘크리트 인장강도와 탄성계수가 작아진다. 최초 재하시점이 이르면 단기와 장기 처짐의 예측값이 상당히 크게 증가한다.

수화 정도에 따른 강도발현은 근본적으로 시멘트 종류와 환경조건에 좌우된다.

– 휨강성의 영향

실제 구조에서의 콘크리트 탄성계수의 실제값은 휨강성과 이에 따른 변위에 큰 영향을 미치며, 이는 탄성계수의 상한값 및 하한값으로 반영될 수 있다. 강도한계상태에서 필요한 철근 이상으로 추가 배근한 철근은 변위를 줄인다. 이는 특히 크리프와 수축에 의한 변위에 유효하다. 이 효과는 완전한 균열 상태(상태 II)에 가까울수록 뚜렷하다.

사용 골재의 종류에 따라 강성이 다르므로, 콘크리트의 탄성계수도 상대적으로 크게 변한다. 현장에서 가용한 골재를 사용할 때는 지역에 따라 탄성계수가 다른 것을 반영할 수 있다(대략 설계기준의 값의 ±30%).
5.4.2절의 해설 참조

– 크리프와 수축의 영향

콘크리트의 크리프로 변위가 전반적으로 증가한다. 크리프는 자중과 부가사하중의 시점에서부터 전 단계의 처짐에 영향을 준다. 상태 II 영역에서의 변위 증가는 비균열 영역에 비해 다소 크다.

수축변형은 크리프에 비해 훨씬 작다. 부정정 구조에서는 단부 지간 슬래브에 비해 전달되는 구속 단면력이 작용하므로 미치는 영향이 상대적으로 크지 않다. 단부지간의 수축변형이 내부지간보다 크다.

크리프와 수축은 그 외에도 부재주위의 습도에 영향을 받는다. 따라서 적절한 양생이 긍정적으로 작용한다. 즉, 변위의 증가가 줄어든다.

– 하중조합의 영향

변위와 관련이 있는 준-고정 사용하중 부분은 일반 건물에서는 상대적으로 작은 값이다($(0.3 \le \psi_2 \le 0.6) \cdot q$). 따라서 변위의 증가는 훨씬 작다.

사용하중이 증가하면 주로 부재강도를 증가시켜야 한다. 예를 들어 $1.50q$로 사용하중이 증가하면 더 많은 철근이 필요하게 된다.

준-고정 하중은 특히 칸막이벽 하중(자중)을 부가하중으로 고려할 때, 사용하중을 검토하고 경우에 따라서는 증가시켜야 한다.

예를 들어 경량칸막이벽 부가하중을 $\Delta q = 1.0\ \mathrm{kN/m^2}$($> \min \Delta q = 0.8\ \mathrm{kN/m^2}$, 풍하중 $\le 3\ \mathrm{kN/m}$일 때)로 다소 크게 선택하면, 이에 따른 하중조합은

$$E_{d,perm} = g + \psi \cdot (q + \Delta q) = 9.0 + 0.3 \cdot (2.0 + 1.0) = 9.9\ \mathrm{kN/m^2}$$

$g_2 = \min \Delta q$로 다르게 계산하면,

$$E_{d,perm} = g_1 + g_2 + \psi \cdot q = 9.0 + 0.80 + 0.3 \cdot 2.0 = 10.4\ \mathrm{kN/m^2}$$

으로 비슷한 값이다.

예민한 부재의 처짐제한에는 시공순서가 영향을 미친다. 여기서는 칸막이벽 설치 전에 바닥판 설치가 완료되는 것으로 한다.

– 유한요소해석의 영향

점지지 및 선지지 지점은 유한요소해석의 특이점(singularity)이므로 강성이 크게 감소한다. 따라서 이 영역에서 변위는 실제와는 다른 매우 큰 값이 된다.

허용 변위의 검사 1

어떤 시점에서도 허용 변위를 초과할 수 없다. 다음을 검사한다.

- 시간 t_1과 t_∞에서 부재의 순처짐
- 시간 t_∞에서 경량칸막이벽 설치 이후의 처짐

EC2-1-1, 7.4.1 (4):
허용 순처짐 $w \le l_{eff}/250$
허용 처짐 $f \le l_{eff}/500$

앞에서 계산한 처짐을 검사한다. 위의 가정하에서 계산한 한계값을 사용한다.

변형에 예민한 부재의 설치 이후의 크리프와 수축에 의한 최대 처짐은 다음의 변위 증분량으로 계산한다.

$$\Delta(t_1 + t_\infty) = w[(\Sigma g_k + 0.3 q_k), (t_\infty)] - w[(\Sigma g_k), (t_1)]$$

$t_1 = 50$일(경량칸막이벽 가설 시 콘크리트 재령)

축 1–2 사이의 지간

시간 t	하중	w_{given}[mm]	$l_{eff}/250$[mm]	$l_{eff}/500$[mm]
t_0	Σg_k	3	25	
t_1	$\Sigma g_k + 0.3\, q_k$	5	25	
t_∞	$\Sigma g_k + 0.3\, q_k$	9	25	
$t_1 - t_\infty$	$\Sigma g_k + 0.3\, q_k$	9－5＝4		12

사용 철근을 고려한 계산

EC2-1-1, 7.4.1: (4)
허용 순처짐 $w \le l_{eff}/250$
허용 솟음 $c \le l_{eff}/250$
EC2-1-1, 7.4.1: (5)
허용 처짐 $f \le l_{eff}/500$, 변형에 예민한 부재를 설치한 후

축 2–4 사이의 지간

시간 t	하중	w_{given}[mm]	$l_{eff}/250$[mm]	$l_{eff}/500$[mm]
t_0	Σg_k	11	33	
t_1	Σg_k	14	33	
t_1	$\Sigma g_k + 0.3\, q_k$	18	33	
t_∞	$\Sigma g_k + 0.3\, q_k$	**27～35**	33	
$t_1 - t_\infty$	$\Sigma g_k + 0.3\, q_k$	31－14＝17		16

EC2-1-1, 7.4.1 (4):
내민부: 허용 순처짐 ≤ 지간길이의 1/100 ≤ 인접 지간의 처짐

내민부 끝, 축 E

시간 t	하중	w_{given}[mm]	$l_{eff}/250$[mm]	$l_{eff}/500$[mm]
t_0	Σg_k	14	25/26	
t_1	$\Sigma g_k + 0.3\, q_k$	24	25/26	
t_∞	$\Sigma g_k + 0.3\, q_k$	35～45	25/26	
$t_1 - t_\infty$	$\Sigma g_k + 0.3\, q_k$	40－24＝16		13

칸막이 벽체 설치 이후의 허용 처짐 f:
$f_{allow} = 8200/500 = 16.4$ mm≅17.0 mm

축 2-4 사이 지간에서 경량칸막이벽 설치 이후에 처짐 w와 f는 설계기준의 값보다 작은 탄성계수를 사용할 때 검토를 만족하지 않는다. 그러나 이들 경우에도 설계기준의 탄성계수(평균값)을 사용하면 거의 만족한다.

5.4.2절의 해설 참조

이 예제의 탄성계수는 실제로 부재의 변위 한계값에 대한 것으로, DIN EN 206-1/DIN 1045-2에 따른 추가 요구조건, 예를 들어 $E_{cm} \ge 33{,}000$ N/mm^2(기준값)을 적용해야 한다.

계획 및 시공서류에 명기

내민부 끝에서 경량칸막이벽 설치 이후의 처짐 w와 f는 검토를 만족하지 않는다. 칸막이벽 설치 이후의 예상 순처짐 f가 약 15 mm 이하가 되게 칸막이벽의 시공(시공방법, 이음)을 결정한다!

일부만 솟음을 두는 것은 유용하지 않다.

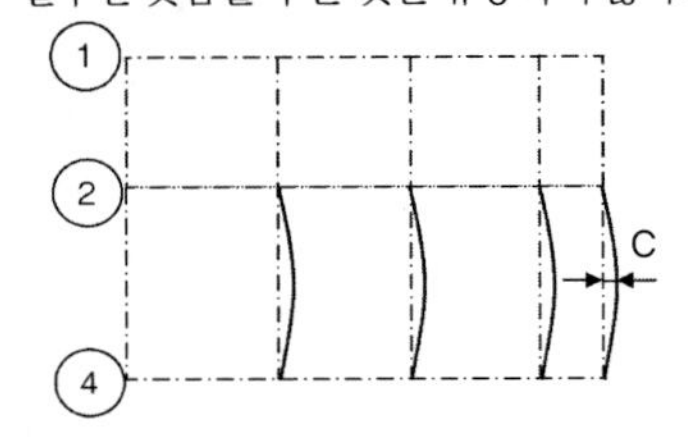

내민부 끝의 순처짐 f의 한계를 만족하게 2~4축 사이의 거푸집 솟음을 c =15 mm로 둔다.

너무 큰 솟음은 너무 큰 처짐 못지않게 불리하게 작용한다.

결론:

지간이 긴 바닥 슬래브는 휨세장비 제한으로 간단하게 처짐을 제한하는 것으로 충분하지 않으며, 시공조건을 고려하여 처짐을 직접 계산하는 것이 필요함을 알 수 있다.

콘크리트의 탄성계수를 17% 줄여서 E_{cm} = 7870 N/mm^{2}로 계산한 결과를 비교하면 처짐은 약 12.5% 증가한다. 이는 상태 II에 해당하는 영역이 더 생기기 때문이다.

건물의 외장과 점지지 슬래브(플랫 슬래브)와 같이 변형에 예민한 부재에서는 항상 처짐을 직접 계산해야 한다. 이때 재료변수(예를 들어 탄성계수, 인장강도)의 분산과, 하중모델의 변동을 고려하여 한계값(상한값과 하한값)을 고려하여 변위의 크기와 확률을 결정할 수 있다.

예제 19 : 라멘구조 기둥의 비선형 계산

차례

예제 19: 라멘구조 기둥의 비선형 계산

과제 개요

예제 19에서는 연속 라멘구조계로 구성되는 건물의 기둥을 설계한다. 해당 구조계는 횡이동변위가 가능하므로 유효 휨강성을 고려하는 2차 해석으로 비선형 해석한다.

EC2-1-1, NA. 1.5.2.5: 일반건물

구조물 길이방향으로는 서로 연결되어 횡방향으로 지지되어 기둥이 수평력을 부담하지 않는다.

구조계와 하중은 DBV-예제집 1권 [7]의 예제 10과 같다. 해당 예제에서는 모델 기둥방법(공칭 곡률방법)으로 단부기둥을 설계하였다.[2]

[600] 하중편심 $e_0 < 0.1h$이고 길이 $l_0 > 15h$이면 모델 기둥방법은 점점 비경제적인 결과를 주는 것으로 알려져 있다. 이 경우에는 EC2-1-1, 5.8.6에 따른 전산해석을 통한 계산을 추천한다.

기둥뿌리는 독립기초로 고정된다. 기둥뿌리의 탄성지지에 대해서도 따로 고려한다.

들보의 지점 검토와 결합력의 전달은 [7]의 예제 10에서 자세히 다루었다.[1]

기둥머리는 프리캐스트 들보를 활절로 지지한다. 평지붕 구조의 1층 뼈대구조(들보 축 사이의 간격은 6.50m이다)로, 건물의 길이방향으로는 횡이동변위(side sway)가 방지되며, 건물의 횡방향으로는 횡이동변위가 가능한 라멘구조이다.

EC2-1-1, 5.8.2: (6) 건물의 길이방향으로는 횡지지되고, 건물의 횡방향으로는 횡이동변위가 가능하다. 2차 해석의 여부는 세장비로 판단한다. 세장비 검토는 [7]의 예제 10 참조

일반건물의 열린 공간(Hall)으로 보통 습도의 실내 공간(예를 들어서 창고 등)이다. 주로 정적인 하중이 작용한다.

EC2-1-1, NA. 1.5.2.6: 주로 정적인 하중

재료

- 콘크리트: 기둥 C30/37
- 철근: B500B (고연성)
- 전단 볼트: St 835/1030 원형강봉

EC2-1-1, 3.1: 콘크리트
EC2.1.1, 3.2: 철근
일반적인 건설허가 사항

역자주 1 예제집 1권[7] 예제 10의 7장을 참조하라.

역자주 2 이 예제는 예제집 1권[7]의 예제 10과 비교하는 것이 중요하다. 근사해석 방법인 모델기둥방법은 우리 설계기준의 모멘트 확대법에 해당되는 것으로 적용 범위가 제한된다. 이 예제는 이러한 적용범위를 벗어나는 경우에 유용하다.

1. 구조계, 치수, 피복두께

1.1 구조계

건물 횡단면도 1.1
구조계 단면 2.1

기초

기둥뿌리의 독립기초를 완전고정으로 가정하는 것은 문제가 있으므로, 기초는 등가부재로 모델링하여 전산 해석한다.

다른 방법: 회전 스프링으로 모델, 예를 들어서 다음 자료 참조 [60] Petersen: 구조역학과 구조안정, 부록 III.2

이 등가부재는 인장스프링은 작용하지 않는 탄성지지 지반에 작용하여 지점 모멘트나 이음부의 벌어짐에 따른 기초의 회전을 반영한다. 기초의 크기는 구조물의 안정을 고려하여 정해졌다. 기초 설계에서는(5.6절) 토피(깊이 0.7m)를 고려한다.

지반의 (−) 반력 (즉, 부반력) 제외

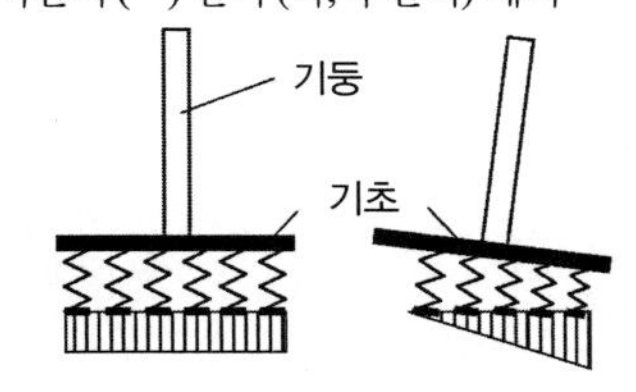

단부기둥의 기초: $b_x / b_y / h = 2.00 / 1.25 / 0.50$ m
내부기둥의 기초: $b_x / b_y / h = 2.50 / 1.50 / 0.50$ m

지반조사결과
추가 참고자료
[E 27], [E 28] Eurocode 7: DIN EN 7991-1: 지반계획, 해석, 설계 1부: 일반규정, NA 포함과 [R9] DIN 1054: 기초-지반 및 기초구조의 안전검토 - DIN EN 1997-1의 보충 규정

지반 정수

- 허용압력: 0.30 MN/m²(기준값)
- 지반계수: $C = 50$ MN/m³

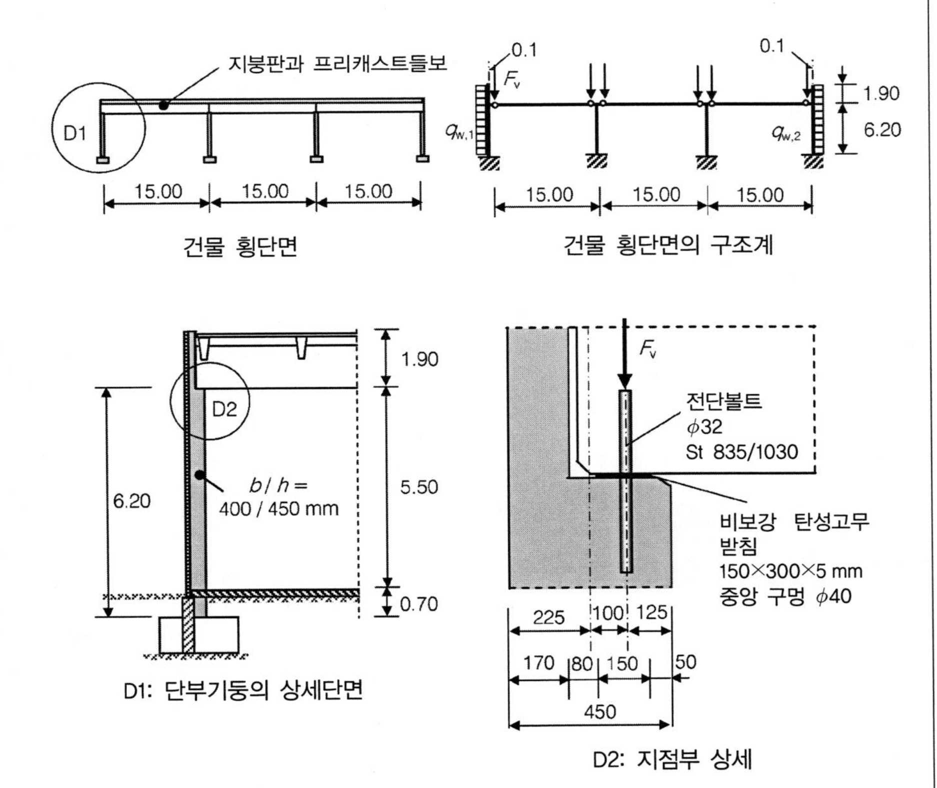

건물 길이방향의 풍하중과 기타 하중은 다른 부재가 받으며, 건물은 들보에 평행한 신축이음으로 나눠지므로 들보 횡방향의 구속은 무시할 수 있는 것으로 가정한다.

또한 건물 횡방향으로 부재 길이는 충분히 짧은 것으로 볼 수 있으며, 특히 절연재와 프리캐스트 부재가 있으므로, 온도와 수축에 의한 구속응력은 고려하지 않는다.

기둥 최소단면은 200 mm / 200 mm
EC2-1-1, (NCI) 9.5.1: (1) 속이 찬 단면의 현장타설 기둥 한 변의 최소 허용길이는 200 mm이다.
기둥의 윗부분(깊이 $h = 170$ mm)은 풍하중을 받는 외벽만을 지지한다(보로 작용한다).

$F_v = \Sigma$ 들보지점에 작용하는 수직 하중
q_w = 수평 풍하중(압력과 양력)

가정: 연직하중 F_v의 계획편심은 내부기둥과 단부기둥에서 모두 대칭이다. 외벽부재의 자중은 띠 기초로 직접 지지되므로, 기둥에는 수평하중만 전달된다.

1.2 기둥의 최소 강도등급과 피복두께

EC2-1-1, 4: 내구성과 콘크리트 피복두께

철근 부식에 대한 노출등급

중성화에 따라서: → XC1

콘크리트 최소 강도등급: → C16/20

ASR에 대한 습도등급: → WO

EC2-1-1, 표 4.1: 노출등급 XC1 건조상태 (보통 대기습도의 실내 공간)
EC2-1-1, 부록 E, 표 NA.E.1DE: 최소 강도등급; (NCI) WO 알칼리 골재 반응에 따른 콘크리트 열화 없음(대기습도가 낮은 실내부재)

선택: C30/37 XC1, WO

설계에서는 높은 강도등급을 선택한다. 노출등급은 주어진 값이다. (DIN 1045-2에 따른 콘크리트 시공에서 중요하다.)

노출등급 XC1에 대한 피복두께

→ 최소 피복두께 $c_{\min,\,dur}$ = 10 mm

\+ 허용 오차 Δc_{dev} = 10 mm

= 공칭 피복두께 c_{nom} = 20 mm

EC2-1-1, (NDP) 표 4.4DE: 최소 피복두께 $c_{\min,\,dur}$
EC2-1-1, (NDP) 4.4.1.3: (1) 허용오차 Δc_{dev}
EC2-1-1, 4.4.1.1: (2), (4.1)식 공칭값 Δc_{nom}

부착성능을 보장하기 위해서: $c_{\min,\,b} \geq$ 철근 직경 $\geq$ 10 mm

스터럽 $\phi 8$: $c_{\min,\,b} = 8$ mm $\Delta c_{dev} = 10$ mm c_{nom} = 18 mm

길이방향 철근 $\phi 12$: $c_{\min,\,b} = 12$ mm $\Delta c_{dev} = 10$ mm c_{nom} = 22 mm

EC2-1-1, 4.4.1.2: (3), 표 4.2 부착조건
EC2-1-1, (NCP) 4.4.1.3: (1)P $\Delta c_{dev} = 10$ mm

이에 따른 사용 피복두께:

스터럽 $\phi 8$: $c_{v,\,strp}$ = **20 mm**

길이방향 철근 $\phi 12$: $c_{v,\,strp} + \phi_{strp} = 20 + 8$ $c_{v,\,1}$ = **28 mm**

EC2-1-1, (NCI) 4.4.1.1: (2)P 사용 피복두께 c_v

2. 하 중

2.1 기준값

첨자 k = 기준값(characteristic)

→ 하중경우 1(LC 1): 고정하중(G)

프리캐스트 들보의 수직 반력 F_v

단부기둥: $G_{k,\,1}$ = **400.0 kN**

지붕과 도리로부터 계산한 값

편심에 의한 모멘트 $F_v \cdot e = 400.0 \cdot 0.10$ $M_{gk,\,1}$ = **40.0 kNm**

상부기둥: $0.40 \cdot 0.17 \cdot 1.90 \cdot 25$ $G_{k,\,2}$ = **3.2 kN**

EC1-1-1, 표 A.1: 철근 콘크리트 단위 중량 25 kN/m^3

하부기둥: $0.40 \cdot 0.45 \cdot 25$ $g_{k,\,2}$ = **4.5 kN/m**

→ 하중경우 2(LC 2): 설하중(S)

설하중에 의한 수직 반력

지붕과 도리로부터 계산한 값
EC1-1-3: 설하중

단부기둥: $Q_{k,s}$ = **680.0 kN**

편심에 의한 모멘트 $F_v \cdot e = 68.0 = 0.10$ $M_{k,s}$ = **6.8 kNm**

→ 하중경우 3(LC 3): 풍하중(W)

단부기둥: 들보간격: $b = 6.50$ m

수평 풍하중 $q_w = c_{pe} \cdot q(z_e)$

압력: $+0.7 \cdot 0.95 = +0.665$ kN/m² $\cdot b$ $q_{k,w1}$ = **+4.32 kN/m**

기둥 상부의 압력 $4.32 \cdot 1.9$ $Q_{k,w1}$ = **+8.21 kN**

기둥 상부의 모멘트 $8.21 \cdot 1.9/2$ $M_{k,w1}$ = **+7.80 kNm**

양력: $-0.3 \cdot 0.95 = 0.285$ kN/m² $\cdot b$ $q_{k,w2}$ = **−1.85 kN/m**

기둥 상부의 압력 $-1.85 \cdot 1.9$ $Q_{k,w1}$ = **−3.52 kN**

기둥 상부의 모멘트 $-3.52 \cdot 1.9/2$ $M_{k,w1}$ = **−3.340 kNm**

EC1-1-4: 풍하중
부록 AN.A, 그림 NA.A.1: 풍하중지역 4, 내륙지역, 부록 NA.B, 3.2, by NA.B.3:
지면 위 건물 높이 $h \leq 10$ m에 대한 풍압을 간략하게 계산하면 :
$q_p(z_e \leq 10 \text{ m}) = 0.95$ kN/m²

→ 영역 D+E, $h \leq b$이며 $h/d = (5.5\text{ m} + 1.90\text{ m})/45\text{ m} = 0.16 < 0.25$, 또 $A > 10\text{ m}^2$:

(NDP) 7.2.2: (2) 표 NA.1:
벽체의 외부 압력 계수
압력 $c_{pe,10} = +0.7$, 양력 $c_{pe,10} = -0.3$

→ 하중경우 4(LC 4): 예상치 않은 편심(I)

높이 감소 계수

$$\alpha_h = 2/\sqrt{l} = 2/\sqrt{6.2} = 0.803$$

2차 해석으로 계산할 때는 예상치 않은 초기 변형을 고려해야 한다.[3]

하중분담 부재 수에 따른 감소 계수

$$\alpha_m = \sqrt{0.5 \cdot (1+1/m)} = \sqrt{0.5 \cdot (1+1/4)} = 0.79$$

EC2-1-1, 5.2: (5)와 (6), $h = l$

감소계수는 여러 개의 부재가 같은 형태로 예상치 않은 편심을 가질 때의 감소된 확률을 고려한 것이다.

구조물 경사

$$\theta_i = \theta_0 \cdot \alpha_h \cdot \alpha_m = 1/200 \cdot 0.803 \cdot 0.79 = \mathbf{1/315}$$

EC2-1-1, 5.2: (5.1)식

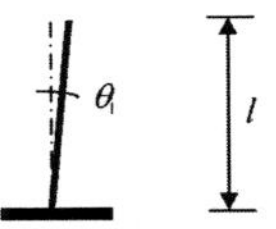

모든 이웃부재의 평균 축력의 적어도 70%를 받는다면, 연직구조부재로 간주한다.

EC2-1-1, (NCI) 5.2: (6), 두 번째 항

평균 축력의 설계값:

$$N_{Ed,m} = F_{Ed}/m \quad (m\text{: 4개 기둥})$$

$$N_{Ed,m} = 6 \cdot F_v / 4 = 1.5 \cdot F_v$$

축력 설계값의 합:
$F_{Ed} = 3 \cdot 2 \cdot F_v$(3개의 프리캐스트 들보)

단부기둥의 축력: $N_{Ed,R} = 1.0 \cdot F_v$

$$N_{Ed,R} / N_{Ed,m} = 1.0/1.5 = 67\% \approx 70\%$$

전체 구조계의 경사에 따른 감소를 고려하더라도 단부기둥은 구조부재(하중을 부담할 수 있는 부재)로 간주할 수 있다.

역자주 3 예제집 1권[7]의 예제10, 5.2.2절 참조

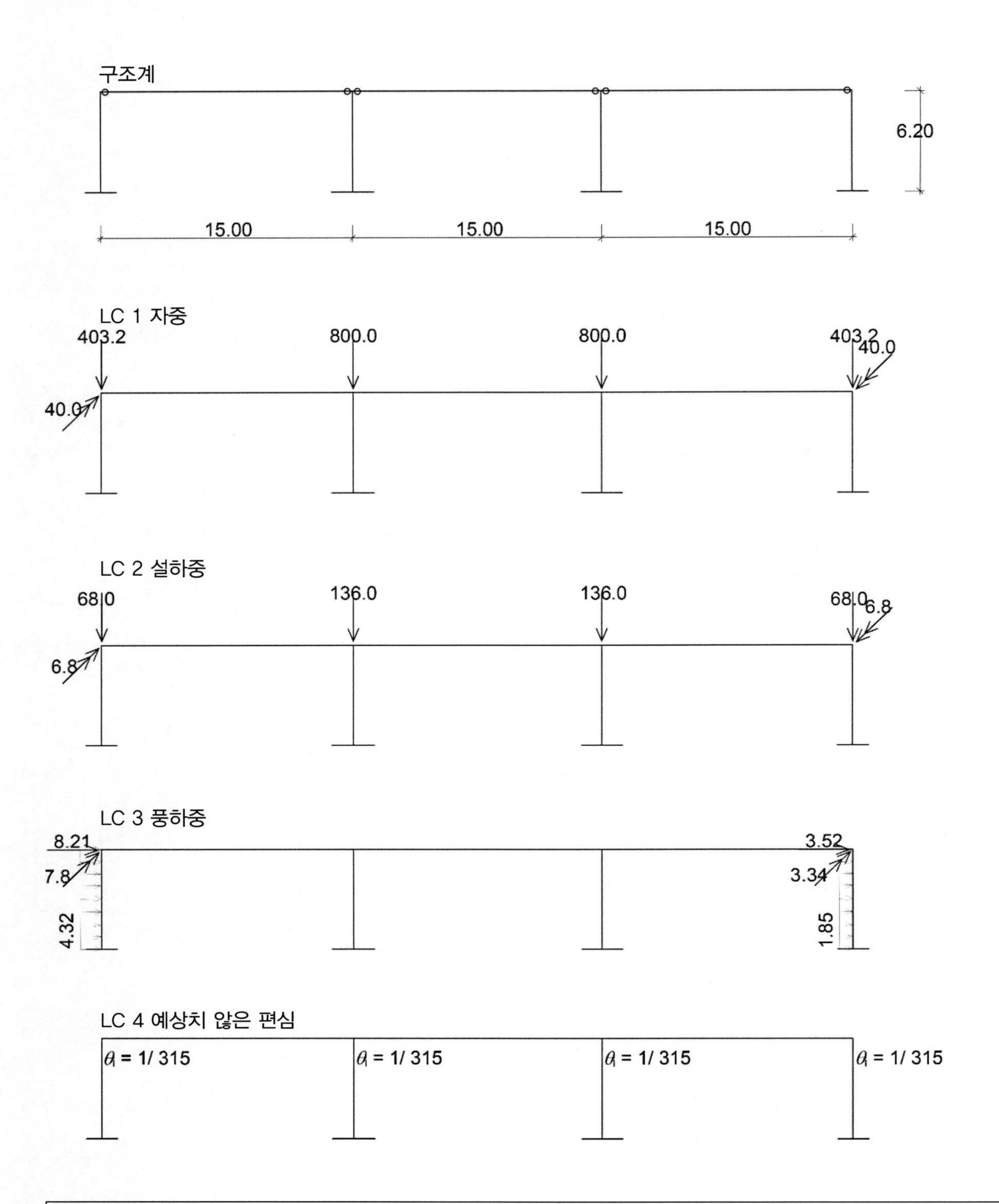

- 건물 횡방향으로는 횡이동변위가 가능한 라멘으로 탄성지지되는 기초 위의 기둥으로 지지된다.
- 구조계와 하중 기준값을 보였다.
  (기둥 자중은 포함하지 않았다.)

2.2 강도한계상태의 하중조합

강도한계상태의 부분안전계수:

하중	유리하게 작용할 때	불리하게 작용할 때
고정하중	$\gamma_G = 1.0$	$\gamma_G = 1.35$
변동하중	$\gamma_Q = 0$	$\gamma_Q = 1.50$

ECO, (NDP) A.1.3.1 (4), 표 NA.A.1.2 (B): 하중의 부분안전계수

ECO, (NCP) A.1.2.2, 표 NA.A.1.1: 고도 NN+1000 m까지의 설하중, 풍하중

강도한계상태의 조합계수:

설계상황	설하중	풍하중
정상 및 임시 설계상황	$\psi_{0,i} = 0.5$	$\psi_{0,i} = 0.6$

ECO, (NCI) 6.4.3.2: (3) (6.10c)식: 정상 및 임시 설계상황의 하중조합 규칙; 여기서 $i=1$은 지배적인 하중에, $i>1$은 그 외의 모든 변동하중에 적용한다.

일반적인 기본 하중조합:

$$E_d = \gamma_G \cdot G_k \cdot \gamma_{Q,1} \cdot Q_{k,1} \cdot \Sigma(\gamma_{Q,i} \cdot \psi_{0,i} \cdot Q_{k,i})$$

G－고정하중
W－풍하중
S－설하중

다음의 하중경우 조합(LCC: Load Case Combination)

비선형 계산에서는 겹침의 정리를 쓸 수 없다. 각 하중경우 조합을 전체 구조에 모두 적용하여 계산해야 한다!

LCC 1: G+S+W 불리하게 작용할 때, 주하중 S (max$|N|$)

1.35·G+1.50·S+1.5·0.60·W+I

LCC 2: G+S+W 불리하게 작용할 때, 주하중 W (max$|N|$+max$M$)

1.35·G+1.50·W+1.5·0.50·S+I

LCC 2는 강도한계상태 검토에서 결정값이다. 이 하중조합에서 풍하중과 설하중은 불리하게 작용한다.

LCC 3: G+S 유리하게 작용, W 불리하게 작용, 주하중 W

1.0·G+1.50·W+0·S+I (min$|N|$+max$M$)

LCC 3는 축력은 가장 작고, 이에 따른 모멘트는 가장 큰 하중조합이다.

LCC 4: G+S+W 유리하게 작용할 때 (min$|N|$)

1.35·G+1.50·W+1.5·0.50·S+I

LCC 5: G+W 불리하게 작용할 때 (지점 안전 검토)

0.90·G+1.50·W+I

LCC 5는 지점 안전검토를 위한 하중조합으로, ECO, 6.4.2와 표 NA.A.1.2 (A)의 부분안전계수를 적용한 것이다.

2.3 사용한계상태의 하중경우 조합

사용한계상태의 조합계수:

하중조합	설하중	풍하중
기준 하중조합	$\psi_{0,i} = 0.5$	$\psi_{0,i} = 0.6$
흔한 하중조합	$\psi_{1,i} = 0.2$	$\psi_{1,i} = 0.2$
준고정 하중조합	$\psi_{2,i} = 0.0$	$\psi_{2,i} = 0.0$

ECO, (NDP) A.1.2.2, 표 NA.A.1.1: 고도 NN+1000 m까지의 설하중, 풍하중

기준 하중조합:

$$E_{d,char} = G_k + Q_{k,1} + \psi_{0,i} \cdot Q_{k,i}$$

ECO, (NCI) 6.5.3 (2): (2a) (6.14c)식: 에서 $i>1$

흔한 하중조합

$$E_{d,freq} = G_k + \psi_{1,1} \cdot Q_{k,1} + \Sigma(\psi_{2,i} \cdot Q_{k,i})$$

ECO, (NCI) 6.5.3 (2): (2b) (6.15c)식: 에서 $i>1$

준-고정 하중조합

$$E_{d,perm} = G_k + \Sigma(\psi_{2,i} \cdot Q_{k,i})$$

EC0, (NCI) 6.5.3 (2): (2c) (6.16c)식: 에서 $i \geq 1$

LCC 1: 준-고정 하중조합 G

LCC 2: 흔한 하중조합, 주하중은 풍하중 G+0.2·W

LCC 3: 기준 하중조합, 주하중은 풍하중 G+W+0.5·S

준-고정 하중조합: $\psi_{2,i}$ =0이므로 풍하중과 설하중은 작용하지 않는다.
풍하중의 수평력에 의한 변형계산
max M+max$|N|$

3. 강도한계상태의 단면력 산정

3.1 변위와 단면력의 결정

2차 해석이 필요한 부재에서는 재료 비선형과 크리프의 영향을 고려해야 한다.

EC2-1-1, 5.8.2: 축력을 받는 부재의 2차 해석에 따른 계산
EC2-1-1, (NDP) 5.8.6: 일반적인 방법

비선형 해석은 RIB-프로그램 TRIMAS®으로 주어진 변형에 대한 단면력을 응력-변형 곡선을 이용하여 변위법으로 계산한다.[4] 이때 균열 사이 콘크리트의 인장경화작용을 고려한다. 반복계산의 결과로 얻어진 단면력이, 콘크리트의 인장강도를 무시하고 한계변형 이내의 재료의 설계값으로 계산한 설계강도 이하인지를 검토한다.

[58] RIB-프로그램 TRIMAS®, option:
공간 뼈대 부재의 기하 비선형 거동, 상태 II (균열상태)의 콘크리트 거동 고려한 해석

EC2-1-1, (NDP) 5.8.6: (3) 변위는 재료 특성값의 평균에 대한 설계값 (f_{cm}/γ_C, E_{cm}/γ_C)으로 계산한다. 위험 단면에서 강도는 재료강도의 설계값(f_{cd}, f_{yd}, f_{tk}/γ_S)로 계산한다.
EC2-1-1, 3.1.5와 3.1.7: 단면력의 산정과 단면 설계를 위한 응력-변형 곡선

각 하중경우 조합에 대하여 각각 반복계산한다.

3.2 크리프 영향의 고려

콘크리트의 크리프 거동은 하중이력에 따른 변형경로를 추적하여 구한다.

구조계산에서 크리프는 탄성계수를 감소하여 계산해도 충분히 정확하다. 탄성계수의 감소는 콘크리트의 응력-변형곡선에서 모든 변형을 $(1+\varphi)$ 계수로 곱하여 얻어진다. 아래 응력-변형곡선을 참조하라.

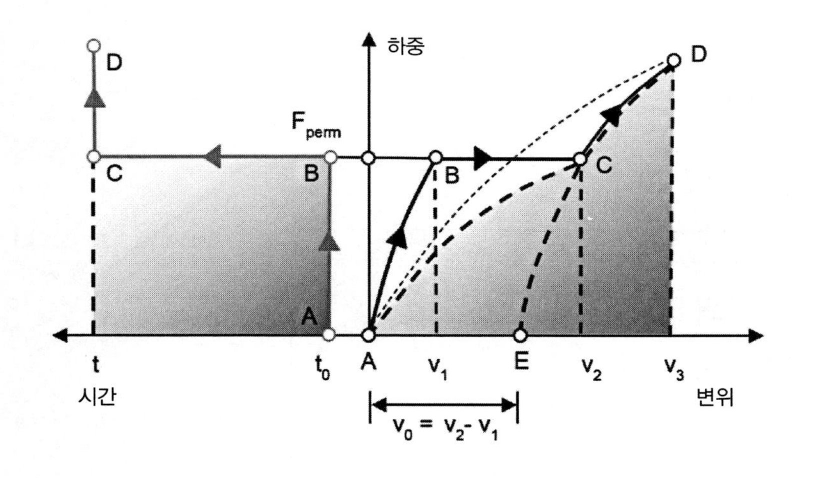

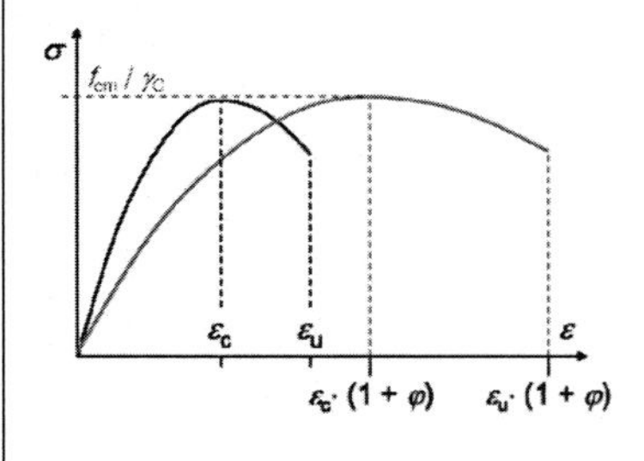

역자주 4 기하적 비선향 해석이 가능한 다른 구조해석 프로그램을 사용할 수있다. 예를 들어서 ABAQUS나 DIANA를 쓸 수 있다.

재하 시작점 t_0에서 지속하중 F_{perm}이 작용할 때의 변위 v_1을 먼저 구한다. 이 하중상태가 고려하는 시점 t까지 유지되면, 추가의 크리프 변형으로 변위 v_2가 된다. 이 시점에 설계하중 F_d가 작용한다면, 총 하중 F_d는 지속하중 부분 F_{perm}을 포함한다.

전산프로그램에서는 다음의 단계를 통하여 비선형 계산이 수행된다.
1. 지속하중에 대한계산(φ 적용않음) (A→B)
2. 크리프 거동 적용(φ 적용) (A→C)
3. 크리프 변형계산 $v_0 = v_2 - v_1$
4. 크리프 변형을 초기 변위로 둠
5. 설계하중 경우의 계산(E→D)

크리프 작용이 결정적인 하중조합은 준-고정 하중조합이다. 예상치 않은 편심을 고려하기 위하여 프리캐스트 들보의 수직반력에 대해 추가 편심을 정하며 이는 기둥머리에 불리한 모멘트로 작용한다.

$M_i = e_i \cdot F_v$

$e_i \quad = \theta \cdot l_0/2 \qquad$ 여기서: $l_0 = 2 \cdot l$

$\quad = 1/315 \cdot 6200 = 20$ mm

EC2-1-1, 5.2: (7) (5.2)식 캔틸레버 기둥의 좌굴 길이

최종 크리프 계수

$\varphi(t \to \infty, t_0) \quad = \varphi_{RH} \cdot \beta(f_{cm}) \cdot \beta(t_0) \cdot \beta_c(t, t_0)$

$\quad = 2.35$

EC2-1-1, 부록 B: B.1 크리프 계수의 결정
재하시작점: t_0(28일)
시멘트 종류 N: CEM 32.5R
대기 상대습도: 50%
유효 단면두께: $h_0 = 2 \cdot A_c / u = 2 \cdot 400 \cdot 450 / [2 \cdot (400 + 450)] = 210$ mm

[7]의 예제 10과 비교하기 위하여, 다음과 같이 다른 경우에 대해서도 계산하였다.

- 기둥 뿌리의 완전구속(고정단)
- 기초의 회전을 고려한 경우(탄성지지)

기초의 설계는 EC7-1, DIN 1054에 따른 허용 수평변위, 지반 압력검토와 EC0에 따라 지점 안전검토를 포함한다.

3.3 재료 설계값

강도한계상태의 부분안전계수:

콘크리트 $\gamma_C = 1.50$

철근 $\gamma_S = 1.15$

EC2-1-1, (NDP) 2.4.2.4: (1), 표 2.1DE: 구조 내하력을 정하기 위한 부분안전계수
여기서: 정상 및 임시 설계상황(보통의 경우)

강도값:

콘크리트 C30/37: $f_{ck} = 30.0$ N/mm^2

$f_{cm} = 38.0$ N/mm^2

$f_{ctm} = 2.9$ N/mm^2

EC2-1-1, 표 3.1: 콘크리트 강도와 강성계수

철근 B500B: $f_{yk} = 500$ N/mm^2

$f_{tk,cal} = 525$ N/mm^2

EC2-1-1, (NDP) 3.2.2 (3)P
EC2-1-1, (NDP) 3.2.7 (2a)

3.4 철근 배치

최소 및 최대 주철근:

$A_{s,\max} \quad = 0.09 \cdot A_c$

$\quad = 0.09 \cdot 40 \cdot 45 \quad = 162 \text{ cm}^2$

$A_{s,\min} \quad = 0.15 \cdot |N_{Ed}| / f_{yd}$

$\quad = 0.15 \cdot 1.322 / 435 \cdot 10^4 \quad = 4.56 \text{ cm}^2$

EC2-1-1, (NDP) 9.5.2: (3) 총 철근단면적은 겹이음부를 포함하며, 최대 $0.09A_c$를 초과할 수 없다.

EC2-1-1, (NDP) 9.5.2: (2) (9.12DE)식
내부기둥:
$\max N_{ed} = 1.35 \cdot (800 + 6.2 \cdot 4.5) + 1.5 \cdot 136$
$= 1322 \text{ kN}$

시공배근: $6\phi 12$

$A_{s,\min} \quad = \mathbf{6.79 \text{ cm}^2}$

EC2-1-1, (NDP) 9.5.2: (1) $\min\phi_l = 12$ mm
EC2-1-1, (NCI) 9.5.2: (4) 각 모서리에는 최소한 한 개의 길이방향 철근 배근, 길이방향 철근의 최대 간격: 300 mm
$b \leq 400$ mm까지는 각 모서리에 1개의 철근으로 충분하다.

철근은 중간에 절단하지 않는다. 즉, 유효강성을 결정하기 위하여 각 기둥에 필요한 최대 철근을 부재전체 길이에 배치한다.
필요한 최소 철근으로 계산값 $A_{s,\min} = 6.79 \text{ cm}^2$를 쓴다.

4. 공간강성과 안정

건물 길이방향의 안정은 다른 부재로 보강된다.

전단벽 또는 트러스구조로 지지한다.

건물 횡방향은 EC2-1-1, 5.8.2 (1)P에서 정의한 횡이동변위가 가능한 구조이다(횡지지되지 않는다).

이는 기둥이 지지하는 라멘구조계에서 일반적인 경우이다.

부재변형의 영향을 받는 경우[5]의 강도한계상태의 검토는 전체 구조계에 유효강성을 적용하여 수행한다.

EC2-1-1, 5.8.2: (2)P
변형의 계산에서 균열, 비선형 재료성질과 크리프가 미치는 영향을 고려한다.

5. 강도한계상태 계산 결과

5.1 일반

기하 비선형과 재료 비선형 계산(유효 강성을 고려한 계산)

비선형 반복계산 과정

- 재료, 단면 치수와 철근 가정
- 재료 특성값과 부분안전계수를 고려한 응력-변형 관계식 적용
- 초기 변위에 따른 변형 결정

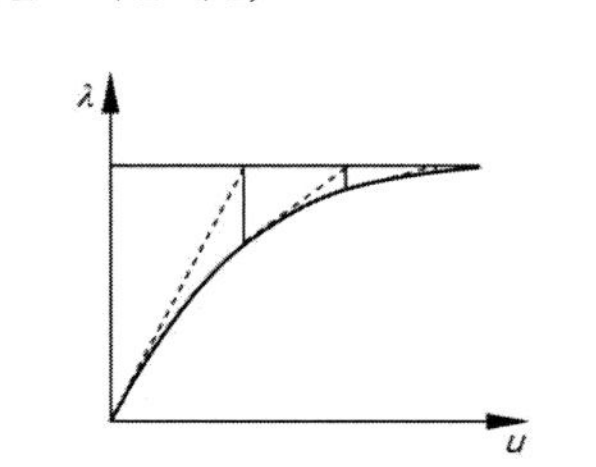

비선형 방정식을 풀기 위한 Newton-Raphson 방법

역자주 5 기하 비선형 해석이 필요한 경우를 말한다.

• 가정한 철근과 단면의 응력을 적분하여 단면력 결정
• 접선 강성값의 계산
• 단면 한계 변형값 검사
• 구조계의 변위 계산

수렴 한계에 도달하기까지 반복계산을 수행한다.

변위와 내력이 평형조건을 만족하는지를 검사하기 위해, 불평형 내력과 변위 증분을 곱한 내적 에너지의 증분 노름(norm)을 시작점의 에너지 노름(energy norm)과 비교한다.[6]

• 반복계산으로 결정한 단면력으로 강도한계상태에 대한 단면 검사
• 강도가 설계 단면력보다 작다면, 즉 $E_d > R_d$: 철근 또는 단면을 늘린다 → 바뀐 철근/단면에 대해 비선형 계산을 되풀이한다.

5.2 기둥뿌리의 탄성 구속단의 영향

'풍양력이 작용하는 기둥'의 변위를 비교하면 비선형 계산의 영향을 가장 잘 알 수 있다.

LC	완전 구속		탄성 구속(기초의 변위 고려)			
	u_I(mm)	u_{II}(mm)	u_I(mm)	u_{II}(mm)	φ_I(mm/m)	φ_{II}(mm/m)
1	7.6	33.6	14.3	52.4	1.67	3.40
2	10.9	41.6	20.5	67.1	2.23	4.02
3	10.2	35.7	19.2	53.7	2.01	3.21

강도한계상태의 하중조합
기둥머리의 수평변위:
u_{I}: 1차 해석에 의한 값(유효강성을 적용하지 않음)
u_{II}: 기하 및 재료 비선형 해석에 의한 값
'풍양력이 작용'하는 경우의 기둥뿌리 회전:
φ_{I}: 1차 해석에 의한 값(유효강성 적용하지 않은 값)
φ_{II}: 기하 및 재료 비선형 해석에 의한 값

지반의 변형으로 기둥뿌리가 회전하므로, 기둥머리의 편심이 크게 증가한다. 이러한 현상은 특히 횡이동변위가 가능한 구조계에서 기둥 고정단을 실제에 가깝게 모델링하는 것이 꼭 필요함을 의미한다.

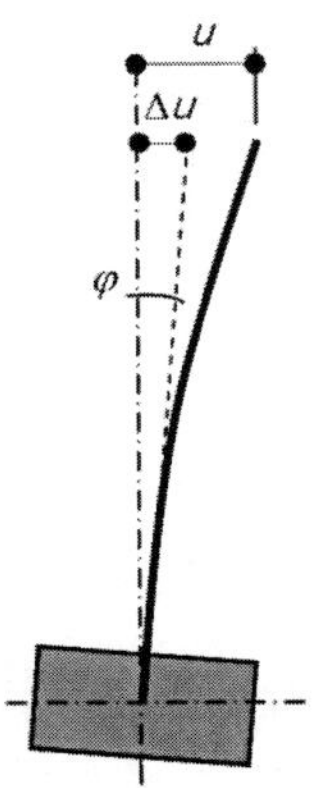

기초의 회전이 가장 큰 경우는 '풍양력이 작용할 때'이다.
예를 들어서 하중경우 조합 2(LC 2)에서 선형계산에서는 기둥의 기울어짐에 따른 기둥머리 편심은 $\Delta u = 0.00223 \cdot 6200 = 13.8$ mm인데 반하여, 비선형 계산에서 편심은 $\Delta u = 0.00402 \cdot 6200 = 24.9$ mm이다.

탄성지반으로 계산한 기초의 회전으로 이론적인 회전 스프링 강성을 구하여 LC 2에 대해서 비교:
$C_{\varphi,\mathrm{I}} = M_{\mathrm{I}}/\varphi_{\mathrm{I}}$ =91.6/2.23 =41 MNm/rad
$C_{\varphi,\mathrm{II}} = M_{\mathrm{II}}/\varphi_{\mathrm{II}}$ =147.9/4.02 =37 MNm/rad

비교: [60] *Petersen*: 건설구조역학 및 안정론, 부록 III.2에서 회전 스프링 모델링:
중간밀도의 모래: 강성계수 $\min S \approx 50$ MN/m²
$E = 0.743 \cdot S = 37.1$ MN/m²($\mu = 0.3$)
$t/b \approx 3 \rightarrow i = 4.5$
여기서 t는 지반에서 변형이 발생하는 깊이
기초:
$b/a = 2.00/1.25 = 1.6 \rightarrow k \approx 0.67$
(b는 압축력을 받는 면적에 대한 값)
회전스프링 강성:
$C_\varphi = a \cdot b^2 \cdot E/(i \cdot k)$
$C_\varphi = 1.25 \cdot 2.0^2 \cdot 37.1 / (4.5 \cdot 0.67)$
$= 61$ MNm/rad

역자주 6 노름(norm)은 일반화된 크기를 뜻한다. 예를 들어 벡터 $\vec{x}$의 크기(노름)은 일반적으로 $\| \vec{x} \|$로 표시한다. 비선형 유한요소해석에서는 수렴 여부를 일반적으로 에너지 증분 노름으로 비교한다.

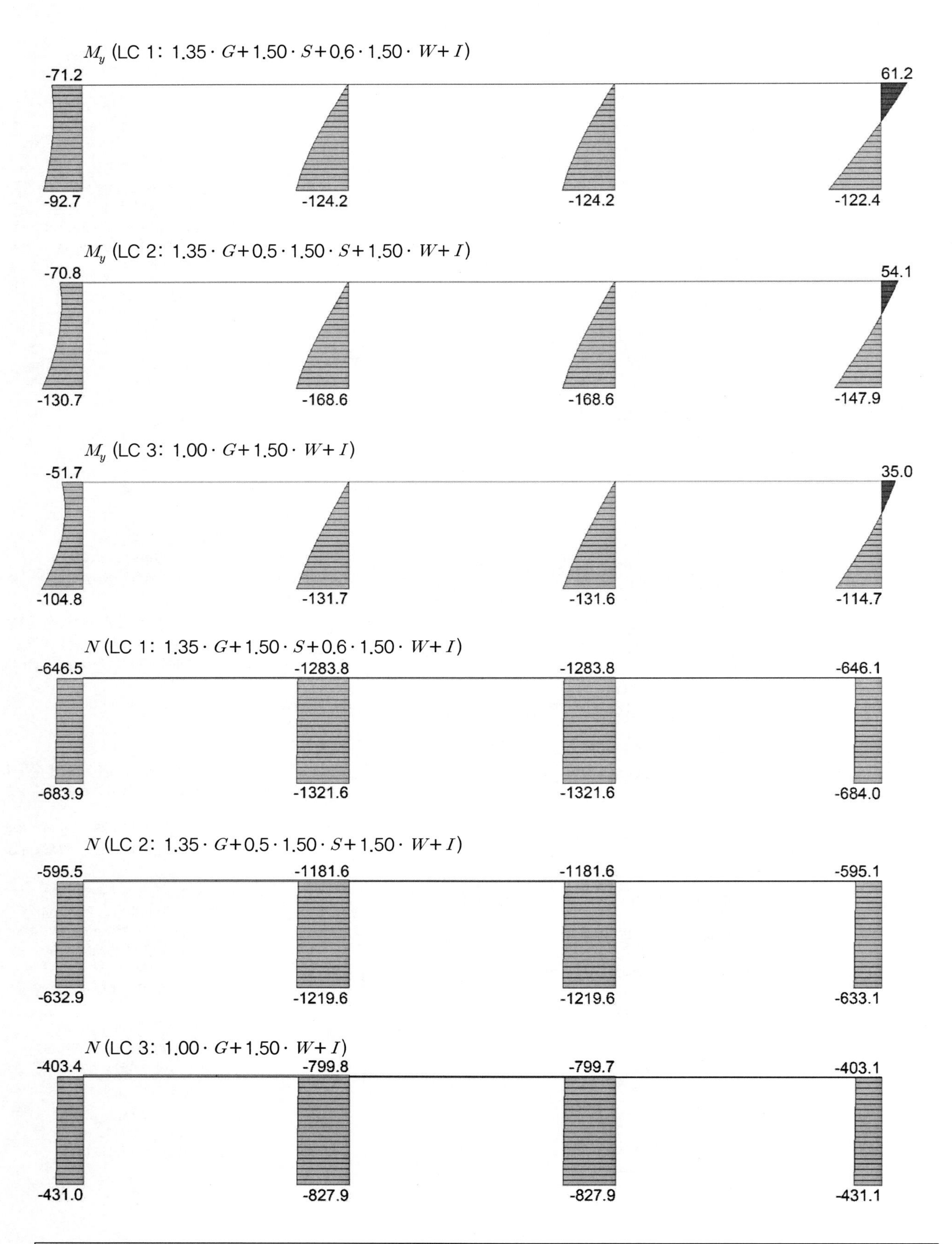

RIB running together **RIB-프로그램 TRIMAS®**: 기둥뿌리의 탄성 구속을 고려하여 기하 및 재료 비선형 해석한 결과 강도한계상태의 하중경우 LC 1-3에 대한 모멘트(kNm)와 축력(kN)

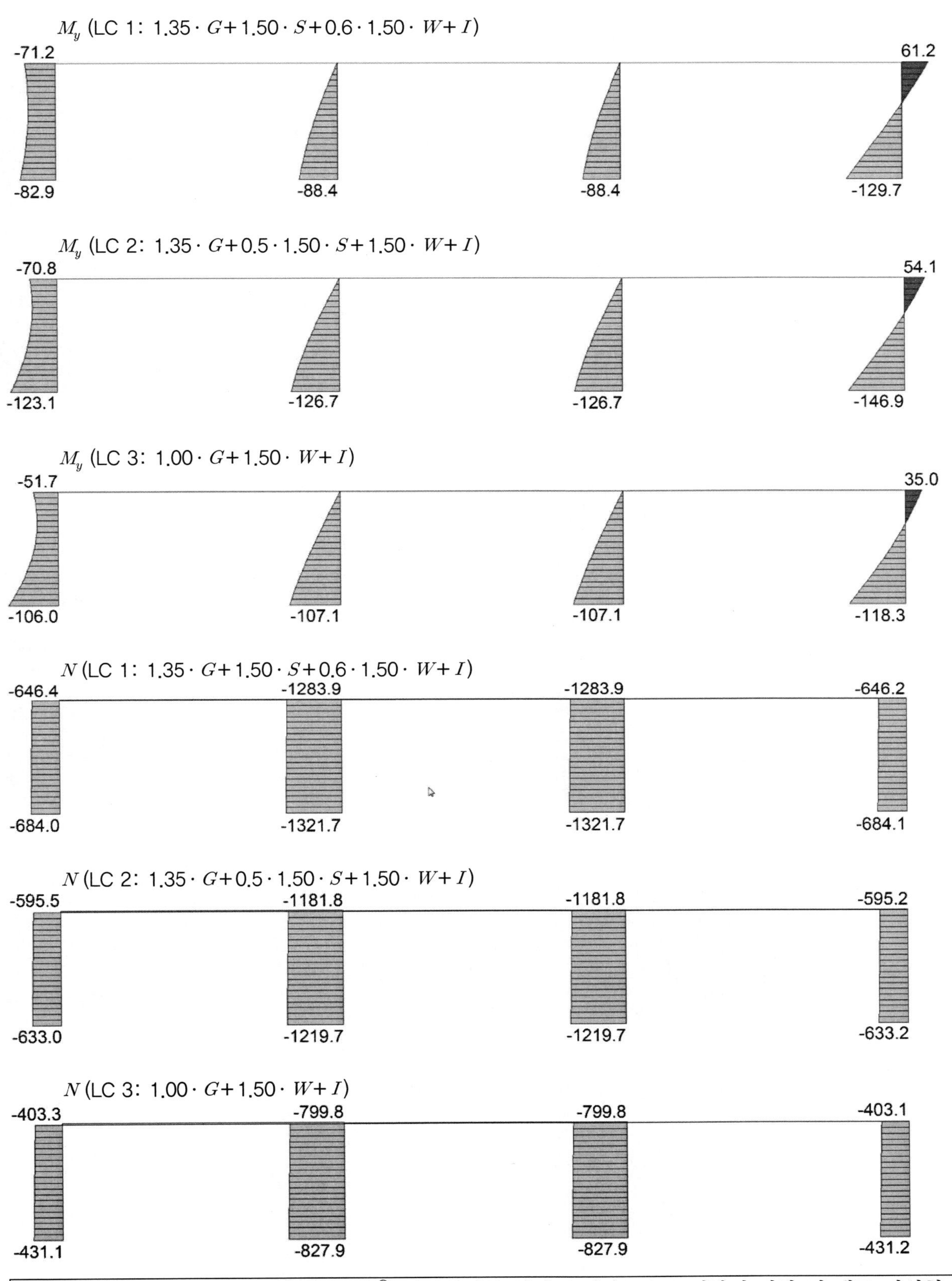

RIB-프로그램 TRIMAS®: 기둥뿌리를 완전 고정단으로 고려하여 기하 및 재료 비선형 해석한 결과
강도한계상태의 하중경우 LC 1-3에 대한 모멘트(kNm)와 축력(kN)

5.3 기둥뿌리를 탄성 구속한 경우의 필요 철근

상태 II의 설계 단면력과 강성값

부재	LC	N_{Ed}(kN)	M_{yEd}(kNm)	V_{Ed}(kN)	사용비율	B_{tang}/B_I
1	1	−683.9	−92.7	11.6	0.46	0.74
1	2	−635.9	−130.7	25.3	0.72	0.44
1	3	−431.0	−104.8	26.2	0.62	0.47
2	1	−1321.6	−124.2	10.9	0.68	0.82
2	2	−1219.6	−168.6	16.5	0.83	0.45
2	3	−827.9	−131.7	15.4	0.66	0.50
3	1	−1321.6	−124.2	10.9	0.68	0.82
3	2	−1219.6	−168.6	16.5	0.83	0.45
3	3	−827.9	−131.6	15.4	0.66	0.50
4	1	−684.0	−122.4	31.5	0.63	0.48
4	2	−633.1	−147.9	37.3	**0.86**	**0.40**
4	3	−431.1	−114.7	30.5	0.72	0.45

하중이 더 큰데도 내부기둥의 강성 저하가 단부기둥에 비하여 크지 않다. 이는 전체 기둥에서 압축력이 작용하여 접선 강성이 선형탄성 상태보다 작기 때문이다.

단부기둥에서는 전체 높이의 반 이상이 상태 I(비균열 상태)에 있다. 오른쪽 단부기둥의 뿌리 위치에서는 철근이 항복하기 시작한다.

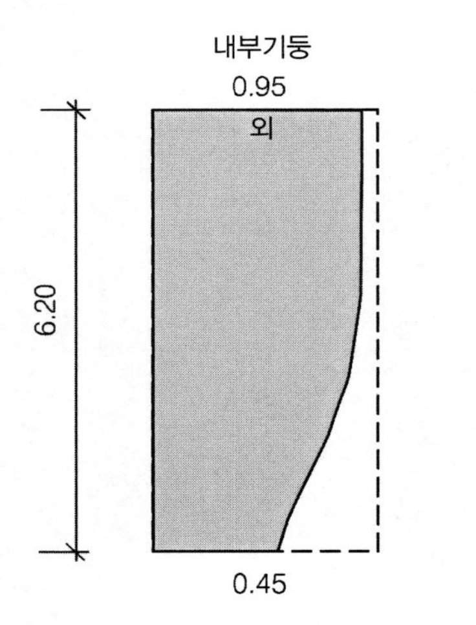

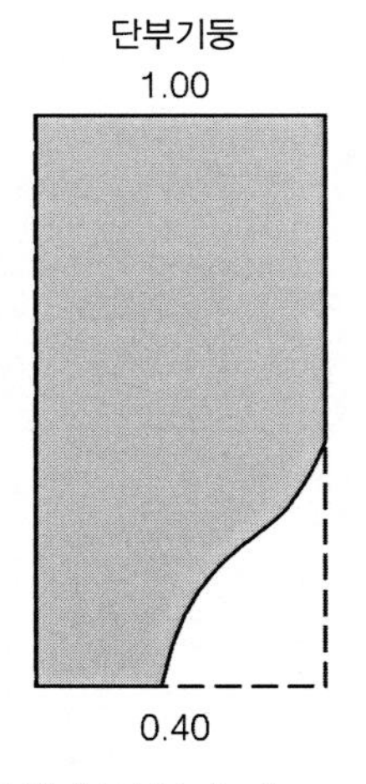

LC 2에서 비균열 휨강성에 대한 접선 휨강성의 비

계산결과는 기둥뿌리에 대한 것이다.

비선형 계산에서 주어진 값:
내부와 단부기둥에 모두 같이 배근되었다.
결정값은 필요 최소 철근 $A_{s,\min} = 6.79\ \mathrm{cm}^2$

B_I은 선형계산에서 휨강성값으로 단면 2차 모멘트 I_y와 EC2-1-1,표 3.1에 따른 탄성계수 E_{cm}을 곱한 값이다.
B_{tang}은 접선 휨강성값으로 철근의 탄성계수는 일정한 값이나, 콘크리트의 접선 탄성계수 E_{tang}은 고려하는 단면에서 주어진 변형값으로부터 응력-변형곡선에서의 접선 기울기로 구하여 적용한다.

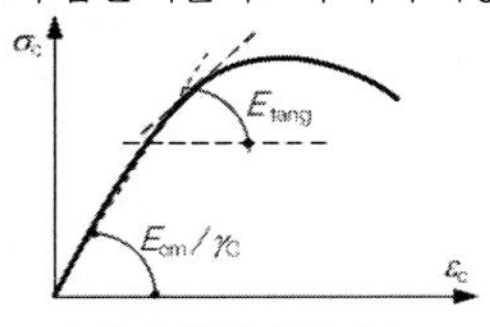

LC 2에서 최대 강성감소:
$B_{tang} / B_I = 0.40$

[7]의 예제 10과 비교: 내부 및 단부기둥의 휨강성 비:
$B_3/B_4 = 1.25$ [7]에서 가정
$B_3/B_4 = 0.45 / 0.40 = 1.125$ 비선형 계산

실제의 강성분포를 고려하면 [7]의 예제 10과 비교하여 수평력은 '강성이 큰' 내부기둥이 더 많이 부담하게 되므로 '강성이 작은' 단부기둥은 더 경제적으로 설계하게 된다.

비교: 모델 기둥방법
위험단면에서 단부기둥의 휨강성은 결정하중조합(여기에서는 LC 2)에 대하여 [7], pp.10-12에 따르면 다음과 같다.

$B_{II} = M_{II}/(1/r)$
$= 239 \cdot 10^{-3} / 0.0118 \approx 20\ \mathrm{MNm}^2$
$B_I = E_{cm} \cdot I_y$
$= 33000 \cdot 0.40 \cdot 0.45^3 / 12 \approx 100\ \mathrm{MNm}^2$
$B_{II} / B_I = 20 / 100$
$= 0.20$

5.4 기둥뿌리가 완전 고정단인 경우의 필요 철근

상태 II의 설계 단면력과 강성값

부재	LC	N_{Ed}(kN)	M_{yEd}(kNm)	V_{Ed}(kN)	사용비율	B_{tang}/B_I
1	1	−684.0	−82.9	10.4	0.42	0.84
1	2	−633.0	−123.1	24.4	0.66	0.46
1	3	−431.1	−106.0	26.5	0.63	0.47
2	1	−1321.7	−88.4	7.2	0.57	0.93
2	2	−1219.7	−126.7	12.4	0.67	0.76
2	3	−827.9	−107.1	12.6	0.53	0.70
3	1	−1321.7	−88.4	7.2	0.57	0.93
3	2	−1219.7	−126.7	12.4	0.67	0.76
3	3	−827.9	−107.1	12.6	0.53	0.70
4	1	−684.0	−129.7	32.4	0.68	0.45
4	2	−633.1	−146.9	36.9	**0.85**	**0.41**
4	3	−431.2	−118.3	30.9	0.76	0.45

계산결과는 기둥뿌리에 대한 값이다.

주어진 최소 철근의 사용비율이 가장 높은 것은 단부기둥이다.

탄성 구속한 경우와 비교하면 완전 고정단일 때가 훨씬 단면력이 작다.[7] 이는 횡이동 변위가 발생하는 구조계에서는 매우 바람직한 것이다.
5.2절의 해설 참조!
탄성 구속지점의 가정은 특히 횡이동 변위가 가능한 독립기초에서 더 현실적인 모델이다.

LC 2에 대해 강성의 감소가 가장 크다.
B_{tang} / B_I = 0.41

5.5 길이방향 철근 선택

길이방향 철근은 실제와 가까운 탄성지지 기둥의 계산결과(5.3절)를 고려하여 선택한다.

1.2절 참조:
$rqd\ c_{nom,l}$ = 12 + 10 = 22 mm,
스터럽 ϕ8과 $c_{v,strp}$ = 20 mm 포함

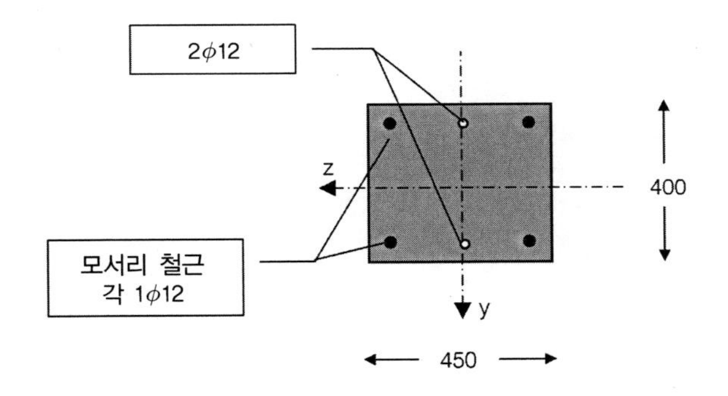

시공: 설계에서 z − 축에 대해 추가의 철근이 필요하지 않으므로, 긴 변에는 시공배근으로 각 변에 한 개씩 ϕ12를 배치한다.

EC2-1-1, (NCI) 9.5.2: (4) 길이방향 철근 간격은 300 mm를 초과할 수 없다.

선택:
길이방향 철근 B500B
6ϕ12 = 6.79 cm²
= minA_s

Model Column 방법으로 설계한 [7]의 예제와 비교:
$rqd\,A_s$ = 14.8 cm²
e_0 = 158 mm > 0.1h = 45 mm
l_0 = 13.0 m > 15h = 6.75 m!
→ DAfStb-Heft [600], 5.8.8.1 (1)
하중편심 e_0 <0.1h이며 길이 l_0 >15h일 때 모델기둥 방법은 점점 더 비경제적인 결과를 준다.

역자주 7 이에 따라 완전 고정단의 경우가 더 경제적인 설계일 것으로 판단하면 안 된다. 실제와 다른 단면력일 수 있다. 비선형 해석으로 실제 상황에 가깝게 모델링할 수있다는 것이 중요하다.

5.6 기초의 검사

부분 고정단일 때[8]의 단부기둥 기초의 검토

LC	하중형태	기둥의 기준 하중 V_{Ek}	M_{yEk}	H_{Ek}	설계 하중 V_{Ed}	M_{yEd}	H_{Ed}
1	$G+Q$	−499.0	−77.1	21.4	−684.0	−122.4	31.7
2	$G+Q$	−465.0	−93.9	25.5	−633.1	−147.9	37.3
3	$G+Q$	−431.0	−89.2	24.3	−431.1	−114.7	30.5
5	지점안정				−388.0	−108.8	29.2

최종 기초 치수

b_x / b_y / h = **2.00 m / 1.25 m / 0.50 m**

지반압력에 대한 검토는 하중의 설계값에 대하여, 지점안정(연결부의 벌어짐과 회전)의 검토는 하중의 기준값에 대하여, DIN EN 1997-1의 안전에 대한 규정과 2차 해석에 따른 추가응력을 고려하여 수행한다.
DIN EN 1997-1과 DIN 1045 [R9]에 따라 지반압력을 검토하면 지반파괴, 지반활동과 지반침하에 대한 자세한 검토를 생략할 수 있다.

지반압력 σ_D의 검토

LC	하중형태	P_{Ed}	M_{xkIIs} / M_{ykIIs}	e_{yII} / e_{xII}	A_k'	σ_4 / σ_1	σ_3 / σ_2	$\sigma_{D,allow}$ / $\sigma_{D,max}$
1	$G+Q$	768	0.0	0.000	2.11	0.119	0.330	0.420
			87.8	0.157		0.119	0.330	**0.364**

연결부의 한계값 검토

LC	하중형태	P_{Ek}	M_{xkIIs} / M_{ykIIs}	e_{yII}/b_y / e_{xII}/b_x	$Cw\,1_{x,allow}$ / $Cw\,1_{x,used}$	$Cw\,2_{allow}$ / $Cw\,2_{used}$
1SLS	G	493.2	0.0	0.000	0.167	
			27.4	0.028	**0.028**	
3	$G+Q$	493.1	0.0	0.000		0.111
			101.3	0.103		0.011

회전에 의한 평형파괴의 안전검토

지점안전에 대한 하중조합(LC 5)에서 회전 모서리에 대한 하중경우와 관련된 부분안전계수를 고려하여 기둥설계하였다. 추가로 추가 자중 V_{Ek}의 안정부분을 검토한다.

역자주 8 즉 탄성 구속, 탄성 지지될 때

역자주 9 여기서 Cw는 단면 핵의 폭(Core width)를 뜻한다.

결정값은 '풍압력이 작용할 때'의 단면력

비선형 계산결과:
기준값(예상치 않은 편심 없음, 크리프 영향 고려)
$V_{Ek}=N_{Ek}$, H_{Ek}[kN], M_{Ek}[kNm]

설계 단면력(5.3절 참조)
$V_{Ed}=N_{Ed}$, H_{Ed}[kN], M_{Ed}[kNm]

기초 위의 토피 0.70 m, 지반 단위중량 γ = 19 kN/m³을 고려

기초 추가 자중 + 토피:
ΔV_{Ek} = [2.00 · 1.25 · 0.5 · 25 + (2.00 · 1.25 − 0.4 · 0.45) · 0.7 · 19]
= 62.1 kN

단면력(요약하면): 지반 작용 설계값:
$P_{Ed}=V_{Ed}+1.35\cdot\Delta V_{Ek}$[kN]
$P_{Ek}=V_{Ek}+1.00\cdot\Delta V_{Ek}$[kN]

M_{xkIIs}, M_{ykIIs}[kNm], 기준모멘트
첨자 s: 단면력, 지반
기초 추가 자중 ΔV_{Ek}, $\Delta M=-H\cdot h$

e_{xII}, e_{yII} : $(M_{kII}+\Delta M)/P_{Ek}$[m]
$\sigma_1\cdots\sigma_4$: 각 변에서 압력 [MN/m²]
$\sigma_{D,allow}$: 지반 내하력의 설계값
$\sigma_{D,max}$: 지반 압력의 결정값, 작용 단면
$A'=(b_x-2\cdot e_{xII})\cdot(b_y-2\cdot e_{yII})$[m²]

[R9] DIN 1054, A 6.6.5
합력 작용점의 가능한 한계점:
• 자중 G만 작용(1의 단면핵 = 마름모)[9]
$Cw1_x=Cw1_y=|e_{xII}/b_x|+|e_{yII}/b_y|\le 1/6$
• $G+Q$ 작용(2의 단면핵 = Ellipse)
$Cw2=(e_{xII}/b_x)^2+(e_{yII}/b_y)^2\le 1/9$

하중경우 G는 SLS의 LC 1:
V_{Ek} = 431.1 kN; M_{ykII} = −22.8 kNm;
H_{Ek} = 9.2 kN
$M_{ykIIs}=M_{ykII}-H_{Ek}\cdot h$ = −27.4 kNm

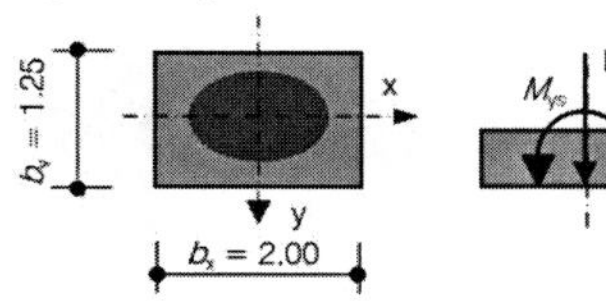

[R9] DIN 1054, 6.5.4와 표 A.2.1
기초연단의 가상의 활절점에 대하여 $E_{d,dst}\le E_{d,stb}$의 조건을 만족해야 한다.

LC	하중형태	$M_{xII,stb}$ $M_{yII,stb}$	$M_{xII,dst}$ $M_{yII,dst}$	$M_{x,dst}/M_{x,stb}$ $M_{y,dst}//M_{y,stb}$
0	지점안정	277.4 443.9	0.0 123.4	0% 27.8%

RIB-프로그램 FUNDA: 모서리 기둥의 독립기초
DIN 1054: 2010과 DIN EN 1997-1/NA에 따른 검토

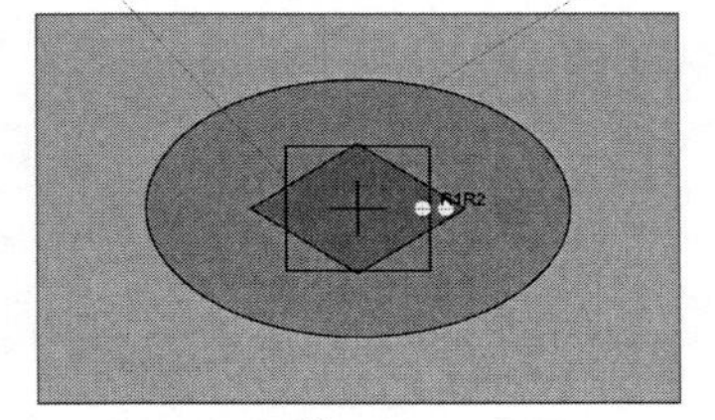

[59] RIB-프로그램 FUNDA V13.0

부분고정일 때의 내부기둥 기초의 검토

		기둥의 기준 하중			설계 하중		
LC	하중형태	V_{Ek}	M_{yEk}	H_{Ek}	V_{Ed}	M_{yEd}	H_{Ed}
1	$G+Q$	−963.9	−76.3	7.5	−1321.6	−124.2	10.9
2	$G+Q$	−859.9	−99.7	10.9	−1219.6	−168.6	16.5
3	$G+Q$	−827.9	−95.3	10.8	−827.9	−131.7	15.4
5	지점안정				−745.1	−125.4	15.2

비선형 해석결과:

기준값(예상치 않은 편심 없음, 크리프 영향 고려)
$V_{Ek}=N_{Ek}$, H_{Ek}[kN], M_{Ek}[kNm]

설계 단면력(5.3절 참조)
$V_{Ed}=N_{Ed}$, H_{Ed}[kN], M_{Ed}[kNm]

최종 기초 치수

b_x / b_y / h = 2.50 m / 1.50 m / 0.50 m

기초 위의 토피 0.70 m, 지반 단위중량 γ = 19 kN/m³을 고려

지반압력 σ_D의 검토

LC	하중형태	P_{Ed}	M_{xkIIs} M_{ykIIs}	e_{yII} e_{xII}	A_k'	σ_4 σ_1	σ_3 σ_2	$\sigma_{D,allow}$ $\sigma_{D,\max}$
1	$G+Q$	768	0.0 80.1	0.000 0.076	3.52	0.231 0.231	0.333 0.333	0.420 **0.412**

기초 추가 자중+토피:
$\Delta V_{Ek}=[2.5\cdot1.5\cdot0.5\cdot25+(2.5\cdot1.5-0.4\cdot0.45)\cdot0.7\cdot19]$
$=94.4$ kN
단면력: 지반에 작용하는 설계값:
$P_{Ed}=V_{Ed}+1.35\cdot\Delta V_{Ek}$[kN]
$P_{Ek}=V_{Ek}+1.00\cdot\Delta V_{Ek}$[kN]
M_{xkIIs}, M_{ykIIs}[kNm], 기준모멘트
첨자 s: 단면력, 지반
기초 추가 자중 ΔV_{Ek}, $\Delta M=-H\cdot h$

e_{xII}, e_{yII} : $(M_{kII}+\Delta M)/P_{Ek}$[m]
$\sigma_1\cdots\sigma_4$: 각 변에서 압력 [MN/m²]
$\sigma_{D,allow}$: 지반 내하력의 설계값
$\sigma_{D,\max}$: 지반 압력의 결정값, 작용 단면적
$A'=(b_x-2\cdot e_{xII})\cdot(b_y-2\cdot e_{yII})$[m²]

연결부의 한계값 검토

LC	하중형태	P_{Ek}	M_{xkIIs} M_{ykIIs}	e_{yII}/b_y e_{xII}/b_x	$Cw1_{x,allow}$ $Cw1_{x,used}$	$Cw2_{allow}$ $Cw2_{used}$
0	G	827.9	0.0 13.0	0.000 0.016	0.167 **0.006**	
3	$G+Q$	922.3	0.0 100.7	0.000 0.044		0.111 **0.002**

[R9] DIN 1054, A 6.6.5
합력 작용점의 가능한 한계점:
• 자중 G만 작용 (1의 단면핵=마름모)
$Cw1_x=Cw1_y=|e_{xII}/b_x|+|e_{yII}/b_y|\leq 1/6$
• $G+Q$ 작용(2의 단면핵=Ellipse)
$Cw2=(e_{xII}/b_x)^2+(e_{yII}/b_y)^2\leq 1/9$
하중경우 G는 SLS의 LC 1:
$V_{Ek}=827.9$ kN; $M_{ykII}=-13.2$ kNm;
$H_{Ek}=-0.3$ kN
M_{ykIIs} $M_{ykII}-H_{Ek}\cdot h=-13.0$ kN

회전에 의한 평형파괴의 안전검토

LC	하중형태	$M_{xII,stb}$ $M_{yII,stb}$	$M_{xII,dst}$ $M_{yII,dst}$	$M_{x,dst}/M_{x,stb}$ $M_{y,dst}/M_{y,stb}$
0	지점안정	622.5 1037.5	0.0 133.0	0% 12.8%

[R9] DIN 1054, 6.5.4와 표 A.2.1
기초연단의 가상의 활절점에 대하여 $E_{d,dst}\leq E_{d,stb}$의 조건을 만족해야 한다.
[59] RIB-프로그램 FUNDA V13.0

RIB-프로그램 FUNDA: 내부기둥의 독립기초
DIN 1054: 2010과 DIN EN 1997-1/NA에 따른 검토

LCC	허용 지반 내하력	P_{Ek}	P_{Ed}	지반압력 (2차해석)	e_x (2차해석)	$Cw2$ (2차해석)	y방향 회전안정 (2차해석)	활동저항 (2차해석)	지반파괴 (2차해석)
–	$\sigma_{D,allow}$	[kN]	[rmkN]	$\sigma_D/\sigma_{D,allow}$	[m]	$Cw2 \leq 1.9$	$M_{y,dst}/M_{y,stb}$	T_d/R_{td}	V_d/R_{nd}
3	420 kN/m²	922	955	97%	0.076	0%	6%	1%	74%
2	420 kN/m²	990	1347	93%	0.106	1%	8%	3%	71%
1	420 kN/m²	1058	1449	66%	0.109	1%	8%	3%	50%
4	420 kN/m²	839	872	63%	0.158	3%	12%	3%	48%

5.7 단부기둥의 편심 비교

편심 e [mm]	LC 1	LC 2	LC 3
N_{Ed} [kN]	−684	−633	−431
A) Model Column 방법 **예제 10: A_s =14.8 cm²**			
$e_0 = M_{Ed,I}/N_{Ed}$	109	158	210
$e_i = l_0/(2 \cdot 315)$	21	21	21
e_c	0	0	0
e_2	199	199	199
e	329	378	430
$M_{Ed,II} = N_{Ed} \cdot e$ [kNm]	**225**	**239**	**185**
B) 비선형 계산 **예제 19: A_s =6.79 cm²** 완전 고정단			
$e_0 = M_{Ed,I}/N_{Ed}$ [c]	114.5	168.9	225.6
$e_i = l_0/(2 \cdot 315)$ [b]	19.7	19.7	19.7
e_c	13.3	13.3	13.3
e_2	42.1	30.2	15.9
e	189.6	232.1	274.5
$M_{Ed,II} = N_{Ed} \cdot e$ [kNm]	**129.7**	**146.9**	**118.3**
C) 비선형 계산 **예제 19: A_s =6.79 cm²** 탄성 구속단			
$e_0 = M_{Ed,I}/N_{Ed}$ [c]	77.3	122.1	169.1
$e_i = l_0/(2 \cdot 315)$ [b]	19.7	19.7	19.7
e_c	16.0	16.0	16.0
e_2	65.9	75.8	61.1
e	178.9	233.6	265.9
$M_{Ed,II} = N_{Ed} \cdot e$ [kNm]	**122.4**	**147.9**	**114.6**

[7]의 예제 10과는 하중경우 (2)와 (3)을 바꿨다. p.10-12 표 참조.

LC 1: max G+max S
LC 2: max G+max W
LC 1: min G+max W

결정값 '풍양력 작용 기둥'에 대한 단면력

e_c-지속하중하에서 크리프의 영향(c-creep)에 따른 추가 탄성(3.2절 참조)

[b] 기둥의 기울어짐으로 기둥머리 편심이 발생한다. 이때 n=4개의 기둥에 따른 감소값을 고려한다.

[c] 예제 10과 예제 19에서 완전 고정단인 기둥의 1차 해석에 의한 모멘트가 약간 차이가 나는 것은 예제 10 [7]에서 내부와 단부기둥의 수평력 분담 차이에 따른 강성의 차이로 인한 것이다.

A) Model Column 방법과 B), C) 비선형 계산의 중요한 차이는 크리프 영향에 따른 편심 e_c와 완전한 비선형 계산으로 구한 e_2에 있다.

이 비교는 상대적인 것이다. [7]의 예제 10과 이 책의 예제 19의 기둥과 구조의 모델이 매우 다르므로 직접적인 비교가 될 수 없다.

이는 Model Column 방법이 다음과 같이 안전 측으로 가정하기 때문이다. Model Column 위험단면의 곡률(1/r)에서 상태 II(균열상태)의 휨강성을 구하고 이를 전체 기둥에 적용하기 때문이다. 이때 Model Column 단면의 곡률은 철근 항복응력에 도달할 때의 값으로 제한한다. 비선형 계산에서는 기둥영

[7]의 예제 10의 단부기둥에는 매우 안전측의 가정인 등가길이계수 β=2.1를 적용하였다. 이는 탄성지지를 연결부재로 간주한 것이다(즉, e_2를 큰 값으로 계산한다).

역에 따라 상태 I(비균열 상태)의 높은 강성을 고려하므로 변위가 감소한다.

비선형 계산방법으로 전체 구조계의 강도 여유분을 활용할 수 있으므로 부재를 최적화하여 설계할 수 있다. 이에 따라 실제에 가까운 변위 계산이 가능하다. 이를 위해 현실에 가까운 모델이 필요하므로, 입력 자료를 꼼꼼히 검사하는 것이 중요하다.

그러나 Model Column 방법은 간단히 검사할 수 있으며 이해하기 쉬울 뿐만 아니라 설계경험을 반영하여 모델을 구성하므로 시공 시에 여유를 확보할 수 있는 장점이 있다.

모델기둥방법에 의한 편심 e_2:

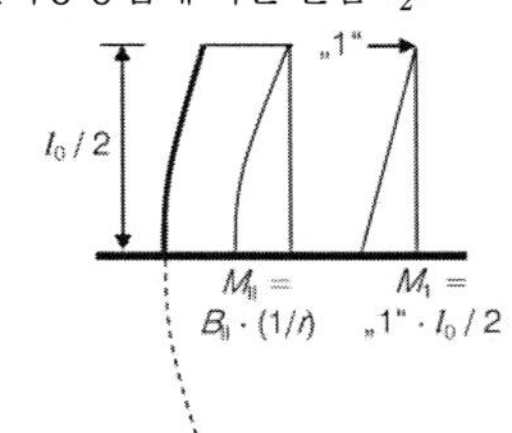

응력법[10]: $\int M_{II} M_1\, dx$
$EI \cdot e_2 = 5/12 \cdot [B_{II} \cdot (1/r) \cdot l_0/2] \cdot l_0/2$
여기서 $EI = B_{II}$ 적용
$e_2 = (1/r) \cdot l_0^2 \cdot 5/48 \approx (1/r) \cdot l_0^2/10$
(EC2-1-1, (5.33)식의 계수 적용)

모멘트를 2차 해석으로 구하였으므로 DIN EN 1997-1과 DIN 1054 [R9]에 따른 기초의 검토에서 보다 자세하게 계산하는 것을 권장한다. 즉, 비경제적인 (그러나 좀 더 안전 측인) 방법으로 기초설계를 하지 않았다.

5.8 전단설계

기둥에 큰 수평하중이 작용할 때 전단강도를 검사한다.

결정 하중경우는 '풍압력 작용 기둥'이다.

내부기둥은 압축력이 더 크므로 약간 작은 전단력이 작용한다.

기둥이 보를 지지(최소 횡철근 배근)하므로 전단강도 $V_{Rd,c}$는 유리하게 작용하는 최고 축력을 고려하여 검사한다.
일반적으로 기둥에서 $V_{Ed} \le V_{Rd,c}$이며 EC2-1-1, 9.5.3에 따른 기둥의 최소 횡철근이 결정값이다.
$V_{Ed} > V_{Rd,c}$이면 보처럼 전단설계한다. EC2-1-1, 9.2.2에 따른 보의 최소 횡철근을 배근해야 한다.

전단철근이 없는 경우의 전단강도 $V_{Rd,c}$

EC2-1-1, 6.2.2 (6.2a)식

$$V_{Rd,c} = [(0.15/\gamma_C) \cdot k \cdot (100\rho_1 \cdot f_{ck})^{1/3} + 0.12\sigma_{cp}] \cdot b_w \cdot d \ge V_{Rd,c,\min}$$

$$k = 1 + (200/d)^{1/2} \le 2.0$$
$$= 1 + (200/410)^{1/2} = 1.70$$
$$\rho_1 = A_{sl}/(b_w d)$$
$$= 2.3/(40 \cdot 41) = 0.0014 \le 0.02$$
$$f_{ck} = 30\ \text{N/mm}^2$$

EC2-1-1, 6.2.2 그림 6.3: A_{sl} = 인장철근, 고려하는 단면에 배근되고 유효하게 정착할 것
여기서: $2\phi12 = 2.3\ \text{cm}^2$, 5.5절 참조
C30/37

LC 1: 결정값 아님, 풍하중은 부하중

전단력의 설계값을 가능한 한 줄이기 위해, 등분포 (풍)하중과 직접 지지되는 경우에 대해 EC2-1-1, 6.2.1 (8)에 따라 생략하였다.

LC 2:

$$V_{Ed} = 37.3\ \text{kN}$$
$$N_{Ed} = 633\ \text{kN}$$
$$\sigma_{cp} = N_{Ed}/A_c = 0.633/(0.40 \cdot 0.45) = 3.50\ \text{MN/m}^2$$
$$> 0.2 f_{cd} = 0.2 \cdot 17 = 3.40\ \text{MN/m}^2$$ 결정값

설계단면력은 5.3절 참조
$N_{Ed} > 0$ 압축력
σ_{cp} 압축응력일 때 (+)
C30/37

역자주 10 여기서는 단위하중법을 말한다. M_1은 단위하중에 의한 모멘트이다.

$V_{Rd,c}$ $= [0.10 \cdot 1.70 \cdot (0.14 \cdot 30)^{1/3} + 0.12 \cdot 3.40] \cdot 0.40 \cdot 0.41$

$= 0.112$ MN = **112 kN**

$V_{Rd,c,\min}$ $= [0.0525 / 1.50\ 1.7^{3/2} \cdot 30^{1/2} + 0.12 \cdot 3.40] \cdot 0.40 \cdot 0.41$

$= 0.137$ MN = **137 kN**

전단강도의 최소값
EC2-1-1, (NDP) 6.2.2 (1), (6.2b)식과 (6.3DE)식, $d \le 600$ mm

$V_{Rd,c}$ $< V_{Rd,c,\min} \rightarrow$ 결정값

V_{Ed} $= 37.3$ kN $< V_{Rd,c,\min} = 137$ kN

→ 전단철근이 필요하지 않다!

EC2-1-1, 9.5.3 부재상세

LC 3: V_{Ed} $= 30.5$ kN

N_{Ed} $= 431$ kN

σ_{cp} $= N_{Ed} / A_c = 0.431 / (0.40 \cdot 0.45) = 2.39$ MN/m² $< 0.2 f_{cd}$

C30/37 → $0.2 f_{cd} = 3.40$ MN/m²

$V_{Rd,c}$ $= [0.10 \cdot 1.70 \cdot (0.14 \cdot 30)^{1/3} + 0.12 \cdot 2.39] \cdot 0.40 \cdot 0.41$

$= 0.092$ MN = **92 kN**

$V_{Rd,c,\min}$ $= [0.0525 / 1.50 \cdot 1.7^{3/2} \cdot 30^{1/2} + 0.12 \cdot 2.39] \cdot 0.40 \cdot 0.41$

$= 0.116$ MN = **116 kN**

전단강도의 최소값
EC2-1-1, (NDP) 6.2.2 (1), (6.2b)식과 (6.3DE)식, $d \le 600$ mm

$V_{Rd,c}$ $< V_{Rd,c,\min} \rightarrow$ 결정값

V_{Ed} $= 30.5$ kN $< V_{Rd,c,\min} = 116$ kN

→ 전단철근이 필요하지 않다!

EC2-1-1, 9.5.3, 부재상세

시공 횡철근 배근

기둥의 횡철근으로 띠철근을 배치한다.

최소 직경 $\min\phi_{trav} \ge 0.25\ \max\phi_1$ ≥ 6 mm

EC2-1-1, (NCI) 9.5.3: (1)

선택: ϕ_{trav} = **8 mm** $> 0.25 \cdot 12 = 3.0$ mm

> 6 mm

EC2-1-1, (NCI) 9.5.3: (3)
띠철근의 정착은 다음을 적용한다.
EC2-1-1, 8.5와 그림 8.5DE e), 갈고리 a)

띠철근 간격

기둥의 축력과 휨 모멘트를 받는 길이방향 철근 중에서 y축에 배근한 2개의 $\phi12$ 철근을 시공배근으로 배치한 것으로, (일반적인 중심축 압축을 받는 단면과 달리) 횡철근 배근 규정은 역학적으로 필요한 길이방향 철근(여기서는 모서리에 배근한 철근) $\phi12$에 적용한다.

영역 1:

$s_{c1,\,tmax,\,1} \quad \leq 12\ \min\phi_1 \quad = 12 \cdot 12 \quad = 144\ \text{mm}$

$\leq \min b \quad = 400\ \text{mm}$

선택 $s_{c1,\,tmax,\,1}$ **= 140 mm**

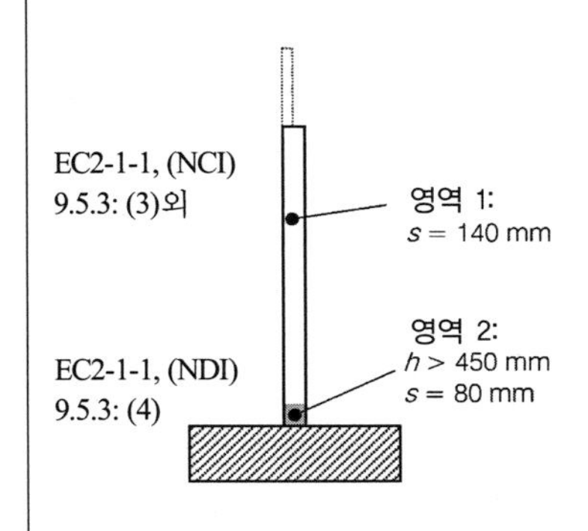

영역 2: (기초 위에서 높이 h까지)

$s_{c1,\,tmax,\,2} \quad = 0.6 \cdot s_{c1,\,tmax,\,1} = 0.6 \cdot 140 \quad = 84\ \text{mm}$

선택 $s_{c1,\,tmax,\,2}$ **= 80 mm**

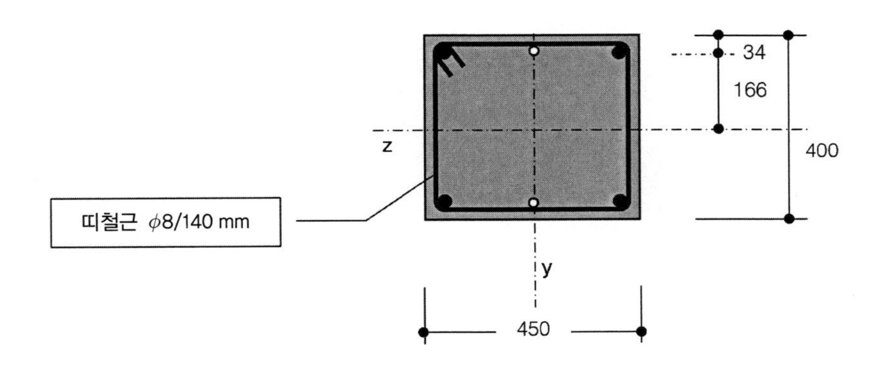

길이방향 철근 $2\phi12$는 시공철근으로 선택하였으므로(z-방향의 휨은 이들이 없어도 받을 수 있다), 더 이상의 횡철근이 필요하지 않다.

6. 사용한계상태 검토

EC2-1-1, 7

6.1 단면력

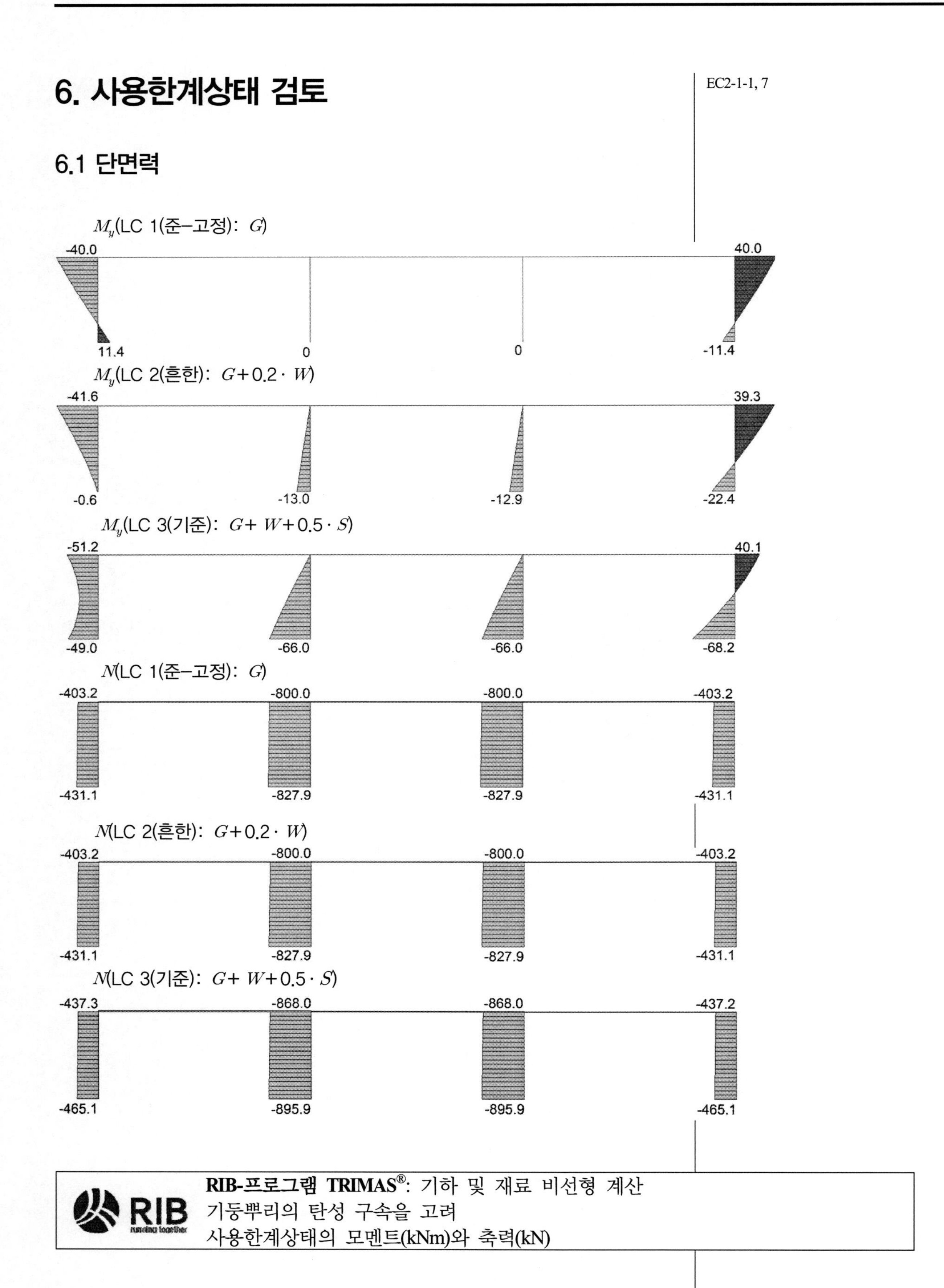

RIB-프로그램 TRIMAS®: 기하 및 재료 비선형 계산
기둥뿌리의 탄성 구속을 고려
사용한계상태의 모멘트(kNm)와 축력(kN)

6.2 콘크리트 압축응력 제한

최대 압축응력은 내부기둥의 기둥뿌리에서 발생한다.

EC2-1-1, 7.2: (3) 구조물의 사용성, 강도 또는 내구성
크리프에 의해 영향을 받으면, 비선형 크리프 변형이 발생하지 않게 준-고정 하중조합하의 콘크리트 압축응력이 $0.45 f_{ck}$ 보다 크지 않게 한다.

상태 I: $A = 0.40 \cdot 0.45 \qquad = 0.1800\ \text{m}^2$

$W_y = 0.40 \cdot 0.45^2 / 6 \qquad = 0.0135\ \text{m}^3$

준-고정 하중조합하의 콘크리트 압축응력:

철근은 무시한다.

LC 1: $N_{Ed} = 828\ \text{kN} \qquad M_{Ed} = 0\ \text{kNm}$

기둥머리: 기둥뿌리에서보다 편심 하중의 재하가 국부적으로 제한되므로 강도와 사용성에 미치는 크리프 영향이 않으므로 내부기둥 기둥뿌리의 최대 압축응력에 대해 검토한다.

$\sigma_{c,perm} = 0.828 / 0.18$

$= \mathbf{4.60\ MN/m^2}$

$< 0.45 f_{ck} = 0.45 \cdot 30 = 13.5\ \text{MN/m}^2$

기준 하중조합하에서는 노출등급이 XD, XF 또는 XS일 때만 이 검토가 필요하다. 내부기둥에는 이들 노출등급이 적용되지 않는다.

EC2-1-1, 7.2: (2)

그럼에도 불구하고 해당 검토를 수행하면:

LC 3: $N_{Ed} = 896\ \text{kN} \qquad M_{Ed} = 66.0\ \text{kNm}$

$\sigma_{c,perm} = 0.896 / 0.18 \cdot 0.066/0.0135$

$= 4.98 + 4.89$

$= \mathbf{9.87\ MN/m^2}$

$< 0.60 f_{ck} = 0.60 \cdot 30 = 18.0\ \text{MN/m}^2$

6.3 균열제한

EC2-1-1, 7.3

EC2-1-1, (NDP) 7.3.1: (5) 표 7.1DE

내구성과 구조의 미관에 대한 요구조건을 이 과제의 노출등급 XC1에서 만족하기 위해 준-고정 하중조합하에서 균열제한값 $w_{\max} = 0.4\ \text{mm}$에 대해 검토한다.

단부기둥의 머리에서:

LC 1: $N_{Ed} = 403\ \text{kN} \qquad M_{Ed} = 40.0\ \text{kNm}$

$\sigma_{c,perm} = 0.403 / 0.18 \cdot 0.04 / 0.0135$

$= 2.24 \cdot 2.96$

$= \mathbf{0.72\ MN/m^2} < f_{ctm}$

여기서 인장응력은 (+)

단부기둥의 뿌리에서:

LC 1: $N_{Ed} = 431$ kN $M_{Ed} = 11.4$ kNm

$$\sigma_{c,perm} = -0.431 / 0.18 \cdot 0.0114 / 0.0135$$
$$= -2.39 \cdot 0.84$$
$$= \mathbf{-1.55\ MN/m^2} < 0$$

여기서 압축응력은 (−)

이 두 하중조합에 대해 기둥뿌리는 상태 I(비균열 상태)이다-검토할 필요 없다.

6.4 변위제한

EC2-1-1, 7.4

라멘구조의 변위(여기서는 수평변위)는 부착된 부재들, 예를 들어 외벽과 같이 거동하여 발생한다.

건물 라멘기둥의 기둥머리 변위는 흔한 하중조합하에서 건물주 또는 다른 건설계획 참여자들에 의해 주어지며, 기둥높이(들보의 지점)의 1/250로 제한된 것으로 가정한다.

주어진 값: $allow\ u_{hor} = 6200/250 = \mathbf{25\ mm}$

변위의 산정은 비선형 계산으로 구한다. 사용한계상태의 예상치 않은 편심은 제한값보다 작을 수 있다. 크리프 영향을 고려하여 변위를 비선형 계산한다. 이 계산의 지속하중은 강도한계상태에서와 달리 프리캐스트 부재 반력의 예상치 않은 편심을 고려하지 않는다.

선택한 길이방향 철근($A_s = 6.79$ cm²)은 휨강성의 산정에서 고려한다.

EC2-1-1, 5.2 (3)

이 라멘구조에서 수평변위는 주로 풍하중에 기인하므로, 준-고정 하중조합 외에 풍하중이 주하중인 흔한 하중조합에 대해서도 검토한다(비교 [3] 해설 7.4.1 (5)).

기준 하중조합에 대해서는 비교를 위해서 계산하였다.

변동하중인 풍하중(수평변위에 대해 결정값)과 설하중이 준-고정 하중조합에서는 항상 빠지기 때문에($\psi_2 = 0$)흔한 하중조합을 고려한다. 기준 하중조합은 변위계산에서는 안전 측에 있으므로(풍하중이 드문 하중값을 초과할 빈도는: 50년에 1번) 결정값이 아니다.

LC	u_I[mm]	u_{II}[mm]	φ_{II}[‰]	$u_{II,rigid}$[mm]
준-고정	0.0	0.0	0.41	0.0
흔한	2.2	3.4	0.67	1.96
기준	11.0	17.7	1.89	10.1

기둥머리에서 수평변위:
u_I: 1차 해석에 의한 값(유효강성을 적용하지 않음)
u_{II}: 기하 및 재료 비선형 계산에 의한 값
$u_{II,rigid}$: u_{II}와 같으나, 기초를 완전 고정단으로 하여 구한 값
'풍양력을 받은 기둥'의 기둥뿌리 회전:
φ_{II}: 기하 및 재료 비선형 계산에 의한 값

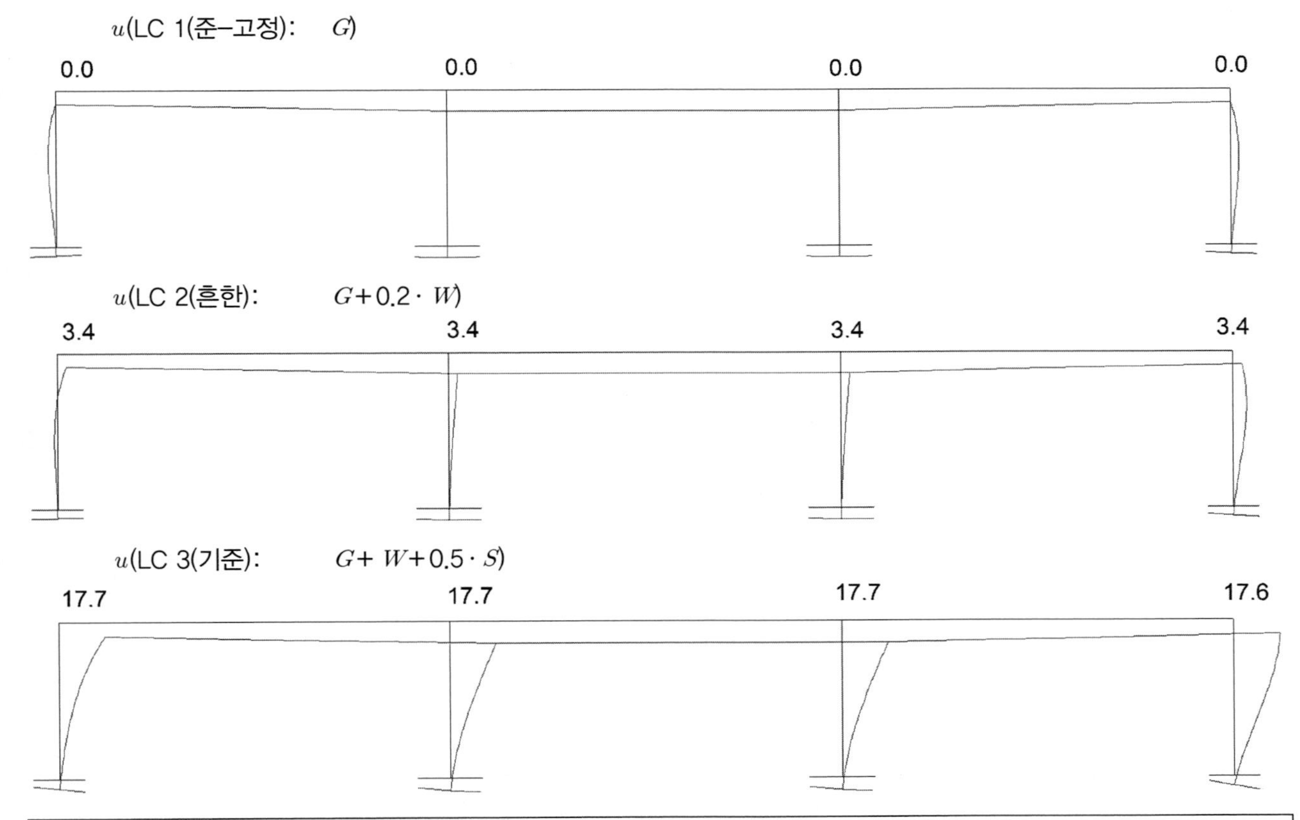

RIB-프로그램 TRIMAS®: 기하 및 재료 비선형 계산
기둥기초의 탄성 구속을 고려
사용한계상태의 변위(mm) (100배 확대)

예제 20a : 다층 뼈대구조

차례

예제 20a : 다층 뼈대구조

과제 개요

설계과제는 횡지지되는 6층 뼈대구조이다. 이 예제에서는 수평지지(수직과 수평으로 횡지지되는 부재)를 다룬다.

이 예제에 이어지는 예제 20b에서는 내진설계를 다룬다.

횡지지 구조를 구성하는 계단실 벽체와 7번 열의 전단벽체는 현장타설 콘크리트 부재이다. 기둥, 들보, 바닥판은 프리캐스트 콘크리트 부재이다.

재료:

- 콘크리트 C30/37 현장타설 콘크리트와 프리캐스트 콘크리트
- 철근망: B500A
- 철근: B500B

EC2-1-1, 1.5.2.5: 일반건물

EC2-1-1, 5.8.3.3: 전체 구조의 검토
EC2-1-1, 5.8.1: 구조물의 횡방향 전체 안정을 담당하는 횡지지 부재 또는 구조

DIN EN 1998 – Eurocode 8: 구조물의 내진 설계
– 1부: 기본사항, 지진하중과 건물 규정

프리캐스트 들보와 프리캐스트 바닥판은 단순보로 가정한다.

EC2-1-1, 3.1: 콘크리트
EC2-1-1, 3.2: DIN 488에 따른 철근과 철근망

1. 구조계, 치수

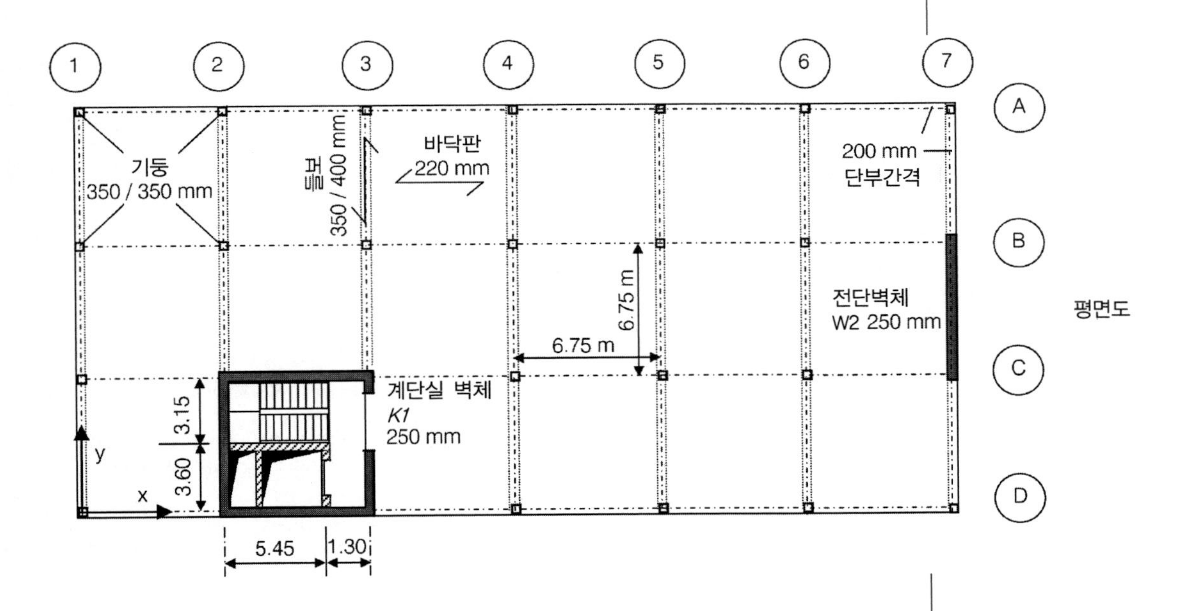

평면도

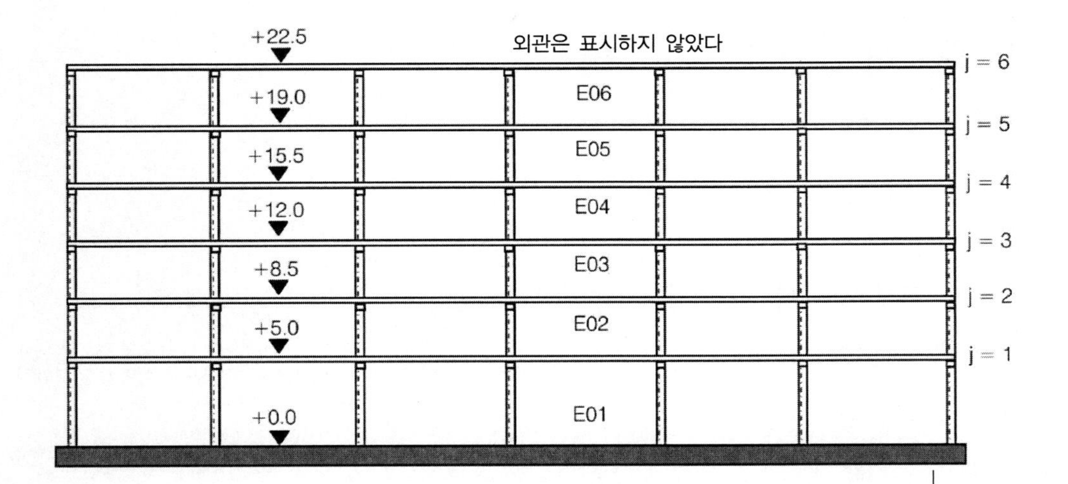

2. 하 중

2.1 기준값

2.1.1 수직하중

바닥판 작용하중		기준값
고정하중(자중):		
01-05층(일반층):		
철근 콘크리트판 220 mm:	5.50 kN/m²	
바닥마감:	1.50 kN/m²	
설비, 매달린 천정:	0.50 kN/m²	
소계:	7.50 kN/m²	$g_{k,1} = 7.50$ kN/m²
06층(지붕층):		
철근 콘크리트판 180 mm:	4.50 kN/m²	
지붕마감:	1.00 kN/m²	
설비, 매달린 천정:	0.50 kN/m²	
소계:	6.00 kN/m²	$g_{k,2} = 6.00$ kN/m²
변동하중(사용하중과 설하중):		
01-05층(일반층):		
사무실 사용하중:		$q_{k,1} = 2.00$ kN/m²
계단 및 계단참 사용하중:		$q_{k,2} = 3.00$ kN/m²
06층(지붕층):		
설하중: $s_k = 1.25$ kN/m²		
형상계수: $\mu_1 = 0.8$		
$s = \mu_1 \cdot s_k = 1.00$ kN/m²		$q_{k,3} = 1.00$ kN/m²

첨자 k: 기준(characteristic)

계단바닥을 포함하여 전체 내부 평면의 바닥판 하중으로 근사계산한다. 따라서 엘리베이터 실의 벽돌 벽체나 설비장치 등은 등가하중으로 포함한다.

EC1-1-1, 표 A.1: 철근 콘크리트 단위중량 25 kN/m³
지붕 마감과 설비하중의 가정값

EC1-1-1, 표 A.1: 철근 콘크리트 단위중량 25 kN/m³
지붕 마감과 설비하중의 가정값

이 예제에서는 경량 칸막이벽의 추가 사용하중을 포함하지 않는다.

EC1-1-1/NA, 표 6.1DE, Category T1:
사무용 건물의 사무실과 복도

EC1-1-1/NA, 표 6.1DE, Category T1:
사무용 건물의 계단과 계단참

EC1-1-3/NA: 설하중
설하중 구역 3의 지면에 대한 설하중 기준값 s_k
가정: 부지 고도 $A = 290$ m NN,
(NA.3)식: $s_k = 0.31 + 2.91[(A + 140)/760]^2$
EC1-1-3, 5.3.2: 표 5.2: 평지붕의 형상계수
$0° \leq \alpha \leq 30°$일 때: $\mu_1 = 0.8$

→'행정구역에 따른 설하중 구역 구획'의 엑셀 표를 참조하라. (*www.bauministerkonferenz.de* 또는 *www.dibt.de*)

들보, 기둥, 벽체, 외장 작용하중	기준값
고정하중(자중):	
01-06층:	
철근 콘크리트 들보 350/400 mm:	$g_{k,3}=3.50$ kN/m
기둥 350/350 mm:	$g_{k,4}=3.06$ kN/m
벽체 250 mm:	$g_{k,5}=6.25$ kN/m²
외장: 발코니 난간+창문밴드	$g_{k,6}=2.00$ kN/m²

경우에 따라 지붕에 대해 국부적인 검토를 할 수 있다. EC1-1-1/NA, 6.3.4.2: 지붕의 집중하중, 표 6.10DE, Category H: 통상적인 유지관리, 수리 외에는 통행할 수 없는 지붕: 보행자 하중 $Q_k=1.0$ kN

EC1-1-1, 표 A.1: 철근 콘크리트 단위중량 25 kN/m³

가정: 외장하중은 각 층의 바닥판 모서리/단부 들보가 부담한다.

3층 이상의 건물에서 수직부재(벽체와 기둥)는 사용하중을 가감하며 하중분담 면적에 대한 작용하중을 합한다.

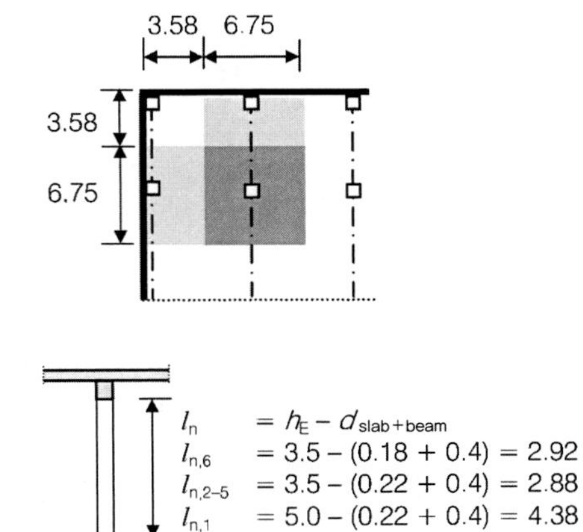

수평 하중분담 면적:
내부기둥: $6.75 \cdot 6.75 = 45.56$ m²
단부기둥: $6.75 \cdot (6.75/2 + 0.20) = 24.13$ m²
모서리기둥 : $(6.75/2 + 0.20)^2 = 12.78$ m²
벽체: $2 \cdot 6.75 \cdot (6.75/2 + 0.20) = 48.26$ m²
계단실 벽체: $2 \cdot 6.75 \cdot (1.5 \cdot 6.75 + 0.20)$
$= 139.39$ m²
계단 사용하중: $6.75^2 - 5.45 \cdot 3.60 = 25.9$ m²

10개의 단부기둥 A2-A6, D4-D6, B1, C1에 대한 들보의 평균 하중분담 길이:
$l_R = (8 \cdot 6.75/2 + 2 \cdot 6.75)/10 = 4.05$ m

수직 하중분담 면적:
F06: 외장-다락방, $h=3.90$ m
F02-F05: 외장, $h=3.50$ m
F01:외장, $h=5.00$ m
F02-F06: 벽체/계단실 벽체, $h=3.50$ m
F01: 벽체/계단실 벽체, $h=5.00$ m

다음은 수직 고정하중을 정리한 것이다.

표 2.1.1-1: 수직 고정하중 → 참고: 자동계산, 끝자리 반올림

고정하중			내부기둥 B2-B6 C4-C6		단부기둥 A2-A6 D4-D6	B1 C1	모서리기둥 A1, A7 D1, D7		전단벽체 $W2$ B7-C7		계단실벽체 $K1$ C2-D3	
F		하중	작용면적	G_{Ek}	작용면적	G_{Ek}	작용면적	G_{Ek}	작용면적	G_{Ek}	작용면적	G_{Ek}
06	바닥판	6.00 kN/m²	45.56 m²	273.4	24.13 m²	144.8	12.78 m²	76.7	48.26 m²	289.6	139.39 m²	836.3
06	들보	3.50 kN/m	6.75 m	23.6	4.05 m	14.2	3.38 m	11.8	6.75 m	23.6	6.75 m	23.6
06	기둥	3.06 kN/m	2.92 m	8.9	2.92 m	8.9	2.92 m	8.9				
06	벽체	6.25 kN/m²							23.63 m²	147.7	94.50 m²	590.6
06	외장	2.00 kN/m²			26.33 m²	52.7	27.89 m²	55.8	26.33 m²	52.7	26.33 m²	52.7
06	**소계**	**kN**		**305.9**		**220.5**		**153.2**		**513.5**		**1503.2**
05	바닥판	7.50 kN/m²	45.56 m²	341.7	24.13 m²	181.0	12.78 m²	95.9	48.26 m²	362.0	139.39 m²	1045.4
05	들보	3.50 kN/m	6.75 m	23.6	4.05 m	14.2	3.38 m	11.8	6.75 m	23.6	6.75 m	23.6
05	기둥	3.06 kN/m	2.88 m	8.8	2.88 m	8.8	2.88 m	8.8				
05	벽체	6.25 kN/m²							23.63 m²	147.7	94.50 m²	590.6
05	외장	2.00 kN/m²			23.63 m²	47.3	26.33 m²	50.1	23.63 m²	47.3	23.63 m²	47.3
05	**소계**	**kN**		**374.2**		**251.2**		**166.6**		**580.5**		**1706.9**
04	**소계**	**kN**		**374.2**		**251.2**		**166.6**		**580.5**		**1706.9**
03	**소계**	**kN**		**374.2**		**251.2**		**166.6**		**580.5**		**1706.9**
02	**소계**	**kN**		**374.2**		**251.2**		**166.6**		**580.5**		**1706.9**
01	바닥판	7.50 kN/m²	45.56 m²	341.7	24.13 m²	181.0	12.78 m²	95.9	48.26 m²	362.0	139.39 m²	1045.4
01	들보	3.50 kN/m	6.75 m	23.6	4.05 m	14.2	3.38 m	11.8	6.75 m	23.6	6.75 m	23.6
01	기둥	3.06 kN/m	4.38 m	13.4	4.38 m	13.4	4.38 m	13.4				
01	벽체	6.25 kN/m²							33.75 m²	210.9	135.00 m²	843.8
01	외장	2.00 kN/m²			33.75 m²	67.5	26.33 m²	71.5	33.75 m²	67.5	33.75 m²	67.5
01	**소계**	**kN**		**378.7**		**276.1**		**192.6**		**664.0**		**1980.3**
	합계	**1−6 kN**		**2,181**		**1,501**		**1,012**		**3,500**		**10,311**
	합계	**Σi kN**	**$i=8$**	**17,450**	**$i=10$**	**15,015**	**$i=4$**	**4,048**	**$i=1$**	**3,500**	**$i=1$**	**10,311**

총합계:	G_{Ek}	**=50,324 kN**

표 2.1.1-2: 감소하지 않은 변동하중 → 참고: 자동계산, 끝자리 반올림

고정하중			내부기둥		단부기둥		모서리기둥		전단벽체 $W2$		계단실벽체 $K1$	
			B2-B6		A2-A6	B1	A1, A7		B7-C7		C2-D3	
			C4-C6		D4-D6	C1	D1, D7					
F		하중	작용면적	G_{Ek}	작용면적	G_{Ek}	작용면적	G_{Ek}	작용면적	G_{Ek}	작용면적	G_{Ek}
06	설하중	1.00 kN/m²	45.56 m²	45.6	24.13 m²	24.1	12.78 m²	12.8	48.26 m²	48.3	139.39 m²	139.4
06	**소계**	**kN**		**45.6**		**24.1**		**12.8**		**48.3**		**139.4**
05	사무실	2.00 kN/m²	45.56 m²	91.1	24.13 m²	48.3	12.78 m²	25.6	48.26 m²	96.5	93.38 m²	187.7
05	계단	3.00 kN/m²									25.9 m²	77.6
05	**소계**	**kN**		**91.1**		**48.3**		**25.6**		**96.5**		**265.3**
04	**소계**	**kN**		**91.1**		**48.3**		**25.6**		**96.5**		**265.3**
03	**소계**	**kN**		**91.1**		**48.3**		**25.6**		**96.5**		**265.3**
02	**소계**	**kN**		**91.1**		**48.3**		**25.6**		**96.5**		**265.3**
01	**소계**	**kN**		**91.1**		**48.3**		**25.6**		**96.5**		**265.3**
	합계	**1−6 kN**		**501**		**265**		**141**		**531**		**1,466**
	합계	**Σi kN**	**i=8**	**4,010**	**i=10**	**2,654**	**i=4**	**4,048**	**i=1**	**3,500**	**i=1**	**10,311**
	총합계:		**G_{Ek}**	**=9,223 kN**								

변동하중이 기준값으로 동시에 작용하게 되는 확률은 설계기준에서 결정 하중조합의 구성에서 조합계수 ψ(DIN EN 1990)를 적용할지 또는 감소계수 α(DIN EN 1991-1-1/NA)를 적용할지에 달려 있다. 감소계수 α는 사용하중이 2차 부재에 분배되는 것을 고려한 것으로 하중분담 면적의 크기와 하중을 분담하는 층의 개수에 따른 값이다.

EC1-1-1/NA, (NDP) 6.3.1.2: (11) 수직부재의 설계에서 윗 층의 사용하중이 결정적이려면 Category A에서 D, E1.1, E1.2, E2.1에서 E2.5, T와 Z까지의 전체 사용하중을 계수 α_n으로 감소시켜야 한다.

EC1-1-1/NA, (NDP) 6.3.1.2: (10) 하중분담면적을 고려한 계수 α_a

이 예제에서는 모든 층에서 사무실 평면에 작용하는 사용하중은 독립적인 변동하중(주하중)이며 하중을 분담하는 층의 수($n>2$)에 따라 감소계수 α_n을 적용한다. 횡지지 조건에 대해서 최하층의 하중 합계(기둥하중과 풍하중)를 고려한다.

EC1-1-1, 3.3.1: (2)P 사용하중 외에 동시에 변동하중(예를 들어 풍하중, 설하중)이 작용하면, 해당 하중경우의 모든 하중을 합하여 하나의 하중으로 간주한다.

예를 들어 기둥 설계에서는 하중분담 면적에 대해 α_A로 감소하는 것을 동시에 적용하지 않으며, 사용하중의 기준값을 조합계수 ψ로 감소하지 않는다.

EC1-1-1/NA, (NDP) 6.3.1.2: (11) 계수 α_A는 하나의 부재에 동시에 계수 α_n과 같이 적용할 수 없다.

EC1-1-1, 3.3.2: (2)P DIN EN 1990에 따라 사용하중이 부하중이면, DIN EN 1990에 따른 조합계수 ψ만 적용하거나 α_n만 적용한다.

설하중은 정상 및 임시 설계상황에서 기상학적인 변동하중(부하중)으로 간주한다.

EC0/NA, (NCI) 6.4.3.2: (3) (6.10c)식의 기본 하중조합, 여기서 i=1은 주하중, i>1은 다른 모든 변동하중이다. 여기서 작용 E는 하중(G, Q)이다.

$$E_d = \gamma_G \cdot E_{GK} + \gamma_{Q,1} \cdot E_{Qk,1} + \Sigma(\gamma_{Q,i} \cdot \psi_{0,i} \cdot E_{Qk,i})$$

여기서 조합계수 ψ_0=0.5로 감소값을 적용한다.

EC0/NA, (NDP) 표 NA.A.1.1
표고[1] NN+1000 m: ψ_0=0.5

역자주 1 독일은 현재는 NN(Normalnull)이 아니라 NHN(Normalhöhennull: standard elevation zero)를 표준으로 한다. (Wikipedia−Normalhöhennull참조)

설하중이 지붕판에 작용할 때는 감소계수 α_n을 적용하지 않는다.

모든 층의 사용하중은 계수 α_n으로 감소한다.

여기서 감소한 것은 안전 측일 수 있으므로 적용하지 않을 수 있다.

횡지지 조건(구조물의 횡이동변위의 가능성을 1차 해석 또는 2차 해석을 통하여 판단하기 위한 조건)은 다층 건물의 모든 수직하중을 1층 기둥에 재하하여 정한다.

횡지지 조건의 검사에서 1층 바닥에 작용하는 사용하중은 고려하지 않는다. 따라서 '하중을 받는 층'은 1층보다 위(2층 이상)의 바닥판에 대한 것이다.

1층 기둥의 위에는 5개층이 있으며 6개의 바닥판이 있다. 지붕층의 바닥은 (사용하중은 작용하지 않고) 설하중이 작용하며, 감소계수 α_n을 적용하지 않는다.

EC1-1-1/NA, (NCP) 6.3.1.2: (11) (6.2DE)식
a) Category B: $\alpha_n = 0.7 + 0.6/n$
b) Category T: $\alpha_n = 1.0$
여기서 n − 같은 사용 category의 힘을 받는 부재 위쪽의 층수 (>2)

Category B(Büros: office)에 대해서 사용하중은 계수 α_n으로 감소하는데, 02-06층 위에서는 $n=5$이므로:

$\alpha_n = 0.7 + 0.6/5 = 0.82$

Category T(Treppen: stairs)에 대해서 사용하중은:

$\alpha_n = 1.0$

표 2.1.1-3: 5개 층에 대해 감소한 변동하중 → 참고: 자동계산, 끝자리 반올림

변동하중 계수 α_n 및 ψ_0로 감소한 값			내부기둥 B2-B6 C4-C6		단부기둥 A2-A6 B1 D4-D6 C1		모서리기둥 A1, A7 D1, D7		전단벽체 $W2$ B7-C7		계단실벽체 $K1$ C2-D3	
F	ψ_0	α_n	Q_{Ek}	$Q_{Ek,red}$	Q_{Ek}	$Q_{Ek,red}$	Q_{Ek}	$Q_{Ek,red}$	Q_{Ek}	$Q_{Ek,red}$	Q_{Ek}	$Q_{Ek,red}$
06 설하중	0.5		45.6	22.8	24.1	12.1	12.8	6.4	48.3	24.1	139.4	69.7
05 사무실(B)		0.82	91.1	74.7	48.3	39.6	25.6	21.0	96.5	79.2	187.7	153.9
05 계단(T)		1.00									77.6	77.6
04 사무실(B)		0.82	91.1	74.7	48.3	39.6	25.6	21.0	96.5	79.2	187.7	153.9
04 계단(T)		1.00									77.6	77.6
03 사무실(B)		0.82	91.1	74.7	48.3	39.6	25.6	21.0	96.5	79.2	187.7	153.9
03 계단(T)		1.00									77.6	77.6
02 사무실(B)		0.82	91.1	74.7	48.3	39.6	25.6	21.0	96.5	79.2	187.7	153.9
02 계단(T)		1.00									77.6	77.6
01 사무실(B)		0.82	91.1	74.7	48.3	39.6	25.6	21.0	96.5	79.2	187.7	153.9
01 계단(T)		1.00									77.6	77.6
합계	**1−6**	**kN**		**396**		**210**		**111**		**420**		**1,227**
합계	**Σi**	**kN**	**$i=8$**	**3,171**	**$i=10$**	**2,099**	**$i=4$**	**445**	**$i=1$**	**420**	**$i=1$**	**1,227**

총합계:	**$Q_{Ek,red}$**	**=7,362 kN**

2.1.2 풍하중에 의한 수평하중

→'행정구역에 따른 풍하중 구역 구획'의 엑셀 표를 참조하라. (*www.bauministerkonferenz.de 또는 www.dibt.de*)

예제의 건물은 평탄한 지형의 풍하중 구역 $WZ3$에 위치한다. 해당구역의 풍압 $q_{b,0} = 0.39\ \text{kN/m}^2$이다.

풍하중지역 도표는 EC1-1-4/NA, 부록 NA.A, 그림 NA.A.1 참조

풍하중을 결정하기 위해서는 높이에 따른 최대 속도압(peak velocity pressure)를 정해야 한다. 지표조도 구분은 혼합 지형으로 통상적인 지면 요철로 한다.

내륙(지표조도 구분 II와 지표조도 구분 III의 중간 정도로 혼합지형; 지표조도 구분 II－울타리, 개별 농가들, 주택들 또는 나무들, 지표조도 구분 III－도시근교, 산업 또는 공업지역, 숲)

진동에 예민하지 않은 구조물에 대해서는, 일반적으로 내륙 지역의 풍하중 구역에서 속도압 분포는 지면에서의 높이 z에 따른다고 가정한다.

$q(z) = 1.5 \cdot q_b,\ z \leq 7\ \text{m}$에 대해서

EC1-1-4/NA, NA.B.3.3, (NA.B.1)식

$q(z) = 1.7 \cdot q_b \left(\frac{z}{10}\right)^{0.37},\ 7\ \text{m} < z \leq 50\ \text{m}$에 대해서

EC1-1-4/NA, NA.B.3.3, (NA.B.2)식

$q(z) = 2.17 \cdot q_b \left(\frac{z}{10}\right)^{0.24},\ 50\ \text{m} < z \leq 300\ \text{m}$에 대해서

EC1-1-4/NA, NA.B.3.3, (NA.B.3)식

지면에서 높이 25m 내의 구조물에 대해서 속도압을 다음과 같이 간단하게 가정할 수 있다(전체 건물 높이에 걸쳐 일정한 값으로 가정한다).

EC1-1-4/NA, NA.B.3.2: 지상 25 m 높이까지의 구조물에 대한 최대 속도압(peak velocity pressure)의 근사값 가정

EC1-1-4/NA, NA.B.3.2: 내륙에 대한 표. NA.B.3에서 발췌

풍하중구역 내륙	속도압 q_p[kN/m²] 건물 높이 h가 다음 한계값 내에 있을 때		
	$h \leq 10$ m	10 m $< h \leq$ 18 m	18 m $< h \leq$ 25 m
1	0.50	0.65	0.75
2	**0.65**	**0.80**	**0.90**
3	0.80	0.95	1.10
4	0.95	1.15	1.30

두 가지 서로 다른 계산결과를 비교하였다.

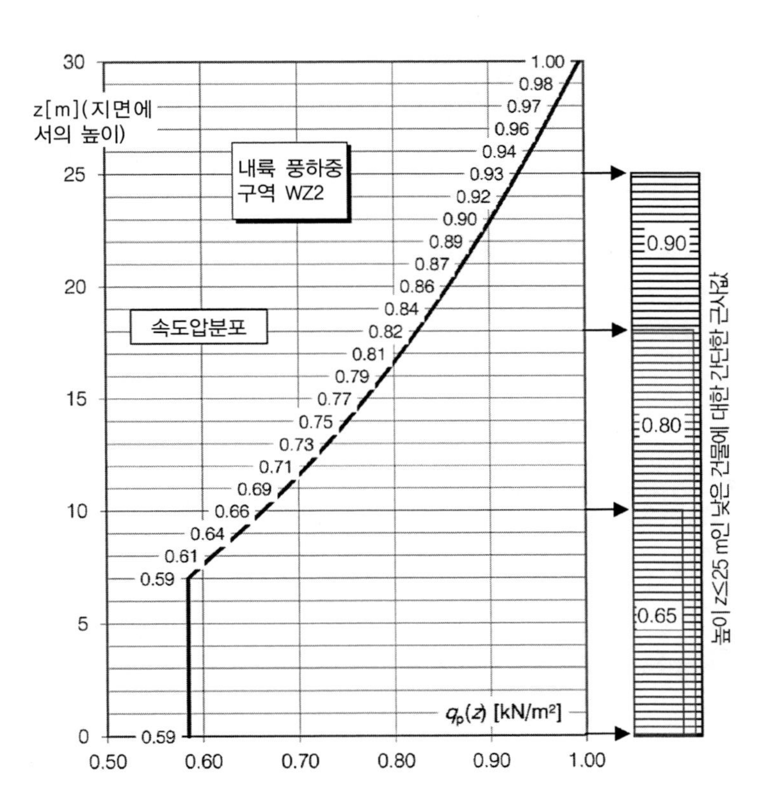

여기에 보인 속도압 q의 곡선(연속곡선 또는 일정한 값)은 설계모델의 해당 높이에 대한 것으로 건물높이의 풍하중 질적 분포를 대체할 수는 없다.

평면이 직사각형인 구조물의 벽체에 작용하는 풍하중은 부재높이를 몇 개 구간으로 나누어 적용한다. 각 구간의 속도압은 해당구간 상부 경계의 값으로 한다.

구간의 개수와 각 구간 상부 경계와 이에 따라 구분된 풍하중은 작용면의 기하형태에 따라 다르다.

예를 들어서 납작한 작용면(건물높이 ≤ 건물폭)일 때 개별구간의 풍하중은 처마높이의 평균 속도압과 이에 따른 풍압계수로 결정된다.

구조물 또는 부재에 작용하는 **총 풍하중**은 다음과 같이 계산한다.

→ 횡지지 부재의 H-힘의 분배는 4.2절과 4.3절 참조

$$F_w = c_s c_d \cdot c_f \cdot q_p(z_e) \cdot A_{ref}$$

EC1-1-4, 5.3: (1) (5.3)식

여기서 $c_s c_d$ – 구조물에 따른 계수(진동에 예민하지 않은 일반적인 경우 $=1.0$)

c_f – 공기력 계수

z_e – 힘에 대한 계수의 기준 높이

A_{ref} – 힘에 대한 계수의 기준 면적

q_p – 최대 속도압

EC1-1-4, 6.1: 구조물에 따른 계수 $c_s c_d$는 최대 속도압은 전체 표면에 동시에 발생할 수 없다는 것(c_s)과, 난류 흐름(turbulence)으로 발생하는 구조물의 진동공명에 의한 동역학적인 증가를 고려한다.

다른 방법의 **Σ풍압**: 평면 4각형의 구조물·벽체에 대해 구조물의 높이에 따라 구간을 나누어 압력을 계산한다. 각 풍압구간의 압력을 계산하는 기준 높이 z_e는 해당 구간의 상단으로 한다.

EC1-1-4, 6.2.1: (1) 횡지지 벽체가 있는 뼈대구조로 된 높이 100m 이하인 건물이 높이가 건물 폭의 4배보다 작은 경우와 같은 일반적인 경우에, 구조계수 $c_s c_d = 1.0$이다. → 이 예제의 뼈대구조는 $h = 23$ m$<$ 100 m이며 $h < 4d = 4 \cdot 21$ m이다.
다른 경우에 구조계수 $c_s c_d$를 결정하기 위해 EC1-1-4/NA의 부록 NA.C의 정밀한 방법을 적용한다.

구조물은 높이/폭에 따라 나눈다.

→ 건물 횡 측면에 작용하는 바람에 대하여:

EC1-1-4, 7.7.2: 그림 7.4

$b < h < 2b = 21 < 23 < 42$이므로 속도압은:

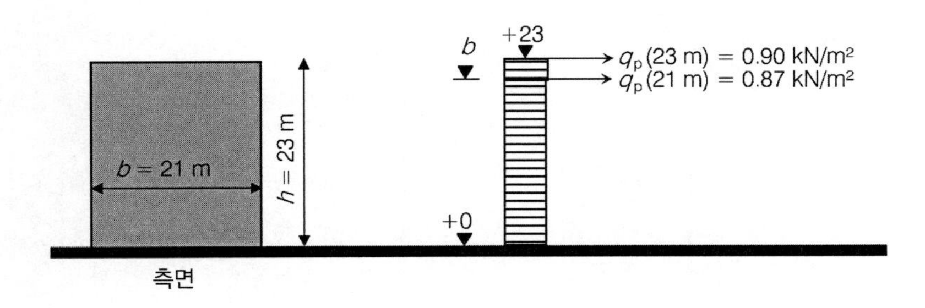

풍압을 받는 면의 외장두께는 175 mm로 가정한다.

횡측면에 대하여:
$b=3 \cdot 6.75+2 \cdot (0.20+0.175)=21.00$ m
(외장의 바깥쪽까지 폭)
$h=22.50+0.50=23.00$ m
(건물 상단)

→ 건물 종측면에 작용하는 바람에 대하여:
$h \leq b=23<41.2$이므로 속도압은:

EC1-1-4/NA, NA.B.3.2:
근사계산으로 속도압 $q_p(23\text{ m})=0.90\text{ kN/m}^2$가 전체 건물 높이에 일정하게 작용하는 것으로 할 수 있다(이 예제에서도 적용 가능하다).

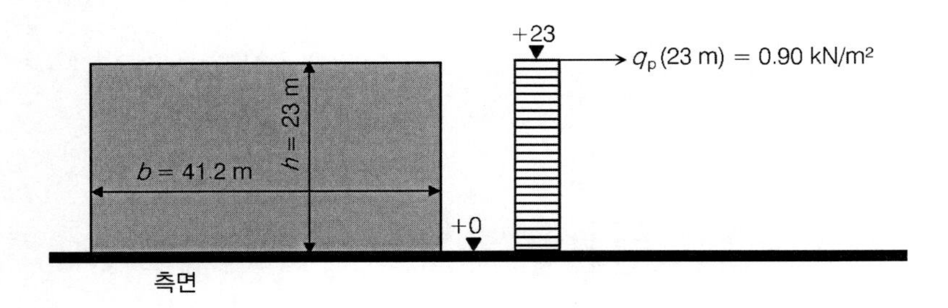

종측면에 대하여:
$b=6 \cdot 6.75+2 \cdot (0.20+0.175)=41.2$ m
(외장의 바깥쪽까지 폭)
$h=22.50+0.50=23.00$ m
(건물 상단)

공기역학적 **외압계수**:

영역:	횡측면	종측면
	$h/d=23\text{ m}/41.2\text{ m}=0.56$	$h/d=23\text{ m}/21\text{ m}$
	$(>0.25;\ <1)$	$(>1;\ <5)$

D면: 풍압력면
E면: 풍양력면
$h=22.50+0.50=23.00$ m

(건물 상단)

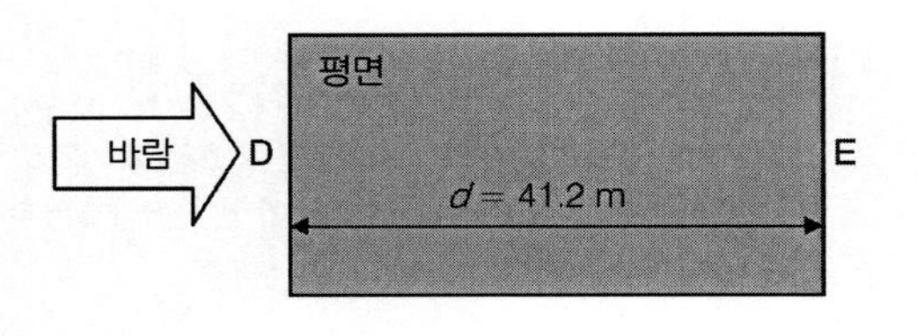

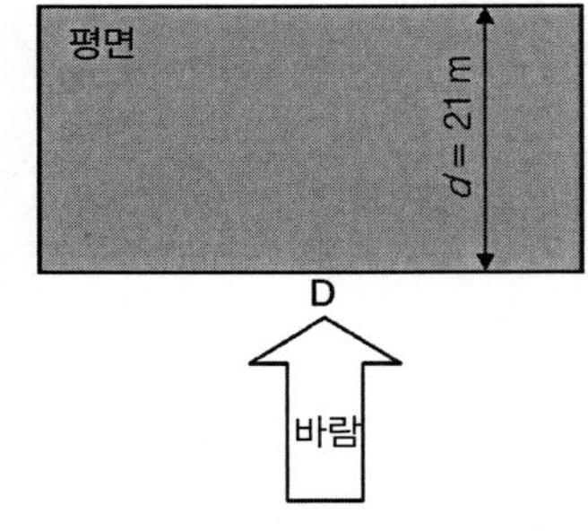

D면: $c_{pe,10}=+0.74$　　　D면: $c_{pe,10}=+0.8$

E면: $c_{pe,10}=-0.38$　　　D면: $c_{pe,10}=-0.5$

EC1-1-4/NA, (NDP) 7.2.2: 표 NA.1
직사각형 건물의 수직 벽체에 대한 외부압 계수 $h/d=\{0.25;\ 1;\ 5\}$ 사이 값에 대한 c_{pe} 값은 보간한다.
$c_{pe,10}$은 하중분담면적 $A \geq 10\text{ m}^2$에 유효하다.

바람을 받는 면의 기하조건이 $h/d \leq 5$(종측면과 횡측면)이므로, 풍하중은 Σ 풍압으로 정하는 것이 허용된다. 그렇지 않으면 전체 풍하중에 풍압계수를 적용하여 정한다. 풍압계수 c_f를 비교하면 다음과 같다.

EC1-1-4/NA, (NDP) 7.22:
(2) 표 NA.1, 각주

- 횡측면의 바람에 대하여:
  유효 세장비: $\lambda=2(l\ /\ b\quad =21\text{ m}\ /\ 23\text{ m}<2)$
  감소계수: $\psi_\lambda=0.63$
  기본계수: $c_{f,0}=1.7$

EC1-1-4, 7.13: 표 7.16(또는 DIN 1055-4, 표 1.6)과 그림 7.36, 계수 $\varphi=1$의 값

풍압계수: $c_f = 1.7 \cdot 0.63 \quad = 1.07 (\approx \Sigma c_{pe,10} = 1.12)$

EC1-1-4, 7.6: 그림 7.23,
$d/b = 41.2\,\mathrm{m}/21\,\mathrm{m} = 1.96$이며 (7.9)식
$\psi_r = 1$(모따기 하지 않은 모서리)

– 종측면의 바람에 대하여:

유효 세장비: $\lambda = 2(l/b \quad = 41.2\,\mathrm{m}/23\,\mathrm{m} < 2)$

$\psi_\lambda = 0.63$과 $c_{f,0} = 2.3$

EC1-1-4, 7.6: 그림 7.23,
$d/b = 21\,\mathrm{m}/41.2\,\mathrm{m} = 0.51$이며 (7.9)식

풍압계수: $c_f = 2.3 \cdot 0.63 \quad = 1.45 (\approx \Sigma c_{pe,10} = 1.30)$

표 2.1.2–1: 각 j층의 바닥에 작용하는 풍하중

	횡측면의 바람 → x–방향								종측면의 바람 → y–방향				
	하중분담면적					풍하중					풍하중		
j	상단	하단	h_j	b_j	$A_{j,Ref}$	q_p	$\Sigma c_{pe,10}$	$F_{W,j}$	b_j	$A_{j,Ref}$	q_p	$\Sigma c_{pe,10}$	$F_{W,j}$
	m	m	m	m	m²	kN/m²		kN	m	m²	kN/m²		kN
06	23.00	20.75	2.25	21.00	47.3	0.90	1.12	47.6	41.2	92.7	0.90	1.30	108.5
05	20.75	17.25	3.50	21.00	73.5	0.90	1.12	74.1	41.2	144.2	0.90	1.30	168.7
04	17.25	13.75	3.50	21.00	73.5	0.90	1.12	74.1	41.2	144.2	0.90	1.30	168.7
03	13.75	10.25	3.50	21.00	73.5	0.90	1.12	74.1	41.2	144.2	0.90	1.30	168.7
02	10.25	6.75	3.50	21.00	73.5	0.90	1.12	74.1	41.2	144.2	0.90	1.30	168.7
01	6.75	2.50	4.25	21.00	89.3	0.90	1.12	90.0	41.2	175.1	0.90	1.30	204.9

2.1.3 온도에 의한 수평하중

일간 및 연간 온도변화에 의한 건물과 건물 부재에 대한 온도하중의 규정과 결정방법은 DIN EN 1991-1-5 [E19], [E20]에 따른다.

EC1-1-5, 3: (2)P
하중을 받는 부재는 온도하중에 따른 변위가 한계값을 넘지 않는 것을 보장해야 한다. 이는 시공세목(예를 들어 신축 이음)으로 처리하거나 온도응력을 설계에서 고려하여 가능하다.

횡지지 부재(바닥과 벽체 평면응력 부재)들이 멀리 떨어져 배치된, 상대적으로 강성이 큰 바닥 평면응력부재, 특히 지붕평면응력부재가 온도변형을 억제한다면, 온도하중을 설계에서 고려한다.

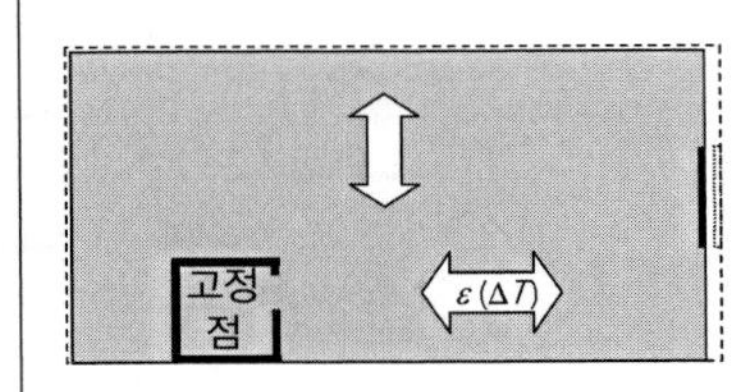

이 예제에서는 바닥의 종방향 변형에 따라 전단벽체 W2가 단면의 약한 방향으로 힘을 받으므로 위의 경우에 해당되지 않는다.
지붕 바닥은 단열 시공되어 이와 무관하다.
이 설계에서 온도하중은 무시한다.

2.2 강도한계상태의 설계값

강도한계상태의 부분안전계수:

EC0, A.1.3.1 (4) 표 NA.A.1.2 (B):
하중이 유리하게 또는 불리하게 작용할 때의 부분안전계수

하중:	유리하게 작용할 때	불리하게 작용할 때
• 고정하중	$\gamma_G = 1.0$	$\gamma_G = 1.35$
• 변동하중	$\gamma_Q = 0$	$\gamma_Q = 1.50$

첨자 d = 설계(design)
하중이 단면력 또는 설계결과에 유리하게 혹은 불리하게 작용하는지를 따진다.

2.2.1 수직하중

표 2.2.1-1: 고정하중의 설계값

고정하중				내부기둥		단부기둥		모서리기둥		전단벽체 $W2$		계단실벽체 $K1$	
				B2-B6		A2-A6	B1	A1, A7		B7-C7		C2-D3	
			γ_G=1.35	C4-C6		D4-D6	C1	D1, D7					
층	하중			G_{Ek}	G_{Ed}	G_{Ek}	G_{Ed}	G_{Ek}	G_{Ed}	G_{Ek}	G_{Ed}	G_{Ek}	G_{Ed}
06	소계		**kN**	305.9	413.0	220.5	297.7	153.2	206.9	513.5	693.2	1503.2	2029.4
05	소계		**kN**	374.2	505.1	251.2	339.1	166.6	224.9	580.5	783.7	1706.9	2304.3
04	소계		**kN**	374.2	505.1	251.2	339.1	166.6	224.9	580.5	783.7	1706.9	2304.3
03	소계		**kN**	374.2	505.1	251.2	339.1	166.6	224.9	580.5	783.7	1706.9	2304.3
02	소계		**kN**	374.2	505.1	251.2	339.1	166.6	224.9	580.5	783.7	1706.9	2304.3
01	소계		**kN**	378.7	511.3	276.1	372.7	192.6	260.0	664.0	896.4	1980.3	2673.4
	합계	**1−6**	**kN**	**2181**	**2945**	**1501**	**2027**	**1012**	**1366**	**3500**	**4724**	**10311**	**13920**
	합계	Σi	**kN**	i=8	**23.558**	i=10	**20.270**	i=4	**5.465**	i=1	**4.724**	i=1	**13.920**

총합계:	G_{Ed}	**=67.938 kN**

표 2.2.1-2: 감소하지 않는 변동하중의 설계값

변동하중				내부기둥		단부기둥		모서리기둥		전단벽체 $W2$		계단실벽체 $K1$	
				B2-B6		A2-A6	B1	A1, A7		B7-C7		C2-D3	
전체 하중재하			γ_Q=1.50	C4-C6		D4-D6	C1	D1, D7					
층	하중			Q_{Ek}	Q_{Ed}	Q_{Ek}	Q_{Ed}	Q_{Ek}	Q_{Ed}	Q_{Ek}	Q_{Ed}	Q_{Ek}	Q_{Ed}
06	소계		**kN**	45.6	68.3	24.1	36.2	12.8	19.2	48.3	72.4	139.4	209.1
05	소계		**kN**	91.1	136.7	48.3	72.4	25.6	38.3	96.5	144.8	265.3	397.9
04	소계		**kN**	91.1	136.7	48.3	72.4	25.6	38.3	96.5	144.8	265.3	397.9
03	소계		**kN**	91.1	136.7	48.3	72.4	25.6	38.3	96.5	144.8	265.3	397.9
02	소계		**kN**	91.1	136.7	48.3	72.4	25.6	38.3	96.5	144.8	265.3	397.9
01	소계		**kN**	91.1	136.7	48.3	72.4	25.6	38.3	96.5	144.8	265.3	397.9
	합계	**1−6**	**kN**	**501**	**752**	**265**	**398**	**141**	**211**	**531**	**796**	**1466**	**2199**
	합계	Σi	**kN**	i=8	**6.014**	i=10	**3.982**	i=4	**844**	i=1	**796**	i=1	**2.199**

총합계:	Q_{Ed}	**=13.834 kN**

표 2.2.1-3: 설하중에 대한 감소계수 ψ, 5개 층에 대한 α_n을 적용한 변동하중의 설계값

변동하중		n=5		내부기둥		단부기둥		모서리기둥		전단벽체 $W2$		계단실벽체 $K1$	
				B2-B6		A2-A6	B1	A1, A7		B7-C7		C2-D3	
α_n=0.82		γ_Q=1.50		C4-C6		D4-D6	C1	D1, D7					
층	하중			$Q_{Ek,red}$	Q_{Ed}	$Q_{Ek,red}$	Q_{Ed}	$Q_{Ek,red}$	Q_{Ed}	$Q_{Ek,red}$	Q_{Ed}	$Q_{Ek,red}$	Q_{Ed}
06	소계		**kN**	22.8	34.2	12.1	18.1	6.4	9.6	24.1	36.2	69.7	104.5
05	소계		**kN**	74.7	112.1	39.6	59.4	21.0	31.4	79.2	118.7	231.5	347.2
04	소계		**kN**	74.7	112.1	39.6	59.4	21.0	31.4	79.2	118.7	231.5	347.2
03	소계		**kN**	74.7	112.1	39.6	59.4	21.0	31.4	79.2	118.7	231.5	347.2
02	소계		**kN**	74.7	112.1	39.6	59.4	21.0	31.4	79.2	118.7	231.5	347.2
01	소계		**kN**	74.7	112.1	39.6	59.4	21.0	31.4	79.2	118.7	231.5	347.2
	합계	**1−6**	**kN**	**396**	**595**	**210**	**315**	**111**	**167**	**420**	**630**	**1277**	**1841**
	합계	Σi	**kN**	i=8	**4.757**	i=10	**3.149**	i=4	**667**	i=1	**630**	i=1	**1.841**

총합계:	$Q_{Ed,red}$	**=11.044 kN**

→ Note: 표의 값들은 자동계산하였으며 소숫점 이하는 반올림한 것이다.

표 2.2.1-2는 기둥 기울어짐에 따른 편심하중의 결정에 사용하며, 표 2.2.1-3

은 벽체부재의 설계에 사용한다.

EC2-1-1, 5.2: 예상치 않은 편심
(NCI) (1)P 횡지지된 개별 부재의 설계 단면력은 전체 구조의 하중작용과 예상치 않은 편심을 고려하여 구조 해석한 결과에서 구한다.
(8) 구조물에서 기울어짐 θ_i는 등가수평하중으로 계산하여 다른 하중과 함께 단면력 산정에서 고려한다.

2.2.2 불완전성[2]에 의해 전단벽체에 작용하는 수평하중

수직 횡이동 지지부재의 강도한계상태 검토에서는 시공 또는 구조물의 온도 변화에 따른 피할 수 없는 기울어짐을 등가수평하중으로 산정하여 전체 구조에 적용한다.

전체 구조에 대한 단면력 산정을 위한 기하적 등가편심은 계획선에 대하여 기울어짐을 가정하여 구한다.

EC2-1-1, 5.2: (5) (5.1)식

$$\theta_i = \theta_0 \cdot \alpha_h \cdot \alpha_m$$

여기서 $l = 22.5$ m(수직부재의 높이)

여기서: $\theta_0 = 1/200 = 0.005$ 기본값

$\theta_h = 2/\sqrt{l} = 2/\sqrt{22.5} = 0.422 < 1.0$ 높이계수

여러 개의 하중분담 부재가 이웃할 때 θ_i는 α_n으로 감소한다. 이는 경사진 부재가 많을수록 모든 부재가 같은 방향의 편심을 가질 확률은 낮아지기 때문이다.

하중을 분담하는 부재가 이웃하여 여러 개 있다면, 분담하는 부재의 수에 따라 기울어짐은 α_m으로 감소한다.

EC2-1-1/NA, (NCI) 5.2: (6)

$$\alpha_m = \sqrt{\frac{1+1/m}{2}}$$

22개 기둥 + 계단실 K1 + 전단벽체 W2

이때 하중을 분담하는 부재는 적어도 $(\Sigma F_{Ed}/m)$의 70%는 받는다.

수직력의 설계값은 표 2.2.2-1 참조
가장 큰 하중을 받는 1층에 대해 계산한다.
다른 층의 하중은 대략 비례한다.

수직 부재의 전체 개수: $m = 24$

이층: $N_{Ed,m} = \Sigma F_{Ed}/m = 14{,}941/24 = 623$ kN

이 값의 70%: $N_{Ed,0.7} = 0.7 \cdot 6.23 = 436$ kN

EC2-1-1, (5.1)식에서 $m = 24 - 4 = 20$을 대입한다.

모서리 기둥의 축력은 $N_{Ed,Edge} = 260 + 38.3 = 298.3$ kN이며 $N_{Ed,0.7} = 436$ kN보다 작으므로, 기울어짐의 감소값 계산에서 4개의 모서리기둥은 제외한다.

$$\alpha_m = \sqrt{\frac{1+1/20}{2}} = 0.725$$

$$\theta_i = 0.005 \cdot 0.422 \cdot 0.725 = 1.53 \cdot 10^{-3}$$

역자 주 2 Imperfection을 뜻한다. 여기서는 구체적으로 구조물의 기울어짐에 따른 예상치 않은 편심을 뜻한다.

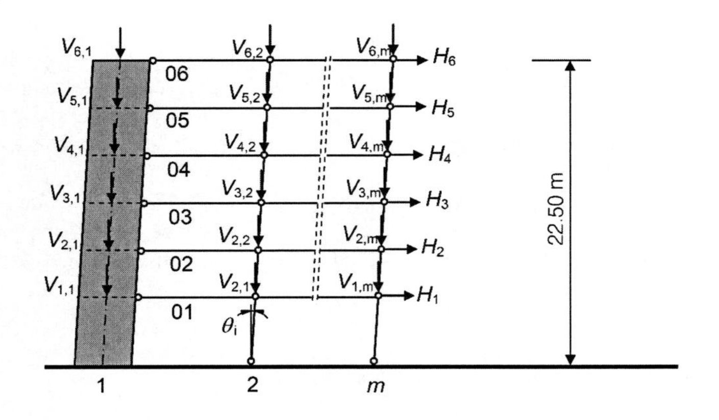

안전 측으로 고려하여, 수직하중을 간단하게 변동하중을 감소하지 않은 표 2.2.1-2의 값으로 한다.
그 외에도 안전 측으로 기둥과 외장의 계산에서 각 층의 높이는 각 층 바닥의 높이를 H_i로 정하였다.

EC2-1-1, 그림 5.1 b) 횡지지 구조계

i – 층
j – 수직부재

등가 수평력:

$$H_i = \sum_{j=1}^{m} V_{ij} \cdot \theta_i$$

EC2-1-1, 5.2: (8) (5.4)식에서 $V_i = (N_b - N_a)$는 각 층의 반력이다.

표 2.2.2-1: 전단벽체에 작용하는 기울어짐에 따른 힘

	수직하중														
	내부기둥			단부기둥			모서리기둥			전단벽체 $W2$		계단실벽체 $K1$		합계	
i	n	$G_{El,ij}$	$Q_{El,ij}$	n	$G_{El,ij}$	$Q_{El,ij}$	n	$G_{El,ij}$	$Q_{El,ij}$	$G_{El,ij}$	$Q_{El,ij}$	$G_{El,ij}$	$Q_{El,ij}$	ΣV_i	$H_i = \Sigma V_i \cdot \theta_i$
		kN	kN		kN	kN		kN	kN	kN	kN	kN	kN	kN	kN
06	8	413.0	68.3	10	297.7	36.2	4	206.9	19.2	693.2	72.4	2029.4	209.1	11,098	17.0
05	8	505.1	136.7	10	339.1	72.4	4	224.9	38.3	783.7	144.8	2304.3	397.9	13,933	21.3
04	8	505.1	136.7	10	339.1	72.4	4	224.9	38.3	783.7	144.8	2304.3	397.9	13,933	21.3
03	8	505.1	136.7	10	339.1	72.4	4	224.9	38.3	783.7	144.8	2304.3	397.9	13,933	21.3
02	8	505.1	136.7	10	339.1	72.4	4	224.9	38.3	783.7	144.8	2304.3	397.9	13,933	21.3
01	8	5113.	136.7	10	372.7	72.4	4	260.0	38.3	896.4	144.8	2673.4	397.9	14,941	22.9

2.2.3 불완전성에 의해 바닥 평면응력 부재에 작용하는 수평하중

각 층의 바닥은 각 층의 기둥을 안정하게 하는 힘을 부담하는 평면응력 부재로 횡하중을 지지하는 수직부재(전단벽체와 계단실벽체)로 힘을 전달한다.

설계를 위해 각 층의 수평력을 산정한다.

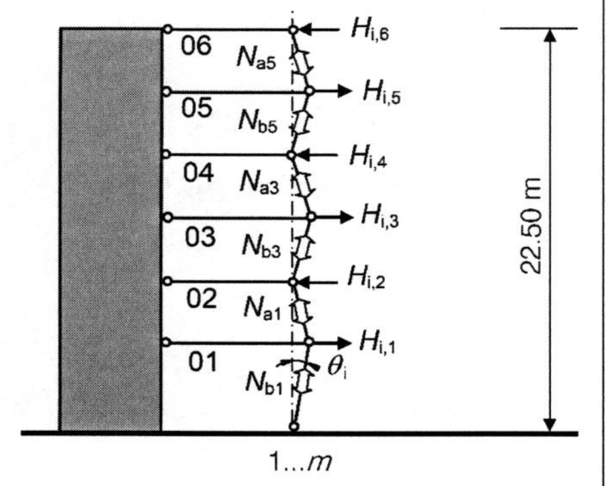

EC2-1-1, 5.2: (8) (5.4)식에서 $V_i = (N_b - N_a)$는 각 층의 반력이다.
EC2-1-1, 5.2: 불완전성(예상치 않은 편심) (8) 구조물에서 기울어짐 θ_i는 등가 수평하중으로 계산하여 다른 하중과 함께 단면력 산정에서 고려한다.
각 층의 바닥 평면에 대한 적용은 그림 5.1c1을 참조하라.

$$H_i = (N_b + N_a) \cdot \theta_i$$

EC2-1-1, 5.2: (5.5)식과
EC2-1-1/NA (NCI)

여기서 $\theta_i = 0.008/\sqrt{2m}$, 각 층의 바닥 평면부재

$\theta_i = 0.008/\sqrt{m}$, 지붕 평면부재

EC2-1-1/NA, (NDP) 5.2: (5)
여러 개의 하중분담 부재가 이웃할 때 θ_i는 α_n으로 감소한다. 이는 경사진 부재가 많을수록 모든 부재가 같은 방향의 편심을 가질 확률이 낮기 때문이다.

x-방향의 수평력

대상 층에서 x-방향의 횡지지한 부재(기둥과 전단벽체 W2)의 개수 m =23이다.

x-방향에 대해서는 전단벽체 W2의 휨강성이 무시할 수 있을 정도로 작으므로 횡지지할 부재에 포함한다.
전단벽체의 축력은 축 B와 축 C에 같은 값으로 나눈다.

$\theta_{i,\,x} = 0.008/\sqrt{2 \cdot 23} \quad = 1.18 \cdot 10^{-3}$, 각 층의 바닥 평면부재

$\theta_{i,\,x} = 0.008/\sqrt{23} \quad = 1.67 \cdot 10^{-3}$, 지붕 평면부재

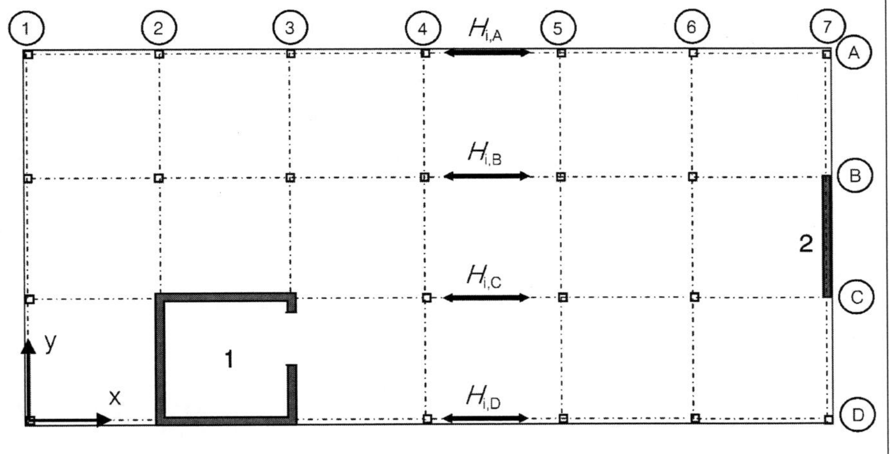

각 층 바닥의 수평력은 근사적으로 각 기둥열에 따라 작용하는 것으로 하였다.

수직하중은 표 2.2.1-1과 2.2.1-2 참조

예를 들어 바닥평면 i =1(1층)에 대해 최대 단면력을 검사하였다.

→ EC2-1-1, 5.2: (5.5)식과 (NCI)
첨자: a = 상부, b = 하부의 축력

표 2.2.3-1: 부재 x-방향의 추가 수평력

			수직하중													x-방향
			내부기둥			단부기둥			모서리기둥			전단벽체 $W2$			합계	
축	i		n	$G_{Ed,\,ji}$	$Q_{Ed,\,ji}$	n	$G_{Ed,\,ji}$	$Q_{Ed,\,ji}$	n	$G_{Ed,\,ji}$	$Q_{Ed,\,ji}$	$G_{Ed,\,ji}$	$Q_{Ed,\,ji}$	ΣN_1	Σ $(N_{a1}+N_{b1})$	$H_{i,1}=\theta_{i,x}\cdot$ $\Sigma(N_{a1}+N_{b1})$
				kN	kN		kN	kN		kN	kN	kN	kN		kN	kN
A	02	ΣN_{a1}				5	1654	326	2	1106	173			12,458		
A	01	V_1				5	372.7	72.4	2	260.0	38.3					
A	01	ΣN_{b1}				5	2027	398	2	1366	211			15,280	27,738	32.7
B	02	ΣN_{a1}	5	2433	615	1	1654	326				1914	326	19,463		
B	01	V_1	5	511.3	136.7	1	372.7	72.4				448.2	72.4			
B	01	ΣN_{b1}	5	2945	752	1	2027	398				2362	398	23,668	43,131	50.9
C	02	ΣN_{a1}	3	2433	615	1	1654	326				1914	326	13,366		
C	01	V_1	3	511.3	136.7	1	372.7	72.4				448.2	72.4			
C	01	ΣN_{b1}	3	2945	752	1	2027	398				2362	398	16,275	29,641	35.0
D	02	ΣN_{a1}				3	1654	326	2	1106	173			8,498		
D	01	V_1				3	372.7	72.4	2	260.0	38.3					
D	01	ΣN_{b1}				3	2027	398	2	1366	211			10,430	18,928	22.3

y-방향의 수평력:

대상 층에서 y_방향의 횡지지할 부재(기둥)의 개수 m =22이다.

$\theta_{i,y}$ =0.008 / / $\sqrt{2 \cdot 22}$ =1.21 · 10^{-3}, 각 층의 바닥평면 부재

$\theta_{i,y}$ =0.008 / / $\sqrt{22}$ =1.71 · 10^{-3}, 지붕평면 부재

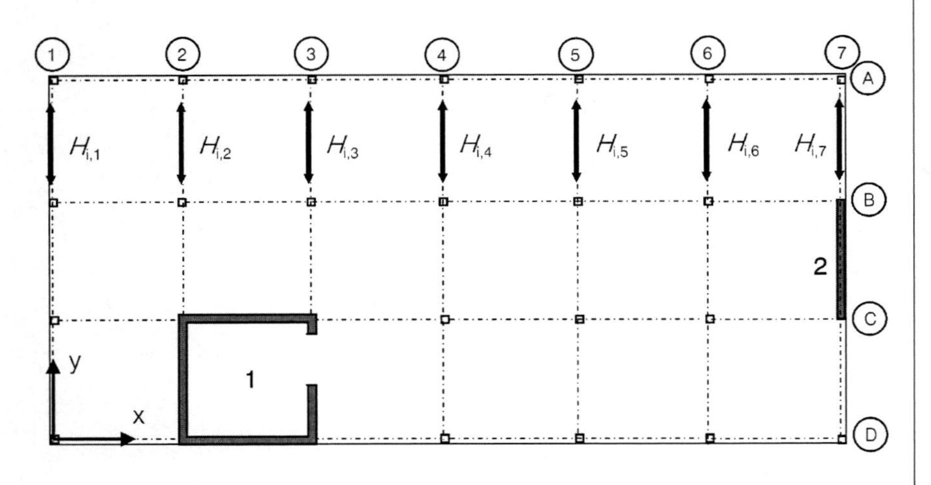

표 2.2.3-2: 부재 y-방향의 추가 수평력

			수직하중											
			내부기둥			단부기둥			모서리기둥			합계		y-방향
축	j		n	$G_{Ed,ji}$	$Q_{Ed,ji}$	n	$G_{Ed,ji}$	$Q_{Ed,ji}$	n	$G_{Ed,ji}$	$Q_{Ed,ji}$	ΣN_{1j}	$\Sigma(N_{a1}+N_{b1})$	$H_{i,1}=\theta_{i,y}\cdot\Sigma(N_{a1}+N_{b1})$
				kN	kN		kN	kN		kN	kN		kN	kN
1, 4, 5, 6	02	ΣN_{a1}				2	1654	326	2	1106	173	6,518		
1, 4, 5, 6	01	V_1				2	372.7	72.4	2	260.0	38.3			
1, 4, 5, 6	01	ΣN_{b1}				2	2027	398	2	1366	211	8,005	14,523	17.6
2, 3	02	ΣN_{a1}	1	2433	615	1	1654	326				5,029		
2, 3	01	V_1	1	511.3	136.7	1	372.7	72.4						
2, 3	01	ΣN_{b1}	1	2945	752	1	2027	398				6,122	11,150	13.5
7	02	ΣN_{a1}							2	1106	173	2,558		
7	01	V_1							2	260.0	38.3			
7	01	ΣN_{b1}							2	1366	211	3,154	5,712	6.9

2.2.4 풍하중에 의한 수평력

표 2.2.4-1: 풍하중 설계값

표 2.1.2-1의 풍하중 기준값
γ_Q =1.50

	횡측면에 작용하는 바람 → x-방향		종측면에 작용하는 바람 → y-방향	
j	$Q_{Wk}=F_{W,j}$	$Q_{Wd,x}=Q_{Wk}\cdot 1.50$	$Q_{Wk}=F_{W,j}$	$Q_{Wd,y}=Q_{Wk}\cdot 1.50$
	kN	kN	kN	kN
06	47.6	71.4	108.5	162.7
02-05	74.1	111.1	168.7	253.1
01	90.0	134.9	204.9	307.3

3. 공간 강성과 구조 안정성

3.1 단면값

횡지지 구조계를 위해서 바닥평면은 수평이며 강체(rigid)인 것을 전제로 한다.

이 검토에서는 횡지지 수직 부재(전단벽체, 계단실 벽체)뿐만 아니라 횡지지 되는 다층 뼈대구조도 포함하며 전체구조계가 횡이동변위에 대해 지지하는 지를 1차 해석 또는 2차 해석으로 검증한다.

횡지지 부재의 단면값을 다음과 같이 정한다.

EC2-1-1, 3.1, 표 3.1
$G = E/[2(1+\mu)] = E/2.4$

탄성계수	콘크리트 C30/37:	$E_{cm} = 33{,}000\ \mathrm{N/mm^2}$
전단탄성계수	콘크리트 C30/37:	$G_{cm} = E_{cm}/2.4 \approx 14{,}000\ \mathrm{N/mm^2}$

단면값 산정은 일반적으로 상태 I(비균열)로 계산한다(현장타설 벽체 및 프리캐스트 벽체의 연결부는 고려치 않는다). 그러나 상태 II(균열상태)로 진행될 때 휨강성과 같이 전단강성도 크게 감소하는 것이 관찰된다(비교: *Leonhardt* [34]). 지진에 대한 변위를 계산할 때는 이러한 강성저하를 계산에서 고려해야 한다(비교: 예제 20b).

횡지지 부재는 얇은 벽 부재(박벽단면부재), 즉 벽체 중심선의 평면부재로 간주하여 두께에 걸친 응력변화를 고려하지 않는 것이 좋다. 이는 뒴저항(warping resistance)을 계산할 때 유효하다.

도리의 작용을 고려하면 *St. Venant* 비틂 외에도 단면의 뒴강성(warping stiffness)과 전단강성(shear stiffness)도 포함해야 한다(비교: *Küttler* [74]).

부재 K1: 계단실 벽체

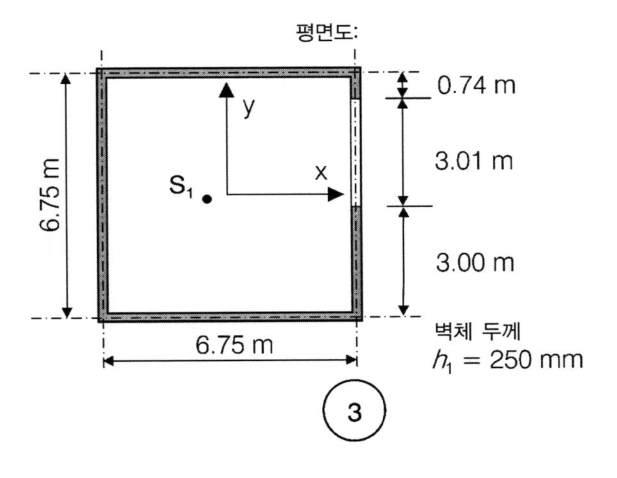

3축 벽체의 측면
l_1 = 22.5 m
1.37
2.13

엘리베이터실 도리는 강성계산에 포함하지 않는데, 이는 통로(문)로 쓰여서 열린 단면(open cross section)이 될 수 있기 때문이다.

이들 도리는 부재 세목에 따른 최소 철근으로 벽체에 부착하며, 구조역학적으로는 (약간의) 추가 강성을 가져 불리하게 작용하지 않도록 한다. 또한 예상치 않은 하중이 작용할 때에도 급작스러운 도리의 파괴가 발생하지 않게 한다.

도리의 부재 세목은 5.1.6절 참조

중심점 S_1:

$A_{c,1} \quad = 7.00^2 - 6.50^2 - 0.25 \cdot 3.01 \quad = 6.00\ \mathrm{m^2}$

$\Sigma(A_{ci} \cdot x_i) \quad = -0.25 \cdot 3.01 \cdot 3.375 \quad = -2.54\ \mathrm{m^3}$

$$\Sigma(A_{ci} \cdot y_i) \quad = -0.25 \cdot 3.01 \cdot 1.13 \quad = -0.85 \text{ m}^3$$

$$x_{S,1} \quad = -2.54 / 6.00 \quad = -0.423 \text{ m}$$

$$y_{S,1} \quad = -0.85 / 6.00 \quad = -0.142 \text{ m}$$

$$I_x = \frac{6.75^3 \cdot 0.25}{12} + 6.75 \cdot 0.25 \cdot 0.142^2 + 6.75 \cdot 0.25 \cdot (3.52^2 + 3.23^2)$$

$$+ \frac{0.74^3 \cdot 0.25}{12} + 0.74 \cdot 0.25 \cdot 3.15^2$$

$$+ \frac{3.00^3 \cdot 0.25}{12} + 3.00 \cdot 0.25 \cdot 1.73^2$$

$$= 49.6 \text{ m}^4$$

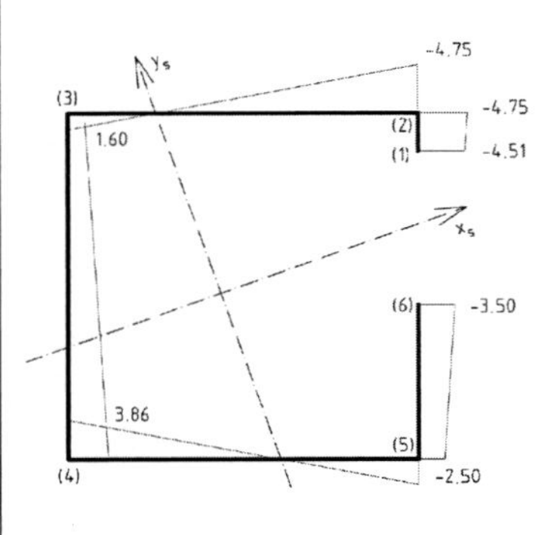

I_ζ에 대한 x_S 좌표

$$I_y = 2 \cdot \frac{6.75^3 \cdot 0.25}{12} + 6.75 \cdot 0.25 \cdot (2 \cdot 0.423^2 + 2.95^2)$$

$$+ (0.74 + 3.0) \cdot 0.25 \cdot 3.80^2$$

$$= 41.6 \text{ m}^4$$

$$I_{xy} = 6.75 \cdot 0.25 \cdot (0.423 \cdot 3.52 + 0.423 \cdot (-3.23) + 0.142 \cdot (-2.95))$$

$$+ 0.74 \cdot 0.25 \cdot (3.8 \cdot 3.15) + 3.00 \cdot 0.25 \cdot (3.8 \cdot (-1.73))$$

$$= -3.23 \text{ m}^4$$

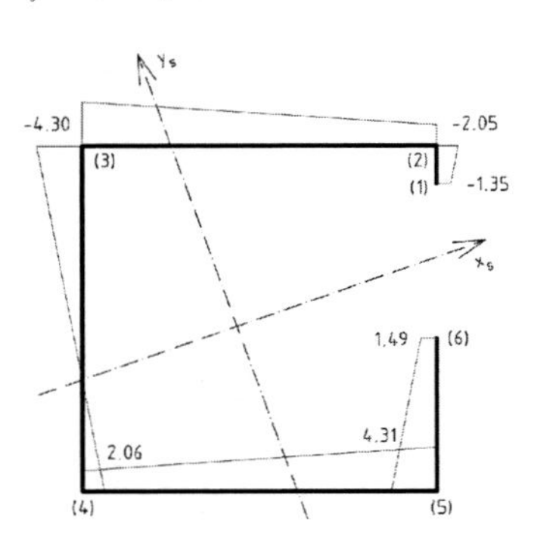

주축의 각도 α는 다음과 같다.

$$\alpha = 0.5\arctan\left(\frac{2 \cdot I_{xy}}{I_y - I_x}\right) = 0.5\arctan\left(\frac{2 \cdot (-3.23)}{41.6 - 49.6}\right) = 19.46°$$

주축의 단면 2차 모멘트:

$$I_\eta = \frac{1}{2}(49.6 + 41.6) + \frac{1}{2}\sqrt{(49.6 - 41.6)^2 + 4 \cdot 3.23^2} = 50.75 \text{ m}^4$$

$$I_\zeta = \frac{1}{2}(49.6 + 41.6) - \frac{1}{2}\sqrt{(49.6 - 41.6)^2 + 4 \cdot 3.23^2} = 40.47 \text{ m}^4$$

I_η에 대한 y_S 좌표

뒴계수(warping coordinate):

각 점 k의 뒴계수는 다음과 같이 구한다.

$$w_u = x_{k-1} \cdot y_k - x_k \cdot y_{k-1} + w_{k-1}$$

여기서 $w_{1=0}$

k	1	2	3	4	5	6
w_i	0	2.5	25.28	48.06	70.84	80.97

EC2-1-1, 6.3.3:
(2) 박벽 개단면(thin-walled open cross section)에서는 뒴 비틀림을 고려할 수 있다.

박벽 개단면에서는 전단응력(St. Venant 비틀림에 의한 전단응력)외에도 뒴 비틀림(warping torsion)에 의한 단면의 뒴과 뒴 수직응력(warping normal stress)가 발생한다. → Roik: 강구조 강의 [61] 참조.
이 예제에서는 뒴 비틀림을 고려해야 한다.

이에 따른 변형에너지에 의한 뒴 일(warping work):

$$A_{w1} = \left[\frac{0.74}{2} \cdot (0 + 2.5) + \frac{6.75}{2} \cdot (2.5 + 2 \cdot 25.28 + 2 \cdot 48.06 + 70.84) + \frac{3.00}{2} \cdot (70.84 + 80.97)\right]$$

$$\cdot 0.25$$

$=242.8\ m^4$

이 일은 0이 되어야 하므로:

$w_{cor} = 242.8\ m^4/6.00\ m^2 = 40.48\ m^2$

이에 따라 단면 중심에 대한 각 점의 뒴계수는 다음과 같다.

k	1	2	3	4	5	6
w_{sk}	−40.48	−37.99	−15.20	7.58	30.36	40.48

$\int M\overline{M}$ [3]적분표를 이용하여 뒴계수로부터 x-와 y-축에 대해 구하면:

$$A_{xw} = \int x \cdot w \cdot dF = \frac{1}{6}\Sigma[(2w_{1,k} + w_{1,k+1})x_k + (w_{1,k} + 2w_{1,k+1})x_{k+1}]$$

A_{xw}에 대한 식만 보였으나, x와 y를 바꾸면 A_{yw}에 대한 식이 된다.

$A_{xw} = 86.88\ m^5$이며 $A_{yw} = -350.8\ m^5$

$$\rightarrow \quad x_m = \frac{I_y \cdot A_{xw} - I_{xy} \cdot A_{yw}}{I_x \cdot I_y - I_{xy}^2}, \quad y_m = \frac{I_x \cdot A_{yw} - I_{xy} \cdot A_{xw}}{I_x \cdot I_y - I_{xy}^2}$$

$$x_M = \frac{41.6 \cdot (-350.8) - (-3.23) \cdot 86.88}{49.6 \cdot 41.6 - 3.23^2} = -6.971\ m$$

$$y_M = \frac{(-3.23) \cdot (-350.8) - 49.6 \cdot 86.88}{49.6 \cdot 41.6 - 3.23^2} = -1.547\ m$$

Schneider: 건설기술자를 위한 도표집 [62], 18판, 4.42 페이지 참조

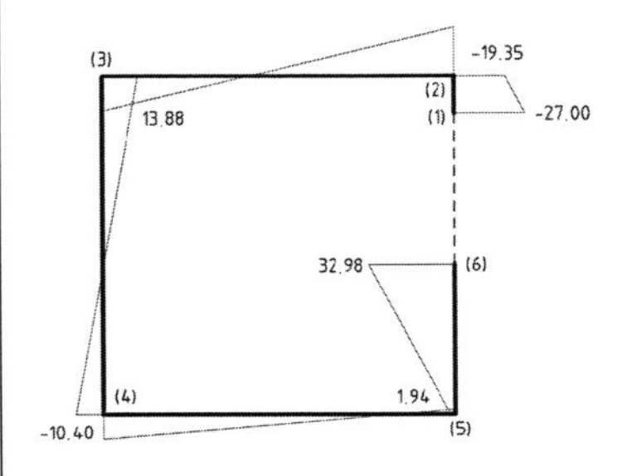

이 값들에서 최종 뒴계수를 정한다.

$$w_k = w_{sk} \cdot y_m \cdot x_i - x_m \cdot y_i$$

k	1	2	3	4	5	6
w_k	−27.0	−19.35	13.88	−10.40	1.94	32.98

비틀림계수

뒴 저항(warping resistance) 값은 다음과 같다.

$$I_w = A_{ww} = \int w^2 dF = \frac{1}{3}\Sigma(w_k^2 + w_{k+1}^2 + w_k \cdot w_{k+1}) = 696.5\ m^6$$

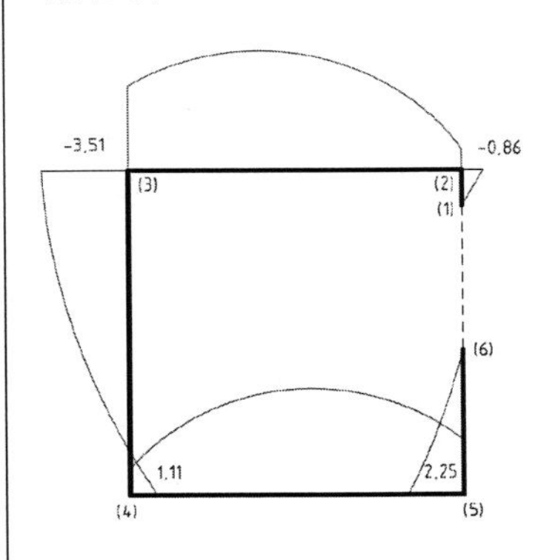

(박벽 개단면에 대한) 비틀림 2차 모멘트는 다음과 같다.

$$I_{T1} = \frac{1}{3} \cdot 0.25^3 \cdot (0.74 + 3 \cdot 6.75 + 3.00) = 0.125\ m^4$$

전단력은 전단중심에 대하여 계산한다. 즉, 단면을 구성하는 각 부재에 대해 평면도에서 전단중심에 대한 값으로 계산한다.

전단계수를 계산하기 위해서는 먼저 전단류(shear flow)를 산정해야 한다. 개단면(open cross section)에 대해서는 $T(x) = S(x)/I_x$이다.

모서리에서 $S(x)$, $S(y)$와 $S(w)$는 다음과 같다.

I_ζ(ζ 축에 대한 단면 2차 모멘트)에 대한 전단류

역자주 3 단위하중법을 적용한 것이다. $\overline{M}$는 단위하중에 대한 휨모멘트이다.

k	1	2	3	4	5	6
휨 I	0	−0.857	−3.508	1.108	2.253	0
휨 II	0	−0.315	−5.672	−7.557	−2.175	0
비틀림	0	−4.287	−8.902	−5.966	−13.097	0

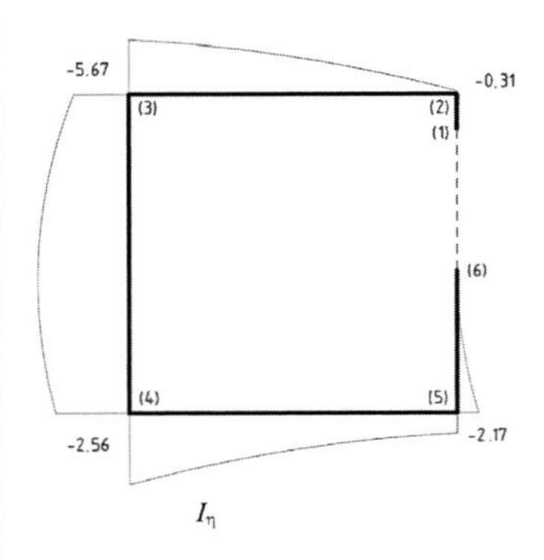

I_η에 대한 전단류

전단계수와 2차 비틀림 강성

이들 값을 이용하여 전체 단면에 대해 적분을 수행한다. 벽체두께가 일정할 때:

$$\frac{1}{A_{Sn,\,k}} = \frac{1}{I_n \cdot I_k} \int \frac{S_n \cdot S_k}{b} ds$$

여기서:

$$\int S_1 \cdot S_1 = 595.5 \text{ m}^6 \qquad \int S_1 \cdot S_2 = 176.5 \text{ m}^6$$

$$\int S_1 \cdot S_3 = 218.0 \text{ m}^7 \qquad \int S_2 \cdot S_2 = 2599.3 \text{ m}^6$$

$$\int S_2 \cdot S_3 = 3263.1 \text{ m}^7 \qquad \int S_3 \cdot S_3 = 8743.7 \text{ m}^8$$

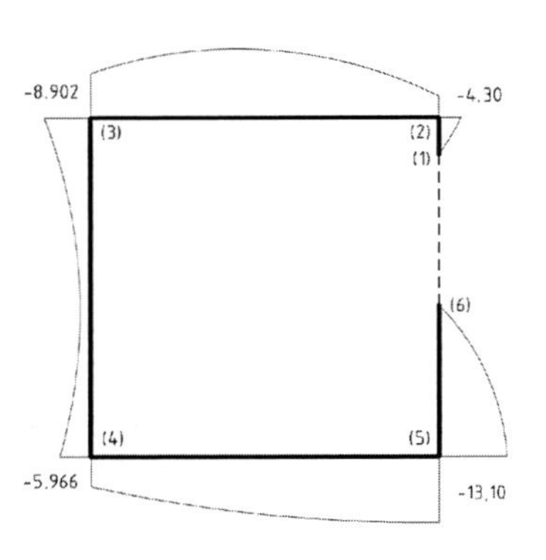

2차 비틀림 전단

따라서 전단계수와 2차 비틀림 강성은 다음과 같다.

$A_{s1} = 40.47^2 / 595.5 = 2.75 \text{ m}^2$

$A_{s2} = 50.75^2 / 2599.3 = 0.99 \text{ m}^2$

$A_{s12} = 40.47 \cdot 50.75 / 176.5 = 11.64 \text{ m}^2$

$A_{s1w} = 40.47 \cdot 696.5 / 218.0 = 129.30 \text{ m}^3$

$A_{s2w} = 50.75 \cdot 696.5 / 3263.1 = 10.83 \text{ m}^3$

$I_{T2} = 696.5^2 / 8734.7 = 55.54 \text{ m}^4$

Hint:

여기서는 전단계수의 역수를 산정하는 것이 좋다. 그 값은 매우 작을 수 있다(즉, 전단계수 $\to \infty$). 이 경우는 전단변형이 무시할 만큼 작다.

이 건물은 고층건물이 아니므로 건물의 수평변위는 횡지지 부재의 휨강성뿐만 아니라, 전단변형과 기초의 변형에 의해 결정된다. 여기서는 매우 단단한 지반 위에 기초가 큰 강성을 가진 것으로 가정하였으므로 해당 변형은 무시할 수 있다.

전단변형은 전단응력의 분포에 따라 단면에 대해 가상일의 원리를 적용하여 구한다. 주축 방향만 계산하여 전단변형을 구할 수 없다. 주축 방향의 하중으로부터 다른 주축 방향의 전단에 의한 변형 또는 회전이 발생한다. 전단변형은 모멘트 변형과는 달리 전체 변형의 수직 성분으로 구할 수 없다.

Schlechte: 재료역학 [66]

A_{s1}과 A_{s2}는 주축 I, II에 대한 전단 단면적이다. A_{s12}는 I 방향의 전단이 II 방향의 변형에 대해 하는 일이며, A_{s1w}는 I 방향의 전단데 따른 회전을 뜻한다. I_{T2}는 2차 전단(뒴전단: warping shear)에 의한 전단 회전을 뜻한다.

결과 정리

단면값의 계산은 적절한 프로그램을 이용하여 가능하다.

계단실 **벽체 K1**의 단면계수는 다음과 같다.

$I_{x,1} = \mathbf{49.6\ m^4}$ $I_{y,1} = \mathbf{41.6\ m^4}$ $I_{xy,1} = \mathbf{-3.23\ m^4}$

$I_{\eta,1} = I_I = \mathbf{50.7\ m^4}$ $I_{\xi,1} = I_{II} = \mathbf{40.5\ m^4}$ $I_{\omega,1} = I_w = \mathbf{696.5\ m^6}$

$A_{s\eta} = \mathbf{0.99\ m^2}$ $A_{s\xi} = \mathbf{2.75\ m^2}$ $A_{s\eta\xi} = \mathbf{11.64\ m^2}$

$S_{s\eta w} = \mathbf{129.3\ m^3}$ $S_{s\xi w} = \mathbf{10.83\ m^3}$

주축 경사각: $\alpha_1 = 19.46°$

단면 기준점(C-D/2-3 중간점)에 대한 단면중심과 전단중심 위치 좌표

$x_{S,1} = \mathbf{-0.423\ m}$ $x_{m,1} = \mathbf{-6.971\ m}$

$y_{S,1} = \mathbf{-0.142\ m}$ $y_{m,1} = \mathbf{-1.547\ m}$

전체 좌표계에 대한 값(D/1 축)

$x_{S,1} = \mathbf{9.70\ m}$ $x_{m,1} = \mathbf{3.15\ m}$

$y_{S,1} = \mathbf{3.23\ m}$ $y_{m,1} = \mathbf{1.83\ m}$

부재 W2: 전단벽체

단면적:

$A_{c,2} = 7.00 \cdot 0.25\ m^2 = 1.75\ m^2$

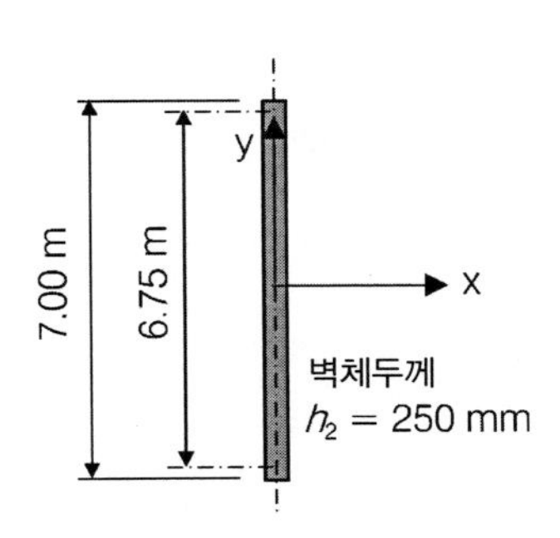

단면 2차 모멘트:

$I_{x,2} = 0.25 \cdot 7.00^3 / 12$

$I_{x,2} = \mathbf{7.15\ m^4}$

$I_{y,2} = 7.00 \cdot 0.25^3 / 12$

$I_{y,2} = \mathbf{0.01\ m^4} = 0$

비틀림 단면계수:

$I_{T,1} \approx 7.00 \cdot 0.25^3 / 3$

$I_{T,1} = \mathbf{0.04\ m^4}$

뒴 단면계수:

$I_{\omega,2} = 0$

$I_{T,2} = \mathbf{0}$

벽체두께

$h_2 = 250\ mm$

3.2 측면 강성에 대한 횡지지 조건

$$\frac{F_{V,Ed} \cdot L^2}{\Sigma E_{cd} I_c} \le k \cdot \frac{n_s}{n_s + 1.6}$$

여기서: $k = 0.31$ 상태 II(균열상태)의 횡지지 부재에 대하여

$n_s = 6$ 층수

$L = 22.5$ m 바닥상면(FF: finished floor level) 위(횡이동 변위가 없는 기준 평면 위)의 구조물 총 높이

E_{cd} 콘크리트 탄성계수 설계값,
$E_{cd} = E_{cm}/1.2 = 33{,}000/1.2 = 27{,}500$ MN/m²

I_c 비균열 상태 횡지지 부재의 단면 2차 모멘트

$F_{Ed} = 50.3 + 7.4$ 수직하중의 합: 여기서 $\gamma_F = 1.0$

$F_{Ed} = 57.7$ MN 2.1.1절 참조(표 2.1.1-1과 2.1.1-3)

EC2-1-1, 5.8.3.3:
(1) (5.18)식의 횡지지 조건을 만족한다면 건물에서 2차 해석으로 전체 구조를 검토하는 것은 생략할 수 있다.
(2) 강도한계상태에서 횡지지 부재가 균열이 발생하지 않았음(상태 I: 비균열 상태)을 검증할 수 있다면 k를 2배 하여 0.62로 할 수 있다.

EC2-1-1, 5.8.6: (3) E_{cd}

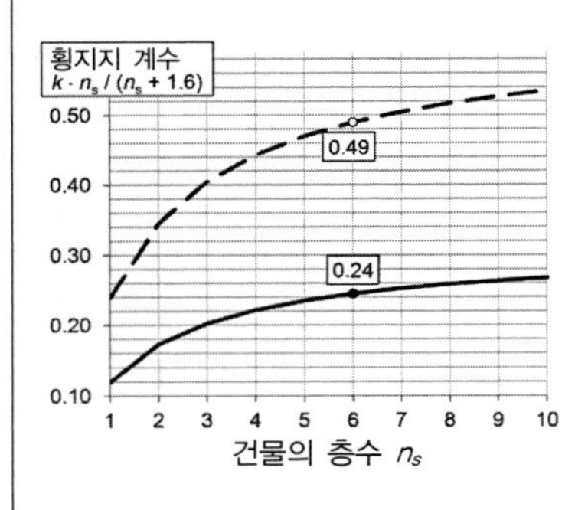

EC2-1-1, 부록 H, H.1.2: k값은 강도한계상태의 단면에 대해, 균열 시의 강성 0.4 $E_{cd} I_{cd,I}$으로 ($k = 0.31$)이며, 비균열 시의 강성 $0.8 E_{cd} I_{cd,I}$으로 ($k = 0.62$)이다.

횡지지 계수

$$k \cdot \frac{n_s}{n_s + 1.6} = 0.31 \cdot \frac{6}{6 + 1.6} = 0.24$$

건물의 주축에 대한 2차 모멘트의 합:

$$I_{total,1,2} = 0.5 \cdot (\Sigma I_{x,i} + \Sigma I_{y,i}) \pm 0.5 \cdot \sqrt{(\Sigma I_{x,i} - \Sigma I_{y,i})^2 + 4 \cdot \Sigma I_{xy,i}^2}$$

Schlechte [66] (주응력식과 같이하여) 건물 횡지지의 주축 경사각 α:

$$\alpha = 0.5 \arctan\left(\frac{2 \cdot I_{xy}}{I_y - I_x}\right) = 0.5 \arctan\left(\frac{2 \cdot (-3.23)}{41.6 - (49.6 + 7.15)}\right) = 11.55°$$

주축 1에 대한 횡지지 검토:

$$I_{total,1} = 0.5 \cdot (49.6 + 7.15 + 41.6) + 0.5 \cdot \sqrt{(49.6 + 7.15 - 41.6)^2 + 4 \cdot 3.23^2}$$
$$= \mathbf{57.4\ m^4}$$

단면계수는 3.1절 참조

$$\frac{57.7 \cdot 22.5^2}{27500 \cdot 57.4} = \mathbf{0.02} \le 0.24$$

EC2-1-1, 5.8.3.3: (1) (5.18)식

주축 2에 대한 횡지지 검토:

$I_{total,2} = 0.5 \cdot (49.6 + 7.15 + 41.6) - 0.5 \cdot \sqrt{(49.6 + 7.15 - 41.6)^2 + 4 \cdot 3.23^2}$

$= \mathbf{40.9\ m^4}$

$$\frac{57.7 \cdot 22.5^2}{27500 \cdot 40.9} = \mathbf{0.03} \le 0.24$$

주축 방향의 측면강성에 관하여 구조계는 횡지지되었다.

안전 측으로 계산한 균열단면의 횡지지계수로 검토한 결과를 만족하므로, 상태 I에 대해서 추가 검사할 필요는 없다.
비균열 단면에 대해 횡지지 계수를 2배의 값으로 사용하는 것은, 해당 하중조합하에서 횡지지 부재의 콘크리트 인장응력이 표 3.1의 f_{ctm} 을 넘지 않아야 가능하다.
풍하중에 의한 최대 모멘트에서 콘크리트 인장강도 검토 시의 결정 하중조합은 준-고정 수직하중 만이 해당된다.
이 수직하중은 해당 경우의 수직부재의 기울어짐에 의한 것이다.

3.3 회전 강성에 대한 횡지지 조건

구조계의 회전 강성은 두 개의 횡지지 요소인 계단실벽체와 전단벽체가 떨어져 배치되는 정도(x-방향의 간격이 크면=큰 팔길이)에 달려 있다. 회전강성이 크면 회전값은 무시할 수 있게 작아진다. 충분히 떨어져 있으므로 조건을 만족하나, 여기서는 예를 보이기 위해 계산한다.

$$\frac{1}{\left(\frac{1}{L}\sqrt{\frac{E_{cd} I_\omega}{\sum_j F_{V,Ed,j} \cdot r_j^2}} + \frac{1}{2.28}\sqrt{\frac{G_{cd} I_T}{\sum_j F_{V,Ed,j} \cdot r_j^2}}\right)^2} \le k \cdot \frac{n_s}{n_s + 1.6}$$

여기서: $F_{V,Ed,j}$ 각 기둥 j의 수직하중, 이때 $\gamma_F = 1.0$

r_j 각 기둥 j가 전체 구조계의 전단중심에서 떨어진 거리

EC2-1-1, 5.8.3.3: (NA.3) 수직 횡지지 부재가 거의 대칭으로 배치되지 않거나, 무시할 수 없는 회전이 생긴다면, 2차 해석에 의해 전체구조 검토를 무시하려면 추가로 뒴강성(warping stiffness) $E_{cd} I_\omega$ 와 비틀림 강성 $G_{cd} I_T$를 같이 적용하여 구한 (NA.5.18.1) 식으로 검토하는 것으로 충분하다. 이 예제에서는 순수 비틀림 부분 $G_{cd} I_T$는 무시할 수 있다.
[67] *Kordina/Quast*: '거의 대칭'이라는 말은 평면상에서 편심이 매우 큰 축에 대한 회전에 대해서 계산하지 않는 것을 뜻한다. 계단실벽체 1 만이 횡지지 부재로 배치되고, 수평합력의 작용점이 계단실벽체와 큰 편심을 가지면 전체 구조계의 회전은 매우 커질 것이다.

전체 구조계의 전단중심 M_{tot}:

i	$I_{x,i}$	$I_{y,i}$	$I_{xy,i}$	$x_{m,i}$	$y_{m,i}$	$x \cdot I_x$	$y \cdot I_y$	$x \cdot I_{xy}$	$y \cdot I_{xy}$
1	49.60	41.60	−3.23	3.15	1.83	156.24	76.13	−10.17	−5.91
2	7.15	0	0	40.50	10.12	289.58	0	0	0
Σ	56.75	41.60	−3.23			445.8	76.13	−10.17	−5.91

$$x_{M,total} = \frac{(\Sigma I_{x,i} \cdot x_i - \Sigma I_{xy,i} \cdot y_i) \cdot \Sigma I_{y,i} - (\Sigma I_{xy,i} \cdot x_i - \Sigma I_{y,i} \cdot y_i) \cdot \Sigma I_{xy,i}}{\Sigma I_{x,i} \cdot \Sigma I_{y,i} - (\Sigma I_{xy,i})^2}$$

$$x_{M,total} = \frac{[(445.8 - (-5.91)) \cdot 41.6 - (-10.17 - 76.13) \cdot (-3.23)]}{56.75 \cdot 41.6 - 3.23^2} = \mathbf{7.88m}$$

x_{Mi}와 y_{Mi} – 부재 i의 전단중심점의 좌표, 계단실벽체에 대해서는 열린 단면의 전단중심점에 대해 구한다.

단면값은 3.3.1절 참조

Schneider: 건설기술자를 위한 도표집[62], 18판, p.540 참조

$$y_{M,total} = \frac{(\Sigma I_{x,i} \cdot x_i - \Sigma I_{xy,i} \cdot y_i) \cdot \Sigma I_{xy,i} - (\Sigma I_{xy,i} \cdot x_i - \Sigma I_{y,i} \cdot y_i) \cdot \Sigma I_{x,i}}{\Sigma I_{x,i} \cdot \Sigma I_{y,i} - (\Sigma I_{xy,i})^2}$$

$$y_{M,total} = \frac{[(445.8-(-5.91)) \cdot (-3.23) - (-10.17-76.13) \cdot 56.75]}{56.75 \cdot 41.6 - 3.23^2} = \mathbf{1.46\ m}$$

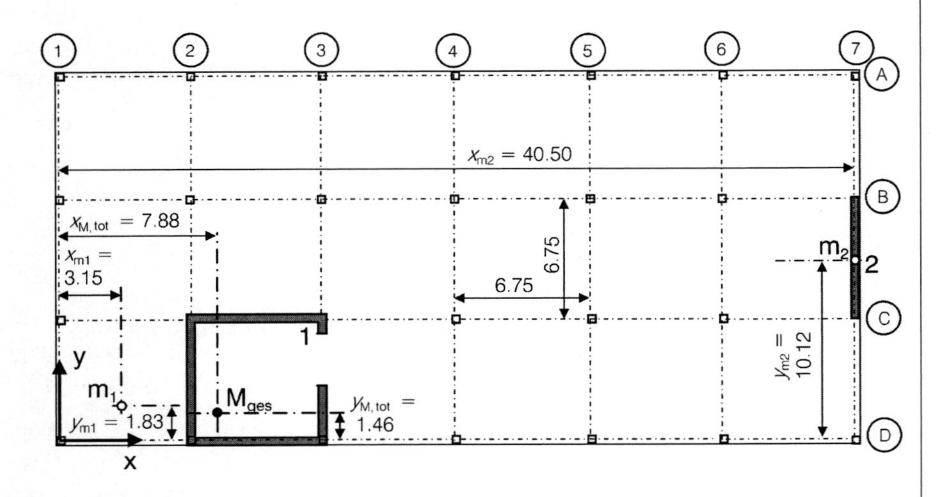

뒴강성(warping stiffness) – 모든 횡지지 부재의 회전에 대하여:

$$E_{cm}\, I_\omega = \Sigma(EI_{x,i} \cdot x_{Mm,i}^2 + EI_{y,i} \cdot y_{Mm,i}^2 + EI_{\omega,i} - 2EI_{xy,i} \cdot x_{Mn,i} \cdot y_{Mm,i})$$

Schneider: 건설기술자를 위한 도표집 [62], 18판, p.540 참조

표 3.3-2: 뒴강성

i	$x_{Mm,i}$	$x_{Mm,i}^2$	$I_{x,i}$	$I_{x,i} \cdot x_{Mm,i}^2$	$y_{Mm,i}$	$y_{Mm,i}^2$	$I_{y,i}$	$I_{y,i} \cdot y_{Mm,i}^2$	$I_{xy,i}$	$I_{\omega,i}$
	m	m^2	m^4	m^6	m	m^2	m^4	m^6	m^4	m^6
1	−4.73	22.37	49.6	1110	0.37	0.14	41.6	5.70	−3.23	696.5
2	32.62	1064	7.15	7608	8.66	75.0	0.01	0.75	0	0
Σ				**8718**				**6.4**		**696.5**

$x_{Mm,i}$와 $y_{Mm,i}$ – 전체 횡지지 구조계의 전단중심점 M에 대하여 각 부재 i의 전단중심점 m_i가 떨어진 거리

계단실벽체 1: $x_{M,1} = 3.15 - 7.88 = -4.73$ m
$y_{M,1} = 1.83 - 1.46 = 0.37$ m

벽체 2: $x_{M,2} = 40.50 - 7.88 = 32.62$ m
$y_{M,3} = 10.12 - 1.46 = 8.66$ m

$I_\omega \quad = 8718 + 6.4 + 696.5 - 2 \cdot (-3.23) \cdot (-4.73) \cdot 0.37 = 9409\ m^6$

$E_{cm}\, I_\omega \quad = 33{,}000 \cdot 9409 = 3.1 \cdot 10^8\ MNm^4$

비틀림 강성(torsion stiffness) – 모든 횡지지 부재의 회전에 대하여:

C30/37:
$E_{cm} = 33{,}000\ N/mm^2$
$G_{cm} = E_{cm}/2.4 \approx 14{,}000\ N/mm^2$

$\Sigma\, G_{cm}\, I_T = 14{,}000 \cdot (0.125 + 0.04) = \mathbf{2310\ MNm^2}$

$\Sigma(F_{Ed,j} \cdot r_j^2)$ − 모든 수직부재에 대하여:

j − 횡지지 부재의 횡지지되는 기둥

표 3.3-1: $\Sigma(F_{El,j} \cdot r_j^2)$의 계산

j	$x_{M,j}$	$y_{M,j}$	r_j^2	$G_{El,j}$	$Q_{El,j}$	$F_{El,j}$	$F_{El,j} \cdot r_j^2$
	m	m	m²	MN	MN	MN	MNm²
1	−4.73	0.37	22.5	10.31	1.23	11.54	259.8
2	32.62	8.66	1139.1	3.50	0.42	3.92	4464.6
A1	−7.88		415.2	1.01	0.11	1.12	466.2
A2	−1.13		354.3				606.5
A3	5.62		384.6				658.3
A4	12.37	18.79	506.1	1.50	0.21	1.71	866.2
A5	19.12		718.6				1229.9
A6	25.87		1022.3				1749.7
A7	32.62		1417.1	1.01	0.11	1.12	1591.5
B1	−7.88		207.1	1.50	0.21	1.71	354.4
B2	−1.13		146.2				376.9
B3	5.62	12.04	176.5				455.0
B4	12.37		298.0	2.18	0.40	2.58	768.0
B5	19.12		510.5				1315.8
B6	25.87		814.2				2098.5
C1	−7.88		90.1	1.50	0.21	1.71	154.2
C4	12.37	5.29	181.0				466.5
C5	19.12		393.6	2.18	0.40	2.58	1014.3
C6	25.87		697.2				1797.0
D1	-7.88		64.2	1.01	0.11	1.12	72.1
D4	12.37		155.1				265.5
D5	19.12	−1.46	367.7	1.50	0.21	1.71	629.3
D6	25.87		671.4				1149.1
D7	32.62		1066.2	1.01	0.11	1.12	1197.4
Σ				**50.32**	**7.36**	**57.69**	**24007**

G_{Ed}와 Q_{Ed}는 표 2.1.1-1과 2.1.1-3의 값, 이때 $\gamma_F = 1.0$

$x_{M,j}$와 $y_{M,j}$ − 전체 구조계의 전단중심점에 각 부재 j의 전단중심점까지의 거리

단면값은 3.3.1절 참조

회전 강성에 대한 횡지지 조건:

$$\frac{1}{\left(\frac{1}{22.5}\sqrt{\frac{3.1 \cdot 10^8}{24007}} + \frac{1}{2.28}\sqrt{\frac{2310}{24007}}\right)^2} = \mathbf{0.04} \leq 0.24$$

EC2-1-1, 5.8.3.3: (NA.3) (NA.5.18.1)식

회전강성을 검토한 결과 구조계는 횡지지되었다.

안전 측으로 계산한 균열단면에 대한 횡지지 계수로 검토한 결과를 만족하므로 상태 I에 대해 추가 검사할 필요는 없다.

4. 수직 횡지지 요소에 대한 수평력의 분배

4.1 일반

먼저 정정구조(세 평형조건식만으로 수평력을 나눌 수 있다)와 부정정 구조를 구분해야 한다.

이 구조계에서는 각 축에 대한 전단벽체 $W2$의 비틀림 강성과 뒴강성 및 휨 강성을 무시하는 정정구조이다. 이를 가정하여 계단실 벽체 $K1$과 전단벽체 $W2$의 수평력 분배를 정한다.

일반적으로 횡지지 구조계에서는 각 층마다 3개의 힘(F_x, F_y와 M_z)과 3개의 변위(u_x, u_y, φ_z)를 계산한다. 통상 횡지지 요소는 하나의 뼈대 부재로 모델링한다 [63], [64], [65]. 즉, 횡지지 요소는 단일부재처럼 변형한다. 이에 따라 다음과 같이 가정한다.

- 각 횡지지될 부재는 완전 고정단으로 지지되어 최상층 바닥판까지 단면변화 없이 연속된다.
- 전단변형은 무시한다.

이 방법의 전제는 각 경우에 조심스럽게 검증하였다. 하나의 뼈대부재로 가정한 방법은 고층건물의 계산에서만 적합하다. 왜냐하면 보에서는 벽체와 달리 전단변형이 중요하지 않기 때문이다.[4]

*Beck*와 *Schäfer* [63]은 순수 비틀림을 고려하였다. 그러나 이는 개단면(open cross section)에서는 적절치 않다.[5] 개단면에서 순수 비틀림으로만 계산하면 무시하기 어려운 오차가 생긴다. 각 평형조건식에서 중요치 않은 계산값(예를 들어 지반에 의한 탄성 구속, 콘크리트 탄성계수의 분산, 바닥판의 변형 등)은 무시할 수 있다. (고층건물이 아닌) 통상의 다층 건물에서는 전단변형을 무시하여 생기는 차이가 훨씬 더 크다.

전단변형을 고려하면 각 층에서 적합조건식을 풀어야 한다.

실무계산에서는 모멘트 분배법으로 연립 방정식을 유도할 수 있다. 전단변형을 고려하면 계단실벽체가 구조중심 방향으로 회전하는 점으로 이동한다(전단편차). 따라서 각 층에서 수평력의 분배가 각각 달라진다.

횡지지 구조가 정정구조계라면 이 계산에서 변형을 바로 계산한다. 왜냐하면 단면력 계산에서 적합조건식이 필요하지 않기 때문이다.

즉, 횡지지 요소의 단면력은 강성을 고려하지 않고 평형조건으로 결정한다.

[63] *Beck, Schäfer*: 고층 건물에서 모든 횡지지 부재를 하나의 보로 보고 계산(1969)
[64] *König, Liphardt*: 철근 콘크리트 고층건물, BK 1990/II
[65] *Stiller*: 고층 건물의 횡지지 전단벽 구조에서 수평력의 분배(1965)

EC2-1-1/NA, (NCI) 1.5 개념:
NA.1.5.2.19 보: 지간 $\geq 3h$인 휨부재
NA.1.5.2.23 벽체부재: 지간 $< 3h$인 휨부재

EC2-1-1, 6.3.3:
(2) 박벽 개단면 부재에서는 뒴비틀림을 고려하는 것이 필요하다.
→ 이는 (예를 들어서 수평력이 전단중심 밖에 작용하여) 단면이 실제로 회전할 때 필요하다. 전체 구조계는 회전에 저항할 수 있게 횡지지 요소를 분산배치하여 큰 강성을 가지게 한다(예를 들어 3.3절: 회전강성에 대한 횡지지 조건을 검토한다).
이에 따라 계단실 $K1$은 회전이 매우 작다. 그러나 안전 측으로 고려하여 뒴에 의한 수직응력도 고려하는 예를 보였다.

횡지지 전단벽체 $W2$는 $l/h = 22.5$ m/7m $= 3.2$로 평면응력 부재의 한계값에 가깝다. 그러나 이는 계단실 단면에는 유효하지 않다. 이 경우 전단변형은 한 방향으로는 전단벽의 1.8배이다. 다른 쪽으로는 5배에 달한다.

*Küttler*의 전단변형을 고려한 정밀한 단면적 계산은 인터넷 사이트 참조:
→ www.betonverein.de → Schriften → weitere Schriften

그러나 이 횡지지 구조계는 단면력에 미치는 전단변형의 효과가 미미하며 (거의) 정역학적으로 정정이다. 이는 지진에 대해서는 유효하지 않다.

역자주 4 고층 건물이 되면 단면 높이에 비하여 부재 길이가 길어서 휨이 지배적이다. 즉 하나의 뼈대부재로 가정하면 세장비가 큰 보로 생각할 수 있다. 따라서 전단의 영향이 작다.

역자주 5 개단면에서는 St.Venan 비틀림 외에 뒴 비틀림도 고려해야 한다.

4.2 x–방향 풍하중에 의한 횡지지력

→ 횡지지 요소에 작용하는 수평력

y-축에 대한 계단실 $K1$의 최대 모멘트 (및 이에 따른 x-축에 대한 최대 모멘트)는 다음 하중경우에 발생한다.

하중경우 조합 LCC 1: $+Q_{Wx}+\Delta H_x+\Delta H_y$

EC1-1-4, 7.1.2: 그림 7.1: 비틀림이 생길 수 있는 직사각형 부재에서 경사지게 작용하거나, 관련 부재의 풍하중의 분담이 확실하지 않은 경우의 비틀림 하중을 결정하기 위해 그림 7.1과 같은 압력분포를 가정할 수 있다.

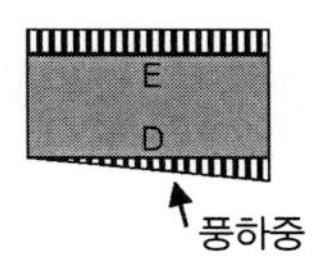

풍하중 Q_{Wx}의 팔길이는 풍하중 작용면적의 폭이 6일 때 중심축에 대해 편심 $e=b/10$을 적용하여 구한다. $e_{yW}=21.0/10=\pm2.10$ m

여기서는 간단하게 건물 평면중심에 작용하는 등가수평력의 합력 $\Delta H_{x,y}$에 대해 구한다.

다르게는 구조계에서 부재에 유리하게 작용하는 풍하중을 무시하고, 비대칭 하중을 적용한다. 이렇게 정한 등가하중으로 총 풍하중의 합이 더 작게 되므로, 압력값을 100% 반영한 값을 반드시 고려해야 한다. 비틀림에 민감한 구조 또는 구조계에서는 총 풍하중에 대해 편심 $e=0.1b$의 비틀림을 받거나, DIN 1055-4와 같이 단면별 풍하중을 받는지를 검토하는 것을 추천한다. [68] *Scheuermann / Häusler* 참조.

LCC 1 – 평형 방정식(정정 횡지지 구조):

$\Sigma M_z=0$: (회전중심 = 계단실 $K1$의 전단중심)

$$0=+H_{y2}\cdot37.35-Q_{Wx}\cdot10.395-\Delta H_x\cdot8.295+\Delta H_y\cdot17.10$$

$$\rightarrow\ H_{y2}=+Q_{Wx}\cdot0.278+\Delta H_x\cdot0.222-\Delta H_y\cdot0.458$$

$\Sigma H_x=0$: $\rightarrow\ H_{x1}=-Q_{wx}-\Delta H_x$

$\Sigma H_y=0$: $\rightarrow\ H_{y1}=-H_{y2}-\Delta H_y$

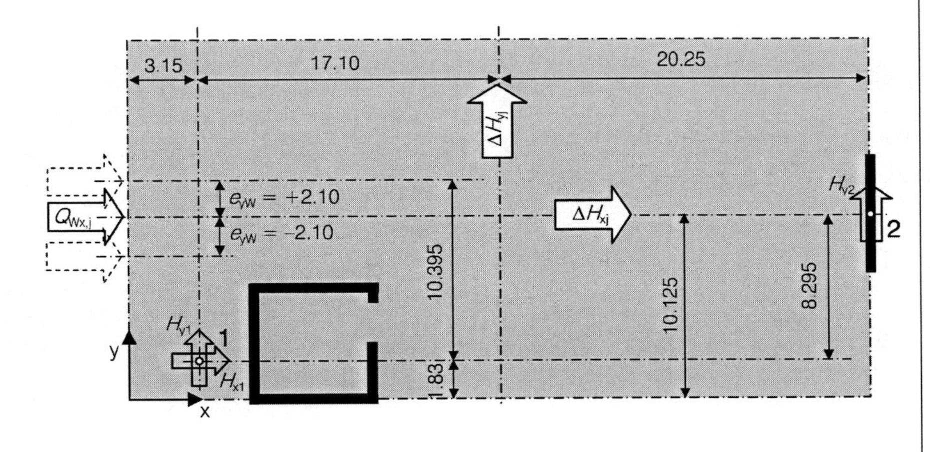

DIN 1055-4, 9.1: (4) 총 풍하중으로… 부분단면 j의 부재폭 b_j에 대해 편심 $e_j=b_j/10$…을 적용한다.

횡측면의 단면폭: $b=21.0$ m
2.1.2절 참조

여기서 최소 팔길이(및 $\min M_z$)는 결정값이 아니다. 왜냐하면 이 구조계의 뒴과 비틀림에 의한 하중 부분과 x-방향의 수평력에 의한 하중 부분은 겹치지 않기 때문이다.

불완전성(Imperfection: 초기 편심 등)은 구조계에 부속되어 안전 측의 설계를 위한 것이므로 강도한계상태의 모든 설계상황에서 불리한 쪽으로 고려하여야 한다. [3]

표 4.1: LCC 1의 횡지지력 분배

전단벽체	층	수평력			H의 분배			
		Q_{Wx}	ΔH_x	ΔH_y	$f(Q_{Wx})$	$f(\Delta H_x)$	$f(\Delta H_y)$	H_{y2}
i	j	kN	kN	kN				kN
2	06	71.4	17.0	17.0	0.278	0.222	−0.458	15.9
	02-05	111.1	21.3	21.3				25.9
	01	134.9	22.9	22.9				32.1

계단실	층	수평력			H의 분배			
		Q_{Wx}	ΔH_x	ΔH_y	$f(Q_{Wx})$	$f(\Delta H_x)$	H_{x1}	H_{y1}
i	j	kN	kN	kN				kN
1	06	71.4	17.0	17.0	−1.00	−1.00	−88.4	−32.9
	02-05	111.1	21.3	21.3			−132.4	−47.2
	01	134.9	22.9	22.9			−157.8	−55.0

공간구조계에서 불완정성은 모든 방향에 대해(예를 들어서 횡지지 구조계의 주축 방향) 발생할 수 있다. 예를 들어서 등가수평력은 x-, y- 방향 모두에 경사지게 작용하여 더 불리한 방향으로 적용할 수 있다.
계단실 $K1$에 대한 결정 하중경우 조합 1:
- 최대 편심 +2.10 m의 x-방향 풍하중 (for max ΣM_z)
- x-방향 경사작용 $+\Delta H_x$
- y-방향 경사작용 $+\Delta H_y$ (for max ΣH_y)

설계값
- 표 2.2.4-1의 풍하중 Q_{Wx}
- 표 2.2.2-1의 경사작용 $\Delta H_{x,y}$

$H_{y1} = -H_{y2} - \Delta H_y$

→ 횡지지 요소에 작용하는 수평력

4.3 y–방향 풍하중에 의한 횡지지력

x-축에 대한 최대 모멘트는 다음 하중경우에 발생한다.

- 계단실 $K1$에 대해: **하중경우 조합 LCC 2: $+Q_{Wy}+\Delta H_x+\Delta H_y$**
- 전단벽체 $W2$에 대해: **하중경우 조합 LCC 3: $+Q_{Wy}-\Delta H_x+\Delta H_y$**

횡지지력의 최대값을 구하기 위해 풍하중에 의한 최대/최소 비틀림 모멘트를 편심으로 고려한다.

풍하중 편심: $e_{x\,W} = 41.2 / 10 = \pm 4.12$ m

DIN 1055-4, 9.1: (4) 총 풍하중으로… 부분단면 j의 부재폭 b_j에 대해 편심 $e_j = b_j/10$…을 적용한다.
종측면의 폭: $b = 41.2$ m
2.1.2절 참조

LCC 2 – 평형 방정식(정정 횡지지 구조):

$$\Sigma M_z = 0 = +H_{y2} \cdot 37.35 + Q_{Wy} \cdot 12.98 - \Delta H_x \cdot 8.295 + \Delta H_y \cdot 17.10$$

$$\rightarrow H_{y2} = -Q_{Wy} \cdot 0.348 + \Delta H_x \cdot 0.222 - \Delta H_y \cdot 0.458$$

풍하중의 최대/최소 팔길이:
LCC 2: $\min x_W = 17.10 - 4.12 = 12.98$ m
LCC 3: $\max x_W = 17.10 + 4.12 = 21.22$ m

$$\Sigma H_x = 0: \rightarrow H_{x1} = -\Delta H_x$$

$$\Sigma H_y = 0: \rightarrow H_{y1} = -H_{y2} - Q_{Wy} - \Delta H_y$$

계단실 $K1$에 대한 결정 하중경우 조합 2:
- 최소 편심 −4.12 m의 y-방향 풍하중
- x-방향 경사작용 $-\Delta H_x$ (for min 비틀림 모멘트 M_z)
- y-방향 경사작용 $+\Delta H_y$ (for max ΣH_y)

LCC 3 – 평형 방정식(정정 횡지지 구조):

$$\Sigma M_z = 0 = +H_{y2} \cdot 37.35 + Q_{Wy} \cdot 21.22 + \Delta H_x \cdot 8.295 + \Delta H_y \cdot 17.10$$

$$\rightarrow H_{y2} = -Q_{Wy} \cdot 0.568 - \Delta H_x \cdot 0.222 - \Delta H_y \cdot 0.458$$

$$\Sigma H_x = 0: \rightarrow \ H_{x1} = \Delta H_x$$

$$\Sigma H_y = 0: \rightarrow \ H_{y1} = -H_{y2} - Q_{Wy} - \Delta H_y$$

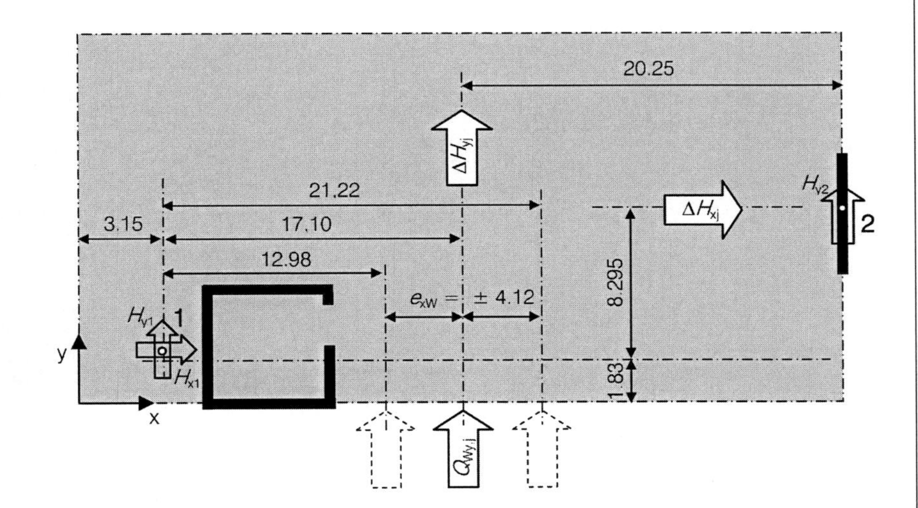

벽체 $W2$에 대한 결정 하중경우 조합 3:
- 최대 편심 +4.12 m의 y-방향 풍하중
- x-방향 경사작용 $-\Delta H_x$ (for min 비틀림 모멘트 M_z)
- y-방향 경사작용 $+\Delta H_y$ (for max 비틀림 모멘트 M_z)

설계값
- 표 2.2.4-1의 풍하중 Q_{Wy}
- 표 2.2.2-1의 경사작용 $\Delta H_{x,y}$

$H_y 1 = -H_{y2} - Q_{Wy} - \Delta H_y$

표 4.2: LCC 2의 횡지지력 분배

전단벽체	층	수평력			H의 분배			
		Q_{Wy}	ΔH_x	ΔH_y	$f(Q_{Wy})$	$f(\Delta H_x)$	$f(\Delta H_y)$	H_{y2}
i	j	kN	kN	kN				kN
2	06	162.7	17.0	17.0	-0.348	0.222	-0.458	-60.5
	02~05	253.1	21.3	21.3				-93.0
	01	307.3	22.9	22.9				-112.2

계단실	층	수평력			H의 분배		
		Q_{Wy}	ΔH_x	ΔH_y	$f(\Delta H_x)$	H_{x1}	H_{y1}
i	j	kN	kN	kN		kN	kN
1	06	162.7	17.0	17.0	-1.00	-17.0	-119.1
	02~05	253.1	21.3	21.3		-21.3	-181.4
	01	307.3	22.9	22.9		-22.9	-218.0

표 4.3: LCC 3의 횡지지력 분배

전단벽체	층	수평력			H의 분배			
		Q_{Wy}	ΔH_x	ΔH_y	$f(Q_{Wy})$	$f(\Delta H_x)$	$f(\Delta H_y)$	H_{y2}
i	j	kN	kN	kN				kN
2	06	162.7	17.0	17.0	-0.568	-0.222	-0.458	-104.0
	02~05	253.1	21.3	21.3				-158.3
	01	307.3	22.9	22.9				-190.1

계단실	층	수평력			H의 분배		
		Q_{Wy}	ΔH_x	ΔH_y	$f(\Delta H_x)$	H_{x1}	H_{y1}
i	j	kN	kN	kN		kN	kN
1	06	162.7	17.0	17.0	1.00	17.0	-75.7
	02~05	253.1	21.3	21.3		21.3	-116.1
	01	307.3	22.9	22.9		22.9	-140.0

5. 강도한계상태 설계

5.1 수직 횡지지 부재

5.1.1 단면력 산정

계단실 $K1$에 대한 결정값

LCC 1(y-축에 대한 모멘트)와

LCC 2(x-축에 대한 모멘트)

전단벽체 $W2$에 대한 결정값

LCC 3(x-축에 대한 모멘트)

계단실 K1−LCC 1의 수평력에 의한 전단력과 휨 모멘트:

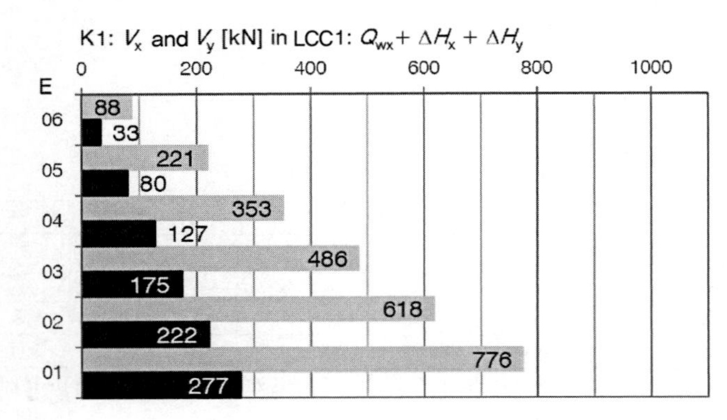

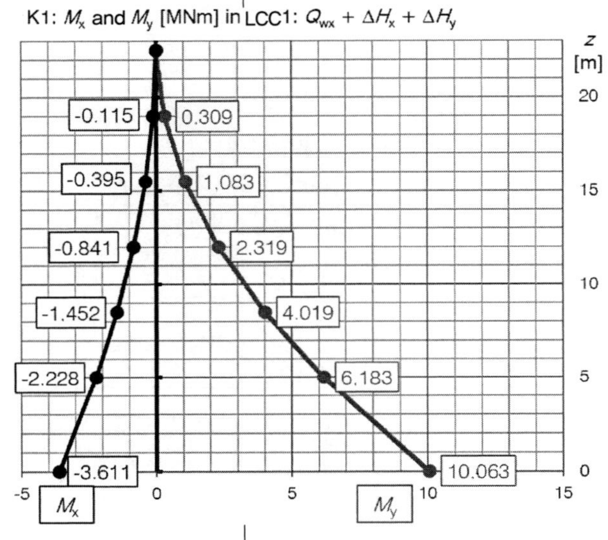

계단실 K1−LCC 2의 수평력에 의한 전단력과 휨모멘트:

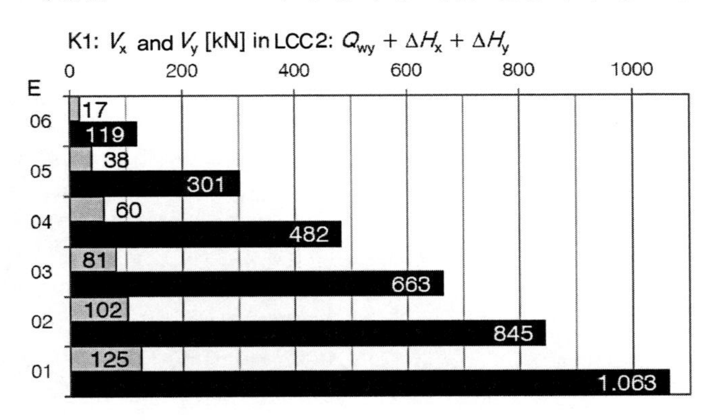

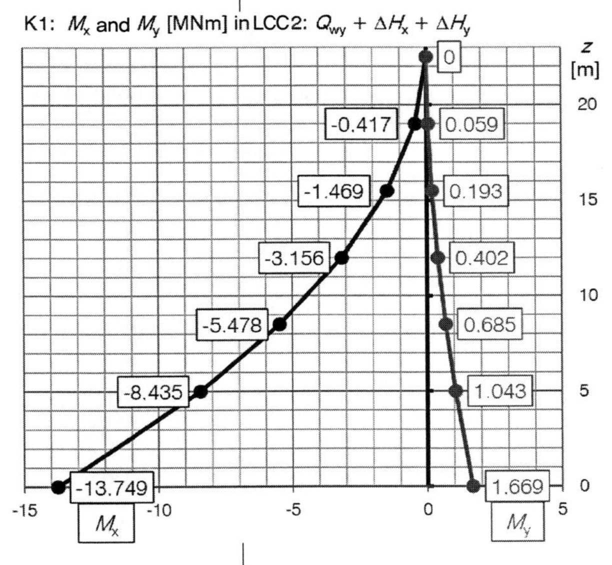

전단벽체 $W2$−LCC 3의 수평력에 의한 전단력과 휨모멘트:

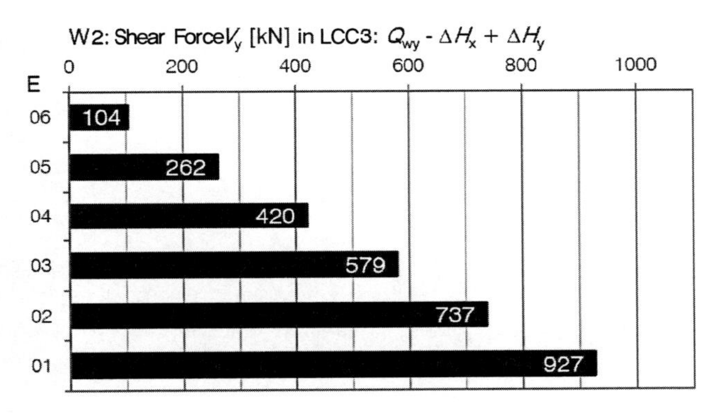

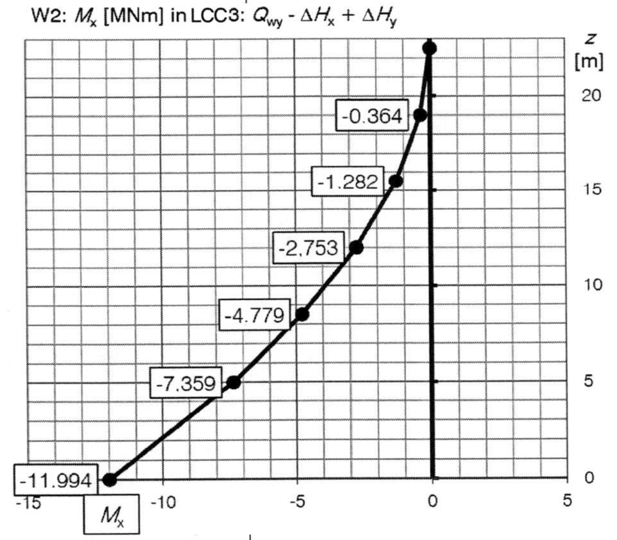

지면 슬래브 상연의 단면력:

설계의 예는 고정단(부재 하단)에 대해 보인다.

축력:

$K1$: $\min N_{Ed} = 1.0 \cdot G_{Ek}$ $= \mathbf{10311\ kN}$

$\max N_{Ed} = G_{Ed} + Q_{Ed} = 13920 + 1841$ $= \mathbf{15761\ kN}$

表 2.1.1-1
表 2.2.1-1과 2.2.1-3

$W2$: $\min N_{Ed} = 1.0 \cdot G_{Ek}$ $= \mathbf{3500\ kN}$

$\max N_{Ed} = G_{Ed} + Q_{Ed} = 4724 + 630$ $= \mathbf{53541\ kN}$

表 2.1.1-1
表 2.2.1-1과 2.2.1-3

→ 위의 도표 참조

풍하중과 경사 작용력으로 인한 휨모멘트와 전단력:

$K1$: $\min N_{Ed}$에 의한 값

$$\boldsymbol{M_{Ed,x}} = -10311 \cdot 1.06 = \mathbf{-10930\ kNm}$$

$$\boldsymbol{M_{Ed,y}} = 10311 \cdot 0.423 = \mathbf{+4362\ kNm}$$

$\max N_{Ed}$에 의한 값

$$\boldsymbol{M_{Ed,x}} = -15761 \cdot 1.06 = \mathbf{-16707\ kNm}$$

$$\boldsymbol{M_{Ed,y}} = 15761 \cdot 0.423 = \mathbf{+6667\ kNm}$$

LCC 1에 의한 값: $Q_{wx} + \Delta H_x + \Delta H_y$

$\boldsymbol{V_{Ed,y}} = \mathbf{277\ kN}$ $\boldsymbol{M_{Ed,x}} = \mathbf{-3611\ kNm}$

$\boldsymbol{V_{Ed,x}} = \mathbf{776\ kN}$ $\boldsymbol{M_{Ed,y}} = \mathbf{+10063\ kNm}$

LCC 2에 의한 값

$\boldsymbol{V_{Ed,y}} = \mathbf{1063\ kN}$ $\boldsymbol{M_{Ed,x}} = \mathbf{-13749\ kNm}$

$\boldsymbol{V_{Ed,x}} = \mathbf{125\ kN}$ $\boldsymbol{M_{Ed,y}} = \mathbf{+669\ kNm}$

$W2$: LCC 3에 의한 값

$\boldsymbol{V_{Ed,y}} = \mathbf{927\ kN}$ $\boldsymbol{M_{Ed,x}} = \mathbf{-1994\ kNm}$

전단벽체 $W2$에 대한 설계는 통상의 직사각형 단면, 캔틸레버 부재에 대해 주어진 단면력으로 할 수 있다. 따라서 이 예제에서는 더 이상 다루지 않는다.

이 예제에서는 외부 하중에 의한 응력분포는 계단실 $K1$에 대해서만 계산한 예를 보인다. 계단실 각 벽체의 단면을 계산하고 설계한다.

먼저 벽체 중심선의 모서리점에 대해 계단실 하부의 축응력을 산정한다. 단면값은 3.1절에서 계산하였다. 비대칭 단면이므로 주축 η와 ζ는 $\alpha = 19.46°$ 만큼 회전한 값이다.

$$\alpha_k = \frac{N_{Ed}}{A_c} \pm \frac{M_{Ed,\eta}}{I_\eta} \cdot \zeta_k \pm \frac{M_{Ed,\zeta}}{I_\zeta} \cdot \eta_k + \frac{M_{Ed,\omega}}{I_\omega} \cdot \omega_k$$

모서리점 $k = 1 \sim 6$에 대한 주축 좌표계의 값은 다음과 같다.

$$\eta_k = x_k \cdot \cos\alpha + y_k \cdot \sin\alpha$$

$$\zeta_k = -x_k \cdot \sin\alpha + y_k \cdot \cos\alpha$$

$\omega_k \rightarrow w_k$, 3.1절 참조

축력(압축력)은 계단실 중심에 작용하지 않는다(각 층의 수평하중작용면과 양쪽 들보의 자중, 복도하중은 모두 편심 작용한다).
D2에 대한 작용점, $\min N_{Ed} = 1.0\,G_{Ek}$ $= 10311$ kN:
- 바닥판과 들보에 의해: $G_1 = 6205$ kN
  중심점: $e_{G1} = 1.5 \cdot 6.75/2 = 5.06$ m
- 계단실 자중에 의해: $G_2 = 3797$ kN
  중심점: $e_{G2} = 6.75/2 = 3.375$ m
- 복도하중: $G_3 = 309$ kN
  중심점: $e_{G3} \approx 0$

$\rightarrow (6205 \cdot 5.06 + 3797 \cdot 3.375)/10311 =$ $y_N = 4.29$
- D2에 대한 N_{Ed}의 작용점:
  $x_N = 3.75$ m, $y_N = 4.29$ m
- S에 대한 N_{Ed}의 하중 편심
  $e_x = +0.423$ m, $e_y = +1.06$ m
- 모서리점 2-5의 좌표를 w_k로 선형조합한 휨계수 ω_N:
  2와 3에 대한 계수: $4.29/(2 \cdot 6.75) = 0.318$
  4와 5에 대한 계수: $2.46/(2 \cdot 6.75) = 0.182$
  $\omega_N = 0.318 \cdot (-19.35 + 13.88)$
  $0.182 \cdot (-10.40 + 1.94) = -3.279\ m^2$

Note:
x-방향의 수평하중은 y-축에 대해 부재의 (+) 휨모멘트를 발생시킨다. y-방향의 수평하중은 x-축에 대해 부재의 (−) 휨모멘트를 발생시킨다.

열린 박벽단면(박벽 개단면: open thin-walled cross section)에서는 무시할 만한 순수 *St. Venant* 비틀림(주 비틀림) 외에도 뒴비틀림(부 비틀림)이 발생한다. (예를 들어 기초 슬래브에 의해) 단면의 뒴(warping)이 제한된다면 뒴에 의한 수직응력이 발생한다. 이 경우에 *Bernoulli* 가정은 더 이상 성립하지 않으며, 직선벽체만이 평면을 유지한다(*Wagner*-가정).[6]

3.1절의 가정 참조:
$A_c = 6.0\ m^2$
$I_x = 49.6\ m^4$ $I_y = 41.6\ m^4$ $I_{xy} = -3.23\ m^4$
주축에 대한 값을 구하면: $\alpha = 19.46°$
$I_\eta = 50.75\ m^4$ $I_\zeta = 40.47\ m^4$ $I_\omega = 696.5\ m^6$

역자주 6 Wagner 가정은 박벽 개단면(thin-walled open cross section)의 부재 길이방향의 뒴변형에 대한 가정을 말한다. 자세한 내용은 참고문헌 [A6]을 참조하라.

모서리점 k	x_k	y_k	η_k	ζ_k	ω_k
	[m]	[m]	[m]	[m]	[m²]
1	3.798	2.777	4.506	1.353	−27.00
2	3.798	3.517	4.753	2.051	−19.35
3	−2.952	3.517	−1.612	4.300	13.88
4	−2.952	−3.233	−3.860	−2.065	−10.40
5	3.798	−3.233	2.504	−4.314	1.94
6	3.798	−0.233	3.503	−1.485	32.98

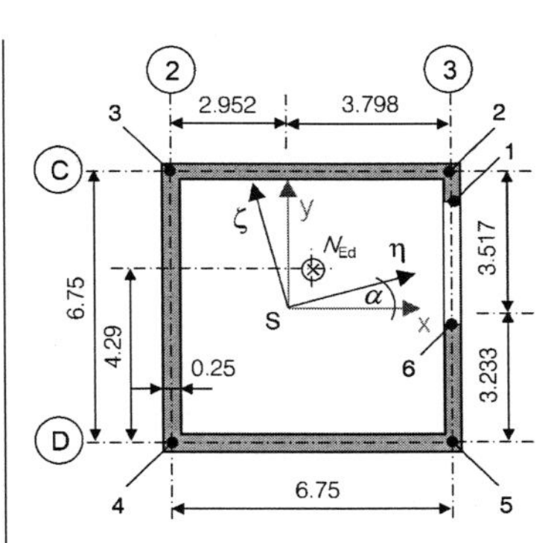

축력의 min과 max은 절대값으로 비교한 것이다.

$\omega_N = -3.279\ \text{m}^2$

$-\min N_{Ed}$에 대해:

$M_{Ed,\omega} = -10.311 \cdot (-3.279) = 33.810\ \text{MNm}^2$

$-\max N_{Ed}$에 대해:

$M_{Ed,\omega} = -15.761 \cdot (-3.279) = 51.670\ \text{MNm}^2$

예를 들어 LC 1에서:

$M_{Ed,x} = -10.930 - 3.611 \quad = 14.541\ \text{MNm}$

$M_{Ed,y} = +4.632 + 10.063 \quad = 14.425\ \text{MNm}$

$= 0.333;\ \cos(19.46°) = 0.943$

$M_{Ed,\eta} = -14.541 \cdot \cos(19.46°)$
$\quad + 14.425 \cdot \sin(19.46°) = -8.905\ \text{MNm}$

$M_{Ed,\zeta} = -14.541 \cdot \sin(19.46°)$
$\quad + 14.425 \cdot \cos(19.46°) = 18.445\ \text{MNm}$

응력 부호: 인장(+), 압축(−)

주축 좌표계에서 모멘트 벡터:

$$M_\eta = M_x \cdot \cos\alpha + M_y \cdot \sin\alpha$$

$$M_\zeta = -M_x \sin\alpha + M_y \cdot \cos\alpha$$

표 5.1.1−2: 계단실 하부의 결정 하중경우와 휨모멘트

		N_{Ed}	$M_{Ed,x}$	$M_{Ed,y}$	$M_{Ed,\eta}$	$M_{Ed,\zeta}$	$M_{Ed,\omega}$
	LC	[MN]	[MNm]	[MNm]	[MNm]	[MNm]	[MNm²]
1	min$N$+LCC1	−10.311	−14.541	14.425	−8.905	18.445	33.810
2	max$N$+LCC1	−15.761	−20.318	16.730	−13.584	22.543	51.670
3	min$N$−LCC1	−10.311	−7.318	−5.702	−8.800	−2.938	33.810
4	max$N$−LCC1	−15.761	−13.095	−3.396	−13.478	1.160	51.670
5	min$N$+LCC2	−10.311	−24.678	6.030	−21.260	13.908	33.810
6	max$N$+LCC2	−15.761	−30.455	8.336	−25.938	18.006	51.670
7	min$N$−LCC2	−10.311	2.819	2.693	3.555	1.600	33.810
8	max$N$−LCC2	−15.761	−2.952	4.998	−1.124	5.698	51.670

표 5.1.1−3: 계단실 하부 모서리점의 응력

		모서리점 1~6의 응력[MN/m2]					
	LC	σ_1	σ_2	σ_3	σ_4	σ_5	σ_6
1	min$N$+LCC1	−5.32	−5.18	−1.06	−0.10	−2.01	−1.45
2	max$N$+LCC1	−7.50	−7.26	−1.85	−0.70	−2.72	−1.73
3	min$N$−LCC1	−2.94	−2.67	−1.91	−2.15	−0.69	0.39
4	max$N$−LCC1	−5.12	−4.74	−2.69	−2.74	−1.41	0.11
5	min$N$+LCC2	−5.14	−5.15	−2.29	−0.03	−0.68	−0.70
6	max$N$+LCC2	−7.33	−7.22	−3.08	−0.63	−1.39	−0.98
7	min$N$−LCC2	−3.11	−2.70	−0.68	−2.22	−2.03	−0.36
8	max$N$−LCC2	−5.29	−4.78	−1.47	−2.81	−2.74	−0.64

비교: 뒴 수직응력을 고려하지 않고 구한 계단실 하부 모서리응력

	모서리점 1~6의 응력 [MN/m²]					
LC	σ_1	σ_2	σ_3	σ_4	σ_5	σ_6
1	−4.01	−4.24	−1.74	0.40	−2.10	−3.05
2	−5.50	−5.82	−2.88	0.08	−2.87	−4.18
3	−1.63	−1.73	−2.58	−1.64	−0.79	−1.21
4	−3.12	−3.31	−3.72	−1.97	−1.55	−2.33
5	−3.83	−4.21	−2.97	0.41	−0.77	−2.30
6	−5.32	−5.79	−4.11	0.15	−1.54	−3.43
7	−1.80	−1.76	−1.35	−1.71	−2.12	−1.96
8	−3.29	−3.34	−2.50	−2.04	−2.88	−3.09

단위 벽체의 단면력을 최대 선하중(linear load)로 하고 b/h의 직사각형 단면에 작용하는 총 단면력을 구한다(1축 휨+축력):

Note: 단면력은 기초(예를 들어 기초 슬래브)에 전달되어야 하므로 철근에 의한 인장력 전달과 콘크리트 압축영역으로 압축력이 전달되는 것을 검사한다.

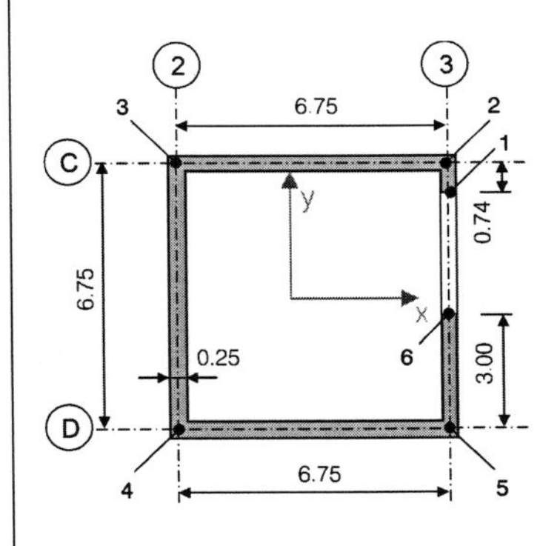

벽체 축 C:

LC6−max$N$과 해당 M

$$N_{Ed,2-3} = 0.5 \cdot (\sigma_2 + \sigma_3) \cdot A_{c,2-3}$$

$$= 0.5 \cdot (-7.22 - 3.08) \cdot 0.25 \cdot 6.75$$

$$= \mathbf{-8.69\ MN}$$

$$M_{Edy,2-3} = 0.5 \cdot (\sigma_2 - \sigma_3) \cdot W_{c,C}$$

$$= 0.5 \cdot (7.22 - 3.08) \cdot 0.25 \cdot 6.75^2 / 6$$

$$= \mathbf{+3.93\ MNm}$$

LC2 − max$M$과 해당 N

$N_{Ed,2-3}$ $= 0.5 \cdot (-7.26 - 1.85) \cdot 0.25 \cdot 6.75$

$= \mathbf{-7.69\ MN}$

$M_{Edy,2-3}$ $= 0.5 \cdot (7.26 - 1.85) \cdot 0.25 \cdot 6.75^2 / 6$

$= \mathbf{+5.14\ MNm}$

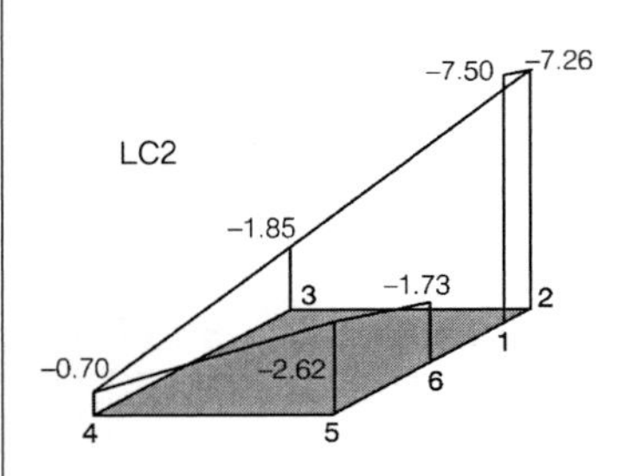

벽체 축 D:

LC8 − max$M$

$N_{Ed,4-5}$ $= 0.5 \cdot (\sigma_4 + \sigma_5) \cdot A_{c,4-5}$

$= 0.5 \cdot (-2.81 - 2.74) \cdot 0.25 \cdot 6.75$

$= \mathbf{-4.68\ MN}$

벽체 축 2:

LC4 − max$N$

$N_{Ed,3-4}$ $= 0.5 \cdot (\sigma_3 + \sigma_4) \cdot A_{c,3-4}$

$= 0.5 \cdot (-2.69 - 2.74) \cdot 0.25 \cdot 3.00$

$= \mathbf{-4.58\ MN}$

$M_{Edx,3-4}$ ≈ 0

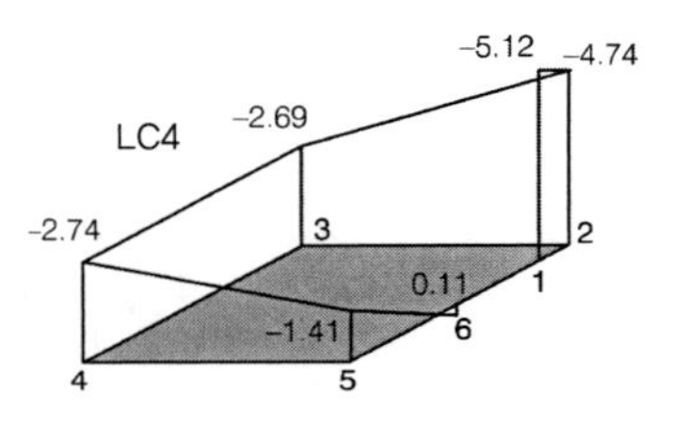

LC6 − max$M$과 해당 N

$N_{Ed,3-4}$ $= 0.5 \cdot (-3.08 - 0.63) \cdot 0.25 \cdot 3.00$

$= \mathbf{-3.13\ MN}$

$M_{Edx,3-4}$ $= 0.5 \cdot (\sigma_3 - \sigma_4) \cdot W_{c,3-4}$

$= 0.5 \cdot (-3.08 + 0.63) \cdot 0.25 \cdot 3.00^2 / 6$

$= \mathbf{-2.33\ MNm}$

벽체 축 3 짧은 쪽:

LC2 − max$N$과 해당 M

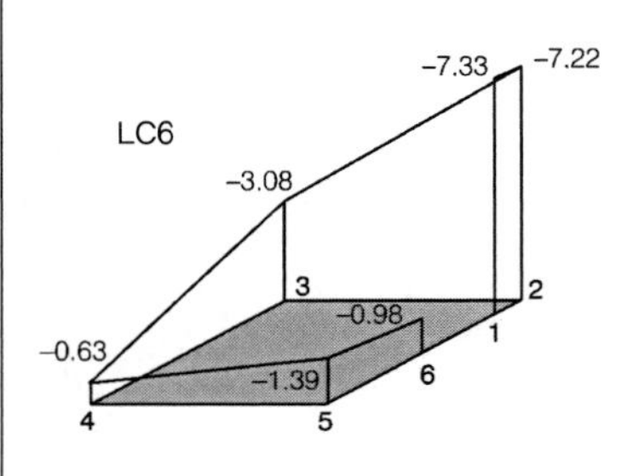

$N_{Ed,1-2}$ $= 0.5 \cdot (\sigma_1 + \sigma_2) \cdot A_{c,1-2}$

$= 0.5 \cdot (-7.50 - 7.26) \cdot 0.25 \cdot 0.74$

$= \mathbf{-1.37\ MN}$

최소 편심의 최소 모멘트(EC2-1-1, 6.1. (4))

$e_0 = h/30 \geq 20\ \mathrm{mm}$

$M_{Ed,1,2}$ $\approx 1.37 \cdot 0.74 / 30 = \mathbf{0.034\ MN}$

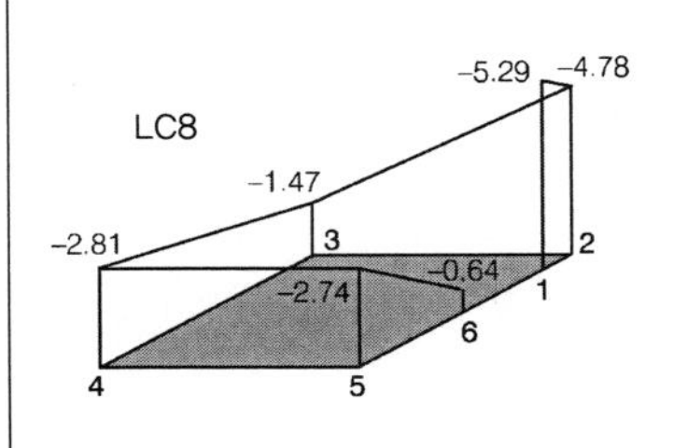

벽체 축 3 긴 쪽:

LC2 − max$N$과 해당 M

$N_{Ed,5-6}$ $=0.5 \cdot (\sigma_5 + \sigma_6) \cdot A_{c,2-3}$

$=0.5 \cdot (-2.72 - 1.73) \cdot 0.25 \cdot 3.00$

$= \mathbf{-1.67\ MN}$

$M_{Edx,5-6}$ $=0.5 \cdot (\sigma_5 - \sigma_6) \cdot W_{c,5-6}$

$=0.5 \cdot (2.72 - 1.73) \cdot 0.25 \cdot 3.00^2 / 6$

$= \mathbf{+0.186\ MNm}$

5.1.2 재료의 설계값

강도한계상태의 부분안전계수:

EC2-1-1, (NDP) 2.4.2.4: (1), 표 2.1DE: 강도 결정을 위한 부분안전계수 − 정상 및 임시 설계상황(보통 경우)

- 콘크리트 ≤ C50/60 $\gamma_C = 1.50$
- 철근 $\gamma_S = 1.15$

콘크리트 C30/37: $f_{cd} = 0.85 \cdot 30 / 1.50$ $= \mathbf{17.0\ N/mm^2}$

EC2-1-1, 표 3.1: 콘크리트 강도와 강성
EC2-1-1, 3.1.6: (1)P, (3.15)식
장기하중에 대한 감소계수 $\alpha_{cc} = 0.85$

철근망 B500A와
철근 B500B: $f_{yd} = 500 / 1.15$ $= \mathbf{435\ N/mm^2}$

EC2-1-1, 3.2.2: (3)P (또는 DIN 488)
철근 물성
EC2-1-1, 3.2.7: (2), 그림 3.8

EC2-1-1, 9.6.2

5.1.3 철근 콘크리트 벽체 최소 철근

횡지지 부재는 철근 콘크리트 단면으로 일반적인 설계가 이루어지는 것을 전제한다.

다른 방법: EC2-1-1, 12.6.1에 따른 무근 콘크리트 벽체 설계, 또는 EC2-1-1, 12.6.5에 따른 장주 설계

원칙적으로 이 예제에서 계단실 $K1$과 전단벽체 $W2$는 시공상의 이유로 최소 철근을 배근해야 한다. 이는 단면가정, 단면력 산정에서의 근사계산에 따라 고려하지 않은 응력을 부담하고, 바닥판 하중이 전달되는 것을 부담하기 위한 것이다.

계단실의 열린 부분(문)과 바닥판과 결합은 따로 다룬다.

벽체 하부의 최대 축력(벽체 축 C, LC 6):

$|N_{Ed}| = 8.69$ MN

→ 벽체 길이로 나누면 $n_{Ed} = 8.69 / 6.79 = 1.29$ MN/m

EC2-1-1, (NDP) 9.6.2: (1)
일반적으로:
− $A_{s,v\min} = 0.15\,|N_{Ed}|/f_{yd} \geq 0.0015 A_c$
$\lambda \geq \lambda_{\lim}$(5.8.3.1절에 따른 값)인 세장한 벽체 또는 $|N_{Ed}| \geq 0.3 f_{cd} A_c$일 때:
− $A_{s,v\min} = 0.003 A_c$
일반적으로 이들 철근의 1/2 씩을 각 측변에 배근한다.
[3] 또한 세장한 벽체에서는 최소 철근을 하중에 따라 결정해야 한다. 그렇지 않으면 이러한 벽체에 대해서는 항상 $A_{s,v\min} = 0.003 A_c$를 최소 철근으로 배근해야 한다.

벽체의 길이방향 최소 철근:

min$a_{s,v}$ $= 0.15 \cdot |n_{Ed}| / f_{yd}$

$= 0.15 \cdot 1.29 / 435 \cdot 10^4$ $= \mathbf{4.45\ cm^2/m}$

$= \mathbf{2.22\ cm^2/m}$**, 각 벽체면마다**

횡방향 최소 철근:

횡지지 벽체는 전단벽체로 거동하므로, 1방향 축력을 받는 벽체의 수직 철근의 50%를 횡철근으로 배근한다.

$\min a_{s,h} = 0.50 \cdot 2.22$ $\qquad = \mathbf{1.11\ cm^2/m}$

EC2-1-1, (NDP) 9.6.3: (1) 횡철근 단면적은 수직 철근 단면적의 적어도 20% 이상이어야 한다.
5.8.3.1에 따른 세장한 벽체 또는 $|N_{Ed}| \geq 0.3 f_{cd} \cdot A_c$인 벽체에서는 횡철근 단면적은 수직철근 단면적의 50% 이하로 배근할 수 없다.
수평철근의 직경은 수직철근 직경의 적어도 1/4 이상이어야 한다.
$\rightarrow \phi_{s,h} = 8\ \text{mm} > 0.25\phi_{s,v}$

선택: **각 벽체 측면에 철근 B500B 배근**
수직 $\mathbf{\phi 8/200 = 2.51\ cm^2/m} > \min a_{s,v}$
수평 $\mathbf{\phi 8/350 = 1.43\ cm^2/m} > \min a_{s,h}$

수평철근의 최대 간격:
EC2-1-1, (NCI) 9.6.3: (2) $s_h \leq 350$ mm
수직철근의 최대 간격:
EC2-1-1, (NCI) 9.6.2: (3) $s_{v,\max} \leq 300$ mm $\leq 2h$
여기서 h – 벽체 두께

벽체의 바깥쪽에 배치된 최소 철근은 S-갈고리로 결합해서는 안 된다. 왜냐하면 이 경우 $\phi_{s,v} \leq$ 16 mm이며 피복두께 c_v가 최소한 $2\phi_{s,v}$가 필요하기 때문이다. 이 예제에서 $c_v \geq c_{nom} = 20$ mm(XC 1에 대한 값)이며, $\geq 2\phi_{s,v} = 2.8$ mm이다.

EC2-1-1, (NCI) 9.6.4: (2)

열린 부분(문)의 벽체연단에서 지지스터럽은 각 벽체 측면에서 $used\ a_{s,v} < 0.003 A_c$이므로 필요하지 않다.

EC2-1-1, (NCI) 9.6.4: (2)

5.1.4 계단실 벽체 설계: 벽체 축 D

일반적인 경우에 계단실 벽체(축 2, 3, C)는 각 층의 바닥판 평면에서 편이(배부름)가 방지된다. 계단실 외부벽체 D에 대해 안쪽의 계단참과 벽체가 지지역할을 하지 않는 것으로 가정한다. 그러나 해당 벽체는 기초 슬래브, 지붕 슬래브와 계단실 측면 벽체로 4면 지지된다.

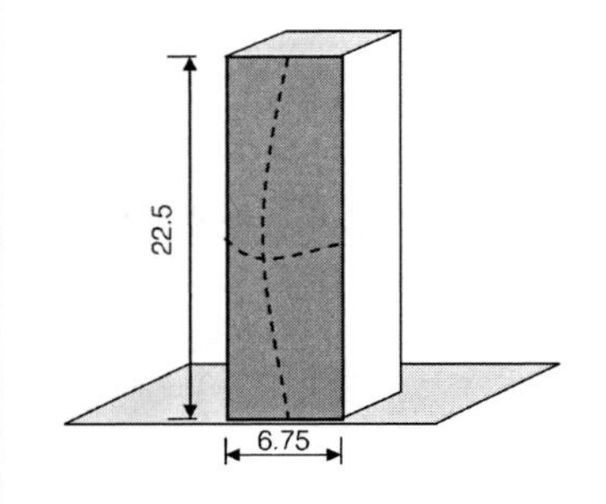

벽체에 수직으로 작용하는 풍하중에 의한 판의 휨모멘트는 크기가 작으므로 시공 배근하는 벽체 횡철근으로 받을 수 있다.

단일 압축부재로 검토하기 위해서는 벽체 하부의 일반적인 설계 외에 벽체부분이 편이(배부름)거동을 하는 데 따른 2차 해석을 고려해야 하는지를 따진다.

EC2-1-1, 5.8.3.2: (7) 전단벽체의 구속은 벽체 좌굴길이 계산에서 12.6.5.1절의 계수 β를 반영하여 고려한다. (12.9)식과 표 12.1에서 l_w는 5.8.3.2절에 따라 l_0로 대치한다.

좌굴길이: $\quad l_0 = \beta \cdot l$

$l = l_w = 22.5$ m $\qquad$ 여기서는 벽체 높이(건물 높이)

$\beta = b/(2 \cdot l_w)$ $\qquad$ 4면 지지하는 경우의 좌굴계수

EC2-1-1, 12.6.5.1: 표 12.1의 β계수

$\beta = 6.75/(2 \cdot 22.5)$ $\qquad$ 벽체의 $b/l_w = 6.75\ \text{m} / 22.5\ \text{m} = 0.3$

i = 단면 회전반경(radius of gyration)

$\beta = 0.15$

$l_0 = 0.15 \cdot 22.5$ $\qquad = \mathbf{3.38\ m}$

세장비: $\lambda = l_0/i = 338 \cdot \sqrt{12}/25 = \mathbf{47}$

EC2-1-1, 5.8.3.1: (1) 단일 압축부재에 대해서 2차 해석(기하 비선형해석) 여부는 세장비의 한계값을 비교하여 결정한다.

2차 해석이 필요한 한계값(철근 콘크리트 부재의 경우):

등가 기둥길이의 중간 정도가 3층 평면에 해당된다. 결정 축력(LC 8에 대한 값)은 벽체 하부의 값의 50%보다 작다.

→ 추가 계산한 값

LC 8에 대한 벽체 하부의 N_{Ed}는 5.1.1절 참조

$N_{Ed} = 0.5 \cdot (\sigma_4 + \sigma_5) \cdot A_{c,D}$
$= 0.5 \cdot (-2.81 - 2.74) \cdot 0.25 \cdot 6.75$
$= -4.68$ MN

$n \quad = N_{Ed} / (A_c \cdot f_{cd}) = -4.68 \cdot 0.50 / (6.75 \cdot 0.25 \cdot 17.0) = -0.082$

단일 압축부재의 한계 세장비:

$\lambda_{\max} \quad = 16/\sqrt{n} = 16 / 0.082^{0.5} = \mathbf{56}$, $|n| < 0.41$일 때

EC2-1-1, (NDP) 5.8.6.1: (1) (5.13bDE)식

$\lambda = 47 < \lambda_{\lim} = 56$이므로 벽체는 2차 해석에 따라 설계하지 않아도 된다!

다르게는 예를 들어 EC2-1-1, 5.8.8절에 따라 벽체 중간 높이(대략 좌굴길이의 평균 1/3)에서의 공칭곡률을 검토할 수 있다.

1차 해석에 따른 압축단면의 일반적 설계

무근 콘크리트 벽체로 검토:

h_w 방향으로 1축 편심 e가 있는 직사각형 단면의 축력강도 N_{Rd}:

EC2-1-1, 12.6.1:(3), (12.2)식과 그림 12.1
콘크리트 ≤ C35/45일 때 응력사각형 $\eta = 1.0$

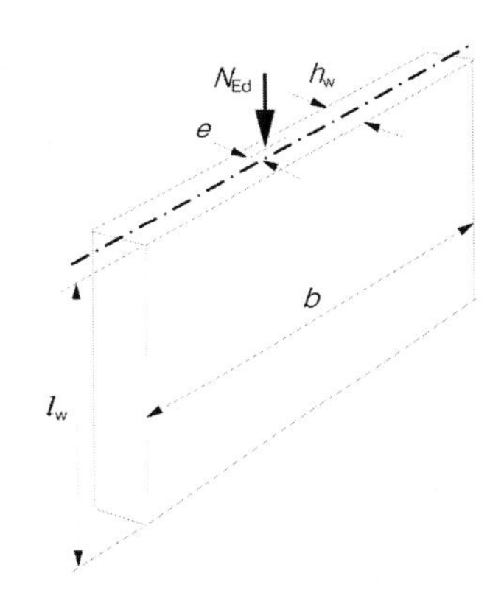

$N_{Rd} \quad = f_{cd,pl} \cdot b \cdot h_w \cdot (1 - 2 \cdot e / h_w)$

여기서

$f_{cd,pl} \quad = \alpha_{ct,pl} \cdot f_{ctk;0.05} / \gamma_C = 0.70 \cdot 30/1.5 = 14.0$ MN/m²

$b \quad = 6.75$ m 벽체 폭;

$h_w \quad = 0.25$ m 벽체 두께;

$e \quad = e_0 = 20$ mm, N_{Ed}의 h_w 방향 편심

$N_{Rd} \quad = 14.0 \cdot 6.75 \cdot 0.25 \cdot (1 - 2 \cdot 20/250)$

$\mathbf{N_{Rd} \quad = 19.8\ MN > N_{Ed} = 0.5 \cdot 4.68\ MN}$

EC2-1-1, (NCI) 6.1:(4) 1차 해석에서 압축부재의 최소 편심
$e_0 = h/30 \geq 20$ mm

5.1.5 계단실 벽체 설계: 벽체 축 C, 2, 3

축 C, 2, 3의 벽체는 축력과 휨모멘트를 받는 직사각형의 단면으로 검토한다.

축 C와 2의 벽체단면:

$b / h / d_1 = 0.25$ m / 7.00 m / 0.70 m → $d_1 / h = 0.10$

벽체 단부의 길이방향 철근을 약 1.40 m 길이에 ϕ8/200 mm로 양면 배근: 각 16ϕ8 → $A_{s1} = A_{s2} = 8.0$ cm² → $\omega = 0.02$

선택한 최종 철근은 5.1.3절 참조
역학적 철근 비:
$\omega = (A_{s1} + A_{s2}) \cdot f_{yd} / (A_c \cdot f_{cd})$
$\omega = 16 \cdot 435 / (25 \cdot 700 \cdot 17) = 0.02$

0,70 5,60 0,70

벽체 중간 부분에 배근한 철근은 단면 설계 도표에서 무시함 → 안전 측

$M - N$ 상관표:
→ [69] *Zilch / Zehetmaier*: DIN 1045-1(2008년판)과 EN 1992-1-1(Eurocode 2)에 따른 콘크리트 구조 설계.
1권 [7] 참조

축 C의 벽체단면:

짧은 쪽: $b\,/\,h\,/\,d_1 = 0.25\,\text{m}\,/\,0.86\,\text{m}\,/\,0.09\,\text{m} \rightarrow d_1\,/\,h = 0.10$

긴 쪽: $b\,/\,h\,/\,d_1 = 0.25\,\text{m}\,/\,3.12\,\text{m}\,/\,0.30\,\text{m} \rightarrow d_1\,/\,h = 0.10$

벽체 단부의 길이방향 철근을 $\phi 8/200$ mm로 양면 배근:

짧은 쪽: 각 $4\phi 8 \rightarrow A_{s1} = A_{s2} = 2.0\,\text{cm}^2 \rightarrow \omega = 0.02$

긴 쪽: 각 $8\phi 8 \rightarrow A_{s1} = A_{s2} = 4.0\,\text{cm}^2 \rightarrow \omega = 0.03$

단면 설계도표 입력값:

벽체	LC	N_{Ed}	M_{Ed}	ν_{Ed}	μ_{Ed}
C	6	−8.690	3.930	−0.29	0.019
C	2	−7.690	5.140	−0.26	0.025
2	6	−3.130	2.330	−0.11	0.011
3 short	2	−1.370	0.034	−0.37	0.011
3 long	2	−1.670	0.186	−0.13	0.004

모든 $M-N$ 설계점은 $\min\omega_{tot} = 0.02 \rightarrow$ 강축(strong axis)에 대해 축력과 휨모멘트를 받는 경우를 검토!

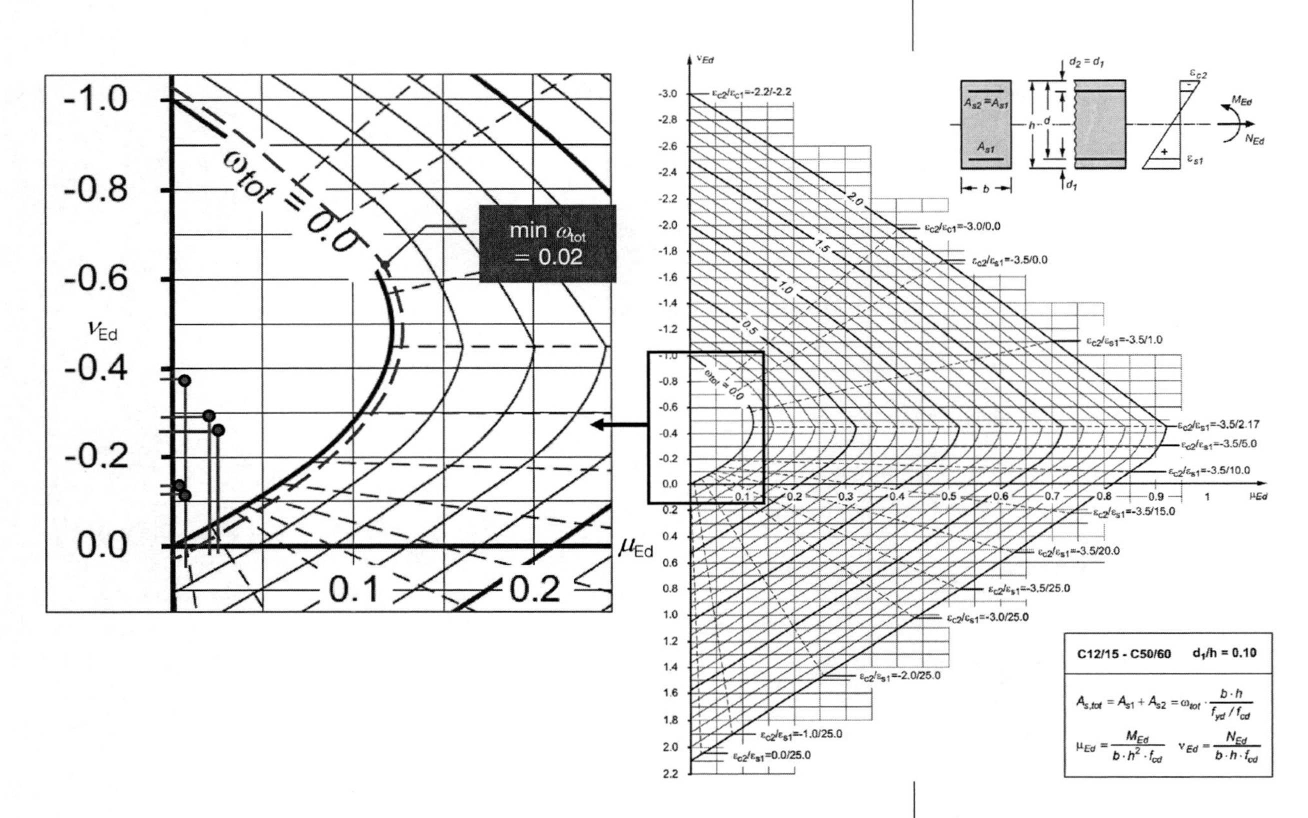

약축(weak axis)에 대한 벽체의 검토:

좌표길이: $l_0 = \beta \cdot l$

$l = l_w = 5.0\,\text{m}$ 여기서는 벽체 높이(지상층)

$\beta = 1\,/\,[1 + (l_w/b)^2]$ 4면 지지되는 경우의 좌굴길이 계수

$\beta = 6.75\,/\,(2 \cdot 5.0)$ 벽체의 $b\,/\,l_w = 6.75\,\text{m}\,/\,5.0\,\text{m} = 1.35$

$\beta = 0.65$

$l_0 = 0.65 \cdot 5.0 \quad = \mathbf{3.25\,m}$

EC2-1-1, 5.8.3.2: (7) 철근 콘크리트 벽체의 좌굴길이는 12.6.5.1절의 계수 β를 고려하여 계산 → (12.9)식과 표 12.1에서 l_w는 l_0로 대체한다.
(전단벽체를 고려하지 않은 단일 압축부재)

EC2-1-1, 12.6.5.1: 표 12.1의 β값

세장비: $\lambda = l_0 / i = 325 \cdot \sqrt{12} / 25 = \mathbf{45}$

i = 단면 회전반경

2차 해석이 필요한 한계값(철근 콘크리트 부재의 경우):
예를 들어서 축 C의 벽체, LC 6: max$N$에 대해

EC2-1-1, 5.8.3.1: (1) 단일 압축부재에 대해서 2차 해석(기하 비선형 해석) 여부는 세장비의 한계값을 비교하여 결정한다.

$n \quad = N_{Ed} / (A_c \cdot f_{cd}) = 8.69 / (6.75 \cdot 0.25 \cdot 17.0) = 0.30$

단일 압축부재의 한계 세장비:

$\lambda_{max} \quad = 16 / \sqrt{n} = 16 / 0.30^{0.5} = 29, \ |n| < 0.41$일 때

$\lambda = 45 > \lambda_{lim} = 29$이므로 벽체는 2차 해석에 따라 설계한다.

EC2-1-1, (NDP) 5.8.3.1: (1), (5.13bDE)식

단일 압축부재의 기하적 등가 편심[7] – 축력에 대한 예상치 않은 편심:

$e_i \quad = l_0 / 400$ 여기서 $l_0 = 3.25$ m
$\quad = 3250 / 400 \quad \approx 8$ mm

EC2-1-1, 5.2: (7) a)
횡지지된 구조계의 벽체와 단일 기둥에서는 항상 편심 $e_i = l_0/400$으로 간단하게 쓸 수 있다(적용 $\alpha_h = 1$).

Model Column의 설계모멘트

$$M_{Ed} = N_{Ed} \cdot (e_0 + e_i + e_2)$$

EC2-1-1, 5.8.8: 공칭 곡률 방법
EC2-1-1, 5.8.8.2: (!) (5.31)식
계획 편심 e_0 + 초기변형 e_i
+ 2차 해석에 의한 추가 편심 e_2를 고려한 모멘트

단면력 조합을 검사한다.

일반 입력값:

$K_r \quad = 1, \ n = 0.30 < n_{bal} = 0.4$일 때

$\epsilon_{yd} \quad = f_{yd} / E_s = 435 / 200{,}000 = 2.175 \cdot 10^{-3}$

EC2-1-1, (NCI) 5.8.8.3: (30) (5.36)식
철근 항복 시의 변형 ϵ_{yd}

$d \quad = h - c_{v,1} - \phi_1 / 2 \quad = 250 - 20 - 8/2 \approx 225$ mm

$\quad \rightarrow d_1 / h \quad = 25 / 250 = 0.10$

유효깊이 d

$K_\varphi \quad = 1 + \beta \cdot \varphi_{ef} \geq 1$

$\beta \quad = 0.35 + f_{ck} / 200 - \lambda / 150 \geq 0;$

EC2-1-1, (NCI) 5.8.8.3: (3) (5.37)식

$\beta \quad = 0.35 + 35 / 200 - 45 / 150 = 0.225$

$\varphi_{ef} \quad = \varphi(\infty, \ t_0) \cdot M_{0Eqp} / M_{0Ed} \leq \varphi(\mathrm{s}\infty, \ t_0)$

재하 시작점 $t_0 = 28d$

$\varphi(\infty, \ t_0)$는 EC2-1-1, 3.1.4, 그림 3.1a) $\rightarrow \varphi(\infty, \ t_0) = 2.0$

$K_\varphi \quad = 1 + 0.225 \cdot 2.0 = 1.45$

$1/r \quad = K_r \cdot K_\varphi \cdot \epsilon_{yd} / (0.45d)$
$\quad = 1.0 \cdot 1.45 \cdot 2.175 \cdot 10^{-3} / (0.45 \cdot 0.225) = 0.0311 \ \mathrm{m}^{-3}$

EC2-1-1, (NCI) 5.8.8.3: (3) (5.34)식

EC2-1-1, (NCI) 5.8.8.3: (3) (5.33)식

역자 주 7 불완전성(imperfection)에 따른 것이다.

$K_1 = 1,\ \lambda > 35$일 때

2차 해석의 추가 편심:

$e_2 \quad = K_1 \cdot (1/r) \cdot l_0^2/c$

$\quad\quad = 1.0 \cdot 0.0311 \cdot 3.25^2 / 10 = 0.033\ \text{m} = 33\ \text{mm}$

설계 단면력:

$N_{Ed} = -8.69\ \text{MN}$

$\rightarrow M_{Ed} = 8.69 \cdot (0 + 0.008 + 0.033) = 0.356\ \text{MNm}$

$\nu_{Ed} = -0.29,\ \mu_{Ed} = 0.048$

단면:
$b / h / d_1 = 6.75\ \text{m} / 0.25\ \text{m} / 0.025\ \text{m}$

$\nu_{Ed} = N_{Ed} / (b \cdot h \cdot f_{cd})$
$\mu_{Ed} = M_{Ed} / (b \cdot h^2 \cdot f_{cd})$
$f_{cd} = 17\ \text{MN/m}^2$

최소 철근으로 (5.1)절 참조:
각 벽체 측면에 $\phi 8/200 = 2.51\ \text{cm}^2/\text{m}$
[69]의 $M-N$ 상관도의 일부
[7]의 1권 단면 설계도표 참조

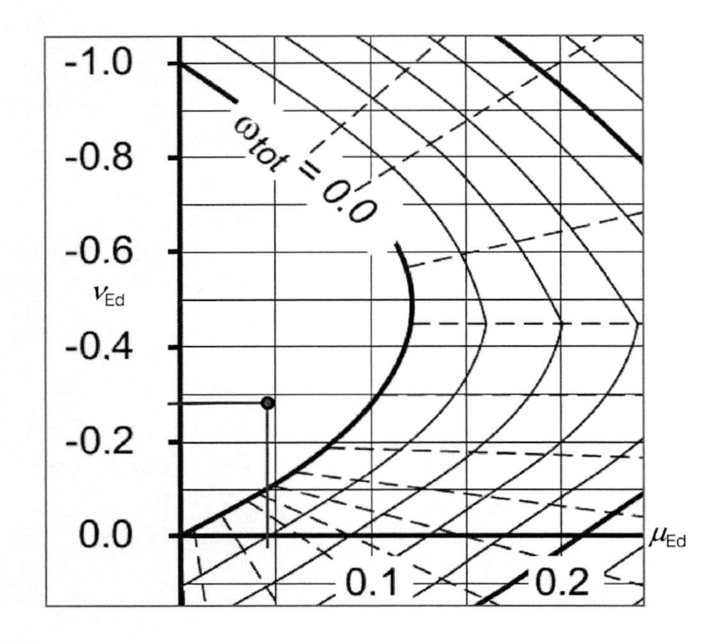

$\omega < 0 \rightarrow$ 최소 철근으로 충분하다!

5.1.6 축 3의 벽체에서 도리의 최소 철근 배근

DIN 1045-1에 의한 DBV-설계 예제집 2권: 토목구조(2006) [70]에서 축 3에서 등가 전단벽체는 단일부재로 단면력을 구한 뒤에 *König / Liphardt* [64]에 따라 벽체 문기둥과 도리의 몫으로 나누었다. 경험에 따르면 휨과 전단설계 결과는 최소 철근량에 훨씬 미달하므로 최소 철근이 결정값이다.

이 책에서는 계단실은 축 3에 대해 문을 내는 것이 가능하게(개단면으로 가정했으므로) 단면값 산정에서 고려하지 않았다.

따라서 다음과 같이 도리는 시공철근으로 최소 휨철근과 최소 전단철근을 배근한다.

세장한 전단벽체에 큰 빈공간이 있다면, 이는 경우에 따라 등가강성으로 고려할 수 있다. 고층건물에서 일정하게 단면이 변하는 벽체는 등가의 연속 구조계로 치환하여 계산하는 것이 유용하다. 이러한 방법은 주어진 구조계(예를 들어 다층건물)을 평균하여 계산함으로써 꽤 불규칙적인 구조계에서 예비 설계를 할 때도 필요하다.
→ [64] *König / Liphardt*: 철근 콘크리트 건물, BK 1990/II, p.495ff.
전단변형을 고려하지 않는 설계방법은 계단실에 딱 들어맞지는 않다. 그러나 도리의 응력을 어림잡기에는 충분하다.

도리단면(지상층): $b\ /\ h\ /\ d = 0.25\ \text{m}\ /\ 1.37\ \text{m}\ /\ 1.23\ \text{m}$

도리높이 1.37 m, 3장 참조
유효깊이: $d \approx 0.9h = 0.9 \cdot 1.37 = 1.23\ \text{m}$

균열모멘트: $M_{cr} = f_{ctm} \cdot b \cdot h^2 / 6 = 2.9 \cdot 10^3 \cdot 0.25 \cdot 1.37^2 / 6 = 227\ \text{kNm}$

$\min A_s = M_{cr} / (f_{yk} \cdot z) = 0.227 \cdot 10^4 / (500 \cdot 0.9 \cdot 1.23) = 4.10\ \text{cm}^2$

EC2-1-1/NA, NDP, 9.2.1.1절:
(1) f_{ctm}, $\sigma_s = f_{yk}$에 대한 설계
여기서: C30/37에 대한 $f_{ctm} = 2.9\ \text{N/mm}^2$ (표 3.1)
$z = 0.9d$로 가정

선택: 길이방향 철근 B500B
상부와 하부: 각 $6\phi10 = 4.71\ \text{cm}^2 > 4.10\ \text{cm}^2 = \min A_s$

각각 $0.2h \approx 0.30$ m에 3단 배근

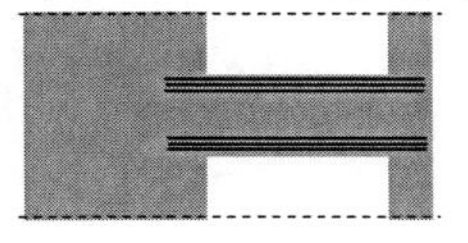

최소 전단철근(90° 스터럽)

$\min A_{sw} = \rho_w \cdot s_w \cdot b_w \cdot \sin\alpha$

EC2-1-1, 9.2.2: (5) (9.4)식

$\rho_{w,\min} = 0.16 \cdot f_{ctm} / f_{yk}$
$= 0.16 \cdot 2.9 / 500 = 0.093\%$

EC2-1-1/NA, NDP, 9.2.2: (5) (9.5aDE)식
일반적인 $\rho_{w,\min}$

$\min A_{sw} / s_w = 0.093 \cdot 25 = \mathbf{2.33\ cm^2/m}$

EC2-1-1/NA, NDP, 9.2.2: (6) 표 NA.9.1
스터럽 가지의 길이방향 최대 간격은 300 mm

전단철근
선택: 스터럽, 2가지 ϕ8/300 mm
$= 3.35\ \text{cm}^2/\text{m} > 2.33\ \text{cm}^2/\text{m} = \min\alpha_{sw}$

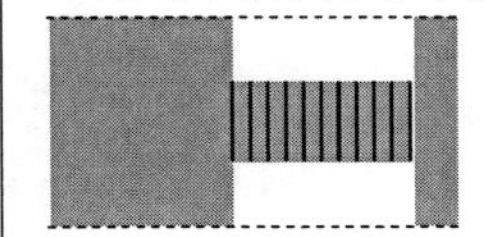

5.1.7 축 3의 벽체에서 가로보의 전단철근

일반적으로 전단벽체의 전단력(내지 전단응력)은 횡지지 철근 콘크리트 벽체의 수평철근을 증가하여 배근하면 충분하다(5.1.3절 참조).

→ 수평 횡철근은 벽체의 수직철근의 적어도 50% 이상
→ 또는 EC2-1-1, 6.2.2: (2) (6.4)식에 따른 전단철근이 없을 때의 전단강도에 대한 주응력 검토 $V_{Rd,c}$와 비균열 압축부재에 대한 EC2-1-1/NA, NCI, 6.2.2 (2)를 따른다.

축 3의 세장한 (축 D 근처의) 벽체문기둥은 $h < b \leq 5$이므로 보로 간주하여 시공상의 이유로 전단철근을 배근한다. 여기서는 예를 들어서 가장 큰 힘을 받는 지상층에 대해 보인다.

EC2-1-1/NA, NCI NA.1.5.2.19 보

다른 층에서는 최소 전단철근으로 충분하다.

설계단면: $b\ /\ h\ /\ d = 0.25\ /\ 0.86\ /\ 0.77\ \text{m}$

$d \approx 0.9h$ → 5.1.5절 또한 참조

최소 전단철근(90° 스터럽):

$\min A_{sw} / s_w = 0.093 \cdot 25 = 2.33\ \text{cm}^2/\text{m}$

부재두께 250 mm, 도리와 마찬가지로 5.1.6절 참조

V_{Ed}를 매우 간단하게 단면적에 비례하여 벽체문기둥 1과 2에 분배한다.

각 벽체에 대한 전단력 분재: 3.1절(좌표계에서 적분한) 전단류 → 해당 함수의 구간적분 → 그 결과는 각 벽체의 전단력 몫이 된다. (수계산은 예를 들어 Schneider의 건설도표집 [62]의 $\int MM$표 참조, 전산프로그램은 예를 들어 Petersen [60], 부록 II 참조)

축 3의 벽체에서: $V_{Ed} = 1063 \cdot 3.99 / (3.99 + 7.0) = 386\ \text{kN}$

5.1.1절의 계단실 전단력 참조: $V_{Ed,y} = 1063$ kN
벽체의 평면배분은 축2(7.0 m)와 축3(3.99 m)로 나누고, 축 3에서 2개의 벽체문기둥에 대해 나눈다.

$V_{Ed,i} = V_{Ed} \cdot A_i / (A_1 + A_2)$

$V_{Ed,1} = 386 \cdot 0.865 / 3.99 = 83.7\ \text{kN}$

$V_{Ed,2} = 386 \cdot 3.125 / 3.99 = 302\ \text{kN}$

$$V_{Rd,s} = (A_{sw} / s_w) \cdot z \cdot f_{ywd} \cdot \cot\theta$$

벽체두께는 $h = 0.25$ m로 한다.

사압축대 경사각: $\cot\theta = 1.2$(근사값)

EC2-1-1, 6.2.3: (3) (6.8)식

EC2-1-1/NA, NDP, 6.2.3: (2) 축력과 휨을 같이 받는 부재에 대한 근사계산 가정

$$rqd\ A_{sw} / s_w = V_{Ed} / (f_{ywd} \cdot z \cdot \cot\theta)$$
$$= 0.0837 \cdot 10^4 / (435 \cdot 0.9 \cdot 0.77 \cdot 1.2)$$
$$= 2.31\ \text{cm}^2/\text{m}$$
$$\mathbf{< \min A_{sw}/s_w = 2.33\ cm^2/m}$$

EC2-1-1, 6.2.3: (3) (6.8)식 변환

EC2-1-1/NA, NDP, 9.2.2: (6) 表 NA.9.1, 스터럽 가지의 길이방향 최대 간격은 300 mm

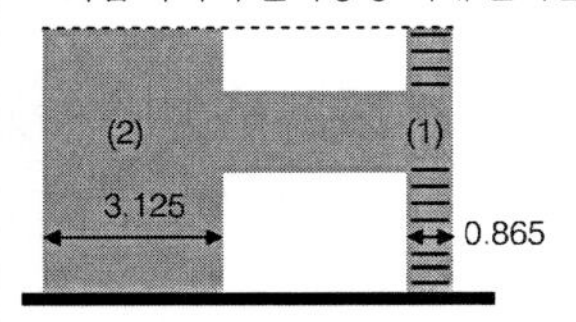

전단철근
선택: 스터럽, 2가지 ϕ8/300 mm
$= 3.35\ \text{cm}^2/\text{m} > \min a_{sw}$

5.2 수평 횡지지 부재

5.2.1 하중과 구조계

EC2-1-1-1, 10.9.3: (6) 평면응력 부재 거동
프리캐스트 부재가 모여 바닥판을 형성할 때, 최종 구조계가 평면이며 바닥판을 구성하는 개별부재는 이음부에서 압축력으로 서로 결합되며, 평면에 작용하는 응력(예를 들어 시공 기울어짐과 풍하중에 의한 응력)을 테두리보(Ring Anchor) 또는 인장 정착장치가 설치되어 아치 또는 트러스 작용으로 받을 수 있을 때, 이 바닥판을 평면응력 부재(또는 전단벽체)로 간주할 수 있다.

각 층에서 풍하중, 시공 기울어짐에 따른 힘, 경우에 따라 온도하중에 의한 수평력은 횡지지 수직벽체로 전달된다.

프리캐스트 바닥판은 건물을 둘러싼 테두리보(Ring Anchor)에 의해 평면응력 부재로 작용하며, 프리캐스트 부재 이음부의 인장 정착장치로 고정된다. 전단력은 경사 압축대로 프리캐스트 부재 이음부를 지나 전달된다.

이음부의 전단강도는 측면의 표면 거칠기에 따라 다르다.

힘의 전달을 위한 설계모델로 트러스 구조계를 고려한다.

x-방향의 수평력:

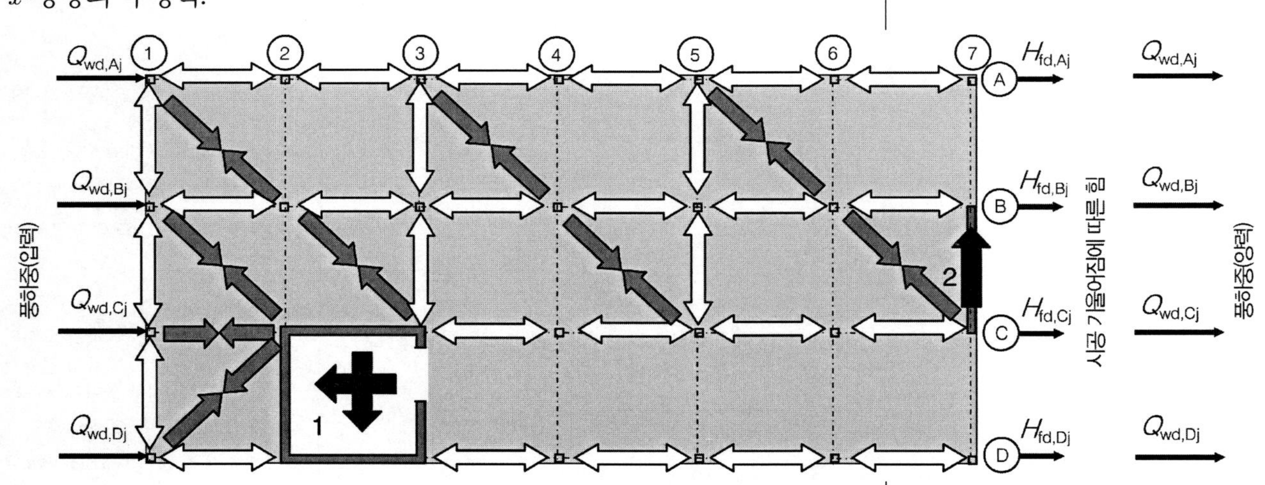

y-방향의 수평력:

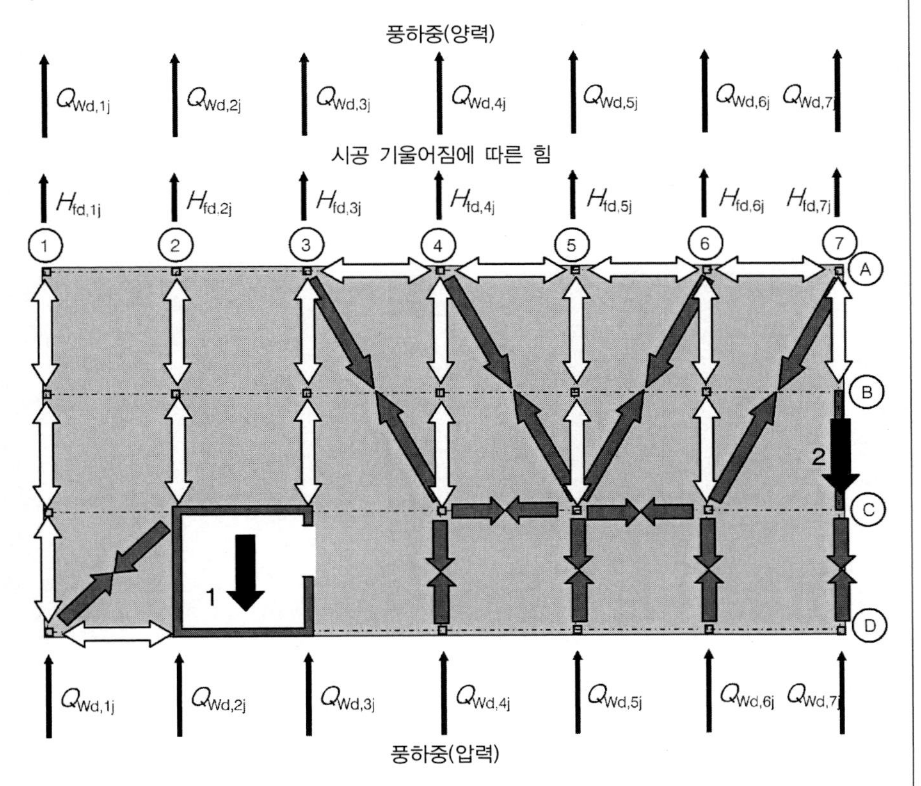

수평력은 압축력 또는 인장력 모두 연단에 작용하는 힘은 부재중심에 작용하는 것으로 한다.
간단하게 그러나 안전 측으로 가정하여 기둥축에 대한 시공 기울어짐에 대한 힘은 각 부재의 연단에 작용하는 것으로 한다.

[71] *Schlaich / Schäfer*: 철근 콘크리트 배근, BK 2001/II

바닥판을 평면응력 부재로 간주하여 스트럿-타이 모델에 따라 트러스 작용으로 설계한다.
축 3과 축 7의 거리비는 4:3이므로, 평면유지의 가정이 성립하지 않는 단면에서 변형분포는 평면유지의 가정을 따르지 않으므로 비례관계로 구할 수 없다.
축 3-축 7의 길이에 대해 축 A-C의 높이의 비는 2:1인 트러스로 모델링하여 전단벽체 연단의 압축대가 평면응력 부재 단면에 작용한다.

EC2-1-1/NA, NCI NA.1.5.2.23:
평면응력 부재: 평면부재로 힘이 부재평면에 평행하게 작용하여 주로 휨응력이 발생하는 부재로 지간길이가 단면 높이의 3배보다 작은 경우이다.

예를 들어서 가장 큰 힘을 받는 01층 바닥 평면응력 부재를 설계한다. 바닥 평면응력 부재는 바닥판을 둘러싼 테두리 정착보의 기둥축의 인장 정착부로 지지한다. 정착부 사이의 프리캐스트 슬래브 면적 6.75 m/6.75 m에 압축 이음부를 넘어서 압축 스트럿이 지나간다.

x-방향의 수평력

01층: $Q_{Wd,y} = 134.9$ kN, 21.0 m 폭에 작용하는 풍하중의 합 (표 2.2.4-1)

풍압력과 풍양력은 공기역학계수 c_{pe} $+0.74 / -0.38$에 따라 분배한다. (2.12절 참조)

압력측: $Q_{Wd,y} = 134.9 \cdot 0.74 / 1.12 = 89$ kN

양력측: $Q_{Wd,y} = 134.9 \cdot 0.34 / 1.12 = 46$ kN

각 축에서:

영향폭:
축 A와 D: 3.75 m
축 B와 C: 6.75 m

A와 D축, 압력: $Q_{Wd,A+D} = 89 \cdot 3.75 / 21.0 = 15.9$ kN

B와 C축, 압력: $Q_{Wd,B+C} = 89 \cdot 6.75 / 21.0 = 28.6$ kN

A와 D축, 양력: $Q_{Wd,A+D} = 46 \cdot 3.75 / 21.0 = 8.2$ kN

B와 C축, 양력: $Q_{Wd,B+C} = 46 \cdot 6.75 / 21.0 = 14.8$ kN

불완전성으로 인한 기울어짐에 의한 수평력:

A:	$H_{fd,A}$	$= 32.7$ kN
B:	$H_{fd,B}$	$= 50.9$ kN
C:	$H_{fd,C}$	$= 35.0$ kN
D:	$H_{fd,D}$	$= 22.3$ kN

표 2.2.3-1

y-방향의 수평력

01층: $Q_{Wd,y} = 307.3$ kN, 41.2m 길이에 작용하는 풍하중의 합

표 2.2.4-1

풍하중과 풍양력은 공기역학계수 c_{pe} $+0.8 / -0.5$에 따라 분배한다.

2.12절 참조

압력측:	$Q_{Wd,y}$	$= 307.3 \cdot 0.8 / 1.3$	$= 189$ kN
양력측:	$Q_{Wd,y}$	$= 307.3 \cdot 0.5 / 1.3$	$= 118$ kN

각 축에서:

영향폭:
축 A와 D: 6.75 m
축 B와 C: 3.73 m

1과 7축, 압력:	$Q_{Wd,1+7}$	$= 189 \cdot 3.73 / 41.2$	$= 17.1$ kN
2에서 6축까지, 압력:	$Q_{Wd,2-6}$	$= 189 \cdot 6.75 / 41.2$	$= 31.0$ kN
1과 7축, 양력:	$Q_{Wd,1+7}$	$= 118 \cdot 3.73 / 41.2$	$= 10.7$ kN
2에서 6축까지, 양력:	$Q_{Wd,2-6}$	$= 118 \cdot 6.75 / 41.2$	$= 19.3$ kN

불완전성으로 인한 기울어짐에 의한 수평력:

1, 4, 5, 6:	$H_{fd,1,4-6}$	$= 17.6$ kN
2, 3:	$H_{fd,2+3}$	$= 13.5$ kN
7:	$H_{fd,7}$	$= 6.9$ kN

표 2.2.3-2

5.2.2 인장 정착부의 설계

축 B와 C 및 2에서 6까지의 인장기둥을 지나가는 힘도 주로 풍양력과 시공 기울어짐에 의한 수평력으로 바닥 평면응력부재의 사압축대로 힘이 전달되거나 또는 횡지지 전단벽체가 직접 부담한다.

5.2.4절의 평면응력부재 배근 세목을 참조하라.

풍하중과 불완전성으로 인한 x-방향의 힘에 대해:

축 B: $rgd\ A_s = 65.7 / 43.5 = 1.51\ \text{cm}^2$

$f_{yd} = 500/1.15 = 435\ \text{N/mm}^2$
x-방향 인장력은 아래 참조

풍하중과 불완전성으로 인한 y-방향의 힘에 대해:

축 4: $rqd\ A_s = 71.5 / 43.5 = 1.64\ \text{cm}^2$

y-방향 인장력은 트러스 모델을 참조하라.
테두리 정착보 설계는 5.2.3절과 5.2.6절의 힘의 계산 참조

축 B, C, 2-6의 인장 정착부

선택: $2\phi14 = \mathbf{3.08\ cm^2} > rqdA_s = 1.64\ cm^2$

축 3의 인장 정착부는 5.2.3절의 하중경우 H의 테두리 정착보의 설계에서 y-방향에 대한 $2\phi14$를 사용한다.

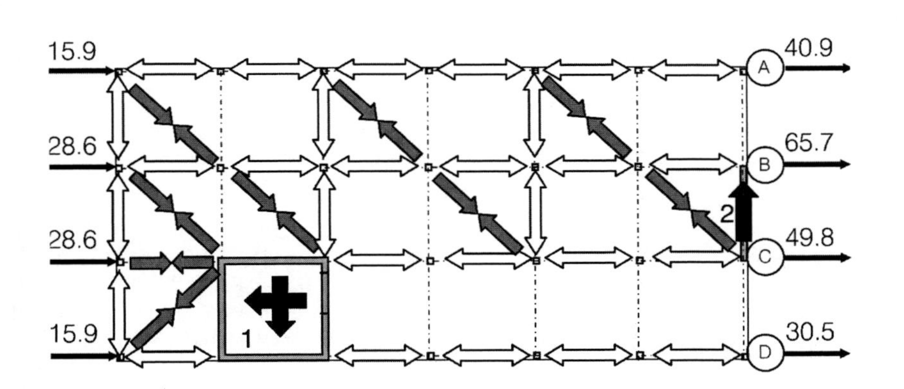

인장 타이

압축 스트럿

예를 들어서 다음과 같이 다른 스트럿-타이 모델도 가능하다.

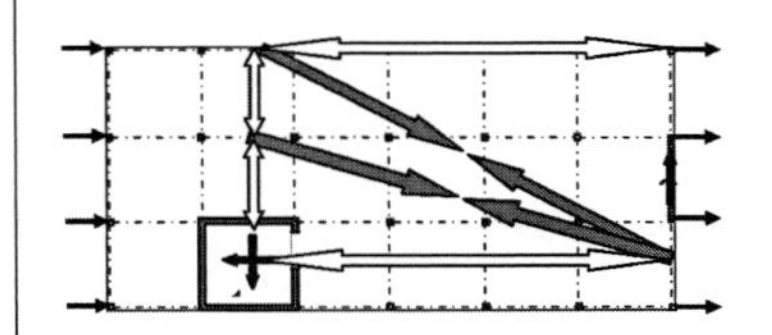

여기서는 수평력이 계단실 중심을 향해 갈 수 있는 최단 거리로 전달된다. 횡지지 부재의 지지력은 벽체에 나눠진다.

장점: 평면응력부재의 철근을 부분적으로 줄일 수 있다.

단점: 압축 스트럿이 편평해지므로 이음부의 응력이 높아진다.

5.2.3 테두리 정착보(Ring Anchor)의 설계

축 1, 7, A와 D를 둘러싼 테두리 정착보는 바닥판의 평면응력부재에서 주인장대와 스트럿 타이 모델을 형성하며, 동시에 모서리 기둥에서는 인장 정착부로 작용한다.

바닥판의 평면응력부재가 받을 수 있는 가장 큰 휨모멘트는 풍하중과 불완전성으로 인한 y-방향 수평력에 의한 것이다.

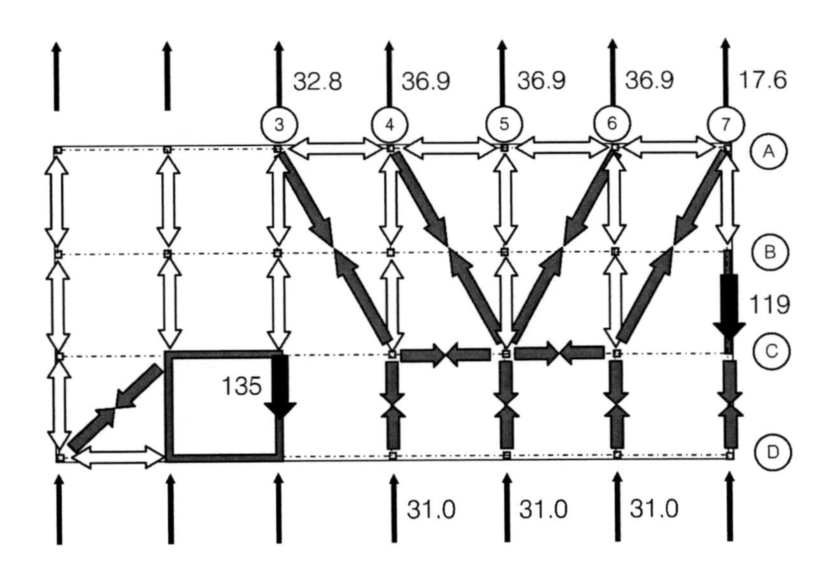

선택한 스트럿-타이 모델에서 축 3과 7의 인장 정착부는 전단벽체에 다시 힘을 전달한다.

인장 타이

압축 스트럿

예를 들어서 아래와 같은 스트럿-타이 모델이 가능하다.

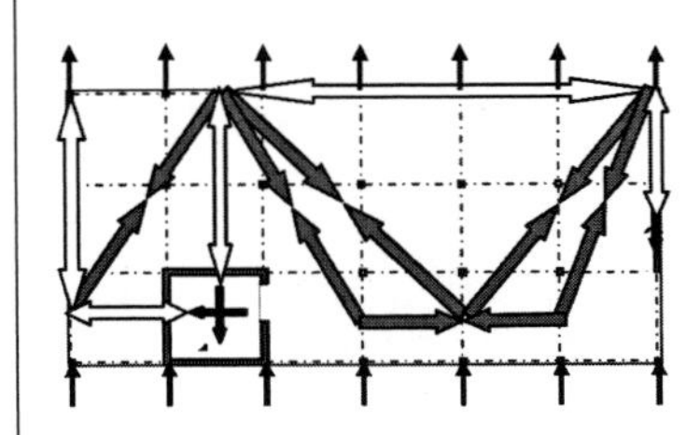

수평력은 여기서 횡지지 부재의 단면중심에 작용한다. 그 힘은 각 벽체에 분배된다.

스트럿-타이 모델에 의해 받을 수 있는 최대 휨모멘트는 축 5에 따른 단면에서 계산한다.

$$M_{Ed} = (119 - 17.6) \cdot 6.75 \cdot 2 - (31.0 + 36.9) \cdot 6.75$$

$$\mathbf{M_{Ed} = 911\ kNm}$$

전단벽체에 대해 축 3과 축 7에서 불리하게 작용하는 매달림 인장력을 스트럿-타이 모델에서 계산하면:

- 축 3의 인장 정착력 135 kN
- 축 7의 테두리보의 인장 정착력 119 kN이므로 다음과 같이 배근한다.

축 3: $rqd\ A_s = 135/43.5 = 3.10\ \text{cm}^2$

축 7: $rqd\ A_s = 119/43.5 = 2.74\ \text{cm}^2$

선택:
테두리 정착, 축 1, 7, A, D: $2\phi14 = \mathbf{3.08\ cm^2} > rqd\ A_s = 2.74\ \text{cm}^2$
인장 정착부, 축 3: $2\phi14 = \mathbf{3.08\ cm^2} \approx rqd\ A_s = 3.10\ \text{cm}^2$

스트럿-타이 모델의 스트럿(압축대)의 합력은 축 C에 작용한다고 가정한다.
→ 축 3과 7 사이의 스트럿-타이 모델의 가로:세로 비는 2:1

바닥 평면응력부재는 6.75 m / 1.35 m의 프리캐스트 슬래브 부재가 모여서 만들어진다. 프리캐스트 슬래브 부재 사이의 내부정착은 평면응력부재의 설계에서 고려한다.

축 5의 단면:

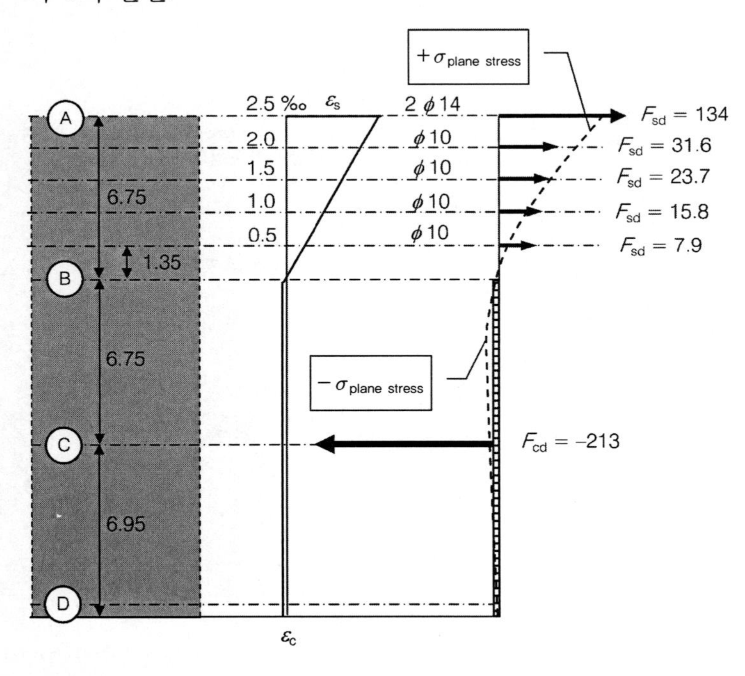

받을 수 있는 휨모멘트:

$$M_{Rd} = 134 \cdot 13.5 + 31.6 \cdot 12.15 + 23.7 \cdot 10.8 + 15.8 \cdot 9.45 + 7.9 \cdot 8.1$$

$$M_{Rd} = 1809 + 853$$

$$M_{Rd} = \mathbf{2662\ kNm} \qquad > M_{Ed} = 911\ \text{kNm}$$

강도한계상태의 바닥판 부재 단면은 EC2-1-1. 6.1 (1)에 따른 평면유지의 가정이 더 이상 유효하지 않다. 여기서 압축영역은 축 B-D 구간에 작용한다고 가정한다(스트럿 타이 모델에 따른 것이다).

(각 프리캐스트 부재 이음부에서) x-방향의 내부정착은 바닥 평면응력부재의 거동을 개선한다. 평면응력부재의 강도는 기둥 위치의 인장 정착부만으로 검토하므로 내부정착을 따로 검토할 필요는 없다. 이 예제에서 내부 인장정착은 시공세목에 따라 배치하였다.

일반적인 사항:

EC2-1-1, 3.1.7, 그림 3.4: 콘크리트 압축영역에 대해 2-선형응력-변형 관계식을 적용하면 C30/37에 대해 $f_{cd} = 17\ \text{N/mm}^2$, $\epsilon_{c3} = -1.75‰$까지는 선형-탄성 거동을 한다. 여기서 콘크리트 변형은 명백히 $-1.75‰$보다 작다.

EC2-1-1, 3.2.7, 그림 3.8: 인장 정착부에 대해 2-선형응력 변형 관계식 B(항복 이후 응력 일정한 경우)를 따르면 $f_{yd} = 435\ \text{N/mm}^2$에서 항복 변형은 $\epsilon_{sy} = 435/200{,}000 = 2.175‰$

테두리 정착보를 $\epsilon_{sy} > 2.175‰$로 완전히 쓰기 위해서 첫 번째 반복계산에서 인장연단 축 A의 최대 변형을 2.5‰로 가정하였다.

인장부재의 가정:
- 테두리 정착 $2\phi14 = 3.08\ \text{cm}^2$
  $F_{sd} = 3.08 \cdot 43.5 = 134\ \text{kN}$
- 내부 인장정착, 각각 $1\phi10 = 0.79\ \text{cm}^2$
  $E_s = 200{,}000\ \text{MN/m}^2$, $\epsilon[‰]$로 계산
  $F_{sd} = 0.79 \cdot 20 \cdot \epsilon[\text{kN}]$

평면응력부재의 인장영역에 내부 인장정착부가 균등 분포하는 것이 유리하다. 휨강도 검토에서는 주로 인장력을 받는 부재인 테두리 정착부를 고려하는 것으로 충분하다. 이는 특히 철근 직경이 차이가 나고 연단에 몰려서 배근된 경우에 그러하다. 이 예제에서는 철근 직경이 작아서 부착거동이 좋으므로 이를 고려하지 않는다.

이렇게 응력 크기가 낮을 때는 탄성영역의 범위 내에 있으므로(가정한 변형의 약 40%) 충분히 큰 휨강도 M_{Rd}에 대해 철근변형을 줄여서 계산할 수 있다.

5.2.4 평면응력부재의 배근 세목

극단적인 손상사례(국부적인 부재 결함으로 인해 전체 구조계의 파괴가 발생하는 경우[8])는 시공세목으로 방지할 수 있다. 이 예제에서 바닥의 평면응력부재거동을 위해서는 항상 테두리보 정착이 필요하며, 프리캐스트 부재는 기둥과 벽체 정착장치에 내부 인장 정착부로 고정되어야 한다.

EC2-1-1, 9.10

EC2-1-1, 9.10.2.2 테두리보 정착
EC2-1-1, 9.10.2.3 내부 인장 정착부
EC2-1-1, 9.10.2.4 기둥과 벽체 인장 정착부

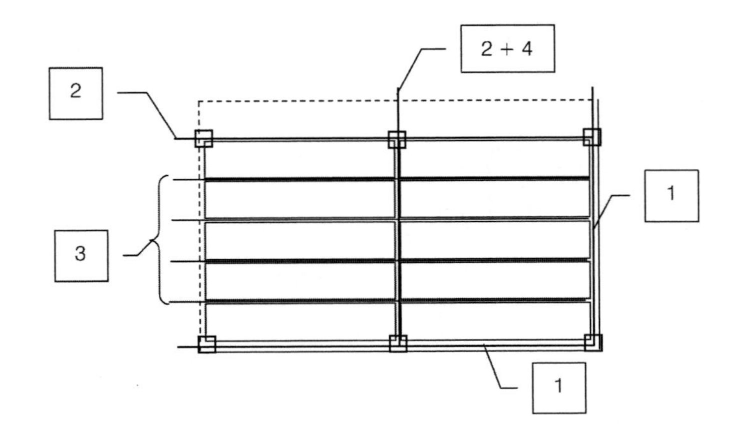

바닥판은 1.35×6.75 m의 프리캐스트 슬래브로 구성되며 이들 연결부에 인장 정착부가 설치된다.

(1) 테두리보 정착
(2) 기둥 인장 정착부
(3) 내부 인장 정착부
(4) 내부 인장 정착부의 집중 배치

EC2-1-1/NA, 9.10.2.2: (2), (9.15)식
테두리보 정착 인장력 $F_{tie,per} = 10$ kN/m· $l_i \geq 70$ kN(l_i – 단부 지간의 지간장 [m])

테두리보 정착부(1)이 받는 인장력

$F_{tie,1} = 10 \cdot 6.75 = 67.5$ kN $\quad < \mathbf{70}$ **kN**

기둥축의 기둥 인장 정착부(2)가 받는 인장력

단부기둥:	$F_{tie,2} = 10 \cdot 6.75 = \mathbf{67.5}$ **kN**	< 150 kN
모서리기둥:	$F_{tie,2} = 10 \cdot 3.75 = 37.5$ kN	< 150 kN

EC2-1-1/NA, 9.10.2.4: (2) 단위길이 [m]당 인장 정착부의 힘 $f_{tie,fac} = 10$ kN, 각 기둥에서 작용 인장력은 $F_{tie,col} = 150$ kN은 넘지 않는다.

x-방향의 내부 인장 정착부(3)이 받는 인장력:

프리캐스트 슬래브의 영향폭: 1.35 m

$F_{tie,3} = 20 \cdot 1.35 = \mathbf{27.0}$ **kN**

EC2-1-1/NA, 9.10.2.3: (3) 각 방향으로 내부 배치된 인장 정착부는 등분포 인장력 $F_{tie,int} = 20$ kN/m를 받을 수 있다.

y-방향의 내부 인장 정착부는 기둥축에서 모인다(4):

$F_{tie,4} = 20 \cdot (l_1 + l_2)/2 = 20 \cdot 6.75 = \mathbf{135}$ **kN** $\quad \geq 70$ kN

EC2-1-1/NA, 9.10.2.3: (4) 추가의 현장타설 콘크리트를 치지 않는 바닥판에서 인장 정착부는 지간 방향으로 분포 배치할 수 없으면, 연결부에 집중 배치할 수 있다. ((9.16)식의 최소 힘 참조)

인장정착부의 시공배근에 대한 검토, $f_{yk} = 500$ N/mm²

(1) 테두리보 정착:	$rqd\ A_s = 70.0/50 = \mathbf{1.40\ cm^2}$	$\rightarrow 2\phi 14 used$
(2) 기둥 인장 정착부, x방향:	$rqd\ A_s = 67.5/50 = \mathbf{1.35\ cm^2}$	$\rightarrow 2\phi 14 used$

이형철근 B500B

EC2-1-1, 9.10.1:
(4) 인장 정착장치 사용, f_{yk} 사용
(5) 다른 철근은 계산에 포함한다.

역자 주 8 강건성(robustness)를 뜻한다.

(3) 내부 인장 정착부, x방향: $rqd\ A_s = 27.0 / 50 = \mathbf{0.54\ cm^2}$ $\rightarrow 1\phi 10 used$

(4) 인장 정착부, y방향: $rqd\ A_s = 135 / 50 = \mathbf{2.70\ cm^2}$ $\rightarrow 2\phi 14 used$

내부 인장정착부는 동시에 외부 횡지지부재인 전단벽체 W2도 정착한다.

EC2-1-1, 9.10.2.4: (2)

5.2.5 바닥 평면응력부재의 배근 개요

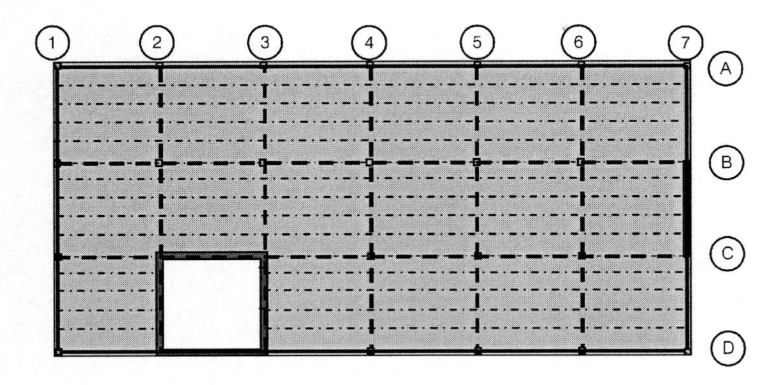

테두리보 정착 $2\phi 14$ ———
인장 정착부 $2\phi 14$ – – – –
내부 인장 정착부 $1\phi 10$ -·-·-·-·-
y
x

5.2.6 평면응력부재 이음부 검토

바닥 평면응력부재에서 가정한 스트럿-타이 모델에서 경사 스트럿의 압축력은 프리캐스트 바닥판이 부담하여 압축력 전달이 가능한 이음부를 지나 전달된다.

바닥 평면응력부재에서는 프리캐스트 부재를 통한 등가 구조계(아치 또는 트러스, 스트럿-타이 모델)의 압축대의 힘의 전달을 검토해야 한다.

이음부의 길이방향 전단강도는 이음부 접촉면의 표면상태(요철을 두거나, 거칠거나, 매끄러운 표면)에 따라 다르다. 이때 점착과 마찰 부분은 구분해야 한다.

EC2-1-1, 6.2.5: 전단강도 v_{Rdi}의 결정과
EC2-1-1, 10.9.3: (12) 콘크리트 채움 또는 이음부로 연결되는 프리캐스트 슬래브 요소가 평면응력부재 거동을 할 때의 전단강도 v_{Rdi}으로 제한

이음부가 전단력을 부담하여 하중이 바닥부재에 횡방향으로 분배되어야 한다.

EC2-1-1, 10.9.3: (5) 횡방향 분배

스트럿의 압축강도 검토를 위해서 스트럿과 이음부 축 사이의 사잇각이 가장 작을 때의 최대 압축력을 산정한다.

5.2.7절과
DAfStb-Heft [525] 13.4.4를 참조하라. 일반적으로 평면응력거동과 판거동에 의한 응력의 재분배는 필요하지 않다.

a) 5.2.2절의 인장 정착부 설계에서 사용한 스트럿-타이 모델:

축 1-2, C-D의 사압축대에 대한 가장 불리한 가정:
풍양력 작용면에서 x-방향, 축 B의 수평력은 인장 정착부를 넘어서 풍압력 작용면까지 전달한다. 축 1의 테두리보 인장력은 모서리에서 수평력과 45° 경사의 사압축대와 평형을 이루어 최대 압축력 $F_{cd} = -156$ kN이 된다.

A, C, D축에서 풍양력 측의 다른 수평력이 스트럿과 타이를 통해 바닥판에서 축 3-7에 분배되고, 이는 축 C와 D의 계단실 벽체에 전달된다.

b) 5.2.3절의 테두리 정착보의 설계에서 사용한 스트럿-타이 모델:

y-방향의 평면응력 거동에 따른 스트럿-타이 모델으로 경사각 $\theta = 63°$에서 최대 스트럿 압축력 $F_{cd} = -115$ kN

추가로 다음과 같이 안전 측으로 가정한다. 바닥 평면응력부재의 모서리에서 테두리 정착보가 받을 수 있는 인장력의 최대값을 전달할 수 있다. 이 힘은 각 모서리의 경사압축 스트럿을 통하여 이웃한 인장 타이로 전달된다.
여기서 $2\phi 14$, $\theta = 45°$

$F_{cd} = -\max F_{sd}/\cos 45°$
$= -3.08 \cdot 43.5/0.707 = -190$ kN

a) 5.2.2절에 따름 → 결정 스트럿

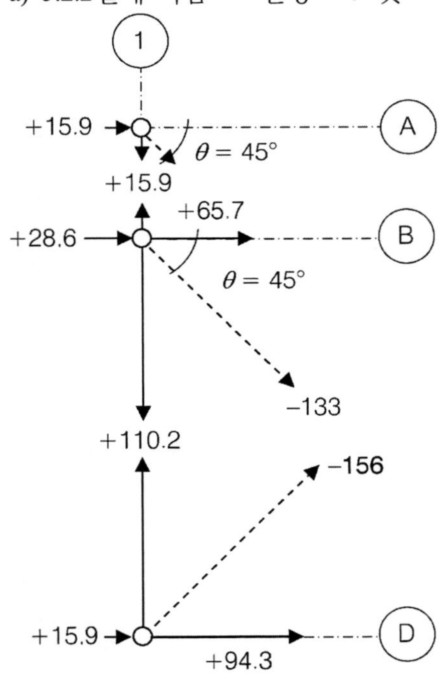

b) 5.2.3절에 따름

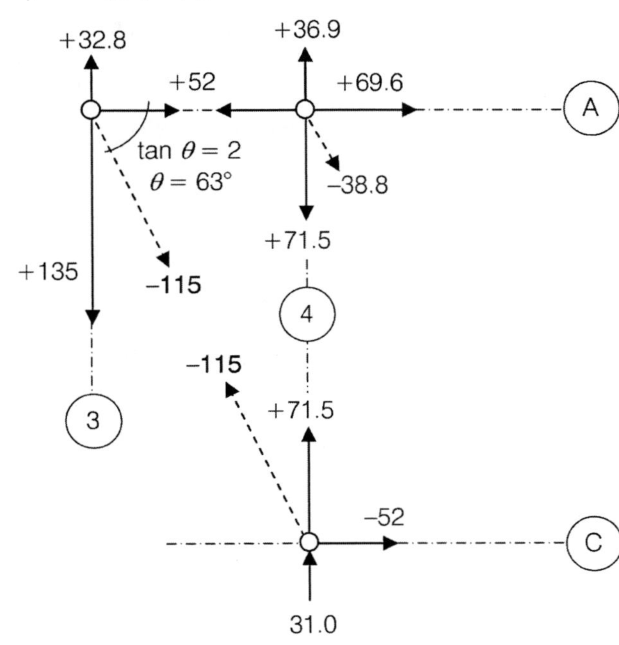

전단응력 설계값:

b – 5.2.7절 참조: 이음부 채움 깊이

$$v_{Edi} = 0.156\text{ MN}\cdot\cos45°/(6.75\text{ m}\cdot 0.18\text{ m})$$

$$= \mathbf{0.091\ N/mm^2}$$

평면도: $F_{cd} = 156$ kN, 스트럿 타이 모델 a) 인장 정착부 설계

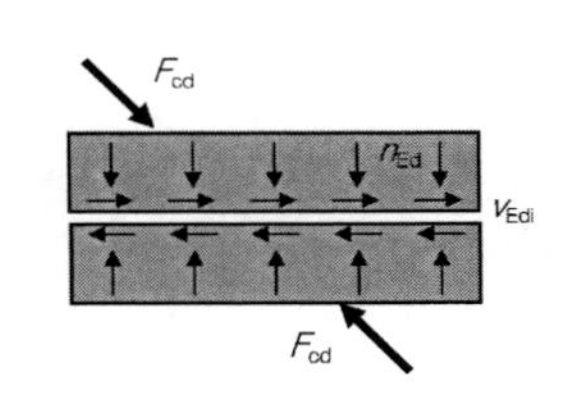

여기서 $b = 0.18$ m(이음부 채움 깊이=이음부 폭)

계산 전단강도 v_{Rdi}: 부착철근 없고 이음부는 매끄러운 표면 / 요철표면

EC2-1-1, 6.2.5: (1) (6.25)식

$$v_{Rdi} = c\cdot f_{ctd} + \mu\cdot\sigma_n$$

여기서 c $= 0.20 / 0.50$ 표면 거칠기 계수, 매끄러운 경우 / 요철경우

μ $= 0.6 / 0.9$ 마찰계수, 매끄러운 경우 / 요철경우

$f_{ctk;0.05}$ $= 2.0$ N/mm² 이음부 채움 콘크리트, 최소한 C30/37 — EC2-1-1, 3.1.2: 표 3.1

f_{ctd} $= \alpha_{ct}\cdot f_{ctk;0.05} / \gamma_C$ — EC2-1-1/NA, 3.1.6: (2)P (3.16)식

$= 0.85\cdot 2.0 / 1.5 = 1.13$ N/mm²

이음부에 수직한 응력

σ_n $= n_{Ed} / b$ $< 0.6 f_{cd}$ — EC2-1-1, 6.2.5: (1)

$= 0.156\cdot\sin45° /(6.75\cdot 0.18)$

$= 0.91$ N/mm²

$< 0.6\cdot 17 = 10.2$ N/mm²

매끄러운 이음부:

$$v_{Rdi,\,smooth} = 0.20 \cdot 1.13 + 0.06 \cdot 0.091$$
$$= 0.226 + 0.055 = 0.28 \text{ N/mm}^2$$
$$> \mathbf{0.15\ N/mm^2} \text{ 결정값!}$$

요철 있는 이음부:

$$v_{Rdi,\,bumpy} = 0.50 \cdot 1.13 + 0.9 \cdot 0.091$$
$$= 0.565 + 0.082 = 0.65 \text{ N/mm}^2$$
$$> \mathbf{0.15\ N/mm^2} \text{ 결정값!}$$

$$v_{Edi} = 0.091 \text{ N/mm}^2 < v_{Rdi} = 0.15 \text{ N/mm}^2$$

→ 이음부 표면이 매끄러워도 압축 스트럿의 힘을 전달하는 데는 충분하다!

5.2.7 슬래브 연결부 검토[9]

바닥 슬래브의 수직하중에 대한 전단력을 받기 위해 연결부에 요철을 두고 콘크리트로 채운다.

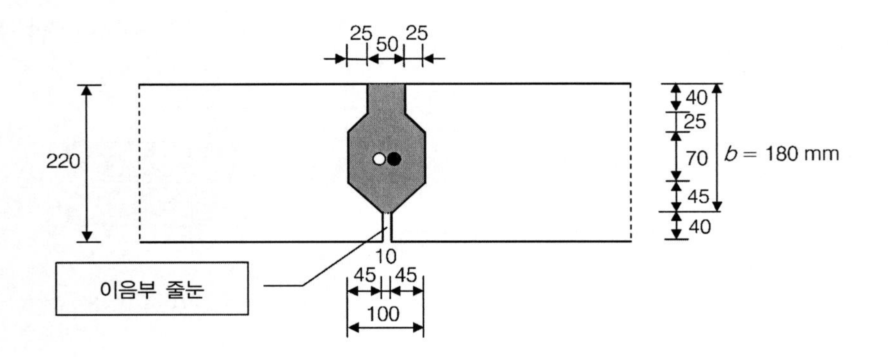

슬래브 연결부 검토는 [72]의 실험결과를 참고한다. 이에 따라 [73]의 무근 이음부의 설계지침이 제안되었다.

[72]에서는 일정한 연결부 형태, 콘크리트 강도 B35(C30/37)인 100 mm 두께의 슬래브가 받을 수 있는 전단력을 실험으로 구하였다. 이 결과로부터 유사한 연결부 형태, 다른 두께의 슬래브에 대한 전단강도를 구할 수 있다.

역자주 9 프리캐스트 슬래브의 이음부는 평면응력부재로 작용할 때는 압축스터럿의 힘을 전달한다. 이에 반하여 판(plate) 부재로 작용할 때는 전단력을 전달한다. 단면 내에 요철을 두어 전단력을 전달하는 것을 검토하였다. 이 둘의 기능을 구분하기 위해 연결부로 번역하였다.

EC2-1-1, 6.2.5: (2) 매끄러운 이음부, 예를 들어서 표면 마무리한 경우
또는: 그림 6.9, NCI에 따른 요철 표면

EC2-1-1, 10.9.3: (12): 프리캐스트 슬래브 부재를 추가 콘크리트를 타설하거나 이음부 채움 콘크리트로 연결하여 평면응력부재로 거동하게 할 때 전단강도 v_{Rdi}의 제한값
− 매우 매끄러운 표면 ≤ 0.10 kN/mm²
− 매끄러운 표면과 거친 표면 ≤ 0.15 kN/mm²

전단력을 받기 위한 이음부 배치, 5.2.7절 및 이음부 요철 참조

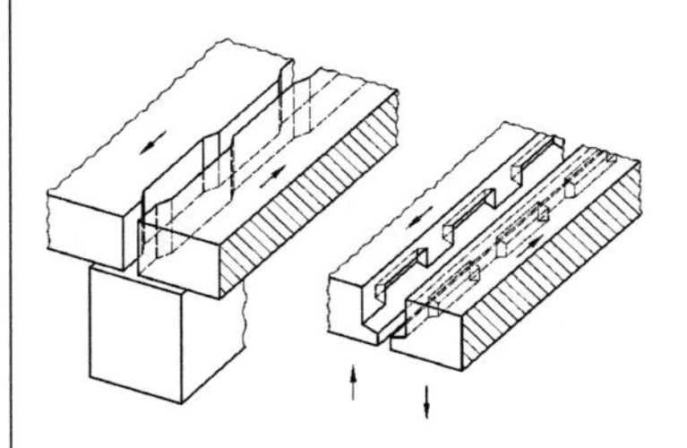

a) 평면응력부재의 평면 전단력
b) 평면 전단력과 슬래브 전단력
전단력 작용의 예

EC2-1-1, 10.9.3: (4) (5) 이웃한 바닥판 요소 사이의 힘이 횡방향 분배가 가능하게 적절한 연결로 전단력을 받을 수 있어야 한다.

EC2-1-1/NA, (NCI) 10.9.3: 그림 10.2 a)DE: 홈의 깊이는 최소 20 mm, 홈 높이는 약 $h/3$

[600] 그림 10.2 a)DE의 연결부 그림은 주로 정적 하중이 작용하는 경우에 대한 것으로, 주로 정적하중이 작용하는 경우가 아닐 때는 합성작용을 하는 현장타설 콘크리트의 역할을 고려해야 한다.

연결부는 가능한 폭이 좁되, 채움에 문제가 없고 인장 정착부 철근 배근이 가능해야 한다.

연결부의 길이방향에 따른 전단력은 유효높이 $b = 180$ mm에 대해 계산한다(5.2.6절 참조). 이는 이음부 줄눈을 뺀 값이다.

[72] *Paschen/Zilch*: 철근 콘크리트 프리캐스트 요소 사이의 전단 연결부 강도. DAfStb-Heft 348, 1983의 일부

[73] 저자들에 의한 1983 논문에 대한 (1)식의 수정, Beton-und Stahlbetonbau(1987)

전단력 저항의 역학적 모델[10]:

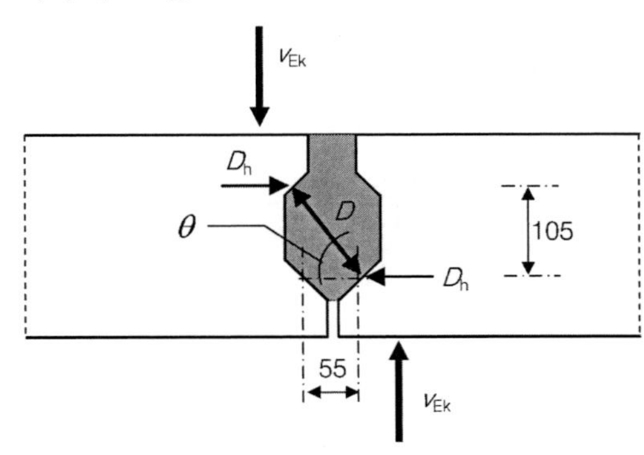

평면도:

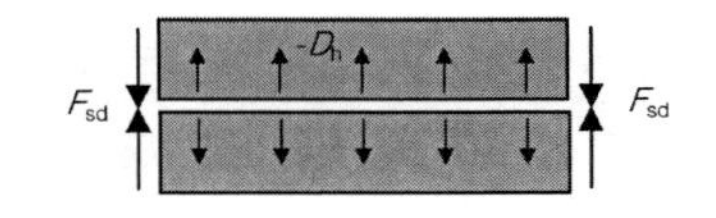

연결부 요철에서 압축 스트럿을 형성하는 요철형태와 채움 콘크리트에 따라 강도가 결정된다. 압축 스트럿의 힘 D의 수직분력은 전단력 V이며 수평분력은 D_h이다. 수평분력은 바닥 평면응력부재에 작용하는 힘으로 인장 타이 F_{sd}로 전달된다.

더 자세한 계산을 하지 않으면, 등분포 하중을 받는 바닥판에서 연결부를 따라 작용하는 단위길이당의 전단력을 산정할 수 있다.

$$v_{Ed} = q_{Ed} \cdot b_e / 3$$

EC2-1-1, 10.9.3: (5) (10.4)식

여기서

q_{Ed} 설계 사용하중(kN/m²);

q_{Ed} $=1.5 \cdot 2.0 = 3.0$ kN/m², 사무실 category B1

b_e 부재폭: 여기서는 슬래브폭 1.35 m

v_{Ed} $=3.0 \cdot 0.50 =$ **1.50 kN/m**

이들 힘에 대해서 관련 부재에 작용하는 힘들을 일반적으로 추가 검토할 필요 없다.
EC2-1-1/NA, (NCI) 10.9.3: 5
(10.4)식의 하중 도입부의 폭 $b_e/3$은 적어도 0.5 m 이상이어야 한다.

연결부 콘크리트 C30/37의 전단강도:

$$v_{Ed} \le v_{Rd,\,C30} = \frac{\gamma_F \cdot v_0}{2.75 \cdot \left(\dfrac{h_N}{0.15 \cdot h}\right)^{-1.11} \cdot \left(0.32 + 0.68\dfrac{b_j}{h}\right) \cdot \left(\dfrac{h}{100}\right)^k}$$

C30/37≈B 35(실험 부재의 콘크리트)

[3] (62)식, [72], [73]에서 수정

여기서

γ_F ≈1.4: 하중의 부분안전계수의 평균값;

v_0 =5.0 kN/m: 실험에서 구한 기본값−사용 하중상태;

h_N 슬래브 단면에서 최소, 요철길이($h_N \ge h/3$);

h 슬래브 두께 ≤ 200 mm;

b_j 최대 연결부 폭;

다른 방법으로 DAfStb-Heft [600]의 검토가 가능하다. (표 H10.1)
→ 비교 v_{Rd}[kN/m]

h [mm]	C30/37	C35/45	C45/55
100	6.5	7.5	8.0
150	12.0	13.5	14.5
200	18.0	20.5	22.0

역자주 10 그림에서 D는 압축스트럿(Druck Streben)을 뜻한다.

k $= -1.0$ 실험체와 유사한 연결부 형태(톱니모양);

$= -1.4$ 다른 형태의 연결부(요철형태);

요철 높이가 슬래브 두께의 아래위로 각 1/3이며, 연결부 폭이 슬래브 두께와 무관하게 60 mm(최소값), 80 mm 또는 100 mm(실험부재의 연결부 폭: 90 mm)인 경우의 $v_{Rd,\,C30}$를 도표에서 구한다.

[72]에서 실험변수는 슬래브두께 200 mm까지이다. 슬래브두께가 220 mm로 약간 크나 안전 측으로 계산하여 상한값 200 mm에 대한 값으로 한다.

실험변수로 콘크리트 강도는 B 55(이전의 기준)까지이다.[11] 압축강도가 높은 콘크리트(C35/45에서 C45/55까지)에 대해 원통형 공시체 강도로 변환하기 위해서는 $(f_{ck,\,cube}/37)^{2/3}$를 곱하였다.
이 예제에서는 프리캐스트 슬래브와 연결부 채움 콘크리트를 모두 C30/37로 하였다.

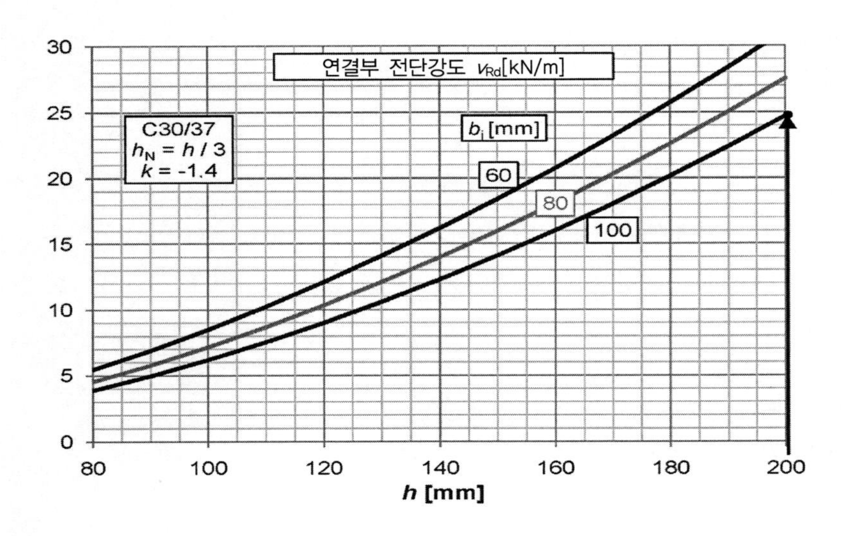

근사적으로 요철형태의 연결부

도표는 [3]의 그림 140

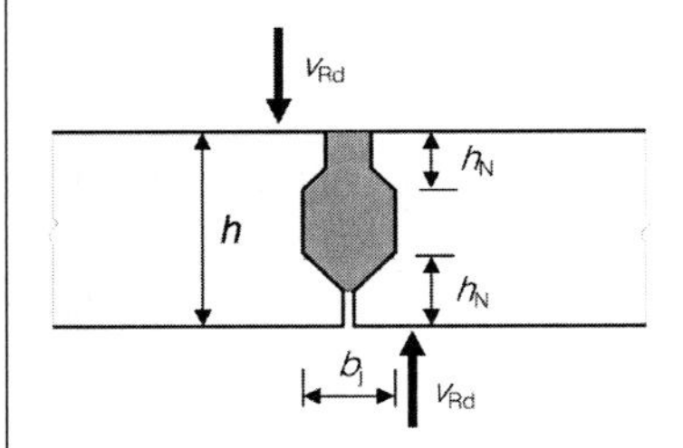

예를 들어서

h_N	≥ 65 mm	슬래브 단면에서 최소 요철길이
h	$=200$ mm	슬래브 두께 <200 mm
b_F	$=100$ mm	최대 연결부 폭

65 mm≈200 mm/3(h/3)

$v_{Rd} = \mathbf{24.7\ kN/m} \gg v_{Ed} = 1.50$ kN/m

배근하지 않는 연결부로도 충분히 힘을 전달한다.

횡방향의 압축력 D_h(지점 축에서)

[72] 톱니모양 연결부에서 횡방향 압축력은 적어도 $1.5v_{Ed}$로 취해야 한다. 이는 경우에 따라 스트럿 경사각이 낮아지는 것을 감안한 것인데 여기서도 이를 검토하였다.

스트럿 경사각: $\tan\theta = 105/55 = 1.91$

$D_h = v_{Ed}/\tan\theta = 1.50/1.91 = 0.79$ kN/m

$< 1.5 \cdot 1.50$ kN/m $= 2.25$ kN/m

F_{sk}	$=2.25 \cdot 6.75$	$=15.2$ kN
F_{sd}	$=2.25 \cdot 10.1$	$=22.7$ kN
$rqd\ A_s$	$=22.7/43.5$	$=0.52$ cm^2

5.2.2절 참조: 인장 정착부의 설계
5.2.4절 참조: 인장 정착부 배근 세목
선택 $A_s = 3.08$ cm^2(2ϕ14 mm)

역자 주 11 DIN에서는 전통적으로 cube strength를 사용하였다. 이에 따른 콘크리트 강도등급은 B**로 표시하였다.

인장력이 작으므로 축 2-6의 인장 정착부는 다른 조치 없이 힘을 받을 수 있다.

5.2.8 시공 상세

평면응력부재에서 계산상 필요한 철근 및 필요 인장정착부의 시공배근에서 이음과 정착은 시공 상세규정에 따라 정한다.

Hint: 예를 들어 연결부 폭이 매우 좁아서 철근 순간격 20 mm를 확보할 수 없을 때는 철근다발을 배근할 수 있다.

평면응력부재에서 스트럿-타이 모델에 따른 인장타이는 철근으로 배근한다. 이 철근은 프리캐스트 부재 사이에 배치되며 단부 부재에서 정착되고 이음을 둔다. 연결부 단면이 매우 작아서 배근 상세가 어려우면 용접 또는 기계적 연결 장치를 사용한다. 용접이음은 EC2-1-1, 3.2.5 및 DIN EN ISO 17660에 따른다. 기계적 연결 장치는 일반적인 건설허가 사항을 따른다.

a) 인장 정착부의 시공 배근 ϕ14

좋은 부착조건의 설계 부착 강도:

$f_{bd} = 3.0$ N/mm², C30/37에 대하여

EC2-1-1, 8.4.2: (2) (8.2)식
$f_{bd} = 2.25 \cdot (2.0/1.5)$

기본 정착길이:

$l_{b,rqd} = (\phi/4) \cdot (f_{yd}/f_{bd}) = (14/4) \cdot (500/3.0) = 583$ mm

EC2-1-1, 8.4.3: (2) (8.3)식에서 $f_{yd} = f_{yk}$로 인장 정착부의 강도를 정한다.

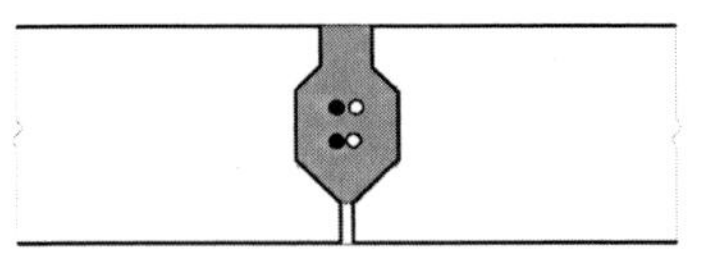

5.2.4절 참조: 내부 인장 정착부, y-방향

지점축에서 겹침이음:

사용 철근비:

$a_{s,rqd} / a_{s,used} = 2.70/3.08$

$\alpha_1 = 1.0$, 곧은 철근에 대하여

EC2-1-1/NA, 8.4.4: (1) 표 8.2: α_1

$\alpha_6 =$ 인장영역에서 한 곳에서 잇는 철근의 비 $< 33\%$, $\phi < 16$ mm, 그림 8.3: $c_1 \geq 4\phi$, 따라서[b]: $\alpha_6 = 1.0$ 허용

EC2-1-1/NA, (NCI) 8.7.3: (1) 표 8.3DE: α_6
$c_1 = 220/2 - 14 = 96$ mm $> 4 \cdot 4.20$ mm, 중앙에 이음한 경우의 연결부 상하연단의 피복두께

$$l_0 = l_{b,rqd} \cdot \alpha_1 \cdot \alpha_6 \cdot (a_{s,rqd}/a_{s,used})$$
$$\geq l_{0,\min} = 0.3 \cdot \alpha_1 \cdot \alpha_6 \cdot l_{b,rqd}$$
$$\geq 15\phi \geq 200 \text{ mm}$$

EC2-1-1, 8.7.3: (1) (8.10)식과 (8.11)식
$l_{b,rqd}$, f_{yk}를 적용

$$l_0 = 583 \cdot 1.0 \cdot 1.0 \cdot (2.70/3.08) = \mathbf{511\ mm}$$
$$> 0.3 \cdot 1.0 \cdot 1.0 \cdot 583 = 175 \text{ mm}$$
$$> 15 \cdot 14 \text{ mm} > 200 \text{ mm}$$

선택: $l_0 = \mathbf{600\ mm}$

평면도

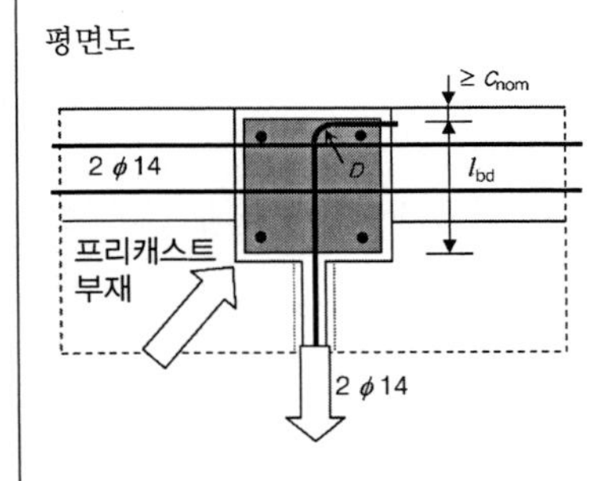

인장 정착부를 테두리보에 정착하거나(단부부재), 기둥에 기둥 인장 정착할 때:

정착길이:

$\alpha_1 = 0.7$, 갈고리 정착, $a_{s,rqd} / a_{s,used} = 2.70/3.08$

EC2-1-1/NA, (NDP) 8.3: (2) 표 8.1DE a)
갈고리 ϕ14에 대해: $D_{\min} = 4\phi$

$$l_{bd} = \alpha_1 \cdot l_{b,rqd} \cdot (a_{s,rqd} / a_{s,used})$$
$$\geq l_{b,\min} = 0.3 \cdot \alpha_1 \cdot l_{b,rqd} \qquad \geq 10\phi$$

EC2-1-1, 8.4.4: (1) (8.4)식과 (8.6)식

$$l_{bd} = 0.7 \cdot 583 \cdot (2.70 / 3.08) = \mathbf{360\ mm}$$
$$> 0.3 \cdot 0.7 \cdot 583 \qquad > 10 \cdot 14\ \text{mm}$$

기둥 위치에서 갈고리 정착으로 발생할 수 있는 콘크리트 할열 균열은 횡압축력으로 방지된다.

b) 테두리 보 정착 $2\phi14$

EC2-1-1/NA, (NCI) 9.10.2.2: (2) 테두리 정착: 테두리 보에서 힘의 방향이 전환될 때 길이방향 철근의 이음 길이는 $l_0 = 2 \cdot l_{b,rqd}$로 한다. 이음부는 스터럽, 지지 스터럽 또는 loop로 간격 $s \leq 100$ mm가 되게 둘러싼다.

테두리 정착은 프리캐스트 슬래브 단부를 비워두고 현장타설 콘크리트로 채워서 시공한다. 이를 위해 해당 위치의 프리캐스트 부재 표면을 충분히 거칠게 제작한다. 시공상의 이유로(예를 들어 스트럿 타이 모델의 인장 타이에 압축 스트럿이 힘이 전달되는 절점에서는 겹침이음 길이가 짧으므로 50%만 이을 수 있다.) 테두리 정착 철근으로 2개의 철근을 선택한다.

테두리 정착단면, 철근$2\phi14$, 길이방향 이음:

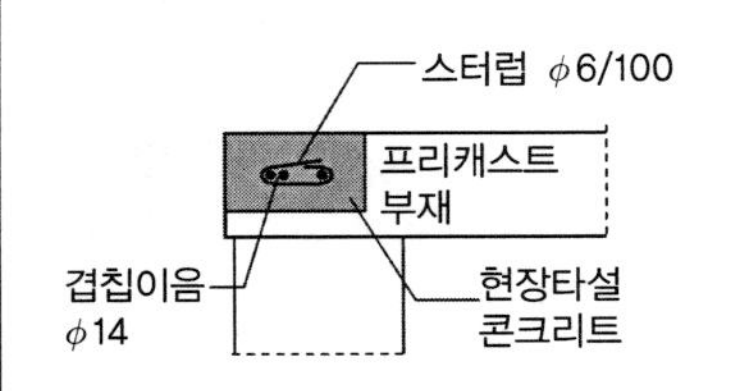

실제 시공에서는 단부 주열대의 배치를 다르게 할 수도 있다. 예를 들어 외장 시공부에 정착하거나 단부 도리를 따로 두거나 할 수도 있다. 해당 경우에는 적절한 배근 상세가 적용된다.

이 예제에서는 시공상 테두리 정착에 필요한 철근의 배근만 보였다.

좋은 부착 조건의 설계 부착강도:
$f_{bd} = 3.0$ N/mm^2, C30/37에 대하여

기본 정착길이:
$$l_{b,rqd} = (\phi / 4) \cdot (f_{yd} / f_{bd}) = (14 / 4) \cdot (500 / 3.0) = 583\ \text{mm}$$

EC2-1-1, 8.4.3: (2) (8.3)식, 여기서 $f_{yd} = f_{yk}$, 시공배근한 인장정착 철근에 대해 적용

방향 전환하는 힘을 받기 위해 겹침이음한다.

$$l_0 = 2 \cdot l_{b,rqd} = 2 \cdot 583 = 1166\ \text{mm}$$

EC2-1-1/NA, (NCI) 9.10.2.2: (2)

선택: $l_0 = \mathbf{1200\ mm}$

EC2-1-1/ NA, (NDP) 8.3: (2) 표 8.1DE a) 구부린 철근 $\phi14$: $D_{\min} = 10\phi$

건물 모서리의 테두리 보는 해설 그림에서와 같이 갈고리로 굽혀서 내부 겹이음하여 경사 압축 스트럿의 힘을 전달한다.

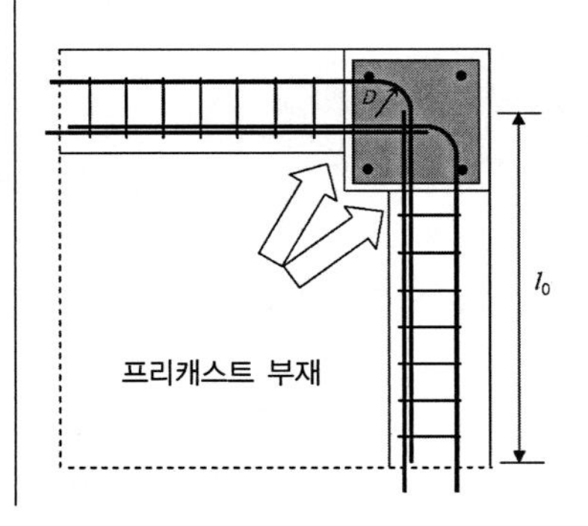

5.3 벽체의 내화성능 검토

EC2-1-2: 일반규정-화재 시의 구조설계

부재의 내화요구 성능은 각 주의 건설규정(또한 MBO [47] 참조)을 따른다.

이 요구사항은 건물에 적용되는 화재안전을 모든 부재에 적용하여 상세하게 검토한다.

건설요구사항	공간 차단이 없는 구조 부재	공간 차단이 있는 구조 부재	비구조 부재인 내부 벽체
화재 지연	R 30	REI 30	EI 30
고 화재 지연	R 60	REI 60	EI 60
내화	R 90	REI 90	EI 90
방화벽	–	REI-M 90	EI-M 90

R-구조안전(Résistance)
E-화재와 연기에 대한 공간 차단(Étanchéité)
I-화재 작용면에 대한 절연(Isolation)
M-역학적인 저항(예를 들어 화재 시 인접 부재의 파괴에 대한 안전) (Mechanical)

건물등급 5인 다층 건물의 구조 벽체의 요구 성능은 **REI 90 '내화'** 성능이다 (MBO, §27).

MBO [47], §2: 건물등급 5: 높이 13 m 이상의 건물…

개별 부재에 대해서 대부분의 경우에 가장 간단한 1단계 검토를 적용한다.
1단계 검토-표를 이용한 방법

EC2-1-2, 5.1: 표를 이용한 방법 적용 조건
(1) 일반적인 화재조건(ETK-단위 온도·시간 곡선에서) 240분까지
(2) 석영질 골재를 쓰는 보통 콘크리트
(3) 전단과 비틀림 강도 및 철근의 정착에 대한 추가의 자세한 검토가 필요치 않을 때

결정 부재는 외장이 없는 철근 콘크리트 구조 벽체로 EC2-1-2, 표 5.4에 해당된다. 무근 콘크리트 벽체에 대해서는 EC2-1-1, 12에 따라 표 5.4의 최소 벽체 두께를 해당 경우에 적용한다.

횡지지 구조의 벽체가 벽체높이/두께 ≤ 40(이 예제에서는 $4.80/0.25=19<40$)인 경우에 대해 표를 적용한다.

EC2-1-2, 표 5.4에서 발췌: 콘크리트 구조 벽체의 최소 두께와 연단거리

EC2-1-2, 5.4.2: 표 5.4

내화성능 등급	벽체두께 h / 연단거리 a의 최소값 [mm]			
	$\mu_{fi}=0.35$		$\mu_{fi}=0.7$	
	화재 작용면		화재 작용면	
	한쪽 면	양쪽 면	한쪽 면	양쪽 면
REI 30	100/10	120/10	120/10	120/10
REI 60	110/10	120/10	130/10	140/10
REI 90	**120/20**	**140/10**	**140/25**	**170/25**
REI 120	150/25	160/25	160/35	220/35

피난계단이 있는 계단실 벽체:
계단실 벽체의 내측면은 화재에 노출되지 않을 것(화재 하중이 허용되지 않는다)
전단벽체 $W2$: 외부 벽체
→두 경우에 모두: 구조 벽체에서 한쪽 면만 화재가 작용

화재 시의 하중 작용계수

– 근사계산: $\eta_{fi}=0.7$

– 정밀 계산: $\eta_{fi}=(G_k+\psi_{2,1}\cdot Q_{k1})/(\gamma_G\cdot G_k+\gamma_{Q1}\cdot Q_{k1})$

EC2-1-2, 2.4.2: (3) Note 2

여기서 사용하중등급 B(사무실)=주하중인 경우에 대해 $\psi_{2,1}=0.3$:

EC2-1-2, 2.4.2: (3) (2.5)식과 EC1-1-2/NA, (NDP) 4.3.1: (2) 일반적으로 $\psi_{2,1}$
EC0/NA, (NDP) 표 NA.A.1.1, ψ

계단실 벽체 $K1$:

$$\eta_{fi}=(10311+0.3\cdot 1327)/(1.35\cdot 10311+1.5\cdot 1327)=0.67$$

전단벽체 $W2$:

$$\eta_{fi}=(3500+0.3\cdot 483)/(1.35\cdot 3500+1.5\cdot 483)=0.67$$

표 2.1.1-1, G_k
표 2.1.1-2, Q_k → 설하중 제외:
계단실 벽체 $K1$: $Q_{k1}=1466-139=1327$ kN
전단벽체 $W2$: $Q_{k1}=531-48=483$ kN

→ 연단거리 보간: $\eta_{fi}=\mu_{fi}=0.67$에 대해 $\min a=24$ mm

$used\ h=250$ mm $>\min h_w=140$ mm

$used\ a=24$ mm $=\min a=24$ mm

→ REI 90에 따른 검토 만족

$used\ a=c_{v,1}+\phi_1/2$, 5.1.4절 참조
$=20+8/2=24$ mm

예제 20b : 다층 뼈대구조의 내진설계

차례

예제 20b : 다층 뼈대구조의 내진설계

과제 개요

예제 20b에서는 예제 20a에서 다룬 다층 뼈대구조의 횡지지 부재를 내진설계의 관점에서 검토한다. 비구조 요소-예를 들어 외장 요소의 정착 등-은 검토에 포함하지 않는다.

DIN EN 1988-1 (EC8-1) – Eurocode 8: 구조 내진설계 – 1부: 일반, 지진하중과 건물규정 [E29]

DIN EN 1998-1/NA (EC8-1/NA) – EC8-1의 국가 부록 [E30]

비구조 요소와 이들의 정착은 EC8-1, 4.3.5 참조

EC8-1 [E29] 및 해당 독일 부록 [E30]의 내진설계의 중요한 규정과 방법을 소개한다.

지진하중하의 일반적인 건물 거동에 대한 구조동력학의 적용을 보이기 위해 [75], [76]과 [77]을 참조하였다. 특히 EC8-1과 관련하여 [78]과 [79], 또 EC8의 다른 부분 [80]에서 다루는 특수문제를 인용하였다.

[75] *Müller /Keintzel*: 건물의 내진 안전(1984)
[76] *Meskouris /Hinzen /Butenweg /Mistler*: 구조물과 지진: 기초 – 적용 – 예제(2011)
[77] *Bachmann*: 구조물의 내진 안전(2002)
[78] *Fardis*: 콘크리트 건물의 내진설계, 평가와 보수(2009)
[79] *Elghazouli*: Eurocode 8에 의한 건물의 내진설계(2009)
[80] *Schlüter, Baur, Cüppers, Fäcke, Kasic, Ruckenbrod*: 지진하중을 받는 철근 콘크리트와 프리스트레스트 콘크리트 구조 설계(2008)

건물위치:

- 아헨 남쪽(7장의 지진 지역도 참조)
- 지반 자료에 의하면 EC8-1/NA에 따른 지반분류 A의 높은 강도를 갖는 풍화되지 않은 경암 위에 놓인다.

건물은 에너지 소산 성능이 낮은 연성등급 DCL과 에너지 소산 성능이 중간 등급인 연성등급 DCM으로 간주한다.

재료:

- 콘크리트 C30/37 현장타설과 프리캐스트 부재
- 철근망: B500A
- 철근: B500B

EC2-1-1, 3.1: 콘크리트
EC2-1-1, 3.2: DIN 488-1에 따른 철근

DAfStb-Heft [525], 9.2.2:
교번하중(지진)을 받는 경우에 철근의 소성변형능력(연성)으로 큰 변형과 에너지 소산으로 연성파괴를 유도할 수 있다.

선택한 연성등급에 따라서 구조물의 횡지지 구조계에서 위험한 부분이 정해지고, 연성 요구사항에 따라 EC8-1의 고연성 철근(등급 B 또는 C)을 사용한다. 연성등급 DCL과 DCM에서는 등급 B 또는 그 이상의 철근을 사용한다. 연성등급 DCH에서는 등급 C의 철근을 선택한다.

DAfStb-Heft [600], 부록 C: 철근물성: 독일에서는 등급 A와 C 및 그 이상의 등급 철근은 새로운 DIN 488-규정, DIBt의 허가와 EC2-1-1에 따라 규정된다. 등급 C의 고연성 철근은 유럽의 고강도 지진 지역에서는 규정에 포함되어 있으나, 독일에서는 규정되어있지 않다. 독일에서 등급 C의 철근을 사용하기 위해서는 허가가 필요하다.

6. 일반사항

주 지진하중을 결정한 이후에는 예제 20a의 구조물을 내진 검토해야 하는지 또는 풍하중 검토로 내진 검토를 생략할 수 있는지를 검사한다. 이때 예제 20a의 고정 및 변동하중을 사용한다. 검사 결과 풍하중 검토로 충분하지 않으므로 계산으로 내진 검토해야 한다. 먼저 낮은 에너지감쇠 성능인 연성등급 DCL에 대해 수행한다. 횡지지 구조계는 정형적으로 배치되지 않아서 간단한 계산모델에 의한 최소 요구조건을 충족하지 않으므로, 공간 구조계 모델을 사용해야 한다.[1] 계산방법으로는 정확한 모드 응답스펙트럼 방법을 선택한다.

독일과 같은 약지진 지역에서는 내진 검토는 일반적으로 약한 연성등급으로 수행한다. 이 경우 구조는 약간의 소성변형만 발생하며, 내진설계에 따른 구조의 부재 상세 요구사항이 많지 않다.

두 번째 검토 방법으로, 내진검토를 위해 부록 NA.D의 간단한 규정을 적용한다. 높이 20 m 이상의 구조는 이 방법을 적용하기 위한 요구조건을 만족하지 않는다. 그러나 내진검토를 적용하는 방법을 보이기 위해 예제 20a 건물을 한 층 낮추어 검토한다.

EC8-1/NA, 부록 NA.D: 일반건물의 단순한 구조계에 대한 간단한 규정

추가 검토방법으로 중간 정도의 에너지감쇠 성능인 연성등급 DCM에 대한 내진 검토를 보인다. 이 연성등급에서 최소 부재두께에 관한 모든 요구사항을 횡지지 전단벽체가 만족하지 못하므로 벽체 두께를 적당하게 늘린다.

안전 검토를 위해 EC8-1에 따라 해당 강도한계상태와 손상제한(사용한계상태에 상응)과 EC8-1, 2.2.4의 소위 특별한 방법을 고려해야 한다. 그러나 독일의 국가별 기준에서는 손상제한에 대한 검토가 필요하지 않다.

EC8-1, 4.4

EC8-1, 2.2.4에 따른 특별한 방법은 이 예제의 8장을 참조하라.

EC8-1/NA, NDP (2.1) (1)P 기본 요구조건 … 손상제한에 대한 검토를 … 제외한다.

이미 DIN 4149 [R13]에서 사용된 선형계산방법－간단한 응답스펙트럼 방법(다르게는 등가하중법으로 불린다)과 모드 스펙트럼법－이 EC8-1에 있다. 새로운 방법으로 비선형 계산방법인 역학적 비선형('push over') 방법과 비선형 시간이력 해석방법이 있다. 그러나 이들 비선형 계산방법은 독일에서는 예외적인 경우에만 사용한다. 이에 따라 이 두 가지 방법은 이 예제에서 다루지 않는다.

지진 구역은 지진위험의 관점으로 건물의 계획 단계에서 이미 고려하여, EC 8-1의 요구사항을 만족하고 적절한 비용으로 가설할 수 있는 시공계획이 있는 것으로 한다. 설계의 기본원칙은 다음과 같다.

설계를 위한 기본원칙은 EC8-1, 4.2.1에 자세히 기술되어 있다.

－**시공이 간단**할 것: 힘의 흐름을 알기 쉽게 할 것

역자 주 1 구조계의 정형성(regularity)를 만족하면 간단한 평면모델로 검토할 수 있다.

– **정형적인 구조**, 힘을 받는 부재(횡지지 부재)와 질량이 등간격으로 분포하고, 대칭이며 부정정일 것(힘의 재분배 가능)
– **건물의 양쪽 주축방향(principal axis)으로 힘을 받을 수 있고 강성**을 가질 것: 양방향이 지진에 대해 적절하게 저항할 것
– **비틀림 저항과 비틀림 강성**을 가질 것: 부재의 회전거동과 비균등 하중을 피할 수 있을 것
– **각 층의 바닥판이 평면응력 부재로 거동**할 것: 모든 횡지지 부재에서 안전측으로 저항할 것
– **기초가 튼튼**할 것, 상부 구조와 긴밀하게 결합되어 전체 구조가 안전하게 지진에 저항할 것(예를 들어 강성이 큰 지하실, 독립기초 사이에 지중보가 있는 경우)

7. 지진하중–응답스펙트럼

이 예제에서는 예를 보이기 위해 선택한 위치에 대해 일반적인 지진하중-탄성 응답스펙트럼-을 결정한다. 이는 EC8-1의 계산과정에서 기본적인 사항이다. 비선형 계산방법을 사용할 때는 비선형성을 직접 반영한 탄성 응답스펙트럼을 적용하므로 비선형은 계산 모델에서 고려한다. 이와는 달리 통상적인 선형 방법에서는 설계 스펙트럼을 지진하중으로 사용하는데, 이는 탄성 응답스펙트럼을 개괄적으로 감소한 것이다.
선형 계산방법에 따른 추가 계산 없이 응력 스펙트럼을 사용하여 설계 스펙트럼을 직접 결정할 수도 있다. 이 예제에서는 전반적인 이해를 돕기 위해 각 설계 스펙트럼을 비교하여 보인다.

이 예제에서 건물은 아헨의 남쪽에 위치한 것으로 한다. 국가별 부록의 그림 NA.1과 NA.2에 따르면 건물은 지진지역 2, 지반종류 R에 위치한다. 지질학적 지반종류[2]는 지반 특성값으로 지면에서 약 20 m 깊이까지의 지반 강성과 관련이 있다.

EC8-1/NA, NCI NA.3.1.3
EC8-1/NA, NDP, 3.2.1

각 주의 지진 서비스(Landeserdbebendienst)에서 위치에 따라 좀 더 정밀한 지진지역과 지반종류의 정보를 얻을 수 있다. NRW(Nordrhein-Westfalen, 건물이 위치한 주)에서는 NRW 지진 서비스에 지도를 요청할 수 있다. *www.gd.nrw.de*

역자주 2 지질학적 지반종류(geological underground class; geologische Untergrundklasse)는 R:암반, S:퇴적층, C:변이영역으로 구분된다.

지반 조사에서 강도가 높은 풍화되지 않은 경암이 있으며, 이는 EC8-1/NA에 따라 기초지반등급[3] A로 본다. 기초지반등급은 20 m 깊이까지의 지표 근처의 지반상태를 나타내며, 지반조사 결과가 주어져야 한다.

Baden-Württenberg 주에서는 주 지리국(Landesvermessyngsamt)에서 해당 자료를 얻을 수 있다. *www.lgl-bw.de*
그 외에는: 지진지역과 지반종류 자료(Excel 표)를 다음에서 얻을 수 있다. *www.dibt.de* → 건설규정

구조물의 붕괴가 인명의 손상을 불러일으키는지, 지진 발생 후 공공의 안전과 다수의 공중의 안전에 직접적인 위협이 되는지, 붕괴에 따른 사회적, 경제적 파장이 어떨지에 따라 건물은 4개의 중요도 등급으로 나눈다. 각 중요도 등급은 중요도 계수 γ_I으로 나누는데, 이에 따라 계획 지진하중을 정한다. 이 예제의 업무용 건물은 표 NA.6에 따라 중요도 등급 III에 해당된다.

EC8-1/NA: NDP 표 NA.6과 4.2.5 (5)P가 해당 EC8-1의 표를 대치한다.

기본적으로 지진하중은 점탄성 감쇠비 5%의 탄성 응답스펙트럼으로 나타낸다. 특별한 경우에 감쇠비가 5%가 아니라면, 이를 반영하여 지진하중을 구한다. 감쇠비가 5%와 다른 것은 (NA.5)식에 따라 보정계수 η로 수정한다.

EC8-1/NA, NDP 3.2.2.1 (4), 3.2.2.2 (1)P

주어진 지진지역, 지질학적 지반종류뿐만 아니라, 지반조사 자료에 따른 기초지반등급, 중요도 등급으로부터 다음 변수를 고려하여 탄성 응답스펙트럼 가속도값 $S_e(T)$를 정한다.

지반 가속도의 기준-첨두값:	a_{gR}	$=0.60\ \mathrm{m/s^2}$	EC8-1/NA, 표 NA.3
중요도 계수:	γ_I	$=1.2$	EC8-1/NA, 표 NA.6
감쇠-보정계수(5% 감쇠비):	η	$=1.0$	

탄성 응답스펙트럼을 위한 변수:

지반변수:	S	$=1.0$	EC8-1/NA, 표 NA.4
시간변수:	T_B	$=0.05s$	
	T_C	$=0.20s$	
	T_D	$=2.00s$	

이들 변수로부터 탄성 응답스펙트럼을 계산한다.

EC8-1/NA, (NA.1)-(NA.4)식

$T_A \le T \le T_B$: $\quad S_e(T)=a_{gR}\cdot\gamma_1\cdot S\cdot[1+(\eta\cdot 2.5-1)\cdot T/T_B]$

$T_B \le T \le T_C$: $\quad S_e(T)=a_{gR}\cdot\gamma_1\cdot S\cdot\eta\cdot 2.5$

$T_C \le T \le T_D$: $\quad S_e(T)=a_{gR}\cdot\gamma_1\cdot S\cdot\eta\cdot 2.5\cdot T_C/T$

$T_D \le T$: $\quad S_e(T)=a_{gR}\cdot\gamma_1\cdot S\cdot\eta\cdot 2.5\cdot T_C\cdot T_D/T^2$

역자 주 3 지초지반등급(Building soil class; Baugrundklasse)는 A: 풍화되지 않은 암반, B: 중간 정도 풍화, C: 느슨한 암반으로 구분된다.

건물위치의 독일 지진 지역

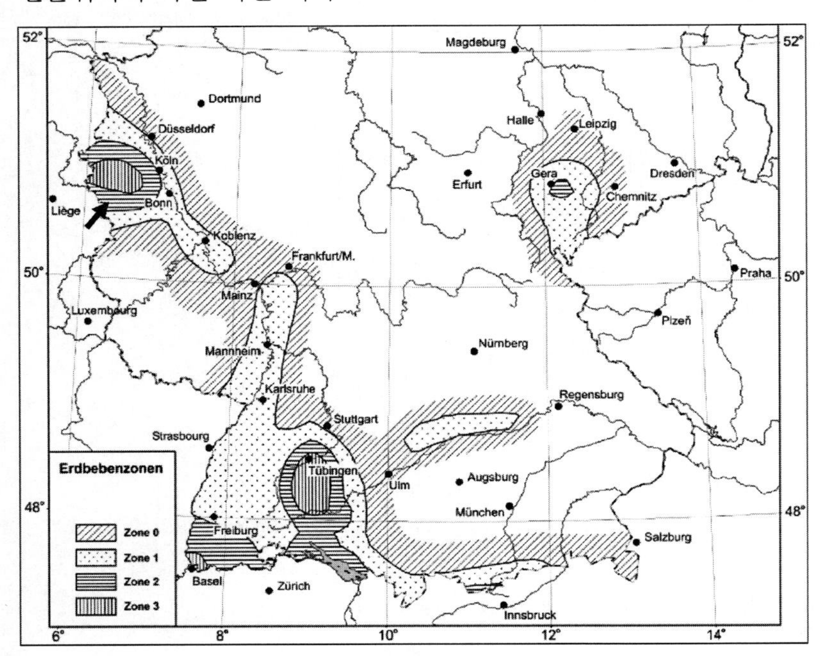

EC8-1/NA, 그림 NA.1에서 발췌
구조물 위치: 지진지역 2

EC8-1/NA의 현재 버전은 1996년의 지진위험지도에 따른 것인데, 이는 DIN 4149:2005 [R13]도 같다.

EU-공동 프로젝트 SHARE(유럽의 지진위험조정)에서는 새로운 지진위험 지도를 개발하였다. 이는 유럽과 터키의 지진 위험정보를 통합하기 위한 것이다. 이 지도는 EC8의 국가별 부록에 반영하기에는 아직 국가차원에서 검증이 필요하며, 지역별 조건의 조율이 필요하다. 이 예제의 위험지도는 국가별 부록의 현재 버전으로 업데이트할 수 있다[E30].

SHARE 프로젝트의 자세한 내용은 다음을 참조하라. *www.share-eu.org*

건물위치의 지질학적 지반종류

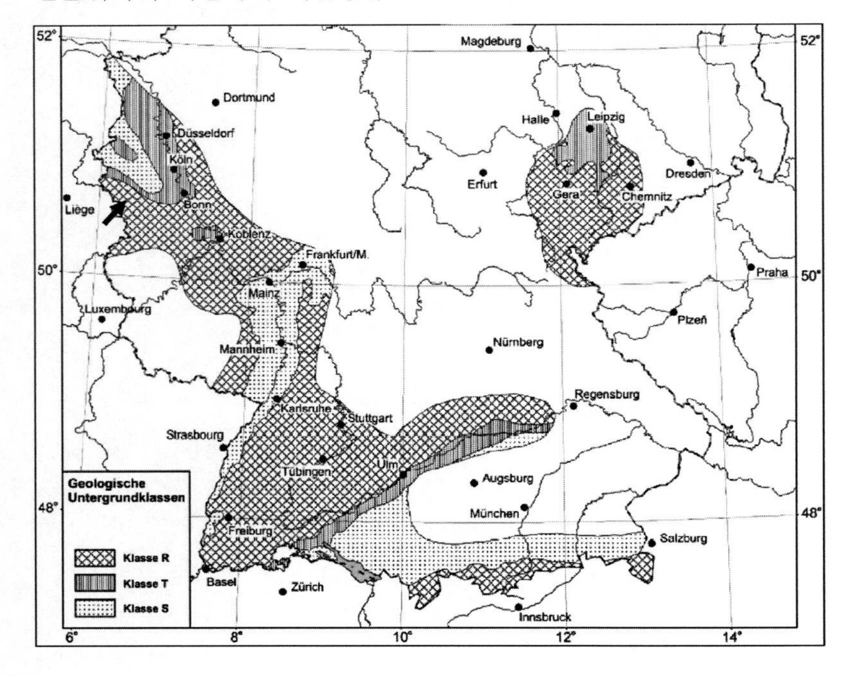

EC8-1/NA, 그림 NA.2에서 발췌
구조물 위치: 지반종류 R

위의 변수들로 정한 탄성응답스펙트럼을 아래 그림에 보였다.

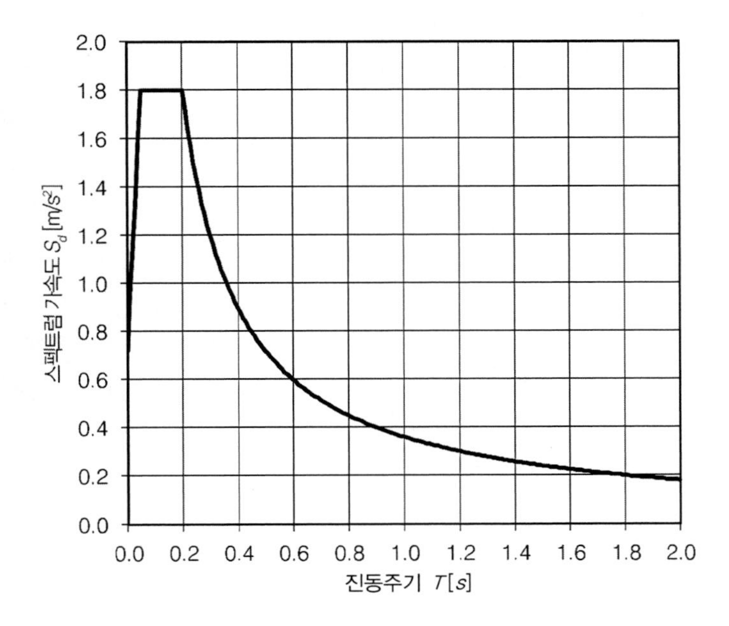

8. 지진하중과 풍하중의 비교

중요도 등급 IV에 해당되지 않는 건물은 다음의 두 조건을 만족하면 지진하중에 대한 EC8-1의 표준검토[4]를 수행하지 않아도 된다.

EC8-1, 4.4.1 (2)

a) 지진설계상황에서 감쇠가 낮은 구조물의 거동계수로 계산한 총 지진하중이 다른 수평하중 관련 하중조합(예를 들어 풍하중, 선형탄성 구조해석으로 설계하는 경우)의 값보다 작을 때
   – 이 조건은 기초 높이 또는 강성이 큰 지하층의 상면에 작용하는 구조물의 총 지진하중에 적용한다.

감쇠가 낮은 구조물은 연성등급 DCL, q = 1.5에 해당한다.

b) 아래의 '특정한 조건'에 해당될 때[5]
   – 가능한 구조물이 평면뿐만 아니라 입면에서도 간단하고 정형적인 형태일 것. 필요하면 구조계를 이음으로 분리하여 각각이 동역학적으로 독립 거동하게 한다.[6]

이들 '특별한 경우'는 EC8-1, 2.2.4에 따른다. 예외는 2.2.4.1 (2)P와 (3)P인데, 이는 풍하중과 비교에서 고려하지 않는다.

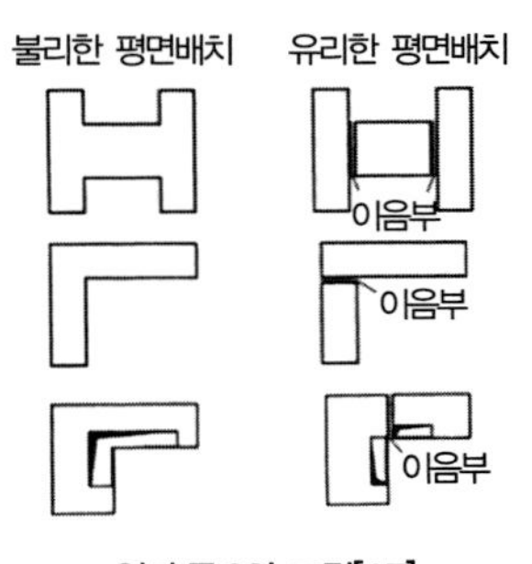

역자 주 6의 그림[A7]

역자 주 4 EC8-1의 4.4.2 강도한계상태의 검토와 4.4.3 손상한계상태의 검토를 말한다.

역자 주 5 EC8-1의 2.2.4절의 특정조건(specific measure)을 만족하는 경우를 말한다. 상대적으로 덜 중요한 구조물에 대하여 간단하게 내진 검토할 수 있는 조건을 제시한 것이다.

역자 주 6 정형성(regularity)은 표 9.3.1을 참조하라. 건축계획에서 지진에 대해 유리한 구조계를 고려하는 것이 중요하다. 예를 들어 역자 주6의 그림과 같이 평면배치가 내진에 유리한 구조계를 선택한다.

– 적절한 구조모델을 적용하여 계산한다. 필요하다면, 지반 변형과 비구조 요소뿐만 아니라 다른 관점(예를 들어 인접 구조물의 영향)도 고려한다.
– 기초의 강성이 충분하여 상부구조에 의한 힘이 가능한 균등하게 지반에 전달될 수 있을 때.
– 하나 또는 유사한 구조에 한 종류의 기초형식만을 사용한다. 즉, 구조물은 동적으로 독립개체로 거동한다.
– 설계문서에 구조 부재에 쓰인 재료의 치수, 개수, 특성을 기술한다.[7] 경우에 따라서는 설계문서에 특별한 설비의 특성과 구조 부재와 비구조 부재 사이의 간격도 포함한다. 품질검사를 위해 필요한 시방은 항상 기록한다.
– 구조거동에 특별히 중요한 부재로 구조물 시공 중에 특별한 시험이 필요하면 도면에 표시한다. 이런 경우에 적용하는 관리방법을 명기해야 한다.
– 특별히 중요한 부재에서는 설계, 시공과 사용에서 다른 관련 유럽기준에 명시된 점검방법, 품질관리체계를 사용한다.

독일에서 특별한 시험과 품질관리란, 예를 들어 건설시험의 범위 내에서 표본관찰 같은 것을 말한다. 시험을 통하여 안정성을 검토하여 건설시험의 범위 내에서 시공을 관리하여 요구조건의 만족 여부를 판단한다.

이 예제의 구조에서는 b)의 소위 '특정 조건'을 모두 만족하는 것으로 간주한다.

a)의 요구사항을 검사하기 위하여 건물 양쪽 수평방향에 대해 총 지진하중 F_b를 결정해야 한다. 이에 더하여 각 방향의 기본 진동주기를 어림계산하기위해 연성등급 DCL의 설계 스펙트럼, 구조물의 총 질량과 강성을 정해야 한다.

총 지진하중은 EC8-1, 4.3.2.2, (1)P, Note
계수 λ는 건물이 적어도 3층 이상이며, 각 수평방향이 변위 자유도가 기본 고유진동에 대한 유효모드질량이 전체 건물질량에 비해 평균 15% 더 작은 것을 반영한 것이다.
전체 구조의 총 질량 결정은 9.1.2절 참조

$$F_b = S_d(T_1) \cdot m \cdot \lambda$$

여기서:

$S_d(T_1)$	T_1에서 설계 스펙트럼 가속도
T_1	검토방향의 수평 운동에 대한 구조물의 기본 진동주기
m	구조물 총 중량
λ	보정계수
	$\lambda = 0.85$, 2층 이상의 건물에서 $T_1 \leq 2T_c$일 때
	$\lambda = 1.0$, 그 외의 모든 경우

역자 주 7 EC8-1의 특정 조건은 평면배치, 기초형태와 같이 동적 거동에 직접 관련된 조건뿐만 아니라 엄밀한 품질관리에 대한 내용을 포함한다.

기본 진동주기 T_1은 [75]에 따라 다음과 같다.

$$T_1 = \frac{2 \cdot \pi \cdot h^2}{{\alpha_1}^2} \cdot \sqrt{\frac{m_1}{h_1 \cdot EI}}$$

h	=22.5 m	벽체 두께
h_1	=3.75 m	한 층의 평균 높이
m_1	=52,657 / 6 / 10.0=877.6 t	각 층의 평균 질량
α_1	=1.73	진동시간 계수(n=6)

강성은 예제 20a를 참조하라.

E_{cm} =33,000 MN/m²

$\sum I_{c,x,i}$ =49.6+7.15=56.75 m⁴

$\sum I_{c,y,i}$ =41.6+0.0=41.60 m⁴

x-방향의 기본 진동주기:

$$T_{1,x} = \frac{2 \cdot \pi \cdot 22.5^2}{1.73^2} \cdot \sqrt{\frac{0.8776}{3.75 \cdot 33000 \cdot 41.60}} = \mathbf{0.439\ s}$$

y-방향의 기본 진동주기:

$$T_{1,y} = \frac{2 \cdot \pi \cdot 22.5^2}{1.73^2} \cdot \sqrt{\frac{0.8776}{3.75 \cdot 33000 \cdot 56.75}} = \mathbf{0.376\ s}$$

위에서 정한 기본 진동주기와 $q=1.5$에 해당하는 연성등급 DCL에 대한 거동계수로부터 총 지진력은 다음과 같이 계산할 수 있다.

$$F_{b,(x/y)} = S_{d,(x,y)}(T_{1,(x/y)}) \cdot m \cdot \lambda$$
$$= a_{gR} \cdot \gamma_1 \cdot S \cdot (2.5/q) \cdot T_C / T_{1,(x/y)} \cdot m \cdot \lambda$$

$F_{b,x}$ =0.6 · 1.2 · 1.0 · (2.50/1.5) · 0.20/0.439 · 5265.7 · 1.0

$F_{b,x}$ =2,880.0 kN

$F_{b,y}$ =0.6 · 1.2 · 1.0 · (2.50/1.5) · 0.20/0.376 · 5265.7 · 0.85

$F_{b,y}$ =2,859.2 kN

표 2.2.4-1에서 풍하중과 (시공 시의) 기울어짐으로 인한 수평하중의 설계값을 구하면 다음과 같다.

[75] Müller/Keintzel: 건물의 내진 안전, p.170: 구조물의 각 층의 질량을 $m_j = m_1$으로 하고, 층고 h_1으로 강성 지반에 고정 지지한 일정강성 EI의 휨부재로 가정한다면, 기본 진동주기는 다음 식으로 구할 수 있다. 이 관계식에서 진동주기 계수 α_1은 [75], 표 8.1과 같이 층수에 따른 값이다.

Note: EC8-1, 4.3.3.2.2: (2)에 따라, 구조물의 고유주기 T_1의 결정은 구조 동역학적 방법에 따른 공식을 사용할 수 있다. 여기서 EC8-1의 (4.6)~(4.8)식에 따른 간단한 구조 동역학 방법은 부정확하고, 불안전 측의 결과를 줄 수 있다. 이런 이유로, 이 예제에서 제시된 방법 또는 EC8-1/NA의 보다 정확한 방법을 권장한다. 모드해석에서 고유주기 허용값 또는 설계 스펙트럼에서 상위값을 안전 측으로 취하여 쓰는 것은 불확실하다.

모드해석(9.1.4절)과 비교하면 여기에 보인 좀 더 정확한 계산에 비하여 기본 고유주기에 큰 차이(0.439s와 0.61s)가 있다. 이 차이는 이 예제와 같은 비정형적인 구조물에서 특히 크다.

EC8-1, 4.3.1 (6)과 (7): 콘크리트 구조, 콘크리트-강합성 구조와 조적구조에서 구조부재의 강성은 일반적으로 균열을 고려해야 한다…균열부재에 대해 정확한 조사가 시행되지 않았다면, 콘크리트와 조적부재의 휨과 전단강성을 해당부재의 비균열 강성의 1/2로 가정할 수 있다.

지진하중을 안전 측이 아닌 쪽으로 결정할 수도 있으므로 균열강성을 비균열 강성의 1/2로 감소하는 것을 권장한다. 균열강성을 감소하는 것으로 더 정확한 공학적 근사법을 쓸 수 있다. 강성의 감소를 전제로 하지 않으면 지진하중의 결정은 일반적으로 안전 측이 된다. 이에 따라 이 경우에는 강성의 감소를 하지 않았다.

EC8-1, (4.5)식과 (NA.12)식,
왜냐하면, $T_C = 0.2s < T_1 < T_D = 2.0s$

a_{gR}, γ_1, S와 T_C 값은 7장을 따른다.

x-방향: $\lambda = 1$, 왜냐하면 $T_1 > 2\,T_C = 0.4s$
y-방향: $\lambda = 0.85$, 왜냐하면 $T_1 < 2\,T_C = 0.4s$

$$F_{wd} = 650.7\ \text{kN} < F_{b,x} = 2{,}880.0\ \text{kN}$$

→ 예제 20a 참조

$$F_{wd} = 1{,}482.4\ \text{kN} < F_{b,y} = 2{,}859.2\ \text{kN}$$

위의 요구조건 a)를 만족하지 못한다. 따라서 지진에 의한 수평하중에 대한 검토를 통과하지 못하였으므로 계산에 의한 표준 안전검토를 수행한다.

9. 계산에 의한 지진의 표준 안전검토

9.1 Case 1: 낮은 연성(DCL)에 대한 검토

9.1.1 설계 스펙트럼의 결정

지진하중이 작용하면 구조물은 히스테릭 에너지소산작용으로 허용 범위 내의 소성 메커니즘이 작동하여 비선형 거동으로 지진의 영향을 줄이게 된다. 이러한 구조물의 저항능력을 감안하여 선형-탄성응답에 비해 작은 지진하중으로 설계하는 것이 일반적으로 허용된다.

EC8-1, 3.2.2.5

설계에서는 번잡한 비선형 계산을 피하기 위해, 구조물의 저항능력을 탄성응답스펙트럼을 감소한 '설계 스펙트럼'에 대해 선형 계산하는 방법으로 계산한다. 탄성응답스펙트럼을 얼마나 감소하는지는 부재의 연성거동과 에너지 감쇠 메커니즘에 따라 다르게 한다. 즉, 구조계와 선택한 연성등급에 따라 다른 거동계수 q로 감소값을 결정한다. 이에 따라 탄성응답스펙트럼을 설계 스펙트럼으로 변환한다. 일반적으로 건물의 서로 수직한 방향-수평주 축방향-에 대해 검토한다.

연성: 일정한 부재영역에서 충분한 변형용량을 가져서 생기는 변형 가능성

거동계수 q는 구조물이 5% 점성감쇠비로 탄성상태를 유지하는 지진하중과 실제 구조의 비선형 거동을 근사하게 예측한 지진하중의 비로 구한 값이다. 점성감쇠비가 5%와 다른 값일 때의 경우를 포함하여, 다양한 재료와 구조종류에 대해 각 재료와 해당 연성등급에 따른 거동계수 q는 EC8에 제시되어 있다.

콘크리트 구조에서 반복하중에 대한 감쇠능력의 요구조건은 EC8-1에 따라 3개의 연성등급 DCL(약한 감쇠-저연성), DCM(중간 정도 감쇠-중간연성), DCH(큰 연성에 따른 감쇠-고연성)으로 구분된다.

독일의 지진지역에서 콘크리트 구조는 EC8-1/NA에 따라 연성등급 DCL과 DCM만 적용된다. 연성등급 DCH는 특별한 지역의 구조로 독일 규정에 없는 Class C의 철근을 사용한다.

EC8-1/NA, NDP, 5.2.1 (5)

EC8-1, 5.5.1.1 (3)P

연성등급 DCL의 콘크리트 구조에 대해서는 거동계수 $q = 1.50$의 설계 스펙트럼으로 결정한다. 지진하중의 수평 스펙트럼가속도 $S_d(T)$는 다음과 같이 정의한다.

EC8-1, 5.3.3 지진하중의 결정에서 거동계수 $q = 1.5$까지는 구조계와 평면배치의 정형성 여부와 무관하게 사용할 수 있다.

EC8-1/NA, (NA.10)-(NA.13)식

$T_A \leq T \leq T_B$: $S_d(T) = a_{gR} \cdot \gamma_1 \cdot S \cdot [1 + (2.5/q - 1) \cdot T / T_B]$

$T_B \leq T \leq T_C$: $S_d(T) = a_{gR} \cdot \gamma_1 \cdot S \cdot (2.5/q)$

$T_C \leq T \leq T_D$: $S_d(T) = a_{gR} \cdot \gamma_1 \cdot S \cdot (2.5/q) \cdot T_C / T$

$T_D \leq T$: $S_d(T) = a_{gR} \cdot \gamma_1 \cdot S \cdot (2.5/q) \cdot T_C \cdot T_D / T^2$

EC8-1/NA, NDP, 3.2.2.5(4)P (NA.4.4) 변수 T_B, T_C, T_D와 S의 값은 표 NA.4에 주어진다. 설계스펙트럼은 $T_B = 0.01\,s$로 결정한다.

이에 따라 탄성응답스펙트럼(점선)은 다음 그림과 같이 설계 스펙트럼으로 변환한다.

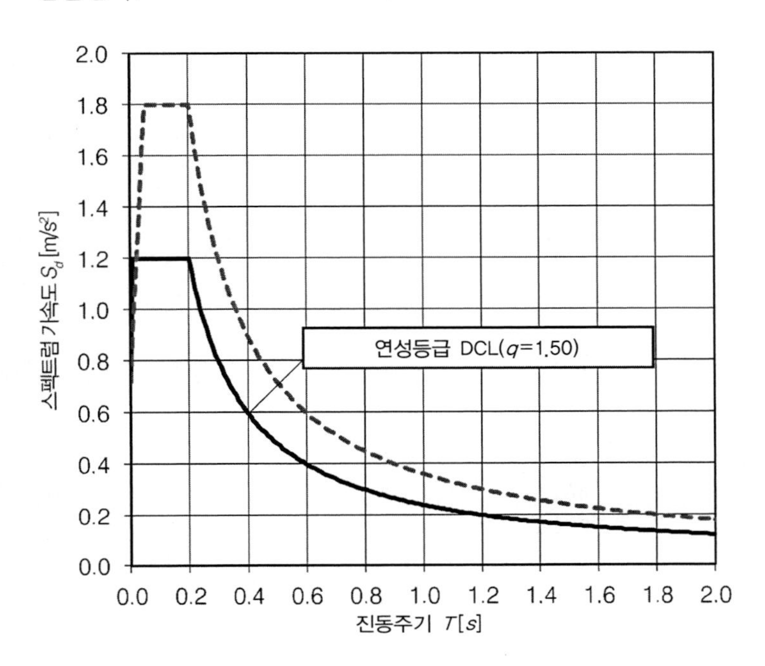

9.1.2 유효 질량의 결정

지진하중은 구조물 질량과 사용 질량에 의한 가속도가 유발하는 힘으로 계산한다. 지진에 의한 단면력 설계값은 구조물 질량과 사용질량을 다음 하중 조합으로 고려하여 구한다.

$$\Sigma G_{kj} '' + '' \Sigma \psi_{Ei} \cdot Q_{ki}$$

EC8-1, (3.17)식
"+"는 조합을 뜻한다.

지진 시에 구조물에 작용하는 변동하중의 준-고정 하중 부분인 $\psi_{2,i} \cdot Q_{k,i}$로 불확실성을 고려한다.

EC8-1, 3.2.4 (3)

Category A-C의 사용하중에 대해 계수 φ를 다음과 같이 각 층마다 다르게 적용한다.

EC8-1/NA, 표 NA.5

01-04층: $\varphi = 0.7$

05층: $\varphi = 1.0$

06층(지붕): –

최상층(여기서는 6층)에 작용하는 통행하중은 5층 바닥판 위에 작용하므로 $\varphi = 1.0$을 적용한다(표 9.1.2-1 참조). 사용하중 조합계수 $\psi_{2,i}$는 안정검토와 설하중의 유효질량을 정할 때는 조합계수 $\psi_E = \psi_2 = 0.5$를 곱한다.

EC0/NA, 표 NA.A.1.1

EC8-1/NA, NDP, 4.2.4 (2)P

사용하중의 category는 EC1-1-1/NA, 표 6.1DE에 따른 것이다. Category T: 계단과 계단참에 대해서는 footnote를 유의하라. 하중조합에 쓰일 때는 각 건물 또는 건물 일부의 사용 category의 하중을 적용한다. → 이 예제에서: Category B-사무실

사무실(Category B)	$\psi_2 = 0.3$
계단(Category T → B)	$\psi_2 = 0.3$
지붕(Category H)	$\psi_2 = 0.0$
설하중	$\psi_2 = 0.5$

표 9.1.2-1: 조합계수 ψ_E의 변동하중

변동하중				내부기둥		단부기둥		모서리기둥		전단벽 W2		코어 K1	
				B2-B6		A2-A6	B1	A1, A7		B7-C7		C2-D3	
				C4-C6		D4-D6	C1	D1, D7					
층		ψ_E		Q_{Ek}	$\psi_E Q_{Ek}$	Q_{Ek}	$\psi_E Q_{Ek}$	Q_{Ek}	$\psi_E Q_{Ek}$	Q_{Ek}	$\psi_E Q_{Ek}$	Q_{Ek}	$\psi_E Q_{Ek}$
06	설하중	0.50		45.6	22.8	24.1	12.1	12.8	6.4	48.3	24.1	139.4	69.7
06	**소계**		**kN**		**22.8**		**12.1**		**6.4**		**24.1**		**69.7**
05	사무실	0.30		91.1	27.3	48.3	14.5	25.6	7.7	96.5	29.0	187.7	56.3
05	계단	0.30										77.6	23.3
05	**소계**		**kN**		**27.3**		**14.5**		**7.7**		**29.0**		**79.6**
04	사무실	0.21		91.1	19.1	48.3	10.1	25.6	5.4	96.5	20.3	187.7	39.4
04	계단	0.21										77.6	16.3
01-04	**소계**		**kN**		**4·19.1**		**4·10.1**		**4·5.4**		**4·20.3**		**4·55.7**
	합계	**1-6**	**kN**		**126.7**		**67.1**		**35.5**		**134.2**		**372.1**
	합계	**Σi**	**kN**	$i=8$	**1,013**	$i=10$	**671**	$i=4$	**142**	$i=1$	**134**	$i=1$	**372**
	총계		$Q_{Ek,red} =$		**2,333 kN**								

표 9.1.2-2: 지진하중을 정하기 위한 고정하중과 변동하중에 의한 중량 W_k

변동하중				내부기둥		단부기둥		모서리기둥		전단벽 W2		코어 K1	
				B2-B6		A2-A6	B1	A1, A7		B7-C7		C2-D3	
				C4-C6		D4-D6	C1	D1, D7					
층		중량			W_k		W_k		W_k		W_k		W_k
06	**소계**		**kN**		**328.7**		**232.6**		**159.6**		**537.6**		**1,572.9**
05	**소계**		**kN**		**401.5**		**265.76**		**174.2**		**609.5**		**1,786.5**
02-04	**소계**		**kN**		**3·393.3**		**3·261.4**		**3·171.9**		**3·600.8**		**3·1,762.6**
01	**소계**		**kN**		**397.9**		**286.2**		**197.9**		**684.3**		**2,036.0**
	합계	**1-6**	**kN**		**2,308.0**		**1,568.6**		**1,047.5**		**3,633.7**		**10,683.2**
	합계	**Σi**	**kN**	$i=8$	**18,464**	$i=10$	**15,686**	$i=4$	**4,190**	$i=1$	**3,634**	$i=1$	**10,683**
	총계		**$W_k =$**		**52,657 kN**								

9.1.3 계산방법과 모델의 확정

지진에 대해서는 정형적인 구조계와 비정형적인 구조계는, 사용계산모델 계산방법과 거동계수 q가 다르다. 평면 정형성의 건물은 간단한 평면 계산모델을 사용할 수 있다. EC8-1, 4.3.3.1 (8)에 따른 특별한 정형적인 구조계에 대한 조건을 만족한다면 평면정형성 배치를 벗어난 경우에도 2개의 평면모델로 계산할 수 있다. 그러나 그 외의 경우에는 공간모델을 사용해야 한다.

이 차이는 EC8-1, 표 4.1에 정리되어 있다.

EC8-1, 4.3.3.1 (8)에 따른 특별한 정형성 조건은 이 절에서 보인다.

EC8-1, 4.3.3.2.1 (1)P에 따라 구조물은 각 방향이 기본 고유진동 모드보다 더 고차의 진동모드에 의해 크게 영향을 받지 않은 것이다. 이는 수직 정형성 조건 외에도 기본 고유주기가 다음 조건을 만족할 때 그러하다. $T_1 \leq \min\{4 \cdot T_C; 2.0s\}$.

평면 정형성 구조이며 추가로 EC8-1, 4.3.3.2.1의 조건을 만족하는 건물은 간단한 응답스펙트럼 방법을 사용할 수 있다. 그렇지 않으면 모드스펙트럼 해석법을 사용해야 한다.

표 9.1.3-1에 따르면 평면정형성에 대한 검사를 모두 만족하지는 않는다. 특별한 정형성 조건도 모두 만족하지 않는다(표 9.1.3-2 참조). 따라서 공간계산모델로 검토한다.

Note: 표 9.1.3-2의 d)만을 만족하지 않는다면, 2 개의 평면모델로 계산할 수 있다. 그러나 이 경우에는 지진하중을 1.2배 해야 한다.

표 9.1.3-1: 평면상의 정형성 check-list

EC8-1, 4.2.3.2에 따른 평면 정형성 조건

	조건	Check
a)	양 쪽의 수평한 건물-주축에 대해 질량과 강성의 분포가 대체로 대칭인가?	**No**
b)	평면형태가 조밀한가? (compact: 들어간 부분(recess)이 전체 평면적의 5% 이내)	Yes
c)	바닥의 강성이 수직 횡지지 요소의 수평강성에 비하여 큰가? 이는 특히 평면상 불리한 L-, C-, H-, I-와 X-형태일 때 검토한다.	Yes
d)	건물의 평면상의 세장비 $\lambda = L_{max}/L_{min}$이 4보다 크지 않을 것. L_{max}와 L_{min}은 주축방향으로 평면에서 최대 및 최소 길이이다. $\lambda = 40.5 / 20.25 = 2.0 \leq 4$	Yes
e)	강성 중심과 질량 중심점 사이의 실제편심 e_0, 비틀림 반경 r_x와 r_y와 구조물의 평면회전반경 l_s가 다음 조건을 만족하는가? $e_{0,x} \leq 0.30 \cdot r_x$ and $r_x \geq l_s$ $\rightarrow 11.91 \leq 0.30 \cdot 12.9$ and $12.9 \geq 13.1$ 불만족! $e_{0,y} \leq 0.30 \cdot r_y$ and $r_y \geq l_s$ $\rightarrow 8.17 \leq 0.30 \cdot 15.0$ and $8.17 \geq 13.1$ 불만족! 여기서 $r_x = (9409\ m^6 / (49.6\ m^4 + 7.15\ m^4))^{1/2} = 12.9\ m$ $r_y = (9409\ m^6 / (41.6\ m^4 + 0.01\ m^4))^{1/2} = 15.0\ m$ $l_s = ((40.5^2 + 20.25^2) / 12)^{1/2} = 13.1\ m$ $e_{0,x} = 11.91\ m$ $e_{0,y} = 8.17\ m$	**No**

비틀림 반경은 건물의 양쪽 주 방향에서 비틀림 강성과 병진 강성 사이의 비[8]를 나타낸다(9.3.2절의 수식 참조).
→ 계산값은 예제 20a 참조

구조물의 평면회전반경:
$l_s^2 = (L^2 + B^2) / 12$
여기서 L과 B는 평면의 장변, 단변의 길이
실제편심 e_0는 9.2.4절 참조.

표 9.1.3-2: 평면상의 특별한 정형성 조건 check-list

EC8-1, 4.3.3.1 (8)에 따른 특별한 정형성 조건

	조건	Check
a)	건물은 내부 및 외부 벽체로 잘 횡지지되고 있는가?	Yes
b)	구조물의 최대 높이는 10 m 이하인가?	**No**
c)	바닥의 강성이 수직 횡지지 요소의 수평강성에 비하여 큰가? 이는 특히 평면상 불리한 L-, C-, H-, I-와 X-형태일 때 검토한다.	Yes
d)	질량중심과 강성중심은 근사적으로 수직선상에 있고, 다음 조건을 만족한다. $r_x^2 > l_s^2 + e_{0,x}^2$ $\rightarrow 12.9^2 > 13.1^2 + 11.91^2$ 불만족! $r_y^2 > l_s^2 + e_{0,y}^2$ $\rightarrow 15.0^2 > 13.1^2 + 8.17^2$ 불만족!	**No**

간단한 응답스펙트럼 방법을 쓸 수 있는지를 결정하기 위해 수직 정형성 조건(표 9.1.3-3 참조)뿐만 아니라, 건물의 양쪽 주 축방향에 대해 다음 조건을 검사한다.

간단한 응답스펙트럼 방법의 적용과정은 9.2절의 다른 계산에 보였다.

역자 주 8 Torsional stiffness와 translational stiffness의 비를 뜻한다.

$T_1 \leq \min\{4 \cdot T_c;\ 2.0s\}$

$0.439s \leq \min\{4 \cdot 0.20;\ 2.0\} = 0.80s$

$T_{1,x}$와 $T_{1,y}$에 대해 만족!

기본 고유 주기는 8장, 통제주기 T_c는 7장 참조

여기서 근사적으로 구한 고유주기 $T_{1,x} = 0.439s$, $T_{1,y} = 0.376s$ 이며 응답스펙트럼의 통제주기 $T_C = 0.20s$ 이다.

평면 정형성 조건과 고유주기에 관한 추가조건은 양방향 모두에서 충족한다. 따라서 각 방향에서 기본 고유진동보다 고차의 진동이 미치는 영향은 무시할 수 있으며, 간단한 응답스펙트럼 방법을 쓸 수 있다.

공간계산모델을 쓰기 위해서는 적절한 소프트웨어로 계산해야 한다. 이러한 소프트웨어에는 모드스펙트럼 해석법이 대부분 포함되어 있으므로, 일반적으로 좀 더 경제적일 수 있는 이 방법을 사용한다. 따라서 이 예제에서는 모드스펙트럼 해석법을 선택한다.

간단한 응답스펙트럼 방법을 사용에 관해서는 9.2절을 참조하라.

표 9.1.3-3: **평면 정형성** check-list

	조건	Check
a)	코어(계단실 등)과 전단벽과 같은 모든 수평 횡지지 구조계는 중간에 끊기지 않고 모든 층을 관통하는가?	Yes
b)	수평강성과 질량은 일정하거나 급작스러운 변경 없이 점진적으로 감소하는가?	Yes
c)	평면상의 변동이 있으면 다른 조건이 적용된다. 평면상 변동이 없는가?	Yes

9.1.4 유효진동모드의 결정

건물의 전체 지진거동에 영향을 주는 유효진동모드에 의한 단면력과 변위를 고려한다. 이는 다음 경우에 만족한다.

EC8-1, 4.3.3.3.1 (2)P

- 고려하는 진동모드의 '유효모드질량'의 합이 구조계의 총 질량 90% 이상이거나, 또는
- 총 질량의 5% 이상의 유효모드질량을 갖는 진동모드를 모두 포함하는 경우

EC8-1, 4.3.3.3.1 (3)

위의 조건은 각 결정적인 방향에 대해 검토한다.

EC8-1, 4.3.3.3.1 (4)

진동모드를 결정하기 위해서 공간구조계의 고유진동해석이 가능한 컴퓨터 프로그램으로 해석한다. 이 예제에서는 유한요소해석 프로그램인 ABAQUS/Standard [81]을 사용한다.

[81] ABAQUS/Standard

동적 해석을 위해서 코어(Core)와 전단벽체[9]를 수평 횡지지 부재로 간주하여 구조모델에서 휨강성이 큰 등가뼈대로 치환하는 것으로 충분하다. 수평 횡지지를 위한 기둥의 기여는 따로 고려하지 않고 무시한다. EC8-1의 관점에서 코어와 전단벽체는 주 내진부재이나, 기둥은 2차 내진부재이다. 코어의 비틀림 강성은 예제 20a에 따라 다음과 같다.

$$l_{T1,1} + l_{T2,1} = 55.625 \text{ m}^4$$

EC8-1, 4.2.2 (4)
2차 내진부재 전체의 수평 강성 기여분은 주 내진부재 전체 기여분의 15%를 넘지 않아야 한다.
주 내진부재는 지진에 저항하는 횡지지 부재로 EC8-1에 따라 설계하고 시공한다. 2차 내진부재는 내진을 위해 횡지지 부재로 계획된 것은 아니다. 이들이 EC8-1의 요구사항을 모두 만족할 필요는 없다. 그러나 지진 설계상황에서 변위가 발생할 때 이들이 지진하중을 받는 것은 확인해야 한다.

콘크리트 바닥 슬래브는 각 층의 평면에서 충분한 강성을 갖는 것으로 간주하여 구조모델에서 쉘요소로 모델링한다.

전단벽체와 코어는 특별한 연결요소로 바닥 슬래브와 결합하여 수직축에 대해 수평이동과 회전만 발생하게 한다. 이에 따라 구조모델에서 바닥 슬래브의 휨강성을 포함하지 않는다. 기둥은 각 층 별로 링크(Link)부재(양단힌지의 부재)로 모델링한다.

비교를 위해서 이 예제에서는 기둥의 강성을 고려하여 건물의 수평강성을 구했다. 비교결과 기둥의 몫이 대략 15%에 달하여 위에서 제시한 조건을 충족하므로 기둥을 2차 부재 및 링크(Link) 부재로 생각할 수 있다.
이는 특히 연성등급 DCM과 DCH에서 EC8-1에 따른 추가의 시공요구조건을 고려하지 않아도 되므로 도움이 된다.

8장에 기술한 것과 같이, 지진력의 결정에서 구조부재의 강성은 안전 측으로 비균열 단면으로 가정한다.

공간계산모델을 다음 그림에 보였다.

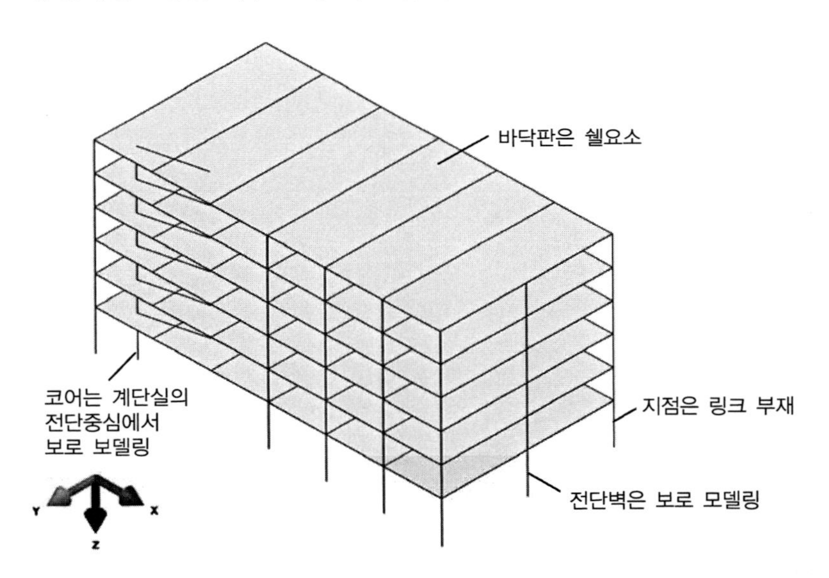

모드해석에서 구한 각 방향의 최초 5개의 진동모드와 이에 해당되는 유효 모드질량을 표 9.1.4-1에 정리하였다. 또한 유효 모드질량의 총 질량 $M=5265t$에 대한 %를 누적하여 보였다.

역자주 9 이 예제에서 코어(Core)는 계단실벽체 K1, 전단벽체는 벽체 W2이다(예제 20a참조).

표 9.1.4-1: 고유진동 유효 모드질량과 이들의 총 질량에 대한 비율

i	f_i	$m_{i,x}$	$m_{i,x}/M_{ges}$	$\Sigma m_{i,x}/M_{ges}$	$m_{i,y}$	$m_{i,y}/M_{ges}$	$\Sigma m_{i,y}/M_{ges}$
	[Hz]	[t]	[%]	[%]	[t]	[%]	[%]
1	1.63	1302	24.7	24.7	1655	31.4	31.4
2	2.20	2297	43.6	68.3	1481	28.1	59.6
3	4.00	216	4.1	72.4	666	12.7	72.2
4	6.82	524	10.0	82.4	431	8.2	80.4
5	9.56	560	10.6	**93.0**	610	11.6	**92.0**

EC8-1, 4.3.3.3.1 (3)의 요구조건
$\Sigma m_{i,x}/M_{ges}$ =93%>90%
$\Sigma m_{i,y}/M_{ges}$ =92%>90%
양쪽의 수평방향에 대해 만족한다.

구조계의 진동거동을 보이기 위해 1차와 2차 진동모드의 모드형상을 그림으로 보였다. 1차 진동모드형상에서 비틀림의 영향을 알 수 있다.

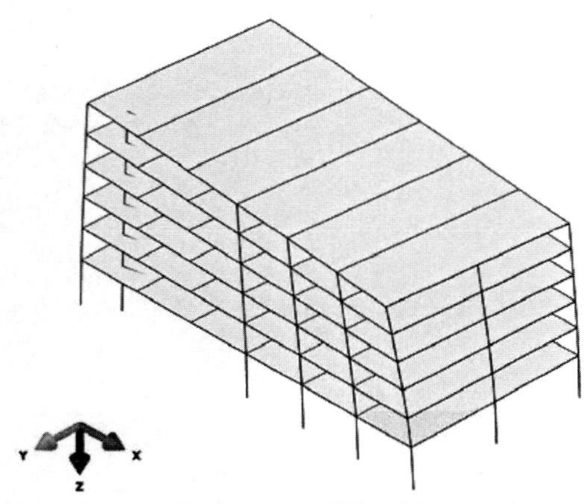

1st Mode Shape: f_1 =1.63 Hz(T_1 =1/ f_1 =0.61 s)

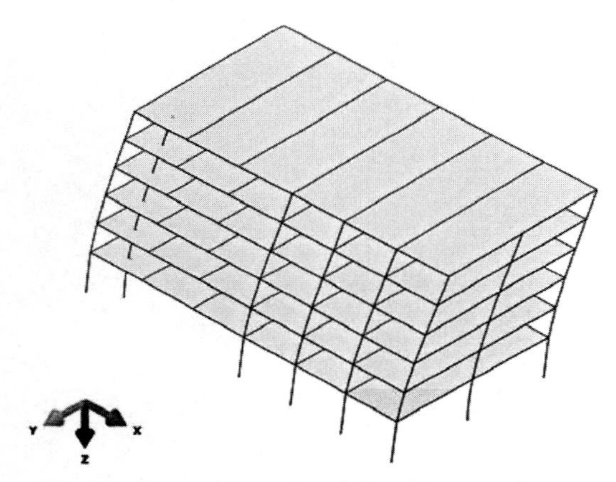

2nd Mode Shape: f_2 =2.20 Hz(T_2 =1/ f_2 =0.46 s)

9.1.5 지진하중의 성분과 조합의 결정

앞에서 정한 모드형상과 해당 진동주기로 각 x-와 y-방향의 설계 응답을 계산한다. 이 계산은 소프트웨어에서 자동으로 이루어진다.

각각의 응답이 어떻게 겹치는지는 각 진동모드가 독립적으로 거동하는지에 달려 있다. 2개의 진동모드 i와 j의 단면력과 변위는, 각각의 주기 T_i와 T_j ($T_j \leq T_i$로 정의)가 다음 조건을 만족할 때 독립적인 것으로 본다.

EC8-1, 4.3.3.3.2

$$T_j \leq 0.9\,T_i$$

EC8-1, (4.15)식

이 조건이 모든 진동모드에서 만족한다면, 지진하중에 의한 단면력 또는 변위의 최대값 E_E는 다음의 제곱평균(SRSS)로 계산할 수 있다.

$$E_E = \sqrt{\Sigma E_{Ei}^2}$$

EC8-1, (4.16)식

여기서:

E_E 지진하중(힘, 변위 등)에 의한 단면력 또는 변위

E_{Ei} 진동모드 i의 지진하중에 의한 단면력 또는 변위값

이 조건을 만족하지 못하면, 더 정확한 조합방법－예를 들어, 'complete square combination'－을 적용해야 한다.

그림 9.1.4-1의 진동주기를 검사하면, 위의 조건을 만족한다. 따라서 단면력과 변위는 SRSS로 구한다.

개별 진동모드에서 정해진 진동주기로부터 설계 스펙트럼의 해당 스펙트럼 값을 읽을 수 있다(표 9.1.5-1 참조). 여기서는 전반적인 값을 알 수 있게 스펙트럼 값을 보였다－일반적으로 이 값은 소프트웨어로 자동계산된다.

설계 스펙트럼, 9.1.1절 참조

표 9.1.5-1: 고유진동수, 진동주기와 해당 스펙트럼값

i	f_i	$T_i = 1/f_i$	$S_d(T)$
	[Hz]	[s]	[m/s²]
1	1.63	0.613	0.392
2	2.20	0.455	0.528
3	4.00	0.250	0.959
4	6.82	0.147	1.200
5	9.56	0.105	1.200

횡지지 부재의 단면력을 표 9.1.5-2에 보였다. 이 표의 값은 절대값으로 +/− 부호가 더해져야 하는 데 유의하라.

각 i층에서 코어와 전단벽이 지지하는 수평하중은 전단력도의 한계선(envelope)로 계산할 수 있다. 이는 다른 방법인 등가하중법으로 구한 수평하중과 비교할 수 있다.

표 9.1.5-2: 지진에 의한 H_{Ei}[kN]과 M_{Ei}[kNm], 각 i층에서 작용방향 x와 y에 대해 분리한 값

코어 K1		x-방향 작용				y-방향 작용			
i	h_i	H_{Edx}	H_{Edy}	M_{Edx}	M_{Edy}	H_{Edx}	H_{Edy}	M_{Edx}	M_{Edy}
06	22.5	569	301	0	0	526	354	0	0
05	19.0	356	176	1285	2442	297	232	1522	2240
04	15.5	185	89	2960	5695	131	142	3597	5102
03	12.0	189	59	4848	9393	161	122	6066	8207
02	8.5	229	121	6902	13448	229	111	8841	11531
01	5.0	209	87	9161	18024	221	94	11895	15349
00	0	0	0	11978	23873	0	0	15626	20417
전단벽 W2		x-방향 작용				y-방향 작용			
i	h_i	H_{Edx}	H_{Edy}	M_{Edx}	M_{Edy}	H_{Edx}	H_{Edy}	M_{Edx}	M_{Edy}
06	22.5	0	213	0	0	0	199	0	0
05	19.0	0	105	896	0	0	113	845	0
04	15.5	0	25	1962	0	0	47	1903	0
03	12.0	0	88	2969	0	0	98	2994	0
02	8.5	0	158	4013	0	0	151	4209	0
01	5.0	0	150	5463	0	0	141	5840	0
00	0	0	0	7763	0	0	0	8274	0

앞서와 같이 단면력은 각 수평방향에 대해 따로 정하였다.

지진하중의 수평성분은 일반적으로 동시에 작용하는 것으로 보고 조합한다. 다음과 같이 조합한다.

EC8-1, 4.3.3.5.1

- 지진하중의 두 수평방향 성분에 의한 각 단면력의 최대값은 각각의 수평성분 값을 제곱하여 합한 값의 제곱근으로 정한다. 수평성분을 이와 같이 조합하는 것은 일반적으로 안전 측의 계산값이 된다.
- 제곱평균하는 방법 대신에 아래의 조합방법으로 계산할 수 있다.
  a) $E_{Edx}{}'' + '' 0.30\, E_{Edy}$
  b) $E_{Edy}{}'' + '' 0.30 E_{Edx}$
  여기서 $'' + ''$는 조합을 뜻하며, $E_{Edx}(E_{Edy})$는 x-방향(y-방향)의 지진하중에 의한 단면력(또는 변위 등 하중영향)을 뜻한다.

질량분포와 지진하중의 공간적 변동에 따른 불확실성을 감안하여, 각 층의 계산상 질량점을 계획위치에서 양쪽의 수평방향으로 우발편심만큼 이동하여 고려한다.

EC8-1, 4.3.2

$$e_{ai} = \pm 0.05 \cdot L_i$$

여기서 L_i는 지진하중의 방향에 수직한 층고이다. 우발편심 e_{ai}는 모든 층에서 같은 방향으로 둔다(즉, 모든 층에서 +이거나 −로 같이 한다).

분산질량의 공간구조 모델에서는 위의 추가 편심을 고려하여 질량을 배치하는 것이 이론적으로 가능하다! 그러나 각 편심에 따라 질량분포를 달리하여

계산하는 것은 질량자료의 입력이 매우 번잡해질 수 있다. 따라서 이 예제에서는 방법을 달리하여 각 층에서 수직 축에 대한 모멘트를 적용할 때 두 작용방향에 대해 추가의 편심을 적용하는 방법을 선택한다.

$$e_{ax} = \pm 0.05 \cdot 40.5 \quad = \pm 2.03 \text{ m}$$

$$e_{ay} = \pm 0.05 \cdot 20.25 \quad = \pm 1.01 \text{ m}$$

편심을 각 층의 수평력에 곱하면, 각 층의 작용력 방향으로 수직축에 대한 우발 비틀림에 의한 모멘트가 생긴다. i층에 작용하는 수평력 F_i는 각 층과 각 방향의 모든 횡지지 부재(여기서는 코어와 전단벽)에 의한 힘의 합력 H에 의해 발생한다. 각 i층에 작용하는 수평력과 우발 비틀림에 의한 편심으로 수직축에 대해 발생한 모멘트를 표 9.1.5-3에 정리하였다.

표 9.1.5-3: i층에 작용하는 수평력 F_i[kN]과 우발 비틀림에 의한 모멘트 합력 M_{zi}[kNm]

		x-방향으로 작용		y-방향으로 작용	
i	h_i	$F_{i,Ex}$	$M_{zi,Ex}$	$F_{i,Ey}$	$M_{zi,Ey}$
06	22.5	570	577	553	1120
05	19.0	357	361	346	700
04	15.5	184	186	189	382
03	12.0	189	191	220	445
02	8.5	229	232	262	530
01	5.0	211	214	235	477
00	0	0	0	0	0

두 작용 방향으로 각 방향의 우발편심에 의해 모든 층에서 수직한 축에 대한 모멘트가 발생하여 하나의 하중경우가 된다. 결과의 단면력은 표 9.1.5-2의 단면력을 조합하여 구하며, 표 9.1.5-4에 정리하였다.

표 9.1.5-4: 지진에 의한 H_{Eil}[kN]과 M_{Eil}[kN], 우발 비틀림에 의해 각 i층에 발생하는 x-, y- 방향의 값

코어 K1		x-방향 작용				y-방향 작용			
i	h_i	H_{Edx}	H_{Edy}	M_{Edx}	M_{Edy}	H_{Edx}	H_{Edy}	M_{Edx}	M_{Edy}
06	22.5	571	308	0	0	529	367	0	0
05	19.0	358	183	1316	2449	300	246	1582	2253
04	15.5	186	94	3043	5714	133	151	3756	5137
03	12.0	190	65	5000	9427	164	136	6358	8271
02	8.5	230	129	7144	13501	233	128	9317	11636
01	5.0	211	95	9521	18103	225	112	12615	15508
00	0	0	0	12497	23988	0	0	16677	20649
전단벽 W2		x-방향 작용				y-방향 작용			
i	h_i	H_{Edx}	H_{Edy}	M_{Edx}	M_{Edy}	H_{Edx}	H_{Edy}	M_{Edx}	M_{Edy}
06	22.5	0	220	0	0	0	213	106	0
05	19.0	0	112	928	0	0	127	906	0
04	15.5	0	30	2047	0	0	56	2066	0
03	12.0	0	94	3124	0	0	111	3293	0
02	8.5	0	166	4261	0	0	169	4696	0
01	5.0	0	159	5732	0	0	159	6577	0
00	0	0	0	8294	0	0	0	9349	0

다음 표 9.1.5-5는 표 9.1.5-4의 값을 제곱평균하여 조합한 것이다. 여기에 다시 전단력에 의한 수평하중을 비교하였다.

표 9.1.5-5: 지진에 의한 H_{Ei}[kN]과 M_{Ei}[kN], 각 i층에서 조합하여 구한 값

코어 K1					
i	h_i	H_{Edx}	H_{Edy}	M_{Edx}	M_{Edy}
06	22.5	778	479	0	0
05	19.0	467	307	2058	3328
04	15.5	228	178	4834	7683
03	12.0	251	151	8089	12541
02	8.5	328	182	11741	17824
01	5.0	308	147	15804	23837
00	0	0	0	20840	31651
벽체 2					
i	h_i	H_{Edx}	H_{Edy}	M_{Edx}	M_{Edy}
06	22.5	0	306	0	0
05	19.0	0	170	1297	0
04	15.5	0	64	2908	0
03	12.0	0	146	4540	0
02	8.5	0	237	6342	0
01	5.0	0	224	8724	0
00	0	0	0	12498	0

9.1.6 강도한계상태 검토

지진상태의 단면력(내지 변위, 하중영향)의 설계값 E_d는 구조부재와 비구조부재에 대해 다음 하중조합으로 결정한다.

$$E_d = E\{\Sigma G_{k,j} \oplus P_k \oplus \gamma_1 \cdot A_{Ed} \oplus \Sigma \psi_{2,i} \cdot Q_{k,i}\}$$

여기서 A_{Ed}는 지진에 의한 하중(작용)의 설계값이며 γ_1은 가중치로 EC8-1/NA에 따라 1.0으로 둔다.

불완전성[10]으로 인한 수평하중은 고려할 필요 없다.

설계기준에 따른 주요 비구조 요소는 예를 들어 파라펫난간, 박공, 안테나, 기계요소와 장치, 커튼 월, 칸막이, 난간 등이다. 이러한 부재들은 파괴 시 사람에게 위험하거나, 구조물에 손상을 끼칠 수 있는 것으로 연결부, 정착부와 고정장치를 포함하여 설계지진을 받을 수 있는지 검토한다. 그러나 여기서는 비구조요소의 검토는 수행하지 않았다.

지진설계상황의 하중조합은 EC0, 6.4.3.4 (1)과 EC8-1/NA,부록 NA.D, NCI NA.D.8 (1)에 제시되어 있다. 가중치 γ_1은 독일 NA에서 1.0으로 한다.
⊕ 조합부호

EC2-1-1, 5.2 (2)P에 따라 정상 및 임시 설계상황뿐만 아니라 예외적 설계상황의 강도한계상태에서 불완전성을 포함한다. 그러나 지진설계 상황에서는 포함하지 않는다.

Note:
지진에 의한 수평력과 이에 따른 변위는 일반적으로 너무 커서 불완전성이나 기울어짐에 의한 작용을 무시할 수 있다.이에 따라 EC2, 5.2에 따른 지진설계에서 고려할 필요가 없다.

역자주 10 여기서 불완전성은 기울어짐(기둥의 경사)로 인한 예기치 않은 편심을 뜻한다.

설계 단면력의 결정

기초 슬래브 상면의 단면력:

축력(표 2.1.1-1과 2.1.1-2 참조):

→ 표는 예제 20a를 참조하라.

코어 K1: $N_{Ed} = G_{Ek} + \Sigma \psi_{2,i} \cdot Q_{Ek,i}$

$= 10{,}311 + 0.5 \cdot 139.4 + 0.3 \cdot 5 \cdot 265.3 \quad = \mathbf{10{,}779\ kN}$

전단벽 W2: $N_{Ed} = G_{Ek} + \Sigma \psi_{2,i} \cdot Q_{Ek,i}$

$= 3{,}500 + 0.5 \cdot 48.3 + 0.3 \cdot 5 \cdot 96.5 \quad = \mathbf{3{,}669\ kN}$

지진에 의한 휨모멘트와 전단력은 EC0에 따라 지진하중에 가중계수 γ_1을 고려하여 구한다.

EC8-1/NA, 부록 NA.D, NCI NA.D.8 (1)에 따라 $\gamma_1 = 1.0$.

코어 K1: $V_{Ed,x} = 1.0 \cdot 2{,}360 \quad = \mathbf{2{,}360\ kN}$

$V_{Ed,y} = 1.0 \cdot 1{,}443 \quad = \mathbf{1{,}443\ kN}$

$M_{Ed,x} = 1.0 \cdot 20{,}840 \quad = \mathbf{20{,}840\ kNm}$

$M_{Ed,y} = 1.0 \cdot 31{,}651 \quad = \mathbf{31{,}651\ kNm}$

전단벽 W2: $V_{Ed,y} = 1.0 \cdot 1{,}147 \quad = \mathbf{1{,}147\ kN}$

$M_{Ed,x} = 1.0 \cdot 12{,}498 \quad = \mathbf{12{,}498\ kNm}$

주어진 지진에 의한 설계 단면력은 강도검토에서 부호를 바꿔서도 검토해야 한다.

연성등급 DCL의 특별 요구조건

설계와 구조세목에 대해서는 EC2-1-1의 규정이 일반적으로 유효하다. 약한 연성(DCL)에 대해서는 EC2-1-1에 더하여 EC8-1, 5.3의 요구사항에 유의해야 한다.

EC8-1, 5.2.1 (2)P

EC8-1, 5.2.4 (1)P
강도한계상태의 검토에서 재료의 부분안전계수는 반복적인 변형에 따라 재료강도가 감소할 수 있는 것을 고려해야 한다. 더 자세한 자료가 없는 일반적인 경우에는 정상 및 임시 설계상황에 적용하는 부분안전계 $\gamma_C = 1.5$와 $\gamma_S = 1.15$를 사용한다.

- 주어진 부재의 위험구역에서는 EC2-1-1, 표 C.1에 따른 class B 또는 C의 철근을 사용해야 한다.
- EC2-1-1의 기본 하중조합에 주어진 $\gamma_C = 1.5$와 $\gamma_S = 1.15$를 적용한다.

EC2-1-1에 따른 검토는 5.1절과 5.2절의 부재에 이미 보였으므로, 여기서는 구체적인 세목계산은 생략한다.

→ 예제 20a 참조:
풍하중과 기울어짐에 의한 수평력에 대한 검토를 지진하중에 의한 높은 단면력에 대해서도 다시 수행한다.

9.2 Case 2: 부록 NA.D에 따른 '간단한 규정'에 의한 검토

부록 NA.D에는 '간단한 규정'이 제시되어 있다. 이는 지진 검토에서 표준방법이라 할 수 있는데, 대부분의 독일 일반건물에 대해 사용할 수 있다. 이 방법은 EC8-1에서 필요한 많은 자료가 필요하지 않으며 단지 부록 NA.D와 국가별 부록의 지진하중에 대한 정보만 필요하다. 이 검토는 간단한 응답스펙트럼을 기반으로 하며, 연성등급에 따른 차이는 없다. 이 간단한 규정은 액상화와 같은 특별한 위험이 없는 일반적인 지반조건과 구조물이 다음 조건을 만족할 때 적용할 수 있다.

EC8-1/NA, NDP, 3.2.1 (4)
왜냐하면…지진지역 1~3은 이 기준에서는 약한 지진 지역으로 분류되므로, 일반건물에 대해서… 부록 NA.C의 간단한 규정을 사용할 수 있다.

EC8-1/NA, NCI NA.C.1 (2)

a) 구조물은 중요도 등급 I~III의 일반 건물로 분류되며, 6층 이하이며 부지 지면에서 최대 건물 높이까지가 20m 이하이다.

b) 구조물은 평면상 양쪽 주방향으로 수평강성과 질량이 거의 대칭으로 분포해야 한다. 대칭이 아닐 때는 구조물이 이에 따른 하중(및 하중효과, 예를 들어 비틀림)을 받을 수 있어야 한다.

c) 건물 평면은 H, X, L, T 또는 U형과 같이 크게 굽은 형태가 아니다. 굽은 형태는 각각의 단위평면이 적절한 이음부로 분리될 때만 허용한다. 그런 경우에는 각 단위평면에 대해 따로 고려한다.

d) 바닥 슬래브는 평면상으로 준-강성 평면부재로 수평력을 횡지지 부재에 전달해야 한다.

e) 수평력을 받는 모든 구조계, 예를 들어 코어, 전단벽 또는 라멘들은 다층 건물의 지하에서 최상층 바닥까지 끊임없이 연속하여야 한다. 그렇지 않은 경우에 수평 및 수직의 안전한 하중전달이 보장되어야 한다.

f) 각 층의 수평강성, 실제의 수평 내하력과 질량은 부재 높이에 걸쳐 일정하거나 갑작스러운 큰 변화 없이 점진적으로 감소해야 한다(예외: 지하층 연결부).

이 건물은 최대 높이가 22.5 m이므로 a)를 제외한 모든 조건을 만족한다. 따라서 부록 NA.D에 따른 간단한 규정을 적용할 수 없다. 여기서는 간단한 규정의 적용 예를 보이기 위해 대략 1층을 줄여서 건물높이를 19 m로 한다.

간단한 규정에서는 거동계수 1.5를 쓴다. 이에 따른 설계 스펙트럼은 9.1절과 같다.

$q = 1.5$: EC8-1/NA, NCI NA.D.2 (4)

9.2.1 유효질량의 결정

EC8-1에 따른 일반적인 내진검토와 달리 간단한 규정에서는 최상층과 그 아래층의 사용하중 차이를 계수 ψ로 구분하지 않는다. 그 대신 모든 층에서 구조물의 사용하중을 30%로 고려한다. 이전과 같이 설하중은 50%를 고려한다.

EC8-1/NA, NCI NA.D.2 (2)
Note:
창고, 도서관, 상점, 주차장, 작업장과 공장에 대해서는 사용하중의 80%를 적용한다.

표 9.2.1-1: 변동하중과 조합계수 ψ_E

변동하중			내부기둥 B2-B6 C4-C6		단부기둥 A2-A6 B1 D4-D6 C1		모서리기둥 A1, A7 D1, D7		전단벽 W2 B7-C7		코어 K1 C2-D3	
층		ψ_E	Q_{Ek}	$\psi_E Q_{Ek}$	Q_{Ek}	$\psi_E Q_{Ek}$	Q_{Ek}	$\psi_E Q_{Ek}$	Q_{Ek}	$\psi_E Q_{Ek}$	Q_{Ek}	$\psi_E Q_{Ek}$
05	설하중	0.50	45.6	22.8	24.1	12.1	12.8	6.4	48.3	24.1	139.4	69.7
05	소계	kN		22.8		12.1		6.4		24.1		69.7
04	사무실	0.30	91.1	27.3	48.3	14.5	25.6	7.7	96.5	29.0	187.7	56.3
04	계단	0.30									77.6	23.3
01-04	**소계**	**kN**		**4·27.3**		**4·14.5**		**4·7.7**		**4·29.0**		**4·79.6**
	합계	**1-5 kN**		**132.1**		**70.0**		**37.1**		**140.0**		**388.0**
	합계	**Σi kN**	**i=8**	**1057**	**i= 10**	**700**	**i=4**	**148**	**i=1**	**14**	**i=1**	**388**
	총합계		**$Q_{Ek,red}$**	**=2,443 kN**								

표 9.2.1-2: 지진하중을 결정하기 위한 고정 및 변동하중에 의한 중량 W_k

수직하중			내부기둥 B2-B6 C4-C6	단부기둥 A2-A6 B1 D4-D6 C1	모서리기둥 A1, A7 D1, D7	전단벽 W2 B7-C7	코어 K1 C2-D3
층	하중		W_k	W_k	W_k	W_k	W_k
05	**소계**	**kN**	**328.7**	**232.6**	**159.6**	**537.6**	**1,572.9**
02-04	**소계**	**kN**	**3·401.5**	**3·265.7**	**3·174.2**	**3·609.5**	**3·1,786.5**
01	**소계**	**kN**	**406.1**	**290.6**	**200.2**	**693.0**	**2,059.9**
	합계	**1-5 kN**	**1939.3**	**1320.3**	**882.5**	**3059.0**	**8992.2**
	합계	**Σi kN**	**i=8 15,515**	**i= 10 13,203**	**i=4 3,530**	**i=1 3,059**	**i=1 8,992**
	총합계		**W_k =44,299 kN**				

9.2.2 진동주기의 결정

기본 진동주기는 [75], p.170에 따라 다음과 같이 구한다.

$$T_1 = \frac{2 \cdot \pi \cdot h^2}{\alpha_1^2} \cdot \sqrt{\frac{m_1}{h_1 \cdot EI}}$$

h	$=19.0\ \text{m}$	전단벽 높이
h_1	$=3.80\ \text{m}$	평균 층고
m_1	$=44{,}299 / 5 / 10.0 = 885.97t$	평균질량(각 층)
α_1	$=1.71\ \text{m}$	진동주기 계수($n=5$)
E_{cm}	$=33{,}000\ \text{N/mm}^2$	탄성계수 C30/37
$\Sigma I_{c,x,i}$	$=49.6+7.15=56.75\ \text{m}^4$	
$\Sigma I_{c,y,i}$	$=41.6+0.0=41.60\ \text{m}^4$	

기본 진동주기는 EC8-1/NA, NCI NA.D.2 (3)에 주어진 식 (NA.D.2)에 따라 근사계산할 수 있다.
$T_1 = 2\sqrt{u}$
여기서 u[m]는 지진설계상황에서 수평방향의 중량으로 발생하는 건물 상단의 가상 수평변위이다.

여기서는 다음 방법으로 [75] *Müller/Keintzel*: 건물의 내진, p.170에 주어진 식을 사용했다(8장 참조).

x-방향 진동의 기본주기:

$$T_{1,x} = \frac{2 \cdot \pi \cdot 19.0^2}{1.71^2} \cdot \sqrt{\frac{0.8860}{3.80 \cdot 33000 \cdot 41.60}} \quad = \mathbf{0.319}s$$

y-방향 진동의 기본주기:

$$T_{1,y} = \frac{2 \cdot \pi \cdot 19.0^2}{1.71^2} \cdot \sqrt{\frac{0.8860}{3.80 \cdot 33000 \cdot 56.75}} \quad = \mathbf{0.274}s$$

9.2.3 지진하중 성분의 결정

기본 진동주기를 결정한 후에는 설계 스펙트럼의 y값을 읽을 수 있다.

EC8-1/NA, (NA.12)식,
왜냐하면 $T_C = 0.2s < T_1 < T_D = 2.0s$

$$S_{d,x}(T_{1,(x/y)}) = a_{gR} \cdot \gamma_I \cdot S \cdot (2.5/q) \cdot T_C / T_{1,(x/y)}$$

a_{gR}, γ_1, S와 T_C의 값은 6.1절 참조

x-와 y- 방향의 진동에 대해서

$$S_{d,x}(T_{1,x}) = 0.6 \cdot 1.2 \cdot 1.0 \cdot (2.5/1.5) \cdot 0.20/0.319 = 0.7515 \text{ m/s}^2$$

$$S_{d,y}(T_{1,y}) = 0.6 \cdot 1.2 \cdot 1.0 \cdot (2.5/1.5) \cdot 0.20/0.274 = 0.8774 \text{ m/s}^2$$

각 주 방향의 총 지진력 F_b는 설계 스펙트럼의 y값 $S_d(T_1)$과 구조물의 총 질량 M 및 보정계수 λ로부터 구한다.

EC8-1/NA, NCI NA.D.2 (1)

x-와 y-방향의 진동에 대해서:

EC8-1/NA, (NA.D.1)식
$F_b = S_d(T_1) \cdot M \cdot \lambda$
$\lambda = 0.85$, 왜냐하면 양쪽 방향으로 $T_1 < 2$
$T_C = 0.4s$

$$F_{b,x} = 0.7515 \cdot 4429.9 \cdot 0.85 \quad = \mathbf{2{,}830\ kN}$$

$$F_{b,y} = 0.8774 \cdot 4429.9 \cdot 0.85 \quad = \mathbf{3{,}304\ kN}$$

이렇게 구한 총 지진력을 건물 높이에 걸쳐 분배한다. 근사적으로 첫 번째 진동모드에서는 높이에 따라 비례하여 분배한다. 따라서 i층의 수평력 F_i는 다음과 같다.

EC8-1/NA, NCI NA.D.3

$$F_i = F_b \cdot \frac{z_i \cdot m_i}{\Sigma z_j \cdot m_j}$$

EC8-1/NA, (NA.D.4)
$m_{i,j} = W_{i,j}/g$
여기서 $g \sim 10$ m/s²

표 9.2.3-1: i층에 작용하는 수평력의 결정

i	z_i	m_i	$z_i \cdot m_i$	$z_i \cdot m_i / \Sigma(z_i \cdot m_i)$	$F_{i,x}$	$F_{i,y}$
	m	t	t m	-	kN	kN
5	19.0	770.5	14,639	0.283	800.4	934.5
4	15.5	896.2	13,891	0.268	759.5	886.8
3	12.0	896.2	10,754	0.208	588.0	686.5
2	8.5	896.2	7,618	0.147	416.5	486.3
1	5.0	970.8	4,854	0.094	265.4	309.9
Σ		**4,429.9**	**51,756**	**1.000**	**2,829.8**	**3,303.9**

표 9.2.3-1의 수평력 F_i는 강성 바닥판을 가정하여 구조계에 수평하중으로 분배된다.

EC8-1/NA, NCI NA.D.3 (3)

9.2.4 비틀림 작용의 고려

NA.D.1에 따라서 구조물은 평면에서 양쪽의 주방향으로 수평강성과 질량이 거의 대칭으로 분배되어야 한다. 이 조건을 충족하지 못하면 NA.D.4에 따른 작용(예를 들어서 비틀림)을 검토해야 한다. 이 요구조건은 정량적인 기준이 없으며 기술자의 판단에 따라 개별적으로 평가해야 한다. 저자의 판단으로는 이 건물은 수평강성이 거의 대칭분배된 것으로 볼 수 없으므로, NA.D.4 (2)에 따른 비틀림 작용을 고려해야 한다.

Note:
건물에서 수평강성과 질량이 거의 대칭으로 분배된다면, NA.D.4 (1)에 따른 비틀림 작용 지진 단면력을 15% 증가로 갈음할 수 있다.

비틀림 작용을 고려하기 위해서 위에서 정한 수평력에 다음의 편심을 각 층의 질량중심에 대해 적용한다.

$$e_{max} = e_0 + e_1 + e_2$$

$$e_{min} = 0.5 \cdot e_0 - e_1$$

EC8-1/NA, (NA.D.5)식
이 식들은 DIN 4149:2005 [R13]에 이미 같은 방식으로 포함되어 있다.

실제편심 e_0, 지진 방향에 수직한 구조물 치수의 5%에 해당하는 우발편심 e_1, 그리고 이동과 비틀림 진동이 동시에 작용하는 추가편심 e_2를 고려한다.

질량 중심점과 전단 중심점에서 실제 편심이 필요하다. 다음의 표 9.2.4-1에서는 예제 20a에 따라 질량 중심점과 전단 중심점을 결정하였다.

질량 중심점 위치는 다음과 같다.

$$x_m = \Sigma(W_j \cdot x_j) / \Sigma W_j = 876.67 / 44.30 \quad = 19.79 \text{ m}$$

$$y_m = \Sigma(W_j \cdot y_j) / \Sigma W_j = 426.38 / 44.30 \quad = 9.63 \text{ m}$$

계산하는 방향에 수직한, 강성 중심점과 질량 중심점 사이의 실제편심 e_0는 다음과 같이 정할 수 있다.

x-방향: $e_{0,x} = |-x_{M,tot} - x_m| = |7.88 - 19.79| \quad = 11.91 \text{ m}$

y-방향: $e_{0,y} = |y_{M,tot} - y_m| = |1.46 - 9.63| \quad = 8.17 \text{ m}$

표 9.2.4-1: 질량 중심점의 결정

j	x_j m	y_j m	W_j MN	$W_j \cdot x_j$ MNm	$W_j \cdot y_j$ MNm
1	9.70	3.23	8.99	87.24	29.07
2	40.50	10.13	3.06	123.89	30.97
A1	0.00		0.88	0.00	17.82
A2	6.75			8.91	
A3	13.50			17.82	
A4	20.25	20.25	1.32	26.74	26.74
A5	27.00			35.65	
A6	33.75			44.56	
A7	40.50		0.88	35.74	17.87
B1	0.00		1.32	0.00	17.82
B2	6.75			13.09	
B3	13.50	13.50		26.18	
B4	20.25		1.94	39.27	26.18
B5	27.00			52.36	
B6	33.75			65.45	
C1	0.00		1.32	0.00	8.91
C4	20.25	6.75		39.27	
C5	27.00		1.94	52.36	13.09
C6	33.75			65.45	
D1	0.00		0.88	0.00	
D4	20.25			26.74	
D5	27.00	0.00	1.32	35.65	0.00
D6	33.75			44.56	
D7	40.50		0.88	35.74	
Σ			**44.30**	**876.67**	**426.38**

비틀림 작용을 계산하기 위해, 각 층의 수평력 F_i를 고려하는 지진하중 방향으로, 질량중심위치 M의 계획위치에 대한 편심 e_2를 적용하여 작용한다.

EC8-1/NA, (NA.D.6)식

$$e_2 = 0.1 \cdot (\mathrm{L}+\mathrm{B}) \cdot \sqrt{\frac{10 \cdot e_0}{L}} \leq 0.1 \cdot (\mathrm{L}+\mathrm{B})$$

(NA.D.7)식으로 좀 더 정확한 추가편심 e_2를 결정할 수 있다. 이때 비틀림 반경과 관성반경을 고려한다. 이 예제에서는 이 식의 계산을 생략한다.

여기서:

L	=40.50 m	평면상의 건물 길이
b	=20.25 m	평면상의 건물 폭
$e_{0,x}$	=11.91 m	x-방향의 실제편심
$e_{0,y}$	=8.17 m	y-방향의 실제편심

x-방향의 지진하중:

$0.1 \cdot (40.50+20.25) \cdot (10 \cdot 8.17 / 20.25)^{1/2} = 12.20$ m

$> 0.1 \cdot (40.50+20.25) = 6.08$ m $\rightarrow e_{2,y} = 6.08$ m

y-방향의 지진하중:

$0.1 \cdot (40.50+20.25) \cdot (10 \cdot 11.91 / 40.50)^{1/2} = 10.42$ m

$> 0.1 \cdot (40.50+20.25) = 6.08$ m $\rightarrow e_{2,x} = 6.08$ m

x-방향의 지진하중:

$e_{\max,y} = (e_{0,y} + e_{1,y} + e_{2,y}) = (8.17 + 0.05 \cdot 20.25 + 6.08) = 15.25 \text{ m}$

$e_{\min,y} = (0.5 \cdot e_{0,y} - e_{1,y}) = (0.5 \cdot 8.17 - 0.05 \cdot 20.25) = 3.07 \text{ m}$

y-방향의 지진하중:

$e_{\max,x} = (e_{0,y} + e_{1,x} + e_{2,x}) = (11.91 + 0.05 \cdot 40.50 + 6.08) = 20.02 \text{ m}$

$e_{\min,x} = (0.5 \cdot e_{0,x} - e_{1,x}) = (0.5 \cdot 11.91 - 0.05 \cdot 40.50) = 3.94 \text{ m}$

$e_{\max}$와 $e_{\min}$의 계산값을 구조물의 y-방향에 대해 적용한 것을 다음 그림에 보였다.

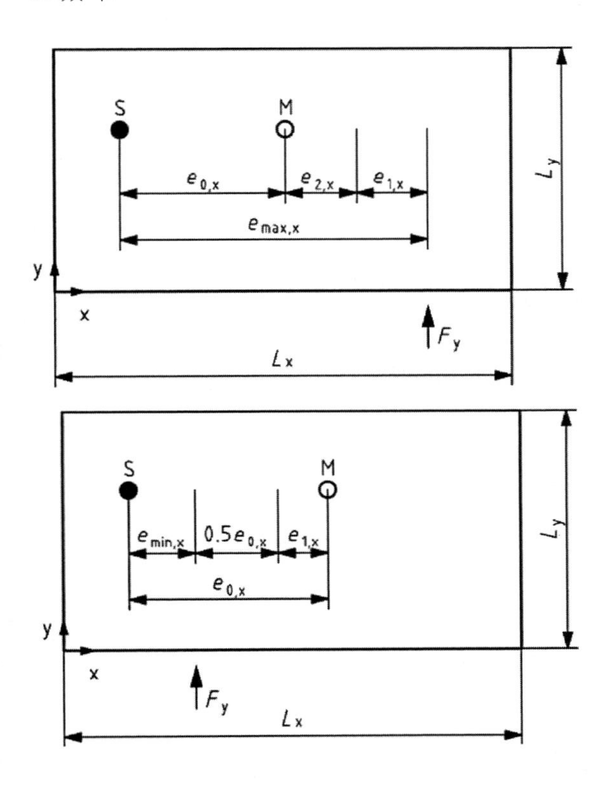

Note:
그림은 EC8-1/NA, 그림 NA.D.2에 따른다. 여기서 강성중심은 S, 질량 중심은 M으로 표시하였다.

9.2.5 수평 지진력의 분배

횡지지 부재 코어 K1과 전단벽 W2에 대한 하중분배는 예제 20a에서와 유사하게 한다. 2차 해석 효과와 같은 추가 수평력은 지진하중의 결정에서 고려할 필요가 없다.

EC8-1/NA, NCI NA.D.8 (1)

x-방향의 지진에 의한 수평력을 두 개의 하중조합에서 고려했다.

하중경우 조합 LCC 1: $+F_{b,x}(e_{\min,y} = 3.07 \text{ m})$

평형조건(정정 횡지지 구조)

$\Sigma M_z = 0$: (회전 중심점=코어 K1의 전단중심점)

$$0 = +H_{y2} \cdot 37.35 - F_{b,x} \cdot (3.07 + 1.46 - 1.83)$$

$e = 1.46$ m: 전체 구조계에서 전단중심의 y-좌표
$e = 1.83$ m: 코어 K1에서 전단중심의 y-좌표

$$\rightarrow H_{y2} = +F_{b,x} \cdot 2.70/37.35 = +F_{b,x} \cdot 0.072$$

$\Sigma H_x = 0$: $\rightarrow H_{x1} = -F_{b,x}$

$\Sigma H_y = 0$: $\rightarrow H_{y1} = -H_{y2}$

LCC 1에 대한 분배값
전단벽 W2 $s_{y2} = 0.072$
코어 K1 $s_{x1} = -1.00$
$s_{y1} = -0.072$

평형조건(정정 횡지지 구조)

하중경우 조합 LCC 2: $+F_{b,x}(e_{\max,y} = 15.25\text{ m})$

$\Sigma M_z = 0$: (회전 중심점=코어 K1의 전단중심점)

$$0 = +H_{y2} \cdot 37.35 - F_{b,x} \cdot (15.25 + 1.46 - 1.83)$$

$$\rightarrow H_{y2} = +F_{b,x} \cdot 14.89 / 37.35 = +F_{b,x} \cdot 0.399$$

$\Sigma H_x = 0$: $\rightarrow H_{x1} = -F_{b,x}$

$\Sigma H_y = 0$: $\rightarrow H_{y1} = -H_{y2}$

LCC 2에 대한 분배값
전단벽 W2 s_{y2} 0.399
코어 K1 $s_{x1} = -1.00$
$s_{y1} = -0.399$

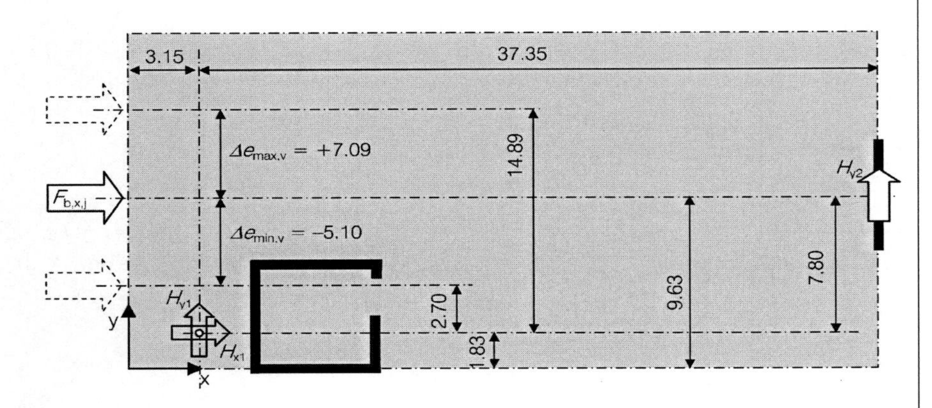

표 9.2.5-1: LCC 1의 횡지지력

수평력 F_i는 표 9.2.3-1에 있다.

전단벽 W2				코어 K1					
바닥판	$F_{i,x}$	s_{y2}	H_{y2}	바닥판	$F_{i,x}$	s_{x1}	H_{x1}	s_{y1}	H_{y1}
i	kN	-	kN	i	kN		kN	-	kN
05	800.4	0.072	57.6	05	800.4	−1.00	−800.4	−0.072	−57.6
04	759.5		54.7	04	759.5		−759.5		−54.7
03	588.0		42.3	03	588.0		−588.0		−42.3
02	416.5		30.0	02	416.5		−416.5		−30.0
01	265.4		19.1	01	265.4		−265.4		−19.1

표 9.2.5-2: LCC 2의 횡지지력

전단벽 W2				코어 K1					
바닥판	$F_{i,x}$	s_{y2}	H_{y2}	바닥판	$F_{i,x}$	s_{x1}	H_{x1}	s_{y1}	H_{y1}
i	kN	-	kN	i	kN		kN	-	kN
05	800.4	0.399	319.4	05	800.4	−1.00	−800.4	−0.399	−319.4
04	759.5		303.0	04	759.5		−759.5		−303.0
03	588.0		234.6	03	588.0		−588.0		−234.6
02	416.5		166.2	02	416.5		−416.5		−166.2
01	265.4		105.9	01	265.4		−265.4		−105.9

y-방향의 지진에 의한 수평력을 두 개의 하중조합에서 고려했다.

하중경우 조합 LCC 3: $+F_{b,y}(e_{\min,x}=3.94\ \text{m})$

$$\Sigma M_z=0=+H_{y2}\cdot 37.35+F_{b,y}\cdot(3.94+7.88-3.15)$$

$$\rightarrow H_{y2}=-F_{b,y}\cdot 8.67/37.35=-F_{b,y}\cdot 0.232$$

$$\Sigma H_x=0:\ \rightarrow H_{x1}=0.00$$

$$\Sigma H_y=0:\ \rightarrow H_{y1}=-H_{y2}-F_{b,y}=-F_{b,y}\cdot 0.768$$

평형조건(정정 횡지지 구조)

$e=7.88$ m: 전체 구조계에서 전단중심의 x-좌표
$e=3.15$ m: 코어 K1에서 전단중심의 x-좌표

LCC 3에 대한 분배값
전단벽 W2 $s_{y2}=-0.232$
코어 K1 $s_{x1}=0$
$s_{y1}=-0.768$

하중경우 조합 LCC 4: $+F_{b,y}(e_{\max,x}=20.02\ \text{m})$

$$\Sigma M_z=0=+H_{y2}\cdot 37.35+F_{b,y}\cdot(20.02+7.88-3.15)$$

$$\rightarrow H_{y2}=-F_{b,y}\cdot 24.75/37.35=-F_{b,y}\cdot 0.663$$

$$\Sigma H_x=0:\ \rightarrow H_{x1}=0.00$$

$$\Sigma H_y=0:\ \rightarrow H_{y1}=-H_{y2}-F_{b,y}=-F_{b,y}\cdot 0.337$$

평형조건(정정 횡지지 구조)

LCC 4에 대한 분배값
전단벽 W2 $s_{y2}=-0.663$
코어 K1 $s_{x1}=0$
$s_{y1}=-0.337$

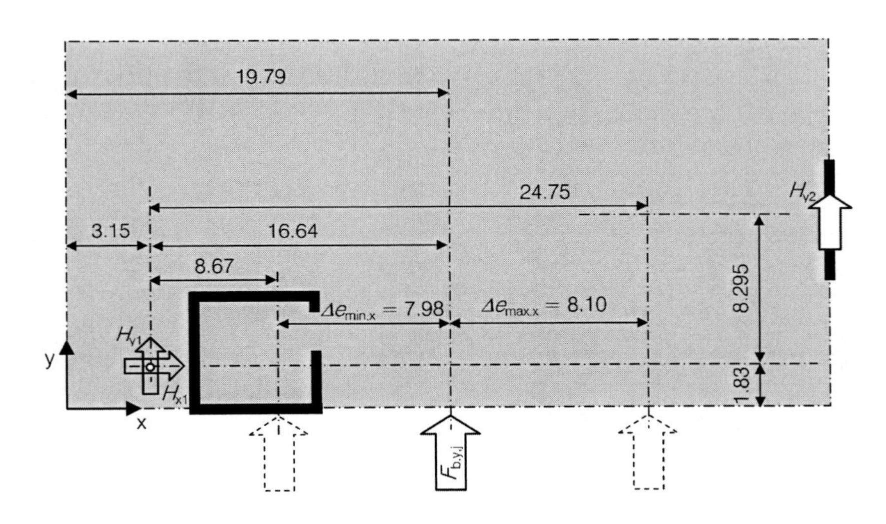

표 9.2.5-3: LCC 3의 횡지지력

전단벽 W2				코어 K1					
바닥판	$F_{i,y}$	s_{y2}	H_{y2}	바닥판	$F_{i,y}$	s_{x1}	H_{x1}	s_{y1}	H_{y1}
i	kN	-	kN	i	kN		kN	-	kN
05	934.5	-0.232	-216.8	05	934.5	0.0	0.00	-0.768	-717.7
04	886.8		-205.7	04	886.8		0.00		-681.1
03	686.5		-159.3	03	686.5		0.00		-527.2
02	486.3		-112.8	02	486.3		0.00		-373.5
01	309.9		-71.9	01	309.9		0.00		-238.0

설계값은 표 9.2.3-1의 값이다.

$H_{x1}=0.0$

표 9.2.5-4: LCC 4의 횡지지력

전단벽 W2				코어 K1					
바닥판	$F_{i,y}$	s_{y2}	H_{y2}	바닥판	$F_{i,y}$	s_{x1}	H_{x1}	s_{y1}	H_{y1}
i	kN	-	kN	i	kN		kN	-	kN
05	934.5		−619.6	05	934.5		0.00		−314.9
04	886.8		−587.9	04	886.8		0.00		−298.9
03	686.5	−0.663	−455.1	03	686.5	0.0	0.00	−0.337	−231.4
02	486.3		−322.4	02	486.3		0.00		−163.9
01	309.9		−205.5	01	309.9		0.00		−104.4

9.2.6 지진하중 성분의 조합

이 예제에서 비틀림 작용은 NA.A.4 (2)에 따라 고려하므로, 각 방향으로 지진하중에 의한 단면력에 다른 방향의 단면력의 30%를 추가한다. 따라서 다음의 추가 하중경우 조합이 있다.

하중경우 조합 LCC 5: $F_{Edx} + 0.3 \cdot F_{Edy}$

하중경우 조합 LCC 6: $0.3 \cdot F_{Edx} + F_{Edy}$

EC8-1/NA, NCI NA.D.5 (1)
다르게는 구조물이 수평 주축에 대해 서로 직교하는 두 방향으로 지진하중이 작용하는 것으로 가정할 수 있다.

EC8-1/NA, NCI NA.D.5 (2)
지진하중의 수직성분은 보, 바닥판, 기둥 또는 횡지지 벽체 또는 구조벽체가 지지하는 것을 제외하고는 일반적으로 무시한다.

지진에 의한 x-방향(y-방향) F_{Edx} (F_{Edy}) 단면력(및 하중 영향)

표 9.2.6-1: 각 부재의 수평력: 각 작용방향에서 결정값은 회색으로 표시하였으며, LCC 5와 LCC 6는 조합한 하중경우이다.

	바닥판	LCC 1	LCC 2	LCC 3	LCC 4	LCC 5	LCC 6
	i	kN	kN	kN	kN	kN	kN
코어 K1 $H_{y,1}$	05	57.6	319.4	717.7	314.9	534.4	813.8
	04	54.7	303.0	681.1	298.9	507.1	772.2
	03	42.3	234.6	527.2	231.4	392.6	597.8
	02	30.0	166.2	373.5	163.9	278.1	423.5
	01	19.1	105.9	238.0	104.4	177.2	269.8
코어 K1 $H_{x,1}$	05	800.4	800.4	0.00	0.00	800.4	240.1
	04	759.5	759.5	0.00	0.00	759.5	227.9
	03	588.0	588.0	0.00	0.00	588.0	176.4
	02	416.5	416.5	0.00	0.00	416.5	125.0
	01	265.4	265.4	0.00	0.00	265.4	79.6
전단벽 W2 $H_{y,2}$	05	57.6	319.4	216.8	619.6	504.9	715.3
	04	54.7	303.0	205.7	587.9	126.3	678.7
	03	42.3	234.6	159.3	455.1	97.8	525.5
	02	30.0	166.2	112.8	322.4	69.3	372.2
	01	19.1	105.9	71.9	205.5	44.1	237.2

9.2.7 강도한계상태 검토

EC2-1-1에 의한 검토는 5.1절과 5.2절에 이미 보였으므로, 여기는 구체적인 세부계산을 생략한다.

→ 예제 20a 참조:
풍하중과 기울어짐에 의한 수평력에 대한 검토를 지진하중에 의한 높은 단면력에 대해서도 다시 수행한다.

9.3 Case 3: 중간연성(DCM)에 대한 검토

다음의 경우 3에서는 연성등급 DCM의 중간 정도의 에너지 소산 능력에 대해 내진검토한다.

이 건물의 횡지지 벽체는 높은 연성등급이 최소부재두께 요구성능을 만족하지 않으므로 이를 350 mm로 늘린다. 그 외의 모든 부재치수는 경우 1과 같이 한다(9.1절 참조).

EC8-1, 5.4.1.2.3 (1): 주부재인 전단벽의 두께는 다음 조건을 만족해야 한다.
$b_w \geq \max\{0.15\text{ m}, h_s/20\} = 0.25\text{ m}$
여기서 순 층고 $h_s = 5.0\text{m}$이다.

추가로 EC8-1, 5.4.1.2.3 (10)에 따라 전단벽의 단부요소두께는 다음 조건을 만족해야 한다(9.3.4절 참조):
$b_w \geq 200\text{ mm}$
$b_w \geq h_s/15,\ l_c \leq \max\{2b_w; 0.2l_w\}$일 때
$b_w \geq h_s/10,\ l_c \leq \max\{2b_w; 0.2l_w\}$일 때
길이 $l_c \leq 0.2l_w$이며 $l_c < 2b_w$이므로:
$b_w > h_s/15 = 5.0/15 = 0.33\text{ m}$

9.3.1 단면값과 유효질량의 결정

횡지지 전단벽체의 두께가 바뀌었으므로 이에 따른 단면값을 정한다. 그 외의 구조제원-층수, 횡지지 부재 위치 등은 예제 20a와 같다.

예제 20a의 3.1 참조

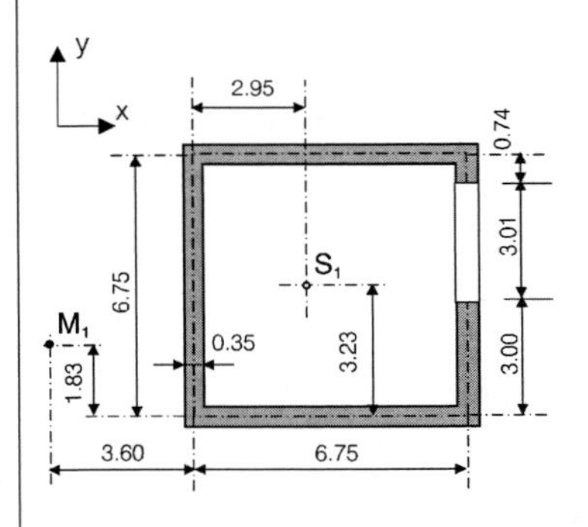

부재: 코어 K1

박벽 단면으로 간주할 수 있으므로 벽체 두께에 비례하여 단면값을 구한다. 이에 따라 예제 20a의 단면값에 다음 계수를 곱한다.

$$f = 35/25 = 1.40$$

St.-Venant 비틀림강성은 벽체두께의 3승과 관계있으므로 이를 적용하지 않는다.

결과 정리

코어 K1의 단면값:

$A_{c,1} = \mathbf{8.40\ m^2}$

$I_{x,1} = \mathbf{69.5\ m^4}$ $I_{y,1} = \mathbf{58.3\ m^4}$ $I_{xy,1} = \mathbf{4.52\ m^4}$

$I_{\eta,1} = I_I = \mathbf{71.1\ m^4}$ $I_{\xi,1} = I_{II} = \mathbf{56.7\ m^4}$ $I_{\omega,1} = I_W = \mathbf{975.1\ m^6}$

$A_{s\eta} = \mathbf{1.39\ m^2}$ $A_{s\xi} = \mathbf{3.85\ m^2}$ $A_{s\eta\xi} = \mathbf{16.29\ m^2}$

$I_{T1,1} = \mathbf{0.343\ m^4}$ $I_{T2,1} = \mathbf{77.8\ m^4}$

$S_{s\eta w} = \mathbf{181.0\ m^3}$ $S_{s\xi w} = \mathbf{15.17\ m^3}$

주축의 경사각: $\alpha_1 = 19.46°$

단면의 0점(축 C-D/2-3의 중앙점)에 대한 무게중심과 전단중심 위치:

$x_{S,1} = \mathbf{-0.423\ m}$ $x_{M,1} = \mathbf{-6.971\ m}$

$y_{S,1} = \mathbf{-0.142\ m}$ $y_{M,1} = \mathbf{-1.547\ m}$

전체 좌표계(축 D/1)에 대해서 나타내면

$x_{S,1}$ **=9.70 m** $x_{M,1}$ **=3.15 m**

$y_{S,1}$ **=3.23 m** $y_{M,1}$ **=1.83 m**

부재: 전단벽 W2

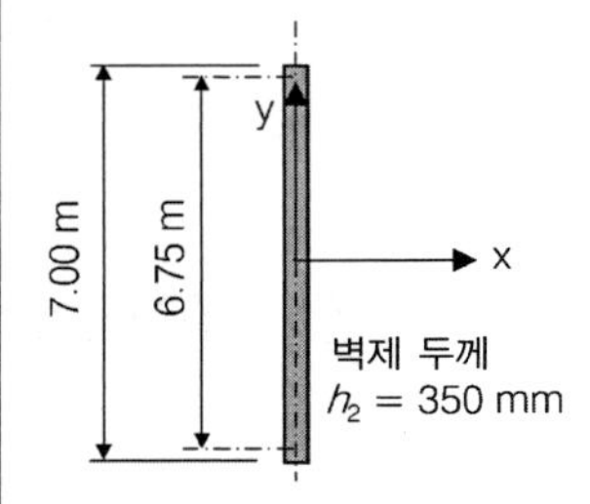

단면적:

$A_{c,2}$ $=7.00 \cdot 0.35\ \mathrm{m}^2$ $=2.45\ \mathrm{m}^2$

휨단면 2차 모멘트:

$I_{x,2}$ $=0.35 \cdot 7.00^3 / 12$ $=\mathbf{10.0\ m^4}$

$I_{y,2}$ $=7.00 \cdot 0.35^3 / 12$ $=\mathbf{0.03\ m^4} \approx 0$

비틀림 단면 2차 모멘트:

$I_{T,1}$ $\approx 7.00 \cdot 0.35^3 / 3$ $=\mathbf{0.10\ m^4}$

뒴 2차 모멘트:

$I_{\omega,2}$ $=0$

$I_{T,2}$ $=\mathbf{0}$

벽체 두께가 늘었으므로 코어 K1과 전단벽 W2의 중량 W_k가 증가한다. 2.1.1절의 기준값 $g_{k,5}$ 대신에 경우 3의 증가값을 쓴다.

350 mm 벽체에 대해: $g_{k,5} = 8.75\ \mathrm{kN/m^2}$

그 외의 중량은 경우 1의 값을 그대로 쓴다(표 9.3.1-1 참조).

표 9.3.1-1: 지진하중을 결정하기 위한 고정 및 변동하중의 중량 W_k

수직하중				내부기둥		단부기둥		모서리기둥		전단벽 W2		코어 K1	
				B2-B6 C4-C6		A2-A6 B1 D4-D6 C1		A1, A7 D1, D7		B7-C7		C2-D3	
층	**중량**			W_k		W_k		W_k		W_k		W_k	
06	**소계**		**kN**		**328.7**		**232.6**		**159.6**		**596.7**		**1,809.2**
05	**소계**		**kN**		**401.5**		**265.75**		**174.2**		**668.6**		**2,022.8**
02-05	**소계**		**kN**		**3 · 393.3**		**3 · 261.4**		**3 · 171.9**		**3 · 659.9**		**3 · 1,998.9**
01	**소계**		**kN**		**397.9**		**286.2**		**197.9**		**768.7**		**2,373.5**
	합계	**1-6**	**kN**		**2,308.0**		**1,568.6**		**1,047.5**		**4,013.7**		**12,202.2**
	합계	Σ_i	**kN**	$i=8$	**18,464**	$i=10$	**15,686**	$i=4$	**4,190**	$i=1$	**4,014**	$i=1$	**12,202**
	총계			$W_k=$	**54,556 kN**								

9.3.2 설계 스펙트럼의 결정

연성등급 DCM의 설계 스펙트럼 결정은 연성등급 DCL에서와 같이한다. 단지 거동계수 q만을 증가시킨다. 거동계수는 수평 지진하중하에서 구조 거동을 반영하는 것으로 구조물의 종류에 좌우된다.

EC8-1에서는 라멘구조, 라멘과 벽체 혼합구조, 연성벽체 구조계, 크고 강성이 큰 벽체가 있는 구조계, 상부에 큰 질량이 집중된 역추형 구조계와 비틀림에 약한 코어가 있는 구조계로 나눈다. 예제의 구조계는 세장한 벽체의 코어와 단일 전단벽으로 횡지지되는 건물로 기본적으로 벽체구조계로 볼 수 있다. 한편 이 구조계는 코어 구조계[11]로 분류할 수 있는데, 충분한 비틀림 강성을 가지면 거동계수를 더 작게 할 수 있다.

EC8-1, 5.2.2.1 (1)P

다음과 같이 최소 비틀림 강성을 검사한다. 비틀림 반경은 구조물 각 방향의 비틀림과 병진강성의 관계로부터 구한다.

$$r_{x/y}^2 = \frac{\Sigma I_{cx,i} \cdot x_{M,i}^2 + \Sigma I_{cy,i} \cdot y_{M,i}^2 - 2 \cdot \Sigma I_{cxy,i} \cdot x_{M,i} \cdot y_{M,i} + \Sigma I_{c\omega,i}}{\Sigma I_{c,x/y,i}}$$

[75] *Müller/Keintzel*: 건물의 내진, (8.13)식과 예제 20a의 값 참조

표 9.3.2-1: 비틀림 강성과 병진강성

i	$x_{M,i}$	$x_{M,i}^2$	$I_{cx,i}$	$I_{cx,i} \cdot x_{M,i}^2$	$y_{M,i}$	$y_{M,i}^2$	$I_{cy,i}$	$I_{cy,i} \cdot y_{M,i}^2$	$I_{cxy,i}$	$I_{c,i}$
	m	m²	m⁴	m⁶	m	m²	m⁴	m⁶	m⁴	m⁶
1	−4.73	22.4	69.5	1,555	0.37	0.1	58.3	8	−4.5	975.1
2	32.62	1,064.1	10.0	10,641	8.66	75.0	0.03	2	0	0
Σ				**12,196**				**10**		

$x_{M,i}$와 $y_{M,i}$ − 부재 i의 전단중심과 횡지지 구조계의 전단중심 사이의 거리

x-방향 관계식에서:

$$r_x^2 = (12{,}196 + 10 - 2 \cdot 4.5 \cdot 4.73 \cdot 0.37 + 975) / (69.5 + 10.0)$$
$$= 13{,}165.3 / 79.5 = 165.6\ \text{m}^2 \rightarrow r_x = 12.9\ \text{m}$$

y-방향 관계식에서:

$$r_y^2 = (12{,}196 + 10 - 2 \cdot 4.5 \cdot 4.73 \cdot 0.37 + 975) / (58.3 + 0.03)$$
$$= 13{,}165.3 / 58.3 = 225.8\ \text{m}^2 \rightarrow r_y = 15.0\ \text{m}$$

구조계 평면의 단면 회전반경 $l_s = 13.1$ m이다.

단면회전반경 l_s는 9.1.3절 참조

역자주 11 표 5.1의 비틀림에 대해 유연한 구조계(Torsionally flexible system: 표준규정)을 코어구조계(Kernsystem)으로 명명하였다.

최소 비틀림 강성 $r_{x/y} / l_s > 1.0$의 조건이 양방향에서 모두 만족하지 않으므로 코어 구조계가 배치되어야 한다.

EC8-1, 5.2.2.1 (6)
(4.1b)식에 따른 최소 비틀림 강성이 없는 라멘-, 혼합- 또는 벽체 구조계는 코어 구조계가 배치되어야 한다.

에너지 소산능력을 고려하여 거동계수 q를 각 방향에 대해서 다음과 같이 정한다.

$$q = q_0 \cdot k_W \geq 1.50$$

EC8-1, (5.1)식

연성등급 DCM의 콘크리트 구조에 대한 거동계수의 기본값 q_0는 구조계 종류가 '코어 구조계'일 때 표 5.1에 따라: $q_0 = 2.00$이다.

EC8-1, 표 5.1

벽체가 있는 구조계의 파괴양상을 고려하는 계수 k_W는 벽체 구조계, 벽체가 주된 역할을 하는 혼합 구조계와 비틀림에 약한 구조계(코어 구조계)에서 다음과 같이 한다.

EC8-1, 5.2.2.2 (11)P, (5.2)식

Note: 계수 k_W에 대한 관계식은 $0.5 \leq \alpha_0 \leq 2.0$에 대해 유효하다.
$\alpha_0 > 2.0$일 때는 항상 $k_W = 1.0$,
$\alpha_0 < 0.5$일 때는 항상 $k_W = 0.5$이다.

$$k_W = (1 + \alpha_0) / 3 \leq 1, \text{ 그러나 } \geq 0.5$$

구조계의 벽체에 대한 일반적인 비율 α_0는 구조계의 모든 벽체 i의 치수비 h_{wi}/l_{wi}가 크게 다르지 않으면 다음과 같이 정할 수 있다.

$$\alpha_0 = \Sigma h_{wi} / \Sigma l_{wi}$$

EC8-1, (5.3)식

여기서 h_{wi}는 벽체 i의 높이이며, l_{wi}는 벽체 i의 단면 길이이다. [82]에 따라 설계방향과 무관하게 모든 벽체 i를 고려할 수 있다.

[82] *Eibl / Keintzel*:
DIN 4149와 유럽 설계기준 EC8에 따른 철근 콘크리트 구조의 지진설계 비교(1995)

$$\alpha_0 = (5 \cdot 22.50) / (5 \cdot 6.75) = 3.33 > 2 \rightarrow k_W = 1.0$$

연성등급 DCM의 구조에 대한 거동계수 q는 양쪽 설계방향에서 다음 값이 된다. $q = 2.0 \cdot 1.0 = 2.0 > 1.5$

이들 변수를 이용하여 연성등급 DCL와 같은 식을 이용하여 설계 스펙트럼 $S_d(T)$를 정한다. 다음 그림에서 설계 스펙트럼을 보였다. 같은 그림에서 탄성응답스펙트럼(점선)과 비교하였다.

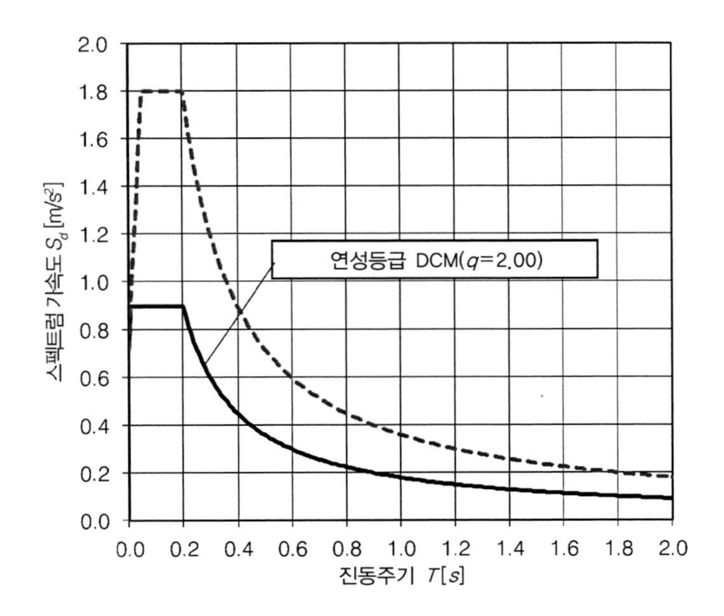

9.3.3 지진하중 성분과 조합의 결정

단면력은 연성등급 DCL에서와 유사하게 응답스펙트럼 방법과 3D 모델을 이용하여 구한다. 따라서 다음의 계산에서는 중요한 단계만 기술하고 주요 결과만을 보인다.

설계 스펙트럼뿐만 아니라 구조계 역시 바뀌었으므로 단면력을 직접 비교할 수는 없다. 한편으로는 설계 스펙트럼이 거동계수 $q=1.5$에서 $q=2.0$으로 바뀌며 줄어들므로, 더 작은 단면력이 발생할 것으로 예상된다. 다른 한편으로는 부재두께를 크게 하였으므로 코어와 전단벽의 강성이 증가하여 고유진동수가 연성등급 DCL에 비하여 약간 증가할 것이다(표 9.3.3-1 참조). 고유 진동수의 증가, 즉 진동주기의 감소로 진동모드는 설계 스펙트럼의 감소 곡선부의 왼쪽으로 이동하므로-스펙트럼 가속도가 커지므로, 단면력이 증가한다.

질량은 5,266t에서 5,456t으로 약간만 증가하므로 고유 진동수에 미치는 영향을 무시할 수 있다.

표 9.3.3-1: 고유진동수, 유효 모드질량과 총 질량에 대한 비율

i	f_i	$m_{i,x}$	$m_{i,x}/M_{tot}$	$\Sigma m_{i,x}/M_{tot}$	$m_{i,y}$	$m_{i,y}/M_{tot}$	$\Sigma m_{i,y}/M_{tot}$
	[Hz]	[t]	[%]	[%]	[t]	[%]	[%]
1	1.91	1332	24.5	24.5	1712	31.6	31.6
2	2.56	2376	43.8	68.3	1517	28.0	59.5
3	4.59	224	4.1	72.4	694	12.8	72.3
4	7.71	568	10.5	82.9	431	7.9	80.2
5	10.74	526	9.7	**92.6**	686	12.6	**92.9**

EC8-1, 4.3.3.3.1 (3)에 따른 요구조건은
$\Sigma m_{i,x}/M_{tot}=92.6\%>90\%$
$\Sigma m_{i,y}/M_{tot}=92.9\%>90\%$
이므로 양쪽 방향에서 모두 만족한다.

표 9.3.3-2에 양쪽 작용 방향으로 단면력을 나누어 정리하였다. 우발 비틀림 모멘트는 DCL-계산에서와 같은 방법으로 계산하여 고려하였다. DCL에 대한 표 9.1.5-4와 DCM에 대한 표 9.3.3-2를 비교하면 단면력은 약간만 감소하였다. 이는 한편으로 거동계수를 3.0이 아니라 최대 2.0을 쓰므로 반영하지

못한 비틀림 강성과, 다른 한편으로는 강성증가에 따른 구조계 변화에 따른 것이다. 이 예제에서 연성등급 DCM을 선택한 것은 단면력이 거의 줄어들지 않으므로 의미가 없다. 그러나 연성등급 DCM에 대한 EC2에 따른 추가의 부재세목은 여전히 만족해야 한다. 이 예제에서 연성등급 DCM에 대한 설계과정을 보여주기 위한 계산은 여기서 그친다.

표 9.3.3-2: 지진에 의한 H_{Ei}[kN]과 M_{Ei}[kNm]: 각 층 i에서 우발 비틀림을 고려하고, 각 작용방향 x/y에서 따로 계산하였다.

코어 K1		x-방향 작용				y-방향 작용			
i	h_i	H_{Edx}	H_{Edy}	M_{Edx}	M_{Edy}	H_{Edx}	H_{Edy}	M_{Edx}	M_{Edy}
06	22.5	464	249	0	0	428	302	0	0
05	19.0	337	177	819	1511	284	237	998	1396
04	15.5	193	96	2262	4213	141	147	2824	3801
03	12.0	168	79	4022	7534	144	119	5149	6624
02	8.5	183	85	5969	11243	190	110	7815	9686
01	5.0	144	71	8108	15384	160	87	10783	13144
00	0	0	0	11385	21886	0	0	15259	18779
전단벽 W2		x-방향 작용				y-방향 작용			
i	h_i	H_{Edx}	H_{Edy}	M_{Edx}	M_{Edy}	H_{Edx}	H_{Edy}	M_{Edx}	M_{Edy}
06	22.5	0	165	43	0	0	162	0	0
05	19.0	0	108	547	0	0	122	544	0
04	15.5	0	46	1465	0	0	71	1496	0
03	12.0	0	80	2479	0	0	98	2638	0
02	8.5	0	132	3568	0	0	135	3968	0
01	5.0	0	118	4856	0	0	119	5655	0
00	0	0	0	7555	0	0	0	8600	0

다음 표 9.3.3-3에 표 9.3.3-2의 값을 제공하여 조합한 값을 보였다.

표 9.3.3-3: 각 층 i에서 지진작용을 조합한 H_{Ei}[kN]과 M_{Ei}[kNm] – DCM에 대한 값

코어 K1					
i	h_i	H_{Edx}	H_{Edy}	M_{Edx}	M_{Edy}
06	22.5	632	391	0	0
05	19.0	441	296	1291	2057
04	15.5	239	175	3618	5674
03	12.0	221	143	6534	10032
02	8.5	264	139	9834	14840
01	5.0	215	113	13491	20234
00	0	0	0	19038	28838
전단벽 W2					
i	h_i	H_{Edx}	H_{Edy}	M_{Edx}	M_{Edy}
06	22.5	0	232	0	0
05	19.0	0	163	771	0
04	15.5	0	84	2094	0
03	12.0	0	126	3620	0
02	8.5	0	189	5337	0
01	5.0	0	167	7454	0
00	0	0	0	11447	0

9.3.4 강도한계상태의 검토

단면력 산정

지상층 바닥 슬래브 상단에서:

축력(표 2.1.1-1과 2.1.1-2 참조):

→ 예제 20a의 표 참조

코어 K1: $N_{Ed} = G_{Ek} + \Sigma \psi_{2,i} \cdot Q_{Ek,1}$

$= 10{,}311 + 27.0 \cdot 22.5 \cdot 2.5 + 0.5 \cdot 139.4 + 0.3 \cdot 5 \cdot 265.3$

$= \mathbf{12{,}298\ kN}$

여기서 자중은 벽체두께를 높인 값이다.

전단벽 W2: $N_{Ed} = G_{Ek} + \Sigma \psi_{2,i} \cdot Q_{Ek,1}$

$= 3{,}500 + 6.75 \cdot 22.5 \cdot 2.5 + 0.5 \cdot 48.3 + 0.3 \cdot 5 \cdot 96.5$

$= \mathbf{4{,}049\ kN}$

지진에 의한 휨 모멘트와 전단력은 EC0에 따라 지진하중의 가중치 γ_1을 고려하여 산정한다. 전단벽의 급작스러운 전단파괴를 막기 위해 연성등급 DCM에서는 전단력을 50% 높인다.

EC8-1/NA, NCI NA.D.8 (1)에 따라 $\gamma_1 = 1.0$

EC8-1, 5.4.2.4 (6)P와 (7)

이에 따라 코어와 전단벽 뿌리의 설계단면력은

EC8-1, 5.4.2.4 (2) 주 내진 벽체 사이에서는 단면력을 30%까지 재분배 할 수 있다. 여기서는 주 구조요소가 2개 밖에 안되므로 재분배가 되지 않는다.

코어 K1:	$V_{Ed,x}$	$= 1.5 \cdot 1.0 \cdot 2012$	**= 3,018 kN**
	$V_{Ed,y}$	$= 1.5 \cdot 1.0 \cdot 1257$	**= 1,886 kN**
	$M_{Ed,x}$	$= 1.0 \cdot 19038$	**= 19,038 kNm**
	$M_{Ed,y}$	$= 1.0 \cdot 28838$	**= 28,838 kNm**
전단벽 W2:	$V_{Ed,y}$	$= 1.5 \cdot 1.0 \cdot 961$	**= 1,442 kN**
	$M_{Ed,x}$	$= 1.0 \cdot 11447$	**= 11,447 kNm**

위의 설계단면력은 강도검토에서 (+), (−) 부호를 모두 적용하여 고려한다.

추가로 벽체의 단면력 결정에서 계산의 불확실성과 탄성영역을 벗어날 때의 비선형 동적거동 효과를 고려해야 한다. 전단력에 대한 요구사항은 전단력을 이미 50% 증가하였으므로 만족한다. 그러나 세장한 벽체에 대해서는 높이에 따른 모멘트 분포를 조정해야 한다. 벽체는 전체 길이에 대한 두께의 비가 2.0 이상일 때 세장한 벽체로 간주한다.

혼한 구조계(벽체와 라멘구조의 혼합 구조계)에서 EC8-1, 그림 5.4에 따른 전단력 분포를 적용한다.

$$h_W / l_W = 22.5 / 7.0 = 3.2 > 2.0$$

따라서 전단벽 W2는 세장한 벽체로 간주한다. 코어 K1의 벽체도 위의 조건을 만족하므로 세장한 벽체로 본다. 전단벽 W2에 대한 모멘트 분포는 다음 그림과 같다.

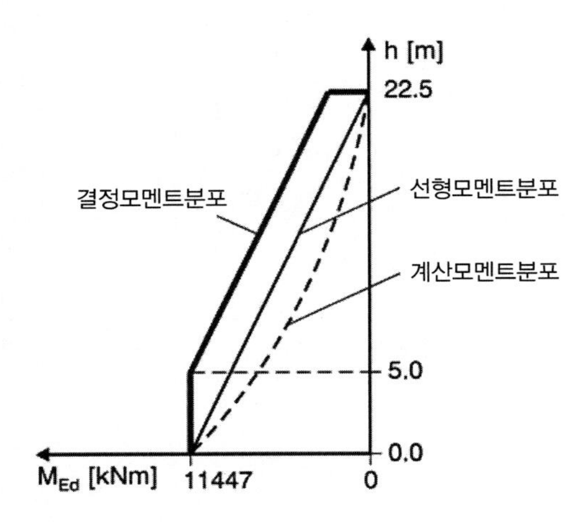

계산에서 구한 비선형 모멘트 분포는 선형 모멘트 분포로 바꾸고 전이법칙(연장길이 적용, 인장력선의 증가 참조)에 따라 이를 둘러싼 결정 모멘트 분포 포락선(envelope)으로 수직 이동한다.[12] 인장력선의 이동거리(전이길이, 연장길이)는 강도한계상태의 전단검토에서 고려하는 사압축대의 경사에 따른 것으로, 바닥판은 플렌지로 보고 벽체의 사압축대는 아래쪽 연단근처에서 가능한 편평한 형태가 되는 것으로 보고 계산한다. 각 층의 바닥판 사이에 사압축대가 형성되는 것으로 가정한다. 이 경우에 이동길이(연장길이)는 5.0 m이다.

연성등급 DCM의 연성 벽체에 대한 검토

기본적으로 EC2-1-1에 따라 설계한다. 그러나 EC8-1에 따라 연성등급 DCM의 주 부재에 대해서는 추가 검토하면 추가 부재세목을 적용한다. 이러한 요구사항을, 여기서는 EC8-1에 따라 '연성벽체'로 볼 수 있는 전단벽 W2에 적용하는 예를 보인다.

EC8-1, 5.4, DCM에 대한 설계

EC2-1-1에 따른 단면 설계도표를 이용한 설계:

$M_{Eds} \quad = M_{Ed} - N_{Ed} \cdot z_{s1} = 11{,}437 + 4{,}049 \cdot 3.2 = 24{,}404 \text{ kNm}$

5.1.5.1절 참조

z_{s1}은 단면축과 인장철근 합력점 사이의 거리로 여기서는 대략값 3.2 m로 둔다.

$\mu_{Eds} \quad = |M_{Eds}|/(b \cdot d^2 \cdot f_{cd})$

$= 24{,}404 \cdot 10^{-3}/(0.35 \cdot 6.3^2 \cdot 17.0) = 0.013$

[7]에서 $\mu_{Eds} = 0.11$에 대한 값을 읽으면:

$\omega = 0.117 \qquad \sigma_{sd} = 456.5 \text{ N/mm}^2$

유효깊이: $d \approx 0.9h = 0.9 \cdot 7.0 = 6.30$ m

$rqd\ A_s \quad = (\omega \cdot b \cdot d \cdot f_{cd} + N_{Ed})/\sigma_{sd}$

$= (0.117 \cdot 35 \cdot 630 \cdot 17.0 \cdot -4.049 \cdot 10^{-4})/456.5 = 7.37 \text{ cm}^2$

역자 주 12 전이법칙(shift rule)과 인장력선의 이동은 예제집 1권[7]의 예제1 역자 주10의 설명을 참조하라.

EC2-1-1에 따른 벽체의 최소 철근

$\min a_{s,v} = 0.015 \cdot 35 \cdot 100 = 5.25\ \text{cm}^2/\text{m}$

$= 2.63\ \text{cm}^2/\text{m}$, 각 벽체면

5.1.3절 참조

선택:
각 벽체면에 대해, 철근 B500B
수직 ϕ**10/250** $= 3.14\ \text{cm}^2/\text{m} > \min a_{s,v}$
수평 ϕ**8/350** $= 1.43\ \text{cm}^2/\text{m} > \min a_{s,h}$

지진하중을 거동계수 q로 줄이는 것은 주부재의 소성변형능력을 전제로 한다. 일반설계와는 달리 설계 지진에서는 계산상 결정 단면력에 도달하기 위해 필요한 것보다 더 큰 변형이 발생한다. 따라서 이 예제와 같은 연성이 큰 전단벽에서는 고정단 근처의 하부에서 큰 곡률, 큰 소성변형과 때에 따라서는 특히 벽체단부에서 콘크리트 파괴가 예상된다. 이러한 소성힌지영역의 안전을 위해서 곡률연성 μ_Φ는 다음의 최소값을 만족해야 한다.

EC8-1, 5.4.3.4.2 (2)

곡률연성은 파괴상태의 단면 곡률과 이 값의 선형·탄성 부분의 비로 나타낸다.

$$\mu_\Phi = 2 \cdot q_0 \cdot M_{Ed}/M_{Rd} - 1, \qquad T_1 \geq T_C\text{일 때}$$

$$\mu_\Phi = 1 + 2 \cdot (q_0 \cdot M_{Ed}/M_{Rd} - 1) \cdot T_C/T_1, \qquad T_1 < T_C\text{일 때}$$

EC8-1, (5.4)식과 (5.5)식에 q_0를 $q_0 \cdot M_{Ed}/M_{Rd}$로 대체

여기서 q_0는 EC8-1, 표 5.1의 거동계수의 기본값이며, T_1은 건물의 지진작용 각 방향에 대한 진동주기이다. M_{Ed}는 지진설계상황의 휨모멘트 설계값, M_{Rd}는 벽체 뿌리에서 휨모멘트강도의 설계값, T_C는 7장의 응답스펙트럼의 통제주기이다. 길이방향 철근을 class C 대신 class B를 배근한 주 내진부재의 소성힌지영역에서는 곡률 연성값을 최소한 (5.4)식 및 (5.5)식에서 구한 값의 1.5배 이상 크게 해야 한다. 따라서 필요 곡률연성은:

EC8-1, 5.2.3.4 (4)

$$\mu_\Phi = 1.5(2 \cdot 2.0 \cdot 1.0 - 1) = 4.5$$

$f_1 = 1.91$ Hz이므로
$\rightarrow T_1 = 1/f_1 = 0.524s \geq T_C = 0.20s$
(5.4)식에서
$M_{Ed}/M_{Rd} = 1.0$ (안전 측)

주어진 단면의 곡률연성은 EC8-1에서 설명하지 않은 더 정확한 방법으로 검토할 수 있다. 다르게는 콘크리트 압축파괴로 큰 변형이 계산되는 영역에서는 기둥처럼 길이방향 및 횡방향 철근(나선, 띠 철근으로 둘러싸는 철근)을 배근할 수 있다.[13] 이러한 영역은 단부영역이라 한다. 일반적으로 압축파괴가 발생하는 변형은 $\epsilon_{cu2} = 0.0035$로 한다.

역자주 13 벽체의 단부에서 콘크리트의 변형이 가장 크므로, 단부에 횡철근(띠철근)을 배근하여 횡구속 효과를 얻고자 한 것이다.

벽체의 설계축력(무차원값)에 따른 횡철근은 다음과 같이 정한다.

$\nu_d \leq 0.15$	EC2-1-1에 따른 기둥의 횡철근
$0.15 < \nu_d \leq 0.20$	EC2-1-1에 따른 기둥의 횡철근, 추가로 q값을 15% 감소
$0.20 < \nu_d \leq 0.40$	EC8-1, 5.4.3.4.2 (4)~(10)에 따른 횡구속 철근(둘러싸는 철근) 배근
$0.40 < \nu_d$	주 내진벽체로 쓰지 않는다.

EC8-1, 5.4.3.4.2 (12)

EC8-1, 5.4.3.4.1 (2)

벽체 2의 무차원 설계축력은:

$$\nu_d = |N_{Ed}| / (A_c \cdot f_{cd}) = 4.049 / (0.35 \cdot 7.0 \cdot 17.0) = 0.097 \leq 0.15$$

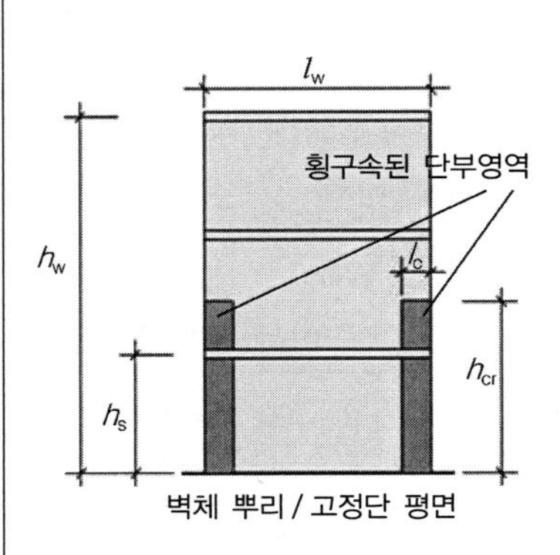

단부영역에 EC2-1-1에 따라 기둥의 횡철근을 배근한다.

단부영역의 높이를 h_{cr}, 길이를 l_c로 한다. 길이 l_c는 횡구속 철근의 중심간 거리이다. 높이는 다음 조건에 따라 구한다.

EC8-1, 5.4.3.4.2 (1)

$$h_{cr} = \max(l_w;\ h_w / 6) = \max(7.0;\ 22.5 / 6) = 7.0\ \text{m}$$

그러나

$$h_{cr} \leq \begin{Bmatrix} h_s, & n \leq 6\text{층에 대해} \\ 2 \cdot h_s, & n \geq 7\text{층에 대해} \end{Bmatrix} = 5.0\ \text{m}$$

따라서 $h_{cr} = 5.0\ \text{m}$

l_c는 $\alpha \cdot \omega_{wd}$로부터 구한다.

$$\alpha \cdot \omega_{wd} \geq 30 \cdot \mu_\Phi \cdot (\nu_d + \omega_v) \cdot \epsilon_{sy,d} \cdot b_c / b_0 - 0.035$$
$$= 30 \cdot 4.5 \cdot (0.097 + 0.129) \cdot 0.00217 \cdot 350/304 - 0.035$$
$$= 0.0412$$

EC8-1, (5.20)식
$\alpha \cdot \omega_{wd}$는 횡철근의 횡구속 작용의 정도를 나타낸다.
규정에서는 실제의 횡철근을 쓰는지, EC8-1, 5.4.3.4.2 (4)~(10)을 따르는지가 명시되지 않았다. 여기서는 안전 측으로 후자를 쓴다.

여기서:

α 횡구속 철근의 유효계수

ω_{wd} 소성힌지영역 내의 횡구속 철근의 체적에 대한 철근비

Note: 이 값은 단부영역의 치수를 정하기 위해서만 쓴다. 실제로 배근한 횡구속 철근은 EC2-1-1에 따라 정한다.

$\epsilon_{sy,d}$ 인장철근의 항복변형 설계값

$= f_{yd} / E_s = 435 / 200{,}000 = 0.00217$

EC2-1-1, 3.2.2 (3)P:
$f_{yd} = f_{yk}/\gamma_s = 500/1.15 = 435\ \text{N/mm}^2$

b_c 총 단면폭

$=350\ \text{mm}$

b_0 횡구속 코어의 폭(스터럽 축 사이의 거리)

$=b_c-2\cdot c_{nom}-\phi_{strp}=350-2\cdot 20-6=304\ \text{mm}$

ω_v 수직 길이방향 철근의 역학적 철근비

$=0.125$(오른쪽 note 참조)

다음 단계로 $\alpha\cdot\omega_{wd}$를 이용하여 임계길이 l_c를 계산한다.

$l_c \quad =x_u\cdot(1-\epsilon_{cu2}/\epsilon_{cu2,c})$

$=1.85\cdot(-0.0035/0.0076) \quad$ **$=1.00\ \text{m}$**

여기서 $x_u \quad =(\nu_d+\omega_v)\cdot l_w\cdot b_c/b_0$

$=(0.097+0.129)\cdot 7.0\cdot 0.35/0.30 \quad =1.85\ \text{m}$

$\epsilon_{cu2,c} \quad =0.0035+0.1\cdot\alpha\cdot\omega_{wd}$

$=0.0035+0.1\cdot 0.0412 \quad =0.0076$

횡구속된 단부영역의 길이 l_c의 최소값은 $0.15\cdot l_w$ 또는 $0.15\cdot b_w$보다 작아서는 안 된다.

$l_{c,\min}=\max(0.15\cdot 7.0;\ 1.5\cdot 0.35)=\max(1.05;\ 0.525)=$**$1.05\ \text{m}$**

따라서 임계길이 $l_c=1.05\ \text{m}$로 한다.

해당 길이의 횡구속된 벽체 단면에서 처음에 검토한 최소 벽체두께 $b_c=b_w=350\ \text{mm}$의 요구조건을 만족해야 한다.

$$l_c=1050\ \text{mm}<\max\begin{cases}2\cdot b_c & =2\cdot 350 & =700\ \text{mm}\\ 0.2\cdot l_w & =0.2\cdot 7000 & =1400\ \text{mm}\end{cases}$$

다음과 같이 배근한다.

선택 스터럽 $\phi 6$
EC8-1, 5.4.3.4.2: (8) 단부영역의 수직 길이방향 철근의 최소 철근비는 0.005:
$\min a_{sv}=0.005\cdot 35\cdot 100$
$=17.5\ \text{cm}^2/\text{m}=8.75\ \text{cm}^2/\text{m}$,
각 면의 배근
선택: $\phi 14/175=8.80\ \text{cm}^2/\text{m}$
$used\ \omega_\nu=\rho_v\cdot f_{yd,v}/f_{cd}$
$=2\cdot 8.80/(35\cdot 100)435/17$
$=0.129$

EC8-1, 5.4.3.4.2 (6)
$\epsilon_{cu2,c}$는 횡구속된 콘크리트가 곡률연성에 도달했을 때의 파괴 변형률이다.
x_u는 $\epsilon_{cu2,c}$에 도달했을 때의 콘크리트 압축영역의 깊이이다. 이는 벽체 압축단의 스터럽 가지에서 잰 값이다. EC8-1, (5.21)식으로 계산한다.

EC8-1, 5.4.3.4.2 (10)

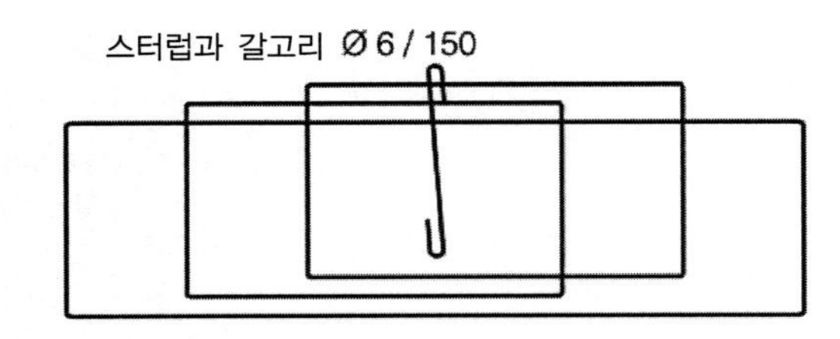

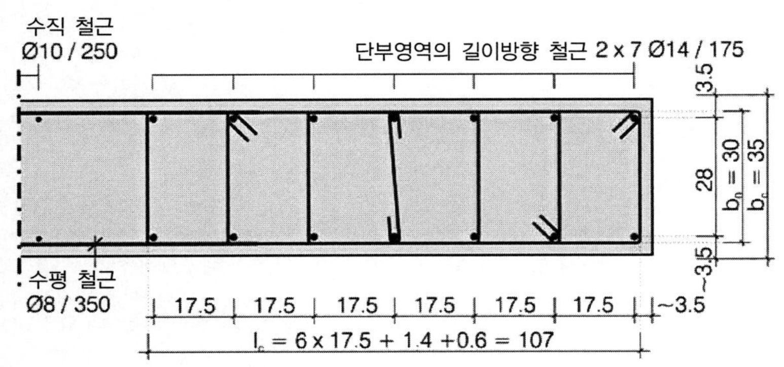

Note:

보, 기둥과 벽체에 횡철근으로 쓰이는 스터럽은 길이 $10d_{bw}$의 135° 갈고리로 둘러싸야 한다. EC8-1, 5.6.1 (2)P

소성힌지영역에서 부재의 휨강도를 발휘하기 위해, 기둥 철근의 정착길이 또는 겹침이음 길이의 계산에서 필요철근 단면적의 사용철근 단면적에 대한 비 $A_{s,rqd}/A_{s,used}$는 1로 해야 한다. EC8-1, 5.6.2.1

지진 설계상황에서 기둥의 축력이 인장력이라면, 정착길이는 EC2-1-1의 값보다 50% 더 크게 해야 한다.

구조부재의 소성힌지영역 내에서는 용접이음은 할 수 없다. EC8-1, 5.6.3 (1)

적절한 시험으로 증명할 수 있다면 기둥과 벽체에서 기계적 결합장치로 철근을 이을 수 있다. 시험조건은 선택한 연성등급에 따라 정한다. EC8-1, 5.6.3 (2)

겹침이음 길이 내의 횡철근은 EC2-1-1에 따라 계산한다. 추가로 다음 조건을 만족해야 한다. EC8-1, 5.6.3 (3)

a) 횡철근에 평행한 평면에 놓인 정착 또는 연장할 철근은 모든 이음 철근의 합 ΣA_{sL}을 횡철근 계산에서 쓴다.
b) 횡철근에 수직한 평면에 놓인 정착 또는 연장할 철근은 횡철근 단면적 계산에서 가장 큰 힘을 받은 겹침이음 철근 단면적 A_{sL}을 쓴다.
c) 겹침이음 영역에서 횡철근 간격은 다음 값을 넘을 수 없다.

$$s \le \begin{cases} h/4 \\ 100\,\mathrm{mm} \end{cases}$$

EC8-1, (5.51)식

여기서 h는 단면치수의 최소값이다[mm].

EC2-1-1에서 정의한 대로 같은 위치에서 잇는 소성힌지영역 내의 기둥의 길이방향 철근의 겹침이음 영역, 또는 벽체의 단부영역의 길이방향 철근에서 필요한 횡철근 단면적 A_{st}는 다음과 같이 정한다.

EC8-1, 5.6.3 (4)

$$A_{st} = s \cdot (d_{bL} / 50) \cdot (f_{yLd} / f_{ywd})$$

EC8-1, (5.52)식

여기서

A_{st} 횡철근 한 개 가지의 단면적

d_{bL} 잇는 철근의 직경

s 횡철근 간격

f_{yLd} 길이방향 철근의 항복응력 설계값

f_{ywd} 횡철근의 항복응력 설계값

참고문헌

규정 및 지침

유럽 기준

[E1] **Eurocode 2: DIN EN 1992-1-1:** 2011-01: Bemessung und Konstruktion von Stahlbeton– und Spannbetontragwerken–Teil 1-1: Allgemeine Bemessungsregeln und Regeln für den Hochbau mit DIN EN 1992-1-1/A1: 2015-03: A1-Änderung.

[E2] **Eurocode 2: DIN EN 1992-1-1/NA:** 2013-04: Nationaler Anhang–National festgelegte Parameter–Bemessung und Konstruktion von Stahlbeton- und Spannbetontragwerken–Teil 1-1: Allgemeine Bemessungsregeln und Regeln für den Hochbau

[E3] **Eurocode 2: DIN EN 1992-1-2:** 2010-12: Bemessung und Konstruktion von Stahlbeton- und Spannbetontragwerken–Teil 1-2: Allgemeine Regeln–Tragwerksbemessung für den Brandfall.

[E4] **Eurocode 2: DIN EN 1992-1-2/NA:** 2010-12: Nationaler Anhang–National festgelegte Parameter–Bemessung und Konstruktion von Stahlbeton- und Spannbetontragwerken–Teil 1-2: Allgemeine Regeln–Tragwerksbemessung für den Brandfall.

[E5] **Eurocode 2: DIN EN 1992-2:** 2010-12: Bemessung und Konstruktion von Stahlbeton– und Spannbetontragwerken–Teil 2: Betonbrücken–Bemessungs– und Konstruktionsregeln.

[E6] **Eurocode 2: DIN EN 1992-2:** 2010-12: Nationaler Anhang–National festgelegte Parameter–Bemessung und Konstruktion von Stahlbeton– und Spannbetontragwerken–Teil 2: Betonbrücken–Bemessungs– und Konstruktionsregeln.

[E7] **Eurocode 2: DIN EN 1992-3:** 2011-01: Bemessung und Konstruktion von Stahlbeton– und Spannbetontragwerken–Teil 3: Silos und Behälterbauwerke aus Beton.

[E8] **Eurocode 2: DIN EN 1992-3/NA:** 2011-01: Nationaler Anhang–National festgelegte Parameter–Bemessung und Konstruktion von Stahlbeton– und Spannbetontragwerken–Teil 3: Silos und Behälterbauwerke aus Beton.

[E9] **Eurocode 0: DIN EN 1990:** 2010-12: Grundlagen der Tragwerksplanung.

[E10] **Eurocode 0: DIN EN 1990/NA:** 2010-12: Nationaler Anhang–National festgelegte Parameter–Grundlagen der Tragwerksplanung mit DIN EN 1990/NA/A1: 2012-08: A1-Änderung.

[E11] **Eurocode 1: DIN EN 1991-1-1:** 2010-12: Einwirkungen auf Tragwerke–Teil 1-1: Allgemeine Einwirkungen auf Tragwerke–Wichten, Eigengewicht und Nutzlasten im Hochbau.

[E12] **Eurocode 1: DIN EN 1991-1-1/NA:** 2010-12: Nationaler Anhang–National festgelegte Parameter–Einwirkungen auf Tragwerke–Teil 1-1: Allgemeine Einwirkungen auf Tragwerke–Wichten, Eigengewicht und Nutzlasten im Hochbau.

[E13] **Eurocode 1: DIN EN 1991-1-2:** 2010-12: Einwirkungen auf Tragwerke–Teil 1-2: Allgemeine Einwirkungen–Brandeinwirkungen auf Tragwerke mit DIN EN 1991-1-2/Ber 1: 2013-08: Berichtigung 1.

[E14] **Eurocode 1: DIN EN 1991-1-2/NA:** 2010-12: Nationaler Anhang–National festgelegte Parameter–Einwirkungen auf Tragwerke–Teil 1-2: Allgemeine Einwirkungen–Brandeinwirkungen auf Tragwerke

[E15] **Eurocode 1: DIN EN 1991-1-3:** 2010-12: Einwirkungen auf Tragwerke–Teil 1-3: Allgemeine Einwirkungen–Schneelasten.

[E16] **Eurocode 1: DIN EN 1991-1-3/NA:** 2010-12: Nationaler Anhang–National festgelegte Parameter–

Einwirkungen auf Tragwerke－Teil 1-3: Allgemeine Einwirkungen－Schneelasten.

[E17] **Eurocode 1: DIN EN 1991-1-4:** 2010-12: Einwirkungen auf Tragwerke－Teil 1-4: Allgemeine Einwirkungen－Windlasten.

[E18] **Eurocode 1: DIN EN 1991-1-4/NA:** 2010-12: Nationaler Anhang－National festgelegte Parameter－Einwirkungen auf Tragwerke－Teil 1-4: Allgemeine Einwirkungen－Windlasten.

[E19] **Eurocode 1: DIN EN 1991-1-5:** 2010-12: Einwirkungen auf Tragwerke－Teil 1-5: Allgemeine Einwirkungen－Temperatureinwirkungen.

[E20] **Eurocode 1: DIN EN 1991-1-5/NA:** 2010-12: Nationaler Anhang－National festgelegte Parameter－Einwirkungen auf Tragwerke－Teil 1-5: Allgemeine Einwirkungen－Temperatureinwirkungen.

[E21] **Eurocode 1: DIN EN 1991-1-7:** 2010-12: Einwirkungen auf Tragwerke－Teil 1-7: Allgemeine Einwirkungen－Außergewöhnliche Einwirkungen mit DIN EN 1991-1-7/A1: 2014-08: A1-Änderung.

[E22] **Eurocode 1: DIN EN 1991-1-7/NA:** 2010-12: Nationaler Anhang－National festgelegte Parameter－Einwirkungen auf Tragwerke－Teil 1-7: Allgemeine Einwirkungen－Außergewöhnliche Einwirkungen.

[E23] **Eurocode 1: DIN EN 1991-2:** 2010-12: Einwirkungen auf Tragwerke－Teil 2: Verkehrslasten auf Brücken.

[E24] **Eurocode 1: DIN EN 1991-2/NA:** 2012-08: Nationaler Anhang－National festgelegte Parameter－Einwirkungen auf Tragwerke－Teil 2: Verkehrslasten auf Brücken.

[E25] **Eurocode 1: DIN EN 1991-3:** 2010-12: Einwirkungen auf Tragwerke－Teil 3: Einwirkungen infolge von Kranen und Maschinen mit DIN EN 1991-3/Ber1: 2013-08: Berichtigung 1.

[E26] **Eurocode 1: DIN EN 1991-3/NA:** 2010-10: Nationaler Anhang－National festgelegte Parameter－Einwirkungen auf Tragwerke－Teil 3: Einwirkungen infolge von Kranen und Maschinen

[E27] **Eurocode 7: DIN EN 1997-1:** 2014-03: Entwurf, Berechnung und Bemessung in der Geotechnik－Teil 1: Allgemeine Regeln.

[E28] **Eurocode 7: DIN EN 1997-1/NA:** 2010-12: Nationaler Anhang－National festgelegte Parameter－Entwurf, Berechnung und Bemessung in der Geotechnik－Teil 1: Allgemeine Regeln.

[E29] **Eurocode 8: DIN EN 1998-1:** 2010-12: Auslegung von Bauweken gegen Erdbeben－Teil 1: Grundlagen, Erdbebeneinwirkungen und Regeln für hochbauten mit DIN EN 1998-1/A1: 2013-05: A1-Änderung.

[E30] **Eurocode 8: DIN EN 1998-1/NA:** 2011-01: Nationaler Anhang－National festgelegte Parameter－Entwurf, Berechnung und Bemessung in der Geotechnik－Teil 1: Allgemeine Regeln.

[E31] **DIN-Handbuch Eurocode 1 Einwirkungen**－Band 1: Grundlagen, Nutz－ und Eigenlasten, Brandeinwirkungen, Schnee－, Wind－, Temperaturlasten. Berlin: Beuth Verlag 2012.

[E32] **DIN-Handbuch Eurocode 1 Einwirkungen**－Band 2: Bauzustände, Außergewöhnliche Lasten, Verkehrs－, Kranbahn－ und Silolasten. Berlin: Beuth Verlag 2012.

[E33] **DIN-Handbuch Eurocode 1 Einwirkungen**－Band 3: Brückenlasten. Berlin: Beuth Verlag 2013.

[E34] **DIN-Handbuch Eurocode 2 Betonbau**－Band 1: Algemeine Regeln. Berlin: Beuth Verlag 2012.

[E35] **DIN-Handbuch Eurocode 2 Betonbau**－Band 2: Brücken: Beuth Verlag 2013.

[E34] **DIN-Handbuch Eurocode 8 Erdbeben**－Band 1: Algemeine Regeln. Berlin: Beuth Verlag 2013.

독일기준(DIN-)

[R1] **DIN EN 206-1**: 2001-07: Beton – Teil 1: Festlegung, Eigenschaften, Herstellung und Konformität und DIN EN 206-1/A1: 2004-10: 1-Änderung;
und DIN EN 206-1/A1: 2005-09: 2-Änderung.

[R2] **DIN 1045-2:** 2008-08: Tragwerke aus Beton, Stahlbeton und Spannbeton – Teil 2: Beton – Festlegung, Eigenshaften, Herstellung und Konformität – Anwendungsregeln zu DIN EN 206-1.

[R3] **DIN EN 13670:** 2011-03: Ausführung von Tragwerken aus Beton.

[R4] **DIN 1045-3:** 2012-03: Tragwerke aus Beton, Stahlbeton und Spannbeton – Teil 3: Bauausführung Anwendungsrelen zu DIN EN 13670.

[R5] **DIN 1045-1:** 2008-08: Tragwerke aus Beton, Stahlbeton und Spannbeton – Teil 1: Bemessung und Konsruktion.

[R6] **DIN 488:** Betonstahl –

DIN 488-1: 2009-08: Teil 1: Stahlsorten, Eigenschaften, Kennzeichnung,

DIN 488-2: 2009-08: Teil 2: Betonstabstahl,

DIN 488-3: 2009-08: Teil 3: Betonstabstahl in Ringen, Bewehrungsdraht,

DIN 488-4: 2009-08: Teil 4: Betonstahlmatten,

DIN 488-5: 2009-08: Teil 5: Gitterträger,

DIN 488-6: 2010-01: Teil 6: Übereinstimmungsnachweis.

[R7] **DIN 1054:** 2010-12: Baugrund – Sicherheitsnachweise im Erd – und Grundbau – Ergänzende Regelungen zu DIN EN 1997-1 mit DIN 1054/A1: 2012-08: A1-Änderung.

[R8] **DIN 4030-1:** 2008-06: Beuteilung betonangreifender Wässer, Böden und Gase – Teil 1: Grundlagen und Grenzwerte.

[R9] **DIN 1054:** 2010-12: Baugrund – Sicherheitsnachweise im Erd – und Grundbau – Ergänzende Regelungen zu DIN EN 1997-1 mit DIN 1054/A1: 2012-08: A1-Änderung.

[R10] **DIN 1045:** 1988-07: Beton und Stahlbeton; Bemessung und Ausführung.

[R11] **DIN 4227-1:** 1988-07: Spannbeton; Bauteile aus Normalbeton mit beschränkter order voller Vorspannung.

[R12] **DIN 4227-6:** 1982-05: Spannbeton; Bauteile mit Vorspannung ohne Verbund (Vornorm).

[R13] **DIN 4149:** 2005-04: Bauten in deutschen Erdbebengebieten – Lastannahmen, Bemessung und Ausführung üblicher Hochbauten.

독일 콘크리트 위원회(Deutscher Ausschuss für Stahlbeton – DAfStb)

[240] DAfStb-Heft 240: Grasser, E.; Thielen, G.: Hilfsmittel zur Berechnung der Schnittgrößen und Formänderungen von Stahlbetontragwerken nach DIN 1045, Ausgabe Juli 1988. 3. Auflage. Berlin, Köln: Beuth Verlag 1991.

[425] DAfStb-Heft 425: Kordina, K. u.a.: Bemessungshilfsmittel zu Eurocode 2 Teil 1 (DIN V ENV 1992 Teil 1-1, Ausgabe 06.92). Berlin, Köln: Beuth Verlag 1992.

[525] DAfStb-Heft 525: Erläuterungen zu DIN 1045-1. Berlin: Beuth Verlag, 2. überarbeitete Auflage 2010.

[600] DAfStb-Heft 600: Erläuterungen zu DIN EN 1992-1-1 und DIN EN 1992-1-1/NA (Eurocede 2). Berlin: Beuth Verlag 2012.

독일 콘크리트와 건설기술협회(Deutscher Beton– und Bautechnik–Verein E. V. –DBV)

[DBV1] DBV-Merkbaltt: 2011-01: Betondeckung und Bewehrung nach Eurocode 2.

[DBV2] DBV-Merkbaltt: 2011-01: Abstandhalter nach Eurocode 2.

[DBV3] DBV-Merkbaltt: 2011-01: Unterstützungen nach Eurocode 2.

[DBV4] DBV-Merkbaltt: 2011-01: Rückbiegen von Betonstahl und Anforderungen an Verwahrkästen nach Eurocode 2.

[DBV5] DBV-Merkbaltt: 2014-07: Chemischer Angriff auf Betonbauwerke–Bewertung des Angriffsgrads und geeignete Schutzprinzipen.

참고문헌

[1] Allgemeines Rundschreiben Straßenbau ARS 22/2012: technische Baubestimmungen–Einführung der Eurocodes für Brücken (mit Anlagen): Hrsg.: Bundesministerium für Verkehr, Bau und Stadtenwicklung (BMVBS). Bonn: 26.11.2012.

[2] ZTV-ING: Zusätzliche Technische Vertragsbedingungen und Richtlinien für Ingenieurbauten: Herausgegeben von der Bundesanstalt für Straßenwesen. Stand 2013/12. www.bast.de.

[3] Fingerloos, F.; Hegger, J,; Zlich, K.: Der Eurocode 2 für Deutschland–DIN EN 1992: Bemessung und Konstruktion von Stahlbeton– und Spannbetontragwerken–Teil 1-1: Allgemeine Bemessungsregeln und Regeln für den Hochbau: Kommentierte und konsolidierte Fassung. Hrsg.: BVPI, DAfStb, DBV, ISB, VBI. Berlin: Beuth Verlag und Ernst & Sohn. 2012.

[4] Trost, H.; Wolff, J. J.: Zur wirklichkeitsnahen Ermittlung der Beanspruchungen in abschnittsweise hergestellten Spannbetontragwerken, Bauingenieur 45 (1970), Heft 5, S. 155-169.

[5] Hochreither, H.: Bemessungsregeln für teilweise vorgespannte, biegebeanspruchte Betonkonstruktionen –Begründung und Auswirkung. Dissertation, TU München, 1982.

[6] SOFiSTiK AG: Programmmodule AQUA, SOFIMSHC, SOFILOAD, ASE, TENDON, MAXIMA. *www.sofistik.de.*

[7] Beispiele zur Bemessung nach Eurocode 2–Band 1: Hochbau. Hrsg.: Deutscher Beton– und Bautechnik– Verein E. V., Berlin: Ernst & Sohn 2011.

[8] Teworte, F.; Hegger, J.: Ermüdung von Spannbetonträgern mit Bügelbewehrung unter Querkraftbeanspruchung. Beton– und Stahlbetonbau 108 (2013), Heft 7, S. 475-486.

[9] Kupfer, H.: Bemessung von Spannbetonbauteilen–einschließlich teilweiser Vorspannung. In: Beton–Kalender 1991/I. Berlin: Ernst & Sohn, S. 623-710.

[10] Grasser, E.; Kupfer, H.; Pratsch, G.; Felix, J.: Bemessung von Stahlbeton– und Spannbetonbauteilen nach EC2 für Biegung, Längskraft, Querkraft und Torsion. In: Beton–Kalender 1996/I. Berlin: Ernst & Sohn, S. 341-498.

[11] Rossner, W.; Graubner, C.–A.: Spannbetonbauwerke–Teil 4: Bemessungsbeispiele nach Eurocode 2. Berlin: Ernst & Sohn 2012.

[12] Brüning, R.: Temperaturbeanspruchungen in Stahlbetonlagern für feste Siedlungsabfälle. In: Deutscher Ausschuss für Stahlbeton, Heft 470. Berlin: Beuth Verlag 1996.

[13] Grote, K.–P,: Durchlässigkeitgesetze für Flüssigkeiten mit Feinstoffanteilen bei Betonbunkern von

Abfallbehandlungsanlagen. In: Deutscher Ausschuss für Stahlbeton, Heft 483. Berlin: Beuth Verlag, 1997.

[14] Torringen, W.: Bautechnik bei Müllverbrennungsanlagen. In: Vortragband VGB－Baukonferenz 1996, VGB－TB 618. Essen: VGB Kraftwerkstechnik GmbH, Verlag technisch－wissenschaftlicher Schriften.

[15] Silo－Handbuch. Hrsg.: Peter Martens. Berlin: Ernst & Sohn, 1988.

[16] SOFiSTiK AG: Programmmodule ASE, Version 2012. www.sofistik.de.

[17] Graubner, C.－A.; Six, M.: Zuverlässigkeit schlanker Srahlbetondruckglieder－Analyse nichtlinearer Nachweiskonzepte. Bauingenieur 77 (2002), S. 141-150.

[18] Hillerborg, A.: Strip method Design Handbook: London: Chapman & Hall 1996.

[19] Rosman, R.: Beitrag zur plastostatischen Berechnung zweiachsig gespannter Platten. Bauingenieur 60 (1985), Heft 4, S. 151-159.

[20] Herzog, M: Die Tragfähigkeit schiefer Platten. Beton－ und Stahlbetonbau 96 (2001), Heft 8, S 552-560.

[21] Herzog, M: Vereinfachte Bemessung punktgestützter Platten nach der Plastizitätstheorie. Bautechnik 77 (2000), Heft 12, S. 945-950.

[22] Herzog, M: Vereinfachte Stahlbeton－ und Spannbetonbemessung, II: Tragfähigkeitsnachweis für Platten Beton－ und Stahlbetonbau 90 (1995), Heft 2, S. 45-48 und Heft 3, S. 70-72.

[23] Herzog, M.: Die Tragfähigkeit von Pilz－ und Flachdecken. Bautechnik 72 (1995), Heft 8, S. 516-525.

[24] Herzog, M.: Vereinfachte Stahlbeton－ und Spannbetonbemessung nach der Plastizitätstheorie. Beton－ und Stahlbetonbau 85 (1990), Heft 12, S. 311-315.

[25] Herzog, M.: Die Bruchlast ein－ und mehrfeldriger Rechteckplatten aus Stahlbeton nach Versuchen. Beton－ und Stahlbetonbau 71 (1976), Heft 3, S. 69-71.

[26] Kessler, H.－G.: Zum Bruchbild isotroper Quadratplatten. Bautechnik 74 (1997), Heft 11, S. 765-768.

[27] Kessler, H.－G.: Die drehbar gelagerte Rechteckplatte unter randparalleler Linienlast nach der Fließgelenktheorie. Bautechnik 74 (1997), Heft 3, S. 143-152.

[28] Friedrich, R.: Vereinfachte Berechnung vierseitig gelagerter Rechteckplatten nach der Bruchlinientheorie. Beton－ und Stahlbetonbau 90 (1995), Heft 5, S. 113-115.

[29] Pardey, A.: Physikalisch nichtlineare Berechnung von Stahlbetonplatten im Vergleich zur Bruchlinientheorie. In: Deutscher Ausschuss für Stahlbeton, Heft 441. Berlin: Beuth Verlag 1994.

[30] Rutz, J.: Plattenstreifen und vierseitig gelagerte Platten mit einer Linienlast. Österreichische Ingenieur－ und Architekten－Zeitschrift 135 (1990), Heft 9, S. 408-412.

[31] Schubert, L.: Berechnung von Stahlbeton－ und Spannbetonkonstruktionen nach der Plastizitätstheorie in der DDR. Bautechnik 67 (1990), Heft 8, S. 261-273.

[32] Förster, H.; Schubert, L.: Berechnung zweiachsig gespannter Platten nach der Fließgelenklinienmethode. Bauplanung + Bautechnik 36 (1982), Heft 6, S. 281-86.

[33] Kupfer, H.: Auswirkung der begrenzten Plastizität. Bauingenieur 61 (1986), S. 155-160.

[34] Leonhardt, F.: Vorlesungen über Massivbau, Vierter Teil: Nachweis der Gebrauchsfähigkeit. Berlin, Heidelberg, New York: Springer Verlag, 2. Auflage, 1978.

[35] CEB-Annex aux Recommandations. Tome III, Annex 5. Associazone Italiana, 1973.

[36] Sawczuk, A.; Jäger, T.: Grenztragfähigkeits－Theorie der Platten. Berlin, Heidelberg, New York: Springer－Verlag, 1963.

[37] Haase, H.: Bruchlinientheorie von Platten. Düsseldorf: Werner－Verlag, 1962.

[38] Stolze, R.: Zum Tragverhalten von Stahlbetonplatten mit von den Bruchlinien abweichender Bewehrungsrichtung. Dissertation Uni Karlsruhe, Institut für Massivbau und Baustofftechnologie, 1993.

[39] Khanooja, A. S.: Zusammenfassung und Erweiterung der praktischen Berechnungsverfahren für Pilzdecken: Berechnung von Pilzdecken mit beliebigen Pilz－ und Kopfbreiten auf der Grundlage der Elastizitätstheorie und Bruchlinientheorie und unter Berücksichtigung eigener Modellversuche. Dissertation TH Dresden, 1961.

[40] Kleinlogel, A.: Der Stahlbeton in Beispielen: Durchlaufende Platten, massive Platten gleicher und verschiedener Steifigkeiten. Berlin: Ernst & Sohn, 1951.

[41] Jäger, K.: Das Traglastverfahren im Stahlbetonbau－Erläuterungen, Bemessungstafeln und Anwendungsbeispiele unter Berucksichtigung der Österreichischen Normenbestimmungen. Wien: Manz Verlag, 1976.

[42] Anderheggen, E.: Berechnung der Traglast von Stahlbetonplatten mittels finiter Elemente. Zürich: Birkhäuser, 1975. Bericht: ETH Zürich, Institut für Baustatik, Nr. 55, Schweizerische Bauzeitung 1975.

[43] Grzeschkowitz, R.: Plattenbemessung auf der Grundlage der Bruchlinientheorie. In: Bemessung nach Eurocode 2 Teil 1. Darmstadt: Selbstverlag 2. Auflage, 1992, S. XIV/1-18. Darmstädter Massivbau－Seminar 8.

[44] Schmitz, U.－P.: Anwendung der Bruchlinientheorie. In: Stahlbetonbau aktuell 2013 (Praxishandbuch). Berlin: Beuth Verlag.

[45] Avellan, K.; Werkle, H.: Zur Anwendung der Bruchlinientheorie in der Praxis. Bautechnik 75 (1998), Heft 2, S. 80-93.

[46] Friedrich, R.: Plastische Berechnungsverfahren: Formeln und Diagramme für Rechteckplatten. Beton－ und Stahlbetonbau 106 (2011), Heft 9, S. 649-654.

[47] Musterbauordnung－MBO, Fassung 2002, zuletzt geändert durch Beschluss der Bauministerkonferenz vom September 2012. *www.bauministerkonferenz.de* ➔Mustervorschriften/Mustererlasse.

[48] Czerny, F.: Tafeln für Rechteckplatten. In: Beton－Kalender 1999/I. Berlin: Ernst & Sohn, S. 277-337.

[49] Zilch, K,; Rogge, A.: Grundlagen der Bemessung von Beton－, Stahlbeton－ und Spannbetonbauteilen nach DIN 1045－1. In: Beton－Kalender 2002/1. Berlin: Ernst & Sohn, S. 217-360.

[50] Stiglat, K,; Wippel, H.: Massive Platten－Ausgewählte Kapitel der Schnittkraftermittlung und Bemessung. In: Beton－Kalender 2000/2. Berlin: Ernst & Sohn, S. 211-290.

[51] Iványi, G.; Buschmeyer, W.; Müller, R.－A.: Entwurf von vorgespannten Flachdecken. Beton－ und Stahlbetonbau 82 (1987), Heft 4, S. 95-101 und 133-139.

[52] Fastabend, M.: Zur Frage der Spanngliedführung bei Vorspannung ohne Verbund. Beton－ und Stahlbetonbau 94 (1999), Heft 1, S. 14-19.

[53] Maier, K.; Wicke, M.: Die Freie Spanngliedlage－Entwicklung und Umsetzung in die Praxis. Beton－ und Stahlbetonbau 95 (2000), Heft 2, S. 62-71.

[54] Laugesen, A.; Schmidt－Thrö, G.; Fischer, O,; Busler, H.: Auswirkungen von Lageabweichungen bei der Verwendung der freien Spanngliedlage－Ansatz der Vorspannkräfte im GZT. Beton－ und Stahlbetonbau 109 (2014), Heft 9, S. 580-587.

[55] Programm InfoCad, Version 5.5. InfoGraph Gmbh, Aachen. *www.infograph.de.*

[56] Litzner, H.－U.: Grundlagen der Bemessung nach DIN 1045-1 in Beispielen. In: Beton－Kalender 2002/1. Berlin: Ernst & Sohn, S. 435-480.

[57] Krüger, W.; Mertzsch, O.; Koch, S.: Verformungsvorhersage von vorgespannten und nicht vorgespannten Betonbauteilen. Beton− und Stahlbetonbau 104 (2009), Heft 6, S. 340-348 mit Berichtigung Heft 8, S. 558.

[58] RIB Software AG: Programm TRIMAS®: Finite−Element−System für den Hoch− und Brückenbau, Version 13.0. *www.rib-software.com.*

[59] RIB Software AG: Programm FUNDA: Polygonales Stahlbetonfundament, Version 13.0. *www.rib-software.com.*

[60] Petersen, Ch.: Statik und Stabilität der Baukonstruktionen. Braunschweig/Wiesbaden: Vieweg Verlag, 2. Auflage 1982.

[61] Roik, K.−H.: Vorlesungen über Stahlbau. Berlin: Ernst & Sohn, 1983.

[62] Schneider: Bautabellen, 18. Auflage. Düsseldorf: Werner Verlag, 2008.

[63] Beck, H.; Schäfer, H.: Die Berechnung von Hochhäusern durch Zusammenfassung aller aussteifenden Bauteile zu einem Balken. Bauingenieur 44 (1969), Heft 3, S. 80-87.

[64] König, G.; Liphardt, S.: Hochhäuser aus Stahlbeton. In: Beton−Kalender 2003/I. Berlin: Ernst & Sohn, S. 3-67.

[65] Stiller, M.: Verteilung der Horizontalkräfte auf die aussteifenden Scheibensysteme von Hochhäusern. Beton− und Stahlbetonbau 60 (1965), Heft 2, S. 42-45.

[66] Schlechte, E.: Festigkeitslehre für Bauingenieure. Berlin: VEB Verlag für Bauwesen (und Düsseldorf: Werner−Verlag), 1967.

[67] Kordina, K.; Quast, U.: Bemessung von schlanken Bauteilen für den durch Tragwerksverformungen beeinflussten Grenzzustand der Tragfähigkeit−Stabilitätsnachweis. In: Beton−Kalender 2002/1. Berlin: Ernst & Sohn, S. 361-434.

[68] Scheuermann, G.; Häusler, V.: Einwirkungen auf Tragwerke. In: Stahlbaukalender 2012. Berlin: Ernst & Sohn, S. 455-488.

[69] Zilch, K.; Zehetmaier, G.: Bemessung im konstruktiven Betonbau nach DIN 1045-1 (Fassung 2008) und EN 1992-1-1 (Eurocode 2). Heidelberg: Springer−Verlag, 2. Auflage 2010.

[70] Beispiele zur Bemessung nach DIN 1045-1-Band 2: Ingenieurbau. Hrsg.: Deutscher Beton− und Bautechnik−Verein E.V., Berlin: Ernst & Sohn, 2. Auflage 2006.

[71] Schlaich, J.; Schäfer, K.: Konstruieren im Stahlbetonbau. In: Beton−Kalender 2001/II. Berlin: Ernst & Sohn, S. 311-488.

[72] Paschen, H.; Zillich, V. C.: Tragfähigkeit querkraftschlussiger Fugen zwischen Stahlbeton−Fertigteildeckenelementen. In: Deutscher Ausschuss für Stahlbeton, Heft 348. Berlin: Ernst & Sohn, 1983.

[73] Paschen, H.; Zillich, V. C.: Tragfähigkeit querkraftschlüssiger Fugen zwischen vorgefertigten Stahlbeton−Deckenbauteilen. Beton− und Stahlbetonbau 78 (1983), Heft 6, S. 197-201 mit Berichtigung in Beton− und Stahlbetonbau 82 (1987), Heft 2, S. 56.

[74] Küttler, M: Berechnung der Ersatzwanddicken von Aussteifungselementen mit Öffnungen. Beton− und Stahlbetonbau 2004, Heft 7, S. 530-535.

[75] Müller, F. P.; Keintzel, E.: Erdbebensicherung von Hochbauten. Berlin: Ernst & Sohn, 2., überarb. u. erw. Auflage 1984.

[76] Meskouris, K., Hinzen, K.−G., Butenweg, C., Mistler, M.: Bauwerke und Erdbeben: Grundlagen−Anwendung−Beispiele. Springer−Vieweg Verlag, 3. Auflage 2011.

[77] Bachmann, H.: Erdbebensicherung von Bauwerken. Basel: Birkhäuser−Verlag, 2. überarbeitete Auflage 2002.

[78] Fardis, M. N.: Seismic Design, Assessment and Retrofitting of Concrete Buildings based on Eurocode 8. Geotechnical, Geological and Earthquake Engineering: Springer−Verlag 2009.

[79] Elghazouli, A. Y. (Hrsg.): Seismic Design of buildings to Eurocode 8. New York: Spon Press 2009.

[80] Schlüter, F.−H.; Baur, M.; Cüppers, H.; Fäcke, A.; Kasic, S.; Ruckenbrod, C.: Bemessung von Stahlbeton− und Spannbetonbauwerken unter Erdbebenbeanspruchung. In: Betonkalender 2008/2. Berlin: Ernst & Sohn, S. 311-398.

[81] ABAQUS/Standard. Dassault Systemes Simulia Corp. Rising Sun Mills 166 Valley Street Providence, RI 02909-2499, USA.

[82] Eibl, J.; Keintzel, E.: Vergleich der Erdbebenauslegung von Stahlbetonbauten nach DIN 4149 und Eurocode 8. Beton− und Stahlbetonbau 90 (1995), Heft 9, S. 217–222.

[A1] Geißler, K.: Handbuch Brückenbau, Ernst & Sohn, 2014, pp.406-415.

[A2] Hars, E.: Zum Querkraftwiderstand von Stahl- und Spannbetonträgern mit dünnen Stegen, Dr.-Ing. Dissertation, EPFL, 2006.

[A3] Hotzler, H., and Kordina, K.: Näherungsweise Berechnung der Durchbiegung von Flächentragwerken, In Bautechnik 69 (1992), Heft 6, pp.332-326.

[A4] Leonhardt, F.: Prestressed Concrete, translated by C. van Amerongen from 'Spannbeton fü die Praxis' in 1954, 2nd ed. Berlin, Munich: Ernst & Sohn, 1964.

[A5] Menn, C.: Prestressed Concrete Bridges, translated by P. Gauvreau from 'Stahlbeton Brücken' in 1986, Birkhäuser Verlag, 1990.

[A6] Ojalvo, M.: Wagner hypothesis in Beam and Column Theory, ASCE Engineering Mechanics Division, Vol.107, No.4, 1981, pp.669-667.

[A7] Meskouris, K. and Butenweg, C.: Erdbebensichere Auslegung von Bauwerken nach DIN 4149:2005, in Beton Kalender 2008, No.2, Ernst & Sohn, 2008, p.13.

주요어 찾기

	13-	14-	15-	16-	17-	18-	19-	20-
강선 배치	13	18			10			
강연선	5, 12	17			9			
겹침이음길이					52			53, 98
구속	8, 23, 26	34, 50	18					
균열 모멘트	28	53		23	48, 55	11, 20		41
균열 사이 콘크리트의 인장경화작용 (Tension stiffening effct)		45	20, 26			21	8	
균열상태	19	28						
균열제한								
- 간접제한(직접 계산하지 않은 방법)				21	47	19		
- 최소 철근	23	35			46			
균열폭 계산			33			18		
내화성능 검토					41	14		55
단부 정착보								45, 48
덕트/쉬스	12	6, 17			10, 41			
등가 박벽단면(비틀림)	32	58						
릴랙세이션 계수(콘크리트 응력변화에 따른 릴랙세이션)						22		
마찰압력			4					
벽기둥			14					
변동하중 감소								6
변형/처짐						3		
- 계산(직접계산)		46	33		48	19		
- 휨세장비				4	6	6		
보호 콘크리트(Opferbeton)			4					
부분안전계수	26	48, 67	10	14	8	10	7	
불완전성(예상치 않은 편심)			8				5	13, 39
비선형 계산방법			16				8	
비틀림	31	57						23, 81
사용 피복두께	4		5	4	5			
소성이론				2				
솟음						3, 28		
수축	16	24	18		20	22		
순처짐					11, 50	3, 23		
스터럽	33	60					21	98
슬래브 연결부								50
습도등급	4	6	4	4	5	5	4	
시공 기울어짐								13

	13–	14–	15–	16–	17–	18–	19–	20–
압축재의 세장비								36
온도	8	9	8					11
완성 구조계	10	13						
유한요소법(FEM)			14		26	8		
응답스펙트럼(내진설계)								60
이음부 표면		60						48
인장 정착								44
인장력선				23				94
일-에너지 방정식(소성이론)				11				
자유처짐곡선(강선의 자유처짐곡선)					11, 57			
재료의 설계값	5	7	17	14	33	10	9	35
재분배계수(단면력 → 완성구조계)	10	5						
전단설계	29	54	29	16	37	11	19	41
정착				21	51			53, 98
제한								
– 강선응력	25	42			45			
– 철근응력	24	44	31	19	44			
– 콘크리트 압축응력	24	38	31	17	43		20	
주인장응력	18	27						
지점 모멘트 완화곡선	12			14				
지진하중(작용), 지진지역								60
차량 등분포하중(UDL-하중)	9	10						
차축하중(TS-하중)	9	10						
철근의 연성	5	7		25				58
초과긴장	14	19						
최소 철근								
– 균열폭 제한을 위한	33	35			46			
– 부재의연성거동을위한	28	53	27	23	55	11		40
– 압축부재의 최소 철근, 벽체의 최소 철근							10	35
– 최소 전단철근	31	57						41
커플러 위치	13							
크리프	16	23	18	18	19	22	8	
탄성계수, 유효탄성계수				19		22		
탄성구속							3, 11, 14	
탈압축	20	30			11			
판의 비틀림 모멘트 철근				24				
펀칭전단					37			
평면응력부재의 이음부								48
포아송 비					26	8		

	13–	14–	15–	16–	17–	18–	19–	20–
표면철근					55			
풍하중			8					8
프리스트레스 공법, 제원	22	17			6			
프리스트레스 변형(pre-strain)	27	50						
프리스트레스의 손실								
– 강선의 마찰, 정착구의 미끄러짐, 탄성수축에 의한 손실					15			
– 시간에 따른 손실	16	22			19			
프리캐스트 부재		3, 12						35
프리캐스트와 현장타설 부재의 부착		60						
플랜지와 복부의 결합	34							
피로								
– 검토	35	62						
– 노출등급	4	6	4	3	5	5	4	
– 등가 길이							18	37
– 하중모델	10	11						
피복두께	4	6	4	3	5	5	4	
하중(작용)				5	8	7	4	4
– 온도	8	9	8					
– 지점침하	7	9						
– 차량, 교통	8	10						
– 폐기물			5					
하중모델(교량의 하중모델)	8	10						
하중작용 면적(하중분담 면적)				13		12		5, 10
하중조합								
– 강도한계상태	26	49	11	5	8	8	7	
– 기준, 준-고정, 흔한 , 드문 하중조합	18	28, 35	10	6	8	8	7	
하중조합계수	18	28, 48	10	6	8	8	7	12, 67
항복선 이론				6				
화학적 침해			4					
회전 강성				8				
횡지지 조건								22
횡지지요소에 대한 수평력의 분배								25, 83
횡철근		39		16			20	36
휨강성, 유효휨강성	11						14	
휨인장강도						21, 26		
PC강연선의 릴렉세이션	17	25			20			
T형 보, 유효 플랜지폭	5	8						
ZTV-ING(구조물에 대한 추가 기술계약 조건 및 지침)	4	6						

저자 및 역자 소개

저자

독일 콘크리트 및 건설기술협회

저자인 독일 콘크리트 및 건설기술협회(DBV:Deutscher Beton- und Bautechnik-Verein)는 독일의 콘크리트 건설기술자를 대표하는 단체이다. 독일 콘크리트 및 건설기술협회는 새로운 설계기준인 EC2를 독일에 성공적으로 정착시키기 위한 과제를 수행하였으며 예제집의 발간은 해당 과제의 일환으로 수행되었다. DBV의 사무총장인 *F.Fingerloos* 박사를 의장으로 이 분야 최고의 설계기술자들이 실무그룹을 형성하여 예제집을 작성하였다. 대학, 현장의 실무기술자뿐만 아니라 소프트웨어 엔지니어들이 설계예제집의 작성에 참여하였다.

역자

강원호

역자 강원호 교수는 서울대학교 토목학과를 졸업하고 동 대학원에서 박사학위를 취득하였다. 1988년 3월 이후 현재까지 동아대학교 토목공학과 교수로 재직하고 있다. 1993년, 1998년의 연구년에 독일 Stuttgart대학, 스위스 ETH 및 오스트리아 Innsburk대학에서 방문교수로 근무하였다. 대한토목학회와 한국콘크리트학회 및 유럽콘크리트학회(fib), 교량과 구조기술학회(IABSE) 회원으로 활동하였다.

유럽설계기준 EC2에 따른 구조설계예제집 2권: 고급설계

초판인쇄 2020년 8월 18일
초판발행 2020년 8월 25일

편 저 독일 콘크리트 및 건설기술협회
역 자 강원호
펴 낸 이 김성배
펴 낸 곳 도서출판 씨아이알

책임편집 박영지, 김동희
디 자 인 백정수, 윤미경
제작책임 김문갑

등록번호 제2-3285호
등 록 일 2001년 3월 19일
주 소 (04626) 서울특별시 중구 필동로8길 43(예장동 1-151)
전화번호 02-2275-8603(대표)
팩스번호 02-2265-9394
홈페이지 www.circom.co.kr

I S B N 979-11-5610-875-7 (93530)
정 가 32,000원